中国房地产估价师与房地产经纪人学会

地址：北京市海淀区首体南路 9 号主语国际 7 号楼 11 层

邮编：100048

电话：(010) 88083151

传真：(010) 88083156

网址：http://www.cirea.org.cn

　　　http://www.agents.org.cn

全国房地产估价师职业资格考试辅导教材

房地产估价原理与方法

（2022）

中国房地产估价师与房地产经纪人学会　编写

柴　强　主编

中国建筑工业出版社
中国城市出版社

图书在版编目(CIP)数据

房地产估价原理与方法. 2022 / 中国房地产估价师与房地产经纪人学会编写；柴强主编. — 北京：中国城市出版社，2022.8（2024.4重印）

全国房地产估价师职业资格考试辅导教材

ISBN 978-7-5074-3502-3

Ⅰ. ①房… Ⅱ. ①中… ②柴… Ⅲ. ①房地产价格－估价－中国－资格考试－自学参考资料 Ⅳ.

①F299.233.5

中国版本图书馆 CIP 数据核字(2022)第 139064 号

责任编辑：周方圆　封　毅
责任校对：芦欣甜

全国房地产估价师职业资格考试辅导教材

房地产估价原理与方法

（2022）

中国房地产估价师与房地产经纪人学会　编写

柴　强　主编

＊

中国建筑工业出版社、中国城市出版社出版、发行（北京海淀三里河路 9 号）

各地新华书店、建筑书店经销

北京红光制版公司制版

建工社（河北）印刷有限公司印刷

＊

开本：787 毫米×960 毫米　1/16　印张：35　字数：665 千字

2022 年 8 月第一版　　2024 年 4 月第四次印刷

定价：**70.00**元

ISBN 978-7-5074-3502-3

（904495）

目 录

第一章　房地产估价概论

每个想要选择房地产估价职业、进入房地产估价行业、从事房地产估价业务的人员，需对房地产估价以及该职业、行业和业务有个概要了解。为此，本章首先介绍房地产估价的含义、要素、必要性等对房地产估价的基本认识；在此基础上，再介绍专业估价与非专业估价的本质不同、估价业务及其与相关业务的划分等对房地产估价的深入了解；然后，介绍房地产估价本质上属于价值评估、应模拟市场进行估价等对房地产估价的更深理解；最后，简要介绍房地产估价的职业道德和我国房地产估价行业发展概况。

第一节　对房地产估价的基本认识

一、房地产估价的含义

房屋、土地等房地产，为人类生活、工作和生产等活动提供固定的围合空间或开敞空间，是一种量大又面广、有用而稀缺、常见却难识、具有多重属性的生活必需品（如住宅）、生产要素（如厂房）或自然资源资产（如土地），是家庭财产、企业资产和社会财富的重要组成部分，是一种经济价值较高的耐用品、商品或投资品，是个人和机构进行交易、投资、资产配置的重要对象。房地产还同金融高度关联，是多种税收的征税对象。人们在从事房地产交易、投资、金融、税收等活动时，往往需要衡量、判断房地产的价值和价格。此外，房地产因单价高、总价大而关乎人们的重大经济利益，其价值和价格尤其是房价受到人们的普遍关注，很多人想要了解以至掌握房地产估价知识，房地产估价随之逐渐形成了一门研究房地产价值和价格的形成和变动规律及其量化的学问和学科，发展成为一个提供有偿服务的专门职业和行业。

（一）房地产估价的概念

简单、通俗地说，房地产估价是估计房地产的价值或价格。这种估价是任何人都可以做的，不论他估的对不对，也不论人们信不信他估的结果。假如你看上了某处房屋或某块土地，想要知道该房屋或土地值多少钱，或者判断卖方的要价（或标价、挂牌价）是否合理，或者自己出价多少合适，你可以自己估计，也可以询问亲友对该房屋或土地价值、价格的看法和评判。这种通俗意义上的估价，可称为非专业估价。

然而，想要得到科学、准确、客观、可信（特别是说服他人或让他人采信）的估价结果，就有赖于专业估价。本书所讲的房地产估价主要是专业估价，简要地说，是指房地产估价机构接受他人委托，选派房地产估价师对房地产价值或价格进行分析、测算和判断并提供相关专业意见的活动。较具体地说，是指房地产估价机构接受他人委托，选派房地产估价师，根据特定目的，遵循公认的原则，按照完整的程序，依据有关文件、标准和资料，在合理的前提假设下，采用科学的方法，对特定房地产在特定时间的特定价值或价格进行分析、测算和判断，并出具提供相关专业意见的估价报告的专业服务行为。

通常把上述概念中的房地产估价机构、房地产估价师和估价委托人，统称估价当事人；特定目的，称为估价目的；公认的原则，称为估价原则；完整的程序，称为估价程序；依据的有关文件、标准和资料，称为估价依据；合理的前提假设，称为估价假设；科学的方法，称为估价方法；特定房地产，称为估价对象；特定时间，称为价值时点；特定价值或价格（以下称价值价格），称为价值类型；分析、测算和判断出的价值价格，称为评估价值，加上得出和提供的其他相关专业意见，合称估价结果。上述这些是构成房地产估价活动的必要因素，简称估价要素。其中估价目的、估价对象、价值类型和价值时点，是在对价值价格进行分析、测算和判断之前所需确定的基本估价要素，通常称为估价基本事项。

上述概念中的"分析、测算和判断"，还可以用估计、估算、推测、测量、计量、度量、评定、判定、鉴定等词语来理解、说明或替代。这些词语的含义基本相同或相近，比如可把房地产估价称为房地产价值测量（如英国和我国香港地区把估价师称为产业测量师）。但是，同时使用分析、测算和判断来表达，要更加全面、具体且易于理解。"分析"即价值价格分析，主要是对影响估价对象价值价格的各种因素进行分析，包括对估价对象自身状况的分析，对制度、政策、人口、经济、社会、心理等外部因素的分析，对估价对象所在地的房地产市场状况（或市场条件、市场行情）的分析等；"测算"即价值价格测算，主要是利用有关数据和公式或模型，对估价对象的价值价格进行计算；"判断"即价值价格判断，主要是在测算结果的基础上结合市场状况、估价实践经验等，对估价对象的价值价格作出判定。"分析""测算""判断"三者之间有一定的逻辑关系，通常"分析"是"测算"和"判断"的基础，"测算"是"判断"的基础。

（二）房地产估价的不同称呼

房地产估价也称为房地产价格评估、房地产价值评估，经常称为房地产评估，有时称为房地产估值。

我国香港和台湾地区，以及美国、英国、日本等国家，对房地产估价的称呼和定义不尽相同。我国香港地区通常称之为物业估值或物业估价。我国台湾地区一般称之为不动产估价，如把房地产估价师称为"不动产估价师"，并制定了"不动产估价师法""不动产估价技术规则"，通常把不动产估价定义为"依据影响不动产价值之各种资料，判定对象不动产之经济价值，并以货币额表示之。换言之，是在社会上之一连串价格秩序中，指出估价对象不动产之价格或租金额之行为"。①

美国大多称之为 Real Estate Appraisal（房地产评估或房地产估价），将 Appraisal（评估或估价）定义为"The act or process of developing an opinion of value（形成价值意见的行为或过程）"。欧洲和英联邦国家大多称之为 Property Valuation（房地产估值或物业估值）。日本和韩国通常称之为不动产鉴定评价或不动产鉴定，如日本颁布的相关法律名称为"不动产鉴定评价法"，通常把不动产鉴定评价定义为"判定不动产的经济价值，并将其结果表示为货币额"。韩国颁布的相关法律名称为"不动产价格公示及鉴定评价法"。

二、房地产估价的要素

（一）估价当事人

估价当事人是指与房地产估价活动有直接关系的组织或个人，包括房地产估价机构、房地产估价师和估价委托人。其中，房地产估价机构和房地产估价师是房地产估价服务的提供者，估价委托人是房地产估价服务的直接需求者、对象、客户或消费者。

1. 房地产估价机构

房地产估价机构简称估价机构或评估机构，是依法设立并向有关估价行政管理部门备案，从事房地产估价活动的专业服务机构，包括住房和城乡建设主管部门监督管理的房地产估价机构，自然资源主管部门监督管理的土地估价机构。《资产评估法》（2016 年 7 月 2 日全国人民代表大会常务委员会通过）规定，评

---

① 林英彦编著. 不动产估价. 台北：文笙书局，1995 年 10 月第 8 版. 第 11 页。

估机构应依法采用合伙或公司形式；合伙形式的评估机构应有 2 名以上评估师，其合伙人 2/3 以上应是具有 3 年以上从业经历且最近 3 年内未受停止从业处罚的评估师；公司形式的评估机构应有 8 名以上评估师和 2 名以上股东，其中 2/3 以上股东应是具有 3 年以上从业经历且最近 3 年内未受停止从业处罚的评估师；评估机构的合伙人或股东为 2 名的，该 2 名都应是具有 3 年以上从业经历且最近 3 年内未受停止从业处罚的评估师；设立评估机构，应向工商行政管理部门（市场监管部门）申请办理登记，自领取营业执照之日起 30 日内向有关评估行政管理部门备案。

2. 房地产估价师

房地产估价师也称为注册房地产估价师，简称估价师，是取得房地产估价师职（执）业资格并经注册的评估专业人员或专业技术人员。目前，国家规定房地产估价师从事估价业务应加入估价机构，在同一时间只能在一个估价机构从事业务；不得以个人名义承揽估价业务，应由所在的估价机构统一接受委托和收费。

房地产估价不仅是一门较高深的学问，而且需要理论联系实际，估价委托人或其他组织和个人还时常干预估价结果，因此房地产估价师应同时具有房地产估价领域扎实的专业知识、丰富的实践经验和良好的职业道德。具有扎实的专业知识和丰富的实践经验，是对估价技术水平或专业胜任能力的要求；具有良好的职业道德，是对估价行为规范的要求。仅有专业知识而缺乏实践经验，就难以得出符合实际的估价结果；仅有实践经验而缺乏专业知识，会只知其然而不知其所以然，不能透过现象看本质，难以对价值价格作出科学深入的分析和解释，更难以举一反三、触类旁通地分析、解决现实中不断出现的估价新情况、新问题。即使专业知识和实践经验兼备，而如果缺乏职业道德，也会使估价结果难以公平合理，还会使专业知识和实践经验"无用武之地"，使"房地产评估并不需要高深的学问"[①]。实际上，科学准确估价、提供高质量估价服务、防范估价风险等，都需要有高深的估价学问、高超的估价技术。只是现实中估价机构之间为迎合估价委托人高估或低估要求产生的恶性竞争、估价委托人或其他组织和个人时常干预估价结果等内外部环境，造成职业道德缺失较普遍，显得职业道德比专业知识和实践经验更加重要。

---

① 梁振英先生在《足迹与梦想：评估行业回顾与展望》一书的序中写道："房地产评估并不需要高深的学问"，"在房地产评估问题上，要集中力量学习的，不是技术，是操守，换句话说，是要学做人"。见黄西勤著. 足迹与梦想：评估行业回顾与展望. 北京：中国建筑工业出版社，2019 年 10 月第 1 版. 序一。

3. 估价委托人

估价委托人简称委托人，是需要确定或了解估价对象价值价格而委托估价机构为其提供估价服务的自然人、法人或其他组织。某些估价目的的委托人只能是特定的单位和个人。《资产评估法》等法律法规规定了委托人的权利和义务，包括：①有权依法自主选择估价机构，任何组织或个人不得非法限制或干预；②应与估价机构订立委托合同，约定双方的权利和义务，并按照合同约定向估价机构支付费用，不得索要、收受或变相索要、收受回扣；③应向估价机构和估价师提供执行估价业务所需的权属证明、财务会计信息和其他资料，对其提供的资料的真实性、完整性和合法性负责，并提供必要协助，如协助估价师对估价对象进行实地查勘（也称为现场调查、现场勘验）及搜集估价所需资料；④不得串通、唆使估价机构或估价专业人员出具虚假估价报告或其他非法干预估价活动；⑤对估价报告有异议的，可以要求估价机构解释。

与估价相关的当事人（简称估价相关当事人）除了估价当事人，还有估价对象权利人、估价利害关系人、估价报告使用人。估价对象权利人是指估价对象的所有权人、用益物权人、担保物权人等权利人。估价利害关系人是指估价结果会直接影响其合法权益的组织和个人。估价利害关系人与估价结果有切身利害关系，除了估价对象权利人，还有估价对象的投资者、受让人、申请执行人等。估价报告使用人也称为估价报告使用者，简称报告使用人，是指依法使用估价报告的组织和个人，包括法律法规明确规定或估价委托合同约定、估价报告载明的有权使用估价报告的组织和个人。估价报告使用人可能是估价对象权利人、投资者、受让人、债权人、政府及其有关部门、社会公众等。

估价委托人可能是也可能不是估价对象权利人、估价利害关系人、估价报告使用人。估价对象权利人是估价利害关系人，但可能是也可能不是估价委托人、估价报告使用人。例如，在房地产抵押估价中，委托人可能是房屋所有权人和土地使用权人以外的贷款人，也可能是以其房地产抵押的借款人，他们都是估价利害关系人，估价报告使用人是贷款人。在房屋征收评估中，委托人一般是房屋征收部门，被征收人是估价利害关系人，房屋征收部门一定程度上是估价利害关系人，他们都是估价报告使用人。在房地产司法估价中，人民法院是委托人和估价报告使用人，但不是估价对象权利人，也不是估价利害关系人，被执行人、申请执行人以及竞买人是估价利害关系人。

（二）估价目的

估价目的是指估价委托人对估价报告的预期用途，通俗地说是委托人想要把估价报告交给谁看，交给谁用，用来解决什么问题。不同的委托人委托估价、取得估价报告的目的不尽相同。从大的方面来看，估价目的可分为以下 3 类：①给自己使用，如人民法院委托的房地产处置估价报告，是人民法院用来确定财产处置参考价的；②给特定的第三方使用，如借款人委托的房地产抵押估价报告，是借款人提供给贷款人（如商业银行）使用的；③给不特定的第三方使用，如上市公司委托的涉及房地产的关联交易估价报告，是上市公司披露给公众使用的。

同一房地产由于具体的估价目的不同，估价对象财产范围、价值类型、价值时点以及估价原则、估价依据、估价前提等有可能不同，从而估价结果有所不同，甚至差异很大，因此对估价目的的了解还需细化。进一步来看，估价目的取决于委托人对估价的具体需要。例如，是为房地产交易当事人确定要价、出价或协商成交价提供参考依据，还是为房屋征收部门与被征收人确定被征收房屋价值的补偿金额、贷款银行判断抵押房地产价值或确定抵押贷款额度、人民法院确定财产处置参考价、税务机关核定某种房地产税收的计税依据、保险公司衡量投保房屋的保险价值、政府有关部门确定建设用地使用权出让底价或核定应补缴的地价款提供参考依据。有关估价目的的种类及其具体确定和表述，分别见第二章"房地产估价目的与需要"和第十四章第三节中的"估价目的的确定"。

就估价目的不同而要求价值类型及评估价值不同来说，有的估价目的要求评估市场价值，而有的估价目的要求评估市场价格等其他价值价格。在房地产市场过热或有泡沫的情况下，市场价格明显高于市场价值；而在房地产市场较低迷的情况下，市场价格明显低于市场价值。再就以下 3 种估价目的来说，同一房地产的评估价值通常差异较大：①在正常转让估价目的下的评估价值居中；②在司法处置估价目的下的评估价值偏低；③在房屋征收估价目的下的评估价值偏高。因为正常转让估价目的的估价前提应为"自愿转让"，司法处置估价目的的估价前提应为"被迫转让"，被征收房屋价值评估应符合"对被征收房屋价值的补偿，不得低于房屋征收决定公告之日被征收房屋类似房地产的市场价格"的规定。

估价实践中对许多问题如何认识与处理，往往取决于或根源于估价目的。例如，某些房地产在转让、抵押之前已出租，在转让、抵押时租赁合同（俗称租约）尚未到期，许多法律法规规定要保护这种租赁关系，如《民法典》（2020 年 5 月 28 日全国人民代表大会通过）规定"租赁物在承租人按照租赁合同占有期限内发生所有权变动的，不影响租赁合同的效力"；"抵押权设立前，抵押财产已经出租并转移占有的，原租赁关系不受该抵押权的影响"。《最高人民法院关于人民法院民事执行中拍卖、变卖财产的规定》（2020 年 12 月 23 日修正，法释〔2020〕21 号）规定"拍卖财产上原有的租赁权及其他用益物权，不因拍卖而消灭"。《商品房屋租赁管理办法》（2010 年 12 月 1 日住房和城乡建设部令第 6 号）

规定"房屋租赁期间内，因赠与、析产、继承或者买卖转让房屋的，原房屋租赁合同继续有效"。因此，房地产受让人、抵押权人应继续履行租赁合同，即所谓"买卖不破租赁""抵押不破租赁"。这种房地产称为有租约限制的房地产或带租约的房地产、已出租的房地产。如果为房地产转让、抵押目的而评估有租约限制的房地产的价值价格，一般应考虑合同租金（租赁合同约定的租金）与市场租金（市场上的平均租金）差异等房地产租赁因素的影响。但如果为房屋征收目的而估价，则不考虑房屋租赁因素的影响，应作为无租约限制的房屋来估价，因为房屋租赁合同会因房屋征收而终止。

再如，在成本法估价中对成本、费用、税金和利润等价格构成项目的取舍上，也应根据估价目的作出取舍。此外，不同的估价目的对估价工作的深度和评估价值的精度要求可能不同。估价目的还限制了估价报告和估价结果的用途，针对某种特定估价目的的估价报告和估价结果不能用于其他用途。因此，估价师在估价过程中应始终谨记估价目的。

（三）估价对象

估价对象是指所估价的房地产或以房地产为主的财产或相关权益，是房地产估价的客体，即估价所指向的房地产等财产或相关权益。一个估价项目的具体估价对象，是由委托人和估价目的共同决定的。

现实中的房地产估价对象多种多样。不仅已经建成的新房或旧房、已经开发完成的熟地或净地等既有房地产为常见的估价对象，正在开发建设（包括新建、扩建、改建、改造等）或停建、缓建而尚未建成的在建房地产，如房地产开发项目、建设工程或在建工程，通常也可成为估价对象；还有要求对计划开发建设或正在开发建设而尚未产生的未来房地产，如期房（含其占用范围内的土地）进行估价；也可能需要对已毁损或灭失的房地产，如被破坏或拆除的房屋进行估价。

一个估价项目的估价对象可能是一宗房地产，也可能是多宗房地产；可能是一宗房地产的全部，也可能是其部分或局部，如某幢房屋中的某一楼层、套、间或其装饰装修物，某宗土地中的部分土地；可能是房屋所有权、土地使用权，也可能是地役权、土地经营权、租赁权等其他房地产权利。现实估价中还可能含有房地产以外的、作为房地产附属财产的价值。例如，为某个可供直接经营使用的酒店、商场、汽车加油站、立体停车库、高尔夫球场等交易价格提供参考依据的估价，其评估价值除了包含它们的建筑物及其占用范围内的土地价值，通常还包含家具、家电、货架、机器设备等其他资产的价值，甚至包含债权债务、特许经营权、品牌、商誉、客户资源、员工队伍等的价值，即以房地产为主的整体资产价值评估，或称为企业价值评估。此外，估价对象还可能是设立了抵押权、居住权、地役权或已出租、有拖欠建设工程价款、手续不齐全、被查封的房地产等。

归纳起来，房地产估价对象有房屋、土地、在建房地产、未来房地产、已毁损或灭失房地产、部分或局部房地产、整体资产中的房地产、以房地产为主的整体资产等财产或相关权益。更全面、细分的估价对象种类，见第三章第三节"房地产的种类"。有关一个估价项目中估价对象的确定，见第十四章第三节中的"估价对象的确定"。

（四）价值类型

价值类型是指所评估的估价对象的某种特定价值价格，包括价值价格的名称、定义或内涵。房地产估价虽然是评估房地产的价值价格，但由于房地产价值价格的类型很多，即使评估同一房地产在同一时间的价值价格，不同类型的价值价格不仅内涵、性质不同，而且高低或大小往往也不同，甚至差异很大，因此当需要评估某一房地产的价值价格时，就不能止步于笼统的价值价格，而应明确是评估哪种具体的价值价格，即要确定价值类型。在一个估价项目中，价值类型应根据估价目的来确定。

所评估的某一房地产的某种特定价值价格，是该房地产在相应估价目的特定条件下最可能的价格或形成的正常值。例如，同一房地产在买卖情形下，虽然实际成交价格有高有低，但客观上有其正常的买卖价格；在抵押情形下，虽然不同的债权人或抵押权人对抵押价值的大小可能有不同见解，但客观上有其正常的抵押价值；在征收情形下，虽然实际补偿金额可能有多有少，但客观上有其合理的补偿金额。而上述正常的买卖价格、正常的抵押价值、合理的补偿金额，彼此之间往往是不相同的，甚至有较大差异。

根据价值的前提或内涵等实质内容来划分的价值类型，主要有市场价值、投资价值、现状价值、谨慎价值、清算价值、残余价值。其中市场价值是最基本、最主要、最常用的价值类型。有关价值类型的名称、含义和确定等内容，见第四章第三节"房地产价值和价格的种类"和第十四章第三节中的"价值类型的确定"。

（五）价值时点

价值时点是指所评估的估价对象价值价格对应的某一特定时间，通常为某个日期，用公历年、月、日来表示。由于同一估价对象在不同的时间会有不同的价值价格，所以估价时应明确是评估估价对象在哪个时间的价值价格，即要确定价值时点。

价值时点可以是现在、过去、将来的某个时间，而究竟是哪个时间，不是随意确定的，应根据估价目的来确定。价值时点大多是现在，这种估价称为现时价值评估或现时性估价；价值时点是过去的估价，称为过去价值评估或回顾性估价

（也称为回溯性估价、追溯性估价）；价值时点是将来的估价，称为未来价值评估或预测性估价。有关价值时点如何确定等内容，见第六章第四节"价值时点原则"和第十四章第三节中的"价值时点的确定"。

需要说明的是，不同时期、不同估价专业领域、不同国家和地区，对价值时点的称呼不尽相同。例如，我国"房地产估价"专业领域过去称之为估价时点，"土地估价"专业领域目前称之为估价期日，"资产评估"专业领域目前称之为评估基准日。我国香港地区一般称之为估值日。我国台湾地区过去称之为估价期日，现在称之为价格日期。国外有 date of value（价值日期）、date of the opinion value（价值意见日期）、the effective date of the appraiser's opinions and conclusions（评估师意见和结论的生效日期）、the effective date of the appraisal（评估生效日期）、valuation date（估值日期）等多种称呼。估价时点、估价期日、评估基准日、估值日在中文字面上容易使人误解为开展估价工作的时间或估价作业时间、估价工作日。称为价值时点不但一目了然、不易使人误解，而且更加科学准确。

（六）估价原则

估价原则是指从事估价活动所依据的法则或标准。它们是在房地产估价领域长期深入的理论研究和实践探索过程中，在认识房地产价值价格形成与变动原理和规律的基础上，归纳、总结和提炼出的一些简明扼要的相关基本规则或准则，主要有独立客观公正原则、合法原则、价值时点原则、替代原则、最高最佳利用原则、谨慎原则等。有了这些公认的估价原则，可使不同的估价机构和估价师在相同的估价背景（如同一估价目的、同一房地产）下，对一些重大估价问题（如估价立场、行为、依据、前提等）的认识与处理趋于一致，最终使不同的估价机构和估价师评估出的价值价格基本相同或相近。有关估价原则的详细内容，见第六章。

（七）估价程序

估价程序是指完成一个估价项目所需做的各项工作进行的先后次序，一般包括以下步骤：①受理估价委托；②确定估价基本事项；③编制估价作业方案；④搜集估价所需资料；⑤实地查勘估价对象；⑥选用估价方法测算；⑦确定估价结果；⑧撰写估价报告；⑨内部审核估价报告；⑩交付估价报告；⑪保存估价资料。通过估价程序可以看到一个估价项目从头到尾开展的全过程，可以了解一个估价项目的各项工作及其之间的相互关系。按照完整、科学、严谨的估价程序有条不紊地开展估价工作，可以规范估价行为、保证估价质量、防范估价风险、提高估价效率。有关估价程序的详细内容，见第十四章。

（八）估价依据

估价依据是指作为估价的前提或基础的文件、标准和资料，主要包括下列5类。

（1）有关法律法规和政策：包括有关法律、行政法规，最高人民法院和最高人民检察院发布的有关司法解释，估价对象所在地的有关地方性法规，国务院所属部门颁发的有关部门规章和政策，估价对象所在地人民政府颁发的有关地方政府规章和政策，如《城市房地产管理法》（2019年8月26日修订）、《土地管理法》、（2019年8月26日修订）、《资产评估法》、《民法典》、《国有土地上房屋征收与补偿条例》（2011年1月21日国务院令第590号）、《最高人民法院关于人民法院确定财产处置参考价若干问题的规定》（法释〔2018〕15号）等的有关规定。

（2）有关估价标准规范：包括有关国家标准、行业标准、指导意见和估价对象所在地的地方标准等，如《房地产估价规范》《城镇土地估价规程》《国有建设用地使用权出让地价评估技术规范》《国有土地上房屋征收评估办法》《房地产抵押估价指导意见》《涉执房地产处置司法评估指导意见（试行）》《房地产投资信托基金物业评估指引（试行）》以及《北京市房屋质量缺陷损失评估规程》等。同时需指出的是，在房地产估价标准中，《房地产估价规范》等国家标准是效力最高而要求最低的，即其要求是估价的"底线"，任何房地产估价都应达到其要求，如果没有达到，就是"不达标"。鼓励估价机构制定严于国家标准、行业标准的企业标准，并在不跟有关法律、法规、政策、标准相抵触的前提下有所创新，即可以比《房地产估价规范》等国家标准、行业标准的要求更严、更高、更细，而不是必须与其完全一致。

（3）估价委托书和估价委托合同：估价委托书是委托人向估价机构出具的要求估价机构提供估价服务的文件。估价委托合同是委托人和估价机构之间就估价服务事宜订立的协议。

（4）估价委托人提供的估价所需资料：如估价对象的坐落、面积、用途、权属证明、历史成交价格、运营收益（收入和费用）、开发建设成本（费用、税金和利润等）以及相关财务会计信息等资料。为了使委托人提供的资料可靠，应要求委托人如实提供其知悉的估价所需资料，并保证其提供的资料是真实、完整、合法和准确的，没有隐匿或虚报的情况；还应对委托人提供的资料持合理怀疑的态度，依法进行核查验证或审慎检查。

（5）估价机构和估价师积累和搜集的估价所需资料。

（九）估价假设

估价假设也称为估价前提假设，即是对估价前提的假设。估价前提是对所评估的估价对象价值价格进行分析、测算和判断的先决条件。广义的估价假设是指对各种估价前提所做的假定，不仅包括对特定估价对象状况所做的假定，如假定按估价对象的登记面积（一般为不动产权属证书记载的面积，俗称"证载面积"）而非实际面积（如不计违法扩建的面积）进行估价，还包括对市场环境、市场主体、市场范围、交易条件等所做的假定，如假定市场环境未来不发生重大变化、市场参与者均为理性经济人、所在市场为公开市场或封闭运行市场（如目前土地承包经营权限于在本集体经济组织成员之间转让）、交易税费由双方各自负担或全由买方负担等。这里所讲的估价假设，是指针对特定估价对象状况等估价前提所做的必要、合理且有依据的假定，是在估价报告的"估价假设和限制条件"中应予以说明或披露的估价假设，包括一般假设、背离事实假设、不相一致假设、未定事项假设、依据不足假设和其他假设（这些假设的具体含义和内容，见第十四章第九节中的"估价假设和限制条件"）。例如：①在无正当理由怀疑估价委托人提供的资料真实性、完整性、准确性和合法性的情况下，对其真实、完整、准确和合法的假定；在无正当理由怀疑估价对象状况有异常的情况下，对其未见异常或视为正常的假定，如假定估价对象的房屋安全、无环境污染、权属无争议等。②在用于人民法院确定财产处置参考价的估价中，与用于房地产转让、抵押的估价不同，把被查封、有抵押的房地产假定为未被查封、无抵押的房地产来估价。③在估价对象的实际用途、登记用途（一般为不动产权属证书记载的用途，俗称"证载用途"）、规划用途之间不一致的情况下，对估价所依据的用途的合理假定。④在建设用地使用权需要估价而估价所必需的规划用途、容积率等规划建设条件尚未明确的情况下，对规划建设条件的合理假定。⑤在客观原因导致无法到估价对象现场调查了解其状况的情况下，对未现场调查了解的估价对象状况的合理假定。

估价分析、测算和判断是在估价假设所假定的前提条件下进行的。这些前提条件如果发生变化，估价结果就会有所不同或需调整，甚至要重新估价。因此，估价假设也是估价结果成立的前提条件。必要、合理且有依据地作出估价假设并在估价报告中予以说明，其作用主要有以下4个：①提示委托人或估价报告使用人在使用估价报告尤其是估价结果时注意相关前提条件，保护委托人和估价报告使用人的合法权益。②合理规避相关估价风险，保护估价机构及其估价专业人员。例如，虽然无正当理由怀疑委托人提供的资料真实性、完整性、准确性和合法性，但又不能完全确定尤其是无法保证这些资料就是真实、完整、准确和合法的，只得作出委托人提供的资料是真实、完整、准确和合法的假定。否则，万一是虚假的，或有重大遗漏、重大差错，估价机构和相关估价专业人员将会依法承担责任。③得出科学合理的估价结果。例如，在用于人民法院确定财产处置参考价的估价中，如果不按假定的未被查封、无抵押的状况来估价，而按被查封、有抵押的实际状况来估价，反而会得出严重低估的错误结果。再如，在用于办理房屋受贿案件的估价中，在受贿人未办理房屋权属变更登记或借用他人名义办理权属变更登记（房屋登记在他人名下）的情况下，如果把受贿人"非法占有"的房屋作为一般意义上的"非法占有"来估价，而不假定为其"合法所有"的房屋来估价，也会得出严重低估的错误结果。④使估价工作能够科学有序开展下去。例如，在需要估价的情况下，如果在估价对象的多种用途之间不一致时不对估价所依据的用途作出假定，在估价对象的规划建设条件尚未明确时不对估价所依据的规划建设条件作出假定，在估价对象的某些状况无法调查了解时不对估价所依据的相应状况作出假定，要么因陷入"两难困境"或缺少"已知条件"而使估价工作难以开展，要么随意按某种状况以至模糊状况进行估价而导致估价结果可高可低，进而会使估价工作失去严肃性，也会使估价结果不可信、不可用。

（十）估价方法

估价方法是指测算估价对象价值价格所采用的方法，具体为有关公式或模型，实际上是量化和显化房地产价值价格的各种工具（简称估价工具）。房地产价值价格不能仅凭直觉和经验进行主观推测、判断，而应利用有关数据、采用科学方法进行测算。一宗房地产的价值价格通常可以通过下列3个主要路径或途径来测算。

（1）市场路径：当前同一市场上与该房地产相似的房地产是以什么价格进行交易的——理性的买者所愿意支付的价格一般不高于其他买者当前购买相似的房地产的价格，即基于相似的房地产的成交价格来测算其价值价格。

（2）收益路径：如果将该房地产出租或自营，预计未来可以获得多少收益——理性的买者所愿意支付的价格一般不高于该房地产的预期未来收益（简称预期收益）的现值，即基于该房地产的预期收益来测算其价值价格。

（3）成本路径：如果重新开发建设该房地产或相似的房地产，预计需要多少费用——理性的买者所愿意支付的价格一般不高于该房地产的重新开发建设成本（包括必要支出和应得利润），即基于该房地产的重新开发建设成本来测算其价值价格。

由上述三个主要路径产生了三种基本估价方法，即市场比较法（也称为交易实例比较法，简称比较法、市场法）、收益资本化法（也称为收益还原法，简称收益法）、成本法（也称为重置成本法、重建成本法，在"土地估价"中通常称为成本逼近法）。这三种方法加上假设开发法（也称为剩余法、预期开发法、开发法），可以说是常规的估价方法，也是目前最常用的估价方法。

关于基本估价方法，值得指出的是，美国一般为市场比较法（market comparison approach，sales comparison approach）、成本法（cost approach）、收益法（income approach）三种；英国一般为比较法（comparison method，comparative method）、投资法（investment method）、利润法（profits method）、承包商法（contractor's method）、剩余法（residual method）五种。英国的比较法与美国的市场比较法基本相同；投资法和利润法可归为收益法，两者的主要区别是适用的估价对象不同。投资法用于以出租为主的房地产，如写字楼、商铺；利润法用于以自营为主的房地产，如酒店、汽车加油站。英国的承包商法和剩余法可归为成本法。因此，英国和美国的基本估价方法实质上是相同的。

除了上述四种估价方法外，还有一些其他估价方法，如土地估价特有的基准地价（系数）修正法、路线价法、标定地价（系数）修正法，主要用于房地产批量估价（mass appraisal）的标准价调整法、回归分析法，主要用于房地产未来价值评估的长期趋势法，主要用于房地产价值损失评估的修复成本法、价差法、损失资本化法。将在第七章至第十三章中详细介绍有关估价方法及其运用。

（十一）估价结果

估价结果也称为估价结论，是指通过估价活动得出的结论性意见，包括评估价值和其他相关专业意见。狭义的估价结果仅指评估价值。

评估价值也称为评估价格，简称评估价、评估值，是指通过估价活动得出的估价对象价值价格。评估价值是估价结果和估价报告的最核心内容，甚至可以说是整个估价活动的最核心成果，一般是一个具体的金额，也可能是一个最可能或正常合理的区间值，或下限值、上限值。评估价值不只是一个或几个数字，数字背后有着丰富的内涵和信息。有关估价结果如何确定和表述的内容，见第十四章第八节"确定估价结果"。

需要指出的是，由于估价结果尤其是评估价值通常对估价委托人和估价利害关系人很重要，他们可能对估价结果有所期望或要求，甚至设法进行干预。估价机构和估价师应在估价服务上让客户满意，但是不能在评估价值的高低或大小上为了让客户满意而影响客观合理、科学准确的评估价值，更不得为了招揽或争抢业务而迎合估价委托人的高估或低估要求。在鉴证性估价中，一般不能在正式出具估价报告之前与估价委托人和估价利害关系人讨论交流评估价值，不能征求或听取他们对评估价值的意见。因为这些做法都有可能影响估价独立、客观、公正地进行，甚至会被认为与相关当事人串通、出具虚假评估报告，带来很大的估价风险隐患。

三、房地产估价的必要性

一个职业和行业的生存与发展，必须建立在社会对它有内在需要的基础上，单纯依靠行政命令、法律规定是难以持久发展壮大的。如规定一些"法定评估"[①] 是十分必要的，但是不能对其过于依赖，长期持续发展要立足于人们心甘情愿的估价需要。跟"法定评估"相对，可将需要确定估价对象价值价格而自愿委托估价机构评估的，称为"自愿评估"。自愿评估业务的市场空间更广阔，从长远来看，更具成长性、持续性、稳定性。此外，广大估价业内人士不仅自己要充分认识到这个职业和行业存在的必要性和重要作用，还要积极主动向业外广泛宣传，使社会大众也能认识到其必要性和重要作用。否则，这个职业和行业就难以在竞争激烈的现代社会中生存和发展下去。

（一）专业估价存在的基本前提

任何商品、资产或财产虽然在交易等活动中都需要衡量和判断价值或价格，但并不都需要专业估价服务。价值较低或价格依照通常方法（如通过简单比较）容易确定的资产，一般不需要专业估价服务，进行专业估价也不经济。例如，《最高人民法院关于人民法院民事执行中拍卖、变卖财产的规定》规定："对拟拍卖的财产，人民法院可以委托具有相应资质的评估机构进行价格评估。对于财产价值较低或者价格依照通常方法容易确定的，可以不进行评估。"《行政事业性国有资产管理条例》（2021 年 2 月 1 日国务院令第 738 号）规定"资产价值较高的按照国家有关规定进行资产评估"。可见，只有同时具有各不相同、价值较高两个特性的资产，才真正需要专业估价服务。

之所以要具有各不相同的特性，是因为一种资产如果是"同质资产"，相同的很多，价格普遍存在、众所周知，或者一般人依照通常方法、日常生活经验便可推测出其价格，就不需要专业估价服务，比如批量制造的新的汽车、电梯等机器设备。

之所以还要具有价值较高的特性，是因为一种资产如果价值不够高，如某些价值较低的珠宝玉石、旧电器，专业估价费用与资产本身的价值相比较高，甚至超过资产本身的价值，进行专业估价显得不划算，也就无必要进行专业估

---

① 《资产评估法》规定："涉及国有资产或者公共利益等事项，法律、行政法规规定需要评估的（以下称法定评估），应当依法委托评估机构评估。"

价。因此，真正需要专业估价服务的主要是房地产，以及价值较高的矿业权、古董、艺术品、珠宝玉石、旧机动车、旧机器设备、无形资产、企业整体资产等"非标资产"。

（二）房地产需要专业估价服务

房地产之所以需要专业估价服务，除了房地产同时具有各不相同、价值较高两个特性，还因为房地产市场是典型的不完全市场。不完全市场是指不具备以下8个条件之一的市场：①同质商品，买者不在乎从谁的手里购买；②众多的买者和卖者；③买者和卖者都可以自由进入市场；④买者和卖者都掌握当前价格的完全信息，并能预测未来价格；⑤就成交总额而言，每个买者和卖者的购销额是无关紧要的；⑥买者和卖者无串通合谋行为；⑦消费者追求效用最大化，生产者追求利润最大化；⑧商品可转让且可发生空间位置移动。房地产市场因房地产各不相同、价格影响因素复杂多变，明显不具备第①条和第④条，此外还因房地产空间位置不能移动，明显不具备第⑧条，所以房地产市场通常被视为典型的不完全市场。

由于房地产市场是不完全市场，并且交易双方存在信息不对称（即交易双方拥有的信息不同，卖方比买方一般拥有更多关于交易标的物的信息）等许多妨碍房地产价格合理形成的因素，所以房地产难以自动形成客观合理的价格，需要进行"替代"市场的专业估价。房地产估价有助于解决房地产市场失灵、将房地产价格导向正常化、保障房地产交易公平、维护房地产市场秩序、保护房地产交易者合法权益和公共利益、防范房地产相关金融风险、化解有关矛盾纠纷，以及促进房地产资源合理配置、有效利用、保值增值等，是房地产市场乃至现代市场经济不可或缺的重要组成部分。因此，房地产估价行业虽然从营业收入来看规模不大，但发挥着房地产价值价格"发现""测量""鉴定"等独特的积极作用，就好比是国民经济这部有机一体的大机器的一个零部件，虽然较小，但缺少它或它不够好，整个机器运转难以高效顺畅。

值得指出的是，在需要专业估价服务的不同种类的资产中，由于它们之间的特性、市场特征等有很大不同，鉴别它们的真伪和好坏、把握它们的价值价格影响因素所需的专业知识和实践经验有很大差别，因此评估它们的价值价格通常不是同一个估价师，甚至不是同一个估价机构所能胜任的。例如房地产、矿业权、古董、艺术品、珠宝玉石、机器设备、无形资产，难得有同一个人对它们都识货，更不用说要科学准确评估它们的价值价格了。进一步来说，估价是与估价对象这个"物"紧密相关的，与某些浮在"物"之上的专业服务有很大不同。从这个方面看，估价更类似于设计。比如建筑设计、汽车设计、服装设计、工艺品设计，虽然都是设计，表面上看都需要造型、讲究美观等，但仍然"隔行如隔山"。世界上，估价职业道德都要求估价师具有相应的专业胜任能力，具有与被估价资产相关的专业知识和实践经验。对于社会大众来说，一般也只有这种估价专业人员得出的估价结果才能令人信服。因此，估价必然会出现适当的专业分工，形成主要根据估价对象划分的不同专业领域或专业类别和相应的估价师。

国际上，一般把估价专业划分为房地产、古董和艺术品、矿业权、企业价值、无形资产、机器设备等几大类。对于房地产估价，在美国等市场经济发达国家，通常还细分为居住用房地产估价、商业用房地产估价和农业用房地产估价，在这些类别的估价中通常还有各自的专业范畴。例如，住宅估价中有的估价师专做小型的（一至四个单元）供多个家庭使用的住宅估价，有的估价师专做较大面积的独立式住宅估价；商业用房地产估价中，有的估价师专做写字楼估价、专做零售商业用房地产估价，有的估价师专做工业用房地产估价，或者专做土地开发估价。总之，估价如果不分专业领域，一个估价师如果什么资产都可以估价，就好比一个教师什么课都可以教，一个医生什么病都可以看，某些估价师可能因所有估价业务都可以从事而一时得利，但终会因为没有专业化发展而不能提供科学准确、高质量的估价服务，进而会发生"信任危机"而不被社会认可，得不到社会尊重而难以持续发展，最终受害的将是估价师和估价行业自身。因此，《资产评估法》规定"国家根据经济社会发展需要确定评估师专业类别"，"评估机构开展法定评估业务，应当指定至少两名相应专业类别的评估师承办"。据此，"承办房地产类法定评估业务，必须指定至少两名房地产评估师承办。不符合这一要求的，评估机构属于'指定不符合本法规定的人员从事评估业务'。"① 对此，还会根据《资产评估法》规定，"由有关评估行政管理部门予以警告，可以责令停业一个月以上六个月以下；有违法所得的，没收违法所得，并处违法所得一倍以上五倍以下罚款；情节严重的，由工商行政管理部门吊销营业执照；构成犯罪的，依法追究刑事责任"。至于估价机构，则可以根据自己的发展定位、拥有的估价师的专业类别等情况，选择走多元化发展道路，开展多种资产估价业务，成为综合性的估价机构；或者选择走专业化发展道路，专门开展某类资产估价业务，成为某类专业的估价机构。

（三）房地产估价是估价行业的主要部分

在估价行业中，从经济发达国家和地区来看，房地产估价的人员、机构、业

---

① 袁杰等主编. 中华人民共和国资产评估法释义. 北京：中国民主法制出版社，2016 年 8 月第 1版. 第 95 页。

务收入通常是最多的；从估价相关国际组织、国外和地区组织来看，房地产估价组织通常也是最多、最大的。可以说房地产估价是估价行业的主要部分，其原因主要有下列 3 个。

（1）房地产量大面广。房地产的存量和增量都很大。在一个国家和地区的总财富中，房地产通常占比最大，一般占 50%～70%，即其他各类资产之和也不及房地产。例如，1909—1919 年美国的房地产价值为 983 亿～1477 亿美元，占其总财富的 51.9%～59.8%。① 1990 年美国的房地产价值为 8.8 万亿美元，约占其总财富的 56%。② 可见，上百年来美国的房地产价值均占其总财富的一半以上。房地产通常还是家庭财产的最主要组成部分。有资料反映"美国家庭财富的一半以上是房地产"。③ 中国的情况也差不多。2002 年，中国农村居民的财产中，土地和房产是最大的两项，约占 74%；城市居民的财产中，房产占比高达 64.39%。④ 据经济日报社中国经济趋势研究院编制的《中国家庭财富调查报告（2019）》，2018 年我国居民家庭财产中房产占七成，城镇居民家庭房产净值占家庭人均财富的 71.35%，农村居民家庭房产净值占比为 52.28%。

相比之下，在总和不多于房地产的其他资产中，许多种类的资产还因为不同时具有各不相同、价值较高两个特性，如批量制造的新的机器设备，通常不需要专业估价服务。某些种类的资产虽然在理论上需要专业估价服务，如某种旧的机器设备，但因其数量过少，其估价业务很少，估价收入无法支撑人们专门从事其估价活动，也就没有相应的估价师。这类资产一旦需要专业估价服务，通常是依靠相关研究者或设计者、制造者提供估价专业意见。在需要专业估价服务并能支撑人们专门从事其估价活动的其他资产中，一般还要分为不同的专业领域或专业类别。这就使得其他资产估价专业相对更小，房地产估价在估价行业中的主体地位更加突出。

（2）房地产需要专业估价服务的情形较多。房地产以外的资产主要发生转让行为，在转让的情形下需要专业估价服务。而房地产除了发生转让行为，还经常产生租赁、抵押、征收、税收、诉讼、资产证券化等活动。因此，房地产不仅在

① ［美］伊利，莫尔豪斯著. 土地经济学原理. 滕维藻译. 北京：商务印书馆，1982 年 6 月第 1 版. 第 221 页.

② ［美］丹尼斯·迪帕斯奎尔，威廉·C·惠顿著. 城市经济学与房地产市场. 龙奋杰 等译. 北京：经济科学出版社，2002 年 7 月第 1 版. 第 7 页.

③ ［美］陈淑贤，约翰·埃里克森，王诃著. 房地产投资信托. 刘洪玉，黄英等译. 北京：经济科学出版社，2004 年 5 月第 1 版. 前言.

④ 赵人伟，李实，丁赛. 中国居民财产分布研究. 中国经济时报，2005 年 4 月 25 日.

转让的情形下需要专业估价服务，在租赁、抵押、征收、税收、诉讼、资产证券化等情形下也需要专业估价服务（具体见第二章）。纵观古今中外，对房地产专业估价服务的需要远多于对其他资产专业估价服务的需要。

（3）同时普遍提供房地产咨询顾问服务。房地产估价机构和估价师因为不仅懂得房地产价值价格及其评估，而且熟悉房地产价值价格影响因素及其改变带来的房地产价值价格变化，了解房地产市场状况，所以不仅是"房地产估价专家"，还是"房地产鉴定专家""房地产价格专家""房地产市场分析专家""房地产投资顾问"，通常还提供许多房地产咨询顾问服务。这就使得房地产估价行业有着更加广阔的发展空间。

第二节　对房地产估价的深入了解

一、专业估价与非专业估价的本质不同

专业估价与非专业估价有本质不同，主要表现在下列 5 个方面。

（1）由独立第三方的估价专业机构及其估价专业人员从事。估价专业机构是具有足够数量的估价专业人员等条件，依法设立并向有关估价行政管理部门备案，专门从事有关估价活动的独立法人或非法人组织。估价专业人员是具有估价专业知识及实践经验，专门从事有关估价活动的个人。

（2）提供的是专业意见。专业估价提供的价值价格等意见不是凭直觉、常识或日常生活经验得出的，而是按照完整、严谨的程序，根据有关证明、信息和数据等资料，采用科学的方法，经过审慎的分析、测算和判断得出的，并采取出具书面估价报告的方式将相关内容展现出来。

（3）估价结果具有公信力。专业估价由于是独立第三方的估价专业机构及其估价专业人员从事，估价结果较科学准确、客观公正，且有支持的理论依据、相关证据和分析测算过程，所以具有独立性、专业性、权威性和说服力，简要地说就是估价结果可信。

（4）要依法承担相关责任。估价专业机构和估价专业人员有行政监督管理和行业自律管理，要对其提供的价值价格等意见和出具的估价报告负责，依法承担责任，违反有关法律法规规定的，不仅会被责令限期改正，还会依法受到行政处罚，承担民事赔偿责任，甚至被追究刑事责任。

（5）实行有偿服务。专业估价是一种专门职业和行业，需要生存和发展，更需要不断提高专业水平和服务质量，接受委托提供服务要向委托人收取一定的费

用。有偿服务的收费即服务价格，应依法按照有关规定制定合理收费标准、明码标价，注明服务的项目、收费标准等有关情况。

专业估价不是任何单位和个人都可以从事的，这是因为其估价结果往往还直接关系到相关当事人和利害关系人的重大权益，甚至关系到人民财产安全、公共利益和国家利益。例如，为征收国有土地上组织、个人的房屋确定补偿金额提供依据的估价（简称房屋征收评估），关系到被征收人的经济利益乃至社会稳定；为人民法院确定财产处置参考价等提供参考依据的估价（简称房地产司法估价），关系到被执行人和申请执行人的合法权益乃至司法公正；为房地产抵押贷款确定贷款额度提供参考依据的估价（简称房地产抵押估价），不仅关系到抵押当事人的合法权益，还关系到信贷风险乃至国家金融安全。即使专业估价，如果监管不够，也会出现严重问题，如梁振英先生认为："境外的经验说明，股市崩盘、企业倒闭和银行出现大量房地产坏账的主要原因，往往是不规范的房地产评估。"[①]

二、房地产估价与房地产评估的异同

房地产估价和房地产评估通常可以不作区分，能够彼此换用。但是科学、严谨地说，估价和评估的内涵不尽相同。

针对价值价格分析、测算和判断活动来说，估价的含义更加明确、准确，就是指对价值价格进行评估。而评估的含义较模糊、宽泛，不仅指价值价格评估，还可以指查验某人、某物、某项工作或活动，以判断其表现、能力、质量、效果、影响等。

目前，评估一词还广泛用于其他方面或领域，许多法律法规和政策规定了很多其他评估活动，例如：①在政府决策方面，要求与人民群众利益密切相关的重大决策、重要政策、重大改革措施、重大工程建设项目，与社会公共秩序相关的重大活动等重大事项，在制定出台、组织实施或审批审核前，应进行"社会稳定风险评估"，对可能影响社会稳定的因素开展系统的调查，科学的预测、分析和评估，制定风险应对策略和预案。如《国有土地上房屋征收与补偿条例》规定"市、县级人民政府作出房屋征收决定前，应当按照有关规定进行社会稳定风险评估"；《土地管理法》规定"县级以上地方人民政府拟申请征收土地的，应当开展拟征收土地现状调查和社会稳定风险评估"。②在规划管理方面，《城乡规划法》规定"应当组织有关部门和专家定期对规划实施情况进行评估"，并"应当向本级人民代表大会常务

---

① 黄西勤著．足迹与梦想：评估行业回顾与展望．北京：中国建筑工业出版社，2019年10月第1版．序一。

委员会、镇人民代表大会和原审批机关提出评估报告"。③在防灾减灾方面,《地质灾害防治条例》规定"在地质灾害易发区内进行工程建设应当在可行性研究阶段进行地质灾害危险性评估,并将评估结果作为可行性研究报告的组成部分"。《汶川地震灾后恢复重建条例》第三章为"调查评估",并规定"国务院有关部门应当组织开展地震灾害调查评估工作","地震灾害调查评估报告应当及时上报国务院"。④在数据安全方面,《数据安全法》规定"国家促进数据安全检测评估、认证等服务的发展,支持数据安全检测评估、认证等专业机构依法开展服务活动","重要数据的处理者应当按照规定对其数据处理活动定期开展风险评估,并向有关主管部门报送风险评估报告"。此外,《民法典》规定"违反国家规定造成生态环境损害的,国家规定的机关或者法律规定的组织有权请求侵权人赔偿……生态环境损害调查、鉴定评估等费用"。《噪声污染防治法》规定"噪声污染相关标准应当定期评估,并根据评估结果适时修订"。《反垄断法》规定国务院设立反垄断委员会,"组织调查、评估市场总体竞争状况,发布评估报告"。《地名管理条例》规定"县级以上人民政府地名行政主管部门和其他有关部门可以委托第三方机构对地名的命名、更名、使用、文化保护等情况进行评估"。

与上述情形类似,房地产评估不仅包含房地产价值价格评估,还可以包含房屋工程质量评估、房屋完损程度评估、房屋使用功能评估、房地产周围环境评估、房地产贷款风险评估、投资风险评估、风险承受能力评估,甚至可以包含房地产政策评估等。因此,虽然房地产估价应当对所涉及的房屋工程质量、完损程度、使用功能、周围环境等状况进行调查、评估,但是为了表述上更加科学准确,应把以得出房地产价值价格为目标或最终结果的评估,称为房地产价值价格评估,或简称房地产估价。同理,以其他某个方面作为目标或最终结果的评估,应明确地称为相应方面的评估。只有当评估的目标和最终结果为综合性的或目前尚无恰当的词语来准确表述时,才可以笼统地称为房地产评估。例如,商业银行在发放房地产开发贷款时,委托房地产估价机构对申请贷款的房地产开发企业的资信状况、经营管理状况、以往开发业绩和经验,以及房地产开发项目的合法性、可行性等进行调查、分析和评价,可以笼统地称为房地产评估。同时需要指出的是,区分房地产估价和房地产评估,并不意味着房地产估价机构和房地产估价师只能从事房地产价值价格评估业务,实际上还可以也有能力开展房地产其他相关评估业务。

三、鉴证性估价与咨询性估价的区别

《资产评估法》颁布实施后,资产评估不仅包括财政部门管理的狭义的资产评估专业领域，还包括住房和城乡建设部门管理的房地产估价、自然资源部门管理的土地估价等其他评估专业领域，并且该法规定评估机构及其评估专业人员开展业务应当"遵循独立、客观、公正的原则"，评估专业人员应当"依法独立、客观、公正从事业务"，"评估机构应当依法独立、客观、公正开展业务"。

然而，投资价值评估和某些咨询性估价因要从某个特定单位或个人的角度而非站在中立的立场进行估价，严格地说，不一定要"独立、客观、公正"。因此，为了防止不应有的违法行为，也为了使估价结果更加科学准确，还应区分鉴证性估价和咨询性估价。可以将《资产评估法》所称评估的范围理解为鉴证性估价，而不包括咨询性估价。如果这样来理解估价和评估的不同，则估价的范围较大，评估的范围较小。

鉴证性估价一般是估价报告或估价结果供委托人给第三方使用或说服第三方，起着价值价格证明作用的估价，如借款人委托的房地产抵押估价，用于上市公司关联交易的估价，为出国移民提供财产证明的估价。有的估价报告或估价结果虽然是供委托人自己使用，但因评估价值的高低直接关系有关当事人、利害关系人的切身利益，需要有关当事人、利害关系人认可或说服他们，如房屋征收部门委托的房屋征收评估、商业银行委托的房地产抵押估价、人民法院委托的房地产司法估价、税务机关委托的房地产税收估价，也属于鉴证性估价。咨询性估价一般是估价报告或估价结果仅供委托人自己使用，为其作出相关决策或判断提供参考依据的估价，如为委托人出售房地产确定要价、购买房地产确定出价服务的估价。

需要指出的是，一项估价业务是属于鉴证性估价，还是属于咨询性估价，不是估价机构、估价师和委托人可以随意确定的，本质上是由估价目的决定的。属于鉴证性估价的，应依法独立、客观、公正估价，并出具正式估价报告，不得故意用出具咨询报告、咨询意见书等形式来规避相关责任，实际上也不是将报告名称冠以"咨询"字样或变相采用咨询意见书等形式就能规避相关法律责任的；属于咨询性估价的，可以站在委托人的立场，依法为委托人争取最大的合法权益。因此，估价机构和估价师要分清鉴证性估价、咨询性估价这两种角色、两种立场，同时不论是鉴证性估价还是咨询性估价，也不论所应承担的法律责任大小，都应认真对待，勤勉尽责地估价，特别是不得出具虚假估价报告、有重大遗漏或有重大差错的估价报告。

四、估价业务及其与相关业务的划分

房地产估价业务可先分为房地产估价基本业务和延伸业务，然后再分别进行

细分。房地产估价基本业务也称为房地产估价核心业务，是指各种估价目的、各种房地产在各个时间的各种价值价格评估业务。

房地产估价延伸业务主要包括下列4类业务。

(1) 房地产价值分配评估。主要是把整体房地产价值价格在其各个组成部分之间进行合理分配。例如：①为了抵押、司法处置、税收、会计等的需要，把包含建筑物和土地的价值、价格、收益在内的评估值（或评估价）、成交价（或购买价款，如通常所说的房价）、租金（如通常所说的房租），在建筑物和土地之间进行合理分配；②为了定价等的需要，把采用成本法测算出的一个住宅区的平均房价或平均房租，在该区内不同楼幢、户型、朝向、楼层、景观等的各套住宅之间进行合理分配；③为了定价等的需要，把采用成本法测算出的一个土地成片开发或一级开发区域的平均地价，在该区内各宗开发完成的土地（如划分出的各宗熟地）之间进行合理分配；④为了确定土地权利义务等的需要，把一宗土地的价值价格在其上建筑物的各个单位（如各层、套、间）之间进行合理分配，即"高层建筑地价分摊"。

(2) 房地产价值提升评估。即改变房地产价值价格影响因素带来的房地产增值评估。例如：①变更房屋用途或土地用途、增加建筑容积率[①]、改进物业管理、相邻房地产合并、搬迁旧机场释放禁空等带来的房地产增值评估；②在城镇老旧小区改造或存量房屋改造中，测算改造给整个小区、整栋房屋以及每户居民家庭带来的房地产增值，并可提供改造带来的房地产增值等效益是否大于改造费用的可行性研究，改造费用公平合理分摊等专业服务。

(3) 房地产价值损失评估。即房地产价值价格影响因素被改变带来的房地产减值评估，如因环境污染、灾害、建造建筑物、建筑施工、工程质量缺陷、修改城乡规划、错误查封、异议登记不当、房地产分割等造成的房地产减值或减价评估。

(4) 相关额外费用和直接经济损失评估。例如，因征收房地产、房地产损害、对被损害房地产进行修复等造成的搬迁费用、临时安置费用、停产停业损失评估。

房地产估价相关业务是指房地产咨询以及与房地产估价有关的其他业务，可统称房地产咨询顾问业务。早在1995年建设部、人事部首次印发的《房地产估价师执行业资格制度暂行规定》中就明确"房地产估价师的作业范围包括房地产

---

① 建筑容积率，简称容积率，是指一定用地范围内建筑面积总和与该用地总面积的比值。例如，某宗建设用地的总面积为10 000m²，该用地内建筑物的建筑面积总和为40 000m²，则容积率为4.0。

估价、房地产咨询以及与房地产估价有关的其他业务"。现实中,房地产估价机构和估价师经常发挥"懂理论、懂政策、懂市场,会测算、会写作"等专业优势,从事房地产咨询顾问业务。例如,提供房地产市场调研(包括调查、分析、预测等)报告,编制房地产项目(包括新建、扩建、改建、改造等项目)可行性研究报告(包括供投资者自用、项目立项用、项目融资用等)、项目建议书、项目申请书,开展房地产尽职调查、状况评价、市场竞争力分析、最高最佳利用分析、项目定位与策划、现金流量预测与分析、预期收益评估,提供房地产定价建议、成交时间预测与分析(包括正常成交时间预测、不同的可能交易价格对应的成交时间分析)、购买分析、投后管理服务,以及协助有关政府部门、企事业单位对存量房屋、土地等房地产进行摸底调查、梳理情况、完善产权、争取优惠、有效盘活、优化整合、高效利用、保值增值,并建立有关管理信息系统予以可视化展示,实行动态管理等。

第三节　对房地产估价的更深理解

为了更好地把握房地产估价的内涵与实质,避免对房地产估价产生某些误解,特别是防止因误解而发生误导,还需要从下列 6 个方面进一步认识房地产估价。

一、房地产估价本质上属于价值评估

中国改革开放后不久的 20 世纪 80 年代,在恢复房地产估价活动时,人们普遍接受和认可的价值含义是"劳动价值",即价值是体现在商品里的社会必要劳动;价值量的大小取决于生产这一商品所需的社会必要劳动时间的多少;不经过人类劳动加工的东西,即使对人们有使用价值,也没有价值。当时,许多人还认为"土地本身是没有价值的,因为它不是人类劳动的产物"。在这种背景下,为了避免与"劳动价值"不一致而引起理论上不必要的争论,同时避免与"劳动价值"混淆而误导或误解现实中的估价行为和估价结果,比如可能以为估价是评估开发建设房地产所需的社会必要劳动时间,或者以为估价结果是开发建设房地产所需的社会必要劳动时间,因此采用了"价格评估"而非"价值评估"的称呼。包括 1994 年颁布的《城市房地产管理法》采用的也是"价格评估",如该法规定"国家实行房地产价格评估制度","国家实行房地产价格评估人员资格认证制度"。

后来,随着进一步解放思想和对外交流,认识到房地产估价是评估房地产的

经济价值，相当于"效用价值"，即从商品中获得的全部利益、满足或享受；有无价值及价值大小主要取决于有用性、稀缺性等因素。价值（value）和价格（price）的区别及关系主要是：价值是内在的、相对客观和相对稳定的；价格是价值外在的货币表现，不论价格是公开还是保密的，都是可以观察到的事实，具有个别性和外在性。通俗地说，价值是"值多少钱"，价格是"卖多少钱"。例如，一套值 100 万元的房子，可能因卖家不了解该价值或急需资金而只卖了 90 万元，或者买家不了解该价值或急于用房、很喜欢而以 110 万元购买。一般情况下，价格和价值密切相关，价格围绕着价值上下波动。但在特殊情况下，价格可能脱离价值而与价值关系不大。在现实中，价格通常因人而异，甚至因交易当事人对市场行情或交易对象不够了解、交易双方有利害关系（如为近亲属）、市场状况不够正常（如过热或低迷）等，出现"低值高价""高值低价"的价格与价值明显背离情况。因此，为了表述上更加科学、严谨，减少估价工作的主观随意性，并与国际通行的估价观点、概念和理论等相衔接，便于对外交流与合作，有必要说明房地产估价本质上属于价值评估，即评估房地产的价值而不是价格。

同时需指出的是，那种认为任何情况下都是评估房地产的价值特别是只评估市场价值的观念，已不适应房地产市场发展、经济社会发展对房地产估价的多样化、精细化、个性化需求，有必要更新。这是因为：①虽然价值和价格在理论上有本质不同，但人们在日常生活中对它们通常不作严格区分，时常混用；②尽管理论上是内在的价值决定外在的价格，但估价实践中往往是通过外在的价格来推测内在的价值，如采用比较法估价时，是通过多个交易实例的成交价格来测算价值的；③现实中随着涉及房地产的经济、行政、诉讼等活动日益纷繁复杂，房地产价值价格的种类越来越多，除了市场价值，还有市场价格、投资价值、现状价值、清算价值、残余价值等，价值已不只是市场价值，价格也不只是成交价格；④除要价、出价、成交价等交易过程中直接产生的价格以外，市场价格、重置价格、成本价格、基准价格等的名称虽然为价格，但它们的内涵具有价值的某些性质，且现实中对它们也有评估的需求。因此，估价机构和估价师在提供估价服务时，应根据委托人对估价的实际需要等具体情况，来确定是评估哪种具体的价值价格。例如，在房地产市场有泡沫而出现市场价格高于市场价值的情况下，因"对被征收房屋价值的补偿，不得低于房屋征收决定公告之日被征收房屋类似房地产的市场价格"，房屋征收评估还应评估被征收房屋的市场价格，而不仅是市场价值；但假设有一天房地产市场低迷而出现市场价格低于市场价值或成本价格的情况，则为了"公平、合理的补偿"，不仅需要评估被征收房屋的市场价值，还可能需要评估其成本价格。

二、房地产估价应模拟市场进行估价

由于房地产具有不可移动、各不相同、价值较高等特性，市场上没有两宗相同的房地产交易；同一房地产交易的参与者数量通常较少，有时仅有一两个买家；某一房地产的成交价格还易受卖方急于卖出（急售）、定价策略和买方急于买入（急买）、特殊偏好等交易情况的影响。此外，估价行为看似估价师在给房地产"定价"，并且需要评估的价值价格不仅是无形的，还是人们对房地产的某种"主观心理评价"，是人类创造出来的属于人的主观意识范畴，不是客观存在的实物，因此估价是一种主观性较强的活动。尽管如此，对于某个市场参与者和估价师来说，房地产价值价格的高低不以其个人的意志为转移，不由其个人的价值价格判断所决定，而是相对客观的，主要取决于市场供求力量，由众多市场参与者的价值价格判断共同形成。因此，除针对特定市场主体的投资价值评估等特殊估价以外，房地产估价一般应假设被估价房地产处于交易之中，按照一定的交易条件，在一定的市场状况下，模拟大多数房地产市场参与者的定价思维和行为，考虑市场参与者普遍是如何思考和决定房地产价格的，在认识房地产价格形成机制的基础上，通过科学的分析、严谨的测算和合理的判断，把房地产价值价格揭示出来。房地产估价不可无视市场存在，不得抛开市场，按照个别市场参与者的价格意愿或估价师的个人偏好来估价。换句话说，房地产价值价格就像埋藏在地下的矿产资源那样是客观存在的，估价只是运用估价专业知识及实践经验把它"发现"或"探测"出来。

同时需说明的是，估价师由于熟悉房地产价值价格影响因素及其变化或改变对房地产价值价格的影响，所以也可采用"逆向思维"将估价过程反过来，为相关当事人提供房地产保值增值、价格建议等专业服务，即通过改善房地产状况、优化房地产价值价格影响因素，如依法改变用途、更新改造、改进物业管理等，从而使房地产价值得以提升、保持或避免减损；在评估出的市场价值、市场价格、投资价值等的基础上，结合具体的交易条件、场景等实际情况给出相应的价格建议。但是，这种专业服务不属于估价服务行为，而属于咨询顾问服务行为。

还需注意的是，房地产估价与工程造价、财务会计、审计的立足点有本质不同。房地产估价通常是基于市场上或社会上的正常、一般、平均水平对价值价格进行评估，如通常采用的是正常价格、客观收益、客观成本，或者将不是正常、客观的价格、收益和成本调整、修正为正常、客观的价格、收益和成本。就成本法估价来说，其成本一般是客观成本（社会平均成本），而不是实际成本（个别成本）。有时尽管是客观成本，还要看其是否被市场认可，即是否为有效成本。

例如，在人流量较小的地段建设的规模较大、档次较高的商场，无论谁来建设，其建设成本都很高，但其市场价值也较低。因此，估价的根本依据是"市场状况"而非"文件规定"，是客观的市场水平而非实际发生的金额。

三、房地产估价是科学与艺术的结合

做好房地产估价既要有估价专业知识，又要有估价实践经验。从现实估价情况来看，实践经验甚至比专业知识更重要。这是因为：①不同估价项目的估价对象、估价目的、估价所需资料齐全程度等实际情况错综复杂，不同类型、不同地区、不同时期的房地产市场状况和价值价格影响因素不尽相同，每个估价项目都有其独特之处，许多因素对房地产价值价格的影响以及房地产的价值价格，不是照抄照搬估价公式或模型就能计算得出的。公式或模型中的一些参数（或系数）往往也需要结合估价实践经验并经过反复推测和判断来确定。②不同的估价方法是从不同的方面或角度来测算房地产的价值价格，它们都不免有一定局限，难以全面反映房地产价值价格影响因素的影响。例如，比较法是基于已发生的成交价格，难以反映当下预期发生的重大事件对估价对象价值价格的影响；收益法是基于预期的未来收益，难以反映估价对象严重产权瑕疵对其价值价格的影响；成本法是基于现行的重新开发建设成本，难以反映付款方式不同以及估价对象存在抵押、查封等对其价值价格的影响；假设开发法是基于预期的未来剩余开发价值，可以较好弥补其他估价方法难以反映估价对象潜在开发价值对其价值价格影响的不足，同时存在因相关预测包含较多不确定因素而具有较大随意性。因此，不同估价方法的测算结果之间往往存在一定差异，甚至差异很大。对于同一房地产一般要采用多种方法估价，就是考虑到不同估价方法的局限性及测算结果存在差异，以相互印证、检验、参考和补充，便于结合估价实践经验对不同测算结果进行取舍、调整和综合，然后得出符合实际的科学准确的估价结果。③针对不同的估价对象、不同的估价目的、不同的房地产市场状况，以及估价所需资料齐全程度等实际情况，如何恰当选择和运用估价方法，如何合理确定有关估价参数和估价结果等，都需要结合估价实践经验，灵活运用估价专业知识。

鉴于此，许多国家和地区规定，成为执业的房地产估价师要同时具有估价专业知识和实践经验。例如，我国《资产评估法》把包括房地产估价师在内的评估专业人员明确为"具有评估专业知识及实践经验的评估从业人员"。美国规定成为从事与联邦交易相关的房地产估价业务的注册估价师（Certified Appraiser）和许可估价师（Licensed Appraiser），要通过相应考试，并达到一定时间的从业经验等要求。具体标准由美国各州估价师注册和许可管理部门制定，如加利福尼

亚州对注册估价师和许可估价师的从业经验要求都是不得低于 2 000 小时。我国台湾地区"不动产估价师法"规定："领有不动产估价师证书，并具有实际从事估价业务达二年以上之估价经验者，得申请发给开业证书。不动产估价师在未领得开业证书前，不得执行业务。"

由于实际估价中实践经验的重要性，估价行业内流传着"估价既是科学也是艺术"的说法。但对该说法需注意的是，这里所说的艺术是指估价师对实际估价中遇到的某些特殊问题，在符合估价标准的前提下可结合具体情况作恰当灵活处理，是估价师积累的丰富实践经验在实际估价中的运用和体现，而不能把估价也是"艺术"误解为估价师可以随心所欲地"自由发挥"。

还应当看到，随着大数据时代和数字经济的到来，数据变成了像昔日的土地、机器那样的重要资源和关键要素，人们也要求房地产估价有大量的数据支持和分析。因此，估价机构和估价师要持之以恒地搜集相关数据，建立健全相关数据库，在此基础上运用统计分析等科学方法得出估价参数和评估价值，从主要依靠经验估价转向主要依靠数据估价。拥有大量的估价相关数据，"用数据估价"，已成为估价机构的核心竞争力之一。但"用数据估价"并不是要取代估价师的估价，主要是强调估价师要更多地利用有关数据及其分析技术，进行更加科学准确的估价。就常见的地段、朝向、楼层、户型、房龄等房地产价值价格影响因素来说，它们的不同所带来的房地产价值价格差异，不能仅凭经验进行推测判断，而要通过对大量不同地段、朝向、楼层等的房地产成交价格（包括租金）进行统计分析和测算得出，并应将有关估价测算原理、过程等恰当展示出来，增加估价的可视化程度，提高估价的说服力和可信度。

此外，虽然在可预见的将来科技不能完全取代估价师的估价，但也要认识到，随着大数据、云计算、人工智能等现代科技发展及其在估价领域的应用，估价师的某些重复性工作逐渐被科技取代，特别是对成套住宅等可比性较强、交易量较大的房地产采取"自动估价（automated valuation model，AVM）"等方式，甚至替代某些传统估价作业方式，是大势所趋。例如，人民法院确定财产处置参考价已部分采取了"网络询价"方式。因此，估价机构和估价师要不断转向更加复杂、难度更大、精度要求更高的估价业务，并在提供评估价值的同时有针对性地提供更多有用的其他相关专业意见，不断丰富估价报告和估价结果的内容。

四、房地产估价有一定的规矩和标准

房地产估价虽然要有实践经验，从某种意义上讲也是艺术，实际估价中对某些问题可酌情处理，但是更有很强的科学性和规范性。房地产估价既有一套较科

学、成熟的理论和方法体系，又有一套较完整、科学、严谨的程序，还有一套较严格、完善的职业道德要求。同时，为了减少估价工作的主观随意性，避免不同的估价机构和估价师在相同的估价背景下的估价结果出现较大差异，有关估价行政管理部门和行业组织还将上述理论、方法、程序、职业道德要求上升为相关估价标准或类似于标准的文件，对估价行为作出规定，给以指引和约束。

例如，我国内地制定了《房地产估价规范》《城镇土地估价规程》《房地产估价基本术语标准》等国家标准，以及《国有土地上房屋征收评估办法》《国有建设用地使用权出让地价评估技术规范》《房地产抵押估价指导意见》《涉执房地产处置司法评估指导意见（试行）》《房地产投资信托基金物业评估指引（试行）》等专项估价标准；我国香港地区的香港测量师学会制定了《物业估值标准》（The HKIS Valuation Standards on Properties）；我国台湾地区制定了《不动产估价技术规则》。

有关国际、区域和国家估价组织或政府部门也制定了相关估价标准。例如，国际估价标准理事会（International Valuation Standards Council，IVSC）制定了《国际估价标准》（International Valuation Standards，IVS），欧洲估价师协会联合会（The European Group of Valuers′ Associations，TEGoVA）制定了《欧洲估价标准》（European Valuation Standards，EVS）（通常称为 The Blue Book，即蓝皮书），美国估价促进会估价标准委员会（The Appraisal Standards Board of The Appraisal Foundation）制定了《专业估价执业统一标准》（Uniform Standards of Professional Appraisal Practice，USPAP），美国估价学会（Appraisal Institute，AI）制定了《估价执业标准》（Standards of Valuation Practice），英国皇家特许测量师学会（Royal Institution of Chartered Surveyors，RICS）制定了《RICS 估价－全球标准》（RICS Valuation－Global Standards）（通常称为 The Red Book，即红皮书），日本制定了《不动产鉴定评价基准》。

因此，不论从国内、国外来看，房地产估价都有一定的规矩和标准，也就是估价标准规范（包括基本准则、执业准则和职业道德准则等），并将随着相关理论、实践以及时代的发展而不断完善。

五、房地产估价结果难免都存在误差

人们通常会认为，对于同一房地产，不同的估价机构和估价师得出的评估价值应相同或相近；如果该估价是为交易服务的，评估价值是否合理和准确还要通过市场检验，即用事后的成交价格来验证。而在现实中，即使对同一房地产在同一时间的同种价值价格进行评估，不同的估价机构和估价师得出的评估价值往往

有差异，与事后的成交价格也有差异，甚至差异很大。这就产生了估价结果合理性与准确性的问题。对于这个问题的全面正确认识，主要包括下列 5 个方面。

（1）尽管都是合格的估价机构和估价师，也难以得出完全相同的评估价值，只会得出基本相同或相近的评估价值。这是因为估价都是在信息不完全及有许多不确定因素（即人们不能准确掌握关于事物的一切情况，总有不确知的方面）的情况下进行的，并且不同的估价机构和估价师所搜集的估价所需资料、掌握的相关信息一般不完全相同，评估价值有合理差异属于正常现象。此外，现实中完全不受估价师个人因素及委托人影响的估价并不存在，如受估价师的专业知识、实践经验和职业道德的影响，由于委托人不同，估价机构和估价师的立场可能有所不同，从而造成对同一房地产在同一估价目的下的评估价值也有差异。但是，有违估价职业道德和独立、客观、公正的原则，受委托人影响所造成的评估价值差异是不正常的，应当避免。

（2）任何评估价值都是逼近真实价值，都存在一定的误差，即：评估价值＝真实价值＋误差。某一房地产的真实价值仅是理论上存在，现实中因不可观察而不能直接得知，估价只是尽量逼近它。事实上，即使对长度、面积等物理量的测量，其被测量对象和测量工具都是客观存在的有形实物，公认测量结果也有误差，更何况是估价这种活动。从某种意义上讲，估价是测量价值，其被测量对象是看不见、摸不着的价值，测量工具是主观的、无形的估价方法，因此作为测量结果的评估价值难免存在一定的误差。

（3）不能用一般物理量的测量误差标准来评判和要求估价的合理误差，而应允许估价有自己的合理误差范围。根据相关资料，英国有关估价委托人或利害关系人因对评估价值不满而起诉估价师的案件中，法官使用的误差范围通常是 $\pm 10\%$，有时放宽到 $\pm 15\%$，对于难度很大的估价业务甚至放宽到 $\pm 20\%$。如果评估价值超出了合理误差范围，则可认为估价师有"专业疏忽（professional negligence）"。但用误差范围来判断估价结果的合理性与准确性，在国内外估价行业内一直有争议。尽管如此，仍有必要确定估价误差的合理范围，并应把估价误差控制在合理范围内，上述英国司法判例中使用的估价误差范围可供参考。

（4）评判某一评估价值的合理性与准确性，通常是把它与可信度更高的重新评估价值进行比较。理论上是把它与真实价值进行比较，但因现实中真实价值无法得到，出现了替代真实价值的两种可能的选择：一是正常成交价格，二是数名具有较高估价技术水平的估价专家或估价师（通常为估价专家委员会或专家组）的重新评估价值。由于某一房地产在成交时的交易情况不一定是正常的，比如付款方式不同、交易税费负担方式不同、交易双方有利害关系、对市场行情或交易对象缺乏了解、被迫出售或被迫购买、买方特殊偏好、卖方定价策略（有的卖方为了快速售出房地产而定低价，有的则可卖可不卖而定高价）等，从而实际成交价格不一定是正常成交价格，并且成交日期与评估价值对应的日期（价值时点）之间通常有"时间差"，其间的市场状况、房地产状况可能发生了明显变化，因此评估价值与实际成交价格有差异甚至差异很大并不意味着评估价值不合理、不准确。考虑到上述情况，一般不应直接采用实际成交价格，而应采用估价专家委员会或专家组对同一房地产在同一估价目的、同一时间的重新评估价值。如果必须采用实际成交价格，则需要对实际成交价格进行恰当修正或调整，剔除实际交易中不正常和偶然的因素（如急售、急买、买方特殊偏好、卖方定价策略等）所造成的成交价格偏差，并消除因成交日期等不同所造成的成交价格差异。

（5）即使可以用上述方法评判评估价值的合理性与准确性，也不轻易重新给出评估价值，不直接评判评估价值的对错或误差大小，而是通过检查履行估价程序是否有疏漏，估价原则、估价依据和估价前提是否正确，估价技术路线是否合理，估价方法是否适用，估价参数是否合理等，间接地对评估价值予以肯定或否定，或者指出评估价值是否明显而无正当理由地偏离正常价值价格，即超出了合理范围，更明确地说是否低于正常合理区间的下限或高于正常合理区间的上限。

此外需要说明的是，虽然评估同一房地产在同一时间的价值价格，但因估价目的的不同，评估的价值类型有所不同，如市场价值、抵押价值、投资价值、清算价值等的评估价值之间差异可能较大。而这种差异是应有的、正常的，不属于上述估价误差问题。

六、房地产估价并不作价格实现保证

估价委托人通常认为，评估价值应能实现，否则就是估价错误，并应赔偿损失。例如，有的商业银行在房地产抵押估价招标时，要求参加投标的估价机构承诺，如果借款人将来不能偿还抵押贷款，其抵押房地产的拍卖成交价达不到抵押估价时的评估价，估价机构应承担连带赔偿责任。估价委托人的上述认识和要求虽然可以理解，但是不科学、不合理。

估价是估价机构和估价师以独立第三方的专业机构和专业人员身份，提供关于价值价格的专业意见。该价值价格是假定估价对象在价值时点，且一般在正常市场状况、正常交易情况下进行交易的正常价格，而不是在成交日期及受一些不正常和偶然的因素影响等情况下进行交易的实际价格。因此，评估价值并不是估价师和估价机构对估价对象进行交易可实现价格的保证。

此外，估价（valuation，appraisal）与通常意义上的定价（pricing）有本质

不同。估价一般是为委托人或其他相关当事人作出有关决策或判断提供参考依据，如为房地产交易当事人恰当确定自己的要价或出价，评判、衡量对方的要价或出价是否合理，或者为协商成交价等提供参考依据，除非涉及国有资产、公共利益等事项，或国有单位发生经济行为，法律法规规定应直接根据评估价值来确定有关成交、作价或补偿款等。虽然现代房地产估价已从单纯的市场价值评估转向考虑相关当事人的有关需求等具体情况，进行市场价格、投资价值、现状价值、抵押价值、清算价值等其他特定价值价格评估，进而可以在这些价值价格评估的基础上为相关当事人提供要价、报价等建议和相关咨询顾问服务，但是估价本质上仍然不等同于定价，依然只是为相关当事人的定价决策提供参考依据，而不是代替相关当事人作定价决策。

定价一般是相关当事人自己的意思表示或行为，如房地产交易中的要价、出价、成交价都是交易当事人按照自己的意思决定或商定的。为了特殊的目的或需要，只要双方自愿，且不违法违规，交易当事人提出或达成的价格可以低于或高于评估价值、建议价格、市场价格。例如，根据国家产业政策，为了鼓励某些产业发展，政府在向这些予以鼓励的产业供应土地时可以给予价格优惠；或者为了限制某些产业发展，政府可以对这些予以限制的产业实行高地价政策（即不是完全禁止，而是通过高地价排挤）。如《国务院关于发展房地产业若干问题的通知》（1992年11月4日国发〔1992〕61号）提出："土地使用权出让价格，要以基准地价为依据，并体现国家产业政策。"再如，为了全体人民住有所居，政府可以向中低收入住房困难家庭提供低于市场价格或市场租金的保障性住房。此外，在企业、个人特别是利害关系人之间的房地产交易中，经常发生价格优惠或额外加价等行为。因此，定价是当事人自己做出的，相关责任应由当事人承担，不应与估价责任承担混淆。

然而，这也不能被误解为估价师和估价机构可以随意签署、出具估价报告或提供价值价格意见和建议，并且可以不负责任。目前，《资产评估法》《刑法》《公司法》《证券法》《企业国有资产法》《国有土地上房屋征收与补偿条例》等法律法规明确规定了评估专业人员和评估机构的行政、民事、刑事等法律责任，包括：①予以警告、罚款、没收违法所得、责令停业、责令停止从业、吊销营业执照等行政处罚；②给委托人或其他相关当事人造成损失的，依法承担赔偿责任；③构成犯罪的，依法追究刑事责任；④签署虚假评估报告构成犯罪的，终身不得从事评估业务。因此，不论是鉴证性估价、咨询性估价，估价师和估价机构都要承担相关法律责任。一般来说，鉴证性估价应承担的法律责任大于咨询性估价应承担的法律责任。

第四节   房地产估价的职业道德

房地产估价职业道德也称为职业伦理、职业操守，是开展房地产估价活动需要遵循的道德规范和行为规范，是促进房地产估价行业持续健康发展的重要保障。它要求房地产估价机构和房地产估价师以良好的思想、态度、作风和行为去从事估价业务、开展估价工作，包括在估价行为上应（或必须）做什么，不应（或不得）做什么；应怎样做，不应怎样做。

做好房地产估价虽然专业知识、实践经验、职业道德三者缺一不可，但是估价行业的现实状况表明，职业道德是最根本的，比专业知识和实践经验更加不可或缺。估价职业道德同医德、师德一样，是十分重要的，尤其是鉴证性估价和法定评估业务。如果没有良好的估价职业道德，不仅会损害估价利害关系人的合法权益，而且可能借着估价这种"独立第三方""公正"的外衣扰乱市场秩序、加大矛盾纠纷，更有甚者会与委托人或其他相关当事人恶意串通出具虚假估价报告损害他人合法权益和公共利益。例如，在房地产抵押估价中，与借款人、中介人员、金融机构的工作人员等恶意串通"高估多贷"（通过高估抵押房地产的价值甚至超过实际成交价，获得较多的贷款额）；在房屋征收评估中，与房屋征收部门的工作人员恶意串通虚增被征收房屋面积，甚至虚构被征收房屋骗取征收补偿费用，与被征收人恶意串通高估被征收房屋的价值骗取较多补偿；在房地产司法处置估价中，与执行人员、申请执行人等有关人员和机构恶意串通低估被处置房地产的价值损害被执行人的合法权益。这些不仅违反了估价职业道德，还会被依法追究法律责任。因此，房地产估价机构和房地产估价师应始终把具有良好的职业道德放在首位。

根据《资产评估法》等法律法规以及国家标准《房地产估价规范》，房地产估价职业道德包括回避制度、胜任能力、维护形象、诚实估价、尽职调查、告知义务、不得借名、保守秘密等方面，主要内容如下。

（1）房地产估价机构和房地产估价师应回避与本机构及其股东（合伙人）、实际控制人、关联方、本人及其近亲属等利害关系人及估价对象有利害关系的估价业务。

（2）房地产估价机构和房地产估价师不得承接超出自己专业胜任能力和本机构业务范围的估价业务，对部分超出自己专业胜任能力的工作，应聘请具有相应专业胜任能力的专家或单位提供专业帮助。

（3）房地产估价机构和房地产估价师应维护自己的良好社会形象及房地产估

价行业声誉，不得以恶性压价、支付回扣、虚假宣传、贬低同行、迎合委托人高估或低估要求等不正当手段招揽或争抢业务，不得索贿、受贿或利用开展估价业务之便谋取不正当利益。

（4）房地产估价机构和房地产估价师应诚实正直，依法独立、客观、公正、诚实地进行估价，不得按照估价委托人或其他单位和个人的高估或低估要求、预先设定的期望价值价格进行估价，不得作虚假估价，不得出具或签署虚假估价报告或有重大遗漏、重大差错的估价报告。

（5）房地产估价机构和房地产估价师应勤勉尽责、谨慎从业，应搜集真实、完整、合法、准确的估价所需资料并依法进行审慎检查或核查验证，应对估价对象进行实地查勘。

（6）房地产估价机构和房地产估价师在估价假设、估价报告使用范围等重大估价事项上，应在估价报告中或采用其他书面形式向估价委托人和估价报告使用人特别说明或特别提示，使其充分了解估价的限制条件以及估价报告、估价结果的使用限制。

（7）房地产估价机构和房地产估价师不得允许其他单位和个人以自己的名义从事估价业务，不得以其他房地产估价机构、房地产估价师的名义从事估价业务，不得以估价者身份在非自己估价的估价报告上盖章、签名，不得允许他人在自己估价的估价报告上代替自己签名。

（8）房地产估价机构和房地产估价师对在估价活动中知悉的国家秘密、商业秘密、个人隐私等信息和数据应依法予以保密，并应妥善保管估价委托人提供的资料，未经估价委托人同意，不得擅自泄露或向他人提供。

第五节 我国房地产估价行业发展概况

我国房地产估价行业是个古老而又年轻的行业，是知识、经验和信息密集的专业服务业，是房地产业的重要组成部分。数千年前，我国随着房屋和土地租赁、买卖、典当、税收等活动的出现，房地产估价活动应运而生，并产生了"计租定价"等有关房地产价值及其评估的思想。但是我国内地在 20 世纪 50 年代至 70 年代，随着逐步废除房地产私有制，房地产买卖、租赁等交易活动不断减少以至禁止买卖，房地产估价活动几近消失。1978 年改革开放后，随着城镇住房制度改革、房屋商品化和国有土地有偿使用的开展，房地产估价活动开始复兴。特别是 1993 年诞生首批房地产估价师和 1994 年法律规定国家实行房地产价格评估制度以来，现代房地产估价行业快速发展，法律法规逐渐完善，理论方法日趋成熟，标准体系逐步健全，业务种类不断丰富，行业影响持续扩大；建立了以《城市房地产管理法》《资产评估法》为法律依据，以房地产估价师职业资格制度为重要基础，以《房地产估价规范》等国家标准为基本准则的法律保障、政府监管、行业自律、企业自治和社会监督相结合的房地产估价行业管理机制，形成了全国统一、开放有序、公平竞争、监管有力的房地产估价市场。

下面，概括性地介绍我国内地改革开放后房地产估价行业发展情况。

一、以法律形式确立房地产估价的地位

1994 年颁布的《城市房地产管理法》规定"国家实行房地产价格评估制度"，奠定了我国房地产估价的法律地位，使房地产估价成为国家法定制度。

2016 年颁布的《资产评估法》对包括房地产估价在内的各类资产评估的基本原则、专业人员、机构、程序、行业协会、监督管理、法律责任等作了全面规定，使各个评估专业领域有了较完整、具体的法律依据，提高了它们的法律地位，并明确了按照专业领域分别管理的体制，较好地处理了不同评估专业之间的关系。特别是《资产评估法》规定："涉及国有资产或者公共利益等事项，法律、行政法规规定需要评估的（以下称法定评估），应当依法委托评估机构评估。""评估机构及其评估专业人员依法开展业务，受法律保护。""国务院有关评估行政管理部门按照各自职责分工，对评估行业进行监督管理。"

二、建立房地产估价师职业资格制度

1993 年，建设部、人事部共同建立了房地产估价师职业资格制度，经严格考核，认定了首批 140 名房地产估价师。这是中国最早建立的专业技术人员职业资格制度之一。1994 年，认定了第二批 206 名房地产估价师。1994 年颁布的《城市房地产管理法》规定"国家实行房地产价格评估人员资格认证制度"，为房地产估价师职业资格制度提供了法律依据。1995 年 3 月 22 日，建设部、人事部联合印发了《房地产估价师执业资格制度暂行规定》和《房地产估价师执业资格考试实施办法》。从 1995 年开始，房地产估价师执业资格实行全国统一考试制度，原则上每年举行一次考试。

2003 年 8 月 12 日，国务院发布《关于促进房地产市场持续健康发展的通知》（国发〔2003〕18 号），要求严格执行房地产估价师职业资格制度。2012 年 12 月 1 日，国务院印发《服务业发展"十二五"规划》，提出加强和完善房地产估价师职业资格制度。

2004 年 8 月，根据中央政府与香港特别行政区政府签署的《内地与香港关

于建立更紧密经贸关系的安排》（通常称 CEPA），内地与香港完成了房地产估价师与产业测量师首批资格互认，香港 97 名产业测量师取得了内地的房地产估价师资格，内地 111 名房地产估价师取得了香港的产业测量师资格。这是内地与香港最早实现资格互认的执业资格，进一步加强了内地与香港在房地产估价领域的交流与合作，促进了内地与香港房地产估价行业共同发展。此后，根据双方需要，又开展了资格互认。

2017 年 9 月 12 日，经国务院同意，人力资源和社会保障部首次公布了《国家职业资格目录》，房地产估价师被纳入其中，实施部门为住房和城乡建设部、国土资源部、人力资源和社会保障部，资格类别为准入类。国家按照规定的条件和程序将职业资格纳入国家职业资格目录，实行清单式管理，目录之外一律不得许可和认定职业资格，目录之内除准入类职业资格外一律不得与就业创业挂钩。准入类职业资格具有行政许可性质，依据有关法律、行政法规或国务院决定设置，并实行执业资格注册管理制度。行政许可是行政机关根据公民、法人或其他组织的申请，经依法审查，准予其从事特定活动的行为。2003 年 8 月 27 日公布的《行政许可法》规定："公民、法人或者其他组织未经行政许可，擅自从事依法应当取得行政许可的活动的，行政机关应当依法采取措施予以制止，并依法给予行政处罚；构成犯罪的，依法追究刑事责任。"《资产评估法》规定："评估机构开展法定评估业务，应当指定至少两名相应专业类别的评估师承办，评估报告应当由至少两名承办该项业务的评估师签名并加盖评估机构印章。"因此，根据《城市房地产管理法》《行政许可法》《资产评估法》，无论何种估价目的、何种类型的房地产估价活动，包括公司上市、资产置换、资产处置等，只有注册房地产估价师才能够从事，不是注册房地产估价师签名并加盖房地产估价机构印章的关于房地产价值价格的评估报告，不具有法律效力。

2021 年 10 月 15 日，为落实国家职业资格制度改革要求，根据国务院领导批示精神，住房和城乡建设部、自然资源部印发了《房地产估价师职业资格制度规定》《房地产估价师职业资格考试实施办法》。这实际上是正式实施包括过去的房地产估价师和土地估价师的新的房地产估价师职业资格制度及考试。取得新的房地产估价师职业资格并经注册的，既可以依法从事房地产估价业务、签署房地产估价报告，也可以依法从事土地估价业务、签署土地估价报告。

三、成立房地产估价行业自律性组织

房地产估价行业自律性组织简称行业组织，是房地产估价机构和估价专业人员的自律性组织，依照法律、法规和章程实行自律管理，履行提供服务、反映诉

求、规范行为、促进和谐的职能，在宣传行业积极作用、维护行业合法权益、加强行业自律管理、促进行业健康发展等方面发挥着重要作用。

为了加强房地产估价行业自律管理，1994 年 8 月经民政部批准登记，成立了中国房地产估价师学会这个全国性房地产估价行业自律性组织，2004 年 7 月更名为中国房地产估价师与房地产经纪人学会（简称中房学，英文名称为 China Institute of Real Estate Appraisers and Agents，英文名称缩写为 CIREA）。中房学致力于促进我国房地产估价、经纪和租赁行业规范健康持续发展，不断提升房地产估价、经纪和租赁从业人员的专业胜任能力和职业道德水平，目前的主要工作包括：承办房地产估价师、房地产经纪专业人员职业资格考试、注册登记和继续教育；制定并推行房地产估价、经纪和租赁执业准则和职业道德准则；建立并维护房地产估价师、房地产估价机构等从业人员和机构的信用档案；对会员的执业行为进行检查，向政府有关部门反映会员诉求，支持会员依法开展业务，维护会员合法权益；开展房地产估价、经纪和租赁研究、宣传及相关国际交流与合作；办理法律、法规和章程规定以及有关行政管理部门委托或授权的其他工作。

许多省、自治区、直辖市以及城市，先后成立了地方性房地产估价行业自律性组织。

四、出台房地产估价若干法规政策

为促进房地产估价行业规范健康发展，房地产估价行政管理部门出台了一些部门规章和规范性文件。例如，为加强对房地产估价师的管理，完善房地产估价制度和房地产估价人员资格认证制度，规范注册房地产估价师行为，维护公共利益和房地产估价市场秩序，1998 年 8 月 20 日建设部发布了《房地产估价师注册管理办法》（建设部令第 64 号），2001 年 8 月 15 日发布了《关于修改〈房地产估价师注册管理办法〉的决定》（建设部令第 100 号），2006 年 12 月 25 日在对该办法再次进行修改、补充、完善的基础上发布了《注册房地产估价师管理办法》（建设部令第 151 号），此后又对该办法进行了修改。

为规范房地产估价机构行为，维护房地产估价市场秩序，保障房地产估价活动当事人合法权益，1997 年 1 月 9 日建设部颁布了《关于房地产价格评估机构资格等级管理的若干规定》（建房〔1997〕12 号），2005 年 10 月 12 日在对该规定进行修改、补充、完善的基础上发布了《房地产估价机构管理办法》（建设部令第 142 号），此后对该办法进行了多次修改。为进一步规范房地产估价机构资质许可行为，加强对房地产估价机构的日常监管，2006 年 12 月 7 日建设部发出了《关于加强房地产估价机构监管有关问题的通知》（建住房〔2006〕294 号）。

另外，2002 年 8 月 20 日建设部发出了《关于建立房地产企业及执（从）业人员信用档案系统的通知》（建住房函〔2002〕192 号），决定建立包括房地产估价机构、房地产估价师在内的房地产企业及执（从）业人员信用档案系统，信用档案内容包括房地产估价机构和房地产估价师的基本情况、业绩及良好行为、不良行为等，以便为各级政府部门和社会公众监督房地产企业市场行为提供依据，为社会公众查询企业和个人信用信息提供服务，为社会公众投诉房地产领域违法违纪行为提供途径。

五、构建房地产估价理论方法体系

长期以来，国务院有关房地产估价行政管理部门、全国性房地产估价行业组织十分重视、持续推进房地产估价理论、方法及其应用的研究，地方性房地产估价行业组织、广大房地产估价机构和房地产估价师以及高等学校、科研院所的大批专家学者积极参与、努力开展相关研究，借鉴我国台湾和香港地区以及美国、英国、日本、德国等经济发达国家房地产估价的有益成果，结合中国内地房地产估价工作实际，与时俱进，守正创新，不断实践、总结、再实践、再总结，丰富和发展了房地产估价理论和方法，形成了既与国际接轨又适用于中国内地现行房地产制度政策和市场环境的一套较科学、先进、完整、成熟的估价理论与方法体系。目前，中国内地房地产估价的主要观念、理念、术语及其内涵等与现代国际通行的基本一致或趋同，不仅比较法、收益法、成本法是三种基本和常用的估价方法，而且将早期简单的剩余法发展成内容丰富的假设开发法并成为主要和常用的估价方法，此外还总结、提炼出了适用于房地产批量估价的标准价调整法，适用于房地产价值损失评估的修复成本法、价差法和损失资本化法等。

六、制定房地产估价系列标准规范

为了规范房地产估价活动，统一房地产估价程序和方法，保证房地产估价质量，1999 年 2 月 12 日建设部、国家质量技术监督局联合发布了国家标准《房地产估价规范》GB/T 50291—1999。2015 年 4 月 8 日，住房和城乡建设部、国家质量监督检验检疫总局联合发布了新修订的国家标准《房地产估价规范》GB/T 50291—2015。为了统一和规范房地产估价的专业术语，并有利于国内外的交流与合作，2013 年 6 月 26 日住房和城乡建设部、国家质量监督检验检疫总局联合发布了国家标准《房地产估价基本术语标准》GB/T 50899—2013。

针对不同的估价目的，房地产估价行政管理部门、行业组织还制定了若干估价指导意见等专项估价标准规范。例如，为规范房地产抵押估价行为，保证房地产抵押估价质量，维护房地产抵押当事人合法权益，防范房地产信贷风险，2006年1月13日建设部会同中国人民银行、中国银行业监督管理委员会制定了《房地产抵押估价指导意见》（建住房〔2006〕8号）。为规范国有土地上房屋征收评估活动，保证房屋征收评估结果客观公平，2011年6月3日住房和城乡建设部制定了《国有土地上房屋征收评估办法》（建房〔2011〕77号）①。为规范房地产投资信托基金物业评估活动，保护投资者合法权益，满足相关信息披露需要，2015年9月10日中房学印发了《房地产投资信托基金物业评估指引（试行）》（中房学〔2015〕4号）。为规范涉执房地产处置司法评估行为，保障评估质量，维护当事人和利害关系人的合法权益，2021年8月18日中房学印发了《涉执房地产处置司法评估指导意见（试行）》（中房学〔2021〕37号）。

此外，为维护房屋买卖当事人合法权益，有效解决房屋质量缺陷引发的经济纠纷，规范房屋质量缺陷损失评估行为，2005年11月28日原北京市建设委员会发布了《北京市房屋质量缺陷损失评估规程》。为适应成都市农村房地产流转中价值评估的需要，规范农村房地产估价行为，2009年9月10日成都市房产管理局发布了《成都市农村房地产估价规范（试行）》。为规范房地产司法估价行为，保证房地产司法估价质量，提高房地产司法估价公信力，2011年3月22日四川省住房和城乡建设厅发布了《房地产司法鉴定评估指导意见（试行）》。

另外，土地估价的专门标准规范也较多，如《城镇土地估价规程》GB/T 18508、《农用地估价规程》GB/T 28406、《自然资源价格评估通则》TD/T 1061，以及《国有建设用地使用权出让地价评估技术规范》（国土资厅发〔2018〕4号）等。

七、形成公平竞争的房地产估价市场

2000年以前，由于特殊的历史原因，绝大多数房地产估价机构为挂靠在有关政府部门或其下属单位的事业单位或企业。这些估价机构实际上是有关政府部门的延伸，垄断了相应的房地产估价业务，不利于房地产估价市场的发展。为了建立、健全与社会主义市场经济相适应的中介机构管理体制和符合市场经济要求的自律性运行机制，促进中介机构独立、客观、公正执业，使其成为自主经营、自担风险、自我约束、自我发展、平等竞争的经济组织，2000年5月29日国务院清理整顿经济鉴证类社会中介机构领导小组提出了《关于经济鉴证类社会中介机构与政府部门实行脱钩改制的意见》，要求包括房地产估价机构在内的中介机

---

①　在此之前，2003年12月1日建设部发布了《城市房屋拆迁估价指导意见》（建住房〔2003〕234号）。

构必须与挂靠的政府部门及其下属单位在人员、财务（包括资金、实物、财产权利等）、业务、名称等方面彻底脱钩。2000 年 7 月 14 日，国务院办公厅转发了《关于经济鉴证类社会中介机构与政府部门实行脱钩改制的意见》，要求认真贯彻执行。根据这些要求，建设部大力推进房地产估价机构与政府部门脱钩，使其改制成为主要由注册房地产估价师出资设立的有限责任公司或合伙企业。脱钩改制打破了行业垄断和地区市场分割的局面，形成了公平竞争的房地产估价市场。2005 年出台的《房地产估价机构管理办法》进一步规定："房地产估价机构依法从事房地产估价活动，不受行政区域、行业限制。"2016 年颁布的《资产评估法》规定："委托人有权自主选择符合本法规定的评估机构，任何组织或者个人不得非法限制或者干预。""评估行政管理部门不得违反本法规定，对评估机构依法开展业务进行限制。"

八、深化和拓展房地产估价业务

1978 年改革开放后的房地产估价，起初主要服务于房地产经营管理、交易市场管理，以及防止隐价瞒租、偷漏房地产交易税费。例如，1984 年 12 月 12 日城乡建设环境保护部印发《经租房屋清产估价原则》，在通知中指出制定该原则是"为了加强财产管理，准确反映房产的价值及其增减变动情况，给全面实行经济核算创造条件"，要求对房产部门负责管理和经营的各种房产及依法代管的房屋"以重置完全价值进行估价"，并"作为估价入账的依据"。1988 年 8 月 8 日建设部、国家物价局、国家工商行政管理局联合印发《关于加强房地产交易市场管理的通知》（〔88〕建房字第 170 号），要求"合理评估房地产的价值、价格，为房地产交易、抵押、仲裁、转让提供确定价值和价格的依据。"2001 年 8 月 15 日建设部发布《城市房地产转让管理规定》（建设部令第 96 号），规定"房地产权利人转让房地产，应当如实申报成交价格，不得瞒报或者作不实的申报。房地产转让应当以申报的房地产成交价格作为缴纳税费的依据。成交价格明显低于正常市场价格的，以评估价格作为缴纳税费的依据。"

随着经济社会发展，为了更好地满足人们对房地产估价的多样化需求，从估价目的、估价对象、价值类型等多个维度，对房地产估价业务不断进行深化和拓展，包括为了转让、租赁、抵押、征收、税收、司法处置、分割、损害赔偿、土地有偿使用，以及企业经济行为（如资产置换、资产重组、发行债券、产权转让、改制、合并、分立、清算）等的需要，对房屋、土地、在建房地产、未来房地产、已毁损或灭失房地产、部分或局部房地产、整体资产中的房地产、以房地产为主的整体资产等财产或权利的市场价值、市场价格、投资价值、抵押价值、抵押净值、计税价值、现状价值、清算价值、残余价值等进行评估。

近年来，在估价目的方面，还从用于房屋征收补偿拓展到用于城市更新、城镇老旧小区改造和盘活存量资产，从用于房地产抵押贷款拓展到用于房地产证券化和相关资本市场，从用于房地产司法处置拓展到用于不良资产处置，从用于企业相关经济行为拓展到用于财务报告等；在估价对象方面，还从城镇房地产估价拓展到农村房地产估价，从普通房地产估价拓展到保障性住房、历史建筑、军队房地产、人防工程等特殊房地产估价；在价值类型方面，还从市场价值和价格评估拓展到市场租金评估等。

房地产估价机构和估价师在做好房地产各种价值价格评估业务的同时，还从事房地产价值分配、提升、损失以及相关额外费用、直接经济损失评估等估价延伸业务，并积极提供房地产市场调研、可行性研究、现金流量预测与分析、保值增值等咨询顾问服务。随着房地产市场发展、经济社会发展，房地产估价的业务内容还会越来越深化，服务的领域也将越来越宽广。

九、积极开展对外交流与合作

中国房地产估价师与房地产经纪人学会同国际测量师联合会（International Federation of Surveyors，FIG）、世界估价组织协会（World Association of Valuation Organisations，WAVO）、国际估价标准理事会（International Valuation Standards Council，IVSC）、国际估价官协会（International Association of Assessing Officers，IAAO）等估价相关国际组织，美国估价学会、英国皇家特许测量师学会、日本不动产鉴定士协会联合会、韩国鉴定评价协会、新加坡测量师与估价师学会、俄罗斯估价师协会、匈牙利房地产估价师与房地产经纪人协会等国外估价组织，以及香港测量师学会等地区估价组织建立了紧密联系，相互往来，签署了交流合作协议，联合举办了专业研讨等活动。

2006 年 10 月 13 日，中国房地产估价师与房地产经纪人学会加入了国际测量师联合会，成为其全权单位组织会员。国际测量师联合会成立于 1878 年，是联合国认可的非政府组织（NGO），是各国测量师（包括估价师）组织的联合会，设有 10 个专业委员会（Commission），房地产估价属于其中第 9 专业委员会——房地产估价与管理委员会（Valuation and the Management of Real Estate）。

2015 年 9 月 15 日，中国房地产估价师与房地产经纪人学会加入了国际估价官协会，成为其全权单位组织会员。国际估价官协会成立于 1934 年，是一个致力于房地产税收估价、研究和管理的非营利性国际估价学术组织，在房地产税收估价和政策研究方面处于世界一流水平。

十、目前估价的外部环境条件及挑战

目前，中国房地产估价的外部环境条件，如房地产相关制度政策、行政管理、市场运行等，既有许多特色，又有某些不够完善之处，主要表现在以下方面：①房屋和土地的所有制不同。其中住宅以私有为主，其他房屋可以私有，土地全部是公有的。②土地公有制在城乡之间不同。城市市区的土地属于国家所有，农村和城市郊区的土地除由法律规定属于国家所有的以外，属于农民集体所有。③国家所有的土地（简称国有土地）和农民集体所有的土地（简称集体土地）及其上的房屋适用的法律法规和政策有所不同。例如，集体土地征收补偿和国有土地上房屋征收补偿的具体依据、原则、标准等有所不同。④市场上交易（包括出让、转让、互换）的土地权利不是土地所有权，而是土地使用权（包括建设用地使用权、宅基地使用权、土地承包经营权等），并且土地承包经营权、以出让方式取得的建设用地使用权一般有期限，法定最长期限因用途而异，最长不超过 70 年；有的土地使用权的剩余期限已很短，甚至期限已届满而未续期，且期限届满后除住宅建设用地使用权自动续期外，非住宅建设用地使用权的续期以及包括住宅建设用地使用权在内的续期费用是否缴纳或减免及其缴纳标准等规定尚不够具体明确。⑤许多房地产的实际状况与权属证明记载的状况不一致。如房地产的名称、地址（或坐落）、权利人名称、用途、面积等实际状况与不动产权属证书或登记簿记载的状况不一致。而原因又是多种多样的，例如：一些房地产因产权单位发生更名、分立、合并、隶属关系变更等原因造成房屋所有权人、土地使用权人与权属证书记载的不一致；因改变用途、历史上登记机构变更等原因造成实际用途与登记用途不一致（如证载用途为住宅，实际用途为商铺；证载用途为工业，实际用途为办公），还可能与规划用途、设计用途有所不同，甚至房屋证载用途与土地证载用途不一致（如土地证载用途为工业，房屋证载用途为办公）；因改扩建、毁损等原因造成实际面积与登记面积不一致（实际面积可能大于或小于证载面积）。⑥不少可以进行开发建设或按新的用途、规模等重新开发建设的房地产的规划建设条件（如规划指标）不够明确或尚未明确，且存在较大不确定性或弹性。⑦某些房地产未经登记、无权属证明，产权不清、手续不齐全或产权不完整，历史遗留问题较多、历史背景复杂，既不能判定是合法的，又未被依法认定为违法，并且它们的产权状况在合法与违法之间有很大差异。⑧一些房地产违法违规处理不及时且处理政策有较大的差异和变数。例如，对于闲置土地以及擅自改变用途、变更容积率、新建、改扩建的，何时处理及如何处理在

不同时期、不同地区的政策不统一，并且存在较大不确定性。⑨房地产市场不够规范，有时不平稳，时常受到政府的调控，未来较难预期；成交价格、租金等交易信息不够公开透明；新建商品房销售中存在地下室等的面积不计入销售面积、购买后可变相增加面积等情况，二手房交易中较普遍存在"阴阳合同"等情况，交易当事人向有关部门申报的成交价或网签成交价与真实的成交价往往不一致，甚至存在较大差异（通常明显偏低）；一些市场参与者不够理性和谨慎，成交价格难以客观真实反映市场状况和交易对象状况。

此外，不同的估价委托人对估价结果的诉求差异较大，甚至要求相反：①许多委托人对估价的需求是基于有关办事程序上的要求，只要估价报告和估价结果能够通过即可；②一些委托人对估价的需求是基于想要得到科学、准确、客观、可信的价值价格；③某些委托人试图借助独立第三方估价专业机构为达到或掩盖"低值高价"或"高值低价"等目的，要求高估或低估，甚至要求出具虚假估价报告或进行其他非法干预，比如有的委托人在委托估价时就要求评估出其希望的价值价格，否则就不委托估价。某些委托人和其他相关当事人缺乏诚信，不给予必要的协助，不提供或隐匿真实、完整、准确和合法的估价所需资料，甚至提供虚假的资料，故意错误指认、带看估价对象等。

上述外部环境条件使得中国现行房地产估价既有不少特色，又有许多挑战，比如导致一些估价对象的状况尤其是产权状况十分复杂、不规范甚至很奇特，估价所必需的前提条件不够明确甚至存在很大不确定性，估价所需的市场资料不够真实可靠且获取困难，以及一些估价业务的难度和风险很大。因此，在现实估价中遇到的许多问题并不是估价技术方面的问题，也不是估价理论和方法所能有效解决的，甚至不是估价行业组织和估价行政管理部门可以解决的。但是，无论估价的外部环境条件多么不尽如人意，估价机构和估价师都应在现实状况下，依法坚守估价准则和职业道德，勤勉尽责做好估价工作，提供高质量的估价服务，并稳妥利用估价假设和限制条件以及估价报告中的特别提示等，有效防范估价风险。

复习思考题

1. 什么是房地产估价？境内外对它有哪些不同的称呼？

2. 房地产估价的要素有哪些？其中哪些是估价基本事项？

3. 估价当事人、估价委托人、估价对象权利人、估价利害关系人、估价报告使用人之间有何区别和关系？

4. 什么是房地产估价师？一名合格的房地产估价师应具有哪些条件？

5. 什么是估价目的？弄清估价目的有何重要意义？

6. 什么是估价对象？目前房地产估价对象主要有哪些？

7. 什么是价值类型？如何理解同一估价对象的价值并不是唯一的，而其具体一种类型的价值理论上却是唯一的？

8. 什么是价值时点？为何确定价值时点应在前，得出评估价值应在后？

9. 什么是估价依据、估价前提和估价假设？它们在估价中有何作用？

10. 房地产估价方法有哪些？其中哪些是基本的？哪些是常用的？相互之间是什么关系？

11. 什么是估价结果？与评估价值有何异同？如何得出科学、准确、客观、可信的估价结果？如何看待估价结果？

12. 房地产为何需要专业估价服务？什么是法定评估和自愿评估？区分两者有何意义？

13. 估价为何需要适当专业化，且通常根据估价对象的不同来分专业？

14. 为什么说房地产估价是估价行业的主体？

15. 区分专业估价与非专业估价有何意义？两者有何本质不同？

16. 估价、评估、估值、价格评估、价值评估之间有何异同和关系？

17. 什么是鉴证性估价和咨询性估价？两者有何本质不同？区分两者有何现实意义？

18. 为什么说房地产估价本质上是评估房地产的价值而非价格？

19. 如何理解房地产估价是"发现"房地产的价值？

20. 在估价实践中估价师应如何模拟市场进行估价？

21. 为什么说数据在估价中越来越重要？要用数据估价？

22. 估价为何有误差？其合理的误差范围应是多少？应如何判定一个评估价值的误差？

23. 目前哪些法律法规规定了估价（评估）的法律责任及其主要内容是什么？

24. 估价与通常意义上的定价有何本质不同？

25. 什么是估价职业道德？为何说它比估价专业知识和实践经验更加不可或缺？其主要内容是什么？

26. 为什么说房地产估价是国家法定制度？

27. 准入类职业资格与水平评价类职业资格、行政许可与非行政许可有何本质不同？

28. 房地产估价行业组织可以起到哪些作用？房地产估价师和房地产估价机构为何有必要加入房地产估价行业组织？

29. 房地产估价有无国家标准？国家标准与非国家标准有何本质不同？《房地产估价规范》《房地产估价基本术语标准》为何是房地产估价的最低限要求？

30. 中国现行房地产制度政策、行政管理、市场运行等状况对房地产估价提出了哪些特殊要求和挑战？

第二章 房地产估价目的与需要

　　房地产估价目的取决于人们对房地产估价的具体需要。全面深入了解这些具体需要，不仅有助于了解估价目的，还有助于了解房地产估价业务的种类、来源及开拓。随着房地产市场和经济社会的发展，尤其是进入高质量发展阶段，更加需要科学决策、精细管理，人们对房地产估价的需要越来越多，甚至可以说"估价无处不在"。同时，为了使估价业务持续不断，并弄清和提炼出相应的估价目的，估价机构和估价师要主动地不时调查研究、归纳总结人们对房地产估价的各种现实和潜在的需要；要经常反复思考、积极宣传房地产估价的必要性和重要性，包括房地产估价能为人们带来什么好处、减免什么损失、解决什么问题、防范化解什么风险。即要懂得"估价需求牵引估价供给，估价供给创造估价需求"，也就是一方面要不断观察、跟踪和满足人们的各种现实估价需要，另一方面要不断发掘、激活和引导新的估价需要。为此，本章介绍房地产转让、租赁、抵押、征收、征用、税收、司法处置、分割、损害赔偿、土地有偿使用、企业经济行为等活动和行为对房地产估价的需要。

第一节　房地产转让的估价需要

　　房地产转让的估价需要是房地产估价的基本需要。房地产估价理论和方法也是建立在房地产转让特别是买卖所需要的估价之上。实际估价中往往隐含着"交易假设"，它是假定被估价房地产处于买卖之中，然后模拟市场对其进行估价。房地产转让是指房地产权利人（房屋所有权人、土地使用权人）以买卖、互换、作价出资、作价入股、抵偿债务（抵债）等方式，将其房地产权利（房屋所有权、土地使用权）转移给他人的行为，包括存量房买卖、新建商品房销售、土地使用权转让、房地产开发项目转让等。房地产转让能否顺利成功，转让价格往往是关键因素。同时，房地产因单价高、总价大，其转让价格不论是偏高还是偏低，都会使当事人（转让人和受让人）中的一方遭受较大经济损失；而且房地产是"非标资产"，交易频次低，许多当事人过去很少参与房地产交易活动，缺乏相关专业知识和经验，难以对转让标的物及其市场行情进行深入了解，也难以对转让价格作出恰当衡量和判断。因此，既要使房地产转让顺利成功，又要避免遭受较大经济损失，双方当事人都需要第三方专业估价机构提供科学准确的房地产估价服务，为其确定转让价格提供参考依据。

就房地产买卖来看，对卖方来说，需要通过房地产估价了解拟出售房地产的市场价格、市场价值，以帮助自己恰当定价，如确定要价（或标价、挂牌价）、底价（自己可接受的最低价）等，避免定价过低（贱卖）而遭受经济损失，定价过高而难以售出或错失出售时机，或者判断买方的出价是否合理、可否接受，甚至推测特定买家可承受的最高价。对买方来说，需要通过房地产估价了解拟购买房地产的市场价格、市场价值、投资价值（自己可承受的最高价），以帮助自己恰当出价，避免出价过高（贵买）而遭受经济损失，出价过低而错失购买机会，或者判断卖方的要价是否合理、是否可接受，甚至推测卖方可接受的最低价、竞争对手可能的最高出价。可见，在房地产买卖中对房地产估价有多种需要，所需评估的房地产价值价格也有多种，包括市场价格、市场价值、投资价值（买方可承受的最高价、竞争对手可能的最高出价）、成本价格（卖方可接受的最低价）等。

此外，特别是国有单位和私有单位或个人之间的房地产转让、上市公司等涉及房地产的关联交易，为了防止利用房地产转让进行利益输送、出现国有资产流失、发生不公平交易和损害投资者利益（如以明显低于市场价格出售房地产，或以明显高于市场价格购买房地产），以及，国有单位、上市公司等交易当事人为了避免被怀疑存在利益输送或腐败问题、国有资产流失、不公平交易等，也都需要通过房地产估价为其确定转让价格或证明转让价格客观合理提供参考依据。

再如房地产互换（或置换、产权调换），是单位或个人互相交换房地产，比如军队和地方之间的房地产置换，如用一块土地或一处房屋换另一块土地或另一处房屋。房地产互换也要等价交换，有时虽然可以做到"同地段、等面积"互换，但因互换房地产之间的用途、土地形状、建筑结构、新旧程度、周围环境等其他状况不尽相同，导致互换房地产之间价值相等、不用找补差价的情形较少。因此，互换双方通常需要通过估价提供互换房地产的市场价值或市场价格，然后根据它们之间的差额在货币资金上进行找补；或者反过来，先以价值相等为前提，再找补相应的面积，比如用价值较高、面积较小的土地换价值较低、面积较大的土地，这种情况更需要房地产估价服务。

又如用房地产作价出资设立企业,《公司法》规定股东"可以用实物、知识产权、土地使用权等可以用货币估价并可以依法转让的非货币财产作价出资","对作为出资的非货币财产应当评估作价,核实财产,不得高估或者低估作价"。《合伙企业法》规定:"合伙人可以用货币、实物、知识产权、土地使用权或者其他财产权利出资,也可以用劳务出资。合伙人以实物、知识产权、土地使用权或者其他财产权利出资,需要评估作价的,可以由全体合伙人协商确定,也可以由全体合伙人委托法定评估机构评估。"此外,在一方提供场地(土地或房屋),另一方提供货币资金或经营管理技术,合作开展房地产开发建设或租赁经营等,然后分配开发建设完成的房地产(如建成的房屋)或经营利润的情况下,如企事业单位提供自有闲置土地、非居住房屋与住房租赁企业合作新建、改建或改造为租赁住房,双方都需要通过房地产估价了解和确定所提供场地的市场价值或市场价格。

建设工程的发包人逾期不向承包人支付工程价款,承包人与发包人协议将该工程折价的,通常参照市场价格确定一定的价款把该工程的所有权由发包人转移给承包人。现实中还存在房地产开发企业用其新建商品房(包括现房、期房)抵偿应付的工程价款、商品房销售代理佣金、借款等"以房抵债"的情况。在这些情况下,各方当事人往往需要通过房地产估价了解和确定有关建设工程、新建商品房的市场价格或市场价值。

另外,用于销售的共有产权住房等保障性住房以及享受国家优惠政策的居民住宅,其销售价格一般实行政府定价或政府指导价。该类住房的销售价格虽然都低于同地段同品质商品住房的市场价格,但也应定得科学准确、公平合理。这一方面是为了避免定价过高而造成无人购买,另一方面是为了避免定价过低而导致抢购,特别是为了销售中公平合理,防止产生以权谋私和腐败等行为。保障性住房同商品住房一样,也有地段、品质、朝向、楼层、户型等差异,每套住房都不相同,甚至差异很大。因此,每套住房的销售价格之间也应有合理差异,不能都是一个价,而应"一房一价"。例如,在确定该类住房的销售价格时,宜综合考虑同地段同品质商品住房市场价格、该类住房建设成本、供应对象支付能力、政府财政承受能力以及该类住房的地段、品质、朝向、楼层、户型等因素。这就需要房地产估价机构和估价师测算同地段同品质商品住房市场价格、该类住房建设成本等,进而为确定每套住房的销售价格提供参考依据。

第二节   房地产租赁的估价需要

房地产租赁有房屋租赁、土地租赁、土地使用权出租等，是房屋所有权人、土地所有权人、土地使用权人作为出租人，将其房地产交付承租人使用、收益，由承租人向出租人支付租金的行为。同房地产转让需要估价的道理一样，在房地产租赁中租赁当事人为了避免自己遭受经济损失，特别是为了防止国有单位、上市公司等租赁当事人之间进行利益输送，或者这类租赁当事人为了避免被怀疑存在利益输送或腐败问题，以及对房地产类国有资产租赁经营状况进行有关考核等，都需要估价为确定客观合理的租金（或租赁价格）提供参考依据。

在房地产租赁中，不仅在最初出租或承租时需要确定租金，而且在租赁期限内调整租金（长期租赁合同中，因租赁双方对将来的市场租金变化难以预测，为了租赁关系稳定，同时避免租金涨跌带来损失，通常有租金调整的条款。比如租赁合同约定租赁期限为 10 年，在此期限内每届满 2 年，租金按届满时的市场租金重新调整），租赁期限届满续订或重新签订租赁合同时重新确定租金（为了稳定租赁关系，通常有租赁期限届满按届满时的市场租金续订或重新签订租赁合同的情况），以及承租人经出租人同意将房地产转租（或租赁权转让）给第三人的租金或可获得多少权利金（即通常所说的租赁权转让费，严谨地说是租赁权价格或承租人权益价值），出租人需要提前收回租赁房地产时应给予承租人多少补偿等，都需要房地产估价提供参考依据。

同上述用于销售的保障性住房需要估价的道理一样，公租房、保障性租赁住房以及享受国家优惠政策的租赁住房应实行差别化租金，其租金确定宜综合考虑同地段同品质商品住房市场租金、该类租赁住房成本租金、供应对象支付能力、政府财政承受能力以及该类租赁住房的地段、品质、朝向、楼层、户型等因素，因此需要测算同地段同品质商品住房市场租金、该类租赁住房成本租金等，进而为确定每套租赁住房的租金提供参考依据。

第三节   房地产抵押的估价需要

一、房地产抵押估价的必要性

现代社会中，个人购房、房地产开发投资以及其他生产经营和消费活动，仅靠自有资金往往难以满足资金需求，因此融资活动普遍而活跃。贷款是主要的融资渠道和方式之一，且商业银行等贷款人通常要求借款人提供担保。房地产由于具有不可移动、寿命长久、保值增值、价值较高等特性，因此有良好的债权保障作用。在借贷中，债权人为了保障其债权实现，通常要求债务人或第三人将其有权处分且不属于法律法规规定不得抵押的房地产抵押给债权人。当债务人不履行到期债务或发生当事人约定的实现抵押权的情形时，债权人有权依照法律规定以该房地产折价或以拍卖、变卖该房地产所得的价款优先受偿。房地产抵押虽是"第二还款来源"，却是保障债权实现的一种重要方式和一道有效防线。

在开展房地产抵押贷款业务时，商业银行等贷款人一般要求贷款金额小于抵押房地产（也称为房地产押品，简称押品）的价值，并且为了兼顾贷款业务发展、市场竞争和防范风险，既不能抬高又不能压低抵押房地产的价值。也就是说，贷款人如果为了招揽贷款业务、赚取较多贷款利息收入而多放款，进而抬高抵押房地产的价值，将会承受未来不能按期足额收回贷款等损失的风险；但是如果为了信贷安全而压低抵押房地产的价值，将会失去贷款业务，进而失去赚取较多贷款利息收入的机会。两全其美的办法是将抵押房地产的客观合理价值作为确定贷款额度或贷款金额的重要参考依据。还需补充说明的是，如果按照房地产成交价确定贷款额度或贷款金额，就会产生借款人为了多贷款而签订虚假交易合同做高房地产成交价的情况。因此，为了知道抵押房地产的客观合理价值，贷款人需要委托或要求借款人委托贷款人信任的第三方专业估价机构进行评估。此外，贷款人在发放贷款后，还需要通过估价来动态监控房地产押品的债权保障作用、风险缓释能力等。

归纳起来，房地产抵押的估价需要，从抵押贷款过程来看，可分为抵押贷款前、抵押期间和抵押权实现的估价需要；从估价委托人来看，有贷款人和借款人的估价需要；从贷款人来看，有商业银行、其他金融机构和其他贷款人的估价需要；从借款人来看，有单位和个人的估价需要；从贷款资金用途来看，有个人住房贷款、房地产开发贷款、经营贷款、消费贷款等的估价需要。

二、房地产抵押贷款前的估价需要

在发放房地产抵押贷款前，对估价的需要主要是对抵押房地产的抵押价值、抵押净值、市场价值、市场价格等价值价格进行评估，为商业银行等贷款人确定抵押贷款额度提供参考依据。这种房地产抵押估价称为抵押贷款前估价，俗称贷前估价，又可分为以下3种情形：①初次抵押估价，即对未抵押的房地产因抵押贷款而估价；②再次抵押估价，即对已抵押的房地产因再次抵押贷款而估价；③续贷抵押估价，即抵押贷款到期后因继续以该房地产向同一抵押权人（如同一商业银行）抵押贷款而估价。

在贷前估价中，贷款人有时不仅关心抵押房地产当前的价值，还可能关心抵押房地产的价值价格变动情况和趋势，特别是关心预计债务到期或发生约定的实现抵押权情形时的价值价格，比如贷款人想要了解抵押房地产在 2 年后的市场价值或市场价格。此外，在房地产抵押贷款前，估价机构和估价师还可以提供房地产贷款项目和抵押房地产的尽职调查、实现抵押权的可行性分析、抵押率（或贷款价值比、贷款成数、抵借比率）测算等相关专业服务，协助贷款人开展贷前调查、贷中审查。

三、房地产抵押期间的估价需要

房地产抵押贷款发放后，在贷款存续期间，当房地产市场发生变化、抵押房地产发生毁损等原因导致抵押房地产的市场价格或价值低于抵押贷款余额时，借款人违约的可能性增大，从而给贷款人带来风险。房地产抵押期间的估价需要主要是在房地产抵押期间，根据监测抵押房地产市场价格变化、动态评估抵押房地产价值、掌握抵押房地产价值变化情况以及有关信息披露等要求，定期或在房地产市场价格发生较大波动、抵押房地产状况有较大改变（如遭受损害）时，对抵押房地产的市场价格或市场价值等进行监测和评估。

这种房地产抵押估价称为抵押期间估价，其中最主要的是对抵押房地产的价值进行重估，称为押品价值重估。例如，2017 年 4 月中国银监会发布的《商业银行押品管理指引》规定："商业银行应根据不同押品的价值波动特性，合理确定价值重估频率，每年应至少重估一次。价值波动较大的押品应适当提高重估频率"。"商业银行应按规定频率对押品进行价值重估。出现下列情形之一的，即使未到重估时点，也应重新估值：（一）押品市场价格发生较大波动；（二）发生合同约定的违约事件；（三）押品担保的债权形成不良；（四）其他需要重估的情形。"

此外，在房地产抵押期间，估价机构和估价师还可以为抵押权人提供相关风险提示，协助贷款人开展贷后管理。例如，根据《民法典》有关规定，提出：①抵押人的行为足以使抵押房地产价值减少的，要求抵押人停止其行为；②抵押房地产价值减少的，要求抵押人恢复抵押房地产的价值，或提供与减少的价值相应的担保；③抵押人不恢复抵押房地产的价值也不提供担保的，要求债务人提前清偿债务。

四、房地产抵押权实现的估价需要

不免有某些不测事件导致债务人不能如期偿还贷款，最终只得通过变卖、拍卖、折价等合法方式处置抵押房地产。房地产抵押权实现的估价需要，是当债务人不履行到期债务或发生当事人约定的实现抵押权的情形时，需要通过变卖、拍卖、折价等合法方式将抵押房地产处置，以及处分因行使抵押权而取得的房地产，对相关房地产的市场价格或市场价值、清算价值等进行评估，为确定处置或处分的价格或保留价（底价）等提供参考依据。这种房地产估价称为抵押权实现估价，也称为押品处置估价。其中抵押权人请求人民法院拍卖、变卖抵押房地产的，房地产押品处置估价则变为后面将要讲的房地产司法处置估价或人民法院确定财产处置参考价评估。

此外，在抵押房地产处置阶段，估价机构和估价师还可以提供抵押房地产处置建议方案（如行使抵押权时机、方式的选择）等相关咨询顾问服务。

第四节　房地产征收和征用的估价需要

一、房地产征收和征用的异同

房地产是人类活动必需的场所或资源，又不可移动，有时为了公共利益的需要，国家不得不征收或征用集体所有的土地和组织、个人的房屋以及其他不动产。征收和征用既有相同之处，又有不同之处。两者的相同之处在于，都是为了公共利益的需要，都具有强制性，都要依照法定的权限和程序，都应给予公平、合理的补偿。两者的不同之处在于，征收是国家强制取得集体、组织、个人的财产所有权，是财产所有权的改变，不存在财产返还的问题；征用是国家强制使用组织、个人的财产，仅是财产使用权的改变，被征用的财产使用结束后，应及时返还被征用人。

二、房地产征收和征用补偿的有关规定

《宪法》《民法典》《城市房地产管理法》《土地管理法》《国有土地上房屋征收与补偿条例》等法律、行政法规规定，国家为了公共利益的需要，可以依照法律规定对土地、公民的私有财产实行征收或者征用并给予公平、合理的补偿。

（一）房地产征收补偿的有关规定

对于征收集体土地的补偿，《民法典》第二百四十三条规定："征收集体所有的土地，应当依法及时足额支付土地补偿费、安置补助费以及农村村民住宅、其他地上附着物和青苗等的补偿费用，并安排被征地农民的社会保障费用，保障被征地农民的生活，维护被征地农民的合法权益。"《土地管理法》也规定："征收土地应当依法及时足额支付土地补偿费、安置补助费以及农村村民住宅、其他地

上附着物和青苗等的补偿费用，并安排被征地农民的社会保障费用。"

对于征收房屋以及其他不动产的补偿，《民法典》第二百四十三条规定："征收组织、个人的房屋以及其他不动产，应当依法给予征收补偿，维护被征收人的合法权益；征收个人住宅的，还应当保障被征收人的居住条件。"对于其中国有土地上房屋的补偿，《国有土地上房屋征收与补偿条例》规定："对被征收人给予的补偿包括：（一）被征收房屋价值的补偿；（二）因征收房屋造成的搬迁、临时安置的补偿；（三）因征收房屋造成的停产停业损失的补偿。"

（二）房地产征用补偿的有关规定

《民法典》第二百四十五条规定："因抢险救灾、疫情防控等紧急需要，依照法律规定的权限和程序可以征用组织、个人的不动产或者动产。被征用的不动产或者动产使用后，应当返还被征用人。组织、个人的不动产或者动产被征用或者征用后毁损、灭失的，应当给予补偿。"《传染病防治法》规定，传染病暴发、流行时，根据传染病疫情控制的需要，政府有权临时征用房屋；临时征用房屋的，"应当依法给予补偿；能返还的，应当及时返还"。因此，征用酒店、租赁住房等房地产（包括其附属动产，如家具家电、床上用品等）的，不仅应给予使用上的补偿（补偿金额相当于被征用房地产的实际租金或"虚拟租金"），如果房地产被征用或征用后毁损、灭失的，还应根据实际损失给予补偿。例如，在房地产征用中，如果是非消耗品，使用结束后，原物仍存在的，应返还原物，并对其价值减少的部分给予补偿，如房地产被征用或征用后毁损的，补偿金额应包括被征用房地产毁损前后价值差额的补偿；如果是消耗品，以及房地产被征用或征用后灭失的，补偿金额应包括被征用财产全部价值的补偿。此外，给予的补偿还应包括因征用造成的搬迁、临时安置、停产停业损失等的补偿。

此外，《民法典》规定："因不动产或者动产被征收、征用致使用益物权消灭或者影响用益物权行使的，用益物权人有权依据本法第二百四十三条、第二百四十五条的规定获得相应补偿。""建设用地使用权期限届满前，因公共利益需要提前收回该土地的，应当依据本法第二百四十三条的规定对该土地上的房屋以及其他不动产给予补偿，并退还相应的出让金。"《城市房地产管理法》规定："国家对土地使用者依法取得的土地使用权，在出让合同约定的使用年限届满前不收回；在特殊情况下，根据社会公共利益的需要，可以依照法律程序提前收回，并根据土地使用者使用土地的实际年限和开发土地的实际情况给予相应的补偿。"

三、房地产征收和征用对估价的需要

要确定房地产征收和征用的公平、合理的补偿金额，就需要估价。其中最主要的是评估被征收、征用房地产的价值或价值损失。例如，根据《国有土地上房屋征收与补偿条例》，对被征收房屋价值的补偿，不得低于房屋征收决定公告之日被征收房屋类似房地产的市场价格；被征收房屋的价值，由具有相应资质的房地产价格评估机构按照房屋征收评估办法评估确定。被征收人选择房屋产权调换的，应与被征收人计算、结清被征收房屋价值与用于产权调换房屋价值的差价。具体地说，被征收人选择货币补偿的，要对被征收房屋价值（包括被征收房屋及其占用范围内的土地使用权和属于被征收人的其他不动产的价值，下同）进行评估，为确定货币补偿金额提供依据；被征收人选择房屋产权调换的，要对被征收房屋价值和用于产权调换房屋价值（包括用于产权调换房屋及其占用范围内的土地使用权和用于产权调换的其他不动产的价值，下同）进行评估，为计算被征收房屋价值与用于产权调换房屋价值的差价（简称产权调换差价）提供依据。《国有土地上房屋征收评估办法》规定，被征收房屋室内装饰装修价值的补偿，由征收当事人协商确定；协商不成的，可以委托房地产价格评估机构通过评估确定。因此，被征收房屋价值评估还分为不含和包含室内装饰装修价值评估；不含室内装饰装修价值的，往往需要单独评估被征收房屋室内装饰装修的价值。

在房地产征收和征用中，不仅需要评估相关构筑物和附属设施的价值或价值损失，通常还需要评估因征收、征用房地产造成的搬迁费用（如机器设备的拆除、运输和重新安装调试等费用）、临时安置费用、停产停业损失，以及虽未到使用寿命但不可继续利用的动产残余价值等。有时还需要开展拟征收房屋现状调查、征收概算评估（征收预评估）、社会稳定风险评估、测算被征收房屋类似房地产的市场价格等，为征收项目可行性分析与决策（是否启动征收工作）、拟定征收补偿方案、编制征收补偿费用（资金）预算、评判征收补偿费用是否足额到位、对被征收房屋价值的补偿标准是否低于类似房地产的市场价格等提供参考依据。在房屋征收安置过程中，政府为了妥善安置被征收住户，并合理保护安置住房建设单位（如房地产开发企业）的利益，往往需要评估安置住房的成本价格。

此外，根据《民法典》，因房地产被征收、征用致使用益物权消灭或影响用益物权行使的，还需要评估建设用地使用权、居住权、地役权等用益物权的价值或价值损失和其他相关损失，为确定用益物权人应获得的相应补偿提供参考依据。根据《土地管理法》，征收农用地的土地补偿费、安置补助费标准由省、自治区、直辖市通过制定公布区片综合地价确定。制定区片综合地价应综合考虑土地原用途、土地资源条件、土地产值、土地区位、土地供求关系、人口以及经济社会发展水平等因素，并至少每三年调整或者重新公布一次。因此，还需要开展征地区片综合地价评估工作。

目前，我国与房地产有关的税种（简称房地产税收）主要有 10 个，其中 5 个是专门针对房地产设置的，分别是契税、土地增值税、房产税、城镇土地使用税、耕地占用税，另外 5 个是具有普遍调节功能的税种，分别是增值税、城市维护建设税、企业所得税、个人所得税、印花税。这些税种中，除城镇土地使用税和耕地占用税因按照占地面积实行从量定额征收而不需要估价服务外，其他税种在不同程度上都需要估价服务。

第五节   房地产税收的估价需要

例如，契税是在转移土地、房屋权属时向其承受的单位或个人征收的一种税，其计税依据是：①土地使用权出让、出售和房屋买卖，为土地、房屋权属转移合同确定的成交价格，包括应交付的货币以及实物、其他经济利益对应的价款；②土地使用权互换、房屋互换，为所互换的土地使用权、房屋价格的差额；③土地使用权赠与、房屋赠与以及其他没有价格的转移土地、房屋权属行为，为税务机关参照土地使用权出售、房屋买卖的市场价格依法核定的价格。纳税人申报的成交价格、互换价格差额明显偏低且无正当理由的，由税务机关依照《税收征收管理法》的规定核定。据此，税务机关判定纳税人申报的成交价格、互换价格差额是否明显偏低，以及赠与、划转等没有价格的转移土地、房屋权属行为参照土地使用权出售、房屋买卖的市场价格依法核定价格的，需要房地产估价提供相关市场价格作为参考依据。如 2013 年 2 月国务院办公厅印发的《关于继续做好房地产市场调控工作的通知》（国办发〔2013〕17 号）要求"税务部门要继续推进应用房地产价格评估方法加强存量房交易税收征管工作"。

再如，土地增值税是对转移房地产所取得的增值额征收的一种税，增值额为纳税人转移房地产所取得的收入减除规定扣除项目金额后的余额。纳税人为了少缴税或不缴税，有可能隐瞒、虚报房地产成交价格，申报的转让房地产的成交价格明显偏低又无正当理由，不据实提供扣除项目金额。对此，《土地增值税暂行条例》（1993 年 12 月 13 日国务院令第 138 号）第九条规定："纳税人有下列情形之一的，按照房地产评估价格计算征收：（一）隐瞒、虚报房地产成交价格的；（二）提供扣除项目金额不实的；（三）转让房地产的成交价格低于房地产评估价格，又无正当理由的。"可见，在征收土地增值税的许多方面都需要房地产估价为税务机关依法核定成交价格、扣除金额等提供参考依据。

目前，许多国家和地区按房地产价值或租值（租金），征税中实际上按评估值，每年征收房地产税（或称为不动产税、财产税、差饷等）。我国早在 2003 年

10 月提出要开征这种房地产持有环节的税收（先后称为物业税、房地产税），之后多次提出要积极稳妥推进房地产税立法与改革。2021 年 10 月全国人民代表大会常务委员会授权国务院在部分地区开展房地产税改革试点工作。税基评估是房地产税征收的基础。开展房地产税改革试点或开征房地产税，需要开展房地产税税基评估及相关专业性业务。

此外，纳税人对核定的计税依据、税基评估结果有异议或认为不合理的，也可能委托房地产估价机构评估房地产的相关价值价格，以说服税务机关重新核定计税依据、税基评估单位调整税基评估结果。

第六节　房地产司法处置的估价需要

房地产司法处置也称为涉执房地产处置，主要是人民法院对查封的房地产或以房地产为主的财产依法采取拍卖、变卖等方式予以处置变现。房地产司法处置的估价需要，主要是为人民法院确定房地产或以房地产为主的财产处置参考价（简称参考价）提供参考依据。

《民法典》规定："抵押权人与抵押人未就抵押权实现方式达成协议的，抵押权人可以请求人民法院拍卖、变卖抵押财产。"《最高人民法院关于人民法院确定财产处置参考价若干问题的规定》规定："人民法院查封、扣押、冻结财产后，对需要拍卖、变卖的财产，应当在三十日内启动确定财产处置参考价程序。""人民法院确定财产处置参考价，可以采取当事人议价、定向询价、网络询价、委托评估等方式。""人民法院应当在参考价确定后十日内启动财产变价程序。拍卖的，参照参考价确定起拍价；直接变卖的，参照参考价确定变卖价。"据此，人民法院查封房地产后，对需要拍卖、变卖的房地产要确定参考价，进而参照参考价确定拍卖的起拍价或直接变卖的变卖价。而不论采取哪种方式确定参考价，都不仅要防止因议价、询价、评估价过低造成参考价定得过低，导致房地产被低价处置，使得被执行人的合法权益受损，还要防止因议价、询价、评估价过高造成参考价定得过高，导致房地产处置不成功（如流拍），使得申请执行人的债权难以实现或只得接受高价抵债[①]。

因此，对于人民法院采取"委托评估"方式确定参考价的，房地产估价机构

---

① 《最高人民法院关于人民法院民事执行中拍卖、变卖财产的规定》规定："拍卖时无人竞买或者竞买人的最高应价低于保留价，到场的申请执行人或者其他执行债权人申请或者同意以该次拍卖所定的保留价接受拍卖财产的，应当将该财产交其抵债。"

和估价师就需要根据相关规定，客观合理地评估被处置房地产的市场价格或市场价值等，为人民法院公平、公正确定参考价提供参考依据。《最高人民法院关于人民法院确定财产处置参考价若干问题的规定》规定："当事人、利害关系人对评估报告未提出异议、所提异议被驳回或者评估机构已作出补正的，人民法院应当以评估结果或者补正结果为参考价；当事人、利害关系人对评估报告提出的异议成立的，人民法院应当以评估机构作出的补正结果或者重新作出的评估结果为参考价。专业技术评审对评估报告未作出否定结论的，人民法院应当以该评估结果为参考价。"

第七节 房地产分割的估价需要

房地产是家庭财产、企业等单位资产的重要组成部分，离婚、继承遗产、分家等通常涉及住房等房地产分割，单位发生分立、拆分以及股东、股权变更等往往涉及办公用房、生产场地等房地产分割。但是房地产不宜采取实物分割的方法，这是因为房地产在实物或使用上难以分割，如果要进行实物分割，通常会严重破坏房地产的使用价值或明显降低其经济价值。因此，一般是采取折价或变卖、拍卖的方式，然后对折价或变卖、拍卖所得的价款进行分配。例如夫妻离婚，原共同共有的一套住房不能采取实物分割由双方各得一半，通常是由其中一方取得该住房的所有权，并向对方支付相当于该住房市场价值或市场价格一半的现金或现金等价物。在这种情况下，就需要对该住房进行估价。

有时虽然可以采取实物分割的方法，但因房地产是不均质的，分割后往往有面积大小、质量好坏等差异，还需要找补现金或现金等价物。以平均分割为例，如果是空地，实物分割的方法之一是在价值平均分配的基础上进行面积不相等的划分，方法之二是先按照面积平均分割，再根据分割后各部分的差价找补现金或现金等价物。如果是房屋，一般既难以在价值平均分配的基础上进行面积不相等的划分，也难以按照面积平均分割，通常是先按照自然间进行实物分割，再根据它们的差价找补现金或现金等价物。所有这些，都需要估价为房地产分割中确定有关价值价格提供参考依据。

第八节 房地产损害赔偿的估价需要

房地产因量大面广，难免不时发生损害事件。现实中的房地产损害情形复杂多样，诸如下列几种。

（1）建筑施工不慎使邻近建筑物受到损害。例如，基础工程开挖时造成旁边房屋的墙体开裂、门窗变形，甚至房屋倾斜、倒塌。

（2）建造建筑物妨碍相邻建筑物的日照、采光、通风、景观、视野等。《民法典》规定："建造建筑物，不得违反国家有关工程建设标准，不得妨碍相邻建筑物的通风、采光和日照。"例如，居住区南侧新建高层住宅楼，妨碍了居民房屋尤其是南侧几排住宅的通风、采光和日照。最直观的感受是日照、采光被遮挡，造成被遮挡房屋价值减损。这种房屋价值减损难以通过协商方式确定，往往需要通过共同委托估价等方式，评估被遮挡房屋的价值减损额。

（3）房屋质量缺陷或在保修期内维修给购买人造成损失。例如，商品房交付后发现层高（或室内净高）、防水、保温、隔热、隔声、室内空气质量等未达到合同约定的质量要求或不符合国家标准，在不退房的情况下，要求房地产开发企业赔偿。《城市房地产开发经营管理条例》（2020年3月27日修订）规定："保修期内，因房地产开发企业对商品房进行维修，致使房屋原使用功能受到影响，给购买人造成损失的，应当依法承担赔偿责任。"

（4）使他人房地产受到污染。例如，修建机场、铁路、高架路或经常产生振动等使周边房屋受到噪声、振动等影响，架设高压线、建造变电站等使附近房屋遭受辐射等污染或影响，排放或泄漏有害物质使他人房地产中的土壤、水体等受到污染。

（5）人为灾害使他人房地产受到损害。例如，人为因素引发的火灾、爆炸、堆土垮塌、机动车冲撞等造成他人房屋毁损、火失。

（6）未能履约（如未按照有关合同约定提供材料、设备、资金、技术资料或质量不符合要求等）使建设工程停建、缓建、拖延工期、延迟交付，造成他人损失。

（7）对房地产权利行使不当限制给房地产权利人造成损失。例如，异议登记不当、申请证据保全错误、错误查封等造成房地产权利人损害或房地产损失。《民法典》规定："异议登记不当，造成权利人损害的，权利人可以向申请人请求损害赔偿。"《最高人民法院关于民事诉讼证据的若干规定》（法释〔2019〕19号）规定："申请证据保全错误造成财产损失，当事人请求申请人承担赔偿责任的，人民法院应予支持。"

（8）修改城乡规划给房地产权利人合法权益造成损失。《城乡规划法》规定："在选址意见书、建设用地规划许可证、建设工程规划许可证或者乡村建设规划许可证发放后，因依法修改城乡规划给被许可人合法权益造成损失的，应当依法给予补偿。经依法审定的修建性详细规划、建设工程设计方案的总平面图不得随意修改；确需修改的，城乡规划主管部门应当采取听证会等形式，听取利害关系人的意见；因修改给利害关系人合法权益造成损失的，应当依法给予补偿。"

（9）非法批准征收、使用土地给当事人造成损失。《土地管理法》规定："无权批准征收、使用土地的单位或者个人非法批准占用土地的，超越批准权限非法批准占用土地的，不按照土地利用总体规划确定的用途批准用地的，或者违反法律规定的程序批准占用、征收土地的，其批准文件无效"，"非法批准征收、使用土地，对当事人造成损失的，依法应当承担赔偿责任"。

（10）其他房地产损害。例如，租用他人的住宅，在室内发生住宅使用人自杀等人为非正常死亡事件，导致该住宅被认定为"凶宅"，致使该住宅价值明显减损。《现代汉语词典》对"凶宅"的解释是"不吉利的或闹鬼的房舍（迷信）"。[①] 目前，按照普通民众的理解以及在司法实践中，"凶宅"一般是指与人为非正常死亡事件有紧密联系的房屋，如在一定年限内发生过有人从该房屋坠亡、在该房屋内吊死、被他人杀害等自杀、他杀的人为非正常死亡事件的房屋，虽然最终死亡地点并不在该房屋内，但人为非正常死亡事件与该房屋之间有紧密联系的，一般仍认定为"凶宅"。

上述各种房地产损害都应依法赔偿损失。不论通过和解、调解、仲裁、诉讼等途径解决损害赔偿，都有必要评估被损害房地产价值减损额以及相关额外费用和直接经济损失（如因房地产损害造成的搬迁费用、临时安置费用、停产停业损失、其他财产损失等），为判断或确定公平合理的损失赔偿额，或依法为受损害方争取获得较多赔偿，抑或依法为造成损害的一方争取给付较少赔偿，提供参考依据。

第九节   土地使用制度改革的估价需要

一、国有土地使用权出让和转让的估价需要

《城镇国有土地使用权出让和转让暂行条例》（1990 年 5 月 19 日国务院令第 55 号）规定，为了改革城镇国有土地使用制度，国家按照所有权与使用权分离的原则，实行城镇国有土地使用权出让、转让制度。城镇国有土地使用权简称国有土地使用权，后来称为国有建设用地使用权，简称建设用地使用权，其出让和转让都需要估价服务。

就建设用地使用权出让来看，不论采取招标、拍卖、挂牌、协议等哪种方式，都需要开展土地使用权出让地价评估，为出让人确定土地出让底价或意向用

---

① 中国社会科学院语言研究所词典编辑室编 . 现代汉语词典 . 北京：商务印书馆，2016 年 9 月第 7 版 . 第 1471 页。

地者确定其出价提供参考依据。例如，在招标出让中，出让人需要确定招标底价，投标人需要确定投标报价。在拍卖出让中，出让人需要确定拍卖底价，竞买人需要确定自己的最高出价。在挂牌出让中，出让人需要确定挂牌底价，竞买人需要确定自己的最高报价。特别是在协议出让中，需要评估拟出让土地在设定开发建设条件下的正常市场价格，并提出建议的出让底价，还应测算并对比说明该建议出让底价是否符合当地的协议出让最低价标准等，为出让人确定出让底价提供参考依据。对划拨土地办理协议出让或补办出让手续的，需要评估在现状使用条件或新设定规划建设条件下的出让土地使用权正常市场价格，在现状使用条件下的划拨土地使用权价格，然后将出让土地使用权正常市场价格减去划拨土地使用权价格作为估价结果，并提出底价建议，为出让人核定应补缴的地价款提供参考依据。此外，对列入招标拍卖挂牌出让计划内的土地有使用意向、提出用地预申请的单位和个人，需要承诺愿意支付的地价；出让人需要认定其承诺的地价是否可以接受。

建设用地使用权出让后，依法调整容积率、用途等土地利用条件需补缴地价款的，需要估价为核定应该补缴的地价款提供参考依据。

建设用地使用权期限届满后，依法续期的，续期费用的缴纳；依法收回该土地的，该土地上的房屋和其他不动产价值的核定等，通常都需要估价服务。

二、国有企业改制土地资产处置的估价需要

国有企业改制是为了建立现代企业制度，将国有企业改为公司制、股份制等新型企业。为支持国有企业改革，进一步推行土地有偿使用制度，明晰土地产权关系，加强土地资产管理，对国有企业改制涉及的划拨土地使用权，采取国有土地使用权出让、作价出资（入股）、授权经营、租赁、保留划拨用地等方式处置。以出让方式处置，需要改制企业缴纳出让金后才能取得相应的出让土地使用权。以作价出资（入股）方式处置，是国家将一定年期的国有土地使用权作为出资投入到改制后的企业，形成国家股股权。以授权经营方式处置，是国家将一定年期的国有土地使用权作价后授权给特定企业进行经营管理。以租赁方式处置，改制企业通过签订租赁合同取得土地使用权，按年缴纳土地租金。以保留划拨用地方式处置，是改制企业继续使用国有划拨土地。

上述土地资产处置方式通常都需要进行土地估价，为核算土地价格、出让金、国家资本金、国家股本金、土地租金等提供参考依据。例如，采取出让方式处置的，通常按照属地要求，评估出让土地使用权价格或政府土地出让收益，或者分别评估出让土地使用权价格和划拨土地使用权价格，为确定改制企业的出让

土地使用权价格及需补缴的土地使用权出让金（政府土地出让收益）提供参考依据；采取作价出资（入股）方式处置的，需要分别评估作价出资（入股）土地使用权价格和划拨土地使用权价格，为确定改制企业的作价出资（入股）土地使用权价格及核定国家资本金或股本金提供参考依据；采取授权经营方式处置的，需要分别评估授权经营土地使用权价格和划拨土地使用权价格，为确定改制企业的授权经营土地使用权价格及转增国家资本金提供参考依据；采取租赁方式处置的，需要评估土地租金；采取保留划拨方式处置的，通常需要估价服务以显化企业的国有划拨土地使用权权益价格。

三、农村集体经营性建设用地入市的估价需要

农村集体经营性建设用地入市，即农村集体经营性建设用地出让、租赁、入股等。2013年11月，《中共中央关于全面深化改革若干重大问题的决定》指出："建立城乡统一的建设用地市场。在符合规划和用途管制前提下，允许农村集体经营性建设用地出让、租赁、入股，实行与国有土地同等入市、同权同价。"《土地管理法》规定："土地利用总体规划、城乡规划确定为工业、商业等经营性用途，并经依法登记的集体经营性建设用地，土地所有权人可以通过出让、出租等方式交由单位或者个人使用"。此外，还探索支持利用集体建设用地建设租赁住房，建设保障性租赁住房的集体经营性建设用地使用权可以办理抵押贷款等。

农村集体经营性建设用地出让、租赁、入股、抵押、建设租赁住房等，都需要估价提供科学、准确、客观、可信的集体经营性建设用地使用权市场价值、市场价格、市场租金、抵押价值等，为恰当确定集体经营性建设用地使用权出让价格、租赁价格、作价入股、贷款额度，以及相关经济收益在集体、农民个人和国家之间公平、合理分配等提供参考依据。

四、农村土地经营权流转等的估价需要

根据《民法典》《农村土地承包法》（2018年12月29日修订），农民集体所有和国家所有依法由农民集体使用的耕地、林地、草地，以及其他依法用于农业的土地，称为农村土地；农村土地承包采取农村集体经济组织内部的家庭承包方式，不宜采取家庭承包方式的荒山、荒沟、荒丘、荒滩等农村土地，可以采取招标、拍卖、公开协商等方式承包；承包方承包土地后，享有土地承包经营权，可以自己经营，也可以保留土地承包权，流转其承包地的土地经营权，由他人经营；国家保护承包方依法、自愿、有偿流转土地经营权。

农村土地采取家庭承包方式的，承包方可以：①依法互换土地承包经营权，

即承包方之间为方便耕种或各自需要，可以对属于同一集体经济组织的土地的土地承包经营权进行互换；②依法转让土地承包经营权，即承包方可以将全部或部分的土地承包经营权转让给本集体经济组织的其他农户；③依法流转土地经营权，即承包方可以自主决定依法采取出租（转包）、入股或其他方式向他人流转土地经营权；④依法用承包地的土地经营权向金融机构融资担保。此外，受让方通过流转取得的土地经营权，依法可以再流转，可以向金融机构融资担保。

不宜采取家庭承包方式的荒山、荒沟、荒丘、荒滩等农村土地以招标、拍卖方式承包的，承包费通过公开竞标、竞价确定；以公开协商等方式承包的，承包费由双方议定。通过招标、拍卖、公开协商等方式承包农村土地，经依法登记取得权属证书的，可以依法采取出租、入股、抵押或其他方式流转土地经营权。

因此，不论是土地经营权依法出租、入股、抵押或采取其他方式流转和融资担保，还是土地承包经营权依法互换、转让，以及荒山、荒沟、荒丘、荒滩等农村土地依法采取招标、拍卖、公开协商等方式承包，通常都需要对土地经营权或土地承包经营权的价值价格或承包费等进行评估，为当事人双方协商确定土地经营权流转价款等提供参考依据。另外，土地承包期内，承包方交回承包地或发包方依法收回承包地时，承包方对其在承包地上投入而提高土地生产能力的，有权获得相应的补偿；承包方自愿交回承包地的，可以获得合理补偿。承包方与发包方确定相应的补偿或合理补偿，通常也需要估价提供参考依据。

此外，农村宅基地制度改革中，探索宅基地所有权、资格权、使用权"三权分置"有效实现形式，农村集体经济组织及其成员采取出租、入股、合作等方式，依法依规盘活闲置宅基地和房屋，以及进城落户农民宅基地使用权自愿有偿退出等，通常也需要估价服务。

第十节　房地产估价的其他需要

现实中的房地产估价需要，除了上面列举的，还有许多。

一、企业经济行为的估价需要

涉及房地产的企业经济行为多种多样，诸如下列几种。

（1）企业资产置换：是指一个企业的部分或整体资产和另一个企业的部分或整体资产互相交换的行为。

（2）企业资产重组：是指根据业务重组的需要，对同一企业内部或不同企业之间现存的各类资产进行重新组合。现实中常见的是企业并购重组，即以资产重组为目的的企业间兼并收购。

（3）企业产权转让：是指企业将其以各种形式投资形成的资产或权益有偿转移给他人（自然人、法人或其他组织）的行为。

（4）企业股权转让：是指企业的股东将企业的全部或部分股权或权益有偿转移给他人（自然人、法人或其他组织）的行为。

（5）企业发行债券：是指企业依照法定程序发行，约定在一定期限内还本付息的有价证券。这种债券通常称为企业债券，债券持有人是企业的债权人，有权按期收回本息。企业债券风险与企业经营状况直接相关。如果企业发行债券后经营状况不佳，连续出现亏损，可能无力还本付息，债券持有人就有遭受损失的风险。因此，在企业发行债券时，一般会要求企业有财产抵押，以保护债券持有人利益。

（6）企业改制：是指国有企业或集体企业、事业单位整体或部分改为有限责任公司、股份有限公司或股份合作制等形式。

（7）企业合并：是指两个或两个以上企业合并为一个企业的行为。企业合并有吸收合并和新设合并两种方式。

（8）企业分立：是指一个企业分为两个或两个以上企业的行为。企业分立有派生分立和新设分立两种方式。

（9）企业合资：是指两个或两个以上企业共同出资成立另外公司并分享股权，以进行某些新产品、新技术或新事业的开发。

（10）企业合作：是指不同企业之间通过协议或其他联合方式，共同开发产品或市场，共享利益，以获取整体优势的经营方式。

（11）企业租赁：是指企业所有者在一定期限内，以收取租金的方式，将企业整体或部分资产的经营使用权转让给其他经营使用者的行为。

（12）破产重整：是指专门针对可能或已经具备破产原因但又有维持价值和再生希望的企业，经由各方利害关系人的申请，在人民法院的主持和利害关系人的参与下，以帮助债务人摆脱财务困境、恢复营业能力为目的，依法依约对负债企业进行业务上的重组和债务调整的行为。

（13）企业清算：是指企业违反法律法规被依法关闭、出资人决定解散、被依法宣告破产、公司章程规定的营业期限届满或其他解散事由出现等情况下的企业财产清理、处理等。

上述涉及房地产的企业经济行为尤其是国有企业经济行为，通常需要对所涉及的房地产或企业整体资产进行估价，为作出有关决策、确定交易对价以及相关信息披露、会计计量、监督管理等提供参考依据。例如，企业资产置换、资产重组、产权转让和股权转让中，包括优质房地产开发企业兼并收购困难房地产开发企业的房地产开发项目、房地产项目公司全部股权转让等，受让人需要估价为其确定出价提供参考依据，转让人需要估价为其确定要价提供参考依据，或者双方共同委托估价为其协商议价提供参考依据。企业吸收合并中根据具体情况，需要评估被吸收企业的房地产价值或整体资产价值。企业合资中用房地产或房地产为主的非货币资产出资的，通常需要房地产估价服务。企业合作中一方提供场地（房屋或土地），另一方提供货币资金或设备、技术等，开展有关合作，然后各方按照一定比例分配相关经济利益的，需要评估所提供场地的价值，以便与所提供的货币资金或设备、技术等的价值进行比较，从而为确定各方的经济利益分配比例提供参考依据。企业破产清算中通常需要对破产企业的不动产等破产管理人指定的需要评估的资产价值进行分类评估，并根据破产管理人要求，对估价报告进行解释。

二、财务报告的估价需要

财务报告的估价需要是进行会计计量、编制财务报告时需要的房地产估价，称之为用于财务报告的估价（Valuation for Financial Reporting）或以财务报告为目的的估价。为了更真实反映公司等企事业单位的财务状况和资产状况，根据有关会计准则、财务报告信息披露和相关监督管理等的要求或允许，需要对金额大、市场价格经常变动尤其是通常升值的房地产的公允价值（fair value）（或市场价值、市场价格）、重置成本、可变现净值、现值等价值价格进行评估。例如，《企业会计准则第3号——投资性房地产》（2006年2月15日财会〔2006〕3号）规定："有确凿证据表明投资性房地产的公允价值能够持续可靠取得的，可以对投资性房地产采用公允价值模式进行后续计量。"这里所说的投资性房地产，是指为赚取租金或资本增值，或两者兼有而持有的房地产。采用公允价值、重置成本、可变现净值、现值计量的，为使账面价值与市场价值保持一致，通常需要定期重新评估公允价值、重置成本、可变现净值、现值。

《行政事业性国有资产管理条例》规定："各部门及其所属单位对无法进行会计确认入账的资产，可以根据需要组织专家参照资产评估方法进行估价，并作为反映资产状况的依据。"有时为了土地和建筑物单独计价入账的需要，要从包含土地和建筑物的房地产价格或价值中分别评估出土地和建筑物的价格或价值。此外，《证券法》规定："国务院证券监督管理机构认为有必要时，可以委托会计师事务所、资产评估机构对证券公司的财务状况、内部控制状况、资产价值进行审计或者评估。"

三、房地产证券化的估价需要

房地产市场和房地产业发展到一定程度，如人均住房面积达到一定水平、供求基本平衡，会从房地产开发建设为主，转向房地产投资和证券化为主，并同金融和资本市场高度关联。房地产证券化包括房地产投资信托基金（Real Estate Investment Trust，REITs）、权益类资产证券化产品、具有债权性质的资产证券化产品、房地产抵押贷款支持证券等。其中最典型的是房地产投资信托基金，也称为不动产投资信托基金，是通过向社会公众发行收益凭证，把短期零散小额的资金汇集成长期大额的资金，交由专业投资机构进行收益性房地产投资经营管理，并将投资经营收益及时分配给投资者的权益性融资工具，是将流动性较差的房地产资产转化为流动性较好的证券资产的重要手段。

为了保护投资者和相关当事人的合法权益，满足有关信息披露的需要，防范相关风险，房地产证券化产品在设立、发行、运营（包括存续期间持有资产、收购资产、处置资产）、退出或清算，都需要对所涉及的房地产及相关经济权益（简称证券化物业）进行评估。例如，中国证监会、住房城乡建设部《关于推进住房租赁资产证券化相关工作的通知》（2018年4月24日证监发〔2018〕30号）规定："房地产估价机构对住房租赁资产证券化底层不动产物业进行评估时，应以收益法作为最主要的评估方法，严格按照房地产资产证券化物业评估有关规定出具房地产估价报告。""资产支持证券存续期间，房地产估价机构应按照规定或约定对底层不动产物业进行定期或不定期评估，发生收购或者处置资产等重大事项的，应当重新评估。"

房地产证券化的估价需要及相关专业服务内容，主要有证券化物业状况调查、市场调研、现金流量预测与分析、价值评估。一个房地产证券化物业评估项目的具体评估内容，根据有关需要和要求，可以包括上述内容中的一项或两项以上内容。

四、财产证明的估价需要

目前常见的财产证明的估价需要，是申请出国移民时，一些接收国为了保证所接收的移民属于在移出国有一定经济实力、能为接收国创造社会财富的人员，需要对移民申请人的财产状况进行审查，要求移民申请人提供包括房地产在内的有关财产证明。为了让接收国了解移民申请人的房地产财产状况，仅提供不动产权证书（或房地产权证书、房屋所有权证、国有土地使用权证等）通常还不够。因为接收国移民部门一般不熟悉移出国的房地产市场价格水平等实际情况，需要移民申请人委托接收国移民部门认可的具备相应资质条件的估价机构，对移民申请人的房地产出具符合要求的估价报告或估价结果，从而需要对移民申请人的房地产市场价值或市场价格、房地产净值进行评估。

由于居民购买房地产往往需要抵押贷款，通常只有房地产净值（相当于净资产）才能真实反映居民的财产状况，所以提供财产证明的估价一般是评估房地产净值。房地产净值等于房地产市场价值或市场价格（相当于总资产）减去抵押贷款余额（相当于负债）后的余值。例如，某居民3年前以600万元的价款、抵押贷款420万元购买了一处房产。经估价，该房产现在的市场价值为800万元，抵押贷款余额为350万元，则该居民的该房产净值为450万元。

五、房地产保险的估价需要

房地产尤其是房屋可能因发生火灾、爆炸、雷击、洪水、山体崩塌、滑坡、泥石流、地面塌陷或空中运行物体坠落等自然灾害或意外事故而遭受损毁或灭失，从而需要保险。房地产保险需要估价的情形较多，一是在投保时需要评估保险标的的实际价值，为投保人和保险人约定保险标的的保险价值和保险金额提供参考依据。二是在保险事故发生后需要评估因保险事故发生而造成的财产损失，为保险人确定赔偿保险金的数额提供参考依据。此外，在保险期间保险标的的保险价值明显减少的，需要评估保险标的的保险价值，为采取有关补救措施提供参考依据。房屋保险通常按房屋重置价格确定保险金额，一旦房屋发生保险事故，便可按房屋重置价格获得赔偿。这种情况下，在投保时需要评估房屋重置价格。

六、住房反向抵押的估价需要

住房反向抵押俗称"以房养老"，有住房反向抵押贷款、住房反向抵押养老保险等方式，是指老年住宅所有权人（简称老年人）为了每月或每年获得一定数额的养老等资金，将住宅抵押给商业银行或保险公司，在身故前享有住宅占有、使用等权利，在身故后通过住宅处置所得的价款偿还养老等资金和相关费用。如果偿还后尚有剩余，该剩余将返还给老年人的继承人。

住房反向抵押不像通常的住房抵押贷款那样，把住房作为"第二还款来源"，而是以住房自身的价值直接作为偿还保证，因此特别需要科学准确的估价服务。不仅需要评估住宅现在的市场价值，还需要评估住宅到老年人预期寿命结束时的市场价值，以及增值（如房价上涨）和减值（如建筑物折旧、房价下降）等，为确定每月或每年最高养老等资金提供参考依据。其中，估计老年人的预期寿命特别是预期剩余寿命，可综合考虑当地人均预期寿命、该老年人的年龄和身体状况等因素。

七、解决房地产价格和价值相关纠纷的估价需要

在房地产转让、租赁、征收、税收、拍卖、变卖等活动，以及为这些活动服务的房地产估价和相关民事诉讼案件审理中，因房地产单价高、总价大而关乎当事人的重大经济利益，当事人容易对房地产成交价格、市场价格、市场租金、评估价值等价值价格产生纠纷（或争议、异议），从而需要第三方专业房地产估价机构或估价专家委员会对相关房地产价格、价值进行评估或鉴定、评审，为通过和解、调解、仲裁、诉讼等途径解决纠纷提供参考依据。

例如，《民法典》规定，无处分权人将不动产转让给受让人的，所有权人有权追回；除法律另有规定外，符合"以合理的价格转让"等情形的，受让人取得该不动产的所有权。在这种情况下，所有权人往往会认为转让价格不合理，而受让人往往会认为转让价格合理，从而对转让价格是否合理产生争议，通常只有对不动产的市场价格或市场价值进行评估才能判断转让价格是否合理。

《国有土地上房屋征收与补偿条例》规定："对被征收房屋价值的补偿，不得低于房屋征收决定公告之日被征收房屋类似房地产的市场价格。被征收房屋的价值，由具有相应资质的房地产价格评估机构按照房屋征收评估办法评估确定。"在这种情况下，被征收人可能认为评估确定的被征收房屋价值低于类似房地产的市场价格，从而提出异议。对此，该条例还规定："对评估确定的被征收房屋价值有异议的，可以向房地产价格评估机构申请复核评估。对复核结果有异议的，可以向房地产价格评估专家委员会申请鉴定。"

在为人民法院确定财产处置参考价服务的委托评估中，被执行人往往会认为评低了，而申请执行人往往会认为评高了，被执行人和申请执行人都可能对评估结果或评估报告提出异议。对此，《最高人民法院关于人民法院确定财产处置参考价若干问题的规定》规定："当事人、利害关系人收到评估报告后五日内对评估报告的参照标准、计算方法或者评估结果等提出书面异议的，人民法院应当在三日内交评估机构予以书面说明。评估机构在五日内未作说明或者当事人、利害关系人对作出的说明仍有异议的，人民法院应当交由相关行业协会在指定期限内组织专业技术评审，并根据专业技术评审出具的结论认定评估结果或者责令原评估机构予以补正。"

在人民法院审理的民事诉讼案件中，不少是因房地产价格或价值相关纠纷而引发，专业技术鉴定（包括房地产估价）可以为人民法院认定证据和正确划分责任起到关键作用。在原告起诉、被告反诉以及当事人举证、质证等诉讼活动中，为了帮助人民法院查清案件事实，原告、被告、人民法院往往都需要委托第三方进行专

业技术鉴定。《最高人民法院关于民事诉讼证据的若干规定》规定：人民法院在审理案件过程中认为待证事实需要通过鉴定意见证明的，应当向当事人释明，并指定提出鉴定申请的期间。当事人申请鉴定，应当在人民法院指定期间内提出，并预交鉴定费用。人民法院准许鉴定申请的，应当组织双方当事人协商确定具备相应资格的鉴定人。当事人协商不成的，由人民法院指定。人民法院依职权委托鉴定的，可以在询问当事人的意见后，指定具备相应资格的鉴定人。鉴定开始之前，人民法院应当要求鉴定人签署承诺书。承诺书中应当载明鉴定人保证客观、公正、诚实地进行鉴定，保证出庭作证，如作虚假鉴定应当承担法律责任等内容。人民法院应当组织当事人对鉴定材料进行质证。未经质证的材料，不得作为鉴定的根据。鉴定人应当在人民法院确定的期限内完成鉴定，并提交鉴定书。

八、纪检监察和刑事案件处理的估价需要

查处涉及房地产的受贿、渎职等违法违纪行为，在取证和衡量情节轻重时，通常不仅考虑房地产的实物量（如面积），还会考虑房地产的价值量（如市场价值、市场价格、差价等）。例如，《刑法》规定"对犯受贿罪的，根据受贿所得数额及情节，依照本法第三百八十三条的规定处罚"。据此，对国家工作人员非法收受他人房屋的受贿罪，所收受的房屋价值价格是定罪量刑的重要依据。其中以低价房换取请托人高价房的"以房换房"收受房屋，取证重点包括房屋差价有关证据，往往需要对换出的低价房和换入的高价房在房屋互换完成时的市场价格进行评估或鉴定，提供证明房屋价格的相关证据。对于领导干部涉嫌利用职权和职务影响，在商品房买卖中为谋取不正当利益而以明显低于市场价格购买商品房的，需要认定商品房的购买价格是否明显低于市场价格。再如，《刑法》规定"国家机关工作人员徇私舞弊，违反土地管理法规，滥用职权，非法批准征收、征用、占用土地，或者非法低价出让国有土地使用权，情节严重的，处三年以下有期徒刑或者拘役；致使国家或者集体利益遭受特别重大损失的，处三年以上七年以下有期徒刑"。据此，对涉嫌犯非法低价出让国有土地使用权等罪的，需要认定是否存在低价出让，以及国家或集体利益遭受损失的程度。以上这些都可以通过房地产估价，为纪检监察机关立案调查、公安机关立案侦查、检察机关审查起诉、人民法院审判等提供有关参考依据。

此外，对于擅自新建、改扩建、改变房屋或土地用途等违法违规行为，在不能拆除或恢复原状的情况下，比如违法加建部分若予以拆除将会影响原房屋主体结构安全，只得依法给予没收违法收入、罚款、补缴地价款等处罚。完成处罚后，有的仍不予以办理产权登记等手续使其合法化，而有的可补办手续使其合法

化，为确定没收违法收入、罚款金额、需补缴地价款等提供参考依据，也需要相关估价服务。

九、绿色低碳和可持续发展的估价需要

随着我国经济发展由高速增长阶段进入高质量发展阶段，要求更加注重可持续发展，需要经济社会发展全面绿色转型。绿色、低碳、可持续发展是面向未来的发展理念，其根本目的是改善人们的生存环境和生活质量。全球气候变化危害自然生态环境平衡，给人类生存和发展带来严峻挑战，需要各国采取积极行动减少温室气体排放。为了应对全球气候变化，中国力争 2030 年前实现碳达峰、2060 年前实现碳中和。要实现"碳达峰、碳中和"，就必须绿色、低碳、可持续发展，并需要政府、企业、公众共同努力。为此，广大房地产估价机构和估价师应树立绿色、低碳、可持续发展理念，增强节约资源和保护生态环境意识，努力学习相关知识和政策，密切关注、积极研讨绿色、低碳、可持续发展对房地产价值价格的影响及其在房地产价值价格上的表现，助力经济社会发展全面绿色转型。

现今，随着生活水平的提高，人们越来越向往和追求优美环境、清洁空气、洁净水源以及良好保温隔热和低能耗建筑，政府、单位和个人越来越积极治理、改善区域和社区生态环境，绿色建筑、节能低碳建筑、节能环保型建筑等"绿色房地产"越来越多。房地产中的"绿色因素"会在房地产价值价格上表现出来，包括提升房地产价值价格或带来房地产溢价。因为它们不仅对房地产使用人的身心健康有积极作用，而且有利于降低房地产使用过程中的能耗和维护成本，还可能带来额外收益。例如，被认定为绿色建筑的写字楼，其出租率和租金明显高于同类写字楼。因此，房地产估价机构和估价师应积极参与建立健全绿色低碳发展投资回收回报和生态产品价值实现机制，在估价实践中将绿色、低碳、可持续发展作为房地产价值价格的重要影响因素，充分考虑、科学量化和显化"绿色因素"对房地产价值价格的有利影响及其带来的溢价。同时，要特别关注、合理怀疑估价对象可能存在环境污染和生态破坏。对于存在环境污染和生态破坏的房地产，应充分考虑清除污染、修复生态环境等费用和相关损失或相关损害赔偿，并科学量化和显化它们对房地产价值价格的不利影响及其带来的减值。

十、城市更新和老旧小区改造的估价需要

目前，我国已经步入城镇化较快发展的中后期，城市开发建设方式从"大拆大建"的大规模房屋征收拆迁、增量建设为主，转变为"有机更新"的存量提质改造为主。然而，城市更新、老旧小区改造等城市更新改造工作推进较为困难，

其中一个重要原因是缺乏广大居民的积极支持和参与。而实际上，城市更新改造特别是危旧房屋改造、既有住宅加装电梯、既有建筑绿色改造，不仅会改善居民的生活环境，还会给居民的住房等房地产带来增值。因此，要获得广大居民对城市更新改造的积极支持和参与，就需要第三方专业的房地产估价机构和估价师科学客观地评估更新改造范围内每宗房地产特别是每套住房在更新改造前后的价值差异，并向每户居民"展示"更新改造给其房地产带来增值的看得见、摸得着、通俗易懂、有理有据的估价报告。

城市更新改造工作中的另一大难题，是更新改造所需的费用较高，仅靠政府投入资金难以为继，不利于良性循环，需要建立更新改造资金的政府与居民、社会力量合理共担机制。这就需要有效解决更新改造费用公平合理分摊问题，特别是需要由居民承担的更新改造费用部分如何在受益的每户居民之间进行公平合理分摊。公平合理地确定每户居民所需承担的更新改造费用，一般是将需要由居民承担的更新改造费用部分，根据更新改造给每户居民带来的房地产增值不同，测算每户居民的应出资额，也就是将每户居民所需承担的更新改造费用与更新改造给其带来的房地产增值相匹配。

房地产估价机构和估价师不仅能科学客观地评估出城市更新改造所带来的房地产增值总额和更新改造范围内每个单位、每户居民的房地产增值额，还能测算出更新改造总费用，以及其中由更新改造范围内每个单位、每户居民合理分摊的更新改造费用。此外，城市更新改造中需要腾退、置换或拆除部分房屋的，还有类似于房屋征收补偿的估价需要；需要改变建筑使用功能、用地性质、土地用途或容积率的，还有补缴地价款或土地出让的估价需要。房地产估价机构和估价师还可利用房地产估价特有的最高最佳利用分析、建筑物功能折旧分析、假设开发法等技术方法，开展改变建筑使用功能、用地性质、土地用途和容积率等的合法性、政策适用性、经济可行性分析，参与编制和优化城市更新改造方案等。

十一、房地产市场监测和调控的估价需要

为了促进房地产市场平稳健康发展，引导地价、房价、房租合理形成，防止不合理涨跌，需要依法定期确定并公布基准地价、标定地价和各类房屋的重置价格，开展地价、房价、房租监测，发布地价动态监测信息，公布不同区域、不同类型房屋的市场价格、市场租金水平[①]，分片区或小区制定并公布住房交易参考

---

① 例如，《商品房屋租赁管理办法》规定，直辖市、市、县人民政府建设（房地产）主管部门应当"定期分区域公布不同类型房屋的市场租金水平等信息"。

价或成交参考价。在必要时还会采取某些直接干预或管控措施，如综合考虑物价、收入等因素合理确定住房价格、租金涨幅上限，对土地采取"限房价"出让，对新建商品住宅销售（预售或现售）价格予以核定或限制，对其中精装修房还需要核定、扣减或另行计算室内装饰装修的价值，等等。这些都需要以专业房地产估价、土地估价为基础，需要估价机构和估价师协助政府及其有关部门开展相关工作，提供相关估价技术支持和帮助。

例如，对土地拟采取"限房价"出让的，科学合理确定该房价（即将来建成的商品住宅销售价格上限），通常需要综合考虑房价调控目标要求、目前同地段同品质同权益商品住宅市场价格、该土地一级开发成本、未来商品住宅建设成本等因素。对新建商品住宅销售价格予以核定或限制的，科学合理核定或限制其销售价格，一般要综合考虑新建商品住宅的成本价格、房价调控目标要求、目前同地段同品质同权益商品住宅市场价格等因素。这些都需要专业估价提供参考依据。

十二、房地产管理的估价需要

搞好现代房地产管理，不仅要搞好房地产实物管理，还要搞好房地产价值管理，既要弄清房地产的数量和质量，又要弄清房地产的价值量及其增减变动情况，这就需要房地产估价。此外，《城市房地产管理法》等法律法规对房地产行政管理的许多要求，都需要相应的估价服务，如《城市房地产管理法》对房地产行政管理的下列要求。

（1）"采取双方协议方式出让土地使用权的出让金不得低于按国家规定所确定的最低价"——该最低价的确定，需要估价提供参考依据。

（2）"土地使用者需要改变土地使用权出让合同约定的土地用途的……相应调整土地使用权出让金"；"以出让方式取得土地使用权的，转让房地产后，受让人改变原土地使用权出让合同约定的土地用途的……相应调整土地使用权出让金"——如何相应调整土地使用权出让金（或改变土地用途应补缴多少地价款），需要估价提供参考依据。

（3）"基准地价、标定地价和各类房屋的重置价格应当定期确定并公布"——基准地价、标定地价和各类房屋重置价格的确定，需要估价，即基准地价评估、标定地价评估、房屋重置价格评估。

（4）"房地产权利人转让房地产，应当向县级以上地方人民政府规定的部门如实申报成交价，不得瞒报或者作不实的申报"——如何判断房地产权利人申报的成交价是否不实，需要估价提供参考依据。

（5）"以划拨方式取得土地使用权的，转让房地产时……依照国家有关规定缴纳土地使用权出让金"，或者"按照国务院规定将转让房地产所获收益中的土地收益上缴国家或者作其他处理"；"设定房地产抵押权的土地使用权是以划拨方式取得的，依法拍卖该房地产后，应当从拍卖所得的价款中缴纳相当于应缴纳的土地使用权出让金的款额后，抵押权人方可优先受偿"；"以营利为目的，房屋所有权人将以划拨方式取得使用权的国有土地上建成的房屋出租的，应当将租金中所含土地收益上缴国家"——如何确定应缴纳的土地使用权出让金数额，如何知道转让房地产所获收益中多少为土地收益，如何知道拍卖所得的价款中多少为土地使用权出让金，如何知道出租房屋的租金中含有多少土地收益，均需要估价提供参考依据。

（6）"房地产抵押合同签订后，土地上新增的房屋不属于抵押财产。需要拍卖该抵押的房地产时，可以依法将土地上新增的房屋与抵押财产一同拍卖，但对拍卖新增房屋所得，抵押权人无权优先受偿"——如何知道一同拍卖的所得中多少为新增房屋所得，需要估价提供参考依据。

除了上述各种估价需要外，在房地产开发经营全过程以至房地产全生命周期中，从项目可行性研究到建成的房地产租售及运营管理等，都需要房地产估价为相关投资测算、资金筹集、成本控制、商品房租售定价与调价、运营收入与费用或现金流量预测与分析等提供参考依据。此外，物业管理、资产管理和相关服务带来的房地产保值增值或溢价，以及调整物业服务收费标准，通常也需要第三方专业房地产估价机构进行测评，如此才有公信力，才能获得广大业主和投资者认可。

复习思考题

1. 广泛、深入调查研究有哪些房地产估价需要有何必要性和重要性？

2. 人们为什么需要房地产估价？需要什么样的估价？估价能帮助人们解决什么问题？

3. 估价目的与估价需要是何关系？如何针对估价需要来表述其估价目的？

4. 房地产转让行为有哪些？其中哪些需要估价服务？

5. 房地产租赁是如何需要估价服务的？

6. 房地产抵押贷款前、抵押期间、抵押权实现的估价需要有哪些？

7. 房地产征收和征用及其在补偿上有何异同？它们有哪些估价需要？

8. 有哪些房地产税收需要估价服务？房地产税为何需要估价服务？

9. 人民法院确定财产处置参考价中的"委托评估"是指什么？

10. 现实中房地产分割的情形有哪些？它们为何需要房地产估价？

11. 房地产损害赔偿的类型有哪些？估价如何在其中发挥作用？

12. 城镇国有土地有偿使用的形式有哪些？它们为何需要估价服务？

13. 什么是集体经营性建设用地入市？为何需要估价服务？

14. 农村土地经营权流转等为何需要估价服务？

15. 目前企业有哪些经济行为需要房地产估价服务？

16. 什么是用于财务报告的估价？其中有哪些具体的房地产估价需要？

17. 房地产证券化和 REITs 是什么含义？它们为何需要估价服务？

18. 现实中需要房地产估价的财产证明有哪些？

19. 房地产保险的估价需要有哪些？这类估价有何特殊之处？

20. 什么是住房反向抵押？估价可在其中发挥什么作用？

21. 房地产价格和价值相关纠纷有哪些？解决此类纠纷为何需要估价服务？

22. 查处哪些违法违纪行为需要房地产估价服务？

23. 应对气候变化、绿色低碳发展、可持续发展等的含义是什么？房地产估价如何助力经济社会发展全面绿色转型？

24. 城市更新和老旧小区改造为何需要房地产估价服务？

25. 房地产市场监测和调控有哪些估价需要？

26. 《城市房地产管理法》提出了哪些房地产行政管理需要估价服务？

第三章　房地产估价对象及其描述

如果不识货，即连估价对象的真伪、好坏都不能鉴别，就谈不上评估其价值价格。房地产估价的对象是非同质且质量、性能、产权等的鉴别都很复杂的房地产，并且每个房地产估价项目的估价对象都不相同，在估价中要明确界定估价对象的范围，对估价对象进行调查了解，真实、完整地描述估价对象的状况。因此，科学、准确、客观地评估房地产的价值价格，是以对房地产全面、深入、正确的认识为基础的。现实中的房地产估价对象多种多样，不一定是纯粹、完整的一宗房地产，其财产范围需要根据委托人要求和估价目的等来确定，但在这里主要将估价对象假设为纯粹、完整的一宗房地产。为此，本章介绍房地产的含义、特性和种类，以及对作为估价对象的房地产应从哪些方面调查了解并予以描述。

第一节　房地产的含义

一、房地产的定义

简单地说，房地产就是房屋和土地，或房产和地产。严谨意义上的房地产，是指土地以及建筑物和其他相关定着物，是实物、权益、区位三位一体的财产或资产。

进一步理解上述房地产的定义，一方面需要弄清什么是土地、建筑物和其他相关定着物，另一方面需要弄清什么是房地产实物、权益和区位，即把一个错综复杂的房地产从两个维度分解为六个部分，分别加以认识。

二、土地、建筑物和其他相关定着物的含义

（一）土地的含义

人们生活在土地上，对土地理应比较熟悉，然而对于什么是土地，各有各的

认识和理解。从房地产估价的角度来看，土地通常是指地球的陆地表面及其上下一定范围内的空间。该空间范围如图 3-1 所示，可分为以下 3 层：①地球表面，简称地表；②地表之上一定高度以下的空间，简称地上空间；③地表之下一定深度以上的空间，简称地下空间。可见，土地不是平面的，而是一个固定的三维立体空间。

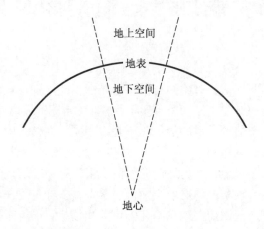

图 3-1　土地的空间范围

一宗土地的地表范围，是指该土地在地表上的"边界"所围合的区域。该"边界"是以土地权属界线组成的封闭曲线。土地的实物形态彼此相连，原本无所谓范围，但因人们在地表上划分界线而形成了各块或各宗土地，也使每块或每宗土地有了界址、形状和面积。例如，政府出让建设用地使用权的土地，其地表范围通常根据标有界址点坐标的平面界址图或建设用地红线图，由有关管理部门在地块各转折点钉桩、埋设混凝土界桩或界石并放线来确认，形状为封闭多边形，面积依水平投影面积计算。

从理论上讲，一宗土地的地上空间范围是从其地表边界向上扩展到无限高的空间，地下空间范围是从其地表边界呈锥形向下延伸到地心的空间。例如，《牛津法律大辞典》写道："一般而言，土地所有权的效力及于土地的上空和地表下面直至地球中心的底土，正如'土地属谁所有，土地的上空和地下也属谁所有'这一格言所述。"[①] 但是在现代法律规定中，土地所有权的空间范围已不再是

---

① ［英］戴维·M·沃克著．牛津法律大辞典．李双元 等译．北京：法律出版社，2003 年 7 月第 1 版．第 648 页。

"上穷天空，下尽地心"。现实中通常认为，地上空间的高度以飞机的飞行高度为限，地下空间的深度以人类的正常利用能力所达到的深度为限。例如，现代立法规定，飞行器飞越土地所有权人的土地上空不构成非法侵入。另外，地下资源、埋藏物等可以采取法律规定或出售、出租等方式而属于地表所有权人以外的其他组织和个人。实际上，土地所有权和土地使用权都可以"立体分层"分别设立，如我国的建设用地使用权可以在土地的地表、地上或地下分别设立。

（二）建筑物的含义

广义的建筑物也称为建筑，包括房屋和构筑物，是指用建筑材料构筑的空间和实体。狭义的建筑物主要指房屋，是指有基础、墙体、门窗和顶盖，起着挡风遮雨、保温隔热、抵御他人或野兽侵扰等作用，供人们在其内部进行生活或生产等活动的建筑空间，实际上是一个固定的围合空间，如住宅、办公楼、商店、旅馆、厂房、仓库等。构筑物是指人们一般不直接在其内部进行生活、生产等活动的工程实体或附属建筑设施，如水塔、烟囱、道路、桥梁、隧道、水坝等。

需要注意的是，与房地产估价密切相关的建筑、土地、会计等领域以及相关法律法规，因约定俗成或特殊需要，其建筑物、房屋、构筑物的含义和范围有所不同。建筑和土地领域大多将建筑物与构筑物并列，即建筑物不包括构筑物，如《建筑法》（2019年4月23日修订）规定："施工现场对毗邻的建筑物、构筑物和特殊作业环境可能造成损害的，建筑施工企业应当采取安全防护措施。"《土地管理法》规定"建设用地是指建造建筑物、构筑物的土地"，"在土地利用总体规划制定前已建的不符合土地利用总体规划确定的用途的建筑物、构筑物，不得重建、扩建"。《民法典》也采取这种用法。而会计领域大多将房屋与建筑物并列，即建筑物不包括房屋，如财政部印发的《企业会计制度》（2000年12月29日财会〔2000〕25号）规定："固定资产，是指企业使用期限超过1年的房屋、建筑物、机器、机械、运输工具以及其他与生产、经营有关的设备、器具、工具等。"此外，《城市房地产管理法》把房屋定义为包括建筑物及构筑物，如该法规定："本法所称房屋，是指土地上的房屋等建筑物及构筑物。"

为了避免对建筑物、房屋、构筑物含义和范围理解上的混乱，本书除涉及法律法规的规定时应依照其特定含义和范围理解外，一般将建筑物作广义理解，对建筑物、房屋、构筑物含义和范围的界定是：该三者都是人工建筑而成的物，其中建筑物的范围最大，包括房屋和构筑物；房屋和构筑物是并列的。房屋和构筑物的区别主要有以下两点：①人们是否直接在里面进行生活或生产等活动。人们通常直接在里面进行生活或生产等活动的，为房屋；一般不直接在里面进行生活或生产等活动的，为构筑物。②是否有门窗和顶盖。有门窗和顶盖的，一般为房屋；无门窗或顶盖的，一般为构筑物。当然，将亭子、宝塔之类的建筑物称为房屋或构筑物似乎都不妥，一般直呼其为建筑物。

（三）其他相关定着物的含义

其他相关定着物是指附着或结合在土地或建筑物上不可分离的部分，从而成为土地或建筑物的组成部分或从物，应随着土地或建筑物转让而一并转让的物，但当事人另有约定的除外。

其他相关定着物与土地或建筑物通常在物理上不可分离，有的虽然能够分离，但分离是不经济的，或者使土地、建筑物的价值明显受到损害，如会破坏土地、建筑物的功能或使用价值，使土地、建筑物的经济价值明显减损。建造在地上的围墙、道路、建筑小品、水池、假山，种植在地里的树木、花草，埋设在地下的管线、设施，安装在房屋内的水暖设备、卫生洁具、厨房设备、吊灯，镶嵌在墙里的橱柜、书画或绘在墙上、顶棚上的书画等，一般属于其他相关定着物。而仅是放进土地或建筑物中，置于土地或建筑物的表面，或者与土地、建筑物毗连者，如摆放在房屋内的家具、家电、落地灯、装饰品，挂在墙上的书画，停放在车库里的汽车，摆放在院内的奇石、雕塑，在地上临时搭建的帐篷、戏台等，一般不属于其他相关定着物。

弄清其他相关定着物的重要性在于：随着经济社会发展、生活水平提高，人们越来越重视房屋的装饰装修，房前屋后的环境美化，其他相关定着物越来越多、价值越来越大，因此在房地产估价中，估价对象的财产范围如果不包含属于房地产（不动产）的财产的，如室内装饰装修、酒窖、建筑小品、树木等，应在估价报告中具体列举说明，未列举说明的，一般应理解为在估价对象的财产范围内；反之，估价对象的财产范围如果包含不属于房地产（不动产）的财产的，如房屋内摆放的家具、家电、装饰品，院内摆放的奇石、雕塑，以及债权债务、特许经营权等，也应在估价报告中具体列举说明，未列举说明的，一般应理解为不在估价对象的财产范围内。

在现实生活中，其他相关定着物通常被当作土地或建筑物的组成或附属部分。因此，本书一般把房地产简化为包括土地和建筑物两大部分。

三、房地产实物、权益和区位的含义

房地产是不可移动的财产，既与机器设备等以实物为主的有形动产有本质不同，又与特许经营权、商标等以权益为主的无形资产有实质区别，是实物、权益、区位的"三位一体"，即在估价中房地产的实物、权益和区位三个方面都很重要，都不可忽视。其中实物状况和区位状况，合称自然状况、物理属性或物理

特征。

（一）房地产实物的含义

房地产实物是房地产中有形（看得见、摸得着）的部分，如建筑物的规模、外观、结构、设施设备、装饰装修、空间布局（或内部格局）、新旧程度等，土地的面积、形状、地形、地势、土壤、地质、开发程度等。

房地产实物从另一角度，可分为以下 3 个方面：①房地产的有形实体。以一幢房屋为例，其有形实体是指该房屋的建筑结构是砖木结构的，还是砖混结构、钢筋混凝土结构或钢结构的。②房地产有形实体的质量。假如该房屋是砖木结构的，则其有形实体的质量是指该房屋是采用什么质量的砖和木材建造的，以及施工质量优劣。③房地产有形实体组合具有的功能。假如该房屋是砖木结构，采用的砖和木材的质量相同，且施工质量也相同，则其有形实体组合具有的功能是指该房屋是否缺少必要的功能空间或有不需要的功能空间，各功能空间的布局、规模（如面积）是否合理等，比如住宅的户型好坏、各房间大小。

（二）房地产权益的含义

房地产权益是房地产中无形（看不见、摸不着）的部分，是附着在房地产实物上的权利、利益和义务。一宗房地产的权益状况主要包括下列 7 个方面。

（1）拥有的房地产权利，即房地产权利状况。这是房地产权益中最基本、最主要的部分，如拥有的是所有权还是使用权，拥有的土地使用权是国有建设用地使用权还是集体建设用地使用权，拥有的国有建设用地使用权是出让国有建设用地使用权还是划拨国有建设用地使用权，以及土地使用权的剩余期限等。

（2）该房地产权利受自身其他房地产权利限制状况，或者说权利负担状况。例如，拥有房屋所有权和建设用地使用权的房地产，是否设立了抵押权、居住权、地役权等其他物权，如已抵押的写字楼、商铺，设立了居住权的住宅。

（3）该房地产权利受房地产权利以外因素限制状况。例如，规划和用途管制等房地产利用限制（如对用途、容积率等的规定），受相邻关系（即房地产的相邻权利人依照法律、法规规定或按照当地习惯，相互之间应提供必要的便利或接受必要的限制而产生的权利和义务关系）的约束，被司法机关或行政机关依法查封（简称被查封）等。

（4）该房地产占有使用状况。例如，房地产是在使用还是空置或闲置，是否出租、出借或被侵占，如已出租的住宅、写字楼。

（5）该房地产上附着的额外利益状况。例如，住宅带有中小学校入学名额、可落户口，房屋的外墙或屋顶依法可设置标识、牌匾、广告等。

（6）该房地产上附着的债权债务状况，即会随着房地产转让而一并转让的债权债务，如土地增值税、房产税、城镇土地使用税等欠税，水电费、物业服务费用（简称物业费）等余款或欠费，征收拆迁补偿安置款、土地价款、建设工程价款等欠款。

（7）该房地产上附着的其他权利、利益和义务状况，如有无物业管理及其服务质量等状况。

目前，我国房地产权利的种类主要有所有权、建设用地使用权、土地承包经营权、宅基地使用权、居住权、地役权、抵押权以及租赁权。房地产所有权是房地产所有权人对自己的房地产依法享有占有、使用、收益和处分的权利，有房屋所有权和土地所有权。我国现行的房地产所有制是土地只能属于国家或集体所有，房屋可以私人所有，因此房屋所有权有国家所有权、集体所有权和私人所有权三种，土地所有权只有国家所有权和集体所有权两种。房地产所有权可分为单独所有、共有和建筑物区分所有权。单独所有是房地产由一个组织或个人享有所有权。共有是房地产由两个以上组织或个人共同享有所有权。共有又有按份共有和共同共有。按份共有人对共有的房地产按照其份额享有所有权；共同共有人对共有的房地产共同享有所有权。建筑物区分所有权是业主对建筑物内的住宅、经营性用房等专有部分享有所有权，对专有部分以外的共有部分享有共有和共同管理的权利。

建设用地使用权是指建设用地使用权人依法对国家所有的土地享有占有、使用和收益的权利，有权利用该土地建造建筑物、构筑物及其附属设施。建设用地使用权可分为出让、划拨、作价出资（入股）、授权经营、租赁等方式取得的建设用地使用权。建设用地使用权的本质是利用土地空间的权利，可称为空间使用权。《民法典》规定："建设用地使用权可以在土地的地表、地上或者地下分别设立。"因此，一宗土地的空间可以分割为很多个三维立体"空间块"，分别成为独立的"物"，可以分别出让、转让、抵押等。例如，政府在出让建设用地使用权时可以将受让人对空间享有的权利通过出让土地的界址、建筑物的高度和深度加以确定，确定范围之外的空间仍然属于国家，政府可以将其用于公共用途或另行出让，比如把同一块土地的地下 10m 至地上 80m 的建设用地使用权出让给甲公司建造写字楼，把地下 20m 至地下 40m 的建设用地使用权出让给乙公司建造商场。更典型的是"没有分摊的土地面积"的建设用地使用权，例如一个地面为城市广场、公共绿地的地下商场，一个建造在公交车停车场、地铁站上的商场、写字楼等。与此类似，取得一定范围内的空间的建设用地使用权人可以将其空间中的部分空间分割出来，转让、租赁给他人或用它作价出资等，从而使该被分割出来的部分空间具有了独立的经济价值。例如，建设用地使用权人依法将其屋顶出售给他人加盖房屋，或作为合作条件与用货币出资加盖房屋的一方分成加盖完成的房屋，依法将外墙或屋顶出售或出租给广告公司做广告，依法允许他人在自己取得的土地之下建造地下停车库等。

土地承包经营权是指土地承包经营权人依法对其承包经营的耕地、林地、草地等享有占有、使用和收益的权利，有权从事种植业、林业、畜牧业等农业生产。

宅基地使用权是指宅基地使用权人依法对集体所有的土地享有占有和使用的权利，有权依法利用该土地建造住宅及其附属设施。建设用地使用权、土地承包经营权和宅基地使用权都属于土地使用权。

居住权是指居住权人有权按照合同约定，以满足生活居住的需要，对他人的住宅享有占有、使用的用益物权。根据《民法典》，居住权无偿设立，设立居住权的住宅不得出租，但是当事人另有约定的除外；居住权不得转让、继承；居住权自登记时设立，居住权期限届满或居住权人死亡的，居住权消灭。

地役权是指房地产所有权人或土地使用权人按照合同约定利用他人的房地产，以提高自己的房地产效益的权利。上述房地产所有权人或土地使用权人为地役权人，他人的房地产为供役地，自己的房地产为需役地。地役权有通行地役权、排水地役权、眺望地役权等。其中通行地役权是在他人的土地上通行的权利。例如，甲乙两个单位相邻，甲原有一个东门，为了本单位职工上下班通行便利，想开一个西门，但必须借用乙的道路通行。于是，甲乙双方约定，甲向乙支付使用费，乙允许甲的职工通行，为此甲乙双方达成书面协议，在乙的土地上设立了通行地役权。此时，乙提供通行的土地称为供役地，甲的土地称为需役地。

房地产抵押权是指为担保债务的履行，债务人或第三人不转移房地产的占有，将该房地产抵押给债权人，债务人不履行到期债务或发生当事人约定的实现抵押权的情形，债权人有权就该房地产优先受偿。

房地产租赁权是指承租人支付租金，对他人的房地产享有使用、收益的权利。例如，房屋承租人与出租人签订了一个租赁期限为 10 年的房屋租赁合同，承租人即取得了该房屋 10 年期限的租赁权。

上述房地产权利的分类见图 3-2。物权是权利人依法对特定的物享有直接支配和排他的权利，物权的义务人是物权的权利人以外的任何人，因此物权也称为"绝对权""对世权"。在物权中，所有权属于自物权，其余属于他物权。自物权是对自己的物依法享有的权利。他物权是在他人的物上依法享有的权利，是对所有权的限制。在他物权中，建设用地使用权、土地承包经营权、宅基地使用权、居住权、地役权属于用益物权，抵押权属于担保物权。用益物权是在他人的物上

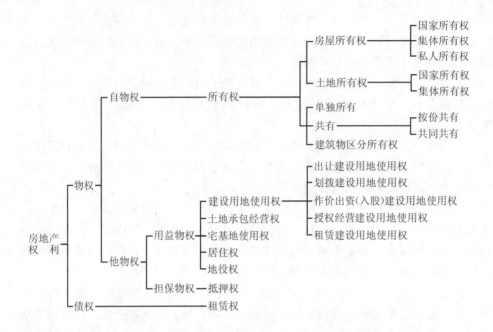

图 3-2　房地产权利的分类

依法享有占有、使用和收益的权利。担保物权是就他人的担保物依法享有优先受偿的权利。债权是权利人请求特定义务人为或不为一定行为的权利，债权的权利人不能要求与其债权债务关系无关的人为或不为一定行为，因此债权也称为"相对权""对人权"。租赁权属于债权。在特定的房地产上，除法律另有规定外，既有物权又有债权的，优先保护物权；同时有两个以上物权的，优先保护先设立的物权。

　　在房地产、动产、无形资产等不同种类的资产中，实物和权益对价值的影响有很大不同：①动产的价值主要是其实物的价值，即其价值的高低主要取决于其实物的好坏，如珠宝玉石、机器设备等动产。②无形资产的价值主要是其权益的价值。如商标专用权、特许权、商誉、专利权、专有技术、著作权（版权）、有价证券（股票、债券）等无形资产，通常不具有实物形态，有的虽然依附在实物上或以实物为载体，但该实物或载体本身的好坏对其价值影响不大，甚至可以忽略不计。③房地产的实物和权益在其价值决定中都很重要。例如，一幢房屋的价值既受建筑结构、设施设备、装饰装修等实物状况的影响，又受产权性质及其是否完整等权益状况的影响，如该房屋是合法建筑还是违法建筑，是永久建筑还是临时建筑，或其产权是完全产权还是部分产权，价值有很大差异。再如，一宗建设用地的价值既受土地形状、地质、开发程度等实物状况的影响，又受规划用途、容积率等权益状况的影响，如规划用途是商品住宅、商业还是工业、城市基础设施和公益事业，价值有显著差异。因此，两宗实物状况相同的房地产，如果权益状况不同，价值通常有较大差异；反之，两宗权益状况相同的房地产，如果实物状况不同，价值通常也有较大差异。

（三）房地产区位的含义

区位（location）本来是房地产的外在因素，因房地产的空间位置不能移动而成了房地产的重要组成部分，且每一房地产的区位都不相同。对区位简单、狭义、通俗的理解，就是地段、位置。科学、严谨地说，一宗房地产的区位是指该房地产与其他房地产或事物在空间方位和距离上的关系，其内涵较丰富，可分解为下列4个方面来进一步认识。

（1）地理位置：简称位置，是指某一房地产所在的地方。对位置的了解通常包括以下几个方面：①坐落，即该房地产的具体位置，如地址。②方位，即该房地产在所在地区（如城市、市辖区、片区、商圈、住宅区、十字路口地区）中的方向和位置。就在城市中的方位来说，是指该房地产在城市中的哪个方位或哪片区域，如东部、北部等。③与有关重要场所的距离，如该房地产离市中心、机场、车站、公园等的远近。④临街（路、巷）状况，即该房地产是否临街等。⑤朝向，即该房地产面对着的方向，如房屋坐北朝南或坐西朝东等。此外，当该房地产为某幢楼房中的某层、某套（如一套住宅、一套办公用房）或某间（如一间商铺）时，其所在楼层也是一种位置（垂直位置）。

（2）交通条件：简称交通，是指进出某一房地产及其停车的便利程度。进出的便利程度即"通达性（accessibility）"，可分为从别的地方到该房地产的可达性和从该房地产去别的地方的便捷性。区分这两种便利程度，是为了全面深入了解、描述和分析某一房地产的交通条件。因为某些房地产受单行道、道路隔离带、立交桥、交通出入口方位以及上下班交通流量差异等的影响，其进来和出去的便利程度不尽相同，甚至差异很大，如有的"进来容易，出去难"，有的"出去容易，进来难"。在现在"汽车时代"，停车是否便利已成为影响房地产价值价格的重要因素。

（3）外部配套：简称配套，全称外部配套设施，是指某一房地产外部（如用地红线外）的基础设施和公共服务设施。如果是该房地产内部（如用地红线内）的配套设施，则应属于该房地产的实物因素。基础设施一般是指道路、供水、排水、供电、通信、供燃气、供热等设施。公共服务设施一般是指商业服务、金融邮电、教育、医疗卫生、文化、体育、社区服务、市政公用和行政管理等设施。

（4）周围环境：简称环境，是指某一房地产周围的情况和条件，可分为自然环境、人文环境和景观等。现今世界上没有未受到人工干预或影响的真正意义上的自然环境，因此自然环境和人文环境的划分是相对而言的。自然环境是指某一房地产外围的各种自然因素的总和，如空气、水、土壤、岩石、阳光、生物等。人文环境是指某一房地产的社会环境，包括该房地产所在地区（如社区、住宅区）的社会声誉、居民特征（如年龄、职业、收入水平、受教育程度、民族、宗教信仰）、社会治安（如犯罪率）、相邻房地产的利用状况（如用途）等。景观包括自然景观和人文景观，其含义与风景、景色、景致、风光相近，是指一定区域内由山水、树木、花草、建筑以及某些自然现象等形成的可供人观看的景象，是复杂的自然过程和人类活动在大地上的烙印，包括自然和人为作用的任何地表形态及其印象。通俗地说，某一房地产的景观是站在该房地产的某些位置（如外门口、窗前、阳台等）向外观望时，出现在人的视野中的地表部分和相应的天空部分及其给予人的全体印象，即放眼所见的景色及所获得的印象。

虽然任何物品在某一特定的时间点都会有一个具体位置，但房地产不可移动、位置不变，其他物品可以移动、位置可变。因此，价值价格和区位密切相关几乎是房地产所特有的（但不排除相同的商品在不同购物环境中的售价不同）。"location，location and location"是西方认为的投资房地产的三大秘诀，即"第一是区位，第二是区位，第三还是区位"。当然，区位并不能够代表房地产的一切，但这种说法强调了区位对房地产的极端重要性，因为对一般的个人和单位来说，能够改变房地产的是其区位以外的东西，而改变不了房地产的区位。两宗实物和权益状况相同的房地产，如果区位状况不同，比如地理位置优越、交通便捷、配套完备、环境优美与否，该两宗房地产的价值价格会有所不同，甚至差异很大。

四、房地产的相关名称

（一）不动产

广义的房地产等同于不动产，是对房屋、土地等不能移动的财产的不同称呼，特别是过去并不严格区分房地产和不动产，许多情况下是混用的。狭义的房地产是不动产的主要组成部分。在法律上，通常把财产或者物分为不动产和动产两大类。例如，《民法典》规定："物包括不动产和动产。"目前，我国对不动产有明确定义的法规是《不动产登记暂行条例》。该条例规定："本条例所称不动产，是指土地、海域以及房屋、林木等定着物。"

一种财产或者物属于动产还是不动产，一般是根据其实物是否可以移动来判别的。凡是自行或用外力可以移动，并且其价值及性质、形状不因移动而受损或改变的，像牲畜、汽车、家具之类，属于动产；反之，像土地、房屋及附着于土地或房屋上不可分离的部分，比如种植在土地里的树木，安装在房屋中的给水、排水、采暖、中央空调、电梯等设备，属于不动产。例如，财政部、国家税务总局 2016 年 3 月 23 日印发的《营业税改增值税试点实施办法》将不动产注释为："不动产，是指不能移动或者移动后会引起性质、形状改变的财产"。然而，上述判别标准也有例外，比如已安装在房屋中的房门，其钥匙虽可随身携带，但属于不动产的范畴，是房门或房屋的从物，房屋交付时应"交钥匙"。

（二）物业

我国香港地区通常使用"物业"一词，把房地产估价称为物业估值或物业估价，其所说的物业实际上是房地产，仅叫法不同。香港的物业一词是从英国的 property 一词翻译过来的。在英国，property 也是指房地产①。此外值得指出的是，我国香港地区通常还把房地产称为地产，其地产、物业、楼宇、房地产等用语经常混用。例如，香港李宗锷先生对物业的解释是："物业是单元性地产。一住宅单位是一物业，一工厂楼宇是一物业，一农庄也是一物业。故一物业可大可小，大物业可分割为小物业。"② 中国内地现在也大量使用"物业"这个词，最典型的是"物业管理"，并把其中"物业"定义为"房屋及配套的设施设备和相关场地"③。

（三）Real Estate 和 Real Property

在英文中，房地产的名称为 Real Estate 或 Real Property，但两者的含义不完全相同。如图 3-3 所示，Land，Real Estate，Real Property 是三个相互联系、含义越来越宽的术语：①Land（土地）是指地球表面至下达地心、上达天空的空间，包括地表权（Surface Rights）、空间权（Air Rights）和地下权（Subsurface Rights），以及树和水（trees and water）。②Real Estate 是指 Land（土地）加上永久的人工添加物（man-made additions），如房屋和构筑物。③Real Property 是指 Real Estate 加上"法定权利束"（"bundle of legal rights"），即包括 Real Estate 及其有关的任何法定权利（rights）和利益（interests）。

---

① ［英］霍恩比著．牛津高阶英汉双解词典（第 6 版·缩印本）．石孝殊 等译．北京：商务印书馆，2005 年 4 月第 2 版．第 1378 页。

② 李宗锷著．香港房地产法．香港：商务印书馆（香港）有限公司，1994 年 12 月第 5 版．第 9 页。

③ 《物业管理条例》（2018 年 3 月 19 日修订）规定："本条例所称物业管理，是指业主通过选聘物业服务企业，由业主和物业服务企业按照物业服务合同约定，对房屋及配套的设施设备和相关场地进行维修、养护、管理，维护相关区域内的环境卫生和秩序的活动。"

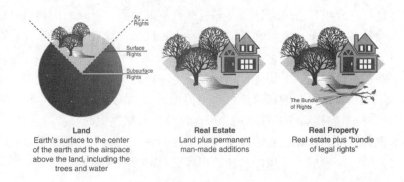

图 3-3   Land，Real Estate，Real Property 的异同

Real Estate 和 Real Property 虽然有上述严格区分，但在一般情况下是相互通用、不加以区分的，大多使用 Real Estate 一词。

五、房地产的基本存在形态

房地产虽然包括建筑物和土地两大组成部分，但并不意味着只有建筑物和土地结合在一起时才是房地产，单独的土地、单纯的建筑物都属于房地产，是房地产的一种存在形态。归纳起来，房地产有土地、建筑物、房地三种基本存在形态。

（一）土地形态

土地形态的最简单情形是一宗无建筑物的空地，典型的是一宗房地产开发用地，如图 3-4（a）所示。土地上即使有建筑物，如图 3-4（b）所示，有时根据需要或按照有关规定，应把它单独看待，只评估其中土地价值。例如，为确定改变土地用途、容积率或转让、出租、抵押划拨建设用地使用权的房地产应补缴的地价款，或者为征收有关土地税费、用于会计和财务报告中土地单独计价入账等的估价，通常只单独评估土地价值。对有建筑物的土地，在估价时如何单独看待土地，有两种做法：一是无视建筑物的存在，即将土地设想为没有建筑物的空地；二是考虑建筑物存在对土地价值的影响。

（二）建筑物形态

建筑物虽然必须建造在土地上，在实物形态上和土地连为一体，但有时根据需要或按照有关规定，应把它单独看待，只评估其中建筑物价值，如图 3-4（c）所示。例如，在房地产投保火灾险时评估其保险价值，灾害发生后评估其损失，或者用于会计和财务报告中建筑物单独计价入账、计提折旧等的估价，通常只单

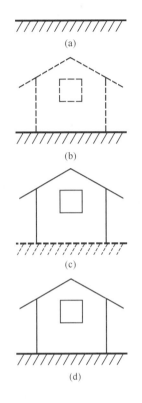

无建筑物的土地：

这是一块无建筑物的空地。

有建筑物的土地：

该块土地上虽然建有建筑物，但在观念上可把它单独看待。具体的看待方式有两种：①无视建筑物的存在；②考虑建筑物存在的影响。

建筑物：

建筑物虽然必须建在土地上，但在观念上可把它单独看待。具体的看待方式有两种：①无视土地的存在；②考虑土地存在的影响。

房地：

下有土地，上有建筑物，此时把土地与建筑物也作为一个整体来看待。

图 3-4　房地产的基本存在形态

独评估建筑物价值。在估价时如何单独看待建筑物，有两种做法：一是无视土地的存在，即将建筑物设想为"空中楼阁"；二是考虑土地存在对建筑物价值的影响。

　　上述建筑物和土地合在一起时，需要单独或者分别评估其中土地价值、建筑物价值，在评估土地价值时不考虑建筑物对土地价值的影响，在评估建筑物价值时不考虑土地对建筑物价值的影响，将土地当作空地或者将建筑物当作"空中楼阁"的估价，可称为"独立估价"；而如果在评估土地价值时考虑建筑物对土地价值的影响，或者在评估建筑物价值时考虑土地对建筑物价值的影响的估价，则可称为"部分估价"。至于在估价时是否考虑以及如何考虑建筑物对土地价值的影响，或者土地对建筑物价值的影响，将在第四章第四节的平衡原理、贡献原理中论述。

（三）房地形态

房地形态是指实物形态上建筑物和土地合在一起，并在估价时也把它们当作一个整体看待，即指建筑物和土地综合体或"房地一体"，具体可表述为"建筑物及其占用范围内的土地"，或者"土地及其上的建筑物"，如图 3-4（d）所示。

目前，社会上对房地产的用词尚不规范，同一用词，可能含义不同，不同的用词，可能含义相同，很容易引起误解。为了简单明了，本书主要使用"房地产""土地""建筑物""房地"这些关键词，它们的含义如下。

（1）房地产：可指土地，也可指建筑物，还可指房地，即它可能是土地，也可能是建筑物，还可能是建筑物和土地综合体。

（2）土地：仅指土地部分，不论该土地上有无建筑物，比如说土地价值时，该价值不含土地上的建筑物价值。

（3）建筑物：仅指建筑物部分，比如说建筑物价值时，该价值不含建筑物占用范围内的土地价值。

（4）房地：专指建筑物和土地综合体，比如说房地价值时，该价值既包含建筑物价值，又包含建筑物占用范围内的土地价值；或者说，该价值既包含土地价值，又包含土地上的建筑物价值。

还需要说明的是，人们通常使用"地上建筑物"这个概念，其含义一般是指土地范围内的所有建筑物，既包括建筑物的地上部分，也包括建筑物的地下部分。但有时根据需要，将建筑物真正的地上部分与地下部分分开。因此，要注意根据上下文的内容判定其具体所指，实际估价中同样要注意这个问题。

第二节　房地产的特性

房地产与其他资产和商品（包括房地产市场与其他资产和商品市场、房地产价格与其他资产和商品价格）有许多不同之处。这些不同之处是由房地产的特性决定的。因此，从事房地产估价还需要对房地产的特性有全面、深入的认识。

房地产中的土地是大自然的产物，且是永存的；建筑物为人工所建造，并固定在土地上。因此，房地产的特性主要取决于土地的特性，是以土地的特性为基础的。从房地产估价和把握房地产价值价格的角度来看，房地产的特性主要有不可移动、各不相同、寿命长久、供给有限、价值较高、用途多样、相互影响、易受限制、不易变现和保值增值。

一、不可移动

不可移动特性也称为位置固定性，即房地产的空间位置是固定的，不能移动。这是房地产的首要特性，是房地产不同于其他财产、资产或商品的最主要之处。

土地里的土壤、砂石等虽然可以移动、搬走，但是作为空间场所的土地，其位置是固定的。建筑物因"扎根"在土地之中，其位置通常也是固定的。建筑物被移动的情形虽然有，但极少，被移动的建筑物数量相对于现有的建筑物数量是微不足道的，且这种移动的耗费很大、距离很短，往往是不得已而为之，如为了兼顾道路建设和保护古建筑等，才对建筑物实施整体平移。建筑物被拆除的情形倒是较常见，但建筑物被拆除后就不是建筑物了，而变成建筑垃圾、废物或还原为建筑材料。

由于空间位置不能移动，每宗房地产与有关重要场所（如市中心、机场、车站、公园、学校、医院等）的距离及其对外交通、外部配套设施、周围环境等，均有相对稳定的状态，从而形成了每宗房地产独特的自然地理位置和社会经济位置，使得不同的房地产之间有区位优劣差别。同时值得指出的是，房地产的不可移动主要是其自然地理位置固定不变，而其社会经济位置在经过一段时间之后可能会发生变化，甚至发生较大改变。因为对外交通、外部配套设施、周围环境等，均可以影响房地产的社会经济位置，而这些通常是随着规划、建设等而不断变化的。

房地产的不可移动特性，决定了房地产只能就地开发和利用，并要受制于其所在的空间环境（如当地的制度法规政策、经济社会发展状况、相邻关系等），而不像动产商品那样，原料地（房地产开发的最主要原料是土地）、生产地和消费地可以不在同一个地方，能够在不同地区之间调剂余缺，即从生产地或供给过剩、需求不足、价格较低的地区，运送到消费地或供给短缺、需求旺盛、价格较高的地区。因此，房地产市场通常在不同地区之间差异很大，不是一个全国市场，更不是全球市场，而是区域市场。房地产的供求状况、价格水平和价格走势等都是区域性的，在不同地区有所不同，甚至不同地区在同一时期的房地产价格变动方向是相反的，如通常所说的城市房地产市场分化。一般可将一个城市的房地产市场当作一个市场，但较大城市内的不同区域，因其房地产供求状况、价格变化等有较大差异，可细分为若干个子市场。

二、各不相同

各不相同特性也称为独一无二性、独特性、非同质性、异质性、个别性，就像"没有两个人是一样的"那样（虽然偶尔有长得一模一样的，但性格、能力等往往不同），没有两宗相同的房地产。房地产不像工厂生产出来的产品那样，相同型号、规格和批次的数量较多且质量一般相同，每宗房地产都有其独特之处。虽然两幢房屋或两套住宅的外观、建筑结构、内部格局或户型等均相同，但由于它们的空间位置（如坐落、朝向、楼层等）不同，带来的外部环境（如景观、邻里关系等）也不同，因此它们实际上是不相同的，甚至差异很大。

房地产的各不相同特性，使得市场上没有两宗相同的房地产供给，不同的房地产之间难以完全相互替代，房地产市场不是完全竞争市场，房地产价格千差万别，且通常是"一房一价"。此外，房地产交易一般不是凭样品交易，即使有照片、视频、户型图、样板房（或样板间）等，除期房无法真正到现场以外，都应到交易对象实地查看、现场体验，房地产估价也应到估价对象现场进行实地查勘。

同时需指出的是，尽管房地产各不相同，但某些房地产之间，特别是住宅之间、写字楼之间、商铺之间，仍然具有一定的可比性和替代性，从而存在一定程度的竞争，在价格上也有一定的牵掣，具体见替代原理（第四章第四节）。房地产估价的替代原则（第六章第五节）和比较法（第七章）正是以房地产之间具有一定的可比性和替代性为基础的。

三、寿命长久

寿命长久特性也称为耐久性、耐用性，即房地产使用寿命长、经久耐用；对土地来说，也称为不可毁灭性、永续性。土地虽然可能发生塌陷、被洪水淹没或荒漠化（土地生产力退化）等，但它在地表上所标明的位置及作为空间是永存的。实际上，只要对土地给予适当保护，它一般不会失去生产力或使用价值，可以反复利用。而其他物品，只要使用就会发生磨损，经过一定时间或较长久使用之后，最终会因不能继续使用而失去使用价值或报废。

建筑物虽然不像土地那样具有不可毁灭性，但其使用寿命相对于机器设备等固定资产来说，要长得多，通常可达数十年以上。除非设计、施工有严重缺陷，房龄过长、年久失修，或遇到地震、火灾等重大灾害，建筑物一般很少自行倒塌，通常是为了土地的更好利用或更高价值才会被拆除。

房地产因寿命长久，可供其拥有者长期使用，或为其拥有者带来持续的收益（如租赁收益）。但需要指出的是，从具体的房地产拥有者的角度来看，土地在某些情况下是有寿命的，如以出让方式取得的建设用地使用权有使用期限。目前，建设用地使用权出让的最高年限，居住用地为 70 年，商业、旅游、娱乐用地为 40 年，工业、教育、科技、文化、卫生、体育以及综合或者其他用地为 50 年。建设用地使用权转让、互换、出资、赠与或抵押的，使用期限不得超过建设用地使用权的剩余期限（原出让合同约定的使用期限减去已经使用年限后的期限）。建设用地使用权期限届满，除住宅建设用地使用权自动续期外，非住宅建设用地使用权人未申请续期或虽然申请续期但依法未获批准的，建设用地使用权由国家无偿收回。①

四、供给有限

房地产的供给有限特性主要取决于土地的不可再生性或不增性。土地是大自然的产物，地表面积基本上固定不变，人们不能像生产产品那样制造出土地，从这种意义上讲土地供给总量不可增加。而就狭义的土地（可用的陆地）来说，如果地价高到一定程度，可吸引人们移山填海或将荒漠改造为良田，从而"制造"出可用的土地。即使如此，这种"造地"的数量相对于现有的土地总量也是微不足道的。由于土地供给总量不可增加，尤其是地理位置优越的土地供给有限，造成了房屋特别是区位较好的房屋数量有限，甚至使某些优质地段的房地产成为十分稀缺的商品和投资品。

房地产的供给有限特性使得房地产具有独占性和垄断性。一定区位特别是区位较好的房地产被人占有后，则占有者可以获得特定的生活或生产等场所，享受特定的光、热、空气、雨水和风景（如海水、阳光、沙滩、新鲜空气）等，或者可以支配有关自然资源和生产力，他人除非付出一定的代价，否则一般无法占有和享用。

进一步来看，房地产具有供给有限的特性，还不完全是因为土地供给总量不可增加。如果房地产可以移动，则土地供给总量不可增加就没有这么重要，因为目前相对于人类的需要来说，土地总量还较丰富。因此，房地产具有供给有限的特性，还因其不可移动而造成不能将一个地方的房地产搬运到另一个地方，导致在特定地段上只有很有限的房地产供给。如要增加房地产供给，就需向更远的平面方向发展，如向郊区、农村扩展；或者向更高、更深的立体方向发展，如增加

---

① 续期和收回的有关规定具体见《民法典》第三百五十九条，《城市房地产管理法》第二十二条，《城镇国有土地使用权出让和转让暂行条例》第四十条。

建筑高度①、容积率，开发利用地下空间。但是，这些又要受到自然条件、建筑科技水平、环境承载能力、消防救援能力、交通等基础设施条件（包括容量）、国土空间规划（或城乡规划、土地利用总体规划）等因素的约束。

五、价值较高

人们对房地产的需求是普遍而大量的，但房地产供给有限，土地开发、房屋建设等房地产开发建设的成本又较高，使得房地产的价值较高，具体一点讲是房地产不仅单价高，而且总价大。从单价高来看，目前城镇中每平方米土地、每平方米建筑面积（或套内建筑面积）房屋的价格，低则数百元至上万元，高则几万元、十几万元甚至几十万元，繁华商业地段还有"寸土寸金"之说。从房地产总价大来看，土地和房屋都不像许多商品那样可以零星消费，如不可分为一个平方米之类的小面积来利用，必须有适当的规模（如一定面积、一个房间、一个单元等），从而使得可供利用的一宗房地产的总价大。例如，可供利用的一宗土地、一套住宅、一间办公用房、一个商铺的总价，通常比一台机器设备、一辆汽车等其他单项资产的总价要大。对许多人来说，购买一套普通住房往往是其一生中最大的支出，除了花掉所有积蓄，还要用所购住房抵押贷款。有时住房因总价过大导致许多人买不起，还出现了小户型（小面积）比大户型（大面积）的单价明显高的现象。至于一套高档公寓、一幢别墅、一栋办公楼、一座商场、一个酒店、一幢厂房、一宗房地产开发用地的总价就更大了。同时需注意的是，也有许多交通不便、偏僻地区的房地产的价值较低，如所谓"不毛之地"、被遗弃的危旧房屋，或因违法占地、违法建设、权属有争议等造成房地产的价值较低。

此外，由于房地产价值较高，房地产交易价款支付方式通常不是一次性付清，而是分期支付或采取抵押贷款方式支付，从而价款支付方式对房地产成交价有较大影响，同一房地产的成交价会因价款支付方式不同而不同。

六、用途多样

一宗房地产的用途不是唯一的，也不是始终不变的，有多种用途可供选择，可同时用作多种用途，或将现在的用途改为其他用途。该特性在空地上表现得尤为明显，土地上一旦建造了房屋，其用途通常就被限定，往往较难改变，因为可能受到房屋用途、建筑结构等的限制而难以改变，或者改变所需的费用很高而在

---

① 建筑高度也称为建筑总高度，通常是指建筑物室外地面至建筑物屋面檐口或女儿墙顶点、建筑物最高点的高度。

经济上不划算。然而，也有随着交通条件、外部配套设施等的完善，区位变得较好，将原有厂房、仓库改建为超级市场、办公楼，将闲置或低效利用的商业办公用房等非居住房屋改建为租赁住房，或者将原有房屋拆除进行重新开发利用的大量实例。

多数土地就其本身来看，可用作不同的用途，如用于林业、农业、工业、居住、办公、商业等。如果愿意的话，即使位于市中心的土地，也可用来种植农作物。在不同的用途中还可选择不同的利用方式，如居住用途有普通住宅、高档公寓和别墅，有低层住宅、多层住宅和高层住宅，有叠拼住宅、联排住宅、双拼住宅、独栋住宅等。

房地产虽然具有用途多样的特性，但现实中的房地产用途不是房地产所有权人和使用人可以任意选择和改变的。房地产利用一方面要符合规划和用途管制等规定，另一方面存在不同用途之间的竞争与优选问题。在市场经济下，房地产拥有者趋向在规划和用途管制等允许的范围内将房地产用于预期可以获取最高收益的用途。因此，房地产估价中同时有"合法原则"和"最高最佳利用原则"（分别见第六章第三节和第六节）。从经济角度来看，土地利用选择的先后顺序一般是：商业、办公、居住、工业、耕地、牧场、放牧地、森林、荒地。

七、相互影响

一宗房地产与其邻近的房地产"互相关系，互相限制"。房地产因不可移动、寿命长久，其用途、外观、建筑高度等状况通常会对邻近的房地产产生较大而长久的影响；反过来，邻近房地产的这些状况也会影响该房地产。例如，影响安宁、安全、人流、空气质量、日照、采光、通风、景观、视野、可视性（如商铺、商场、写字楼的醒目度）等。因此，一宗房地产的价值价格不仅与其自身状况直接相关，而且与其邻近的房地产状况密切相关。例如，在普通住宅附近建高档别墅、高级酒店、高尔夫球场等，通常会提高该住宅的价值价格；而如果在高档住宅附近建汽车加油站、集贸市场、厂房、仓库等，则通常会降低该住宅的价值价格。建商场、写字楼等，对其邻近的房地产价值价格也有很大影响。正是因为房地产具有相互影响的特性，产生了相邻关系，并且《民法典》规定："不动产的相邻权利人应当按照有利生产、方便生活、团结互助、公平合理的原则，正确处理相邻关系。"

八、易受限制

房地产因相互影响、不可移动，是人们生活或生产等活动的必需品或基础要素，关系环境景观、城市风貌、民生和经济社会稳定，世界上几乎所有国家，即使那些标榜"私有财产神圣不可侵犯"的美国等国家，都对房地产的开发、利用、交易以至价格、租金等有所限制，甚至在某些方面是严格管制的。"私有财产神圣不可侵犯"的国家对房地产进行限制的一种理由是"正为了要维护自由才限制自由"——"私有财产的存在是美国生活方式的基础之一……但'私有财产'这个名称很需要诠释一番，因为不论联邦、州或市政府都时常为了公众利益而干预私有财产，或规定所有人如何才能享用其财产，或向私产所有人抽税，甚或把他的财产完全没收。""一个地主享有'天然权利'使其土地不受邻人开掘工作的损害，可是倒过来说，他自己的自由也不免受到限制。同样，如果他的土地沿着一条水道，那么他有权要求上游的地主不使流到他那里的水受到'不合理'的污染或在量方面减少。更广泛地说在不成文法里有一项有关'骚扰'的理论，要求每一个业主避免在自己的土地上进行'不合理'的侵扰附近土地使用或享受的活动（例如以烟、气味或嘈杂声）。"①

政府对房地产的限制常见的有城市规划、土地用途管制、不动产征收和房地产市场调控，一般是通过行使下列4种特殊的权力来实现的。

（1）管制权（police power）②：政府为了增进公众安全、健康、道德和一般福利，可以直接对房地产开发和利用加以干涉。例如，通过城市规划规定用途、容积率，禁止在住宅区内建设某些工业或商业设施等。

（2）征税权（taxation）：政府为了增加财政收入等目的，可以开征房地产税收或增加房地产税收，只要这些税收是公平征收的。

（3）征收权（eminent domain）：政府为了公共利益的需要，如修公路、建学校等，可以强制取得单位和个人的房地产，不论被征收单位和个人是否意愿出售，但要对被征收单位和个人给予公平、合理的（just，fair）补偿。

（4）充公权（escheat）：政府在房地产的业主死亡或失踪而无继承人的情况下，可以无偿收回房地产。

房地产的易受限制特性还表现在，由于不可移动（搬不走）、难以隐藏（体量大）、不易变现，房地产较难躲避未来有关制度政策、政治局势等重大变化的影响。这一方面说明了房地产投资的风险性，另一方面说明了房地产制度政策公开透明、公平合理、相对稳定、可预期的重要性。一般地说，在社会安定、经济平稳发展时

---

① ［美］哈罗德•伯曼编．美国法律讲话．陈若桓译．上海：生活•读书•新知三联书店，1988年3月第1版．第171，184页。

② 直译为警察权、治安权。

期，房地产价格趋于上升，而动产的价格趋于平稳或走低（不考虑通货膨胀或物价上涨因素）；在社会动荡时期，特别是如果发生动乱和战争，则房地产价格趋于下降，而动产特别是食品、黄金的价格不断上涨甚至暴涨。

九、不易变现

不易变现即变现能力较弱、流动性较差。变现能力也称为流动性，是指在没有过多损失的条件下把非现金形式的资产换成现金的速度。凡是能够随时快速换成现金且没有损失或损失较小的，称为易于变现或变现能力强、流动性好；反之，称为难以变现或变现能力弱、流动性差。看变现能力的强弱，需同时看两个方面：一是变现时间的长短，二是变现损失的大小。变现时间越短，变现损失越小，则变现能力越强。特别是要注意"在没有过多损失的条件下"这个前提，因为变现时间的长短是与变现价格的高低直接相关的。俗话说"没有卖不出去的商品，只有卖不出去的价格"。因此，任何有价值的商品或资产，只要其价格低到一定程度，就会有人购买。也就是说，如果没有价格的约束，任何商品或资产都能快速变现。

房地产由于价值较高、各不相同、不可移动、易受限制，外加交易流程复杂、交易成本较高等原因，通常需要较长时间才能售出。例如，通常需要数月甚至更长时间才能找到买家，买卖双方协商交易条件的时间也较长。因此，与现金、存款、股票、基金、债券、黄金等相比，房地产不易变现。当房地产拥有者急需资金（如资金周转、偿还债务）而需要快速卖出房地产时，只有以相当幅度的降价为代价才可能实现；有时即使作了一定幅度的降价，在短时间内也难以卖出。当然，对于房地产拥有者来说，有时可以采取房地产抵押贷款的办法来解决所需资金问题。

不同用途和类型的房地产，以及同一房地产在不同的房地产市场状况下，变现能力有所不同。影响某一房地产变现能力的因素很多，例如下列8个。

（1）该房地产的通用性。即该种房地产是否常见和普遍使用，或使用者的范围大小。一般情况下，通用性越差的房地产，比如用途越专业化的房地产，使用者的范围越小，越不易找到买家，变现能力越弱。例如，厂房一般比住宅的变现能力弱；厂房中，特殊厂房一般比标准厂房的变现能力弱。

（2）该房地产的独立使用性。即该房地产能否单独地使用而不受他人非正常限制。比如一个封闭的单位大院或厂区内的一幢房屋，虽然具有独立使用价值，但其独立使用性不够好，因为如果该单位或工厂将大院或厂区的大门关闭，外人便难以进出。而如果为该房屋设立了地役权，则其独立使用性会变好。一般情况下，独立使用性越差的房地产，越妨碍房地产的使用，变现能力越弱。

（3）该房地产的可分割转让性。即该房地产是否具有独立使用价值，进而在物理上、经济上、产权上能否与其所在或邻接的房地产分开使用和转让，或者是否可以零售，还是只能整售。比如一个酒店的大堂，高尔夫球场的一个球洞，保龄球馆的一条球道，工厂的一个车间，一般在物理上是不可分割转让的。此外，由于价值越大的房地产一般变现能力越弱，所以可分割转让或可以零售的房地产，变现能力较强；反之，变现能力较弱。

（4）该房地产的区位。一般情况下，位置越偏僻、地段越不成熟、区域内交易越不活跃的房地产，变现能力越弱。例如，郊区的房地产通常比市区的房地产变现能力弱，商圈外的商业用房通常比商圈内的商业用房变现能力弱，产业集聚区外的厂房通常比产业集聚区内的厂房变现能力弱。

（5）该房地产的产权关系复杂程度。产权关系简单、明晰的房地产，变现能力较强；产权关系复杂、权属不够清晰的房地产，变现能力较弱。例如，多个单位或个人共有、已出租、设立了居住权的房地产，通常比一个单位或个人拥有、未出租、未设立居住权的房地产变现能力弱。

（6）该房地产的开发程度。即该房地产的完工程度或成熟度。开发程度越低的房地产，通常涉及的不确定因素会越多，变现能力越弱。例如，生地、毛地通常比净地、熟地的变现能力弱，"三通一平"的土地通常比"五通一平"以上的土地变现能力弱，在建工程、期房通常比现房的变现能力弱。

（7）该房地产的价值大小。价值越大的房地产，购买所需的资金越多，因受支付能力的限制，潜在需求者越少，通常越不易找到买家，变现能力越弱。例如，面积较大的住宅通常比面积较小的住宅变现能力弱，大型商场通常比小型商铺的变现能力弱。

（8）该房地产所处的市场状况。即该房地产变现时的房地产市场景气状况。当房地产市场不景气时，卖出房地产会困难，如在市场低迷时或下行期比在市场过热时或上升期的变现能力弱。

十、保值增值

通常情况下，蔬菜、水果之类的易腐品，经过一定时间后，其价值会丧失；电脑、汽车之类的科技产品，随着新技术不断出现、更新换代产品面世、生产效率提高、生产成本降低，其价值会较快下降；而房地产可以保持原有价值，甚至价值有所增加，即保值和增值。

房地产保值增值的基础性原因是其寿命长久、供给有限，更底层原因是土地供给总量不可增加和不可移动，此外的原因主要有以下5个方面：①需求增加，如人口增长、经济增长、居民收入增长等带来房地产需求增加；②外部经济，如周边的交通、教育、医疗等基础设施和公共服务设施不断完善，区域和社区的生态环境不断治理和改善等；③规划和用途管制等房地产利用限制改变，如随着城市发展，将农用地转为建设用地，将原工业用途改变为居住或办公、商业用途，提高容积率等；④对房地产进行投资改良，如重新进行装修改造，更新或添加设施设备，改进物业管理等；⑤通货膨胀，即出现了物价普遍上涨。如果出现通货膨胀，货币的购买力会下降，即钱不值钱了。而如果某项投资是保值性的，则意味着所投入资金的增值速度能抵消货币的贬值速度，具体地说，就是能保证投资一段时间后所抽回的资金，完全能够购买到当初的投资额可以购买到的同等商品或服务。房地产通常能抵御通货膨胀，其价格会随着物价上涨而上涨。

上述5个方面中，需求增加、外部经济、房地产利用限制改变导致的房地产价值增加，属于房地产自然增值；通货膨胀导致的房地产价格上涨，属于房地产保值；对房地产进行投资改良导致的房地产价值增加，属于房地产投资增值。

同时需要说明的是，房地产的保值增值特性是从房地产价值价格变动的正常和长期趋势来看的。房地产价值价格一般是波浪式上升的，并非一直只涨不跌。随着建筑物变得老旧、功能相对落后，所在地区可能出现人口负增长、房地产供给相对过剩等，有可能导致房地产贬值，甚至可能因过度投机炒作等而造成房地产价格泡沫，之后发生泡沫破裂而带来房地产价格大跌。从历史情况来看，有时房地产价格虽然会大跌，但经过若干年后往往会涨回来。例如，1994年房地产泡沫破裂后的海南，1997年亚洲金融危机爆发后的我国香港地区，2008年国际金融危机爆发后的美国，房地产价格曾出现过大跌，但后来又都涨了回来，甚至同一房地产的价格大大超过其大跌前的价格。而在少数特殊情况下，房地产价格出现长期持续下降也是可能的。例如，日本1955年至1991年期间地价持续上涨，东京等6大城市的地价峰值出现在1990年9月，就日本全国来说，其地价峰值出现在1991年9月。1991年后，随着"泡沫经济"破灭，日本的地价一路下滑，东京等6大城市的地价下跌尤甚，如1999年3月底，东京等6大城市商业用地和住宅用地的平均价格只有1990年9月的21.7%和45%。再如，资源枯竭城镇如果没有培育接续替代产业而衰落，其房地产价值价格也会随之低落。另外，中国目前的土地价格一般是有使用期限的土地使用权价格，一宗使用期限较长的土地，其价格虽然在使用期限的前若干年随着需求增加而呈现上升趋势，但由于其剩余使用期限终究会很短直至到期，因此具体一宗有土地使用期限的房地产价格从长远来看是趋于下降的。然而，如果预计可以续期且应缴纳的续期费用或补缴的地价款较少，甚至减免，或者已经完成续期，则该房地产的价格又会涨起来。

第三节　房地产的种类

可以为了不同的需要，根据房地产的性质或特点，按照一定的标准，对房地产进行多种分类。对估价有意义的房地产分类，主要有按立法用语、房地产用途、开发程度、实物形态、权益状况、经营使用方式以及是否产生收益来划分的种类。弄清了这些分类，在一定程度上就了解了估价对象的种类。

一、按立法用语划分的种类

目前，我国房屋和土地的所有制、管理部门有所不同，房屋和土地征收、估价等活动或行为适用的法律法规也有所不同。根据《城市房地产管理法》《土地管理法》《民法典》等法律法规的习惯用语，可以把房地产分为房屋、土地、其他不动产三类。

根据《城市房地产管理法》，房屋是指土地上的房屋等建筑物及构筑物。有时，房屋特指国有土地上的房屋或城镇的房屋，一般还包括房屋占用范围内的土地。例如，《国有土地上房屋征收与补偿条例》所称被征收房屋价值，不仅包括房屋本身的价值，还包括房屋占用范围内的土地使用权价值。土地包括国有土地和农民集体所有的土地，有时特指农民集体所有的土地。其他不动产是指房屋、土地以外的林木、海域等定着物。

二、按用途划分的种类

房地产根据用途（使用性质），首先可分为居住用房地产和非居住用房地产两大类。居住用房地产包括居住用房和居住用地。非居住用房地产是除居住用房地产以外的其他房地产，包括非居住用房和非居住用地，又可分为商业、办公、旅馆、工业、仓储、农业等用途的房地产。在此基础上，可把房地产细分为下列10类。

（1）居住用房地产：是指供家庭或个人居住使用的房地产，又可分为住宅、集体宿舍等。住宅是指供家庭居住使用的房地产，又可分为普通住宅、高档公寓、别墅等。集体宿舍又可分为单身职工宿舍、学生宿舍等。

（2）商业用房地产①：是指供出售商品使用的房地产，如商铺、商场、购物中心、超级市场、批发市场等。

（3）餐饮用房地产：是指供顾客用餐使用的房地产，如酒楼、餐厅、餐馆、饭馆、饭庄、快餐店、美食城、酒吧等。

（4）办公用房地产：是指供处理各种事务性工作使用的房地产，如办公用地、办公楼。办公楼又可分为商用办公楼（俗称写字楼）、行政办公楼两类。

（5）旅馆用房地产：是指供旅客住宿使用的房地产，如酒店、宾馆、饭店、招待所、旅店、旅社、度假村、民宿等。

（6）娱乐和体育用房地产：是指供人消遣、健身使用的房地产，如影剧院、娱乐城、游乐场、康乐中心、保龄球馆、游泳场馆、高尔夫球场、滑雪场等。

（7）工业和仓储用房地产：是指供工业生产使用或直接为工业生产服务的房地产，如厂房、仓库等。工业用房地产按用途，又可分为主要生产厂房、辅助生产厂房、动力用厂房、储存用房屋、运输用房屋、企业办公用房、其他（如水泵房等）。

（8）农业用房地产：是指供农业生产使用或直接为农业生产服务的房地产，如耕地、林地、草地、果园、养殖场、种子库、农机库房等。

（9）特殊用途房地产：如车站、机场、码头、汽车加油站、停车场（库）、医院、学校、博物馆、军队房地产、人防工程、寺庙、教堂、陵园、墓地等。

（10）综合用途房地产：是指具有上述两种以上（含两种）用途的房地产，如商住楼等。

三、按开发程度划分的种类

按照房地产的开发程度，可以把房地产分为下列 5 类。

（1）生地：是指不具有市政基础设施的土地，如荒地、农地。

（2）毛地：是指具有一定的市政基础设施，有地上物（如老旧房屋、围墙、电线杆、树木等）需要拆除或迁移而尚未拆除或迁移的土地，尤其是市政基础设施薄弱、危旧房屋集中的地块。

---

① 此处的商业用房地产的含义与西方国家有所不同，是狭义的。西方国家的商业用房地产是一个较宽泛的概念，传统上包括写字楼（office）、工业（industrial）、零售（retail）、公寓（apartments）四类房地产。

（3）净地：是指具有一定的市政基础设施，地上物已拆除或迁移且场地平整的土地。其中具有较完备的市政基础设施且场地平整，可以直接在其上进行房屋建设的土地，称为熟地。按照基础设施完备程度和场地平整程度，熟地又可分为"三通一平""五通一平""七通一平"等土地。"三通一平"一般是指通路、通水、通电以及场地平整；"五通一平"一般是指具备道路、供水、排水、供电、通信等基础设施条件以及场地平整；"七通一平"一般是指具备道路、供水、排水、供电、通信、供燃气、供热等基础设施条件以及场地平整。

（4）在建房地产：通常称为在建工程，也称为建设工程、未完工程，其中某些从另一角度也称为房地产开发项目，是指处于开发建设过程中而未竣工的房地产。该房地产可能正在开发建设，也可能停建、缓建，因此还包括停建、缓建工程。在实际估价中，判定是否为在建工程，一般以是否完成竣工验收为标志。未完成竣工验收的，就是在建工程。已完成竣工验收的，应有竣工验收报告。在建工程可以按照工程进度，如工程形象进度、投资进度（完成投资额）、工期进度（时间进度）、工作量进度（完成工程量）等进行分类。例如，按照工程形象进度可分为已完成地下结构（正负零）、主体结构某层、主体结构封顶、外装修等。

（5）现房：是指已经建成的房屋及其占用范围内的土地。现房按照新旧程度，又可分为新房和旧房；按照装饰装修状况，又可分为毛坯房、简装房、精装房。毛坯房是指室内没有装饰装修的房屋；简装房是指室内装饰装修简单或很普通的房屋；精装房是指室内装饰装修精致或精美的房屋。

四、按实物形态划分的种类

按照房地产的实物形态，可以把房地产分为下列 8 类。

（1）建筑物：又可分为已经建成的建筑物、尚未建成的建筑物。已经建成的建筑物又可分为新建筑物、旧建筑物。尚未建成的建筑物又可分为正在施工、停建、缓建的建筑物。停建的建筑物如"烂尾楼"。

（2）土地：又可分为无建筑物的土地（即空地）、有建筑物的土地。

（3）建筑物和土地综合体：又可分为已经建成的建筑物和土地的综合体（即现房）、尚未建成的建筑物和土地的综合体（即在建工程或房地产开发项目）。

（4）未来房地产：也称为未来开发建设完成的房地产、未来完成的房地产、未来状况的房地产，是指计划开发建设或正在开发建设而尚未产生的房地产，如将来建成的新房、旧房更新改造后的房屋、将来开发完成的熟地，其中常见的是期房。期房是指目前尚未建成而在将来建成交付的房屋及其占用范围内的土地。

（5）已毁损或灭失房地产：如已被地震、火灾、爆炸、溃坝、洪水、山体崩塌、滑坡、泥石流、地面塌陷等灾害损毁的房屋，已被拆除的房屋。

（6）部分或局部房地产：即不是一宗房地产的全部，如不是一整栋房屋，而是其中某层、某间；不是一整宗土地，而是其中某一部分土地；此外还可能是房地产的差异部分，如现状与原状的差异部分、损害后状况与损害前状况的差异部分。例如，以下情形的房屋装饰装修部分：①房屋征收补偿中需要确定被征收房屋室内装饰装修价值的补偿；②房屋租赁纠纷中需要确定承租人装饰装修的价值；③商场、酒店等商品房预售纠纷中需要确定购买人提前装饰装修的价值；④核定或限制新建商品住宅销售价格中对精装修房需要核定、扣减或另行计算室内装饰装修的价值。

（7）整体资产中的房地产：如一个企业中的房屋或土地。

（8）以房地产为主的整体资产或含有其他资产的房地产：如正在经营使用的酒店、汽车加油站、高尔夫球场、游乐场等，通常既包含房屋、构筑物、土地等房地产，还包含家具、机器设备、债权债务、特许经营权等其他资产。在这种情况下，一般不能把它当作一些单项资产的简单集合来估价，即通常不能将它所包含的各项资产分别估价后相加作为其评估价值，而应将它作为一个持续经营的有机组织，根据其具有的收益能力来估价；除非是评估它破产、停业等之后的残余价值。

需要指出的是，上述房地产虽然是从实物角度来划分的，但评估其价值价格仍然包括实物、权益和区位三个方面。

五、按权益状况划分的种类

按照房地产的权益状况及其合法或违法的程度不同，可以把房地产分为下列22类。

（1）"干净"的房屋所有权和出让建设用地使用权的房地产。这是中国现行房地产制度下单位和个人的房地产权利最充分的一种房地产，典型的是"干净"的商品房。所谓"干净"，是指房屋所有权、建设用地使用权为单独所有（不为共有），产权明确（权属无争议），无权利负担（未设立抵押权、居住权、地役权以及其他权利），未被他人占有使用（没有出租、出借、被侵占等），开发建设过程中的立项、规划、用地审批、施工许可、竣工验收等手续齐全，无欠缴税费、未付清土地价款、拖欠建设工程价款，未被查封等，下同。

（2）"干净"的房屋所有权和划拨建设用地使用权的房地产。典型的是

"干净"的原城市私有房屋（俗称老私房，是指历史遗留下来的城市私有房屋）、住房制度改革中以成本价（称为房改成本价）购买的房改房、经济适用住房。

（3）"干净"的房屋所有权和集体土地的房地产。包括"干净"的房屋所有权和集体经营性建设用地使用权的房地产、"干净"的乡镇企业的房地产、"干净"的农村村民住宅及其附属设施所有权和宅基地使用权的房地产等。

（4）共有的房地产。又可分为按份共有的房地产和共同共有的房地产。共有与单独所有相比，是单个共有人不能自作主张，其权利要受其他共有人的制约，包括：①共有人按照约定管理共有的房地产；没有约定或约定不明确的，各共有人都有管理的权利和义务。②处分共有的房地产以及对共有的房地产作重大修缮、变更性质或用途的，应经占份额 2/3 以上的按份共有人或全体共同共有人同意，除非共有人之间另有约定。③按份共有人可以转让其享有的共有的房地产份额，但其他共有人在同等条件下享有优先购买的权利。④因共有的房地产产生的债务，在对外关系上，共有人承担连带债务，除非法律另有规定或第三人知道共有人不具有连带债务关系。

（5）部分、有限或共有产权的房地产。典型的是共有产权住房、住房制度改革中以标准价（称为房改标准价）购买的房改房。例如，以标准价购买的房改房虽然可以出售，但出售时原产权单位有优先购买权，售房的收入在扣除有关税费后，按个人和单位所占的产权比例进行分配。

（6）已设立抵押权的房地产，即已抵押的房地产，也称为抵押房地产。抵押权以抵押财产作为债权的担保，抵押权人对抵押财产享有的权利可以对抗抵押财产的所有人和第三人。因此，抵押房地产转让的，抵押权不受影响，抵押权仍存在于该抵押房地产上，受让人处于抵押人的地位。

（7）已设立居住权的房地产。例如，住宅所有权人在其年老时"以房养老"，将其住宅出售，同时约定住宅购买人在该住宅上为其设立居住权，并一次性或分期向其支付价款。在这种情况下，该住宅为已设立居住权的房地产，其价格会明显低于未设立居住权的类似住宅的价格。

（8）已设立地役权的房地产，即该房地产为他人提供了有限的使用权，如允许他人在该房地产上通行，《民法典》称这种房地产为"供役地"。

（9）有租约限制的房地产，即已出租的房地产。

（10）已依法公告列入征收范围的房地产。《国有土地上房屋征收与补偿条例》规定："房屋征收范围确定后，不得在房屋征收范围内实施新建、扩建、改建房屋和改变房屋用途等不当增加补偿费用的行为；违反规定实施的，不予补偿。"《城市房地产抵押管理办法》（2021 年 3 月 30 日住房和城乡建设部令第 52 号修改）规定，已依法公告列入拆迁范围的房地产，不得设定抵押。

（11）有拖欠建设工程价款的房地产。《民法典》规定："发包人未按照约定支付价款的，承包人可以催告发包人在合理期限内支付价款。发包人逾期不支付的，除根据建设工程的性质不宜折价、拍卖外，承包人可以与发包人协议将该工程折价，也可以请求人民法院将该工程依法拍卖。建设工程的价款就该工程折价或者拍卖的价款优先受偿。"因此，建设工程价款有优于抵押权和其他债权的优先受偿权。

（12）已被查封、采取财产保全措施或以其他形式限制的房地产。例如，有查封登记的房地产。

（13）手续不齐全的房地产。例如，未取得建设用地规划许可证、建设工程规划许可证、建筑工程施工许可证等的房地产。

（14）房屋所有权、土地使用权不明或有争议的房地产。例如，有异议登记的房地产。

（15）临时建筑或临时用地的房地产。又分为未超过批准期限（使用期限）的临时建筑或临时用地、超过批准期限（使用期限）的临时建筑或临时用地。

（16）违法建筑或违法占地的房地产。

（17）居住权。

（18）地役权。

（19）房地产抵押权。

（20）房地产租赁权，即承租人权益，如承租的公有住宅。

（21）房地产空间利用权。例如，地下空间使用权、空中使用权，具体如地面为公共绿地或公园的地下商场，地铁站内的地下商店，可在其上加盖房屋或树立广告牌的屋顶，可在其上做广告的外墙。

（22）房地产中的无形资产。某些含有无形资产的房地产，如含有特许经营权的酒店、汽车加油站、游乐园等，根据估价目的，有时需要评估包含无形资产在内的价值，有时需要评估不含无形资产的价值，或者将无形资产价值从房地产价值中分离出来。

上述（17）至（22）是对房屋所有权和土地使用权以外房地产权利的分类。

六、按经营使用方式划分的种类

房地产的经营使用方式主要有出售、出租、自营、自用，相应地可以把房地产分为出售的房地产、出租的房地产、自营的房地产、自用的房地产。

有的房地产既常见其出售，也常见其出租、自用或自营，如商品住宅、写字楼、商铺。有的房地产主要是出租或自营，也可见其出售，如商场、餐馆、标准厂房、仓库。有的房地产主要是自营，偶尔也有出售或出租，如酒店、影剧院、高尔夫球场、汽车加油站。有的房地产主要是自用，如行政办公楼、学校、特殊厂房。

这种分类对选用估价方法是很有用的。例如，可出售的房地产可以采用比较法估价；出租或自营的房地产可以采用收益法估价；仅适用于自用的房地产主要采用成本法估价。

七、按是否产生收益划分的种类

按照房地产是否产生收益，可以把房地产分为收益性房地产、非收益性房地产。收益性房地产是能直接产生租赁收益或其他经济收益的房地产，如写字楼、酒店、酒店式公寓、租赁住房、停车场（库）、商店、餐馆、影剧院、游乐场、高尔夫球场、汽车加油站、标准厂房（用于出租的）、仓库（用于出租的）、农用地等。非收益性房地产是不能直接产生经济收益的房地产，如行政办公楼、学校、医院、图书馆、体育场馆、公园、军事设施等以公用、公益为目的的房地产。

在估价实践中，判定一宗房地产是收益性房地产还是非收益性房地产，不是看其目前是否正在产生经济收益，而是看该类房地产是否具有直接产生经济收益的能力。例如，某套公寓目前尚未出租而空置着，无经济收益，但仍然属于收益性房地产。因为有大量相似的公寓在出租而直接产生经济收益，该尚未出租的公寓的收益可以通过与其相似的公寓的收益采用"比较法"求取。

收益性房地产可以采用收益法估价，非收益性房地产难以采用收益法估价，通常采用成本法估价。

第四节　房地产状况的描述

对估价对象房地产状况的描述，可分为基本状况、实物状况、权益状况、区位状况四个部分来描述。为了直观、简明，可先用表格形式（如表 3-1）摘要说明房地产状况，然后根据委托人和估价报告使用人的需要或要求以及有关规定等情况，分别对各个部分予以详略得当的描述，通常还应附位置图（或位置示意图）、房产图、宗地图以及内部状况、外部状况（如外观）和区位状况（如周围环境）的照片等来辅助说明房地产状况。

估价对象房地产状况摘要 表 3-1

<table>
<tr><td rowspan="14">基本状况</td><td colspan="3">名称</td><td colspan="6"></td></tr>
<tr><td colspan="3">坐落</td><td colspan="6"></td></tr>
<tr><td colspan="3">范围</td><td colspan="6"></td></tr>
<tr><td colspan="2">规模</td><td>建筑面积</td><td></td><td>土地面积</td><td></td><td></td><td>其他</td><td></td></tr>
<tr><td rowspan="2">用途</td><td colspan="2">登记用途</td><td></td><td colspan="2">实际用途</td><td colspan="3"></td></tr>
<tr><td colspan="2">规划用途</td><td></td><td colspan="2">设计用途</td><td colspan="3"></td></tr>
<tr><td rowspan="8">权属</td><td colspan="2">房屋所有权人</td><td colspan="7"></td></tr>
<tr><td colspan="2">土地所有权</td><td>国有土地</td><td colspan="3"></td><td>集体土地</td><td colspan="2"></td></tr>
<tr><td rowspan="3">土地使用权</td><td rowspan="2">权利类型</td><td rowspan="2">建设用地使用权及取得方式</td><td>出让</td><td colspan="2">作价出资（入股）</td><td colspan="3">土地承包经营权</td></tr>
<tr><td>划拨</td><td>授权经营</td><td>租赁</td><td colspan="3">宅基地使用权</td></tr>
<tr><td colspan="2">权利人</td><td colspan="6"></td></tr>
</table>

<table>
<tr><td rowspan="2">实物状况</td><td>建筑物实物状况</td><td></td></tr>
<tr><td>土地实物状况</td><td></td></tr>
<tr><td rowspan="2">权益状况</td><td>建筑物权益状况</td><td></td></tr>
<tr><td>土地权益状况</td><td></td></tr>
<tr><td rowspan="4">区位状况</td><td>地理位置</td><td></td></tr>
<tr><td>交通条件</td><td></td></tr>
<tr><td>外部配套</td><td></td></tr>
<tr><td>周围环境</td><td></td></tr>
</table>

一、房地产基本状况的描述

对房地产基本状况的描述，一般简要说明下列方面。

（1）名称：说明估价对象的名字，如估价对象为××小区××楼（幢、栋）××门（单元）××号住宅，××商场，××大厦，××酒店，××项目用地。

（2）坐落：说明估价对象的具体位置（地址、门牌号等），如估价对象位于××市××区××路（大街、大道）××号。

（3）范围：说明估价对象的空间范围和财产范围。对于空间范围，通常是说明估价对象中的房地产特别是土地的界址或四至，如东至××，南至××，西至××，北至××。有的房地产还需要说明高度、深度等。

对于估价对象的财产范围，是说明估价对象包括哪些类型的财产或资产，比如以下情形之一：①估价对象为房屋及其占用范围内的土地和其他不动产，但不包括地下资源、埋藏物和市政公用设施；②估价对象为房屋及其占用范围内的土地，不包括其他财产；③估价对象仅为房屋，不包括该房屋占用范围内的土地和其他不动产；④估价对象仅为土地，不包括该土地上的房屋、树木等其他不动产和动产；⑤估价对象为房屋及其占用范围内的土地和其他不动产，以及相关动产、债权债务、特许经营权等财产，但不包括地下资源、埋藏物和市政公用设施。

（4）规模：对于建筑物，一般说明建筑面积或套内建筑面积、使用面积等，如估价对象房屋的建筑面积××平方米。酒店还要说明客房数或床位数，餐馆还要说明同时可容纳用餐人数、座位数或餐桌数，影剧院还要说明座位数，停车楼（库）还要说明车位数，医院还要说明床位数。仓库一般要说明体积。对于土地，说明土地面积，如估价对象土地面积××平方米（公顷）。

（5）用途：说明估价对象的登记用途、实际用途、规划用途、设计用途。

（6）权属：对于房屋，主要说明房屋所有权人（姓名或名称）。对于土地，主要说明是国有土地还是集体土地，土地使用权是建设用地使用权还是土地承包经营权、宅基地使用权及其权利人（姓名或名称）；对于建设用地使用权，还要说明其取得方式，如是以出让方式取得的，还是以划拨方式取得的，或是以作价出资（入股）、授权经营、租赁等其他合法方式取得的。

二、房地产实物状况的描述

对房地产实物状况的描述，一般先分为建筑物实物状况和土地实物状况两部分，然后分别说明各部分的状况。

（一）建筑物实物状况的描述

对建筑物实物状况的描述，主要说明下列方面。

（1）建筑规模：根据建筑物的用途或使用性质，按每幢、层、套、间等，说明其面积（或体积）、开间、进深、层高（或室内净高）、跨度、层数、高度等。其中面积有建筑面积、套内建筑面积、使用面积、营业面积、可出租面积、可销售面积等。临街商铺除了说明面积，还应说明开间（面宽）和进深；厂房、仓库一般还应说明层高和跨度；酒店通常还应说明各种不同标准的客房数或床位数；租赁住房通常还应说明房间数或床位数；畜牧场还应说明最大存栏数等。

开间是指房屋纵向两个相邻的墙体或柱中心线之间的距离，也就是房屋（或房间）的宽度。进深是指房屋横向两个相邻的墙体或柱中心线之间的距离，也就是房屋（或房间）的深度。层高是指上下相邻两层楼面或楼面与地面之间的垂直距离，它大于室内净高；室内净高是指楼面或地面至上部楼板底面或吊顶底面之间的垂直距离，它比层高更能反映室内空间高度。跨度是指建筑物中两端的支柱或墙等承重结构之间的距离。

层数和高度主要说明建筑物的总层数、地上层数、地下层数和建筑高度。建筑物通常根据地上层数或建筑高度，分为低层建筑、多层建筑、高层建筑和超高层建筑。根据《民用建筑设计统一标准》GB 50352—2019，住宅的地上建筑高度不大于 27.0m 的，为低层或多层住宅；大于 27.0m、不大于 100.0m 的，为高层住宅；大于 100.0m 的，为超高层住宅。当按层数划分时，1～3 层为低层住宅，4～9 层为多层住宅，10 层及以上为高层住宅。公共建筑及综合性建筑通常是按照地上建筑高度来划分的，大于 24.0m 的，为高层建筑（但不包括建筑高度大于 24.0m 的单层建筑）；大于 100.0m 的，为超高层建筑。

（2）建筑外观：说明建筑造型、色彩、风格等，并附外观图片。

（3）建筑结构：是指建筑物中由承重构件（如基础、墙体、柱、梁、楼板、屋架）组成的体系，即建筑物的承重骨架。一般分为：①砖木结构；②砖混结构；③钢筋混凝土结构；④钢结构；⑤其他结构，比如木结构。如果以组成建筑结构的主要建筑材料来划分，可分为：①木结构；②砌体结构（包括砖结构、石结构和其他材料的砌块结构）；③混凝土结构（包括素混凝土结构、钢筋混凝土结构和预应力混凝土结构等）；④钢结构；⑤塑料结构；⑥薄膜充气结构。如果以组成建筑结构的主要结构形式来划分，可分为：①墙体结构；②框架结构；③深梁结构；④筒体结构；⑤拱结构；⑥网架结构；⑦空间薄壁结构（包括折板结构）；⑧悬索结构；⑨舱体结构。

（4）设施设备：说明给水、排水、采暖、通风与空调、燃气、电梯、电气等设施设备的配置情况（有或无）、性能和已使用年限等。

（5）装饰装修：说明是否有装饰装修。对于有装饰装修的，还要说明外墙面、内墙面、顶棚、室内地面、门窗等部位的装饰装修标准和程度，所用材料或饰物的质量，以及装饰装修工程施工质量、完工时间等。比如外墙面，说明是清水墙、抹灰、涂料，还是瓷砖、石材、铝板、玻璃幕墙等。

（6）建筑性能：说明防水、保温、隔热、隔声、通风、采光、日照等。

（7）空间布局：说明空间分区以及各个空间的交通流线是否合理，如说明住宅的户型，并附房产图、户型图等。

（8）新旧程度：说明建成时间、设计使用年限、工程质量、维护状况、完损状况等。对建成时间的说明要尽量具体准确，依次为竣工日期、建成年月、建成年份、建成年代。设计使用年限也称为设计工作年限，俗称设计寿命，是指设计规定的建筑物的结构或结构构件，在正常施工、正常使用和正常维护下不需要进行大修即可按其预定目的的使用的时间。根据建成时间、设计使用年限和价值时点，还可说明建筑物的年龄和剩余寿命这两个更简单、直观反映新旧程度的指标。建筑物的年龄俗称房龄、楼龄，是建筑物自建成时间起至价值时点止的年数。建筑物的剩余寿命一般是建筑物的设计使用年限减去年龄后的年数。工程质量、维护状况和完损状况说明基础的稳固性、沉降情况（沉降是否均匀及其程度），地面、墙面、门窗等的破损情况等。

（9）其他：说明可间接反映建筑物实物状况的有关情况，如建设单位（如房地产开发企业）、建筑师和设计单位、建筑施工企业、工程监理单位等的名称或姓名、资质或资格、信用、品牌等。对于在建工程或期房，还应说明其开工日期、工程进度、竣工日期、交付日期等。

（二）土地实物状况的描述

对土地实物状况的描述，主要说明下列方面。

（1）土地面积：按每宗或每块土地，说明其面积。面积单位一般采用平方米（m^2）；面积较大的宗地或地块，面积单位通常采用公顷（hm^2）。对房地产开发用地，通常要说明规划总用地面积和其中建设用地面积，以及代征道路用地面积、代征绿化用地面积等代征地面积，不得将建设用地面积与规划总用地面积混淆。

（2）土地形状：按每宗或每块土地，用文字描述并附图来说明其土地形状。每宗或每块土地都是一个封闭多边形，对其形状的文字描述如形状规则、形状不规则、正方形、长方形、狭长等。可用来说明土地形状的图有宗地界址图、规划图、建筑总平面图等。

（3）地形地貌：说明是平地还是坡地、地势高低（与相邻土地、道路的表面高低比较）、自然排水状况、被洪水淹没的可能性等。

（4）地质：说明地基承载力和稳定性，地下水位和水质（包括地下水的成分和污染情况），相关地质灾害危险性评估结果或有无不良地质现象（如山体崩塌、滑坡、泥石流、地面塌陷、地裂缝、地面沉降、断裂带、岩溶、湿陷性黄土、红黏土、软土、冻土、膨胀土、盐碱土）等。

（5）土壤：说明土壤的酸碱性、污染状况等，如是否为盐碱地，过去是否为垃圾填埋场，是否为可能存在土壤污染的石油、化工、油漆、染料等工厂用地，或土壤受到过其他污染。农用地还应说明土壤肥沃程度，简称肥力或地力，即土地提供植物生长、繁殖所需养分的能力。肥力的影响因素有日光、热量、水分、空气、植物养料等。也有人用土壤的松硬、深浅、湿度、温度等来衡量肥力。

（6）土地开发程度：说明是生地、毛地还是净地、熟地，以及到达地块红线的基础设施完备程度和地块内的场地平整程度，如是否为通常所说的"三通一平""五通一平""七通一平"及其具体内容、标准或等级。例如，"三通"一般是指通公路、自来水、正式电，如为临时道路、自备水井、临时用电的，为了避免误解，应特别指出。通常还应说明土地开发程度是否达到当地正常水平，此外还应说明是实际开发程度还是交易条件、合同（如出让条件、出让合同）等设定或约定的开发程度。

（7）土地定着物状况：说明土地上有无房屋、构筑物、林木等定着物及其状况。

（8）其他：如临街商业用地还应说明临街宽度、临街深度和宽深比。农用地还应说明气候条件（如光照、温度、降水量等）、灌溉与排水条件等。

三、房地产权益状况的描述

对房地产权益状况的描述，一般先分为建筑物权益状况和土地权益状况两部分，然后分别说明各部分的状况。

（一）建筑物权益状况的描述

对建筑物权益状况的描述，主要说明下列方面。

（1）房屋所有权状况：

① 说明房屋所有权人。

② 说明房屋所有权是单独所有还是共有或是建筑物区分所有权，是完全产权还是部分产权。对于共有的，还要说明是按份共有还是共同共有以及共有人情况。对于按份共有的，还要说明每个共有人享有的份额。

（2）其他物权设立状况：说明是否设立了抵押权、地役权、居住权等其他物权。

（3）房屋利用限制状况：说明房屋的登记用途、规划用途、设计用途以及改扩建、重建等利用限制状况。

（4）房屋占有使用状况：说明房屋的实际用途及其与登记用途、规划用途、设计用途是否一致；是在使用还是空置；在使用的，是自用还是出租、出借或被侵占等。对于已出租的，还要说明承租人、租赁期限及其起止日期、租金水平及其是低于还是高于市场租金水平等。

（5）其他特殊状况：说明：①房屋所有权是否不明或有争议。②房屋建设手续是否不齐全。③是否为临时建筑或违法建筑。为临时建筑的，批准的使用期限多长，是否已超过批准的使用期限。④是否被查封、采取财产保全措施或以其他形式限制。⑤是否未达到法律法规规定的转让条件。⑥是否属于法律法规规定不得转让或租赁、抵押、作价出资等活动的财产。⑦是否有拖欠水电费、房产税、建设工程价款等情况。⑧是否已依法公告列入征收范围。

（6）其他。如物业管理状况，包括有无物业管理；有物业管理的，其物业费标准、物业服务企业资信、物业管理和服务实际状况等。

（二）土地权益状况的描述

对土地权益状况的描述，主要说明下列方面。

（1）土地所有权状况：说明土地所有权性质，即说明是国有土地还是集体土地。对于集体土地，还应说明是村农民集体土地还是乡镇农民集体土地，以及土地所有权由谁行使。例如，估价对象土地属于农民集体所有，由××村集体经济组织（××村民委员会、××村民小组、××乡镇集体经济组织）代表集体行使所有权。

（2）土地使用权状况：

① 说明是建设用地使用权还是土地承包经营权、宅基地使用权及其权利人。对于建设用地使用权，还要说明是出让建设用地使用权，还是划拨建设用地使用权、作价出资（入股）建设用地使用权、授权经营建设用地使用权、租赁建设用地使用权。此外，还要说明土地使用期限及其起止日期，剩余期限，续期的有关规定或约定，到期后对收回的建筑物是否予以补偿等。

② 说明是单独所有还是共有。对于共有的，还要说明是按份共有还是共同共有以及共有人情况。对于按份共有的，还要说明每个共有人享有的份额。

（3）其他物权设立状况：说明是否设立了抵押权、地役权等其他物权。

（4）土地利用限制状况：说明是建设用地还是农用地、未利用地。对于建设用地，还要说明规划建设条件，包括：①规划用途；②容积率或建筑控制规模，并说明容积率的内涵，如地下建筑面积是否计入容积率，或者说明包含地下建筑面积的容积率和不含地下建筑面积的容积率；③建筑密度[①]；④绿地率[②]；⑤建筑限高[③]；⑥其他要求，如配套建设公共服务设施、保障性住房、自持租赁住房（建成后只能出租不能出售）等要求。

（5）土地占有使用状况：说明土地的实际用途及其与登记用途、规划用途是否一致；是在使用还是空置；在使用的，是自用还是出租、出借或被侵占等。对于已出租的，还要说明承租人、租赁期限及其起止日期、租金水平及其是低于还是高于市场租金水平等。

（6）其他特殊状况：说明：①土地所有权或土地使用权是否不明或有争议。②土地取得手续是否不齐全。③是否为临时用地或违法占地。为临时用地的，批准期限多长，是否已超过批准期限。④是否被查封、采取财产保全措施或以其他形式限制。⑤是否未达到法律法规规定的转让条件。⑥是否属于法律法规规定不得转让或租赁、抵押、作价出资等活动的财产。⑦是否有拖欠土地价款、城镇土地使用税、建设工程价款等情况。⑧是否已依法公告列入征收范围。

四、房地产区位状况的描述

（一）地理位置的描述

对房地产地理位置的描述，主要说明下列方面。

（1）坐落：说明估价对象的具体位置，如地址、门牌号等，一般还应附位置清晰、较为准确、比例恰当、能反映估价对象在一定区域（如所在城市、市辖区、商圈、片区等）中的方向和位置的位置图（或位置示意图）。例如，估价对象位于××市××区××路（大街、大道）××号，具体位置见位置图。

（2）方位：说明估价对象在某个较大区域（如所在城市、市辖区）中的方向和位置，以及在某个较小区域（如所在商圈、片区、住宅区、十字路口地区）中的方向和位置。例如，估价对象位于××市××部（中部、东部、东南部、南部、西南部、西部、西北部、北部、东北部），××路口××角（东北角、东南角、西南角、西北角），××路（大街、大道）××侧（东侧、西侧，南侧、

---

①　建筑密度也称为建筑覆盖率，是指一定用地范围内建筑物的基底面积总和与该用地总面积的比率。例如，某块土地的总面积为1000m²，其上所有建筑物的基底面积之和为600m²，则建筑密度为60%。

②　绿地率是指一定用地范围内各类绿地面积总和与该用地总面积的比率。

③　建筑限高即建筑高度控制，是指一定用地范围内允许的最大建筑高度。

北侧）。

（3）与有关重要场所的距离：说明估价对象与跟它有关的主要场所的距离。例如，估价对象离市中心××千米，离机场××千米，离市政府××千米，离××城市广场××千米。主要场所是诸如市中心、机场、火车站、码头、购物中心、公园、学校、医院、政府机关、同行业等。跟估价对象有关的主要场所具体为哪些，应根据估价对象的用途、档次等来确定。

（4）临街（路、巷）状况：说明估价对象是临街还是不临街；临街的，是临什么样的街，以及是如何临街的，比如是一面临街还是两面临街。例如，估价对象一面临街，所临街道是××大街。

（5）朝向：说明估价对象面对着的方向。一幢房屋的朝向是该房屋的正门正对着的方向，一套住宅的朝向是该住宅的主要功能房间（如主卧室、客厅）的窗户正对着的方向，一个房间的朝向是该房间的窗户正对着的方向，一块坡地的朝向是该土地从高到低正对着的方向。例如，估价对象是楼房中的一套住宅，朝向为朝南，即该住宅的主要功能房间的窗户朝南，或者该住宅的主要采光面在南侧。

（6）楼层：当估价对象为某幢楼房中的某层、某套或某间时，说明其所在房屋的总层数及其所在楼层。例如，估价对象位于××层住宅楼的地上××层（底层、顶层）；××层大厦的地上××层；××层商场的地上（地下）××层。在说明估价对象所在楼层时，说明其所在房屋的总层数是很必要的。如一套位于5层的住宅，是位于5层住宅楼还是位于6层、12层或12层以上住宅楼的5层，差别是很大的。

（二）交通条件的描述

对房地产交通条件的描述，主要说明下列方面。

（1）道路状况：说明附近有几条道路，与这些道路的距离，各条道路的情况（如道路等级、路面宽度、路面平整程度、交通流量等）。

（2）出入可用的公共交通工具：说明附近有无公交车、地铁、轻轨、轮渡、出租车等经过，与交通站点的距离，公交班次的疏密、首末班时间等。例如，附近有××路公交车经过，距离公交车站约××米（步行约××分钟），平均每隔10分钟有一辆公交车经过。

（3）交通管理情况：说明是否受交通出入口方位、单行道、道路隔离带、立交桥、步行街，以及限制某些车辆通行、限制通行时间、行车速度等的影响及其程度。

（4）停车便利程度：说明附近有无停车位（场、库、楼），车位数量，与停车位（场、库、楼）的距离等。

（5）交通收费情况：说明有关交通工具票价，有无过路费、过桥费、停车费，以及相关收费标准等。

（三）外部配套的描述

对房地产外部配套的描述，包括外部基础设施和外部公共服务设施两个方面。

（1）外部基础设施：说明道路、供水、排水（雨水、污水）、供电、通信（如电话、互联网、有线电视）、供燃气、供热等设施的完备程度。

（2）外部公共服务设施：说明一定距离范围内商业服务、金融邮电、教育（如幼儿园、中小学）、医疗卫生（如医院）、文化、体育、社区服务、市政公用和行政管理等设施的完备程度。

（四）周围环境的描述

对房地产周围环境的描述，通常用文字描述并附图片说明下列方面。

（1）自然环境：说明估价对象所在地区的自然条件（如气候、地形地貌等），以及周围有无空气、噪声、水、土壤、固体废物、辐射等污染及其程度等。

（2）人文环境：说明估价对象所在地区（如社区、住宅区）的社会声誉、居民特征（如年龄、职业、收入水平、受教育程度、民族、宗教信仰）、社会治安（如犯罪率）、相邻房地产的利用状况（如用途）等。

（3）景观：说明站在估价对象的某些位置（如房屋外门口、窗户前、阳台、平台）向外观望，以及进出该房地产的沿途，有无水景（如海景、江景、河景、湖景）、山景、成片树林、大片绿地、公园、知名建筑（如宝塔、钟楼、城楼、桥梁）等。

（4）其他环境：如说明园林绿化、环境卫生等状况，比如是否整洁。对于居住、办公、酒店等用房和用地，一般需要说明附近有无重大不利因素或厌恶性设施，诸如公共厕所、化粪池、垃圾站、垃圾填埋场、垃圾焚烧厂、污水处理厂、发电厂、变电站、高压线、移动通信基站、无线电发射塔、坟墓、墓地、陵园、火葬场、殡仪馆、传染病医院、危险化学品及易燃易爆品仓库、铁路线、飞机场等。

复 习 思 考 题

1. 房地产、土地、建筑物、其他相关定着物的含义分别是什么？

2. 如何界定或说明一宗土地的空间范围？

3. 建筑物、房屋、构筑物的含义及之间的关系和区别是什么？

4. 如何判定一物是否为其他相关定着物？

5. 房地产的实物、权益和区位的含义分别是什么？

6. 实物、权益和区位在房地产和其他资产价值影响中有哪些异同？

7. 房地产实物、权益、区位可分解为哪些方面来进一步认识？

8. 中国目前在房地产上可设立的物权有哪些？其含义分别是什么？

9. 房地产的实物状况与权益状况如何区别？实物状况好的房地产，其价值是否必定高？

10. 可及性与便捷性的含义有何异同？作此两种区分有何实际意义？

11. 房地产有哪些不同称呼？房地产、不动产、物业的含义是什么？

12. 如何区分不动产与动产？

13. 房地产有哪些基本存在形态？

14. 在实物形态上，土地与建筑物合成一体时，是否可能只单独评估其中土地或建筑物的价值？试举例说明。

15. 什么是独立估价？什么是部分估价？两者之间的最大区别是什么？

16. 房地产具有哪些特性？了解这些特性对做好房地产估价有何重要意义？

17. 为什么说房地产市场是区域市场？区域市场意味着什么？

18. 什么是变现能力？为什么说房地产的变现能力弱？如何分析某一房地产的变现能力？

19. 房地产为什么具有相互影响的特性？

20. 引起房地产价格上涨的原因有哪些？如何区分保值与增值？何种情况下的增值属于自然增值？

21. 房地产主要有哪些分类？每种分类中将房地产分为哪几类？

22. 从实物角度来看，房地产估价对象有哪些？

23. 从权益角度来看，房地产估价对象有哪些？

24. 应如何全面、清晰地描述估价对象房地产状况？

25. 反映房地产基本状况以及实物、权益和区位状况的内容分别有哪些？

第四章 房地产价值和价格概述

房地产价格是房地产价值的货币表现，即价值是内在的，价格是外在的，内在的价值决定外在的价格，并且在实践中往往是通过外在的价格来了解和推测内在的价值。这就好比人的内在心理活动支配其外在的行为，而想要了解和推测人的内在心理活动则是通过观察其外在的行为那样。因此，做好房地产估价需要对房地产价值、价格都有全面、深入和正确的认识。为此，本章介绍房地产价值和价格的含义、特点、种类和每种价值、价格的内涵，以及房地产价格形成与变动原理。

第一节 房地产价值和价格的含义

一、房地产价值的含义

价值一词在人们日常生活中经常使用，且其种类和含义很多，如人生价值、社会价值、经济价值、生态价值、历史价值、文化价值、艺术价值、观赏价值、科学价值、学术价值、军事价值、潜在价值、应用价值、实用价值、商业价值、投资价值，以及"为客户创造价值""价值取向""价值观"等中的价值。普遍意义上的价值含义，是指客体对于主体所具有的积极意义和积极作用。房地产估价中所讲的房地产价值，包括所评估的市场价值、投资价值等各种价值，属于经济价值的范畴。在使用"经济价值"这个概念时，其内涵一般是商品经济或市场经济中的交换价值。

经济学上，广义的价值包括使用价值和交换价值，狭义的价值仅指交换价值。交换价值是指某种商品和另一种商品互相交换时的量的比例，即交换价值表现为一定数量的其他商品。例如在过去，一丈布换二斗米，二斗米就是一丈布的交换价值。在现代社会，交换价值一般用货币来衡量，通常表现为一定数量的货币。房地产估价中所称的价值，一般指的也是交换价值，是指最可能获得或值得的货币额，也可以说是最可能的价格（most probable price）。

任何一种物品能够成为商品，首先必须有使用价值。没有使用价值的物品不会被交换对方所接受，也就不能成为商品，不会有交换价值。因此，使用价值是交换价值的前提，即没有使用价值就没有交换价值。但是反过来不一定成立，即没有交换价值不一定没有使用价值，如空气。作为商品的房地产，既有使用价值，又有交换价值。

房地产价值中的价值内涵除了是交换价值，进一步来说相当于有关经济理论中的"效用价值"（从商品中获得的全部利益、满足或享受）。此外，房地产估价中一般不评估历史价值、艺术价值、观赏价值等各种非经济价值，通常也缺乏评估非经济价值的专业知识和经验。但是，当非经济价值单独或额外对经济价值有明显影响时，应了解并考虑非经济价值及其对经济价值的影响，如对历史建筑、不可移动文物进行估价，往往需要相应的专业机构和专家提供专业帮助，或者借用其相关鉴定结论、评估结果。

就使用价值和交换价值而言，房地产估价是评估房地产的交换价值。但在房地产估价中需先对有关房地产使用价值的房屋质量、性能、完损等状况进行"鉴定"（如实地查勘、尽职调查等），因为它们影响着房地产交换价值的大小。这就如同对古董、艺术品、珠宝玉石进行估价，如果不能鉴别其真伪、年代和好坏等，就估不出、更估不准其经济价值。因此，日本把估价称为鉴定评价是有其道理的。

综上所述，房地产估价中所讲的房地产价值，首先可明确为经济价值，然后进一步明确为交换价值，再分为市场价值、投资价值等在现实估价中所需评估的各种具体的价值。这些价值的种类和含义将在本章第三节中介绍。

二、房地产价格的含义

（一）对价格的定义和解释

在现代市场经济下，人们对价格并不陌生，然而对于什么是价格，却众说纷纭，其中有代表性的是下列 2 种。

（1）价格是商品价值的货币表现。价值是体现在商品里的社会必要劳动。价值量的大小决定于生产这一商品所需的社会必要劳动时间的多少。[①]

[①]　中国社会科学院语言研究所词典编辑室编．现代汉语词典．北京：商务印书馆，2016 年 9 月第 7 版．第 628—629 页。

（2）价格是为获得一种商品或服务所必须付出的东西，它通常用货币来表示，虽然不一定要用货币形式来偿付。[①]

上述两种价格定义或解释中，可以说前一种讲的是本质，后一种讲的是现象。由于房地产估价主要是测算房地产价值价格的"数量"，属于观察房地产价格"现象"而不是揭示其"本质"，因此可以把房地产价格定义为：房地产交易中按照交易习惯或约定的交易条件，买方同意支付且卖方同意接受的货币额（包括货币、实物和其他经济利益，最终表示或折算为货币额）。在现代市场经济下，房地产价格一般用货币来表示，即采用货币计量，通常也是用货币形式来支付，但也可能用实物、其他经济利益等非货币形式来支付，如在建设用地使用权出让中，土地价格有时用代建市政道路、公共绿地、提供保障性住房等实物形式来支付，即所谓"实物地租"。

需要说明的是，广义的价格包括商品价格和服务价格，本书所讲的房地产价格仅是房地产商品价格，不包括房地产相关服务价格（如房地产估价、经纪、物业管理等有偿服务的收费）。

（二）价格存在的基本前提

房地产之所以有价格（价值），与任何其他商品有价格一样，是因为它们有用、稀缺，并且人们对它们有需求，即同时具有有用性、稀缺性和有效需求。

（1）有用性：即使用价值，是指物品能用来满足人们的某种需要，如水能解渴，粮食能充饥，住宅能居住。房地产如果没有使用价值，人们就不会产生占有它的要求或欲望，更不会花钱去购买或租用它，也就没有价格（包括租赁价格，简称租金）。

（2）稀缺性：是指物品的数量还没有多到使每个人想要免费得到它时就能够得到，即每个人的需要之和大于物品的数量。因此，说一种物品是稀缺的，并不意味着它是难以得到的，仅意味着它是不能自由取得的，只有付出一定代价（如金钱）才能得到，是相对缺乏的。一种物品仅有使用价值还不能使它有价格。因为如果该种物品的数量丰富，随时随地都可以自由取得，像空气和许多地方的水那样，尽管对人们至关重要，甚至没有它们，人就无法生存，但也不会有价格。因此，没有稀缺性，也没有价格。房地产显而易见是一种稀缺的物品。

此外，稀缺性对价格的影响是很大的，即俗话所说的"物以稀为贵"。有些物品，无论它多么有用，只要是相对富余的，就不会有很高的价格。例如，现代

<hr />

[①] ［英］戴维·W·皮尔斯主编. 现代经济学词典. 宋承先等译. 上海：上海译文出版社，1988 年 12 月第 1 版. 第 476 页。

政治经济学奠基人亚当·斯密（Adam Smith，1723—1790）曾说过："使用价值很大的东西，往往具有极小的交换价值，甚或没有；反之，交换价值很大的东西，往往具有极小的使用价值，甚或没有。例如，水的用途最大，但我们不能以水购买任何物品，也不会拿任何物品与水交换。反之，金刚钻虽几乎无使用价值可言，但须有大量其他货物才能与之交换。"① 这就是著名的"水与钻石"的经济学悖论。只有当人们身处沙漠中的时候，才会明白水和食物要远比黄金和钻石珍贵。

（3）有效需求：经济学上简称需求，是指对物品的有支付能力支持的需要，即既有需要（购买意愿）又有支付能力（购买能力）。虽有需要但无支付能力（即想买而没有钱），或者虽有支付能力但不需要（即有钱而不想买），都不能使购买行为发生，从而不能使价格成为现实。例如，对于一套总价为 500 万元的住宅，甲、乙、丙、丁四个家庭中，甲虽然需要，但是买不起；乙虽然买得起，但是不需要；丙既不需要，也买不起；丁既需要，也买得起。在这种情况下，只有丁对这套住宅有需求。因此，分清需求与需要是很重要的。需要不等于需求，它只是一种要求或欲望，有支付能力支持的需要才是需求。当然，由于房地产既是可以满足生产、生活需要的生产要素或消费品，又是可以带来租赁、增值等收益的投资品，所以对房地产的需求不仅有"为用而买"的自用性需求，还有"为租而买"的投资性需求，甚至有"为卖而买"的投机性需求。

（三）从更宽广的角度来认知价格

为了更好地理解价格，进一步来说，价格实际上是商品经济下对有用且稀缺的物品的一种分配方式。当某种物品的数量不足以满足人人的需要时，就产生了该种物品究竟如何分配的问题，即只有其中哪些人才能得到它。归纳起来，古今中外主要有下列 6 种分配方式。

（1）争抢：实际上是按武力强弱进行分配，比如小到个人之间的打架，大到国家之间的战争，物品最终由胜者获得。

（2）礼让：实际上是按觉悟高低进行分配，比如像某些人那样发扬高尚风格，即使自己需要，也要将物品让与他人。

（3）随机：实际上是按运气好坏进行分配，比如采取摇号、抽签的方式分配物品，谁的运气好，物品就归谁。

（4）排队：其中常见的一种是按时间先后排队，即先到先得，也就是谁来得

---

① ［英］亚当·斯密著. 国民财富的性质和原因的研究上卷. 郭大力，王亚南译. 北京：商务印书馆，1972 年 12 月第 1 版. 第 25 页。

早，排在前面，物品就归谁。这实际上是把物品给予那些最愿意花时间等待的人。此外，还有按年龄、工龄、职务、学历、业绩等因素单项或综合打分排队。

（5）计划：实际上是按权力大小进行分配，比如在传统计划经济体制下凭下达的分配指标或发给的票证获得物品。

（6）价格：实际上是按金钱多少进行分配，即谁愿意且能够付出的金钱最多，物品就归谁。在现代市场经济下，价格是最普遍、应用最广泛的一种分配方式，起着配给有限的供给量或调节供求的作用。价格上涨，可抑制消费、扩大生产；价格下降，可刺激消费、减少生产、消化库存。同时，价格又受供求关系的影响。

第二节　房地产价格的特点

房地产价格与家具、机器设备等动产（简称一般商品）的价格，既有其共同之处，又有不同的特点。共同之处主要有：①都是价值的货币表现，即表示为同质、不同量的货币额，彼此可以比较价格高低、价值大小；②都是反映稀缺程度，即物以稀为贵，量多则价低，量少则价高；③都是按质论价，即优质优价，劣质低价；④都是不断变动的，即会随着时间的推移和市场供求状况等的变化而变动，但是实行政府定价的商品价格除外。房地产价格不同于一般商品价格的特点，主要有下列 7 个。

一、价格与区位密切相关

一般商品因为可以移动，其价格高低与区位无关或关系不大（不考虑地区差价）。房地产因为不可移动，其价格高低与区位密切相关。实物和权益状况相同的房地产，区位状况不同，价格往往有明显差异。例如，住宅价格高低不仅与房屋的质量、性能、产权有关，还取决于其地理位置是否优越、交通是否便捷、环境是否优美，以及附近是否有优质中小学校、商业等配套设施。即使同一幢内各套户型均相同的联排住宅，其边户与中间户之间、东边户与西边户之间的房价差异较明显。尤其是商铺、商场等商业用房，其价格高低与区位高度相关，甚至有"一步三市"之说。

从一个城市来看，房地产价格总体上是从市中心向郊区递减。但如果城市是多中心的，则在若干个中心或分中心都会出现房地产价格"高地"。此外，一些重大有利因素或好的公共服务设施的存在，如城市公园、轨道交通站点、优质中小学校等，也会导致其周边的房地产价格高起。而某些重大不利因素或厌恶性设施的存在，如高压线、垃圾场、殡仪馆、传染病医院、有空气或噪声等污染的工厂等，则会导致其周边的房地产价格低落。

二、实质上是权益的价格

一般商品是动产，其物权的转让通常依照法律规定交付，其价格通常是商品本身的价格。房地产是不动产，其物权的转让依照法律规定登记，从而房地产在交易中转移的是房屋所有权和房地产用益物权等房地产权利，而且实物和区位状况相当的房地产，它们的权益状况可能千差万别，导致它们之间的价格有较大差异。甚至实物和区位状况较好的房地产，因权益较小或权利受到过多、过大的限制，如土地剩余使用期限很短、产权不清、临时建筑、违法建筑等，其价格较低，甚至没有价值。而有的房地产虽然实物和区位状况较差，如老旧房屋，但可能权益较大，如产权清晰、完全，甚至可以依法改扩建、改变用途或拆除进行重新开发利用，其价格会较高。不仅如此，同一房地产上时常并存着两种以上物权等权利，如一宗建设用地同时有土地所有权、建设用地使用权、地役权，且往往各有各的价格或价值。因此，可以说房地产价格实质上是房地产权益的价格，并在估价时要弄清是评估哪种房地产权益的价值价格，然而也不可忽视房地产实物和区位状况对其价值价格的影响。

三、兼有买卖和租赁价格

一般商品由于价值不很大且使用寿命较短，许多还是一次性使用或消费，所以主要发生买卖行为，其价格一般是买卖价格。房地产由于价值较高、寿命长久，所以普遍存在买卖和租赁两种交易方式、两种交易市场。其中公寓、写字楼、商铺、标准厂房、物流仓库等类房地产，甚至以租赁为主。因此，房地产同时有两种价格：一是房地产本身有一个价格，经济学上称为源泉价格，即买卖价格，也称为交换代价的价格，通常简称价格；二是使用房地产一定时间的价格，经济学上称为服务价格，即租赁价格，也称为使用代价的租金，简称租金。因此，房地产价格又分为仅指买卖价格的狭义价格和包括买卖价格、租赁价格在内的广义价格。

同一房地产的价格和租金的关系，类似于一笔银行存款的本金和利息的关系。如果想要求取价格（相当于本金），只要有了租金（相当于利息）和报酬率或资本化率（相当于利息率，简称利率），便将租金资本化即可得出价格，具体的求取方法是收益法（该方法将在第八章具体介绍）；反之，如果想要求取租金，只要有了价格和报酬率或资本化率，也可以求得。就市场上的房价和房租的关系来看，一般来说，两者之间是正相关的，即房价高房租就高，或者房租高房价就高。但在短期内，由于买卖和租赁之间具有一定的替代性，如买房的人多了，租房的人就会少，或租房的人多了，买房的人就会少，所以房价和房租的变化可能是反方向的。

四、价格之间的差距较大

由于房地产各不相同尤其是价格与区位密切相关、实质上是权益的价格，导致房地产价格不仅"一房一价"，而且之间的差距较大，以至于有的是"天价"，有的是"地价"。房地产价格的这个特点在土地上表现得尤为明显，同样都是土地，有的"寸土寸金"，如繁华商业地段；有的"分文不值"，如荒郊野外的未利用地。有时即使是邻近的房地产，如同一商业地段甚至同一商业大厦内的不同商铺，同一住宅区甚至同一住宅楼内的不同住宅，因临街状况、具体位置、楼层、朝向等不同，其单价之间的差距也较大。

值得指出的是，就可供人们经常使用的房地产来说，与机器设备、汽车等其他单项资产相比，房地产单价高、总价大，即房地产价格之间的差距较大，是在其普遍单价高、总价大之下的差距较大。

五、价格涵盖内容复杂多样

一般商品的价格涵盖的内容较简单，主要反映商品自身的质量、性能等实物状况。房地产价格涵盖的内容复杂多样，除了反映房地产自身的实物状况，还反映其区位特别是权益状况，以及房地产自身状况以外的付款方式、融资条件、交易税费负担方式等因素。

在惯常交易下，两宗房地产的实物和区位状况相当或差异不大（如同地段同品质），但两者的价格可能差异较大；或者两宗房地产的价格相同或差异不大，但两者的实物和区位状况可能差异较大。这也许是因为房地产上附着有额外利益、债权债务等，如住宅是否带有优质中小学校入学名额，是否可落户口，是否有水电费、物业费、房产税等欠费、欠税或余款。还可能是因为：交易当事人的具体交易条件或交易情况不同，例如买卖双方商定的付款方式有所不同，比如价款一次性付清，或分期支付，或采取抵押贷款方式支付；交易税费负担方式不同，比如交易税费全部由买方负担，或全部由卖方负担，或各自负担。此外，由于实行差别化住房税收和信贷政策，即使同一套住宅，不同的买卖者所享受的税收优惠不同，比如卖方是否"满五唯一"（即卖方购买该住房是否满 5 年，该住房目前是否为卖方家庭唯一住房），出售所需缴纳的增值税、个人所得税有较大差异；买方是否属于购买首套住房，其所需缴纳的契税有较大差异，且融资条件也有所不同，比如最低首付款比例、贷款利率等有较大差异。

在比较两套住宅的价格时还需注意的是，虽然两套住宅的地段、质量、户型、朝向、房龄等自身状况相当或差异不大，但可能因其中一套有附赠的面积、储藏室、车位、院落、露台等，它们的价格在表面上差异较大。

六、价格易受交易情况影响

一般商品由于主要是批量生产出来的，具有同质性，价值又不很大，通常凭样品、品名、型号、规格等就可以进行交易，并且有较多的买者和卖者，所以其价格形成往往较客观，不易受交易当事人的实际交易情况的影响。房地产由于各不相同，且不能放到一起直接进行比较，要较全面详细了解房地产，必须到现场进行实地查看；还由于房地产价值较高，相似的房地产通常只有较少的卖者和买者，某些房地产尤其是大宗非居住用房（如整栋写字楼、大型商场、酒店、厂房、仓库等）、较特殊的居住用房（如北京老四合院、上海老洋房等），甚至只有一个卖者和一个买者，所以房地产价格通常因具体交易需要而个别形成，容易受卖方急需资金、买方急需使用、买方特殊偏好、付款方式、交易税费负担方式等实际交易情况的影响。

七、价格形成的时间较长

一般商品通常相同的数量较多、同质可比，价值又不很大，其价格往往经过较短时间的比较，按标价或以标价为基础通过短时间的讨价还价便可达成。房地产由于各不相同，相互间可比性较差，加上价值较高、风险点多，除非房地产市场火爆导致非理性抢购，否则人们对房地产交易通常十分慎重。即使房地产中可比性较好的存量成套住宅，从其挂牌出售到交易完成，一般也需要数月甚至更长时间。在房地产交易过程中，交易双方往往要反复协商交易价格、付款方式、交易税费负担方式等交易条件，还可能故意搁置一段时间以便冷静考虑、揣摩对方或迫使对方让价。因此，房地产价格形成的时间通常较长。

第三节　房地产价值和价格的种类

纵观古今中外，房地产价值、价格的种类都很多，名称不够规范，含义有所不同。不同的价值、价格所起的作用也不同，有的还是特定房地产制度政策或历史时期的产物（如房改成本价、房改标准价），在评估其中某些价值价格时应采用的依据、考虑的因素不尽相同。因此，为了正确理解、选用或评估所遇到的价值价格，防止误解和误用，需要收集、梳理并弄清房地产价值价格的种类以及每种价值、价格的含义。

下面不是把每种房地产价值价格逐一单独介绍，而是把相关的几种价值价格放到一起介绍。这样做虽然会有个别的价值价格前后重复，但是放在一起介绍有助于更好地比较和理解，并且当其出现在不同的地方时，还可以对同一种价值价格从不同的角度进行介绍，有助于加深认识。

一、基础性价值类型和价格种类

（一）基本价值类型

不同的估价目的要求评估的价值类型不尽相同。不论何种价值类型，都是假定估价对象在一定的价值价格形成条件下最可能的价值价格。市场价值、投资价值、现状价值、谨慎价值、清算价值、残余价值是根据价值的前提或内涵等实质内容划分的六种基本价值类型。市场价值又是最基本、最主要的价值类型，其他价值类型是在不符合市场价值形成条件中的一个或多个条件下最可能的价值价格。

1. 市场价值

市场价值（market value，MV）简称市值，过去称为公开市场价值（open market value，OMV），国内外有多种定义。这些定义虽然在文字表述上不尽相同，但内涵基本相同，一般参照《国际估价标准》的定义——Market Value is the estimated amount for which an asset or liability should exchange on the valuation date between a willing buyer and a willing seller in an arm's-length transaction after proper marketing and where the parties had each acted knowledgeably, prudently, and without compulsion（市场价值是一项资产或负债经适当营销后，在每个参与者都熟悉情况、谨慎行事且不受强迫的公平交易市场中，一个自愿的买者和一个自愿的卖者在估值日期进行交换的估计金额）。参照该定义，市场价值是指估价对象经适当营销后，由熟悉情况、谨慎行事且不受强迫的交易双方，以公平交易方式在价值时点自愿进行交易的金额。

从上述定义来看，市场价值的前提条件主要有以下5个：①适当营销，即估价对象在价值时点之前以适当的方式、程度和时间，公开进行了市场推广和展示，所需展示的时间长度（即合理展示期）虽然因估价对象和市场状况的不同而不同，但应足以使估价对象引起一定数量的潜在买者的注意。②熟悉情况，即卖者和买者都懂行，了解估价对象和市场行情，卖者不是盲目地出售，买者不是盲目地购买。③谨慎行事，即卖者和买者都是理性、冷静、谨慎的，没有感情用事。④不受强迫，即卖者和买者都是出于自觉自愿需要而进行估价对象交易，卖者不是急于卖出（不是非卖不可），买者不是急于买入（不是非买不可），同时买者不是被迫地从特定的卖者那里购买估价对象，卖者不是被迫地将估价对象卖给特定的买者。⑤公平交易，即卖者和买者都是出于自己最大利益需要而进行估价对象交易，之间没有诸如近亲属、母子公司、上下级单位等特殊关系，不是关联交易。

此外，市场价值还有一些隐含前提条件，包括：①市场参与者集体的观念和行为，包括不存在买者因对估价对象有特殊兴趣而给予附加出价，如房地产开发企业可能对与其土地相邻的一块狭长土地比别人更感兴趣，因为有了该块土地后，该企业就能更充分地进行整体开发，诸如此类因素不包含在市场价值中。②既不过于乐观又不过于谨慎（保守）。③最高最佳利用。④持续使用（对企业等经营主体而言即持续经营）。

市场价值和市场价格容易混淆，难以分清。实际上两者不仅在性质上有所不同，而且在数量上经常有差异，甚至差异很大。可以简单地把市场价格理解为现实市场状况下较多成交价格经综合处理后的正常、一般交易价格，即市场价格是对现实市场状况下正常成交价格的反映。而市场价值趋向在理性、正常市场状况下的内在价值、真实价值。因此，在正常房地产市场状况下，市场价格和市场价值的差异通常不大。但在房地产市场过热或有泡沫的情况下，市场价格明显高于市场价值；而在房地产市场较低迷的情况下，市场价格明显低于市场价值。

为了更好地理解，下面举例说明同一套住宅在同一时间并存着市场价格、市场价值、成交价格。该三者可能是相同的，但通常有差异，甚至差异很大。例如一套市场价格为100万元的住宅，可能因买家不了解该市场价格或急于用房、很喜欢而以120万元购买，或者卖家不了解该市场价格或急需资金而只卖了80万元。该100万元的市场价格是该套住宅在现实房地产市场状况下的正常成交价格，120万元和80万元都是实际成交价格。而如果现实房地产市场有一定泡沫，则该100万元的市场价格高于该套住宅的市场价值。如果利用该套住宅的市场租金（或正常租赁收益）和合理租售比（或正常投资收益率）等来估算其市场价值，则该套住宅可能只值65万元。在为买卖、投资、抵押等服务的估价目的下，同时给出市场价值和市场价格并说明两者的内涵及差别，能够丰富估价结果的内容，发挥估价的专业作用，对估价委托人和报告使用人的意义和帮助很大。例如，某一房地产的市场价值如果低于其市场价格，则说明该房地产的价值被市场所高估，通常不宜购买或长期持有，抵押权人如果参照市场价格发放贷款将面临较大风险；而如果该房地产的市场价值高于其市场价格，则说明该房地产的价值被市场所低估，通常值得购买或长期持有，抵押权人参照市场价格发放贷款的风险较小。

2. 投资价值

投资价值（investment value）通常有两种含义：一是值得投资，意味着投资后将会获得较高回报，如人们在为某个投资项目或资产、产品做销售宣传时，经常称其具有投资价值；二是从某个特定单位或个人（如某个买者，通常称为投资者）的角度来衡量的价值。估价中的投资价值通常指的是后者，是估价对象对于某个或某类特定单位或个人所具有的价值，也称为特定投资者价值。

就同一房地产的市场价值和投资价值相比较来说，市场价值是指该房地产对于典型投资者（市场上抽象的一般投资者，代表了市场上大多数投资者的观点）的价值，即市场价值来源于市场参与者的共同价值判断，是客观的、非个人的价值；而投资价值是对于某个或某类特定投资者而言的，是基于主观的、个人因素上的价值。同一房地产在同一时点，其市场价值是唯一的，而投资价值会因投资者的不同而不同。

同一房地产之所以对不同的投资者有不同的投资价值，是因为不同的投资者可能在规模效益、协同效应（"1＋1＞2"的效应）、开发经营成本、品牌等方面的优势不同，收益期望不同，风险偏好不同，对未来房地产市场的预期或信心不同。所有这些因素都会影响投资者对该房地产未来收益和风险等的估计，从而影响投资者对该房地产价值的估计。如果各个投资者都做出相同的假设，也面临相同的环境状况，则投资价值与市场价值会相近甚至相等，但这种情况在现实中极少出现。

评估投资价值与评估市场价值的方法通常是相同的，不同的主要是有关估价参数的取值。例如，投资价值和市场价值都可以采用收益法评估——价值是预测的未来净收益的现值之和，但对未来净收益的预测和选取参数的立场不同。例如，不同的投资者对未来净收益的预测，有的可能是乐观的，有的可能是保守的；而评估市场价值时，要求对未来净收益的预测是客观的，或者说是折中的。再如报酬率或折现率，评估市场价值时所采用的应是与该房地产的风险程度相对应的社会一般收益率（即典型的投资者所要求的收益率），而评估投资价值时所采用的应是某个或某类特定投资者所要求的最低收益率（也称为最低期望收益率）。这个或这类特定投资者所要求的最低收益率，可能高于也可能低于与该房地产的风险程度所对应的社会一般收益率。

因为人们都希望用最少的价钱买到价值最大的东西，所以投资者评估的房地产的投资价值大于或等于该房地产的价格，是其投资行为（如购买）能够实现的基本条件。当房地产的投资价值大于该房地产的价格时，说明值得投资；反之，说明不值得投资。换个角度来讲，每个投资者对其拟投资（如购买）的房地产都有一个心理价位，投资价值通常是这个心理价位。当价格低于心理价位时，投资者趋向增加投资；反之，当价格高于心理价位时，投资者会向市场出售其过去所投资的房地产。

就投资价值和市场价值相对而言，房地产估价通常是评估房地产的市场价值。但评估房地产的投资价值，为投资者决策提供参考依据，也是房地产估价服务的一个重要领域。例如，政府以招标、拍卖、挂牌、协议等方式出让建设用地使用权，意向用地者可能委托房地产估价机构评估其可承受的最高价，为其确定投标报价、最高出价等提供参考依据。这就是一种投资价值评估。

3. 现状价值

现状价值也称为在用价值（value in use），是估价对象在某一特定时间的实际状况下的价值。这里所说的某一特定时间通常是现在，此时的现状价值就是估价对象在现在的实际状况下的价值。但根据估价目的的要求，某一特定时间并不都是现在，也可能是过去或将来。

某一特定时间的实际状况包括在该时间的实际用途、规模、档次、新旧程度等，它可能是最高最佳利用，也可能不是最高最佳利用；可能是合法利用，也可能不是合法利用。在合法利用下，当实际状况是最高最佳利用状况的，现状价值等于市场价值；当实际状况不是最高最佳利用状况的，现状价值小于市场价值。因此，在合法利用下，现状价值小于或等于市场价值。而在不是合法利用下，现状价值可能大于市场价值。例如，临街住宅楼的底层住宅被擅自改为商铺，该底层住宅在现状商业用途下的价值一般大于在法定居住用途下的价值。再如私搭乱建的出租房屋，根据其租赁收益测算出的价值大于其市场价值。

另外，在合法利用下，必然有：

（市场价值－现状价值）≥将现状利用改变为最高最佳利用的必要支出及应得利润

否则，现状利用就是最高最佳利用，现状价值就是市场价值。关于最高最佳利用问题，见第六章第六节"最高最佳利用原则"。必要支出是从事相应活动必须付出的各项成本、费用和税金，通常为相同或相似的活动在正常情况下的支出。应得利润是从事相应活动应当获得的利润，通常为相同或相似的活动在正常情况下所能获得的利润。

4. 谨慎价值

谨慎价值是在估价对象价值价格影响因素存在不确定性的情况下遵循谨慎原则所评估的价值。谨慎原则见第六章第七节。谨慎价值一般低于市场价值和市场价格。为了防范房地产信贷风险，抵押价值和抵押净值评估应遵循谨慎原则，因此抵押价值和抵押净值属于谨慎价值范畴，且不高于市场价值或市场价格。

5. 清算价值

清算价值（liquidation value）也称为快速变现价值、强制出售价值（forced sale value），是估价对象在没有充足的时间进行展示情况下的价值，即在不符合市场价值形成条件中的"适当营销"或委托人限定的估价对象展示时间短于合理展示期下的价值。例如，卖方因某种原因急于卖出房地产而要求评估的价值，就是清算价值。房地产因不易变现，如果必须在较短时间内（如销售期短于正常或合理的销售期）将其卖出，则价格较低，是所谓"脱手价格"或"退出价格"。因此，清算价值一般低于市场价格和市场价值。

6. 残余价值

残余价值（salvage value or residual value）是估价对象在非继续利用情况下的价值。非继续利用不一定要等到估价对象的使用寿命结束，往往是因合同解除、房屋损毁、企业倒闭、破产等特殊情况而在估价对象的使用寿命结束之前，因此残余价值一般低于市场价值。例如，某个针对特定品牌进行了特色装饰装修的餐厅，当不再作为该品牌的餐厅继续经营而出售时，该特色装饰装修不仅不会增加该房屋的价值，反而会降低其价值，因为该特色装饰装修对该餐厅的后来取得者没有使用价值，并且要花费用予以拆除。因此，该餐厅的残余价值会低于其市场价值。但在房屋征收的情况下，虽然该餐厅也不会继续经营下去，但因为要给予公平、合理的补偿，所以应假设它继续经营来评估其价值，即在房屋征收估价目的下，评估的应是市场价值，而不是残余价值。

残余价值可以说是广义的残值，与通常意义上的残值有所不同。残值是估价对象在使用寿命结束（报废）时的残余价值，是残余价值的一种特例。因此，残余价值大于或等于残值，仅在估价对象使用寿命结束时等于残值。弄清残余价值，还应区分未减去清理费用（包括拆除、清运废弃物和渣土等所发生的费用）的残余价值和减去清理费用后的净残余价值，即：

净残余价值＝残余价值－清理费用

（二）基本价格种类

基本价格种类是房地产价格中最基础的几种价格，包括挂牌价格、成交价格、市场价格、理论价格、评估价格五种。

1. 挂牌价格

这里所讲的挂牌价格主要指存量房出售时的挂牌价格，不包括土地使用权挂牌出让时的土地挂牌价格。挂牌价格简称挂牌价，是所售房地产的标价，即卖方自己或委托房地产经纪人员标出的所售房地产的要价或开价、报价。挂牌价通常参照市场价或评估价并结合出售心态、定价策略等确定。不同地区、不同用途的房地产，按照交易习惯，挂牌价可能普遍高于或低于实际成交价和市场价。目前，我国住宅交易因有讨价还价的习惯，为了给买方还价、卖方让价留出一定的空间，挂牌价一般是普遍而适当偏高的。但也存在挂牌价非正常偏高的情况，如卖方对其房地产抱着可卖可不卖的态度，将挂牌价定得很高，如果碰到有特殊需要的买方愿意高价购买的话就卖。在房地产市场过热时，可能出现卖方临时加价或"坐地起价"，或者多个买方现场竞相出价抢购，造成实际成交价高于挂牌价。现实中也存在挂牌价虚低的情况，这主要是不规范的房地产经纪人员为了招揽客户，故意标出明显低于市场价的虚假挂牌价①。

挂牌价的优点是公开透明，易于搜集；缺点是仅反映卖方的价格意愿，而不是实际成交价，且有较大的随意性，可能虚高或虚低。因此，挂牌价不能直接作为估价的依据和比较法中的交易实例，但可以作为了解房地产市场行情和市场价格变动的参考。一是真实的挂牌价大多主要是参照市场价确定的，往往接近或不会过于偏离市场价；二是虽然某宗房地产的挂牌价与其成交价的差异程度各不相同，但市场上的平均挂牌价与市场成交价有一定的关系；三是挂牌价也是随着房地产市场行情的变化而变动的。例如，挂牌价起初可能定得较合适，但当遇到房地产市场下行时，挂出后较长时间无人问津，卖方只得调低挂牌价，从而挂牌价会走低；而当遇到房地产市场上行，意向购买者越来越多甚至市场过热时，卖方通常会调高挂牌价，从而挂牌价会走高。

挂牌价和成交价的差距，称为议价空间，实际上是折扣率，具体为：

$$议价空间 = \frac{挂牌价 - 成交价}{挂牌价} \times 100\%$$

通过平均议价空间的变化情况也可以了解房地产市场行情和市场价格的变化趋势。如果平均议价空间不断缩小，则说明市场向好；而当平均议价空间不断扩大时，则说明市场趋冷；当平均议价空间扩大到一定程度，还意味着市场价格会出现一定的回调或下降。

2. 成交价格

（1）成交价格的概念及主要影响因素

成交价格简称成交价，是指在一笔成功的交易中买方支付或卖方收到的金额。它是一个已经完成的事实，是个别价格。

---

①   不规范的房地产经纪人员的惯常手法是用一套挂牌价很低、看似性价比极高的房子吸引客户，但是当客户来问时，就说这套房子已经卖出去了，再推荐其他房子。

成交价格的高低除了取决于交易对象状况、市场供求等状况外，通常还随着交易双方约定的交易条件，交易双方对市场行情和交易对象的了解程度，出售或购买的动机或急迫程度，交易双方之间的关系、议价能力和技巧，卖方定价策略等的不同而不同。

（2）成交价格的形成机制

要理解成交价格，还需要对其形成机制，主要是卖方要价、买方出价和买卖双方成交价三者的关系有所了解。

卖方要价也称为供给价格，是卖方出售房地产时所愿意接受的价格。因卖方总想多卖钱，必定有一个可接受的最低价（称为最低要价或最低卖价、底价），当买方的出价不低于这个价格时卖方才会出售，卖方的心态是在该价格之上越高越好，其中卖方希望的较为满意的卖出价称为卖方的心理价位或期望价格。

买方出价也称为需求价格，是买方购买房地产时所愿意支付的价格。因买方总想少付钱，必定有一个可承受的最高价（称为最高出价或最高买价），当卖方的要价不高于这个价格时买方才会购买，买方的心态是在该价格之下越低越好，其中买方希望的较为满意的买入价称为买方的心理价位或期望价格。

卖方要价和买方出价都只是买卖双方中某一方所愿意接受的价格。在实际交易中，只有当买方的最高出价高于或等于卖方的最低要价时，交易才可能成功。因此，在一笔成功的交易中，卖方最低要价、买方最高出价和买卖双方成交价三者的高低关系为：

买方最高出价≥买卖双方成交价≥卖方最低要价

在图 4-1（a）中，因为买方最高出价为 260 万元，低于卖方最低要价的 300 万元，所以交易不能成功。在图 4-1（b）中，因为买方最高出价为 290 万元，高于卖方最低要价的 270 万元，所以交易可能成功，并由卖方最低要价和买方最

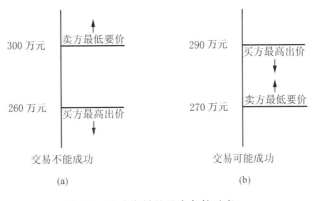

图 4-1　达成交易的基本条件示意

高出价形成了成交价的可能区间，即 270 万～290 万元。卖方和买方通常只知道该区间的自己这一端，并都试图了解对方那一端（但通常不成功）。实际的成交价将落在这个区间内，至于是刚好为卖方最低要价、买方最高出价、在这两者中间或在其他位置，取决于买卖双方相对的议价能力和技巧，特别是该种房地产市场是处于买方市场还是卖方市场。在买方市场下，因买方在交易中处于有利地位，成交价会偏向卖方最低要价；在卖方市场下，因卖方在交易中处于有利地位，成交价会偏向买方最高出价。

（3）正常成交价格和非正常成交价格

成交价格可能是正常的，能客观真实反映市场状况和交易对象状况，也可能是不正常的，不能客观真实反映市场状况和交易对象状况，因此成交价格可分为正常成交价格和非正常成交价格。正常成交价格是交易双方在正常交易情况下进行交易的成交价格。反之，则为非正常成交价格。

严格地说，正常成交价格的形成条件有以下 7 个：①公开市场。②交易对象本身有较活跃的市场。③众多的买者和卖者。买者和卖者的数量都必须相当多才不至于使价格受个别买者或卖者的影响，即他们都应是价格的被动接受者，其中任何一个买者或卖者对价格都没有控制力量，没有显著的影响力。④买者和卖者都不受任何压力，完全出于自愿。⑤利己且理性的经济行为。这也称为理性经济人假设，如买者和卖者都是利己的，也是理性的，按照自身利益最大化原则进行决策和行动。具体在交易中，指卖者总想多卖些钱，买者总想少付些钱；买卖双方均是谨慎的，价格不受任何一方感情冲动的影响。⑥买者和卖者都具有完全信息。这是指买者和卖者都充分了解交易对象和市场行情。⑦适当的期间完成交易。即有适当长的时间寻找合适的买者或卖者，而不是急于卖出或急于买入。

（4）按交易方式不同划分的成交价格

成交价格还可以按照交易方式的不同来划分。例如，按照出让方式的不同，可将建设用地使用权出让的成交价分为协议成交价、招标成交价、拍卖成交价、挂牌成交价，它们分别是指采取协议、招标、拍卖、挂牌的方式出让的成交价格。

在目前建设用地使用权出让中，由于不同出让方式的价格形成机制不同等原因，成交价有所不同，甚至差异很大。协议出让方式是政府对公益性、需要扶持的高科技项目等供应土地的方式，一般会降低地价。招标出让方式通常不仅考虑投标报价，还考虑投标人的财务实力、资信状况、经营业绩、开发经营方案（包括项目定位、开发经营理念、开发进度等）以及综合印象等，不一定是投标报价最高者中标，因此对地价有抑制作用。但是，招标出让如果主要考虑投标报价因素，则有抬高地价的作用。拍卖和挂牌出让方式一般是"价高者得"，故最能抬高地价，甚至时常出现"地王"。可见，在通常情况下，拍卖和挂牌方式出让的地价最高，招标方式出让的地价次之，协议方式出让的地价最低。

3. 市场价格

市场价格（market price）简称市场价或市价，是一般价格（平均价格），而不是个别价格（成交价格）。某种或某宗房地产在某一时间的市场价格，简要地说，是该种房地产在该时间的现实市场上的平均交易价格。这里的"平均"含义，与社会平均成本、平均利润率中的平均含义相同，不限于简单算术平均，还有正常、典型、一般水平的意思。

房地产市场价格与股票及许多其他商品市场价格的获取方法有所不同，要复杂一些。某支股票在某一时间的市场价格，通常等于该支股票在同一时间的成交价格，因为在同一时间该支股票每股之间的权益、成交价格无差异。对于许多商品来说，其中某种商品在某一时间的市场价格，通常是较多该种商品在同一时间的成交价格的简单算术平均数，因为该种商品在同一时间有较多交易，且其之间的质量、成交价格等差异不大。但是，某种房地产在某一时间的市场价格，通常不能把较多同一种房地产的成交价格直接进行简单算术平均得出，因为不同房地产之间的质量、成交价格等差异较大。例如，某个城市新建商品住宅销售价格的简单算术平均得出的"成交均价"，通常不能反映该城市新建商品住宅的真实市场价格水平。因为如果该城市在某段时间较差地段或较低端的新建商品住宅销售量增加，则这种成交均价会下降，而其市场价格可能并未下降，甚至是上涨的；反之，如果较好地段或较高端的新建商品住宅销售量增加，则这种成交均价会上涨，而其市场价格可能并未上涨，甚至是下降的。存量住宅之间的质量、成交价格等差异往往比新建商品住宅之间的差异更大，非住宅房地产之间的质量、成交价格等差异通常又比住宅之间的差异更大。由此可见，不论何种房地产，这种成交均价都难以反映房地产的真实市场价格水平。

因此，较严谨地说，某种房地产在某一时间的市场价格，应以一定区域和时间内、一定数量的同一种房地产的成交价格为基础，剔除实际交易中不正常和偶然的因素所造成的成交价格偏差，并消除因不同房地产之间的区位、实物和权益状况不同以及成交日期、付款方式等不同所造成的成交价格差异，然后恰当选择简单算术平均法、加权算术平均法、中位数法、众数法等方法测算得出。

房地产市场价格十分重要、用途广泛，经常是房地产价格评估、交易、税收、补偿、赔偿等活动中所参照的价格或被当作价格"标杆"。例如：①《城市房地产管理法》规定："房地产价格评估，应当……参照当地的市场价格进行评估。"②《民法典》规定:"抵押财产折价或者变卖的,应当参照市场价格。""价款或者报酬不明确的,按照订立合同时履行地的市场价格履行;依法应当执行政府定价或者政府指导价的,依照规定履行。""侵害他人财产的,财产损失按照损失发生时的市场价格或者其他合理方式计算。"③《契税法》规定:"土地使用权赠与、房屋赠与以及其他没有价格的转移土地、房屋权属行为",契税的计税依据"为税务机关参照土地使用权出售、房屋买卖的市场价格依法核定的价格"。④《国有土地上房屋征收与补偿条例》规定:"对被征收房屋价值的补偿,不得低于房屋征收决定公告之日被征收房屋类似房地产的市场价格。"⑤《最高人民法院关于人民法院网络司法拍卖若干问题的规定》(法释〔2016〕18 号)规定:网络司法拍卖"起拍价由人民法院参照评估价确定;未作评估的,参照市价确定,并征询当事人意见。起拍价不得低于评估价或者市价的 70%"。⑥《商业银行押品管理指引》规定:"原则上,对于有活跃交易市场、有明确交易价格的押品,应参考市场价格确定押品价值。采用其他方法估值时,评估价值不能超过当前合理市场价格。"

鉴于许多活动中需要用到房地产市场价格,但其不显而易见,且一般人难以依照通常方法得出,往往需要通过专业房地产估价活动来测算或评估房地产的市场价格。

4. 理论价格

理论价格就是理论上的价格或价格的理论值,是指在真实需求和真实供给相等的条件下形成的价格。收益性房地产的预期收益的现值之和,在某种程度上可视为理论价格。经济学上有一些与理论价格相近的术语,如内在价值(intrinsic value)、自然价值、自然价格、实际价值、真实价值、真实价格。

价格和供求是相互作用的,一方面供求决定价格,另一方面价格反作用于供求。理论价格也不是静止不变的。市场价格和理论价格相比,市场价格是短期均衡价格,理论价格是长期均衡价格。市场价格的正常波动是由真实需求和真实供给的变化与作用造成的。凡是影响真实需求和真实供给的因素,如居民收入、房地产开发建设成本等因素的变化,都可能使市场价格发生波动。因此,在正常市场或经济正常发展下,市场价格基本上与理论价格相吻合,围绕着理论价格上下波动,不会偏离太远。但是在市场参与者普遍不够理性的情况下,市场价格可能较大幅度、较长时间偏离理论价格,比如在投机性需求带领或非理性预期下形成不正常的过高价格,即出现价格泡沫。

成交价格、市场价格、理论价格三者之间的关系,一般来说,成交价格围绕着市场价格上下波动,市场价格又围绕着理论价格上下波动,即较小的波动围绕着较大的波动而上下波动，较大的波动又围绕着更大的波动而上下波动。用图形形象地说明，如图 4-2 所示。

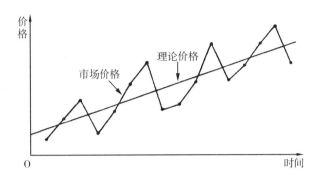

图 4-2　市场价格和理论价格的关系示意

5. 评估价格

评估价格即评估价值，简称评估价或估价。评估值或估值，是通过估价活动得出的估价对象价值价格。评估价实质上是对估价对象的某种特定价值价格（如市场价值、市场价格、投资价值、抵押价值、计税价值）的一个估计值。其中对估价对象的市场价格评估结果，也称为市场评估价或市场估价。评估价还可以根据采用的估价方法的不同而有不同称呼，如把比较法、收益法、成本法、假设开发法测算出的价值价格，可分别简称为比较价值（或交易价值、比较价格）、收益价值（或收益价格）、成本价值（或成本价格）、开发价值（或开发价格）。

在房地产市场处于正常、过热或有泡沫、低迷等不同状况下，比较价值、收益价值、成本价值、开发价值之间有不同程度的差异，且这些价值的高低顺序有一定规律，可给予合理解释。从理论上讲，比较价值趋向正常成交价格，收益值、开发价值趋向最高买价，成本价值趋向最低卖价。从另一方面来看，比较价值趋向市场价格，收益价值、成本价值趋向理论价格或市场价值，开发价值介于两者之间。当房地产市场较理性、处于正常状况（如市场既不过热也不低迷）时，比较价值、收益价值、成本价值、开发价值之间的差异通常不大。而在房地产市场过热或有泡沫的情况下，比较价值会大大高于收益价值（报酬率或资本化率不是用市场提取法求取的传统收益法测算出的）、成本价值或开发价值。换句话说，如果比较价值大大高于收益价值、成本价值或开发价值，则说明房地产的价值被市场明显高估或价格有泡沫。当成本价值（不考虑经济折旧的传统成本法测算出的）大大高于比较价值或开发价值时，则说明房地产市场明显供大于求或低迷；当收益价值明显高于比较价值时，则说明房地产的价值被市场明显低估或市场低迷。例如，海南在1994年房地产泡沫破裂后的若干年内，比较价值最低，收益价值居中，成本价值最高；而在2017年的中国许多城市，比较价值最高，收益价值最低，成本价值居中。

评估价虽然不是实际成交价，但在为交易服务的估价中，成交价和评估价密切相关。因为这种估价是为交易当事人协商成交价或确定要价、出价提供参考依据的，所以成交价往往会参照评估价，甚至直接采用评估价。同时值得注意的是，对于同一估价对象，因不同估价师的估价技术水平、掌握的估价所需资料等不完全相同，评估价会有差异，但合格的估价师之间的评估价应基本相同或相近，差异会在合理误差范围内。由此可见，要求评估的是客观合理的评估价，而实际评估出的可能是带有估价师个人因素的评估价，这两者又都可能与估价对象在市场上交易的成交价有所不同。但从理论上讲，在为交易服务的估价中，一个良好的评估价应接近于市场价格和正常成交价。

从一宗房地产的成交价格、市场价格、理论价格和评估价格的关系来看，它们可能是基本相同或相近的，也可能有明显差异，甚至差异很大。当交易情况正常时，成交价格接近市场价格；当市场状况正常时，市场价格接近理论价格；当是为交易服务的估价且估价客观合理时，评估价格接近市场价格或理论价格。

（三）不同价格表示方式下的价格

按照房地产价格表示方式，房地产价格可分为总价格、单位价格和楼面地价。

1. 总价格

总价格简称总价，是指某宗或某个区域范围内的房地产整体的价格。它可能是一块面积为5 000m²的土地的价格，一套建筑面积为180m²的住宅的价格，或一座建筑面积为10 000m²的商场的价格，也可能是一个城市的全部房地产的价格，或者一国全部房地产的价格。房地产的总价格一般不能完全反映房地产价格水平的高低。

2. 单位价格

单位价格简称单价，分为土地单价、建筑物单价和房地单价。土地单价也称为地面地价、单位地价，是指单位土地面积的土地价格。建筑物单价通常是指单位建筑物面积的建筑物价格。房地单价通常是指单位建筑物面积的房地价格。在建筑物单价和房地单价中，加"通常"两字的意思是，建筑物的单位除了面积，还有体积（如某些类型的仓库通常用体积来衡量），有的房地产还可能采用其他单位，比如停车场（库）通常以每个车位为单位。

房地产的单位价格一般可以反映房地产价格水平的高低。但由于计价单位的不同，相同数字的单位价格，实际价格水平差异较大，所以认清单位价格，还需弄清计价单位。计价单位一般由货币和面积构成。

（1）货币：包括币种和货币单位。例如，在币种方面，是人民币还是美元、港币等；在货币单位方面，是元还是万元。

（2）面积：包括面积内涵和计量单位。在面积内涵方面，建筑物通常有建筑面积、套内建筑面积、使用面积。例如，房地单价即通常所说的单位房价，有单位建筑面积房价、单位套内建筑面积房价。此外，商业用房还有营业面积，租赁类房屋还有可出租面积，成片开发的商品房还有可出售的房屋面积，成片开发的土地还有可转让的土地面积等。在面积计量单位方面，不同国家和地区的法定计量单位或习惯用法不同，如中国内地一般采用平方米（较大面积的土地通常还采用公顷或亩），我国香港地区和英国、美国一般采用平方英尺，我国台湾地区和日本、韩国一般采用坪。

现实中，存在某些未计入计算单价的面积，如新建商品房销售中存在地下室等的面积不计入销售面积，即所谓赠送面积，此外还可在购买后变相增加面积；二手房买卖中有未计入登记面积的自行加建房屋的面积。上述情况造成表面上（按登记面积计算）单价较高，而实际上（按实际面积计算）单价较低。

3. 楼面地价

楼面地价也称为楼面价、楼板价，是建筑容积率高于1.0的建设用地通常需要的一种地价表现形式，具体是指一定地块内分摊到单位建筑面积的土地价格。楼面地价可以说是一种特殊的土地单价，即单位建筑面积地价，其计算公式为：

$$楼面地价 = \frac{土地总价}{总建筑面积}$$

由上述公式可以找到楼面地价、土地单价、容积率三者之间的关系如下：

$$楼面地价 = \frac{土地总价}{总建筑面积} \times \frac{土地总面积}{土地总面积} = \frac{土地单价}{容积率}$$

认识楼面地价的作用十分重要，因为建设用地上规定的容积率或允许建的总建筑面积不尽相同，楼面地价通常比土地单价更能反映地价水平的高低。例如甲乙两块土地，甲的单价为7 000元/m²，乙的单价为5 100元/m²，如果其他条件相同，则甲比乙贵（每平方米土地面积贵1 900元）。但如果容积率不同，除此之外的其他条件相同，则不能简单地根据土地单价的高低来判断甲乙两块土地价格的高低，而应采用楼面地价。例如，甲的容积率为5.0，乙的容积率为3.0，则甲的楼面地价为 1 400 元/m²，乙的楼面地价为 1 700 元/m²。根据楼面地价的高低来判断，乙反而比甲贵（每平方米建筑面积贵 300 元）。此种情况下，懂得楼面地价意义的买者通常会购买甲土地。因为在同一地区，相同用途和建筑结构的房屋（含占用范围内的土地）在市场上的售价基本相同（但在人们越来越重视环境的情况下，容积率越高意味着建筑物密度越大，从而房价会受到一定影响），假如平均每平方米建筑面积的售价为 8 000 元，房屋建设成本（不含地价）也基本接近（容积率差异较大会导致对建筑高度或建筑结构的不同要求，如一个只需建多层，而另一个必须建高层，则房屋建设成本会有一定差异），假如每平方米建筑面积的建设成本为 4 500 元，那么，房地产开发企业在甲土地上每平方米建筑面积可获得利润 2 100 元（8 000－4 500－1 400＝2 100），而在乙土地上每平方米建筑面积只获得利润 1 800 元（8 000－4 500－1 700＝1 800）。

二、针对房地产自身划分的价值和价格

（一）按房地产基本存在形态划分的价值

1. 土地价值

土地价值或土地价格简称地价，如果是一块空地，就是指该块土地的价值；如果是一块有建筑物的土地，则是指土地自身的价值，不含附着于该土地上的建筑物的价值。

同一土地，在估价时根据其现状或在特殊情况下设定的开发程度不同，俗称"生熟"程度不同，会有不同的价值价格。土地的"生熟"程度主要有以下 6 种：①未完成土地征收补偿的集体土地。取得该土地后还需要支付土地征收补偿费用。②已完成土地征收补偿但未完成"三通一平"以上开发的土地。③已完成土地征收补偿和"三通一平"以上开发的土地。④未完成房屋征收补偿的国有土地。取得该土地后还需要支付房屋征收补偿费用。⑤已完成房屋征收补偿和拆除、场地平整的国有土地。⑥取得后尚未动工开发的建设用地，如已通过出让方式取得，付清了土地价款和相关税费，办理了有关规划等手续，但尚未动工开发的房地产开发用地。

有时根据土地的"生熟"程度，把土地粗略分为生地、毛地、净地、熟地等几类，地价也相应地有生地价、毛地价、净地价、熟地价等。

2. 建筑物价值

建筑物价值是建筑物自身的价值，不含该建筑物占用范围内的土地的价值。人们平常所说的房价，如购买一套商品住宅的价格，通常含有该建筑物占用范围内的土地的价值，与这里所说的建筑物价值的内涵不同。

3. 房地价值

房地价值也称为房地混合价，等同于人们平常所说的房价，是建筑物及其占用范围内的土地的价值，或者土地和附着于该土地上的建筑物的价值。对于同一房地产来说，有下列 3 个等式：

$$房地价值＝土地价值＋建筑物价值$$
$$土地价值＝房地价值－建筑物价值$$
$$建筑物价值＝房地价值－土地价值$$

需要指出的是，上述房地价值、土地价值、建筑物价值三者的数量关系不是机械的，不是不论房地产在分割、合并的前后，也不是不论土地、建筑物是否各自独立考虑时，该三者的数值都不变且存在上述关系，而是指对于同一房地产来说，就土地、建筑物、房地三种基本存在形态和土地、建筑物两个组成部分而言，整体的房地价值只能归属于土地和建筑物，即属于房地产价值分配（把房地价值在建筑物和土地之间进行分配）问题。

房地产价值分配与房地产分割、合并估价有本质不同。在房地产价值分配中，房地产各个组成部分的价值之和始终等于整体价值。在房地产分割中，如果分割会影响或破坏房地产的完整性、使用价值、规模效益，则分割后的各个独立部分的价值之和会小于分割前的整体价值；而在房地产分割销售的情况下，如果分割前的房地产规模或价值过大，不利于销售，则分割后的各个独立部分的价值之和会大于分割前的整体价值。在房地产合并中，由于规模效益或协同效应等，合并后的价值一般大于合并前的各个独立部分的价值之和。因此，在房地产分割估价中要防止"分解谬误"，如不能把整体价值按照分割后的各个部分的面积进行分配，而应把分割后的各个部分作为各自独立的房地产分别进行估价。在房地产合并估价中要防止"合成谬误"，如不能把合并前的各个部分的价值直接相加，而应对合并后的房地产另外进行估价。

（二）按房地产权利类型划分的价格

标的或指向虽然都是同一区位和实物状况的房地产，但如果拥有的房地产权利不同，相应的价值价格有所不同。按房地产权利类型划分，首先可将房地产价格分为房地产所有权价格、房地产用益物权价格和房地产其他权利价格三类，然后进行细分。

1. 房地产所有权价格

房地产所有权价格主要分为房屋所有权价格、土地所有权价格。目前，中国的土地所有权只有国家所有权和集体所有权，而且只能由集体所有权转为国家所有权，采取的是征收方式，虽然要给予公平、合理的补偿，但还不是按照被征收土地的市场价值进行补偿。因此，中国目前仅有房屋所有权价格，没有传统、真正或严格意义上的土地所有权价格，通常也不存在土地所有权价值价格评估。但在特殊情况下可能需要评估土地所有权价值，比如衡量中国社会总财富中土地财富为多少时，评估的应是土地所有权价值。因为如果评估的是土地使用权价值，则会明显低估土地财富，即在同等条件下的土地财富会比其他国家少。另外，如果将来把集体土地征收补偿改为按照被征收土地的市场价值进行补偿，则会存在集体土地所有权价值评估。对比来看，国有土地上房屋征收中对被征收房屋早已改为按照市场价值或市场价格进行补偿，并规定"对被征收房屋价值的补偿，不得低于房屋征收决定公告之日被征收房屋类似房地产的市场价格。被征收房屋的价值，由具有相应资质的房地产价格评估机构按照房屋征收评估办法评估确定。"

2. 房地产用益物权价格

房地产用益物权价格因其用益物权的种类较多而有多种，如分为建设用地使用权、土地承包经营权、宅基地使用权、居住权、地役权等用益物权的价格或价值。建设用地使用权价格通常又分为出让建设用地使用权、划拨建设用地使用权、作价出资（入股）建设用地使用权、授权经营建设用地使用权、租赁建设用地使用权等的价格或价值。目前，中国的土地价格或简称的地价，其内涵一般是土地使用权价格，本质上是一次性收取或支付的未来一定土地使用年期的地租，其中主要是建设用地使用权价格。《城市房地产管理法》规定："土地使用权出让，是指国家将国有土地使用权在一定年限内出让给土地使用者，由土地使用者向国家支付土地使用权出让金的行为。"据此，以出让方式取得的建设用地使用权价格，其法定名称为土地使用权出让金。但在现实中有各种演变，多称为地价款，各地的内涵也不尽相同。对有使用期限的出让建设用地使用权、土地承包经营权等用益物权来说，其价格还可区分为不同使用期限的价格，如 40 年、50 年、70 年的出让建设用地使用权价格。

房地产用益物权价格中，居住权价格或价值较特别。因居住权一般无偿设立，不得转让、继承，且居住权人一般不得将设立居住权的住宅出租给他人，居住权一般没有买卖价格、租赁价格和抵押价值。但是对居住权人来说，居住权有较大的使用价值，并可增加居住权人的信用等，因此居住权有经济价值，如在设立了居住权的住宅被征收、征用时，需要评估居住权价值，为确定相应补偿提供参考依据。《民法典》规定："因不动产或者动产被征收、征用致使用益物权消灭或者影响用益物权行使的，用益物权人有权依据本法第二百四十三条、第二百四十五条的规定获得相应补偿。"此外，在设立了居住权的住宅转让、抵押、司法处置等许多情况下，还需要间接评估居住权价值。评估设立了居住权的住宅价值，除了可直接采用收益法，还可先分别评估未设立居住权的住宅价值和居住权价值，然后将两者相减。

居住权价值是居住权人按照居住权合同约定对他人的住宅享有相关权益的价值，具体是以居住权剩余期限内住宅净收益的现值之和为基础所评估的价值。居住权价值评估一般采用收益法，其中居住权剩余期限内的住宅净收益可根据类似住宅的市场租金等来推测。居住权剩余期限的求取分为以下两种情形：一是约定了居住权期限的，居住权剩余期限等于居住权期限减去居住权人已居住时间。二是没有约定居住权期限或居住权至居住权人死亡时消灭的，居住权剩余期限为居住权人剩余寿命，即等于居住权人寿命减去居住权人年龄。居住权人寿命在估价时是不确定的，需用居住权人预期寿命来代替，然后综合考虑当地人均预期寿命、居住权人身体状况等因素来估计。由上述内容，可总结出下列主要公式。

设立了居住权的住宅价值＝未设立居住权的住宅价值－居住权价值

居住权人预期剩余寿命＝当地人均预期寿命×身体状况调整系数－年龄

3. 房地产其他权利价格

房地产其他权利价格泛指房地产所有权、用益物权以外的各种房地产权利的价格或价值，如房地产抵押权、房屋租赁权、土地经营权等的价格或价值。

为了全面深入理解按房地产权利类型划分的价格，可借助于英美法系的"权利束"理论。根据该理论，如图 4-3 所示，可把一项财产当作一束"木棒（sticks）"，其中每根"木棒"代表一种权利，如占有权（possession）、管理权（control）、享用权（enjoyment）、排他权（exclusion）、处置权（disposition）（包括出售、出租、抵押、赠与、继承）等。现实中的财产权可能是整束"木棒"，如完全所有权；也可能是去掉了其中某根或多根"木棒"后的剩余"木棒"，如已出租或设立了抵押权、居住权的房屋所有权；或者反过来，是整束"木棒"中的某根或多根"木棒"，如建设用地使用权、居住权、地役权、租赁权。与此相对应，按房地产权利类型划分的价格，即房地产价格是整束"木棒"的价格，还是去掉了其中某根或多根"木棒"后的剩余"木棒"的价格，或者是整束"木棒"中哪根或哪几根"木棒"的价格。以房地产所有权价格为例，因为房地产所有权比其他房地产权利都完全，所以房地产所有权价格一般相当于整束"木棒"的价格。但是，在都为房地产所有权的情况下，还应根据不同房地产所有权的完全程度再细分，如在房地产上设立了他项权利，比如设立了居住权、地役权、抵押权或房地产已出租，即房地产所有权人让出了占有、使用、收益等权利，就会使其房地产所有权变得不完全，相当于去掉了其中某根或多根"木棒"。所剩余的"木棒"少了，意味着房地产所有权的自由度小了，房地产所有权价格自然就会降低。如果把上述房地产所有权换成房地产用益物权，也同理。

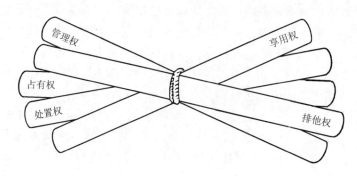

图 4-3 权利束理论的图示

（三）按房地产租约影响划分的价值

房地产是否已出租，对其价值价格有很大的影响。按房地产租约影响划分，可将房地产价值分为完全产权价值、无租约限制价值、出租人权益价值和承租人权益价值。这种划分实际上是上述按房地产权利类型划分的延展，或者是从另一个视角进行的分类。对于已出租的房地产，在估价时虽然面对的是同一房地产实物，但要区分并弄清是评估完全产权价值，还是评估无租约限制价值、出租人权益价值、承租人权益价值。

严格意义上的完全产权价值，是指房地产所有权在未设立用益物权、担保物权以及未出租、未被他人占有、未被查封等情况下的价值。由于中国目前单位和个人拥有且在市场上交易的房地产权利主要是房屋所有权和建设用地使用权，所以完全产权价值一般是房屋所有权和出让建设用地使用权在未设立居住权、地役权、抵押权以及未出租、未被他人占有、未被查封等情况下的价值，即房屋所有权和以出让方式取得的建设用地使用权在不受任何其他房地产权利等限制下的价值。

无租约限制价值是房地产在仅不考虑租赁因素影响或假定未出租情况下的价值，也就是未出租部分和已出租部分均按市场租金确定租金收入所评估的价值。出租人权益价值也称为有租约限制价值、带租约价值，是出租人对自己的已出租房地产依法享有的权益的价值，即已出租部分在剩余租赁期限内按合同租金确定租金收入、未出租部分和已出租部分在租赁期限届满后按市场租金确定租金收入所评估的价值。承租人权益价值即租赁权价格或价值，是承租人按照租赁合同约定对他人的房地产享有相关权益的价值，具体是以剩余租赁期限内合同租金与市场租金差额的现值之和为基础所评估的价值。

合同租金与市场租金的差异程度，对完全产权价值和无租约限制价值没有影响，但会影响出租人权益价值和承租人权益价值的大小。如果合同租金低于市场租金，则出租人权益价值会小于无租约限制价值，此种情况下的承租人权益价值是正的；反之，如果合同租金高于市场租金，则出租人权益价值会大于无租约限制价值，此种情况下的承租人权益价值是负的。同一房地产，无租约限制价值、出租人权益价值和承租人权益价值三者之间的关系为：

$$无租约限制价值＝出租人权益价值＋承租人权益价值$$

对于已出租的房地产，估价目的不同，在完全产权价值、无租约限制价值、出租人权益价值和承租人权益价值中，要求评估的也可能不同。例如，被征收房屋价值评估，应评估无租约限制价值或完全产权价值。房地产转让、抵押估价，应评估出租人权益价值。房地产司法拍卖估价，人民法院书面说明依法将拍卖房地产上原有的租赁权除去后进行拍卖的，应评估无租约限制价值；未书面说明依法将拍卖房地产上原有的租赁权除去后进行拍卖的，一般评估出租人权益价值，或者同时评估出租人权益价值和无租约限制价值，并作相应说明，供人民法院选用。未到租赁期限而提前收回房地产需要给予承租人补偿的，为确定补偿金额提供参考依据，应评估承租人权益价值。承租人经出租人同意转租且按原合同租金确定租金并收取转让费的，为确定转让费提供参考依据，应评估承租人权益价值。

（四）按房地产是否即时交付划分的价格

在房地产交易中，按照交易标的物的房地产是否即时交付，分为现货房地产交易和期货房地产交易。现货房地产交易是指卖方在交易合同生效后立即或在较短时间内（可视为在交易合同生效的同时）将房地产交付给买方，实际上是以现实存在的房地产或现状房地产为标的物的交易。现状房地产可能是现房、在建工程、房地产开发用地等。期货房地产交易是指卖方在交易合同生效后按约定在将来某个日期将房地产交付给买方，实际上是以未来状况的房地产为标的物的交易，常见的是期房买卖。

不论是现货还是期货房地产交易，价款的支付都有在交易合同生效后立即或在较短时间内一次性付清、分期支付、按约定在将来某个日期一次性付清等方式，因此形成了多种组合形式，归纳总结为表4-1。

现货和期货房地产交易的各种情形　　　　　　　　　　表 4-1

类别	合同生效日	房地产交付日	价款支付方式	备注
现货房地产交易	现在	现在	现在一次性付清	此为典型的现货交易
			现在起分期支付	
			将来一次性付清	此称为赊销或赊购
期货房地产交易	现在	将来	现在一次性付清	此称为预售或预购
			现在起分期支付	
			将来一次性付清	此为典型的期货交易

与现货、期货房地产交易相应，房地产价格可分为现货房地产价格、期货房地产价格。现货房地产价格是指现状房地产的价格。当现状房地产为现房时，现货房地产价格就是现房价格。现房价格是指已经建成的房屋及其占用范围内的土地的价格。期货房地产价格是指未来状况的房地产的价格，其中常见的是期房价格。期房价格是指目前尚未建成而在将来建成交付的房屋及其占用范围内的土地的价格。

在既可购买期房也可购买现房，且期房和现房的地段、品质、价款支付方式等相同的情况下，期房价格应低于现房价格。因为与现房相比，期房相当于先支付价款后取得货物，甚至没有见到样品就支付价款，存在以下问题和风险：①不能即时使用（自用或出租）；②有可能将来交付的品质（包括质量、装修、配套设施和周围环境等）不如预售时约定的品质，可能出现较大的面积差异引起是否补交或退还价款等纠纷；③有可能延期建成交付；④有可能停工或烂尾；⑤有可能在建成交付之前房价下跌。如果房价下跌，则购买期房不仅比购买现房早付款、负担利息，还要多付款。例如，一年前购买某商品房开发项目的一套期房总价为 600 万元，首付款 180 万元，贷款 420 万元。现在因房地产市场下行，该项目同类一套房总价下降到 550 万元。对比来看，一年前购买期房不仅要多付 50 万元，而且要为 420 万元贷款支付一年利息。实际上，还有 180 万元首付款的一年存款利息等机会成本损失。所谓机会成本（或其他投资机会的相对吸引力），是指在互斥的多个选择机会中选择其中一个而非另一个时所放弃的收益。一种放弃的收益可视为一种成本，或者说，稀缺资源被用于某种用途就不能被用于其他用途。因此，当人们使用某种稀缺资源时，应考虑它的第二种最好的用途。从第二种最好的用途中可以获得的益处，是机会成本的正式度量。资金是一种稀缺资源，被占用之后就失去了获得其他收益的机会，因此占用资金时要考虑资金获得其他收益的可能，显而易见的一种可能是把资金存入银行获取利息。

以可出租的精装房为例，买现房可以立即出租，买期房在期房成为现房期间不能获得租金收入，期房价格和现房价格之间的关系为：

$$期房价格＝现房价格－\frac{预计从期房达到现房期间}{现房出租的净收益的折现值}－相关风险补偿$$

【例 4-1】某套新建商品住宅期房的面积为 90m²，尚需 14 个月竣工交付。同地段同品质存量住宅的市场价格为 8 000 元/m²，每月末的租赁净收益为 2 000 元/套。估计年折现率为 8%，期房相关风险补偿为现房价格的 5%。请计算该期房目前的市场价格。

【解】设该期房目前的市场价格（单价）为 V，则：

$$V = 8\,000 - \frac{2\,000}{8\% \div 12}\left[1 - \frac{1}{(1+8\% \div 12)^{14}}\right] \div 90 - 8\,000 \times 5\%$$

$$= 7\,304 \text{（元/m}^2\text{）}$$

同时需注意的是，现实中人们之所以愿意"高价"购买期房，主要是因为期房的户型较好、挑选余地较大，房地产开发企业对商品房售价通常采取"低开高走"策略而使人感觉早买较便宜或房价会上涨，以及期房的小区配套和环境较好、价款支付方式较灵活等。

三、便于价格比较分析划分的价格

（一）按价格是否反映实际水平划分的价格

这种划分可分为名义价格和实际价格。名义价格是表面上的价格，一般可直接观察到。实际价格一般直接观察不到，需要在名义价格的基础上进行计算或处理才能得到。名义价格不能确切反映价格的真实水平。某些情形下，名义价格较高，而实际价格较低；另一些情形下，名义价格较低，而实际价格较高。有些情形下，要求或通常评估的是名义价格，如一般评估的是未扣除价格因素的名义价格；另一些情形下，要求或通常评估的是实际价格。

有多种含义的名义价格和实际价格，例如下列 4 种。

（1）未扣除价格因素的价格为名义价格，扣除价格因素后的价格为实际价格。该种含义的名义价格虽然可能不变，但实际价格会因物价上涨而降低，或因物价下降而提高。在测算房地产自然增值时，应采用该种含义的实际价格。

（2）在买房打折或赠送装修、物业费、车位、储藏室、家具家电、汽车等优惠的情况下，未打折或未减去相应的装修等价值的价格为名义价格，打折和减去相应的装修等价值后的价格为实际价格。与此相反，在商品房限价的情况下，名义房价较低，而搭售的车位、储藏室价格很高，甚至有所谓高价"茶水费""字画"等，因此实际房价较高。土地出让中也有这种现象，虽然名义地价不高，但因要建设并无偿移交公共配套设施等，实际地价很高。

（3）在交易当事人为了避税等而不实申报成交价的情况下，申报的成交价或网签成交价为名义价格，真实的成交价为实际价格。

（4）在不同的付款方式下，在成交日期讲明，但不是在成交日期一次性付清的价格为名义价格，在成交日期一次性付清的价格或将不是在成交日期一次性付清的价格折现到成交日期的价格为实际价格。

【例 4-2】一套建筑面积为 $100m^2$、单价为 6 000 元/m^2、总价为 60 万元的住宅，可能有下列六种付款方式。请分别求取该六种付款方式下的名义价格和实际价格（如需折现，年折现率为 5%）。

（1）要求在成交日期一次性付清，无任何优惠。

（2）如果在成交日期一次性付清，则给予一定的折扣优惠，如 95 折或减价 5%。

（3）以抵押贷款方式支付，如首期支付房价的 30%（即首付款 18 万元），余款向银行申请抵押贷款，贷款期限为 15 年，贷款年利率为 6%，按月等额偿还贷款本息。

（4）从成交日期起分期支付，如分三期平均支付，第一期于成交日期支付 20 万元，第二期于第一年年中支付 20 万元，第三期于第一年年末支付 20 万元。

（5）从成交日期起分期支付，如分三期支付，第一期于成交日期支付 20 万元，第二期于第一年年中支付 20 万元，第三期于第一年年末支付 20 万元。但是，采取这种分期方式支付价款的，买方在支付第二期、第三期价款时，应按照支付第一期价款之日中国人民银行公布的贷款利率，向卖方支付利息。

（6）约定在成交日期后的某个日期一次性付清，如在第一年年末一次性付清。

【解】上述六种付款方式下的名义单价均为 6 000 元/m^2，名义总价均为 60 万元。

上述第一、三、五种付款方式下，实际价格与名义价格相同，实际单价为 6 000 元/m^2，实际总价为 60 万元。

上述第二种付款方式下，实际单价为 6 000×（1−5%）＝5 700（元/m^2），实际总价为 57 万元。

上述第四种付款方式下，实际总价为 $20＋20÷（1＋5\%）^{0.5}＋20÷（1＋5\%）＝58.56$（万元），实际单价为 5 856 元/$m^2$。

上述第六种付款方式下，实际总价为 $60 \div (1 + 5\%) = 57.14$（万元），实际单价为 5 714 元/m²。

（二）按交易税费负担方式划分的价格

这种划分可分为正常负担价、卖方净得价和买方实付价。

1. 正常负担价、卖方净得价和买方实付价的含义

正常负担价全称交易税费正常负担价，是指房地产交易税费由交易双方按照税收法律、法规及相关规定各自负担下的价格，或者交易双方各自缴纳自己应缴纳的交易税费下的价格，即在此价格下，卖方缴纳自己应缴纳的税费，买方缴纳自己应缴纳的税费。

卖方净得价也称为卖方到手价，是指卖方出售房地产实际得到的金额，等于卖方所得价款减去其负担的房地产交易税费。

买方实付价是指买方取得房地产付出的全部金额，等于买方支付的价款加上其负担的房地产交易税费。

2. 正常负担价、卖方净得价和买方实付价的产生

房地产交易需要缴纳的税费种类和数额较多，如契税、增值税、城市维护建设税、教育费附加、所得税、土地增值税、印花税、补缴出让金等。根据税收法律、法规及相关规定，这些税费的负担方式有以下 3 种：①应由卖方缴纳，如增值税、城市维护建设税、教育费附加、所得税、土地增值税。②应由买方缴纳，如契税、补缴出让金①。③买卖双方都应缴纳或各自负担一部分，如印花税。

但是在现实房地产交易中，按照交易双方约定或当地交易习惯，往往存在应由卖方缴纳的税费却由买方缴纳，或者应由买方缴纳的税费却由卖方缴纳。例如，目前许多城市的存量住宅交易中，卖方通常要求全部交易税费都由买方负担，即存量住宅价格实际上是卖方净得价。因此，在房地产交易税费都由买方负担下的价格是卖方净得价，都由卖方负担下的价格是买方实付价。

此外，一些城市的房地产价格之外还有代收代办费。这些费用也可能存在类似的转嫁问题。有时还根据价格中是否包含增值税，将价格分为含税价、不含税价。含税价是指价格中包含增值税的价格，不含税价是指价格中不含增值税的价格。据此，卖方净得价属于不含税价，买方实付价属于含税价。

3. 正常负担价、卖方净得价和买方实付价之间的关系和换算

同一房地产在实际价格水平相同的情况下，正常负担价居中，卖方净得价最

---

① 《城市房地产管理法》规定："以划拨方式取得土地使用权的，转让房地产时，……应当由受让方办理土地使用权出让手续，并依照国家有关规定缴纳土地使用权出让金。"

低，买方实付价最高。该三者之间的关系和换算公式如下。

$$正常负担价－卖方应缴纳的税费＝卖方净得价$$

$$正常负担价＋买方应缴纳的税费＝买方实付价$$

$$买方实付价＝卖方净得价＋（买方应缴纳的税费＋卖方应缴纳的税费）$$

$$卖方净得价＝买方实付价－（买方应缴纳的税费＋卖方应缴纳的税费）$$

【例4-3】 某套住宅的卖方要求的净得价为 100 万元，卖方应缴纳的交易税费为 6 万元，买方应缴纳的交易税费为 3 万元。请计算该住宅的正常负担价和买方实付价。

【解】 该住宅的正常负担价和买方实付价计算如下：

正常负担价＝卖方净得价＋卖方应缴纳的税费

$$＝100＋6$$

$$＝106（万元）$$

买方实付价＝卖方净得价＋买方应缴纳的税费＋卖方应缴纳的税费

$$＝100＋3＋6$$

$$＝109（万元）$$

如果卖方、买方应缴纳的税费是正常负担价的一定比率，即：

$$卖方应缴纳的税费＝正常负担价×卖方应缴纳的税费比率$$

$$买方应缴纳的税费＝正常负担价×买方应缴纳的税费比率$$

则：

$$正常负担价＝\frac{卖方净得价}{1－卖方应缴纳的税费比率}$$

$$正常负担价＝\frac{买方实付价}{1＋买方应缴纳的税费比率}$$

【例4-4】 某套住宅的正常负担价为 100 万元，卖方应缴纳的增值税、所得税等交易税费为正常负担价的 6％，买方应缴纳的契税等交易税费为正常负担价的 3％。请计算该住宅的卖方净得价和买方实付价。

【解】 该住宅的卖方净得价和买方实付价计算如下：

卖方净得价＝正常负担价×（1－卖方应缴纳的税费比率）

$$＝100×（1－6％）$$

$$＝94（万元）$$

买方实付价＝正常负担价×（1＋买方应缴纳的税费比率）

$$＝100×（1＋3％）$$

$$＝103（万元）$$

4. 正常负担价、卖方净得价和买方实付价在估价中的应用

不仅成交价，而且挂牌价、司法处置中的价格等，都有可能不是按照税收法律、法规及相关规定，由交易双方各自负担自己的交易税费。尤其是在房地产司法处置中，交易税费全部由买受人负担的情形较多，甚至买受人不仅要承担交易过程中产生的一切税费，还要承担水、电、燃气、供暖、物业费等历史欠费以及未明确缴纳义务人的其他"隐藏"税费，此外还需自行办理水、电、燃气等户名变更手续，且相关费用自理。但在司法拍卖中，以下交易税费处理情形下的价格属于正常负担价：被执行人应承担的交易税费由人民法院从拍卖价款中扣除，买受人应承担的交易税费由其自行向税务机关申报缴纳。因此，在估价中利用成交价时，以及在为确定挂牌价、司法处置参考价、购买价、成交价等价格提供参考依据的估价中，首先要弄清是哪种交易税费负担方式下的价格或应评估的是哪种交易税费负担方式下的价格，在得出了评估价之后，还应在估价报告中说明该评估价是哪种交易税费负担方式下的价格，以免估价报告使用人误解、误用该评估价，防止估价机构和估价师未对该评估价予以说明造成估价报告使用人误解、误用而可能承担责任。

四、与规范价格行为相关的价格

（一）市场调节价、政府指导价、政府定价和交易参考价

市场调节价、政府指导价和政府定价是《价格法》（1997 年 12 月 29 日全国人民代表大会常务委员会通过）明确规定的，实质上是按照政府对房地产价格的干预或管控程度划分的三种价格。

《价格法》规定："国家实行并逐步完善宏观经济调控下主要由市场形成价格的机制。价格的制定应当符合价值规律，大多数商品和服务价格实行市场调节价，极少数商品和服务价格实行政府指导价或者政府定价。"在房地产价格方面，《城市房地产开发经营管理条例》规定："房地产开发项目转让和商品房销售价格，由当事人协商议定；但是，享受国家优惠政策的居民住宅价格，应当实行政府指导价或者政府定价。"因此，按照政府对房地产价格的干预或管控程度，可以将房地产价格分为市场调节价、政府指导价和政府定价。

市场调节价也称为自由价格，是由经营者自主制定，通过市场竞争形成的价格。存量房价格一般实行市场调节价。对于实行市场调节价的房地产，由于经营者可以依法自主制定价格，所以估价可以依据开发经营成本和市场供求状况等有关情况进行。

政府指导价是由政府价格主管部门或其他有关部门，按照定价权限和范围规

定基准价及其浮动幅度，指导经营者制定的价格。对于实行政府指导价的房地产，由于经营者应在政府指导价规定的幅度内制定价格，所以评估价不应超出政府指导价规定的幅度。

政府定价是由政府价格主管部门或其他有关部门，按照定价权限和范围制定的价格。对于实行政府定价的房地产，确有必要估价的，由于经营者应执行政府定价，所以评估价应以政府定价为准。

政府对房地产价格的干预方式，还有实行最高限价、最低限价。最高限价是对房地产规定一个可以出售的最高价，如根据房地产市场调控的需要，规定新建商品住宅的最高销售价格，土地出让中"限房价、竞地价""限地价、竞配建租赁房面积"。最低限价也称为最低保护价，是对房地产规定一个可以出售的最低价，如《城市房地产管理法》规定"采取双方协议方式出让土地使用权的出让金不得低于按国家规定所确定的最低价"。因此，对于有最高限价或最低限价的房地产，评估价不得高于最高限价或低于最低限价。

此外，地方政府或其有关部门和单位还发布二手住房交易参考价或成交参考价，旨在提高二手住房市场信息透明度，引导市场理性交易，引导房地产经纪机构合理发布二手房挂牌价格，引导商业银行合理发放二手住房贷款。

（二）基准地价、标定地价和房屋重置价格

这是《城市房地产管理法》规定应定期确定并公布的三种价格。《城市房地产管理法》规定："基准地价、标定地价和各类房屋的重置价格应当定期确定并公布。""房地产价格评估，应当遵循公正、公平、公开的原则，按照国家规定的技术标准和评估程序，以基准地价、标定地价和各类房屋的重置价格为基础，参照当地的市场价格进行评估。"基准地价、标定地价和房屋重置价格都是一种评估价。

根据《城镇土地估价规程》GB/T 18508—2014，基准地价是在土地利用总体规划确定的城镇可建设用地范围内，对平均开发利用条件下，不同级别或不同均质区域的建设用地，按照商服、住宅、工业等用途分别评估，并由政府确定的，某一估价期日法定最高使用年期土地权利的区域平均价格。

根据《标定地价规程》TD/T 1052—2017，标定地价是政府为管理需要确定的，标准宗地在现状开发利用、正常市场条件、法定最高使用年期或政策规定年期下，某一估价期日的土地权利价格。

房屋重置价格尚无统一规范的定义，可以理解为不同区域、不同类型（如不同用途、结构、等级）的房屋，在某一特定时间（如现在）重新建设的必要支出及应得利润。如果有了这种房屋重置价格，实际估价中估价对象房屋或建筑物的价值价格，可以通过对该种房屋重置价格的比较、调整来求取。

（三）真实成交价、申报的成交价和网签成交价

成交价格原本应是真实的或实际的成交价，但现实中存在为了少缴税、多贷款等而签订"阴阳合同"或不实申报成交价的情况，因此需要区分并弄清真实成交价、申报的成交价、网签成交价。

真实成交价是指房地产交易双方的实际成交价格。在有"阴阳合同"的情况下，真实成交价是交易当事人真实意思表示的"阴合同"中记载的成交价格。申报的成交价是指房地产交易当事人或促成交易的房地产经纪机构及其人员根据有关规定向有关部门申报的成交价格。《城市房地产管理法》规定："国家实行房地产成交价格申报制度。房地产权利人转让房地产，应当向县级以上地方人民政府规定的部门如实申报成交价，不得瞒报或者作不实的申报。"网签成交价简称网签价，实际上是一种申报的成交价，是指通过住房和城乡建设部门的房屋网签备案系统办理房地产交易合同网签备案（或登记备案）手续时申报的成交价格，或网签备案合同即"阳合同"中记载的成交价格。

目前，网签成交价或申报的成交价不一定是真实成交价。新建商品房的网签成交价或申报的成交价基本上是真实成交价，但也存在为了减小政府对商品房限价带来的影响，如精装修房将装修款从房价中拆分开来，由购房人另外支付装修款，使网签成交价或申报的成交价低于真实成交价；或者为了促销，如房价不降低而赠送物业费、车位、储藏室、家具家电，毛坯房赠送装修等，使网签成交价或申报的成交价高于真实成交价。二手房的网签成交价或申报的成交价许多不是真实成交价，如为纳税而申报的成交价普遍偏低，为贷款而申报的成交价普遍偏高。

五、主要行为中的价值和价格

（一）房地产转让中的价值和价格

1. 房地产转让中的价值和价格概述

可把房地产转让行为分为买卖行为和其他转让行为两类。如果没有特别说明，房地产价值价格一般指的是买卖行为下的房地产价值价格。入股、抵债、赠与等其他转让行为需要确定房地产价值价格的，一般是参照买卖行为下的房地产价值价格来确定。

跟"租赁价格"相对，通常把买卖行为下的价格统称买卖价格，也叫销售价格，简称售价、买卖价。买卖价格是指房地产权利人以买卖方式将其房地产权属转移给他人，由房地产权利人（作为卖方）所收取，由他人（作为买方）所支付

的金额。

房地产买卖过程中的价格的名称和种类很多，如要价、标价、挂牌价、叫价、开价、报价、出价、底价、成交价、市场价，以及天价（指极高的价格）、地价（此处指极低的价格）等。比如说"卖主要的是天价，买主给的是地价"。

用于房地产转让的估价，主要是评估拟转让房地产的市场价格、市场价值、投资价值、成本价格，为转让方定价（如确定要价）、受让方出价或者转让双方协商成交价等提供参考依据。

2. 新建商品房销售中的价格

目前，新建商品房销售中较常见的价格有下列几种。

（1）起价：也称为起始价、起步价、起售价，是一个商品房销售项目中商品房的最低售价，如某个新楼盘销售广告中的"每平方米 8 800 元起"或"总价 68 万元起"。起价一般是商品房销售项目中位置、户型、朝向、楼层、景观等最差的商品房的售价。但可能这种最低价的商品房并不真实存在，仅是在广告宣传中为了引起人们对商品房销售项目的注意而虚设的最低价。因此，起价一般不能反映所销售商品房的真实价格水平。

（2）标价：也称为表格价，是在商品房销售价目表上标出的不同楼幢、户型、朝向、楼层等商品房的售价，实质上是房地产开发企业对其商品房的报价、要价或挂牌价。一般情况下，买卖双方会围绕标价进行讨价还价，最后商品房销售者可能作出某种程度的让步，比如根据购房人是否贷款、付款进度等情况给予几个百分点的折扣，按照一个比标价低的价格成交。

（3）成交价：是商品房买卖双方的实际交易价格。商品房买卖合同中写明的价格一般就是这种价格。但现实中存在为了达到政府指导价、限价等要求或少缴税，将该价格拆分为房价款、装修款等情况；也存在为了"清盘"、消化"尾盘"，又不使人特别是不使之前的购房人感到明显降价，在该价格之外赠送装修、物业费、车位、储藏室、家具家电、小轿车等情况。

（4）特价：是房地产开发企业为了商品房促销等而特别降低的价格，如推出所谓"特价房"对外销售。特价虽然是成交价，但特价房通常采取限量销售和"一口价"，且售价明显低于正常价格，不宜作为比较法中的可比交易实例。

（5）均价：俗称楼盘均价，是一个商品房销售项目中所有商品房的平均价格，一般可以反映所销售商品房的总体价格水平。均价分为标价的平均价格和成交价的平均价格。标价的平均价格通常是房地产开发企业根据政府有关定价规定和自己的定价策略事先确定的，然后按照楼幢、户型、朝向、楼层等不同的差价调整到每套商品房，即确定出了标价。成交价的平均价格是商品房售出后对其成交价进行统计得出的。

此外，根据政府房地产市场调控等需要，新建商品房销售中还有备案价和网签价。其中备案价是房地产开发企业在销售新建商品房之前，向有关政府部门备案的新建商品房销售价格。该价格通常为新建商品房的最高售价，在实际销售中不得擅自突破；如果确需调整，应重新办理价格备案手续。但也有在房地产市场低迷时，为了防止房地产开发企业竞相降价促销、恶意抢占市场份额的不正当竞争行为，倡议或要求新建商品房售价不得低于备案价的一定比例，如不得低于备案价的 80%。

3. 房地产拍卖中的价格

房地产拍卖是以公开竞价的形式，将房地产转让给最高应价或最高出价的竞买人，或表示以该最高价买受的优先购买权人的买卖方式。其中常见的是司法拍卖。房地产拍卖中主要有下列几种价格。

（1）保留价：也称为拍卖底价，是在拍卖前确定的拍卖标的可售的最低价。拍卖分为无保留价拍卖和有保留价拍卖。拍卖标的无保留价的，拍卖师应在拍卖前予以说明。拍卖标的有保留价的，竞买人的最高应价或最高出价未达到保留价时，该应价或出价不发生效力，拍卖师应当停止拍卖标的的拍卖。房地产拍卖一般需要确定保留价，保留价通常参照评估价或市场价确定。

（2）起拍价：也称为开叫价、起叫价，是拍卖的起始价格，即拍卖师在拍卖时首次报出的拍卖标的的价格。拍卖有增价拍卖和减价拍卖。增价拍卖是先对拍卖标的确定一个最低起拍价，然后以递增出价方式竞价，直到最后由出价最高者取得。减价拍卖是由拍卖师先喊出拍卖标的的最高起拍价，然后逐次喊出递减的价格，直至有竞买人表示接受而成交。增价拍卖是一种常见的叫价方式，其中起拍价通常在保留价的基础上，结合营造较好的竞价气氛等情况确定，一般低于保留价，也可为保留价。

（3）应价：是竞买人在拍卖过程中对拍卖师报出的价格的应允。

（4）出价：是竞买人在拍卖过程中自己报出的购买价格。

（5）最高价：是应价或出价中的最高应价或最高出价。

（6）成交价：也称为落槌价，是拍卖师最后用槌敲一下台子表示成交或以其他公开表示买定的方式确认后的最高应价或最高出价。在有保留价拍卖中，最高应价或最高出价不低于保留价的，拍卖才能成交，该最高价才成为成交价。1987年 12 月 1 日，中国首次以公开拍卖方式出让的一块 8 588m² 土地的底价为 200万元，经过多轮角逐竞价，最后成交价（最高价）为 525 万元。

（二）房地产租赁中的价值和价格

房地产租赁中主要是租赁价格。用于房地产租赁的估价，主要是评估房地产的市场租金、成本租金，有时需要评估承租人权益价值。

1. 租赁价格的相关概念

租赁价格是出租房地产所收取或租用房地产所支付的金额，通常称为租金，有时称为租价。在房屋和土地合在一起租赁时，一般称为房屋租赁价格或房屋租金，简称房租、房费；在土地或以土地为主租赁时，一般称为土地租金，简称地租。

2. 租赁价格的一般构成

房地产租赁价格构成一般包括以下 10 项：①地租（或土地使用费）；②房屋折旧费（包括房屋建筑结构、设施设备和装饰装修等的折旧费）；③房屋维修费；④房屋管理费（如物业费）；⑤房地产税（为房地产持有环节的税收，目前有房产税、城镇土地使用税）；⑥房屋保险费；⑦房地产租赁费用（类似于营销费用，如房地产租赁代理费或经纪服务费）；⑧房地产租赁税费（如增值税、城市维护建设税、教育费附加、所得税）；⑨房地产投资利息（即房地产投资的资金成本，如开发建设商品房自持出租的，为开发建设投资的利息；购买商品房用于出租的，为购买价款的利息）；⑩房地产投资利润。

现实中某一房地产的租赁价格构成项目，按照租赁合同对租赁双方税费负担的约定或者当地该种类型房地产的租赁习惯，可能不含上述某些构成项目，还可能包含其他费用。例如住房租赁，由出租人提供家具家电的，租赁价格中还包含家具家电的使用费或折旧费；出租人负担供暖费甚至水电费、网费、有线电视收看费等费用的，租赁价格中还包含这些费用。而如果租赁合同约定房屋维修费、物业费、房地产税等由承租人负担的，则租赁价格中不含这些构成项目。房地产租赁交易一般通过经纪服务促成，且不向出租人而仅向承租人收取经纪服务费的，租赁价格中不含房地产租赁费用。房屋如果是由承租人装饰装修甚至改造、翻修、建造（如租地建房）的，租赁价格中不含房屋装饰装修部分的折旧费，甚至不含全部房屋折旧费。

3. 租赁价格的主要种类

（1）合同租金和市场租金：合同租金也称为租约租金、个别租金，是房地产租赁合同约定的租金，即实际成交的租赁价格。市场租金也称为客观租金、一般租金，是某种房地产在某一时间的现实市场上的平均租金，应以一定区域和时间内、一定数量的同一种房地产的合同租金为基础，剔除实际租赁中不正常和偶然的因素所造成的合同租金偏差，并消除因不同房地产之间的区位、实物和权益状况不同以及成交日期、租赁期限、租金支付期限和方式等不同所造成的合同租金差异，然后恰当选择简单算术平均法、加权算术平均法、中位数法、众数法等方法测算得出。

（2）毛租金和净租金：毛租金是包含房地产运营费用（如维修费、管理费等）的租金，或者由出租人负担房地产所有运营费用的租金。毛租金又可分为以下3种：①潜在毛租金，是不考虑空置和收租损失因素，即全部可供出租的面积（或体积、套、间、床位等）都租出而应收取的租金；②应收毛租金，是考虑空置因素但不考虑收租损失因素，即应向承租人收取的全部租金，或者潜在毛租金减去空置损失后的租金；③有效毛租金是考虑空置和收租损失因素，即潜在毛租金减去空置和收租损失后的租金，或者应收毛租金减去收租损失后的租金。

净租金是不含房地产运营费用的租金，或者由承租人负担房地产所有运营费用的租金，即有效毛租金减去运营费用后的收益。

（3）固定租金和变动租金：固定租金是在租赁期限内固定不变的租金，通常用于租赁期限在1年以内的短期租赁，或者市场租金较平稳时期。变动租金是在租赁期限内会调整的租金。租赁期限超过1年的长期租赁，为应对将来可能发生市场租金明显涨跌、通货膨胀、运营费用上升、经营状况不如预期等，往往采取变动租金。变动租金又有多种，其中主要有下列3种。

①基础租金加递增租金：是在首期租金的基础上，以后各期的租金按照一定数额（也称等差）或比率（也称等比）递增。例如，某套住房的租赁期限为3年，第一年的月租金为3 000元，第二、三年的月租金分别在上年月租金的基础上上调100元或上涨3%。当然，现实中也有递减租金的情况，但较少见。

②基础租金加浮动租金：是在首期租金的基础上，以后各期的租金调整与有关经济指数挂钩。有关经济指数如居民消费价格指数（CPI）、居民可支配收入增长、国内生产总值（GDP）增长等。

③保底租金加分成租金：简称百分比租金，是在一个较低的固定租金（称为保底租金或基本租金）的基础上，外加按照承租人的营业收入或销售额一定百分比提成的租金。商业用房通常采用这种租金。例如，某个商铺的月租金是5 000元再加上销售额超过3万元部分金额的6%，如果该商铺某个月的销售额为4万元，则该月的租金为5 600元［5 000＋（40 000－30 000）×6%＝5 600］。

4. 租赁价格的计量单位

房地产租赁价格可能按面积、间、套、幢等来计算。按面积计算的，又有按建筑面积、套内建筑面积、使用面积计算。例如，住房租金通常按套、间或床位计算；办公、商业用房租金通常按面积计算，其中商场、集贸市场（如小商品市场、农贸市场、批发市场）的租金还可能按柜台、摊位计算；停车场（库）的租金通常按车位计算。

　　房地产租金一般根据租用时长计算，而计算租金的时间单位可能为天、月、年或小时，分别称为日租金、月租金、年租金、小时租金。日租金是按天计算的租金，如某个写字楼的租金为 5 元/（m² · 天）；月租金是按月计算的租金，如某套住宅的租金为 3 000 元/（套·月）；年租金是按年计算的租金，如某个铺面房的租金为 8 万元/（间·年）；小时租金是按小时计算的租金，如某个停车场（库）的租金（停车费）为 2.5 元/（车位·小时）。

　　5. 租赁价格的其他方面

　　现实房地产租赁中还因许多具体情况的不同，导致实际租金水平与表面上的租金水平有所不同。例如，通常有长短不同的免租期或装修期，即向承租人少收取一定时间（比如 20 天至 40 天）的租金，以满足承租人搬家、装修等需要。在这种情况下，实际租金就低于名义租金。

　　再如，租金的支付方式和支付期限可能差异较大，如一次性支付、分期支付。租金通常分期支付，但短期租赁也有一次性支付的，或者虽然租赁期限较长，但因一次性支付能享受很大的租金折扣而一次性支付。租金采取分期支付的，又有按月、季、半年、年等不同期限支付，以及在每个支付期限的期初和期末支付。此外，往往还会收取一定数额的押金。例如，个人住房租赁通常采取按月在期初"押一付三"的方式支付，即提前收取相当于一个月租金的押金，同时收取将来三个月的租金。

　　还需注意的是，租赁价格和租赁权价格是内涵不同的两个概念。租赁权价格是承租人权益价值。此外，租赁价格与买卖价格的影响因素虽然大多是相同的，但也有某些明显不同之处。例如：①租赁价格几乎不受土地使用权性质和剩余期限的影响，如土地使用权是国有建设用地使用权还是集体建设用地使用权，是出让的还是划拨的，剩余期限是 65 年还是 20 年或 5 年，通常对月租金或年租金水平的影响不大。②租赁价格受房地产合法性的影响相对较小，如同地段同品质的产权合法与不合法的住房，两者之间的租赁价格差异显著小于两者之间的买卖价格差异。③某些用房的租赁价格水平与季节性因素相关，如住房租金受高校毕业季、进城务工人员回乡和返城等形成的租赁淡旺季因素影响较大，尤其是某些地区的酒店房价（实质上是房租）受季节性因素的影响更大。

　　（三）房地产抵押中的价值和价格

　　用于房地产抵押的估价，主要是评估抵押房地产的抵押价值、抵押净值，有时还需评估抵押房地产的市场价值、市场价格。

抵押价值也称为抵押贷款价值（mortgage lending value，MLV），是估价对象假定未设立法定优先受偿权下的价值减去法定优先受偿款后的价值。

在房地产抵押贷款中，一边是抵押贷款金额或尚未偿还的抵押贷款余额，另一边是房地产抵押价值，为了保障贷款及时足额收回，贷款人一般要求不论是在设立抵押权时，还是在实现抵押权时，以及在此期间，房地产抵押价值都要大于抵押贷款金额或抵押贷款余额。因此，从理论上讲，抵押价值应是在抵押期间的各个时点，特别是在债务人不履行到期债务或发生当事人约定的实现抵押权的情形时，将抵押房地产通过折价、拍卖、变卖等合法方式处置时最可能得到的价款扣除法定优先受偿款后的余额。法定优先受偿款是假定实现抵押权时，已存在的依法优先于本次抵押贷款受偿的款额，包括已抵押担保的债权数额、拖欠建设工程价款、其他法定优先受偿款，但不包括实现债权的相关费用和税金，如律师费、诉讼费、执行费、评估费、拍卖费和交易税费等。

现实中，抵押估价一般在订立借款合同和抵押合同（或借款及担保合同）之前，在抵押估价时通常还不知道设立抵押权或提供贷款的日期、贷款期限、贷款偿还方式、债务人是否如期偿还，以及不如期偿还时将抵押房地产折价、拍卖、变卖等合法方式处置的日期等具体情况。因此，抵押价值评估只得演变为评估拟抵押房地产在估价时假定未设立法定优先受偿权下的价值减去法定优先受偿款后的余额，价值时点具体为估价作业期间特别是实地查勘估价对象期间的某个日期（如完成估价对象实地查勘之日）或估价报告出具日期。此时的法定优先受偿款，具体为估价师知悉的假定在价值时点实现抵押权时，已存在的依法优先于本次抵押贷款受偿的款额。同时，为了弥补这种抵押价值评估的不足，保障贷款及时足额收回，要求抵押估价应有"估价对象变现能力分析与风险提示"。当在抵押贷款之后抵押房地产的价值小于抵押贷款余额时，抵押权人应要求抵押人提供与不足的价值相当的担保或提前清偿债务。

下列公式有助于正确理解抵押价值：

$$抵押贷款额度＝抵押价值×抵押率$$

$$初次抵押价值＝未设立法定优先受偿权下的价值－法定优先受偿款$$

$$＝未设立法定优先受偿权下的价值－拖欠的建设工程价款－其他法定优先受偿款$$

其中将已抵押的房地产再次抵押的，其抵押价值可称为再次抵押价值，具体为：

$$再次抵押价值＝未设立法定优先受偿权下的价值－已抵押贷款余额\over社会一般抵押率－拖欠的建设工程价款－其他法定优先受偿款$$

可见，抵押价值既不是不扣除法定优先受偿款的"完全价值"，也不是将

"完全价值"或上述抵押价值经过抵押率打折后的价值，或者将上述抵押价值减去预期实现债权的相关费用和税金后的"抵押净值"。

$$抵押净值＝抵押价值－预期实现债权的相关费用和税金$$

【例4-5】某商品住宅在建工程的建设用地面积为 25 000m²，拟建总建筑面积为 50 000m²、共 500 套住宅。该在建工程已完成总投资的 80%，房地产开发企业以 5 000 元/m² 的价格预售了其中 100 套、建筑面积总计为 10 000m² 的住宅，预购人平均按房价的 70% 办理了住房抵押贷款。房地产开发企业曾将该在建工程抵押贷款，目前该笔贷款余额为 1 860 万元。房地产开发企业目前支付给施工单位的工程价款比施工单位的实际投入少 500 万元。现评估该在建工程不存在预售期房且未设立法定优先受偿权下的价值为 2 亿元。当地同类在建工程抵押的抵押率一般为 60%。请求取该在建工程的再次抵押价值。

【解】该在建工程的再次抵押价值求取如下：

$$再次抵押价值＝20\ 000×\frac{50\ 000－10\ 000}{50\ 000}－\frac{1\ 860}{60\%}－500$$

$$＝12\ 400（万元）$$

（四）房地产征收中的价值和价格

用于国有土地上房屋征收补偿的估价，主要是评估被征收房屋价值，具体是评估被征收房屋的市场价值或市场价格。征收集体土地的，有区片综合地价，是综合考虑土地原用途、土地资源条件、土地产值、土地区位、土地供求关系、人口以及经济社会发展水平等因素制定的地价。国外有"征收价值"或"征收补偿价值"这种价值类型，是为国家或政府征收房地产确定被征收房地产的补偿金额提供参考依据而评估的价值价格。

（五）房地产税收中的价值和价格

房地产税收中有特色的价值价格主要是计税价值，也称为课税价值、估税价值（assessed value），简称计税价，是为征税目的而评估的价值价格。计税价值通常为税务机关依法核定计税依据提供参考依据，其价值价格内涵具体是市场价值还是市场价格、市场租金、房地产净值或其他特定价值价格，要根据税种（如契税、土地增值税、房产税等）和相关规定来确定。此外，还有"计税基准价"的概念。

美国雷利·巴洛维教授在《土地资源经济学——不动产经济学》一书中以下一段文字，较好地说明了房地产的投资成本、抵押价值、计税价值、挂牌价格和征收价值之间的区别及大小关系：不动产经济价值的一些重要概念，可以用一个经营者花费 5 万美元购置一块建筑场地，然后花费 20 万美元建造一幢办公楼的例子来说明。这时他在其财产中已投入 25 万美元，表示投资成本的总和。当他将该财产作为抵押贷款评估时，该财产只会有 21 万美元的贷款价值，估税员以 13 万美元估定财产收税价值。如果该财产所有者决定出售该财产，在与房地产经纪人谈妥以后，他决定标价 30 万美元。然而，在他确实得到标价以前，他会发现自己的财产正是某种公共项目所需要的，可以得到 27.5 万美元的征收价值。上面 5 个数字中，每个数字都代表着一种经济价值的衡量，每个数字都有一种解释和合理性。[①] 由上述文字可知，同一房地产同时有多种价值价格，其中出售的挂牌价格最高（30 万美元），其次是征收价值（27.5 万美元，且高于投资成本的 25 万美元），第三是抵押价值（21 万美元，且低于投资成本），房地产税的计税价值最低（13 万美元）。

（六）房地产保险中的价值和价格

房地产保险中有特色的价值价格主要是保险价值（insurable value），它是为保险目的而评估的价值价格。它通常是在房地产投保时，为确定保险金额提供参考依据而评估的价值价格。评估保险价值时，估价对象的财产范围及其价值内涵应视所投保的险种而定。例如，房屋投保火灾险时的保险价值，通常仅是有可能遭受火灾损毁的建筑物的重置成本或重建成本，即这种情况下的保险价值不应包含不可损毁的土地价值，而且不减去建筑物折旧。此外，一般要包括可能的连带损失，如修复期间的停产停业损失、租金损失等直接经济损失。

（七）房地产司法处置中的价值和价格

房地产司法处置中的价格按照出现的顺序，主要有市场价格（市场价、市价）、评估价（评估结果或补正结果、重新作出的评估结果）、处置参考价、拍卖保留价、起拍价、变卖价（直接变卖的）、处置成交价、处置所得价款、处置净得价款。

用于人民法院确定财产处置参考价的房地产估价，主要是评估被人民法院查封后需要拍卖、变卖的房地产的市场价格、市场价值。之所以评估的是市场价格或市场价值而不是清算价值（或快速变现价值），主要是因为《民法典》规定："抵押财产折价或者变卖的，应当参照市场价格。"《最高人民法院关于人民法院网络司法拍卖若干问题的规定》规定："网络司法拍卖应当确定保留价，拍卖保留价即为起拍价。起拍价由人民法院参照评估价确定；未作评估的，参照市价确定"。具体的价值内涵是被迫转让、假设未被查封和未抵押下的市场价格或市场

---

① ［美］雷利·巴洛维著. 土地资源经济学——不动产经济学. 谷树忠等译. 北京：北京农业大学出版社，1989 年 5 月第 1 版. 第 200 页。

价值。如果被处置房地产已出租而未明确原有的租赁权除去后进行拍卖，明确有关房地产交易税费全部由买受人另行支付的，则具体的价值内涵是被迫转让、假设未被查封和未抵押、出租人权益价值、卖方净得价下的市场价格或市场价值；而如果明确原有的租赁权除去后进行拍卖、有关房地产交易税费全部从拍卖所得价款中扣除的，则具体的价值内涵是被迫转让、假设未被查封和未抵押、无租约限制价值、买方实付价下的市场价格或市场价值。

（八）财务报告中的相关成本和价值

财务报告或会计中的相关成本和价值主要有历史成本、重置成本、可变现净值、现值、公允价值、账面价值。其中历史成本、重置成本、可变现净值、现值、公允价值是五种会计计量属性。这些成本和价值在房地产估价中有时会涉及，在某些情况下与这里介绍的内涵可能有所不同。但在用于财务报告的估价中，一般应根据有关会计准则要求选择相应的会计计量属性作为评估的价值类型，且其内涵应与有关会计准则中的相同。

1. 历史成本

资产的历史成本也称为原始成本、原始价值，简称原值、原价，是指资产在购置时支付的现金或现金等价物的金额，或者在购置时所付出的对价的公允价值。即一项资产的历史成本，是在取得该项资产时实际支付的代价。例如，外购资产的历史成本包括购买价款、相关税费和使该资产达到预定可使用状态前所发生的可直接归属于该资产的运输费、安装费、专业人员服务费等支出；自行建造资产的历史成本为建造该资产达到预定可使用状态前所发生的各项必要支出。

2. 重置成本

资产的重置成本也称为现行成本，是指现在购买相同或相似资产所需支付的现金或现金等价物的金额。即一项资产的重置成本，是现在购买与该项资产相同或相似的资产所需支付的代价。

3. 可变现净值

资产的可变现净值是指资产正常对外销售所能收到现金或现金等价物的金额扣减该资产至完工时估计将要发生的成本、估计的销售费用以及相关税费后的金额。即一项资产的可变现净值，是正常对外出售该项资产所能收到的价款减去该项资产至完工时将要发生的各项必要支出。

4. 现值

资产的现值即资产预计未来现金流量的现值，是指预计从资产持续使用和最终处置中所产生的未来净现金流入量的折现金额。资产预计未来现金流量的现值，应按照资产在持续使用过程中和最终处置时所产生的预计未来现金流量，选择恰当的折现率对其进行折现后的金额加以确定。

5. 公允价值

资产的公允价值是指市场参与者在计量日发生的有序交易中，出售资产所能收到的价格。根据《企业会计准则第 39 号——公允价值计量》的规定，以公允价值计量相关资产，应考虑该资产的特征，即市场参与者在计量日对该资产进行定价时考虑的特征，包括资产状况及所在位置、对资产出售或使用的限制等。以公允价值计量相关资产，还应假定市场参与者在计量日出售资产的交易是在当前市场条件下的有序交易。有序交易是指在计量日前一段时期内相关资产具有惯常市场活跃的交易。清算等被迫交易不属于有序交易。此外，以公允价值计量相关资产，应假定出售资产的有序交易在相关资产的主要市场进行。不存在主要市场的，应假定该交易在相关资产的最有利市场进行。

我国《企业会计准则——基本准则》（2014 年 7 月 23 日财政部令第 76 号）规定："企业在对会计要素进行计量时，一般应当采用历史成本，采用重置成本、可变现净值、现值、公允价值计量的，应当保证所确定的会计要素金额能够取得并可靠计量。"对于投资性房地产，要求在初始计量中采用成本模式，在后续计量中可采用公允价值模式或成本模式，达到相关条件的，公允价值模式应优先于成本模式。《企业会计准则第 3 号——投资性房地产》规定："有确凿证据表明投资性房地产的公允价值能够持续可靠取得的，可以对投资性房地产采用公允价值模式进行后续计量。采用公允价值模式计量的，应当同时满足下列条件：（一）投资性房地产所在地有活跃的房地产交易市场；（二）企业能够从房地产交易市场上取得同类或类似房地产的市场价格及其他相关信息，从而对投资性房地产的公允价值作出合理的估计。"

6. 账面价值

资产的账面价值是指资产类科目的账面余额减去相关备抵项目后的净额。账面余额是指某科目的账面实际余额，不扣除与该科目相关的备抵项目。备抵项目是指用来准备抵消的项目，如累计折旧、相关资产的减值准备等。在历史成本计量下，一项资产的账面价值是其历史成本减去相关备抵项目后的余额，即账面价值是固定资产历史成本（原值）减去累计折旧和固定资产减值准备后的净额。

历史成本通常反映的是资产的过去价值，是始终不变的，或是静态的；重置成本、可变现净值、现值、公允价值通常反映的是资产的现时价值或现时成本，是随着时间的推移而上下波动的，或是动态的；在历史成本计量下的账面价值，是随着时间的推移而不断减少的。

一项资产现在的市场价值相对其历史成本和在历史成本计量下现在的账面价

值来说，是实际价值，即当前在市场上所值的价格，或者假设现在把该资产拿到市场上出售的最可能价格。因此，现在的市场价值一般与历史成本和在历史成本计量下现在的账面价值无关。例如，某企业在 2016 年以 500 万元购置了某项固定资产，这笔交易客观地计量了该资产当时的价值，会计师就将这个价值计入资产负债表中。但是，这 500 万元是该资产 2016 年的价值，与其现在的实际价值也许无关了。另外，会计师试图通过从资产负债表中定期计提折旧来反映该资产随着时间的推移而出现的老化。然而，2016 年购置的该资产也许因科技进步、新产品问世而在功能上落后，在当前来看它可能丧失了价值；或因通货膨胀、稀缺性增加，它现在的市场价格已远高于当时的价格。房地产因为具有保值增值的特性，通常虽然经过了多年使用，但其现在的市场价值不仅比现在的账面价值高，还可能比过去的购买价格高，如二手房的当前价格远高于其当年购买时的新建商品房价格。

尽管现在的市场价值一般与在历史成本计量下现在的账面价值无关，但仍然可以将账面价值作为一种参考，比如在某些情况下有必要披露评估出的市场价值与账面价值有无差异及差异程度，一方面对于存在较大差异的需要予以合理解释，另一方面反映资产的价值增减变动或保值增值情况。如果市场价值高于账面价值，则说明资产增值了；反之，则说明资产贬值了。此外，账面价值还可以使估价师更加审慎地得出评估价值，特别是以资产置换为目的的估价，如果一方资产的评估价值普遍低于账面价值，而另一方资产的评估价值普遍高于账面价值，即出现了"系统性"偏差，则这种估价结果的客观合理性通常是值得怀疑的。

采用重置成本、可变现净值、现值、公允价值计量的，为使账面价值与市场价值保持一致，通常需要定期重新评估重置成本、可变现净值、现值、公允价值。采用比较法或成本法测算出的价值价格即比较价值或成本价值，相当于这里的重置成本；采用假设开发法测算出的价值价格即开发价值，相当于这里的可变现净值；采用收益法测算出的价值价格即收益价值，相当于这里的现值。

第四节　房地产价格形成与变动原理

房地产价格虽然"一房一价"、千差万别，受许多错综复杂的因素影响，看似混乱无序、变化无常，但深入观察和剖析其形成与变动过程，仍有基本规律可循。对于某个市场参与者来说，房地产价格具有一定的客观性，不因该市场参与者想要房地产价格多高或多低，房地产价格就会有那么高或那么低。因此，要科学、准确、客观地评估房地产价值价格，就要认识房地产价格形成与变动的规律，通过对这些规律的把握与运用，把"客观存在"的房地产价值价格"发现"或"探测"出来。

理解房地产价格形成与变动的经济学相关原理，有助于深刻认识房地产价格形成机制，是做好房地产估价的基础。这些经济学相关原理主要有预期（antici-pation）原理、竞争（competition）原理、替代（substitution）原理、变化（change）原理、供求（supply and demand）原理、收益递增和递减（increasing and decreasing returns）原理、平衡（balance）原理、适合（conformity）原理、贡献（contribution）原理、剩余生产力（surplus productivity）原理、外部性（externalities）原理、增值和贬值（progression and regression）原理，它们从不同的方面或角度揭示、说明了房地产价格形成与变动的规律。

一、预期原理

预期原理揭示，影响和决定房地产当前价值价格的因素，主要是未来的因素而非过去的因素。具体来说，房地产当前的价值价格通常不是基于其过去的市场价格、开发建设成本、实际收益和市场状况，而是基于当前的市场参与者对未来能从房地产中获得的利益、满足或享受等的预先推测。例如，收益性房地产的价值主要取决于市场参与者对其未来所能带来的收益的预期，自用住宅的价值主要取决于市场参与者对其未来所能带来的舒适度、满意度等的预期。尤其是人们预计将要发生较大有利或不利事件时，房地产价格会出现超常规上涨或下降，如城市政府宣布将新建一个公园时，会引起其附近的房价上涨，而宣布将新建一个污水处理厂时，会引起其附近的房价下降。预期原理在收益法和假设开发法中表现得尤为明显，通过影响估价对象的预期收益和预期完成的价值来影响估价对象当前的价值价格。

然而，历史资料在实际估价中并非没有用处，如可利用历史资料来推测未来，或说明预期的合理性，以提高估价的说服力和可信度。例如，某一房地产过去和现在的收益往往是预测其未来收益的基础，除非外部环境条件发生意料之外的变化而使其历史发展变化趋势不再持续下去。因此，虽然过去和现在并不能代表未来，但未来也不能完全脱离过去和现在。例如，为了防止实际估价中无充分依据或正当理由，脱离估价对象现在和过去的实际收益而随意预测未来收益，要求调查估价对象至少最近 3 年的实际收益，并在这些实际收益和类似房地产当前正常收益水平的基础上，合理预测估价对象的未来收益。此外，对于估价委托人是估价对象权利人的，可要求其提供估价对象的历史交易情况，尤其是最近一次交易的成交价格等交易信息。

二、竞争原理

竞争原理说明，房地产价格是由房地产市场上众多的买者和卖者相互竞争形成的，即竞争决定了价格。现代市场经济社会，竞争无处不在，房地产市场也不例外。这里所说的竞争，是指房地产市场上交易各方为了自己的经济利益最大化而进行的博弈，有卖方与买方之间的竞争、卖方与卖方之间的竞争、买方与买方之间的竞争。

在卖方与买方之间的竞争中，卖方为了贵卖，会极力抬高价格；买方为了贱买，会极力压低价格。至于最终的成交价格高低，主要取决于在竞争中哪一方对价格的影响力较强，例如是卖方市场还是买方市场。买方市场是房地产供大于求，买方处于有利地位并对价格起主导作用的市场。卖方市场是房地产供不应求，卖方处于有利地位并对价格起主导作用的市场。

在卖方与卖方之间的竞争中，特别是在买方"货比三家"的情况下，各个卖方为了争夺买家，与卖方原本想要贵卖的愿望相反，会相互压低价格。

在买方与买方之间的竞争中，特别是在卖方采取"价高者得"的情况下，各个买方为了买到手，与买方原本想要贱买的愿望相反，会相互抬高价格。

三、替代原理

替代原理说明，同一房地产市场上相似的房地产有相近的价格。根据经济学原理，同一市场上相同的商品有相同的价格。需要说明的是，经济学规律在多数情况下只在统计均值的意义上才成立，并不表现为准确的一一对应的数量关系。就这里的同一市场上相同的商品有相同的价格来说，它并不意味着同一市场上所有相同的商品都是完全相同的价格。

一般来说，任何理性的买者在购买商品之前都会在市场上进行搜寻并"货比三家"，然后从中选择效用最大（或质量、性能最好）而价格最低的，即购买其中性价比高或物美价廉的，在现在渠道和信息越来越多、查询越来越方便的情况下更是如此。具体地说，在同一市场上，如果有两个以上相同的商品同时存在时，则理性的买者会购买其中价格最低的；或者反过来，如果有两个以上价格相同的同类商品同时存在时，则理性的买者会购买其中效用最大的。而卖者为了使其商品能够卖出去，相互之间也会进行压价竞争。同一市场上买者、卖者的这些行为导致的结果，是在相同的商品之间形成相同的价格。

房地产价格的形成一般也如此，只是房地产各不相同造成市场上完全相同的房地产几乎没有，但同一房地产市场上相似的房地产有相近的价格。在现实的房地产交易中，由于房地产价格高、价值大，房地产买者和卖者通常会更加慎重，都会将其拟买或拟卖的房地产与市场上相似的房地产进行比较，从而任何理性的买者都不愿意接受比市场上相似的房地产的正常价格偏高的价格，任何理性的卖者都不愿意接受比市场上相似的房地产的正常价格偏低的价格。这种相似的房地产之间价格相互牵掣，导致相似的房地产的价格相互接近。替代原理在比较法、收益法、成本法、假设开发法等估价方法中都会用到。特别是比较法，直接以替代原理为理论依据和基础。

四、变化原理

变化原理说明，房地产价格会随着时间的推移而变动。世间一切事物都是不断变化的，房地产价格也不例外。这是因为房地产市场、房地产价格影响因素及房地产自身状况都是不断变化的，比如房地产供求关系、相关法规政策、周围环境发生变化，建筑物逐渐老化甚至意外受损等，房地产价格自然也是不断变化的。因此，同一房地产在不同的时间，其价格一般是不同的，而且时间间隔越长，价格往往相差越大。据此，房地产估价应有价值时点这个概念，并应遵循价值时点原则。此外，估价报告应有使用期限，并应在该期限内使用估价报告。

五、供求原理

供求原理说明，房地产价格与房地产需求同方向变化，与房地产供给反方向变化。

(一) 供求原理的基本内容

房地产价格的变化虽然原因很多、很复杂，但经济学上归结起来是房地产供给和需求两种相反力量相互作用的结果。其中待租售的房地产（包括增量房地产和存量房地产）形成了房地产供给，房地产消费者（包括购买者和承租者，下同）形成了房地产需求。其他一切因素对房地产价格（包括租金，下同）的影响，要么是通过影响房地产供给，要么是通过影响房地产需求，要么是通过同时影响房地产供给和需求来实现的。从这种意义上讲，如果想要知道某个事件或政策措施将如何影响房地产价格的变化，应首先分析它将如何影响房地产供给和需求的变化。因此，要做好房地产估价，需要认识房地产供给、需求及其对房地产价格的影响。

总的来说，当房地产供给一定时，如果房地产需求增加，则房地产价格上涨；如果房地产需求减少，则房地产价格下降。当房地产需求一定时，如果房地产供给增加，则房地产价格下降；如果房地产供给减少，则房地产价格上涨。然而，现实中的房地产需求和供给往往是同时变化的，并且有同方向变化（需求和供给均增加或均减少）、反方向变化（需求增加而供给减少，或需求减少而供给增加）、变动幅度不同（需求的增减大于或小于供给的增减）等错综复杂的情况，导致房地产价格的变化各不相同，需要结合具体情况予以分析。

（二）房地产需求及其决定因素

1. 房地产需求的含义

房地产需求是指消费者在某一特定时间内，在每一价格水平下，对某种房地产所愿意并且能够购买（或承租，下同）的数量。需求形成要同时具备 2 个条件：①消费者愿意购买，即有购买意愿；②消费者能够购买，即有支付能力。仅有购买意愿而无支付能力，或仅有支付能力而无购买意愿，都不能使购买行为发生。因此，在确定（或调查、估计、预测）某种房地产的需求时，通常只考虑对其有支付能力支持的需要。如果没有支付能力的约束，人们对房地产的需要可以说是无限量的。

房地产市场需求是指在一定时间内，在每一价格水平下和一定市场上所有消费者对某种房地产所愿意并且能够购买的数量，即某种房地产的市场需求是该种房地产消费者的有效需求总和。

2. 决定房地产需求量的因素

某种房地产的需求量是由许多因素决定的，其中主要的因素及其对房地产需求量的影响如下。

（1）该种房地产的价格水平。一般地说，某种房地产的价格如果提高了，对其需求会减少；如果降低了，对其需求会增加。例如，某个商品住宅楼盘的售价为 160 万元一套，将售价提高到 198 万元一套和降低到 138 万元一套，相应带来的购买量减少和增加是显而易见的。在理解这一点时，不要与后面即将讲到的预期未来房地产价格涨落导致的情况相混淆。在预期未来房地产价格涨落的情况下，是"买涨不买落"。其他商品的需求量与价格的关系一般也是价格越高，需求量越小；价格越低，需求量越大。因为需求量与价格反方向变化的这种关系很普遍，所以称为需求规律。

需求规律的例外是炫耀性物品和吉芬物品。炫耀性物品是用以显示人们的身份和社会地位的物品。这种物品因只有在高价位时才能起到炫耀作用，所以其需求量与价格往往同方向变化。吉芬物品是某种特殊的生活必需品，在某种特定的条件下，消费者对该种物品的需求与其价格同方向变化。19 世纪，英国人吉芬发现，在 1845 年爱尔兰大灾荒时，马铃薯价格上涨，但人们对马铃薯的需求却不断增加，这种现象在当时称为"吉芬难题"。该种物品以后便称为吉芬物品。

（2）消费者的收入水平。由于消费者对商品的需求要有支付能力支持，所以需求量的大小还取决于消费者的收入水平。对大多数正常商品来说，当消费者的收入增加时，会增加对该种商品的需求；反之，会减少对该种商品的需求。但对某些低档商品来说，其需求量可能随着人们收入的增长而下降，即当消费者的收入增加时，反而会减少对该种商品的需求。

（3）消费者的偏好。消费者对商品的需求产生于其需要或欲望，并且对不同商品的需要或欲望有强弱、缓急差异，从而形成消费者的偏好。消费者的偏好支配其在使用价值或效用相同或相似的替代品之间的选择。某种房地产的替代品，是能够满足相同或相似的需要、可替代该种房地产的其他房地产，比如郊区住房和市区住房之间、二手房和新建商品房之间、保障性住房和普通商品住房之间、宾馆和写字楼之间（因一些单位长期租用宾馆办公）具有一定的替代性。当消费者对某种房地产的偏好程度增强时，对该种房地产的需求就会增加；反之，对该种房地产的需求就会减少。例如，如果城市居民偏好于郊区住房，出现了向郊区迁移的趋向，则对郊区住房的需求就会增加。但是，人们的消费偏好不是固定不变的，在某些因素的作用下会发生变化。

（4）相关物品的价格水平。某种房地产的价格虽然不变，但与它相关的物品价格发生变化时，对该种房地产的需求也会发生变化。与某种房地产相关的物品，是该种房地产的替代品和互补品。在替代品的房地产之间，如果一种房地产的价格不变，而另一种房地产的价格上涨，则消费者就会把需求转移到这种价格不变的房地产上，从而该种房地产的需求会增加；反之，该种房地产的需求会减少。

某种房地产的互补品，是与该种房地产相互配合的其他房地产或物品，比如住宅和与其配套的商业、娱乐房地产，城市郊区住房和收费的高速公路，商业、办公用房和与其配套的停车场（库）。在互补品之间，如果一种物品的消费多了，则另一种物品的消费也会多起来。因此，当一种房地产的互补品价格降低时，对该种房地产的需求会增加，比如城市郊区住房，当降低或取消连接它与市区的高速公路收费时，对其需求会增加；反之，对其需求会减少。

（5）消费者对未来的预期。消费者对房地产的现时需求不仅取决于当前的房地产价格水平等因素，还取决于其对未来房地产价格涨落、自身收入增长等的预期。例如，当消费者预期未来房地产价格上涨时，就会增加对房地产的现时需求，因为"今天不买，明天更贵"；反之，就会持币观望，减少对房地产的现时需求，因为"今天买进，明天更低"。这就是通常所说的"买涨不买落"。

3. 房地产需求曲线

房地产需求曲线表示房地产的需求量与其价格之间的关系，即某种房地产的需求量是如何随着该种房地产价格的变动而变动的。如图 4-4（a）所示，纵坐标轴表示某种房地产的价格（P），横坐标轴表示该种房地产的需求量（Q），因为在房地产价格较高时房地产需求量减少，在房地产价格较低时房地产需求量增加，所以房地产需求曲线是一条向右下方倾斜的曲线（D）。

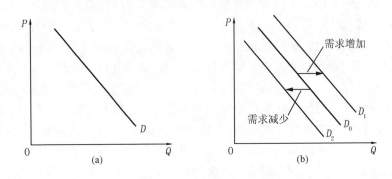

图 4-4   房地产需求曲线

如果考虑该种房地产价格水平以外的影响房地产需求量的因素，那么房地产需求量不再是沿着需求曲线变动，而是整个需求曲线发生位移。例如，消费者的收入水平、偏好、对未来的预期和相关物品价格水平的变化，会改变消费者在给定房地产价格水平下对房地产的需求量。如果在每一房地产价格水平下房地产的需求量都增加了，则需求曲线会向右位移；反之，需求曲线会向左位移。如图 4-4（b）所示，以 D_0 为基础，如果消费者的收入水平提高，因为在相同的房地产价格水平下房地产需求量增加，所以整个需求曲线将由 D_0 向右位移到 D_1；如果消费者的收入水平下降，因为在相同的房地产价格水平下房地产需求量减少，所以整个需求曲线将由 D_0 向左位移到 D_2。

（三）房地产供给及其决定因素

1. 房地产供给的含义

房地产供给是指房地产开发企业和房地产拥有者在某一特定时间内，在每一价格水平下，对某种房地产所愿意并且能够提供出售（或出租，下同）的数量。房地产供给包括增量供给和存量供给，其形成有两个条件：①房地产开发企业和房地产拥有者愿意供给；②房地产开发企业和房地产拥有者有能力供给。例如，在住房限购的情况下，虽然一些人拥有多套住房，但不愿意出售，因为卖了之后不能再买了。有时虽然房地产开发企业和房地产拥有者对某种房地产有提供出售的愿望，但由于资金、技术、资质资格等原因而没有提供出售的能力，所以也不能形成有效供给，就不能算作供给。

房地产市场供给是指在一定时间内，在每一价格水平下和一定市场上所有房地产开发企业和房地产拥有者对某种房地产所愿意并且能够提供出售的数量，即某种房地产的市场供给是该种房地产开发企业和房地产拥有者的供给总和。

在现实中，某种房地产在某一时间的潜在供给量为：

$$\text{期末潜在供给量} = \text{期初存量} - \text{本期灭失量} - \text{本期转换为其他种类的房地产量} + \text{本期其他种类的房地产转换为该种房地产量} + \text{本期新开发量}$$

2. 决定房地产供给量的因素

某种房地产的供给量是由许多因素决定的，其中主要的因素及其对房地产供给量的影响如下。

（1）该种房地产的价格水平。一般地说，某种房地产的价格越高，开发该种房地产会越有利可图，房地产开发企业愿意开发该种房地产的数量就会越多，从而使该种房地产的供给增加；反之，愿意开发该种房地产的数量就会越少，从而使该种房地产的供给减少。供给量与价格同方向变化的这种关系，称为供给规律。

（2）该种房地产的开发建设成本。在某种房地产的价格水平不变的情况下，当其开发建设成本上升，如土地、建筑材料、设备、人工等价格或费用上涨时，房地产开发利润率会下降，从而会使该种房地产的供给减少；反之，会使该种房地产的供给增加。

（3）该种房地产的开发技术水平。在一般情况下，某种房地产的开发技术水平提高可以降低其开发建设成本，增加其开发利润，房地产开发企业就会开发更多的该种房地产，从而使该种房地产的供给增加。

（4）房地产开发企业和房地产拥有者对未来的预期。如果房地产开发企业和房地产拥有者对未来的房地产市场看好，如预期未来房地产价格上涨，则房地产开发企业会增加房地产开发量，从而会使未来的房地产供给增加，同时房地产开发企业和房地产拥有者会把现有的房地产留着不卖、"捂盘惜售"，从而会减少房地产的现时供给；反之，如果他们对未来的房地产市场不看好，则结果会相反。

需要指出的是，土地供给总量不可增加、政府是国有建设用地使用权出让市场的唯一供应者，以及房地产开发建设期较长、不可移动导致房地产不能在不同地区之间调剂余缺等因素，使得房地产供给与一般商品供给有很大不同，不能随着房地产价格的涨跌变化及时进行增减调整，因此房地产供给缺乏弹性。但是在较长的时间内，房地产开发规模的扩大、缩小都是可以实现的，供给量可以对最初的房地产价格变化作出较有效的反应。

3. 房地产供给曲线

房地产供给曲线表示房地产的供给量与其价格之间的关系，即某种房地产的供给量是如何随着该种房地产价格的变动而变动的。如图 4-5（a）所示，纵坐标轴表示某种房地产的价格（P），横坐标轴表示该种房地产的供给量（Q），房地产供给曲线是一条向右上方倾斜的曲线（S），这是因为，在房地产价格较低时，房地产供给量减少，在房地产价格较高时，房地产供给量增加。

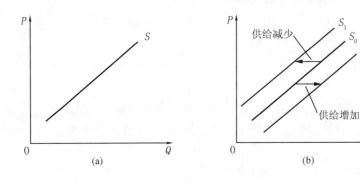

图 4-5　房地产供给曲线

如果考虑该种房地产价格水平以外的影响房地产供给量的因素，那么房地产供给量不再是沿着供给曲线变动，而是整个供给曲线发生位移。如图 4-5（b）所示，以 S_0 为基础，如果房地产开发建设成本上升，则整个供给曲线将由 S_0 向左位移到 S_1；如果房地产开发建设成本下降，则整个供给曲线将由 S_0 向右位移到 S_2。在房地产开发建设成本上升导致整个供给曲线向左位移的情况下，每一房地产价格水平都有较少的房地产供给量。而在房地产开发建设成本下降导致整个供给曲线向右位移的情况下，每一房地产价格水平都有较多的房地产供给量。

（四）房地产均衡价格及其形成

在其他条件不变的情况下，房地产需求曲线上的每一个点都是消费者愿意并且能够接受的房地产价格与数量的组合，房地产供给曲线上的每一个点都是房地产开发企业或房地产拥有者愿意并且能够提供的房地产数量与价格的组合。因为市场交易是自愿交易，即只有交易双方一致同意才能成交，所以房地产交易的价

格和数量，必然是供求双方都愿意并且能够
接受的价格和数量。

图 4-6 是把图 4-4（a）中的房地产需求
曲线和图 4-5（a）中的房地产供给曲线合在
一起形成的。图 4-6 中的 E 点是需求曲线与
供给曲线的交点，它同时处于需求曲线和供
给曲线上。因此，E 点是供求均衡点，其所
对应的价格和数量是消费者和房地产开发企
业或房地产拥有者都愿意接受的价格和数量。
E 点所对应的价格 P_e 称为均衡价格，所对应
的数量 Q_e 称为均衡数量。

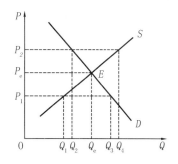

图 4-6　房地产均衡价格及其形成

由上可见，房地产均衡价格是房地产需求曲线与供给曲线相交之处的价格，
也就是房地产需求量与供给量相等之时的价格。房地产的市场价格与其需求量、
供给量是不断"动态平衡"的：当市场价格偏离均衡价格时，会出现需求量与供
给量不相等的非均衡状态，但这种非均衡状态在市场力量的作用下会逐渐消失，
偏离的市场价格会自动回到均衡价格水平。如图 4-6 所示，当价格上涨到 P_2 时，
供给量将由 Q_e 增加到 Q_4，而需求量将由 Q_e 减少到 Q_2，供给大于需求，出现过
剩，过剩数量为（$Q_4 - Q_2$）。由于供大于求，卖者之间竞争的市场压力会迫使价
格下降。只要价格高于 P_e，就会有这种降价的压力。同理，当价格下降到 P_1
时，需求量将由 Q_e 增加到 Q_3，而供给量将由 Q_e 减少到 Q_1，需求大于供给，出
现短缺，短缺数量为（$Q_3 - Q_1$）。由于供不应求，买者之间竞争的市场压力会迫
使价格上涨。只要价格低于 P_e，就会有这种涨价的压力。

均衡价格理论是价格原理的核心内容，它表明：均衡是市场价格运行的必然
趋势，如果市场价格由于某种因素的影响偏离了均衡价格，则会出现房地产过剩
或短缺，导致卖者之间或买者之间相互竞争，从而使价格下降或上涨，并趋向均
衡价格。

（五）房地产供求状况类型及其影响

房地产供求状况有多种类型，例如按供求的平衡关系，可分为供求基本平
衡、供小于求和供大于求。按所在区域的房地产供求关系，可分为以下 4 种类
型：①全国房地产总的供求状况；②本地区房地产总的供求状况；③全国同类房
地产的供求状况；④本地区同类房地产的供求状况。

与其他可以移动的商品不同，房地产因不可移动以及改变用途较困难，决定
某一房地产价格水平高低的供求状况，主要是本地区同类房地产的供求状况。至

于其他类型的房地产供求状况对该房地产的价格有无影响及影响程度，要视这些供求状况的波及性如何而定。

六、收益递增和递减原理

收益递增和递减原理揭示，房地产收益（报酬）起初随着投入量的增加而递增，但当投入量达到一定程度后，不再随着投入量的增加而递增，甚至出现递减。具体来说，有以下两种投入产出关系：一是在各种投入量都变动的情况下的投入产出关系；二是在一种投入量变动而其他投入量固定的情况下的投入产出关系。投入产出关系是指投入量的变动与相应产出量的变动之间的关系。收益递增和递减原理为人们找出资源的最佳组合及最佳投入量提供了理论依据。

上述第一种投入产出关系，叫作规模收益，也称为规模报酬规律，是假定以相同的比例来增加各种投入量（即规模不断扩大），产出量的增加比例有以下 3 种可能情况：①等于投入量的增加比例，该种情况称为规模收益不变；②大于投入量的增加比例，该种情况称为规模收益递增；③小于投入量的增加比例，该种情况称为规模收益递减。规模报酬规律说明，在不断扩大规模时，一般是先经过一个规模收益递增阶段，然后经过一个规模收益不变阶段，再经过一个规模收益递减阶段。

上述第二种投入产出关系，叫作收益递减规律，也称为报酬递减规律、边际收益递减原理，可表述如下：假定仅有一种投入量是可变的，其他投入量保持不变，则随着该种可变投入量的增加，在开始时，产出量的增加通常是递增的；而当这种可变投入量继续增加达到某一点后，产出量的增加会越来越小，即会出现递减现象。

对于土地来说，收益递减规律一般称为土地报酬递减规律，是指在技术水平不变、其他要素不变的情况下，对相同面积的土地不断追加某种要素的投入所带来的报酬增量（边际报酬）迟早会出现下降，表现在对土地的利用强度（如容积率、建筑规模、建筑高度、建筑层数等）超过一定程度后，报酬开始下降。例如，"超出某一点以外就要引起报酬递减的趋势，已经见之于办公大楼的建筑。在美国中西部某某市所作出的这样一种研究，证明在一块（160 英尺×172 英尺）价值 150 万元的地面上，一座 5 层大楼的投资利润是 4.36%；一座 10 层大楼的投资利润是 6%；15 层的是 6.82%；20 层的是 7.05%；25 层的是 6.72%；30 层的是 5.65%。这种办公大楼的报酬递减点就是在刚超过 20 层的那一点。换言之，20 层楼是这座大厦的经济高度，因为进一步增加支出劳力和资本所带来的报酬将会相对减少。"①

七、平衡原理

平衡原理认为，当房地产的各个组成部分配置合理或为最佳组合时，才能使各个组成部分的效用得到充分发挥，否则会使房地产的价值降低。就房地产两大组成部分的建筑物和土地来说，一宗房地产中的建筑物和土地相互比较，如果规模过小或过大，档次过低或过高，则建筑物和土地的配置不合理，土地或建筑物的效用因此不能得到充分发挥，其价值便会降低。例如，某块土地上有建筑物，而该建筑物如果面积较小、老旧过时，且不属于需要保护的建筑，基本上失去了使用价值，则会妨碍该土地的有效利用，在评估该房地产的价值时一般需要进行减价调整。这种情况在现实中较常见，比如在老城区有两块位置相当的建设用地，其中一块为空地，另一块土地上有危旧房屋，对于该两块土地的意向用地者来说，空地的价值可能高于有危旧房屋的土地价值。因为意向用地者取得有危旧房屋的土地后，还要支出清理费用（包括拆除危旧房屋、清运废弃物和渣土等所发生的费用），所以该危旧房屋的存在不仅不能增加土地的价值，还会降低土地的价值。

【例4-6】某宗危旧房屋的建筑面积为 2 500m²，土地面积为 3 600m²，有待拆除重建。预计建筑物的残值和清理费用分别为每平方米建筑面积 60 元和 300 元。请计算该房地产相对于空地的减价额。

【解】该房地产相对于空地的减价额计算如下：

$$该房地产相对于空地的减价额 = （300-60）\times 2\ 500$$
$$= 600\ 000（元）$$

与上述相反的情形，是建筑物的设计、设施设备和装饰装修都很超前、高档，但所在的位置较差，如在较偏僻地方建造的高档商场、酒店，不能使该建筑物得到有效利用，虽然该建筑物的重置成本较高，但该建筑物的价值低于重置成本，即功能过剩引起了功能折旧（具体见第九章第五节"建筑物折旧的测算"）。

【例4-7】某宗房地产的土地面积为 2 000m²，建筑面积为 5 000m²，类似房地产的市场价格为 1 800元/m²，土地市场单价为 1 500 元/m²，用成本法测算的建筑物重置价格为 1 600 元/m²。请计算该房地产中建筑物的价值。

【解】该房地产中建筑物的价值计算如下：

---

① ［美］伊利，莫尔豪斯著. 土地经济学原理. 滕维藻译. 北京：商务印书馆，1982 年 6 月第 1 版. 第 24～25 页。

$$该房地产中建筑物的价值=\frac{1\ 800\times 5\ 000-1\ 500\times 2\ 000}{5\ 000}$$

$$=1\ 200\ （元/m^2）$$

由上述计算结果可知，该房地产中建筑物的价值为 1 200 元/m^2，比其重置价格1 600元/m^2 低 400 元/m^2。

平衡原理的有关情况，可总结于图 4-7。该图中，（a）是一块空地，（b）是假定（a）中的空地上有一与其配置为最高最佳利用的建筑物，（c）是假定（a）中的空地上有一老旧过时、有待拆除的建筑物，（d）是假定（a）中的空地上有一规模过大或档次过高的建筑物。如果（a）中的空地价值为 V_L，（b）中的建筑物重置价格为 V_B，则（b）中的房地价值为V_L+V_B，（c）中的房地价值为 V_L 加上建筑物残值、减去建筑物清理费用，（d）中的建筑物实际价值为其重置价格 V_B 减去相应的功能折旧额。

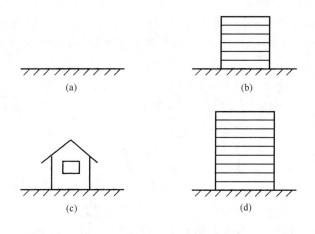

图 4-7　平衡原理的有关情况

八、适合原理

适合原理认为，当一宗房地产特别是其用途与周边房地产的用途、利用状况等周围环境相协调时，则该房地产的用途是最佳用途，否则就不是最佳用途，并会使该房地产的价值降低。例如，在日用必需品的零售商店集中地区，开设品牌服装专卖店并不一定能获得高收益，因此在这种地区开设品牌服装专卖店就不是最佳用途。

九、贡献原理

贡献原理认为，房地产各个组成部分的价值取决于它们对整体房地产价值的贡献，或者假设缺少该组成部分会造成整体房地产价值的减损。这就是说，房地产各个组成部分的成本（或各自独立存在时的价值）并不一定等于它们在整体房地产中的价值，或者说房地产各个组成部分各自独立存在时的价值之和不等于整体房地产价值。

贡献原理不仅用于求取房地产中某个组成部分的价值，还可用于房地产价值在其各个组成部分之间的分配。就房地产两大组成部分的建筑物和土地来说，有下列 3 种分配方式。

（1）整体房地产价值减去其中建筑物成本（或建筑物重置价格），就是土地价值，即：

$$土地价值＝整体房地产价值－建筑物成本$$

（2）整体房地产价值减去其中土地成本（或土地重置价格），就是建筑物价值，即：

$$建筑物价值＝整体房地产价值－土地成本$$

（3）整体房地产价值减去建筑物成本和土地成本之后的增值部分，应由建筑物和土地分享，即：

$$土地价值＝土地成本＋\frac{（整体房地产价值－建筑物成本－土地成本）×土地成本}{建筑物成本＋土地成本}$$

$$建筑物价值＝建筑物成本＋\frac{（整体房地产价值－建筑物成本－土地成本）×建筑物成本}{建筑物成本＋土地成本}$$

上述三种分配方式在现实中究竟采取哪一种，应根据贡献原理来确定。例如，目前房价上涨带来了房地产增值，且房价上涨主要是土地供应不足造成的，则这种增值应主要归于土地，即采取上述第一种分配方式。而如果目前土地供应充足，房价上涨主要因房地产开发建设期较长导致新建商品房一时供应不上，则这种增值应主要归于建筑物，即采取上述第二种分配方式。如果难以确定属于上述哪种情况，则这种增值可由建筑物和土地分享，即采取上述第三种分配方式。

十、剩余生产力原理

传统经济理论认为，农地的地租或土地净收益是土地所产出的农产品市场价格减去相关生产成本、运输成本和经营利润后的剩余部分。将该理论运用到土地价值价格上，就是土地剩余技术和剩余法（即假设开发法），并逐渐扩展到建筑物剩余技术。土地剩余技术和建筑物剩余技术见第八章第七节中的"剩余技术"，假设开发法见第十章。

十一、外部性原理

外部性原理说明，房地产价值价格会受外部因素的有利影响或不利影响。外部性也称为外部效应、外部影响，是指某个经济行为主体（生产者或消费者）进行生产或消费等活动时，给其他经济行为主体带来的影响。外部性分为有利的外部性和有害的外部性。有利的外部性也称为正外部性、外部经济，是指某个经济行为主体的活动使他人或社会受益，而受益者不必为此支付一定代价。例如，某人在自己的院子里种植花草树木、美化环境，虽然其邻居因赏心悦目和空气清新而受益，但邻居不会为此付给该人费用。有害的外部性也称为负外部性、外部不经济，是指某个经济行为主体的活动使他人或社会受损，而该行为主体没有为此承担一定成本。例如，工厂向河流排放废水，汽车产生噪声，居民养狗影响邻居等，使他人受害，但该工厂、汽车驾驶者和居民可能并没有为此向受害者支付补偿费。显而易见，外部性对房地产价值价格有影响，且房地产不可移动，其价值价格受外部因素的影响会更大。

十二、增值和贬值原理

增值和贬值原理认为，同类的低档房地产和高档房地产相邻时，低档房地产的价值价格会提升，而高档房地产的价值价格会减损。例如，位于高档公寓、别墅区范围内或与其相邻的普通住宅，比同品质普通住宅的价值价格相对会高些。而位于普通住宅区范围内或与其相邻的高档公寓、别墅，比同品质高档公寓、别墅的价值价格相对会低些。增值和贬值原理是外部性、相互影响、相邻关系在房地产价值价格正反两方面影响上的具体表现。

复习思考题

1. 什么是房地产价值、价格？房地产存在价格的前提条件有哪些？
2. 使用价值、交换价值的含义及之间的关系是什么？越是有用的物品，其价格是否越高？
3. 房地产价格与一般商品价格有哪些相同之处？
4. 房地产价格主要有哪些特点？
5. 市场价值、投资价值、现状价值、谨慎价值、清算价值和残余价值的含义及异同是什么？

6. 挂牌价格、成交价格、市场价格、理论价格、评估价格的含义及相互关系是什么？

7. 成交价格是如何形成的？什么是卖方市场和买方市场？它们是如何影响成交价格的？

8. 正常成交价格与非正常成交价格如何区分？

9. 招标成交价、拍卖成交价、挂牌成交价和协议成交价的含义是什么？

10. 评估价值受估价师哪些因素的影响？某宗房地产的评估价值为 500 万元，成交价格为 530 万元。这是否意味着该评估价值是不合理的？或者反过来，说明该成交价格是不正常的？

11. 什么是比较价值、收益价值、成本价值、开发价值？

12. 总价格、单位价格和楼面地价的含义及相互关系是什么？

13. 了解单位价格应注意哪几点？

14. 楼面地价有何特殊作用？

15. 土地价值、建筑物价值和房地价值的含义及相互关系是什么？

16. 房地产所有权价格、用益物权价格和其他权利价格的含义是什么？

17. 我国现行土地价格的内涵和本质是什么？

18. 完全产权价值、无租约限制价值、出租人权益价值和承租人权益价值的含义及之间的关系是什么？它们在现实估价中的应用场景是什么？

19. 现房价格和期房价格的含义及相互关系是什么？

20. 正常负担价、卖方净得价和买方实付价的含义及相互关系是什么？

21. 名义价格和实际价格的含义及相互关系是什么？

22. 市场调节价、政府指导价和政府定价的含义是什么？

23. 基准地价、标定地价和房屋重置价格的含义及作用是什么？

24. 现实中真实成交价与申报的成交价、网签成交价是否一致，为什么？

25. 买卖价格、租赁价格和租赁权价格的含义及之间的区别是什么？

26. 新建商品房销售中的起价、标价、特价和均价的含义是什么？

27. 房地产拍卖涉及哪几种价格？它们的含义是什么？

28. 征收价值、抵押价值、抵押净值、计税价值、保险价值的含义是什么？

29. 什么是财产处置参考价，它是如何确定的？

30. 历史成本、重置成本、可变现净值、现值、公允价值和账面价值的含义及区别是什么？

31. 房地产价格形成与变动原理主要有哪些？熟知、理解和掌握这些原理有何重要作用?

32. 什么是房地产需求? 需求与需要有何异同? 决定房地产需求量的因素主要有哪些?

33. 什么是房地产供给? 它与一般商品供给有何不同? 决定房地产供给量的因素主要有哪些?

34. 需求曲线与供给曲线有何异同?

35. 什么是均衡价格? 其形成机理是什么?

36. 房地产价格与其供求的一般关系是什么?

37. 房地产的供求关系有哪几种类型? 决定某宗房地产价格的供求关系主要是哪种类型的供求关系?

第五章　房地产价值和价格影响因素

房地产价值价格的高低及其变动，是对房地产价值价格有影响的很多错综复杂且不断变化的因素综合作用的结果。要做好房地产估价，应全面深入了解这些因素，把握它们是如何影响房地产价值价格的，进而科学准确量化它们对房地产价值价格的影响。为此，本章对房地产价值价格的各种影响因素进行归纳梳理，并简要分析它们对房地产价值价格的主要影响。

第一节　房地产价值和价格影响因素概述

一、房地产价值和价格影响因素的分类

房地产价值价格影响因素是对房地产价值价格有影响的各种因素，它们非常之多、错综复杂，需要进行分类。从房地产估价的角度来看，主要有下列 4 种分类。

（一）房地产自身因素和外部因素

这是根据内外有别，把房地产价值价格影响因素先分为房地产自身因素和房地产外部因素两大类，然后进行细分。

房地产自身因素是构成房地产自身状况的因素，可再分为实物、权益和区位因素。这些因素还可进一步细分，如实物因素可分为建筑物实物因素、土地实物因素。建筑物实物因素又可分为建筑结构、设施设备、装饰装修及其新旧程度等，土地实物因素又可分为地形地貌、地质、土壤、开发程度等。

房地产外部因素是房地产自身状况以外的对房地产价值价格有影响的各种因素，可再分为制度政策、人口、经济、社会、国际、心理等因素。这些因素还可进一步细分，如人口因素可分为人口数量、人口结构、人口素质等。

（二）一般因素、区域因素和个别因素

这是根据影响范围不同，从大到小把房地产价值价格影响因素先分为一般因素、区域因素和个别因素三个层次，然后进行细分。

一般因素通常是指对估价对象所在国家或较大地区（如全国、所在城市群、都市圈、城市）的房地产价值价格都有影响的因素，如宏观经济形势、货币政策、利率、汇率、所在城市的人口增长、国土空间总体规划等。

区域因素通常是指对估价对象所在较小地区或周围一定区域（如所在市辖区、街道、社区、片区、商圈）的房地产价值价格有影响的因素，如所在较小地区的详细规划、基础设施状况、公共服务设施状况、环境状况、自然条件等。

个别因素是指仅对估价对象自身的价值价格有影响的因素，即该房地产自身因素，如该房地产的位置、规模、用途、权属、建筑结构、建筑物新旧程度、地势、地质、土壤、土地开发程度等。

需要指出的是，一般因素、区域因素、个别因素的范围及之间的界限并不是固定不变的，通常视估价对象的空间范围和市场范围的大小而定。随着估价对象空间范围的扩大，比如估价对象不是一小块宗地，而是一个区片的土地，甚至是一个大型开发区的成片土地，则某些区域因素可能会变成个别因素，如某些规划因素。此外，随着估价对象市场范围的扩大，比如在北京、上海等城市跨国公司会租购的高档写字楼，其一般因素主要是全球和亚洲对该类写字楼价值价格有影响的因素，区域因素则是中国及所在城市对该类写字楼价值价格有影响的因素。而如果估价对象是位于我国某个中小城镇的房地产，则其所在省域及以上区域对房地产价值价格有影响的因素可当作一般因素，且其一般因素通常不考虑国际因素，甚至不考虑所在省域以外的对估价对象价值价格无明显影响的因素。

（三）房地产自身状况因素、市场状况因素和交易状况因素

这是根据影响性质不同，把房地产价值价格影响因素先分为房地产自身状况因素、房地产市场状况因素和房地产交易状况因素三个方面，然后进行细分。

房地产自身状况因素简称房地产状况因素，也就是房地产自身因素。

房地产市场状况因素是指对房地产价值价格有影响的房地产市场状况，比如房地产市场是上升（或过热）还是下行（或低迷）。

房地产交易状况因素也称为房地产交易情况因素，是指对房地产成交价格有影响的交易当事人的实际交易情况。交易情况分为一般交易情况和特殊交易情况。一般交易情况包括付款方式不同、交易税费负担方式不同等，它们会使房地

产成交价格在表面上出现较大差异。特殊交易情况包括交易双方有利害关系、对市场行情或交易对象缺乏了解、被迫出售或被迫购买等，它们会使房地产成交价格在实质上偏离正常价格。

（四）对市场价格有影响和仅对成交价格有影响的因素

这是根据对市场价格、成交价格影响的不同，把房地产价格影响因素先分为对房地产市场价格有影响的因素和仅对房地产成交价格有影响的因素两大类，然后进行细分。仅对房地产成交价格有影响的因素是实际交易中不正常和偶然的因素，主要是上述交易情况因素，如急售、急买、买方特殊偏好、卖方定价策略等都属于仅对房地产成交价格有影响的因素。

本章后面将根据上述第一种分类，对各种因素对房地产价值价格的影响进行简要分析。为便于分析，把房地产外部因素中的制度政策因素、人口因素、经济因素、社会因素、国际因素、心理因素、其他因素提升一个层次，将它们与房地产自身因素并列。还需要说明的是，许多因素之间不是完全独立的，甚至存在交叉或包含关系，但在分析某个因素对房地产价值价格的影响时，是假定该因素之外的各种因素均不变的，尽管这种情况在现实中一般不存在。

二、各种因素对房地产价值和价格的影响类型

要深入分析各种因素对房地产价值价格的影响，对其影响予以科学准确量化，还需要了解它们对房地产价值价格的各种不同影响。对各种不同影响进行归纳总结，主要有下列 9 种类型。

（一）影响方向不同

不同的因素导致房地产价值价格变动的方向不同。某些因素是增值因素或对房地产价值价格有正面影响、有利影响，其存在或增加会导致房地产价值价格上升，如土地使用期限、美好景观。某些因素是减值（或减价）因素或对房地产价值价格有负面影响、不利影响，其存在或增加会导致房地产价值价格下降，如离市中心距离、环境污染。

但是不同用途或类型、性质的房地产，同一因素导致价值价格变动的方向可能不同。例如，住宅特别是别墅通常要"私密"，而商业、办公用房特别是商铺要"暴露"。因此，靠近道路对住宅来说一般是减值因素，而对商业、办公用房来说一般是增值因素。再如某一地带有铁路，如果该地带是工业、仓储物流区，则铁路是增值因素；而如果该地带是住宅区，则铁路通常是减值因素，特别是靠近铁路线的住宅价格会明显降低。又如房龄，对普通或现代建筑来说是减值因素，即房龄越长，价值越低；而对历史建筑来说一般是增值因素，即建成年代越

早、房龄越长，价值越高。

（二）影响程度不同

不同的因素导致房地产价值价格变动的程度或幅度不同。某些因素是主要因素，其存在或变化会导致房地产价值价格较大幅度的变动。某些因素是次要因素，其存在或变化仅导致房地产价值价格较小幅度的变动。以住宅的产权性质、地段、朝向、楼层为例，在通常情况下，它们对住宅价值价格的影响是依次减小的。

但是不同用途的房地产，同一因素对价值价格的影响程度不尽相同。就朝向和楼层来看，商场与住宅相反，楼层的影响一般比朝向大。再如景观，它对住宅、写字楼、酒店的价值价格影响要比对商场、厂房、仓库的价值价格影响大，甚至在通常情况下，商场、厂房、仓库可以忽略景观因素的影响。

（三）影响速度不同

不同的因素导致房地产价值价格变动的速度不同。某些因素的存在或变化会立即引起房地产价值价格变动，而某些因素对房地产价值价格的影响具有"滞后性"，会经过一段时间或需要较长时间才会显现出来，甚至悄然地逐渐产生影响。例如，行政区划变更，放开或实施住房限价、限购等房地产调控政策措施，会很快导致住宅和相关土地价格上涨或下降；而增加或减少房地产开发用地供应，收紧或放松房地产贷款，提高或降低房地产贷款利率等房地产调控政策措施，除影响人们的市场预期而较快影响房地产价格外，它们对房地产价格涨落的影响通常有一个过程。货币供应、人口增长、经济增长、居民收入增长等因素对房地产价格涨落的影响，通常也有一个过程。

（四）影响关系不同

不同因素的变化与房地产价值价格的变动关系不完全相同，主要有下列4种。

（1）某些因素随着其变化会一直提升或一直降低房地产价值价格，如图 5-1（a）所示。例如有电梯的高层住宅楼，通常楼层越高，房价越高，但一层因带院落或有地下室而房价较高、顶层因人们担心保温隔热防水不够好而房价较低等情况除外。

（2）某些因素的变化因存在"边际效用递减"，其在不同水平上对房地产价值价格的影响程度有所不同，如图 5-1（b）所示。例如住宅，当其所在住宅区的绿地率较低时，提高绿地率对住宅价值价格的提升作用较大；而当绿地率较高时，再提高绿地率则对住宅价值价格的提升作用较小。

（3）某些因素在某一状况下随着其变化会提升房地产价值价格，而达到某个

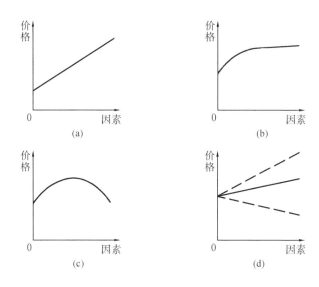

图 5-1　不同影响因素与价值价格之间的关系

临界点（或饱和点、拐点）后，则随着其变化会降低房地产价值价格，如图 5-1
（c）所示。例如，商场、住宅、办公楼都有所谓最佳楼层，在该楼层以上和以下
的楼层价值价格相对较低。商场一般底层的价值价格最高，往上和往下的楼层价
值价格依次递减，甚至地下一层的价值价格高于地上第三及以上楼层。无电梯的
老式住宅楼，一般地上第三层的价格最高，往上和往下的楼层价格依次递减，且
住宅的地下层（包括半地下）价格一般不会高于地上楼层。再如，一套住宅的面
积或户型大小、一宗土地的面积大小均有合适的规模，面积过大或过小，通常单
价较低。

　　（4）某些因素从某一方面看会提升房地产价值价格，而从另一方面看会降低
房地产价值价格，其影响的最终结果是由这两方面的合力决定的，如图5-1（d）
所示。例如，修筑一条道路穿过某个住宅区，一方面因改善该住宅区的对外交
通，方便居民出行，会提升其住宅价值价格；另一方面因带来交通噪声、汽车尾
气污染和行人行走的不安全感，会降低其住宅价值价格。至于最终是提升还是降
低住宅价值价格，要看受影响住宅与该道路的距离及该道路的性质，其中紧临该
道路的住宅比里面的住宅受到的负面影响大，除非紧临该道路的住宅适宜并允许
改变为临街商铺。但是，如果该道路是一条全封闭的过境公路，则对该住宅区的
住宅价值价格通常都是负面影响。

（五）影响范围不同

不同的因素对房地产价值价格产生影响的地区范围有所不同，可分为下列4种。

（1）某些因素只对个别房地产（如估价对象或可比交易实例自身）的价值价格有影响，如某宗房地产的朝向、楼层、户型、房龄、装饰装修、土地使用期限、土地形状、土地开发程度。

（2）某些因素仅对某个片区的房地产价值价格有影响，如新建一个城市公园或一条地铁，主要对其周边一定距离范围内的房地产价值价格有提升作用，且离该公园或地铁站越远，房地产价值价格的提升作用越小。就地铁站的影响范围来看，通常为步行15min可到达的范围内，如果离地铁站超过2km，则基本没有利好影响了。

（3）某些因素主要对某个地区（如某个城市）的房地产价值价格有影响，如一个城市的国土空间规划、土地供应计划、住房发展规划、房地产市场调控政策，以及高速公路、高铁站、机场的建设。

（4）某些因素对全国范围的房地产价值价格都有影响，如货币和利率政策。

（六）影响因距离而不同

某些因素对房地产价值价格的影响与房地产的距离相关，且其中有的因素距离越近越好，有的因素距离越远越好，有的因素距离不近不远最好。从住宅来看，与花园、绿地相距越近越好，与高压线、垃圾站、危险品仓库相距越远越好，与小区出入口、公交车站、地铁站、公园、医院、菜市场相距不近不远最好。另外，住宅与小区广场、儿童乐园、露天游泳池、中小学校相距也不宜过近，因为如果过近，可能会受喧闹声、高音喇叭等噪声的影响。

（七）影响因地区而不同

同一因素在不同地区对房地产价值价格的影响可能不同。不同地区的人因地理位置、气候条件、风俗习惯、文化传统、宗教信仰等的不同，对不同房地产的偏好有所不同，某个因素在某个地区可能被人看重，而在其他地区则未必如此。例如，中国北方比南方更看重住宅的朝向，讲究"坐北朝南、南北通透"，南方比北方更看重住宅的通风和"风水"。再如，沿海地区的原居民因要长久居住、嫌弃潮湿、海风大、海浪声、家具家电易受腐蚀等而不喜欢离海边过近的住宅，内陆来的人因喜欢海景、到海边游玩方便、不长期居住等而喜欢离海边近的住宅。

（八）影响因时期而不同

某些因素对房地产价值价格的影响方向和程度等不是始终不变的。随着时间的推移、观念的更新，人们对不同房地产的偏好会发生改变，那些曾经提升房地产价值价格的因素可能不再有提升作用，甚至变成减值或减价因素；那些曾经对房地产价值价格影响较大的因素可能变为影响较小的因素，甚至不再有影响。例如，许多城市的住房消费观念曾出现过这种变化：在房地产市场发展初期，人们希望住上高楼大厦（实为高层住宅楼），导致高层住宅的价格明显高于低层、多层住宅的价格，甚至塔式高层住宅的价格高于板式低层、多层住宅的价格。后来则相反，人们更喜欢住上高品质低层、多层住宅，导致低层、多层住宅的价格明显高于高层住宅的价格。此外，人们原先对错层、复式、跃层住宅感到新鲜，后来这类住宅多了，实际使用中也不方便，人们回过头来又偏好大平层住宅。

（九）影响的量化方式方法不同

量化不同因素对房地产价值价格的影响，适用的方式方法有所不同。某些因素的影响可以用公式或模型来量化，某些因素的影响应采用统计分析方法来量化，而某些因素的影响目前仍然主要依靠实践经验来量化。例如，房龄、土地使用期限、付款方式、交易税费负担方式等的影响可以用公式计算，朝向、楼层、面积大小等的影响可以通过大量不同朝向、楼层、面积大小等的成交价格调查统计求得，建筑外观、景观等的影响目前主要依靠实践经验作出判断。因此，估价必须运用科学的理论和方法，但又不是简单地套用某些公式或模型就能解决的；估价需要定性分析与定量分析相结合，两者相辅相成。定性分析需要掌握大量的实际情况和数据资料，并以一定的定量分析为基础；而价值价格测算需要以综合分析价值价格影响因素为基础，测算结果往往还需要反复推算并经过恰当调整才能作为最终的评估价值。尽管如此，实际估价中应尽量采用定量分析来量化各种因素对房地产价值价格的影响，减少主观因素，使估价更加科学化、精细化。只有当某些因素的影响无法采用定量分析予以量化时，才可以仅凭经验来确定。

第二节　房地产自身因素

房地产自身状况的好坏，直接关系到其价值价格的高低，是不同房地产之间价值价格高低差异的基础或底层原因。下面按照房地产区位因素、权益因素、实物因素的顺序，来分析房地产自身因素对其价值价格的影响。

一、房地产区位因素

各种生活、工作和生产等活动都需要房地产，并对房地产的区位有所要求。

房地产区位的优劣，关系到房地产所有者和使用者的生活工作便利程度、经济收益大小、外部形象和社会地位等。因此，房地产的区位不同，例如是坐落在城镇还是乡村，是位于市区还是郊区，是临街还是不临街，价值价格有很大差异。尤其是城市建设用地，其价值价格的高低主要取决于区位的优劣。总的说，在其他状况相同的情况下，区位较好的房地产，价值价格较高；区位较差的房地产，价值价格较低。

　　房地产区位优劣的形成，一是先天的自然条件，二是后天的人工作用。在实际估价中，关键是要弄清何种区位为优，何种区位为劣。一般地说，凡是位于或接近经济活动中心、交通要道口、人流较多、交通流量较大、配套设施较完备、环境较好之处的房地产，价值价格较高；反之，处于闭塞街巷、郊区僻野的房地产，价值价格较低。房地产区位优劣的具体判定标准，还因房地产用途的不同而有所不同。例如，居住用房地产的区位优劣，主要是看其交通条件、周围环境、公共服务设施完备程度等，其中别墅的要求是接近大自然，周围环境良好（如有青山、碧水、蓝天），居于其内可保证一定的私密性。商业用房地产的区位优劣，主要是看其繁华程度、人流量、临街状况、交通条件等。办公用房地产的区位优劣，主要是看其商务氛围、交通条件等。工业用房地产的区位优劣，通常需要视产业性质而定，一般地说，凡是有利于原料和产品的运输，便于动力取得和废料处理的区位，价值价格必有趋高的倾向。

　　同一城市内，不同区位和地租（或地价）的关系如图5-2所示。因各种用途都对交通有要求，但敏感度不同，在完全竞争市场条件下，每种用途的经济地租曲线均是递减的，但梯度不同。一般地说，零售业因对交通最敏感，其经济地租

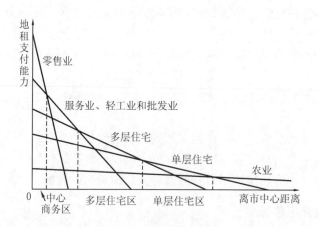

图 5-2　同一城市内不同用途的地租支付能力

曲线的梯度最大，在市中心所能产生的经济地租为各种用途之最。专业服务业（如律师事务所、会计师事务所、评估机构、咨询公司等）、轻工业和批发业因对交通没有零售业敏感，其经济地租曲线的梯度较零售业小。居住用途因对交通的敏感程度不如前两者，其经济地租曲线的梯度要更小，其中高密度的多层住宅因土地利用率较高，其经济地租曲线的梯度较低密度的低层住宅大。农业因在市中心和在郊区所产生的经济地租差异较小，其经济地租曲线较平缓，梯度是各种用途中最小的。

如果把上述各种用途的经济地租曲线重叠，便可知各地段产生经济地租最高的是何种用途。在完全竞争市场条件下，各个土地使用者按照其产生的经济地租决定自己的付租能力，向土地所有者租用土地，而土地所有者会把土地租给出价最高的土地使用者，即假设每块土地都能够用于支付最高租金的用途。这样，城市最核心地段会被零售业租用，稍远是专业服务业、轻工业和批发业，再远些是高密度多层住宅，然后是低密度低层住宅，住宅以外是农业。如果设想城市所在的地区为一个均质平原，则各种用途会呈同心圆分布。

在同一街道，不同位置和地租及土地用途的关系如图 5-3 所示。

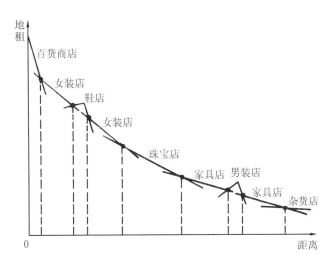

图 5-3 同一街道上不同用途的地租支付能力

某一房地产的区位不仅指该房地产在地球上的自然地理位置，还指与该房地产相关的社会经济位置。因此，区位是与该房地产的空间位置相关的自然因素和人文因素的总和。房地产的地理坐标位置虽然固定不变，但相关的自然因素和人文因素会发生变化。这种变化可能是因国土空间规划和相关规划的制定或修改，交通建设或改道，也可能是因其他方面的改变所引起的。当房地产的区位由劣变为优时，其价值价格会上升；反之，其价值价格会下降。例如，位于有天然周期性灾害地区（如有天然周期性水灾的江、河、湖、海边）的房地产，利用价值很低，甚至不能利用。如果勉强利用，一旦天灾袭来，人们的财产和生命都无保障。因此，这类地区的房地产价值价格必然很低。但如果一旦建设了可靠的防洪工程，不再受天然周期性灾害的影响，则其房地产价值价格会上升。甚至由于靠近江、河、湖、海，具有良好的水景或水路交通等有利条件，其房地产价值价格要大大高于其他地方的房地产价值价格。

房地产区位因素是一个综合性因素，在分析它对房地产价值价格的影响时，应尽量把它分解为各个具体因素。在判定一个因素是否属于区位因素时，可以把实际上不可移动的房地产想象成动产那样是可以移动的，然后假设移动它。如果房地产移动之后会发生变化的因素，比如朝向、楼层、景观，就属于区位因素；反之，如果房地产移动之后不会发生变化的因素，比如建筑结构、户型、房龄，就不属于区位因素。下面就几种主要区位因素对房地产价值价格的影响予以分析说明。

（一）地理位置

1. 方位

分析某一房地产的方位，首先是看该房地产在某个较大地区（如整个城市）中的位置。例如，由于风向、水流等原因，该房地产是位于城市的上风、上游地区，还是下风、下游地区。由于自然、历史等原因，一些城市还形成了所谓不同特色区域，如过去的北京城有东贵、西富、南贱、北贫之说，成都市有东穷、西贵、南富、北盗（乱、匪）之说。因此，区位还包含房地产是位于"高贵"地区，还是位于"贫贱"地区。一般地说，位于上风、上游、"高贵"地区的房地产价值价格，要高于位于下风、下游、"贫贱"地区的房地产价值价格。

其次是看该房地产在某个较小地区（如市辖区、片区、商圈）中的位置。较小地区是相对而言的，还可分为更小地区（如居住区、住宅小区、十字路口地区）。例如，常常遇到有的房地产所处的大环境（如所在街区、片区）较好，但小环境（如所在小区或周边）较差；而有的房地产则相反，其所处的大环境较差，但小环境较好。

再如，位于十字路口拐角处的房地产，是位于十字路口的哪个角。中国因位于北半球、欧亚大陆东部，大部分地区位于北回归线以北，一年四季的阳光主要从南方射来，而冷空气主要从西北方吹来，所以对位于十字路口拐角处的一栋房屋和一块土地来说，如果不考虑周围环境等情况，其位置优劣及价值价格高低依次为西北角、东北角、西南角、东南角。

类似的还有位于同一街道、山坡两侧或水流两岸的房地产，其价值价格有所不同。有关资料表明，同一街道的商业用房地产，因位于向阳面与背阳面（或北侧与南侧，西侧与东侧）的不同，价格有明显差异。因为位于向阳面与背阳面的不同会影响来往的人流量，从而影响顾客的数量，进而影响收益的高低。例如，根据美国南部商业区同一街道地价调查的结果，背阳面的地价通常高于向阳面的地价二至三成。我国台湾地区台北市的情况，据一些熟悉当地地价的人士表示以及常理判断，向阳、背阳对地价必然有影响，它们之间的相对关系与美国南部相近。[1] 但是在较寒冷地区，向阳、背阳对地价的影响可能相反。在中国大陆，对东西走向的街道或水流来说，位于北侧或北岸的房地产价格通常高于位于南侧或南岸的房地产价格。对位于山坡地的房地产来说，位于南坡的房地产价格通常高于位于北坡的房地产价格。农用地中的坡地，阴坡地与阳坡地的价格差异更加明显。中国古代称山南、水北为阳，山北、水南为阴，即山的南侧为阳，北侧为阴，而水（如江河）的北岸为阳，南岸为阴。这种阴阳之分、阳优于阴，在一定程度上也包含了位置优劣之别。

2. 与有关重要场所的距离

距离是衡量房地产区位优劣最常见、最简单的指标。就住宅来看，由于工作、购物、就学、就医、健身、休闲等需要，人们通常希望居住地点靠近工作地点，同时要便于购物、就学、就医、健身、休闲等。商业、办公、工业、农业等活动，也有其相应的区位要求。因此，某一房地产与跟它有关的主要场所的距离，对其价值价格有较大影响。一般地说，离市中心越近的房地产，价值价格越高。

分析距离对房地产价值价格的影响，可将距离细分为下列 4 种。

（1）空间直线距离：是指两地之间的直线长度，是最简单、最基础、易获得的距离。但在路网不够发达、有河流阻隔、地形复杂（如山城）等情况下，空间直线距离往往会失去意义，不能反映交通便利程度。

（2）交通路线距离：即路程，是指连接两地之间的道路长度。有时受路面宽度、路面平整程度、交通管理、交通流量等状况的影响，会出现路程虽不远，但所需时间较长的情况。因此，在时间对人们越来越宝贵（时间的机会成本越来越大）的情况下，交通路线距离不一定能反映真实的交通便利程度。

（3）交通时间距离：即交通时间，是指两地之间利用适当的交通工具去或来

---

[1] 林中森. 台北市地价问题之研究. 台北：台湾成文出版社有限公司，1981 年 9 月初版. 第 80 页.

所需的时间，通常能更好地反映交通便利程度，但在实际中有可能被误用而产生误导，原因主要是测量所用的交通工具、所处的时段不能反映真实的交通时间。例如，某些商品房销售宣传中所称"交通方便，20分钟车程可达市中心"，可能是用速度很快的小轿车在交通流量很小的夜间测量的，而对乘坐公交车或地铁上下班的购房者来说，可能要花一个多小时才能到达。因此，在使用交通时间距离时应采用该房地产有代表性的使用者适用的交通工具（如乘公交、乘地铁、驾车）和出行时段（如正常上下班时间）来测量。另外，某些房地产的交通时间虽短，但如果交通费用较高，比如要经过收费较高的道路或桥梁，则在经济上不划算。

（4）经济距离：是综合考虑交通时间、交通费用等因素，并用货币表示，以反映距离或交通便利程度，是一种更加科学但较为复杂的距离。例如，甲乙两宗同类房地产达到市中心的路程都是10km，但甲比乙的交通时间少15min、交通费多5元，或者说乙比甲的交通时间多15min、交通费少5元。如果该类房地产的使用者认为节省15min交通时间优于多花5元交通费，则甲比乙的交通便利；反之，则乙比甲的交通便利。

3. 临街（路、巷）状况

分析临街状况对房地产价值价格的影响，要结合房地产用途和土地形状，弄清是否临街、临什么样的街道以及是如何临街的。一般来说，不临街的住宅价格要高于临街的住宅价格，而商业用房则相反。

商业用地和商业用房的临街状况主要有：是一面临街还是前后两面临街，或者为街角地；长方形土地是长的一边临街还是短的一边临街，梯形土地是宽的一边临街还是窄的一边临街，三角形土地是一边临街还是一顶点临街。商业用地和商业用房的临街状况不同，价值价格会有所不同，甚至差异很大，比如位于街角处、两面临街的商业用房地产价格明显高于非街角处、一面临街的商业用房地产价格。

4. 朝向

朝向直接决定着阳光、气候、环境对房地产的影响程度，进而影响房地产的价值价格。就住宅来说，其朝向决定着住宅的日照、采光、通风、室内温度、景观等。中国大部分地区由于地理位置，南向是阳光最充足的方位，一般认为"南方为上，东方次之，西又次之，北不良"。朝北的住宅一年四季基本上没有日照，采光较差，冬天较冷；朝西的住宅在夏天有西晒，会很热；朝西北的住宅会夏热冬冷；南北不通透的南向住宅在夏天也较热。因此，住宅最好是南北向（坐北朝南、南北通透）。此外，由于住宅的周围环境是相对固定的，所以住宅的朝向还决定其景观，比如在住宅楼的北边有湖光山色，则朝北的住宅会有秀丽风景，从而可弥补其在日照、采光方面的缺陷，甚至其价值价格高于朝南的住宅。在实际估价中，为了精细化分析朝向的优劣及其对价值价格的影响，应尽量对房地产的朝向予以细分，如分为南北向、正南向、东南向、西南向、东西向、正东向、正西向、东北向、西北向、正北向。

5. 楼层

当为某幢楼房中的某层、某套或某间时，楼层是重要的位置因素，因楼层影响到通达性、采光、日照、通风、视野、景观、空气质量、安宁程度、安全性、室内温度、自来水洁净（是否有通过水箱、水池等供水的二次污染）等。住宅的楼层优劣通常按总层数和有无电梯来区分。一般地说，无电梯的老式多层住宅的中间楼层较优，顶层和底层较劣；有电梯的中高层住宅、高层住宅，城市一年四季空气中悬浮层以上的楼层较优，三层以下较劣。此外，顶层还要看是否可独享屋面（如屋顶花园）使用权，底层还要看是否可独享室外一定面积空地（如院落）的使用权。

对商业用房来说，楼层是更加重要的位置因素。例如，商业用房的地下一层、地上一层、二层、三层等之间的价格或租金水平差异很大。一般地说，地上一层的价格或租金最高，其他楼层的价格或租金较低，通常只有地上一层价格或租金的 60% 左右。但楼层对商业用房价值价格的影响，还要看有无自动扶梯等具体情况。

（二）交通条件

交通出入的便捷、时耗和成本，直接影响房地产价值价格。交通因素可分为道路状况、出入可用的公共交通工具、交通管理情况、停车便利程度以及交通收费情况等。下面主要说明开辟新的交通线路和交通管理情况对房地产价值价格的影响。

开辟新的交通线路，如新建道路、通公交车、建地铁，可以改善沿线地区特别是交通站点周边地区的交通条件，通常会使这些地区的房地产价值价格上升。具体导致的价值价格上升情况，可从以下 3 个方面进行分析：①从房地产类型来看，对交通依赖程度较高的房地产，其价值价格上升幅度较大。②从房地产位置来看，离道路或交通站点较近但不过近的房地产，其价值价格上升幅度较大。离道路或交通站点过近，尤其是住宅，可能因交通噪声、空气污染、地铁振动，以及人流增加而产生喧闹声等，带来一定的负面影响。③从影响发生的时间来看，对房地产价值价格的上升作用主要发生在交通项目立项后、完成前。在立项之前因开辟新的交通线路存在较大不确定性，对房地产价值价格的上升作用还难以显现；在项目完成之后因对房地产价值价格的影响基本上已释放出来，对房地产价值价格的上升作用通常会停止。

某些房地产所处的位置看似交通便利，但实际上交通并不便利，因其可能受到交通出入口、立交桥、高架路、交通管理等的影响。其中交通管理对房地产价值价格影响的具体结果如何，还要看这种管理的内容和房地产的用途。对房地产价值价格有影响的交通管理主要有限制车辆通行（具体分为是限制所有车辆通行还是限制某类车辆通行，是限制所有时间通行还是限制某段时间通行）、实行单行道、禁止掉头或左拐弯等。实行某种交通管理，对某种用途的房地产来说可能会降低其价值价格，但对其他用途的房地产来说则可能会提高其价值价格，如在住宅区内或周边的道路上禁止货车通行，可以减少噪声、汽车尾气污染和行人行走的不安全感，从而会提高住宅价格。因此，住宅区四周有交通主干道的，位于该住宅区里面的住宅价格通常要高于位于该住宅区外围的住宅价格。

（三）外部配套

对于房地产开发用地，外部基础设施完备状况是特别重要的。对于已竣工的房屋，外部公共服务设施完备状况是特别重要的。一般来说，外部配套设施完备，如对住宅来说，周边有商场、休闲娱乐场所，特别是有教育质量高的中小学校、医疗水平高的医院，其价值价格就高；反之，其价值价格就低。

（四）周围环境

1. 自然环境

空气质量的优劣关系人体健康。房地产所在地区的空气质量，特别是有无异味、有毒有害物质和粉尘等，对其价值价格有很大影响。公共厕所、垃圾站、化工厂、钢铁厂、屠宰厂、酱厂等都可能造成空气污染，凡是接近这些地方的房地产，价值价格通常较低。

房地产所处的地方是否安宁，对其价值价格也有很大影响。交通运输工具（如汽车、火车、飞机、船舶）、社会人群活动（如农贸市场、中小学校、游乐场、展览馆等人们的喧闹声、吆喝声、高音喇叭声）、工厂等，都可能产生噪声，会干扰人们的休息、工作和学习。对住宅、办公、酒店、学校、科研等类房地产来说，噪声大的地方，价值价格一般较低。

沟渠、河流、江湖、海洋以及地下水等水文环境，对其附近的房地产价值价格有很大影响。如果所在地区靠打水井来解决饮水问题，则地下水的质量或受到的污染程度，对房地产价值价格有更大的影响。

2. 人文环境

自古以来有"近朱者赤，近墨者黑""远亲不如近邻""孟母三迁，择邻而居"以及"居必择邻"等说法,说明了邻里关系等人文环境的重要性及其重大影响。房地产所在地区如果社会声誉较好、居民整体素质较高、犯罪率很低、生命和财产安全均有保障,则其价值价格必然较高;反之,其价值价格必然较低。

3. 景观

房地产周边的山、水、林、绿化、公园、建筑物等形成的景观是否令人赏心悦目、心情舒畅,对房地产价值价格有明显影响。一般地说,景观好的房地产,如能看到绿水(如海、江、河、湖、水库、水渠等)、青山、树林、绿地、公园、知名建筑(如宝塔、钟楼等)等的住宅、办公楼、酒店,价值价格通常较高;反之,景观差的房地产,比如可看到墓地、陵园、烟囱、垃圾场的,价值价格通常较低。

4. 其他环境

房地产所在地的园林绿化、环境卫生等状况,比如是整洁还是杂乱,周边安放的垃圾箱、标示牌、电线杆、广告牌、露天摊位等的摆放或竖立状态、设计是否美观等,对其价值价格有较大影响。例如,建筑结构、房龄、户型等均相同的住宅、办公用房,其所在小区的环境是"洁、净、美"还是"脏、乱、差",价值价格会有明显差异。

此外,房地产周边一定范围内的绿地率、容积率、建筑间距、建筑密度等也反映了其周围环境状况,比如视野是否开阔。因此,它们的高低或大小对房地产价值价格也有一定影响。

二、房地产权益因素

拥有一宗房地产,实际上就拥有了一定范围内的空间。但房地产拥有者在该空间范围内并不能随心所欲地利用房地产,而要受到许多方面的限制。这些限制除了来自建筑技术(包括建筑施工技术、建筑材料性能)和拥有者的经济实力,还有一些其他限制(以下均是指这类限制)。因为房地产是构成环境的重要因素,房地产利用存在"外部性",会影响周围和公众的利益。一宗房地产利用所受限制的种类和程度,对其价值价格有很大影响。进行房地产估价,应调查房地产所受的各种限制及其内容和程度,只有这样才能评估出合理、准确的价值价格。

(一)拥有的房地产权利

拥有的是房地产所有权还是使用权,是单独所有还是共有,以及土地是国有土地还是集体土地,土地使用权是出让方式取得还是划拨方式取得,土地使用期限长短等,对房地产价值价格都有很大影响。

房地产的所有权价格一般高于使用权价格。但在某些较复杂的情况下,可能出现相反的情形，即土地使用权价格高于土地所有权价格。据有关资料，中国封建社会后期出现的永佃制，其特点是土地所有权与土地耕作权相分离。地主享有土地所有权，负担田赋（即土地税），有权收租，但对土地使用权不能干涉，不能随意增租或夺佃。佃农享有土地耕作权，即佃权，并有权将它买卖、典押或出租。一般地说，耕作权价格低于所有权价格，但在经济发达、人口密集的地区，耕作权价格也有超过所有权价格的情况。①

　　房地产如果是共有的，且共有人较多，对房地产的使用、维护、修缮等难以达成共识，部分共有人不堪其繁而转让其享有的该房地产份额，则此种情况下的成交价格往往会低于正常价格。集体土地、划拨土地使用权的房地产价值价格会低于国有土地、出让土地使用权的房地产价值价格。土地使用期限越短，房地产价值价格会越低，比如位置和建筑物状况都很好的房地产，可能因剩余土地使用期限较短而价值较低。

　　此外，房地产权利的实际内容对其价值价格也有很大影响。例如，地下矿藏、埋藏物等是否自动地归属于土地拥有者，各个国家和地区的规定不一。在中国内地，虽然境内外的企业、其他组织和个人，除法律另有规定者外，均可以通过政府出让方式取得土地使用权，进行土地开发、利用、经营，但取得的土地使用权不含地下资源、埋藏物和市政公用设施。例如，《城镇国有土地使用权出让和转让暂行条例》规定："国家按照所有权与使用权分离的原则，实行城镇国有土地使用权出让、转让制度，但地下资源、埋藏物和市政公用设施除外。"在我国台湾地区，地下矿藏与土地也是分开的，其"土地法"规定："附着于土地之矿，不因土地所有权之取得而成为私有。"在欧洲许多国家，地下资源的所有权与土地所有权也是分开的，规定地下资源属于国家，地主开采地下资源要先向政府购买或将出售的收入与政府分成。在加拿大，地下矿藏在有些省，如安大略、魁北克和阿尔伯塔，成为单独的产权，不再自动地附属于土地。

　　但美国关于土地所有权的规定与上述国家和地区不同。在美国，土地所有者同时也拥有地下的一切财富，因此地主可以自由开采地下资源，或者将地下资源单独出售给他人。从地下资源的有效利用来看，美国的制度有某些合理性。首先，因为每个拥有土地的人都会关心自己的土地下面可能有些什么宝藏，他会自己花钱请地质专家来考察，有点眉目之后他会请勘探队来钻探。一旦有所发现，他的土地价格立刻成倍地上涨，否则他的投资将受到损失，他只能自认倒霉。这就从经济上鼓励了资源的发现，不用政府去费心。其次，矿藏的采收率（采集到

　　① 许涤新主编. 政治经济学辞典上册. 北京：人民出版社，1980 年 3 月第 1 版. 第 257 页。

的矿石占储量的比例）成为地主自己关心的事，他必定会在经济合理的范围内尽量将地下资源采集上来，不会发生掠夺性开采。最后，私人拥有地下资源，使他有全权选择资源的利用方式，包括将土地与资源一起出售，与开采专营企业联营，出租开采权，对资源开采所得分成并监督资源的合理利用，或将其放置等待市场价格更高时再进行开采等。他选择的方案对全社会而言也是代价较小而产出价值最大的方案。但美国的制度容易引起贫富悬殊，诱使一些人陷入风险和破产。选择不同的规定各有其理由，区别在于有的更着重公平，有的更着重效率。①

（二）该房地产权利受自身其他房地产权利的限制情况

某一房地产如果在其房屋所有权、土地使用权之外设立了抵押权、地役权、居住权等其他物权，则该房地产（房屋所有权、土地使用权）的价值价格一般会显著降低。例如，设立地役权，对供役地来说，是他人在该土地上享有的一种有限的使用权，字面上的意思是该土地为他人服役。供役地在给他人方便时，土地所有权人或土地使用权人有可能遭受某些损失，在这种情况下，地役权的存在会降低供役地的价值价格。但是，如果地役权人在地役权期限内每期（如每月或每年）要向供役地所有权人或使用权人支付费用（相当于租金），则供役地的价值价格有可能较高，特别是在供地役权人利用的同时，不妨碍自己对供役地的利用。

再如，设立了居住权的住宅，由于居住权一般无偿设立（包括居住权人不用向房屋所有权人交纳房租），且居住权只有在居住权期限届满或居住权人死亡时才消灭，所以居住权剩余期限或居住权人预期剩余寿命越长，该住宅的交换价值、抵押价值等会越小；如果居住权剩余期限或居住权人预期剩余寿命过长，则该住宅的价值会很小，比如无人愿意购买该住宅，贷款人不愿意接受该住宅为抵押物。

（三）该房地产权利受房地产权利以外因素的限制情况

这些限制情况也因使房地产利用或处分受到限制而影响房地产价值价格。就规划和用途管制等房地产利用限制来看，农用地可否转为建设用地，以及对建设用地用途、房屋用途、容积率等的规定，对房地产价值价格影响很大。例如，在城市发展已使郊区的农用地很适合转为建设用地的情况下，但是规定仍为农用地，则地价必然较低；而如果允许转为建设用地，则地价会大涨。

从规定建设用地用途、房屋用途来看，因为商业、办公、居住、工业等不同

---

① 茅于轼著．生活中的经济学．广州：暨南大学出版社，1998年4月第1版．第235～236页。

用途对区位的要求不同，或者在区位状况一定的情况下规定土地、房屋是用于商业、办公、居住还是工业或绿化，对房地产价值价格的影响也是很大的。

对建设用地特别是房地产开发用地的容积率、建筑密度、绿地率、建筑高度等的规定，对土地价值价格也有很大影响。例如，容积率的高低、地下建筑面积是否计入容积率以及是否缴纳出让金等费用（有的地方政府规定地下建筑面积不缴纳，或只按照地上建筑面积的出让金等费用标准的一定比例，比如按标准的1/3缴纳），都对地价有很大影响。

从相邻关系中房地产权利人的义务来看，相邻关系是对房地产权利人行使其所有权或用益物权的一种限制，因此相邻关系的存在对房地产价值价格有影响。一方面，相邻关系要求房地产权利人应当为相邻权利人提供必要的便利，包括：①应当为相邻权利人用水、排水提供必要的便利；②对相邻权利人因通行等必须利用其土地的，应当提供必要的便利；③对相邻权利人因建造、修缮建筑物以及铺设电线、电缆、水管、暖气和燃气管线等必须利用其土地、建筑物的，应当提供必要的便利。另一方面，相邻关系要求房地产权利人在自己的房地产内从事工业、农业、商业等活动以及行使其他权利时，不得损害相邻房地产和相邻权利人，包括：①在自己的土地上建造建筑物，不得违反国家有关工程建设标准，妨碍相邻建筑物的通风、采光、日照；②不得违反国家规定弃置固体废物，排放大气污染物、水污染物、噪声、光、电磁波辐射等有害物质；③挖掘土地、建造建筑物、铺设管线以及安装设备等，不得危及相邻房地产的安全。

房地产如果产权关系很复杂，甚至产权不明或权属有争议，显然会降低其价值价格；如果被查封，通常就不能进行正常交易，知情人一般不会购买，其价值价格必然很低甚至会暂时丧失。

（四）其他房地产权益因素

这些因素包括附着在房地产上的额外利益、债权债务以及其他权利、利益和义务，对房地产价值价格有不同程度的影响。就物业管理状况来说，优质的物业管理和服务是房地产保值增值的一个重要因素，可带来房地产溢价，如在存量房买卖中，物业管理好的住宅区的房价明显高于类似住宅区的房价；反之，没有物业管理，或者物业管理和服务较差的，则会降低房地产价值价格。

三、房地产实物因素

（一）建筑物实物因素

1. 建筑规模

建筑物的面积（或体积）、开间、进深、层高（或室内净高）、层数、高度等规模因素，关系到建筑物的空间大小、可利用性、外观形象等，对房地产价值价格有所影响。一般来说，建筑规模过大或过小都会降低房地产单价。同时需注意的是，不同用途、不同地区对建筑规模大小的要求不尽相同。此外，建筑规模大小对房地产单价的影响，还与房地产总价高低有关。就住宅面积或户型大小来看，可分为大、中、小三类，在地段、品质等状况相同的情况下，它们的单价通常基本相同。但在住宅单价很高的城市，小户型住宅因总价较低，买得起的人较多，其单价通常明显高于大户型住宅。与此相反，如果所在城市的住宅单价不高，则大户型住宅的单价可能明显较高。

商铺等临街商业用房，在面积相同、宽深比合理的情况下，一般开间越大越好，因此开间越大的价值价格越高，而进深则与开间相反。此外，人们对建筑物尤其是仓库的需要，不仅是对其楼面或地面面积的需要，还是对其室内立体空间的需要，因此层高或室内净高对房地产价值价格也有影响。住宅、办公楼、会议室等的建筑物层高或室内净高过低还会使人有压抑感，其价值价格一般较低。但层高或室内净高也有一个合适的度，无必要的过高不仅其额外增加的建设成本难以转换为相应的房地产价值价格提升，还可能因增加使用过程中的能耗和维护成本而降低房地产价值价格。

2. 建筑外观

建筑造型、色彩、风格等外观状况是否美观等，虽然见仁见智，但也有一些基本共识，对房地产价值价格有较大影响。凡是在视觉上给人以美感，使人感觉舒适、新颖、稳重、安全，则价值价格一般较高；反之，建筑外观呆板、单调、冰冷、庸俗或花哨，难以引起人们的享受欲望，甚至使人有压抑、厌恶、可怕的感觉，特别是在外形上会让人产生不好的联想，则价值价格会较低。同时需注意的是，不同用途的建筑、不同的地域文化、不同的建筑审美观念，对建筑外观的评价有所不同。就不同用途的建筑来说，写字楼、酒店、商场等类公共建筑通常讲究气派、宏伟、可视性，其外观色彩可以是华丽的；而住宅通常讲究优雅、安静、私密性，要让人感到亲切与温馨，其外观色彩宜素雅，不宜鲜艳。

3. 建筑结构

对建筑物最基本、最重要的要求是安全，特别是在地震多发地区，这就涉及建筑结构。建筑结构不同，建筑物的稳固性、耐久性和单方造价不同，因此其价值价格也会有所不同。例如，钢筋混凝土结构、砖混结构、砖木结构的建筑物，其价值价格一般是从高到低的。

4. 设施设备

随着经济社会的发展和生活水平的提高，人们要求建筑物内安装完善的设施设备，因此建筑物的设施设备是否齐全、完好，比如有无电梯、中央空调、集中供热、智能化、宽带及其性能等，对房地产价值价格有很大的影响。当然，不同用途和档次的建筑物，如酒店、写字楼、住宅等，对设施设备的要求有所不同。一般地说，设施设备齐全、完好的，价值价格会高；反之，价值价格会低。

5. 装饰装修

就精装房、简装房和毛坯房来说，它们的价值价格一般是从高到低的。当然，装饰装修是否满足人们的需要，其风格、品位、质量等，是非常重要的因素。某些"糟糕"的装饰装修不仅不能提高房地产价值价格，还会降低房地产价值价格，因为购置后还要花费一定代价将其"铲除"后重新装饰装修。

6. 建筑性能

建筑物应满足防水、保温、隔热、隔声、通风、采光、日照等要求。对建筑物防水的基本要求是屋顶或楼板不漏水，外墙不渗雨。对建筑物保温、隔热的基本要求是冬季能保温，夏季能隔热、防热。对建筑物隔声的基本要求是，为了防止噪声和保护私密性，能阻隔声音在室内与室外之间、上下楼层之间、左右隔壁之间、室内各房间之间传递。对建筑物通风的基本要求是，能够使室内与室外的空气流通，保持室内空气新鲜。对建筑物采光、日照的基本要求是，白天室内明亮，室内有一定空间能够获得一定时间的太阳光照射。采光和日照对住宅都很重要。采光对办公楼比较重要。

因此，上述诸方面是否良好，对房地产价值价格有较大影响。以日照为例，有自然状态下的日照和受到人为因素影响的日照。自然状态下的日照长短，主要与所在地区的纬度高低和气候条件有关。日照在一个地区基本上是相同的，因此主要是考察受到人为因素影响的日照长短。受到人为因素影响的日照长短，主要与朝向、周围建筑物或其他物体（如山体、树木）的高度、距离（如建筑间距）等有关。一般地说，受到周围建筑物或其他物体遮挡的房地产价格（尤其是住宅价格），要低于无遮挡情况下的类似房地产的价格。日照对房地产价格的影响还可以从住宅的朝向对其价格的影响中看到。

7. 空间布局

建筑物的内部空间布局关系到其使用功能和便利程度，对房地产价值价格有较大影响。不同用途的建筑物，如住宅、商场、写字楼等，对内部空间布局的要求有所不同。一般地说，平面布置合理、有利于使用的建筑物，价值价格较高；反之，价值价格较低。特别是住宅，其户型或平面设计中功能分区是否合理、使用是否方便是决定住宅价值价格高低的重要因素之一。

8. 新旧程度

建筑物的新旧程度是一个综合性因素，包括建筑物的年龄、剩余寿命、工程质量、维护状况、完损状况等。一般地说，除历史建筑、不可移动文物外，建筑物的年龄越短、剩余寿命越长，价值价格会越高；而不论什么建筑物，其工程质量、维护状况、完损状况越好，价值价格就越高。

（二）土地实物因素

1. 土地面积

两宗位置相当的土地，如果面积大小差异较大，单价和楼面地价会有所不同。一般地说，面积过小而不利于利用的土地，单价和楼面地价较低。但在特殊情况下可能有例外，如面积过小的土地与相邻土地合并后会大大提高相邻土地的利用价值，则面积过小土地的拥有者可能以"缺了我不成"的心态待价而沽，而相邻土地的拥有者为求其土地得到有效利用，可能不惜以高价取得。

土地面积如果过大，单价和楼面地价也可能较低。因为面积过大，总价过高，会减少潜在购买者数量。另外，面积过大的土地在利用时通常需要拿出较多的土地用于道路等基础设施建设，甚至需要分割成若干块土地，从而会减少可利用的土地面积。

土地面积大小的合适度因不同地区、不同用途、不同生活习惯而有所不同。例如，某个地区的房地产市场如果普遍接受大型住宅区、高楼大厦，则在该地区较大面积土地的利用价值要高于较小面积土地的利用价值，因此较大面积土地的单价和楼面地价会高于较小面积土地的单价和楼面地价。反之，如果该地区的房地产市场仅能接受小型住宅区、低层建筑，则较大面积土地的单价和楼面地价会低于较小面积土地的单价和楼面地价。

2. 土地形状

土地形状是否规则，对地价有影响。形状规则的土地一般是指正方形、长方形（但长和宽的比例要适当）的土地。形状不规则的土地因通常不能有效利用，其价值价格较低。为了改善形状不规则土地的利用，往往采取土地调整或重划措施。土地经过调整或重划之后，利用价值提高，地价随之上涨，这从另一方面说明了土地形状对地价的影响。

3. 地形地貌

地面的高低起伏、平坦程度等地形地貌状况，会影响土地的利用价值、开发成本、景观等，从而影响其价值价格。一般来说，平坦的土地，价值价格较高；高低不平的土地，价值价格较低。但是，如果土地过于平缓，往往不利于地面水的汇集和排除。

　　就地势来看，在其他状况相同的情况下，地势高的房地产的价值价格一般高于地势低的房地产的价值价格。因为地势低不仅下雨时容易积水、潮湿，而且会影响建筑物的气势、可视性。对于写字楼，气势和可视性都很重要；对于商铺、商场等商业用房，可视性很重要。如果把地势与当地年平均降雨量、洪涝灾害情况结合起来，可更好地看出地势对房地产价值价格的影响。某些房地产的地势虽然较低，但如果当地年平均降雨量不大、没有洪涝灾害，则地势对其价值价格的影响就不大；反之，如果当地年平均降雨量大，或时常发生洪涝灾害，易使土地、房屋溃水、受淹，甚至有可能使房屋倒塌，则地势对房地产价值价格的影响就较大。

　　4. 地质

　　不同的土地，地基承载力等地质状况有所不同。对农用地来说，因地基承载力一般都能满足要求，通常可不考虑地基承载力因素。但对建设用地特别是城市建设用地来说，地基（或工程地质）状况对地价的影响较大，尤其是在现代城市建设向高层化发展的情况下。对建设用地来说，一般情况下，地基坚实，承载力较大，有利于建筑使用，地价就高；反之，地价则低。但建造不同的建筑物，如低层、多层、高层、超高层建筑，对地基承载力有不同的要求，因此地基承载力对地价的影响程度也有所不同。地下水中如果含有酸碱杂质，会对人工基础有侵蚀作用，有些含有特殊成分的地下水可导致疾病，因此这些地质状况对房地产价值价格也有影响。

　　现代建筑技术在一定程度上可以克服地基承载力小、不稳定等地质问题，因此地价与地基状况关系的本质是地基状况的好坏关系到开发建设成本的高低。建造相同的建筑物，地基状况较好的，需要的地基加固处理等费用较低，从而地价较高；反之，则地价较低。不同地震烈度的建筑抗震设防要求，也可以说明这个问题。这些将会在第十章"假设开发法及其运用"中清楚地看到。

　　5. 土壤

　　这里主要说明土壤的污染状况、酸碱性和肥力对房地产价值价格的影响。土壤受到污染的土地和房屋，地价和房价会降低。酸性土壤会腐蚀和削弱混凝土，碱性土壤不利于植物生长发育。土壤污染和酸碱性问题虽然可以采取技术措施进行处理，但会额外增加房地产开发建设成本或运营费用，如碱性土壤会增加园林绿化的维护成本，从而降低地价或房价。

　　肥力因素主要影响农用地的价值价格。对农用地来说，土地肥沃，地价就高；反之，土地贫瘠，地价就低。在影响农用地价值价格的因素中，肥力甚至是最主要的因素，而且越是偏僻的地区，肥力对地价的决定作用会越大。

6. 土地开发程度

一宗土地的基础设施完备程度和场地平整程度，对其价值价格的影响是显而易见的：熟地或净地的价格要高于生地的价格；"五通一平"土地的价格要高于"三通一平"土地的价格，"七通一平"土地的价格要高于"五通一平"土地的价格。

第三节　制度政策因素

一、房地产制度政策

房地产制度政策特别是房地产所有制、使用制、交易管理制度政策和价格政策，对房地产价格的影响可能是最大的。例如，在传统城镇住房制度下，对住房实行实物分配、低租金使用，致使住房没有买卖价格、租金极低；在传统土地使用制度下，严禁买卖、出租或以其他形式非法转让土地，致使地价、地租不存在。而改革城镇住房制度和土地使用制度，推行住宅商品化，停止住房实物分配、实行住房分配货币化，允许土地使用权出让、转让、出租等，使得房地产价格显现出来，并反映房地产供求状况，同时也受房地产供求关系的影响。

目前，中国的土地只能属于国家或农民集体所有，且都不得买卖，因此没有土地所有权价格，所谓土地价格或地价主要是土地使用权价格。假如同时有土地所有权价格和土地使用权价格，则土地使用权价格一般会低于土地所有权价格。此外，土地使用权通常是有土地使用期限的，因此房地产价格的高低又与土地使用期限的长短有关。一般情况下，土地使用期限越长，房地产价格会越高；反之，房地产价格会越低。另外，国有建设用地使用权出让市场因为政府是唯一供应者，其土地供应量、供应结构和供应方式等的变化会引起房地产价格的变动。

住房限购、限售等房地产交易管理制度政策及其调整，显而易见对房地产价格尤其是房价有很大影响。

房地产价格政策是指政府对房地产价格高低和涨落的态度及相应采取的干预或管控方式、措施和程度等。从政府对房地产价格高低和涨落的态度来看，可将房地产价格政策分为低价政策和高价政策，抑制价格政策和刺激价格政策。低价政策一般是采取某些措施使房地产价格处于较低水平。高价政策一般是采取某些措施使房地产价格处于较高水平。抑制价格政策一般是采取某些措施来控制房地产价格上涨。刺激价格政策一般是采取某些措施来促使房地产价格上涨。

政府对房地产价格的干预或管控方式、措施和程度，包括是实行市场调节价还是实行政府指导价、政府定价。当对房地产价格进行干预或管控时，除了最直接的实行政府定价、政府指导价以及最高限价、最低限价、交易参考价，还可能实行价格涨跌幅限制、规定房地产价格构成、控制利润率。例如，曾经规定新建的经济适用住房出售价格按保本微利原则确定，其成本包括土地房屋征收补偿费、勘察设计和前期工程费、建筑安装工程费、住宅小区基础设施建设费（含小区非营业性配套公建费）、管理费、贷款利息和税金七项因素，利润率控制在3％以下。因此，对于有规定房地产价格构成、控制利润率的房地产，采用成本法估价时应依照相关规定进行。此外，还可能采取一些间接措施来调节房地产价格。其中抑制房地产价格的间接措施较多，如在房地产价格过快上涨时，通过增加商品房用地供应或加大、加快商品房建设，以增加房地产供给，采取征税、限贷等政策措施遏制房地产投机，以减少房地产需求，进而抑制或稳定房地产价格。这些房地产价格政策对房地产价格都有很大影响。

二、金融制度政策

房地产价值较高，其开发、投资、消费等都需要大量资金，往往需要融资。因此，房地产和金融密切相关，金融制度政策尤其是货币政策、房地产信贷政策，对房地产价格有较大影响。

（一）货币政策

如今，商品的价值和价格都是用货币来计量和反映或表现的。就全社会来看，一边是商品，另一边是货币，在商品数量不变的情况下，如果货币供应多了，商品的价值价格就会上升。因此，货币供应量对商品尤其是股票、房地产等资产价格有较大影响。

货币供应量等货币政策的一般目标有稳物价、稳增长、保就业等，通常不会直接针对房地产市场价格涨落等房地产市场状况采取货币政策。货币政策对房地产价格的影响主要视其松紧程度。货币政策由紧到松有从紧、适度从紧、稳健、适度宽松、宽松五个档次，其中"稳健"是既不紧又不松、松紧适度的"中性"。货币政策放松，比如所谓"大水漫灌"，通常会导致房地产价格上涨；货币政策收紧，通常会导致房地产价格下降。例如，2008年国际金融危机后，美国、英国等许多国家的房价出现了显著下跌。而同期中国经历了2009年、2012年、2014年三次货币政策大宽松，房价在2010年至2018年持续过快上涨。再如，2020年下半年至2021年上半年受新冠肺炎疫情冲击，许多国家的经济增长大跳水，人们担心房价会像2008年那样大跌，但因主要发达经济体实施极度宽松货币政策和大规模财政刺激，出现了所谓"全球房价在疫情中逆势上涨"，甚至有人得出这种结论："房价在经济发展好的时候小涨，经济不好的时候大涨，疫情暴发后超级涨。"而中国因货币政策保持稳健取向，并坚持不将房地产作为短期刺激经济的手段，坚持稳地价、稳房价、稳预期，房价没有像人们预期的那样普遍出现大涨。

货币政策对房地产价格的影响程度，还受控制资金流向房地产的房地产信贷政策等"闸门"松紧程度的影响。如果"闸门"关得较紧，比如"防止资金违规流入房地产市场"，则宽松货币政策对房地产价格的影响相对较小。

（二）房地产信贷政策

房地产信贷政策主要包括房地产开发贷款政策和个人购房贷款政策，比如增加或缩小房地产信贷规模，放松或收紧房地产贷款，调整房地产信贷投向（例如是投向房地产开发贷款还是个人购房贷款），提高或降低购房最低首付款比例，上调或下调贷款利率，延长或缩短最长贷款期限，提高或降低房地产抵押率上限等。具体来说，严格控制房地产开发贷款，会减少未来的商品房供给，从而会使未来的商品房价格上涨；反之，会使未来的商品房价格下降。提高个人购房最低首付款比例、上调个人购房贷款利率、降低最高贷款额度、缩短最长贷款期限，会提高购房门槛、增加购房支出、降低购房支付能力，从而会减少住房需求，进而会使住房价格下降；反之，会使住房价格上涨。

三、税收制度政策

新开征或恢复征收、暂停征收、取消某种房地产税收，调整房地产税收的计税依据，提高或降低房地产税收的税率（或税额标准），实行、提高或取消、降低房地产税收优惠等，都对房地产价格有所影响。下面从房地产开发（或建设）、流转（或交易、流通）、持有（或保有）三个环节的税收角度，简要说明税收制度政策对房地产价格的影响。

（一）房地产开发环节的税收

该环节的税收目前有耕地占用税、企业所得税。在通常情况下，增加房地产开发环节的税收，会使房地产开发建设成本上升，从而推动房地产价格上涨；反之，减少房地产开发环节的税收，会使房地产价格下降。

但在短期内，增加（或减少）房地产开发环节的税收是否会导致房地产价格上涨（或下降），主要取决于房地产市场是卖方市场还是买方市场。先来看增加房地产开发环节的税收，如果房地产市场是卖方市场，因房地产开发企业可通过提高房地产价格将增加的税收转嫁给房地产购买者，则会使房地产价格上涨；而如果是买方市场，则难以使房地产价格上涨，增加的税收主要会迫使房地产开发企业降低开发利润、节省开发建设成本而"内部消化"。再来看减少房地产开发环节的税收，如果房地产市场是卖方市场，则难以使房地产价格下降，减少的税收主要会转化为房地产开发企业的"超额利润"；而如果是买方市场，则减少的税收会使房地产价格下降。

（二）房地产流转环节的税收

该环节的税收通常称为房地产交易税收，目前有契税、增值税、城市维护建设税、教育费附加（可视同税金）、土地增值税、个人所得税（或企业所得税）、印花税。分析该环节的税收对房地产价格的影响，先要把它们分为向卖方征收的税收和向买方征收的税收。上述税收中，增值税、城市维护建设税、教育费附加、土地增值税、个人所得税是向卖方征收的税收，契税是向买方征收的税收，印花税是向买卖双方均征收的税收。一般地说，增加卖方的税收，比如减少或取消增值税和个人所得税的减免优惠，开征土地增值税，会使房地产价格上涨；反之，减少卖方的税收，比如减免增值税和个人所得税，会使房地产价格下降。增加买方的税收，比如提高契税税率，会抑制房地产需求，从而会导致房地产价格下降；反之，减少买方的税收，比如减免契税，会刺激房地产需求，从而会导致房地产价格上涨。

但在短期内，增加（或减少）卖方、买方的税收是否会导致房地产价格上涨（或下降），主要取决于房地产市场是卖方市场还是买方市场。从增加卖方的税收来看，如果房地产市场是卖方市场，则卖方可通过提高房地产价格将增加的税收转嫁给买方，从而会导致房地产价格上涨，其中许多卖方要求二手房的价格是"净得价"也说明了这一点；而如果是买方市场，则难以导致房地产价格上涨，增加卖方的税收主要会降低卖方的收益而由卖方"内部消化"。从减少卖方的税收来看，如果房地产市场是卖方市场，则难以使房地产价格下降，主要会使卖方的收益增加；而如果是买方市场，则减少卖方的税收会使房地产价格下降。

再来看增加买方的税收，比如提高契税税率，会加重买方的购买负担而减少购买需求，但如果房地产市场是卖方市场，则在短期内难以使房地产价格下降；而如果是买方市场，则会使房地产价格下降。从减少买方的税收来看，比如减免契税，如果房地产市场是卖方市场，则减少买方的税收会减轻买方的购买负担而增加购买需求，从而会导致房地产价格上涨；而如果是买方市场，则在短期内难以使房地产价格上涨。

（三）房地产持有环节的税收

目前，该环节的税收主要有房产税、城镇土地使用税。增加房地产持有环节的税收，如开征按评估值、每年征收的房地产税，一方面会增加房地产持有成本，减少收益性房地产的净收益，从而使自用性需求者倾向于购买较小面积的房地产，并抑制房地产投资和投机，进而减少房地产需求；另一方面，会使纳税人为减少存量房地产囤积而出售房地产，进而增加存量房地产供给。因此，不论是房地产的净收益和需求减少，还是房地产供给增加，都会导致房地产价格下降。反之，减少房地产持有环节的税收，会导致房地产价格上涨。此外，纳税人为减轻税负，会通过提高房地产租金转嫁给承租人，从而导致房地产租金上涨；同时开征房地产税会使部分闲置房地产被"挤出"用于出租，从而增加租赁供给，可缓解房地产租金上涨压力。

四、相关规划和计划

规划和计划是人们对于未来发展的一种预测、期望和安排。与房地产相关的国民经济和社会发展规划、国土空间规划、土地供应计划、住房发展规划等规划和计划的编制或修改，会影响人们对未来不同区域、不同类型土地供给、住房供给等的预期，从而对房地产价值价格有影响。例如，《中华人民共和国国民经济和社会发展第十一个五年规划纲要》提出："调整住房供应结构，重点发展普通商品住房和经济适用住房，严格控制大户型高档商品房。"从住房供求分析来看，该规划的实施会抑制普通商品住房价格上涨，而会使大户型高档商品住房价格上涨。

国土空间规划是对一定区域国土空间开发保护在空间和时间上作出的安排，包括总体规划、详细规划和相关专项规划。国土空间总体规划是详细规划的依据、相关专项规划的基础。详细规划是对具体地块用途和开发建设强度等作出的实施性安排，是开展国土空间开发保护活动、实施国土空间用途管制、核发城乡建设项目规划许可、进行各项建设等的法定依据。相关专项规划是在特定区域（流域）、特定领域，为体现特定功能，对空间开发保护利用作出的专门安排，是涉及空间利用的专项规划。经依法批准的国土空间规划是各类开发、保护、建设活动的基本依据，不得违反国土空间规划进行各类开发建设活动，国土空间规划对房地产特别是土地的价格有着直接、较大的影响。例如，国土空间规划如果将某个区域列为重点发展区域，则该区域的房地产价格一般会上涨。国土空间规划所确定的建设用地规模、用途，以及容积率、密度等控制指标，高度、风貌等空间形态控制要求等，对房地产价格的影响会更加直接而明显。

土地供应计划是政府对行政辖区范围内国有建设用地供应数量、用途结构、空间布局和执行的具体安排。该计划确定的国有建设用地供应数量、用途结构、空间布局等，特别是土地供应计划指标（在划拨或出让国有建设用地使用权时使用的指标），决定了房地产开发用地的供应状况，对房地产开发用地和商品房的价格有很大影响。当房地产开发用地的供应量减少时，房地产开发用地和商品房的价格会上涨，反之会下降。

住房发展规划是住房发展的愿景和蓝图，其确定的住房发展目标、供应规模、结构比例（如新建住房套型结构比例要求）、空间布局和建设时序等，特别是普通商品住房、保障性住房的供应规模或在住房供应总量中的比重，对商品住房价格有较大影响。例如，住房供应增加，特别是保障性住房供应增加或在住房供应总量中的比重提高，商品住房的价格一般会下降。但是，如果住宅建设用地供应总量一定，则保障性住房供应增加会挤占商品住房建设用地，从而使商品住房供应减少，而如果希望购买商品住房的需求并未相应减少，就可能导致商品住房的价格上涨。

五、相关特殊制度政策

中共中央、国务院作出鼓励东部地区率先发展、实施西部大开发、振兴东北地区等老工业基地、促进中部地区崛起等重大决策，设立沿海开放城市、经济特区、经济技术开发区、自由贸易区等，相应地实行特殊的体制机制、特殊的政策、特殊的对外开放措施、国家给予必要的支持等，预示着这些地方会大力吸引投资、经济较快发展、房地产需求增加，从而会使这些地方的房地产价格上升。例如，深圳变为经济特区，海南岛成为海南省并享受特区政策，开发开放上海浦东新区，都曾使这些地方的房地产价格有较大提升，甚至出现跳跃式上涨。

第四节　人　口　因　素

房地产特别是住宅的终极需求主体是人，又不能随着人口流动而移动，因此一个地区（如城市）的人口数量、结构、素质及其变化，尤其是人口流动状况，是决定其房地产需求的基础性因素，对该地区的房地产价值价格有很大影响。

一、人口数量

房地产价值价格与人口数量密切相关，除了当前的人口基数大小，更重要的是未来人口增长情况。一个地区的人口数量增加（如人口净流入）时，对其房地产的需求会增加，房地产价值价格就会上升；反之，人口数量减少（如人口净流出）时，房地产价值价格就会下降。

引起人口数量变化的因素是人口增长，它是在一定时期内由出生、死亡和迁入、迁出等因素的消长导致的人口数量增加或减少的变动现象，主要有人口增长量、人口增长率两个指标。人口增长量反映的是人口增减的绝对数量，有人口净增长、人口零增长和人口负增长三种情况。人口增长率反映的是人口增减的速度。

人口增长可分为人口自然增长和人口机械增长。人口自然增长是指在一定时期内因出生和死亡因素的消长导致的人口数量的增加或减少，即出生人数与死亡人数的净差值。人口机械增长是指在一定时期内因迁入和迁出因素的消长导致的人口数量增加或减少，即迁入的人数与迁出的人数的净差值，通俗地说是人口净流入还是人口净流出。一个城市如果人口从乡村、其他城镇或其他国家和地区流入导致其外来人口增加，即人口净流入，则对其房地产的需求会增加，从而会引起房地产价值价格上升。因此，但凡人口特别是外来人口不断增加的地区，房地产价值价格都有不断上升的趋势。

还可以把人口数量分为户籍人口、常住人口、流动人口，以及日间人口、夜间人口等的数量，来分析它们对不同类型房地产价值价格的影响。另外，在人口数量因素中，反映人口数量的相对指标是人口密度。人口密度从两个方面影响房地产价值价格。一方面，人口高密度地区通常对房地产的需求多于供给，供给相对缺乏，因而房地产价值价格趋高；人口密度增加还有可能刺激商业、服务业等行业的发展，也会提高房地产价值价格。另一方面，人口密度如果过高，表现为人口稠密、容积率高、建筑密度大，特别是在大量低收入者涌入某个区域的情况下，会导致居住环境、社会治安等变差，从而可能降低房地产价值价格。

需要补充说明的是，影响一个城市房地产价值价格的人口数量因素中，主要是人口增长因素，其中又主要是人口机械增长因素，特别是城镇化带来的人口流动。城镇化也称为城市化，是人类生产和生活方式由乡村型向城市型转化的过程，突出表现在分散的乡村人口向城镇转移、集聚。城市化是18世纪产业革命后经济社会发展的世界性现象，各个国家先后开始从以农业为主的乡村社会，转向以工业和服务业为主的城市社会。通常采用一国或一地区的城镇人口占总人口比重这个指标来测度该国或该地区的城市化水平。该指标称为城市化率或城镇化率，达到30%以上而低于70%的，为城市化快速阶段，城市化速度加快，人口向各类城镇迅速集聚；达到70%以上为城市化饱和阶段，城市化速度减慢，人口主要在城镇之间流动。人口向经济发达活跃、就业机会较多、工资收入较高、适宜居住的地区特别是为数不多的优质大城市或都市圈集聚，是客观规律和长期趋势。

二、人口结构

人口结构即人口构成，是指一定时期内按照性别、年龄、家庭、职业、文化、民族等因素划分的人口构成状况。例如在人口年龄构成方面，用 60 岁及以上老年人口占总人口的比例说明人口是否老龄化。随着经济社会的发展、居民人均预期寿命的增长，一个国家和地区的人口趋向老龄化，从而导致房地产需求结构的变化，如会导致对适合老年人居住的住宅、老年公寓等养老房地产的需求增加，进而影响不同类型房地产的价值价格变化趋势。

人口家庭构成反映家庭人口数量等情况。住宅需求的基本单位是家庭，家庭数量的变化会引起所需住宅套数的变化。因此，一个国家和地区即使人口总量不变，但如果家庭人口规模（每个家庭平均人口数）发生变化，则会导致家庭数量的变化，从而引起所需住宅套数的变化，随之影响住宅的价值价格。例如，随着家庭人口规模小型化，即每个家庭平均人口数下降，家庭数量增多，所需住宅套数将会增加，住宅的价值价格有上升趋势。中国城镇家庭存在从传统的复合大家庭向简单的小家庭发展的趋势，并随着经济社会的发展，离婚、单亲家庭、不婚族会越来越多，也会使家庭数量增多。

三、人口素质

人们的科学文化水平、文明程度、道德品质等，可以引起房地产价值价格的变化。随着文明进步、文化发展，公共服务设施必然日益普及和完善，同时人们还希望居住、工作等空间环境更加宽敞舒适，这些都会使房地产的品质不断提升、需求增加，从而导致房地产价值价格上升。而一个地区如果居民素质普遍较低、人员构成复杂，则会导致其环境脏乱差、公共秩序欠佳、犯罪率较高，人们不大愿意在此居住和工作，该地区的房地产价值价格必然低落。

第五节　经　济　因　素

一、经济发展

一个国家和地区的经济繁荣或衰退等经济发展状况，即经济基本面如何，影响着该国家和地区的就业、居民收入和市场信心等，进而对其房地产价值价格有很大影响。反映一个国家和地区经济发展状况的最常用、最重要的指标是国内生产总值（GDP）增长，例如 GDP 是正增长还是零增长、负增长以及增速快慢。

GDP 是按市场价格计算的一个国家或地区在一定时期内生产活动的最终成果，从总体上反映了一个国家和地区的市场规模、经济实力和人民生活水平的高低程度。GDP 由总消费、总投资、净出口三个部分组成。一般地说，GDP 正增长说明社会总需求在增加，预示着投资、生产活动活跃，会带动对写字楼、厂房、商店、住宅和各种娱乐设施等的需求增加，由此会引起房地产价值价格上升。例如，20 世纪 80 年代亚太地区的日本、韩国、新加坡等国家，以及我国台湾和香港地区，经济持续高速增长，房地产价格也大幅上涨。但是，如果经济过热，则容易产生房地产价格泡沫，难以持久；而如果经济衰退甚至萧条，则会带来房地产市场低迷，导致房地产价格下降。

日本在第二次世界大战后共出现过三次地价暴涨，虽然引起这三次地价暴涨的原因很多，但不可否认它与日本经济快速发展密切相关。第一次地价暴涨出现于 1956 年至 1962 年，正值日本重化学工业化时期，太平洋沿海工业化区域的地价暴涨现象较为突出，而它的波及范围扩大到大城市周围地区的住宅用地。第二次地价暴涨出现于 1967 年至 1974 年，正值日本开展地区开发和工业布局区向原有工业区外围延伸的时期，这次地价暴涨以大城市周围地区和主要地方城市的变动幅度最大。第三次地价暴涨出现于 1984 年至 1989 年，是在日本向信息化转变和东京向世界性金融中心城市过渡的时期发生的。对于这次地价暴涨，1988 年 2 月 6 日联邦德国《法兰克福汇报》上的《日本城市地价暴涨》一文写道："日本经济在世界市场上的成就是引起房地产价格上涨的启动器。短短几年之内，东京因此变成了具有国际意义的银行中心，东京的交易所在这期间能与纽约的华尔街媲美，这把国际银行吸引到了东京。数量众多的生产和商业企业在此期间也在东京开设了分支机构，因为尽管有贸易壁垒，繁荣兴旺的日本还是提供了良好的销售机会。"

二、居民收入

居民可支配收入的水平高低及增加，对房地产特别是住宅的价格有较大影响。居民可支配收入是居民在支付个人所得税、财产税及其他经常性转移支出之后余下的实际收入，即居民可用于自由支配的收入，是居民可用于最终消费支出和储蓄的总和。在通常情况下，居民可支配收入的真正增加（非名义增加，名义增加是指在通货膨胀情况下的增加），意味着居民可用于消费或投资的资金增加，生活水平会随之提高，其居住及活动所需的空间会扩大，从而会增加对房地产的需求，导致房地产价格上涨。至于对房地产价格的影响程度，则需要了解当地居民现有的收入水平、恩格尔系数等，并通过它们来判断居民家庭边际消费倾向。

恩格尔系数一般是指一个家庭食品消费支出总金额占该家庭消费支出总金额的比重。一个家庭的收入越少，家庭收入或支出中用在食品的部分所占的比重就越大；相反，随着家庭收入的增加，家庭收入或支出中用在食品的部分就会下降。这是因为在居民收入水平较低但有所增长的情况下，人们首先会用在食品的支出上，然后一般用在服装和住房的支出上，之后是用在奢侈品和享受性服务的支出上。边际消费倾向是指收入每增加一个单位所引起的消费变化，即新增加消费占新增加收入的比例。

如果居民可支配收入的增加主要是衣食都较困难的低收入者的收入增加，虽然其边际消费倾向较大，但其所增加的收入会大部分甚至全部用于衣食等基本生活的改善，则对房地产价格的影响不大。

如果居民可支配收入的增加主要是中等收入者的收入增加，因为其边际消费倾向较大，且衣食等基本生活已有了较好的基础，其所增加的收入此时依消费顺序会大部分甚至全部用于提高居住水平，则会增加对居住用房地产的需求，从而导致居住用房地产价格上涨。

如果居民可支配收入的增加主要是高收入者的收入增加，因为其生活上的需要几乎达到了应有尽有的程度，边际消费倾向较小，其所增加的收入可能大部分甚至全部用于储蓄或房地产以外的投资，则对房地产价格的影响不大。但是，如果他们利用剩余的收入从事房地产投资或投机，例如购买房地产用于出租或将持有房地产当作保值增值的手段，则会导致房地产价格上涨。

三、物价变动

（一）房地产价格和一般物价的关系

房地产价格是物价的一种，但与一般物价有所不同，在此把它们区分开来，对它们之间的关系做简要分析。

反映一般物价变动的指标是衡量市场上物价总水平变动情况的物价指数，主要有居民消费价格指数（CPI）和生产资料价格指数（PPI）。居民消费价格指数是反映一定时期内居民生活消费品及服务项目价格变动趋势和变动程度的相对数，包括食品、衣着、家庭设备及用品、医疗保健、交通和通信、娱乐教育和文化用品、居住、服务项目等大类。生产资料价格指数也称为生产者价格指数、工业品出厂价格指数，是反映一定时期内生产资料价格变动趋势和变动程度的相对数，包括能源、钢材、有色金属、化工产品、木材等项目。中国目前统计口径中，房地产价格变动没有纳入居民消费价格指数和生产资料价格指数核算，房地产是被列入固定资产投资的。因此，居民消费价格指数和生产资料价格指数的变动并不直接反映房地产价格的变动，只是间接影响。

房地产价格和一般物价的互动关系非常复杂。在通常情况下，物价的普遍变动表明货币购买力的变动，即币值发生变动。此时物价变动，房地产价格也随之变动，如果其他条件不变，那么物价变动的百分比就相当于房地产价格变动的百分比，则表示房地产价格和一般物价之间的实际关系未变。

不论一般物价总水平是否变动，其中某些物价的变动也可能会引起房地产价格的变动，诸如建筑材料（尤其是建筑钢材、水泥、木材）、建筑构配件和设备价格以及建筑人工费等"房地产投入要素"的价格上涨，会增加房地产开发建设成本，从而可能引起"成本推动型"的房地产价格上涨。

就宏观来看地价上涨和一般物价上涨之间的因果关系，在日本有以下两种看法："一种看法是重视地价上涨→抵押力量增大→信用膨胀→物价上涨这种因果关系的；另一种看法则认为存在着货币量的增加→物价上涨→地价上涨这种关系"。[①]

从较长时期来看，国内外有关统计资料表明，房地产价格的上涨率要高于一般物价的上涨率。但在房地产价格中，土地价格、新建商品房价格、存量房价格、房屋租赁价格，或者商品住宅、写字楼、商业用房等不同用途房地产的价格，其变动幅度不是完全同步的，有时甚至是不同方向的。

（二）房价和地价的关系

关于房价（房地价格）和地价的关系，有许多不同甚至对立的观点，归纳起来主要是以下 3 种：①成本决定论，认为地价是房价的重要组成部分，对房价的影响是显著的，地价上涨会导致房价上涨；②需求带动论，认为商品房作为最终产品，其价格由市场供求决定，地价水平取决于房价水平；③相互作用论，认为上述两种观点都有一定道理，但不够全面，房价和地价之间是相互作用、相互影响的关系，地价会推高房价，房价会拉高地价，需具体情况具体分析。

我们认为，如果土地供应者的数量很多，则地价高是房价高的结果而不是原因。这就如同一般情况下"不是地租决定土地产品的价格，而是土地产品的价格决定地租"。此外，这还可以从假设开发法（通过房价求地价）中得到一定说明。然而，在土地一级市场由地方政府独家垄断供应的情况下，地价虽不是影响房价的唯一因素，却是一个主要因素。土地一级市场上的地价水平在很大程度上影响着房价水平，特别是地方政府垄断造成的高地价和房地产用地供应较少造成的地价上涨，如同"垄断地租"，会推动房价上涨或市场会以房价上涨来作出反应。

---

① ［日］都留重人著．现代日本经济．马成三译．北京：北京出版社，1980 年 2 月第 1 版．第 174 页。

例如，建设用地使用权出让中新出现一个"地王"，会很快导致其周边的房价上涨。这从房地产价格是按"重置价格"确定的成本法原理中也可以得到说明。

四、利率升降

利率是使用资金的价格。房地产开发建设和交易需要大量资金，加息或降息以及市场利率升降对房地产价格有较大影响。下面，先从三个不同的角度分别说明利率升降对房地产价格的影响，然后说明利率升降对房地产价格的综合影响。

从房地产供给的角度来看，利率上升（或下降）会增加（或降低）房地产开发建设的融资成本（或者说财务费用、投资利息），从而使房地产开发建设成本上升（或下降），进而推动房地产价格上涨（或下降）。

从房地产需求的角度来看，因为购买房地产特别是居民购买住宅普遍需要贷款，所以利率上升（或下降）会加重（或减轻）房地产购买者的贷款偿还负担，从而会减少（或增加）房地产需求，进而导致房地产价格下降（或上涨）。

从房地产价值是房地产预期净收益的现值之和的角度来看，因为房地产价值与折现率负相关，而折现率与利率正相关，所以利率上升（或下降）会使房地产价格下降（或上涨）。

从综合效应来看，利率升降对房地产需求的影响远远大于对房地产供给的影响，房地产价格与利率负相关：利率上升，房地产价格会下降；利率下降，房地产价格会上涨。此外，降息通常被认为是刺激经济的政策工具，由此来看，利率下降也有利于房地产价格上涨，甚至有"低利率造就高房价"之说。

五、汇率变化

世界上的货币有许多种类，如人民币、美元、欧元、英镑、日元、港币等。不同种类的货币，不仅名称不同，价值也不相等，它们之间如果需要兑换或换算，就要采用汇率。汇率也叫汇价，是一种货币兑换另一种货币的比率，或者说，是一种货币以另一种货币表示的价格。汇率通常是不断变化的。目前，中国的人民币汇率不是完全由市场供求决定，而是实行以市场供求为基础、参考一揽子货币进行调节、有管理的浮动汇率制度。人民币汇率在合理均衡水平上有升有降，双向波动。

在国际房地产投资中，汇率变化会影响房地产投资收益，从而影响房地产价格。例如，一个外国投资者以一定价格购买了一宗房地产，此后出售该房地产时，该房地产可能升值了，但如果该房地产所在国的货币发生了贬值，那么相对于国际交易，该房地产的升值可能被其所在国的货币贬值所抵消，从而导致房地产投资失败。相反，如果该房地产所在国的货币出现了升值，那么即使房地产在当地市场没有升值，但相对于国际交易也会获得较好的房地产投资收益。因此，当预期某国的货币未来会升值时，国外资金特别是国际游资会趋于购买该国的房地产，从而导致其房地产价格上涨；反之，会导致其房地产价格下降。

第六节 社 会 因 素

一、房地产投机状况

房地产投机是指不是为了使用或出租而是为了出售而购买房地产，购买后伺机出售，然后伺机再购买，利用房地产价格涨落变化，以期从价差中获利的行为，即纯粹通过炒买炒卖房地产赚钱，常见的是"炒房"。

房地产投机是建立在对未来房地产价格预期的基础上，它对房地产价格的影响可能出现以下 3 种情况：①导致房地产价格上涨；②导致房地产价格下降；③起着稳定房地产价格的作用。至于会出现哪种情况，需要看当时的多种条件和市场氛围，还有投机者的素质和心理等。

当房地产价格不断上涨时，预计房地产价格还会上涨的投机者纷纷购买房地产，制造大量虚假需求，甚至哄抬价格，会促使房地产价格进一步上涨。而当情形相反，房地产价格下降时，预计房地产价格还会下降的投机者纷纷出售房地产，则会促使房地产价格进一步下降。此外，当投机者被过度热烈（乐观）或过度恐慌（悲观）的气氛或心理所驱使时，可能会加剧房地产价格波动，甚至出现大起大落。但在某些情况下，当投机者普遍较理性，房地产投机行为有可能起着稳定房地产价格的作用。例如，当房地产价格下降到一定程度时，怀有日后房地产价格必会上涨心理的投机者购买房地产，以待未来房地产价格上涨后再出售，这就会导致房地产需求增加，避免房地产价格过大幅度下降；而当房地产价格上涨到一定程度时，投机者认为后期房地产价格难以上涨而出售房地产，导致房地产供给增加，从而会平抑房地产价格。

二、社会治安状况

社会治安状况是指盗窃、抢劫、绑架、强奸、纵火、爆炸、杀人等方面的社会秩序和犯罪情况。房地产所在地区如果不时发生此类案件、犯罪率较高，则意味着人们的生命和财产安全缺乏保障，因此会造成该地区的房地产价格低落。

三、政治稳定状况

政治稳定状况是指不同政治主张、政治见解或政治观点的党派、团体等之间对话交流、矛盾冲突情况，现行政权的稳固程度等。一般来说，政治稳定有利于人们安居乐业，进而有利于房地产保值增值。反之，政治不稳定意味着政治局势不稳定、制度政策不稳定，甚至可能发生社会动荡，从而会影响人们的置业、投资以至居留等信心，进而会导致房地产价格低落。

第七节　国　际　因　素

由于现代交通、互联网等科技发展，世界已是一个高度互联的"地球村"，各个国家和地区彼此更加相互联系、相互影响。房地产商品虽然不能像其他商品那样开展进出口贸易，但房地产价格也会受到世界经济、国际竞争、国际政治、国际冲突等状况的影响。

一、世界经济状况

在经济全球化、投资自由化便利化以及全球资本流动的背景下，各个国家和地区的经济彼此依存，国际游资也在不同国家和地区之间寻找获利机会，进行资产配置或投资组合，导致世界经济状况，特别是主要经济体以及经济往来密切的国家和地区的经济状况，对房地产价格有较大影响。一般来说，全球经济繁荣，会有利于房地产价格平稳乃至稳步上涨；反之，全球经济低迷、衰退甚至萧条，比如 1997 年爆发的亚洲金融危机、2008 年爆发的国际金融危机，会带来国际化程度较高以及周边国家和地区的房地产价格显著下降，除非实施宽松货币政策和大量财政刺激，但这又可能引起房地产价格明显波动。

二、国际竞争状况

一国为了实现其国家利益，必然要在经济等领域同他国相互竞争。房地产因是不动产，不能像汽车、农产品、石油之类可以移动的商品那样开展进出口贸易，直接进行竞争，从而在价格上相互牵掣，这里关注的国际竞争主要是国与国之间为吸引外资而进行的竞争。由于跨国公司通常选择在成本最低的国家或地区投资设厂，所以当这种竞争激烈时，通常会采取相对低的土地等房地产价格以吸引外资，从而会使相关房地产的价格低落；但如果在税收等其他方面采取优惠政策、优化营商环境，吸引大量外资进入，则会增加房地产需求，从而会导致房地产价格上涨。

此外，不同国家和地区的房地产价格水平之间也有一定的关联、有合理的价差，如果价差超出了正常范围，则需要有合理的解释。特别是北京、上海、香港、新加坡、东京、纽约、伦敦、巴黎等国际大都市的高端写字楼、高档公寓、高级酒店等类房地产，往往是全球房地产投资者关注和投资的对象，它们的价格和租金水平之间有较大的关联。

三、国际政治状况

不同国家和地区之间难免因社会制度、宗教信仰、传统文化、历史恩怨、经济利益等而产生摩擦、争端以至发生政治对立。如果政治对立升级，则不免会出现经济制裁、经济封锁、冻结贷款或资产、终止往来等。这些情况一旦出现，往往会导致相关国家和地区的房地产价格下降。

四、国际冲突状况

国际冲突的形式以军事冲突最为常见，国际战争是最高层次的国际冲突。一旦发生战争，则战争地区的房地产价格会陡然下降，而那些受到战争威胁或影响的地区，房地产价格也会明显下降。因为房地产不可移动，爆发战争后不能搬走，难以隐藏，更无法随身携带，如果遇到空袭或其他战争上的破坏，繁华城镇甚至有可能化为废墟，所以存在战争风险或发生军事冲突时，人们纷纷抛售房地产，供大于求，房地产价格势必大幅度下降。

第八节　心　理　因　素

房地产价值价格还受人们多种心理因素的影响。这些心理因素中，不只是交易当事人的个体心理状况对某一房地产成交价格有影响，某些已成为市场参与者普遍心理倾向的因素，还会对房地产市场价值和价格有影响。影响房地产价值价格的心理因素主要有炫耀心理、从众心理、迷信心理、交易心态和特殊偏好。其中前三个因素对房地产市场价值和价格有影响，后两个因素主要对某一房地产成交价格有影响。

一、炫耀心理

人们都有一定的虚荣心，希望得到他人的关注、尊重、赞誉甚至羡慕。因此，某些能够满足人们这种心理需要的房地产，如居住或工作在其中可成为一种社会地位、事业成就或综合实力象征的房地产，其价值价格往往较高。例如，某些人愿意花高价购买名人居住过的住宅（名人故居）或比邻名家、明星居所的住宅，某些公司、律师事务所、咨询机构等单位愿意花高租金、高价格租购当地地标性或最高档的写字楼，从而使这类房地产的价值价格明显较高，其价值价格中通常含有所谓知名度、品牌或无形资产的成分。

二、从众心理

从众心理是按照多数人的意见、流行的做法、追随某种风气或潮流行事的心理。该种心理在房地产方面有多种表现，既有提升房地产价值价格的，如建筑流行风尚、群体非理性抢购等，也有降低房地产价值价格的，如群体恐慌性抛售等。

就建筑流行风尚来说，建筑也是一种艺术，与其他艺术一样，存在流行风尚的问题。不同时期的建筑有其时代特征，而现今的人们既有追求时尚（喜新厌旧）的一面，又有崇尚传统（厚古薄今）的一面。因此，当下在社会上流行、符合时代潮流或被人们推崇的建筑，其房地产价值价格一般较高；反之，当下被人们认为过时、落伍的建筑，其房地产价值价格一般较低。同时，既然是流行，往往容易过时，因此经典、耐看的建筑，其房地产价值价格相对稳定或具有持续性。而如果转变成类似于古董性质的历史建筑等，比如上海外滩建筑、老洋房，天津历史风貌建筑，其价值价格并不因房龄过长而降低。此外，成为历史建筑后，影响其价值价格的主要因素会发生某些变化，除了位置、交通、环境依然是主要因素，建成年代、存世量（稀缺性）、保存的完整性、建筑风格、建筑材料、建筑工艺、建筑师名气（如名家的作品特别是其代表作）、曾居住过的知名人物、使用过的重要单位、发生过的重大事件等体现历史、艺术、科学和文化价值的因素，会成为影响历史建筑经济价值的主要因素。不过，因为建筑毕竟不是纯粹或摆设的艺术，所以仍然要注重其实用性或使用价值。

群体非理性抢购会带来虚高的房地产市场价格，甚至导致房地产价格泡沫。而群体恐慌性抛售，则会造成房地产的市场价格显著低于其真实价值。

三、迷信心理

迷信是指盲目地信仰崇拜，虽然往往缺乏科学依据，甚至不一定是科学合理的，但通常是长久以来形成的带有一定传统文化的思想观念、民间习俗。例如，我国民间习俗中存在追求喜庆吉祥、忌讳死亡和趋利避害的心理，这些并不都是封建迷信，而是社会传统遗留下来的善良风俗。在房地产方面，迷信心理突出表现在讲"风水"或吉凶。风水一般是指住宅基地、坟地等的地理形势，如地形、山脉、水流的方向等。讲风水的人往往认为，风水好坏可以影响自己、家庭、家族、子孙的盛衰吉凶。至今，人们对风水褒贬不一。有的人认为风水是封建迷信，而有的人认为风水是倡导天人合一的人与大自然和谐共处的关系说，是一门研究和调整环境中的气场、磁场、氛围、气流、声音、光线等诸多因素对人的影响的学问，在建筑选址方面是一门地质、地形、地貌等选择的科学。

我们认为，虽然有的人认为风水是封建迷信、断不能信，包括 2021 年国家市场监督管理总局的《房地产广告发布规定》要求"房地产广告不得含有风水、占卜等封建迷信内容"，但是不可否认，因现实中一些人在挑选房地产时讲"风水"，或抱有宁可信其有的心理，客观上导致风水对某些房地产的价格有较大影响。例如，被认为是"风水宝地"等所谓风水好的房地产，价格明显偏高；而被认为"阴气重"等所谓风水不好的房地产，价格明显偏低。同时要注意风水中可能有一些神秘主义的东西，已超出正常的民间习俗范畴，还有某些人利用人们迷信风水的心理，故意将风水神秘化，在其中掺杂甚至编造、虚构一些封建迷信内容，应提高警惕，谨慎加以辨别。

此外，某些人在购买住宅、办公楼、商铺等房屋时，讲究门牌号码、楼栋编号、楼层数字以及名称（如街路巷名称、住宅区名称、楼宇名称等），这就如同挑选或购买车牌号、电话号码一样。例如，忌讳尾数是 4 及数字是 13 的楼层，许多住宅楼、写字楼、酒店等还因此没有这类数字的楼层标识，或者以 5A、12B、15A 等代之，并导致了实际估价中要区分和弄清自然层数（实际层数）、标示层数（名义层数），避免弄错了估价对象。而那些寓意较好或吉祥的门牌号码、楼栋编号、楼层数字，比如 8、18、168，其房屋往往会卖出较高的价格。同时需注意的是，不同国家和地区的人们认为的好坏数字不尽相同。

许多人通常还忌讳"凶宅""凶楼"以及外观寓意不好或易引起不好联想的房屋，比如在其内发生过人为非正常死亡事件的房屋，外观看似棺材、坟墓的房屋。现实中，被人们认为或当地人传为"凶宅""凶楼"的房屋，客观上会对其市场价格和租金产生不利影响，如果发生买卖、租赁，其成交价格和租金一般明显低于类似非"凶宅"非"凶楼"的市场价格和租金。

四、交易心态

交易心态是房地产交易者在房地产交易过程中内心所持有的态度，包括急售心态、惜售心态、急买心态、必得心态、观望心态等。例如，房地产拥有者突发资金调度困难，急需资金周转，只得出售自己的房地产，这种急售心态下的成交价格通常明显低于正常市场价格。再如，房地产需求者到处寻找合适的房地产，当看中某宗房地产后，如果该房地产拥有者有惜售心态，而房地产需求者有必得心态，或担心被他人买走，则通常愿意出高价以改变房地产拥有者的惜售心态，或缺乏必要的耐心进行讨价还价。这种情形下如果达成交易，成交价格通常明显高于市场价格。

五、特殊偏好

特殊偏好是指某个人或某个单位对某一或某种房地产特别爱好，或者该房地产对其具有特别的意义、作用或价值，比如承载着自己、家庭或家族的一段情感或历史，能引起美好的回忆，有纪念意义，典型的是家族祠堂、先祖故居、本企业创业旧址等。特殊偏好通常会使某一房地产的成交价格偏高。例如，房地产购买者有时出于自己的特殊需要，在与竞争对手的争夺中为了得到该房地产而出高价。

1988 年 11 月 16 日，深圳市公开拍卖一块住宅用地的情况，可以说是这方面的例子。拍卖一开始，27 家国内外企业反应热烈，最后其中一家企业以 10 倍于底价的价格夺得该块用地。根据当时的商品住宅市场行情，如果建住宅出售，肯定亏本无疑。但取得该土地的企业负责人却称该价格比他们预料的还低 25%，原因是其为了生产录像机，将聘请一批外国专家来指导生产，相对于长期租用宾馆接待这批专家，兴建宿舍更为合算。[①] 因此，对该企业来说，出价的高低基本上取决于长期租用宾馆的成本，而不取决于周边商品住宅的市场价格。

第九节　其　他　因　素

一、科技因素

科学技术是不断发展进步的，并会改变人们的生产方式和生活方式，进而会通过改变房地产供给和需求来影响房地产价值价格。进一步分析科技因素对房地产价值价格的影响，可分为与房地产直接相关的科技因素和其他科技因素。

与房地产直接相关的科技因素包括规划设计、建筑施工、建筑材料等科技进步，如建筑信息模型（BIM）、装配式建筑、绿色建筑、智能建筑、新型建筑材料等，一方面，带来质量、性能、外观等更好的新型建筑产品，会提升增量房地

---

① 深圳公开拍卖土地喜忧参半．《建设报》，1988 年 12 月 2 日第 1 版。

产的价值价格，同时会使既有建筑物加快折旧而降低某些存量房地产的价值价格；另一方面，因建筑施工效率提高、成本降低等，可节约开发建设成本，从而降低房地产价值价格。

其他科技因素，如网上购物、线上外卖、视频会议、远程办公的不断成熟、便捷和高效，使人们对实体商业、办公、会议用房的需求逐渐减少，或者改变人们对房地产区位的传统要求，从而导致房地产价值价格的变化。例如，网上购物、线上外卖明显减少了实体商铺需求，改变了传统"一铺养三代"观念，造成许多地段的商铺供过于求，其价值价格不再像过去那样上涨甚至有所下降。

二、行政区划变更

行政区划变更通常会明显影响房地产价值价格。例如，因行政区划隶属关系、行政区域界线的变更，将经济较落后地区管辖的某个地方划归经济较发达地区管辖，通常会使该地方的房地产价格上涨；反之，会使该地方的房地产价格下降。再如，将某个非建制镇升为建制镇，建制镇升为市，市由较低级别升为较高级别，如县级市升为地级市、省辖市升为直辖市，通常会使这些地方的房地产价格上涨。

三、重要政治人物身体状况

还有许多因素会影响房地产价值价格，比如某些重要政治人物尤其是"以一个人的活着或是去世，影响千万人的命运"的政治人物，人们预期其身体是否健康会影响未来政治局势变化、制度政策走向、社会稳定与否等，从而会引起房地产价格的上涨或下降。

复习思考题

1. 房地产价值价格影响因素有哪几种分类？每种分类的作用和内容是什么？

2. 对房地产价值价格影响因素应有哪些方面的认识？

3. 目前主要有哪些因素或其变化会导致房地产价值价格上升，哪些因素或其变化会导致房地产价值价格下降？

4. 目前有哪些因素或其变化对房地产价值价格的影响较大，哪些因素或其变化对房地产价值价格的影响较小？

5. 试针对不同用途的房地产（如住宅、商店、办公楼、旅馆、厂房、仓库等），列举出提高和降低其价值价格的因素。

6. 试针对不同用途的房地产，按照影响其价值价格的大小顺序，列举出目前对其价值价格有影响的主要因素。

7. 试分别举例说明与时间无关、短期就会有效果、长期才会起作用的房地产价值价格影响因素。

8. 试分别举例说明与房地产价值价格为直线或近似直线影响关系的因素，其影响有边际效用递减的因素，其在某一状况下会提高而在另一状况下会降低房地产价值价格的因素，其对房地产价值价格同时有正负多方面影响的因素。

9. 科学准确量化各种因素对房地产价值价格的影响主要有哪些方式方法？不同的因素适用哪种方式方法？

10. 什么是影响房地产价值价格的房地产自身因素？它又可细分为哪些因素？这些因素与房地产价值价格的关系如何？

11. 影响房地产价格的制度政策因素有哪些？它们对房地产价格有什么影响？

12. 影响房地产价格的人口因素有哪些？它们与房地产价格的关系如何？

13. 房地产价格与经济发展有什么关系？

14. 居民可支配收入水平及其增长对房地产价格有什么影响？

15. 房地产价格与一般物价的关系如何？

16. 房价和地价之间的关系是怎样的？

17. 加息、降息或利率升降是如何影响房地产价格的？

18. 汇率变化是如何影响房地产价格的？

19. 影响房地产价值价格的社会因素主要有哪些？它们对房地产价值价格有何影响？

20. 影响房地产价值价格的国际因素主要有哪些？它们对房地产价值价格有何影响？

21. 影响房地产价值价格的心理因素主要有哪些？它们对房地产价值价格有何影响？

22. 科技因素对房地产价值价格有什么影响？

23. 行政区划变更为何会影响房地产价格？它是如何影响房地产价格的？

24. 为什么重要政治人物身体状况会影响房地产价格？

第六章 房地产估价原则

本章介绍房地产估价原则的含义、作用和选择，各项估价原则对从事房地产估价活动特别是对其结果的评估价值的要求，在从事何种估价目的和价值类型的房地产估价活动中为何要遵循某项估价原则以及如何遵循或运用等。

第一节 房地产估价原则概述

一、房地产估价原则的含义

在房地产估价领域不断深入的理论研究和实践探索过程中，逐渐认识了房地产价值价格形成与变动的原理和规律，在此基础上归纳、总结和提炼出了一些简明扼要的从事房地产估价活动所依据的法则或标准。这些从事房地产估价活动所依据的法则或标准就是房地产估价原则，简称估价原则。

目前，估价原则主要有独立客观公正原则、合法原则、价值时点原则、替代原则、最高最佳利用原则，此外还有谨慎原则、一致性原则、一贯性原则等。

二、房地产估价原则的作用

估价原则的作用主要是使不同的估价机构和估价师，在相同的估价背景（如同一估价目的、同一房地产）下，对一些重大估价问题（如估价立场、行为、依据、前提等）的认识与处理趋于一致，特别是对估价对象状况等估价前提的设定或假定趋于一致，避免"各自为政"或"公说公有理，婆说婆有理"，最终使不同的估价机构和估价师得出基本相同或相近的估价结论。例如，未经登记、无权属证明的房屋，是按违法建筑还是按合法建筑或手续不齐全等不完全合法的建筑来估价，估价结果差异很大；临街住宅楼的底层住宅，登记用途为住宅，实际用途为商铺，是按住宅还是按商铺来估价，估价结果差异也很大。

展开来说，估价原则主要有下列 3 个方面的作用：

（1）使不同估价机构和估价师的估价立场和行为趋于一致。例如，在应遵循独立客观公正原则的情况下，如各种鉴证性估价，无论是哪个估价机构和估价师，无论在什么情形下，始终都应站在中立的立场进行估价，而不是站在其中一方的立场进行估价，比如站在估价委托人、估价对象权利人或其他估价利害关系人等某个特定单位和个人的立场进行估价。

（2）使不同估价机构和估价师选择的估价依据和估价前提趋于一致。例如，在应遵循合法原则、最高最佳利用原则、价值时点原则的情况下，可使不同的估价机构和估价师对估价对象的产权性质、用途、面积以及评估哪个时间的价值价格等的界定，都是相同或相近的。较具体来说，对于未经登记、无权属证明的房地产，不是有的按合法房地产估价，有的按不完全合法房地产估价，有的按违法房地产估价；对于实际用途、实际面积与登记用途、登记面积不一致的房地产，不是有的按实际用途、实际面积估价，有的按登记用途、登记面积估价；对于长期闲置、低效利用但具有较大开发利用价值的房地产（如老旧厂房、闲置土地等），不是有的按现状估价，有的按最高最佳利用状况估价；对于价值时点的确定，不是有的评估现在的价值，有的评估过去的价值，有的评估将来的价值。

（3）使不同估价机构和估价师评估出的估价对象价值价格趋于一致，并与类似房地产的同一类型的价值价格基本相同或相近。例如，在应遵循替代原则的情况下，可先参考类似房地产的正常价值价格水平（如市场价格），把估价对象的价值价格框定在一个基本合理的区间内，然后结合估价方法的测算而得出一个精准的价值价格。特别是可防止评估价值随意脱离类似房地产的正常价值价格水平，超出正常合理区间。此外，在应遵循谨慎原则的情况下，还可使评估出的估价对象价值价格不高于其市场价值或市场价格；在应遵循一致性原则的情况下，还可使评估出的不同区位的各宗类似房地产的价值价格，有合理的区位"差价"，防止地段较好与较差的房地产价值价格出现"倒挂"；在应遵循一贯性原则的情况下，还可使评估出的不同时间的同一房地产的价值价格，有合理的时间"差价"，防止市场较好时与较差时的房地产价值价格出现"倒挂"。

估价师应熟知、正确理解并恰当运用各项估价原则。一旦掌握了这些估价原则，且将它们作为估价工作的指南，可使估价工作事半功倍；而如果违背了估价原则，就不可能评估出合理、准确的价值价格。因此，在评判某一评估价值是否合理、准确时，其中重点检查的内容之一是估价原则的选择和运用是否恰当，即是否正确选择且遵循了应遵循的估价原则，包括是否有重大遗漏（是否有应遵循而未遵循的估价原则），是否有错误添加（是否有不应遵循而遵循的估价原则），是否对所遵循的估价原则有错误理解和不当运用。由此可以说，对估价原则在估价实践中的重要作用和指导意义怎么强调都不过分。

三、房地产估价原则的选择

不是所有的房地产估价活动，都应遵循所有的估价原则，或者遵循的估价原则都是一样的。有的估价原则是所有的房地产估价活动都应遵循的，如价值时点原则、替代原则；而有的估价原则只是某种或某些估价目的、价值类型的房地产估价活动才应遵循的，如谨慎原则（保守原则）主要是抵押估价应遵循的。也就是说，估价目的或价值类型不同，应遵循的估价原则有所不同。因此，应根据估价目的和价值类型恰当选择所遵循的估价原则。

市场价值评估一般应同时遵循独立客观公正原则、合法原则、价值时点原则、替代原则、最高最佳利用原则。其他类型的价值价格评估和少数特殊估价目的，不一定要遵循市场价值评估应遵循的所有估价原则。例如：①投资价值评估和某些咨询性估价，通常要从某个特定单位或个人的角度而非站在中立的立场进行估价，严格地说无须完全遵循独立客观公正原则；②现状价值评估是按照估价对象在某一特定时间（通常是现在）的实际利用状况而非最高最佳利用状况进行估价，因此无须遵循最高最佳利用原则；③对于擅自改变用途或容积率等土地使用条件、擅自改扩建等违法违规行为，为依法处罚确定没收违法收入、需补缴地价款等提供参考依据的估价，一般需要按照估价对象违法违规的实际利用状况进行估价，如按违法违规的实际用途、实际面积而非规划或登记的用途、面积来估价，甚至要将违法违规的用途、面积假设为合法的用途、面积来估价，因此可不遵循一般意义上的合法原则。否则，生搬硬套"合法原则"，将违法违规的用途、面积按违法违规的用途、面积来估价，评估价值会很低甚至没有价值或无溢价，反而导致没收的违法收入、需补缴的地价款很少甚至没收。

有的估价目的和价值价格评估，除了应遵循市场价值评估应遵循的所有估价原则，还应遵循其他估价原则。例如：①抵押价值和抵押净值评估，还应遵循谨慎原则；②同一房屋征收范围内有多个被征收人或多宗房屋的征收评估，还应遵循一致性原则；③用于财务报告的估价，一般还应遵循一贯性原则。

为便于估价实践中恰当选择某个特定估价项目应遵循的估价原则，宜先以市场价值评估应遵循的所有估价原则为基础，然后根据该估价项目的估价目的和价值类型，从市场价值评估应遵循的所有估价原则中进行相应取舍，再在其之外合理增加还应遵循的其他估价原则，最终确定本次估价应遵循的估价原则。

第二节　独立客观公正原则

一、独立客观公正原则的含义

独立客观公正原则要求站在中立的立场上，实事求是、公平正直地评估出对各方估价利害关系人均是公平合理的价值价格，即要求评估价值不仅对估价委托人，而且对其他估价利害关系人都是公平合理的。独立客观公正原则简要地说就是"中立性原则"，所有鉴证性估价活动都应遵循，并且是从事鉴证性估价活动应遵守的基本行为准则，或者说是鉴证性估价工作的最高原则。

所谓独立，是要求估价机构（包括其股东或合伙人、实际控制人）和估价师与估价委托人及估价利害关系人没有利害关系，在估价中不应受包括委托人在内的任何组织和个人的影响，应凭自己的专业知识、实践经验和职业道德进行估价。所谓客观，是要求估价机构和估价师在估价中不带着自己的偏见、好恶和情感，应按照事物的本来面目、实事求是地进行估价。所谓公正，是要求估价机构和估价师在估价中不偏袒估价利害关系人中的任何一方，应坚持原则、公平正直地进行估价。

二、独立客观公正原则的重要性

鉴证性估价之所以要遵循独立客观公正原则，是因为评估出的价值价格如果不客观合理，就会损害估价利害关系人中某一方的利益，也有损于估价师、估价机构乃至整个估价行业的公信力和社会声誉。例如，在房地产抵押估价中，如果评估出的抵押价值或抵押净值比合理的价值高，则借款人受益，贷款人的风险增加，甚至影响金融安全。在被征收房屋价值评估中，如果评估出的被征收房屋价值比合理的价值低，则被征收人受损，甚至影响社会稳定；反之，则被征收人得利，公共利益受损。在房地产司法拍卖估价中，如果评估出的拍卖房地产价值比合理的价值低，则可能导致被执行人的房地产被低价拍卖，使被执行人的合法利益受损；反之，可能导致流拍，使申请执行人的债权不能实现，合法权益得不到保障。在房地产税收估价中，如果估价结果导致纳税人少缴税，则造成税款流失；而不论估价结果导致纳税人多缴税还是少缴税，都会造成税负不公平。

三、独立客观公正原则的践行

为了保证估价机构和估价师独立、客观、公正估价，一是要求估价机构是依法设立的不依附于他人、不受他人束缚的独立法人或非法人组织。估价机构的独立性是其客观、公正估价的前提。二是要求估价机构和估价师与委托人、估价利害关系人以及估价对象都没有利害关系。如果与委托人、估价利害关系人或估价对象有利害关系，则在估价时就难以做到公平公正。即使自己有良好的职业道德能够保证估价公平公正，但其公信力仍然会受到人们的合理怀疑，估价报告或估价结果的可信度会大打折扣。因此，当估价机构或估价师与委托人、估价利害关系人或估价对象有利害关系的，应当回避。三是要求估价机构和估价师应依法独立开展估价业务，不应受包括委托人、估价利害关系人在内的任何组织和个人的影响，不得与委托人讨论交流他们事先设定的、期望的或满足其要求的价值价格，同时任何组织或个人都不得非法干预估价活动。当估价机构和估价师遇到非法干预时，不应屈从，依然应"我行我素"估价或者退出该项估价业务。

在估价操作层面，为了评估出公平合理的价值价格，估价师首先要"换位思考""将心比心"，把自己分别当成各方估价利害关系人，并假设他们均是利己且理性的，作为卖方不肯少得一分钱出售估价对象，作为买方不肯枉花一分钱购买估价对象。其次，要分别以各方估价利害关系人的心态来思考估价对象的价值价格，即各方估价利害关系人是如何考虑估价对象的价值价格的。比如卖方的心态是其要价不能低于类似房地产的正常成交价格，或他开发建设估价对象已花费的代价；买方的心态是其出价不能高于类似房地产的正常成交价格，或未来利用估价对象所能带来的收益，或他预计重新开发建设估价对象的必要支出及应得利润。最后，要跳出各方估价利害关系人的角色，以无利害关系的独立第三方的专家身份来权衡估价对象的价值价格，即估价对象价值价格的高低将会对各方估价利害关系人有何有利和不利的影响，假如是卖方会怎样，是买方又会怎样，在此基础上得出一个不偏袒任何一方估价利害关系人的评估价值。

第三节　合　法　原　则

一、合法原则的含义

合法原则要求评估价值是在依法判定的估价对象状况下的价值价格。所谓"依法"，是指不仅要依据有关法律、行政法规、最高人民法院和最高人民检察院发布的有关司法解释，还要依据估价对象所在地的有关地方性法规（民族自治地方应同时依据有关自治条例和单行条例），国务院所属部门颁发的有关部门规章和政策，估价对象所在地人民政府颁发的有关地方政府规章和政策，以及估价对象的不动产权属证书、登记簿、有关批文和合同等（如规划意见书、建设用地使用权出让招标文件、建设用地使用权出让合同、房地产转让合同、房屋租赁合同等）。因此，合法原则所说的"法"，是广义的"法"。

二、合法原则的重要性

房地产估价之所以要遵循合法原则，是因为委托人要求估价的摆在估价师眼前的房地产状况，并不一定就是估价对象状况，特别是实物状况、区位状况相同的房地产，如果其产权性质、权利类型、用途等权益状况不同，则评估价值会有所不同，甚至差异很大。而估价对象状况并不是委托人或估价师可以随意假定的，甚至不是根据房地产的实际状况确定的，而必须依法判定或设定。

三、对合法原则的正确理解

人们时常对合法原则有些误解，以为只有合法的房地产才能成为估价对象，不是合法的房地产不能成为估价对象，甚至认为不论估价对象是否合法，均应将其假设为合法的来估价。实际上，遵循合法原则是要求根据依法判定的估价对象状况来估价，即依法判定估价对象是哪种状况的房地产，就应将其作为那种状况的房地产来估价。以房地产的权益状况来说，一般情况下，集体土地不能当作国有土地来估价，而只能作为集体土地来估价。类似地，划拨国有建设用地使用权不能当作出让国有建设用地使用权来估价，共有的房地产不能当作单独所有的房地产来估价，有限产权或部分产权的房地产不能当作完全产权的房地产来估价，租用的房地产不能当作自己的房地产来估价，产权不明或权属有争议的房地产不能当作产权明确或权属无争议的房地产来估价，临时建筑不能当作永久性建筑来估价，临时用地不能当作正式用地来估价，超过批准期限的临时建筑或临时用地不能当作未超过批准期限的临时建筑或临时用地来估价，手续不齐全的房地产不能当作手续齐全的房地产来估价，不可补办有关手续的非法房地产不能当作可以补办有关手续的手续不齐全的房地产来估价，违法建筑不能当作合法建筑来估价，违法占地不能当作合法占地来估价，等等。

从理论上讲，无论什么状况的房地产都可以成为估价对象，只是必须做到评估价值与依法判定的房地产状况相匹配。由此可知，评估价值虽然通常大于零，但也可能等于或小于零，只不过如果等于或小于零，则在一般情况下人们就不会委托估价了。另外，法律法规规定不得以某种方式处分的房地产，就不能作为以该种处分方式为估价目的的估价对象。例如，法律法规规定不得转让或抵押、作价出资的房地产，相应地不能作为转让、抵押、作价出资估价的对象。如根据

《公司注册资本登记管理规定》（2014年2月20日国家工商行政管理总局令第64号）关于股东或发起人不得以设定担保的财产作价出资的规定，已抵押的房地产不能作为设立公司作价出资估价的对象。

还需要指出的是，依法判定的估价对象状况通常是估价对象的实际状况，但也可能不是实际状况，而是有关交易合同、招标文件等约定的状况或者根据估价目的所需设定的状况。例如，在建设用地使用权出让估价中，拟出让土地的实际状况为地上物尚未拆除的毛地或仅为"三通一平"的土地，但出让人承诺将向受让人提供"七通一平"的熟地，则在这种情况下的估价对象状况应为"七通一平"的熟地。在房屋征收评估中，被征收房屋的实际状况虽然是已出租或已抵押、被查封的，但在估价中需要设定被征收房屋未出租或未抵押、未被查封。在房地产司法拍卖估价中，估价对象的实际状况虽然是被查封的房地产，但在估价中需要设定估价对象未被查封。

依法判定的估价对象权益状况，可分解为依法判定的权利类型及归属，以及使用、处分等权利。具体地说，遵循合法原则在估价对象权益状况方面应做到下列几点。

（1）依法判定的权利类型及归属，是指所有权、建设用地使用权、居住权、地役权、抵押权、租赁权等房地产权利及其归属，一般应以不动产权属证书、登记簿以及有关合同（如租赁权应依据租赁合同）等为依据。由于历史等方面的原因，房地产权属证书的名称、式样等有多种，如不动产权证书、房地产权证书、房屋所有权证、房屋他项权证、国有土地使用证、集体土地所有证、集体土地使用证、土地他项权利证明书等。

（2）依法判定的利用权利，应以土地用途管制、规划建设条件等利用限制为依据。例如，某宗土地的规划用途、容积率等如果有明确规定，则对该土地进行估价就应以其使用符合这些规定为前提。所谓"规划创造土地价值"，在一定程度上反映了这个要求。具体地说，如果该土地的规划用途为居住，即使从该土地的位置和周围条件来看适合于商业用途，也应以居住用途为前提来估价，除非申请改变为商业用途并获得批准。在容积率方面，如果规定了该土地的容积率不超过2.5，除非依法提高了容积率，否则应以容积率不超过2.5为前提来估价。因此，如果以商业用途或容积率超过2.5来估价，不仅没有法律依据，而且得不到法律保障，甚至是违法的，据此评估出的较高价值价格不能实现，也就不会得到认可。

（3）依法判定的处分权利，应以法律法规和政策或合同（如建设用地使用权出让合同）等允许的处分方式为依据。处分方式包括买卖、互换、租赁、抵押、作价出资、抵债等。法律法规和政策规定或合同约定不得以某种方式处分的房地产，不应作为以该种处分方式为估价目的的估价对象，或者委托人要求评估该种处分方式下的价值价格的，其评估价值应为零。

（4）依法判定的其他权益，包括评估出的价值价格应符合国家的价格政策，如评估政府定价或政府指导价的房地产，应遵守相应的政府定价和政府指导价。例如，房改售房的价格应符合政府有关该价格测算的要求，新建的经济适用住房的价格应符合国家规定的经济适用住房价格构成和对利润率的限定，国有土地上房屋征收和集体土地征收评估应符合有关征收国有土地上房屋和集体土地补偿的法律法规和政策。

值得注意的是，在判定估价对象状况时，有时并不都有法可依；有时虽有法可依，但法与法之间有冲突。因此从更广的意义上讲，合法原则是指有法律法规和政策等规定的，应依照其规定；没有法律法规和政策等规定的，应依照估价行业惯例做法；估价行业没有惯例做法的，应咨询相关专家的意见建议；相关专家没有意见建议或之间的意见建议不一致的，估价师可酌情处理。而对于有法可依但法与法之间有冲突的，一般应遵循"上位法优于下位法""特别法优于一般法""新法优于旧法"（该原则是在效力相等的法有冲突时适用），以及"法律文本优于法律解释""强行法优于任意法""法不溯及既往"等原则，解决法的适用冲突问题。其中在法的效力等级方面，法律的效力高于行政法规、地方性法规、部门规章、地方政府规章；行政法规的效力高于地方性法规、部门规章、地方政府规章；地方性法规的效力高于本级和下级地方政府规章；省、自治区的人民政府制定的规章的效力高于本行政区域内设区的市、自治州的人民政府制定的规章；自治条例和单行条例依法对法律、行政法规、地方性法规作变通规定的，在本自治地方适用自治条例和单行条例的规定；经济特区法规根据授权对法律、行政法规、地方性法规作变通规定的，在本经济特区适用经济特区法规的规定；部门规章之间、部门规章与地方政府规章之间具有同等效力，在各自的权限范围内施行。

此外，还可以将合法原则拓展到对采用的估价标准和估价服务提供者资格的要求上。具体地说，房地产估价应采用国家和估价对象所在地的有关估价标准，估价机构应具有房地产估价资质，估价人员应是注册房地产估价师。

四、合法原则的应用举例

（一）合法原则在抵押估价中的应用
在房地产抵押估价中，遵循合法原则，应做到下列 6 点。

（1）法律法规规定不得抵押的房地产，不应作为抵押估价的对象。例如，下列法律法规规定了不得抵押的房地产：①《民法典》规定："下列财产不得抵押：（一）土地所有权；（二）宅基地、自留地、自留山等集体所有土地的使用权，但是法律规定可以抵押的除外；（三）学校、幼儿园、医疗机构等为公益目的成立的非营利法人的教育设施、医疗卫生设施和其他公益设施；（四）所有权、使用权不明或者有争议的财产；（五）依法被查封、扣押、监管的财产；（六）法律、行政法规规定不得抵押的其他财产。"②《文物保护法》规定："国有不可移动文物不得转让、抵押。""非国有不可移动文物不得转让、抵押给外国人。"③《城市房地产抵押管理办法》规定："下列房地产不得设定抵押：（一）权属有争议的房地产；（二）用于教育、医疗、市政等公共福利事业的房地产；（三）列入文物保护的建筑物和有重要纪念意义的其他建筑物；（四）已依法公告列入拆迁范围的房地产；（五）被依法查封、扣押、监管或者以其他形式限制的房地产；（六）依法不得抵押的其他房地产。"④《国务院办公厅转发建设部等部门关于调整住房供应结构稳定住房价格意见的通知》（2006年5月24日国办发〔2006〕37号）规定："对空置3年以上的商品房，商业银行不得接受其作为贷款的抵押物。"

（2）法律法规规定抵押无效的房地产，不应作为抵押估价的对象。例如，以法定程序确认为违法、违章的建筑物抵押的，抵押无效。

（3）法律法规规定应符合一定条件才能转让的房地产，评估其抵押价值或抵押净值时应符合转让条件，如果不符合转让条件的，不应作为抵押估价的对象。例如，《城市房地产管理法》规定："以出让方式取得土地使用权的，转让房地产时，应当符合下列条件：（一）按照出让合同约定已经支付全部土地使用权出让金，并取得土地使用权证书；（二）按照出让合同约定进行投资开发，属于房屋建设工程的，完成开发投资总额的25％以上，属于成片开发土地的，形成工业用地或者其他建设用地条件。转让房地产时房屋已经建成的，还应当持有房屋所有权证书。"此外，根据《城市房地产管理法》关于共有房地产未经其他共有人书面同意不得转让的规定，共有房地产只有在其他共有人书面同意抵押的情况下，才能作为抵押估价的对象。

（4）评估再次抵押的房地产的抵押价值或抵押净值的，应减去已抵押担保的债权数额。但是，用于设立最高额抵押权且最高额抵押权设立前已经存在的债权经当事人同意而转入最高额抵押担保的债权范围的，或者同一抵押权人（如同一贷款银行）的续贷房地产抵押估价，抵押价值和抵押净值可不减去相应的已抵押担保的债权数额。

（5）评估尚未竣工或虽然竣工但自竣工日期或建设工程合同约定的竣工日期

起6个月内的房地产的抵押价值或抵押净值的，在评估出假定未设立法定优先受偿权下的价值后减去法定优先受偿款这个步骤时，应先考虑扣除拖欠建设工程价款。建设工程价款包括承包人为建设工程应当支付的工作人员报酬、材料款等实际支出的费用，而不包括承包人因发包人违约所造成的损失。这是因为《最高人民法院关于建设工程价款优先受偿权问题的批复》（法释〔2002〕16号）规定："一、人民法院在审理房地产纠纷案件和办理执行案件中，应当依照《中华人民共和国合同法》第二百八十六条①的规定，认定建筑工程的承包人的优先受偿权优于抵押权和其他债权。二、消费者交付购买商品房的全部或者大部分款项后，承包人就该商品房享有的工程价款优先受偿权不得对抗买受人。三、建筑工程价款包括承包人为建设工程应当支付的工作人员报酬、材料款等实际支出的费用，不包括承包人因发包人违约所造成的损失。四、建设工程承包人行使优先权的期限为六个月，自建设工程竣工之日或者建设工程合同约定的竣工之日起计算。"

（6）评估建设用地使用权是以划拨方式取得的房地产的抵押价值或抵押净值的，不应包含划拨建设用地使用权变为出让建设用地使用权应缴纳的出让金等费用。这是因为《城市房地产管理法》规定："设定房地产抵押权的土地使用权是以划拨方式取得的，依法拍卖该房地产后，应当从拍卖所得的价款中缴纳相当于应缴纳的土地使用权出让金的款额后，抵押权人方可优先受偿。"

（二）合法原则在房屋征收评估中的应用

在房屋征收评估中，被征收房屋的价值与其性质（如是合法建筑还是违法建筑，是永久性建筑还是临时建筑，是未超过批准期限的临时建筑还是超过批准期限的临时建筑）、用途（如是居住用途还是商业用途、工业用途）、面积（如是全部计面积还是部分计面积，或是全部不计面积）等情况密切相关。例如，《国有土地上房屋征收与补偿条例》规定："对认定为合法建筑和未超过批准期限的临时建筑的，应当给予补偿；对认定为违法建筑和超过批准期限的临时建筑的，不予补偿。"据此，如果被征收房屋被认定为违法建筑或超过批准期限的临时建筑，就不应予以评估，或者评估价值应为零。因此，被征收房屋价值评估必须明确被征收房屋的性质、用途、面积等情况。但在现实中，由于种种原因，被征收房屋的性质、用途、面积等情况有时难以确定，也不是估价机构和估价师能够确定

---

① 《民法典》颁布实施后，原《合同法》第二百八十六条变成《民法典》第八百零七条："发包人未按照约定支付价款的，承包人可以催告发包人在合理期限内支付价款。发包人逾期不支付的，除根据建设工程的性质不宜折价、拍卖外，承包人可以与发包人协议将该工程折价，也可以请求人民法院将该工程依法拍卖。建设工程的价款就该工程折价或者拍卖的价款优先受偿。"

的。有鉴于此,《国有土地上房屋征收与补偿条例》规定:"房屋征收部门应当对房屋征收范围内房屋的权属、区位、用途、建筑面积等情况组织调查登记,被征收人应当予以配合。""市、县级人民政府作出房屋征收决定前,应当组织有关部门依法对征收范围内未经登记的建筑进行调查、认定和处理。"《国有土地上房屋征收评估办法》规定:"房屋征收评估前,房屋征收部门应当组织有关单位对被征收房屋情况进行调查,明确评估对象。评估对象应当全面、客观,不得遗漏、虚构。房屋征收部门应当向受托的房地产价格评估机构提供征收范围内房屋情况,包括已经登记的房屋情况和未经登记建筑的认定、处理结果情况。调查结果应当在房屋征收范围内向被征收人公布。对于已经登记的房屋,其性质、用途和建筑面积,一般以房屋权属证书和房屋登记簿的记载为准;房屋权属证书与房屋登记簿的记载不一致的,除有证据证明房屋登记簿确有错误外,以房屋登记簿为准。对于未经登记的建筑,应当按照市、县级人民政府的认定、处理结果进行评估。"有了这些规定,估价机构应要求房屋征收部门提供征收范围内房屋的情况,包括已经登记的房屋情况和未经登记建筑的认定、处理结果。对于被征收房屋的性质、用途、面积等情况,已经登记的房屋一般以房屋权属证书和房屋登记簿的记载为准;房屋权属证书与房屋登记簿的记载不一致的,除有证据证明房屋登记簿确有错误外,以房屋登记簿为准;未经登记的建筑,应按照市、县级人民政府的认定、处理结果进行评估。

第四节 价值时点原则

一、价值时点原则的含义

价值时点原则要求评估价值是在根据估价目的确定的某一特定时间的价值价格。该原则以变化原理为理论依据,也是该原理的具体应用。所有的房地产估价活动都应遵循价值时点原则。

房地产估价之所以要遵循价值时点原则,是因为根据变化原理,房地产价值价格会随着时间的推移而变动,同一房地产在不同的时间会有不同的价值价格。可见,价值价格与时间密不可分,每一个价值价格都对应着一个时间,不存在没有对应时间的价值价格。如果没有对应的时间,价值价格就会失去意义,是个无用的纯粹"数字"。反过来,不可能离开时间来评估价值价格。如果没有了时间这个前提,估价就会无从下手。因此,在对价值价格进行评估之前,应确定所需评估的价值价格对应的时间;在评估出了价值价格之后,还应在估价报告中说明评估出的价值价格对应的时间。这个时间既不是委托人也不是估价师可以随意设定的，而应根据估价目的来确定。

二、价值时点原则的重要性

除了要求评估的应是价值时点的价值价格，价值时点原则的重要性还在于应根据价值时点来确定评估估价对象价值价格所采用的估价依据、交易实例等的时间界限，特别是价值时点为过去的回顾性估价。由于市场价格一般只反映已经发生以及虽未发生但市场预期将会发生的事情，而不反映事前无法知道、也无预期会发生的事情，如买方和卖方在价值时点及其之前都无法知道或无法预知在价值时点之后发生的事件，所以估价时不应考虑在价值时点之后发生的、在价值时点及其之前无法知道、也无预期会发生的事情，否则就是"时间穿越"。

例如，有关法律法规和政策的实施、废止会影响估价对象的价值价格，因此估价时究竟是采用在价值时点之前还是之后实施和废止的，一般应根据价值时点来确定。因"法不溯及既往"，通常应采用在价值时点及其之前实施且未废止的有关法律法规和政策。同时需注意的是，应采用的有关估价标准的时间界限，一般根据估价作业期来确定，而不是根据价值时点来确定，因为估价标准是规范和指导估价行为的，而不是房地产价值价格的影响因素。例如，2020 年 9 月 12 日评估某一房地产于 2014 年 10 月 15 日的价值，采用的《房地产估价规范》应是自 2015 年 12 月 1 日起实施的修订后的《房地产估价规范》GB/T 50291－2015，而不是修订前的《房地产估价规范》GB/T 50291－1999。

再如，比较法中所选取的可比交易实例，应是在价值时点及其之前成交的交易实例，即可比交易实例的成交日期不得晚于价值时点。比如评估某一房地产于去年 5 月 1 日的价值，选取可比交易实例时不能选取去年 5 月 1 日之后成交的交易实例，只能选取成交日期在去年 5 月 1 日及其之前的交易实例。此外，如果可比交易实例的成交日期与价值时点不同（通常是这种情况），还应把可比交易实例在其成交日期的价格调整为在价值时点的价格，因为同一房地产在不同时间的价值价格有所不同。

三、对价值时点原则的理解和应用

遵循价值时点原则并不是把评估价值说成是某个时间的价值价格就算遵循了，更为本质的是要求确定价值时点在前，得出评估价值在后，而不是有了"评估价值"之后，再把它说成是某个时间的价值价格。

多数估价项目是评估现在的价值价格，一般把估价作业期间特别是实地查勘估价对象期间的某个日期（如完成估价对象实地查勘之日）或估价报告出具日期确定为价值时点。但价值时点并非总是现在，因某些估价目的的特殊需要，应把过去或将来的某个时间确定为价值时点。在一个估价项目中，不仅要知道其估价目的决定了价值时点是现在还是过去或将来，而且要知道估价目的不同，所对应的估价对象状况和房地产市场状况会有所不同。因此，要特别注意估价目的、价值时点、估价对象状况和房地产市场状况四者的匹配关系，其中估价目的是龙头。在明确了估价目的之后，再根据估价目的来确定价值时点、估价对象状况和房地产市场状况。

不论是何种估价目的，评估估价对象价值价格所依据的市场状况始终应是价值时点的市场状况，而估价对象状况不一定是价值时点的状况。不同估价目的的房地产估价，其价值时点与所对应的估价对象状况和房地产市场状况的匹配关系见表 6-1。

价值时点、估价对象状况和房地产市场状况的关系　　　　　　　表 6-1

价值时点	估价对象状况	房地产市场状况
现在（现时性估价）	现　在	现　在
	过　去	
	将　来	
过去（回顾性估价）	过　去	过　去
将来（预测性估价）	现　在	将　来
	将　来	

表 6-1 中的情形有下列 6 种，分别举例说明如下。

（1）价值时点为现在、估价对象为现在状况的估价：也就是评估现在状况的房地产在现在的价值价格。此种情形是最常见、最大量的，如现有房地产抵押估价、房屋征收评估、房地产司法处置估价。

（2）价值时点为现在、估价对象为过去状况的估价：也就是评估历史状况的房地产在现在的价值价格。此种情形大多出现在房地产价值损失评估、损害赔偿和保险理赔估价中。例如，投保了火灾险的房屋被烧毁后，评估其价值损失或损失程度时，通常是测算将房屋损毁后的状况恢复到损毁前的状况（到实地查勘，估价对象已不存在或状况已改变），在现行的国家财税制度和市场价格体系下的必要费用。房屋征收评估中有时也会出现这种情况。例如，在实施房屋征收之前的旧城区较繁华地段的某个商铺，租金或收益较高，在开始实施房屋征收后，随着周边商铺被逐渐拆除，该地段变得不繁华了。此时如果为房屋征收目的评估该商铺的价值，价值时点虽然为现在（具体为房屋征收决定公告之日），但应评估它在原来的区位状况为较繁华下的价值，而不是评估它在现在的区位状况为不繁华下的价值。

（3）价值时点为现在、估价对象为将来状况的估价：也就是评估未来状况的房地产在现在的价值价格，如评估目前期房的价值价格。例如，为房地产开发企业对其预售商品房定价提供参考依据的估价，就属于这种情形。再如，房屋征收补偿方式为房屋产权调换且用于产权调换房屋为期房的，为计算被征收房屋价值与用于产权调换房屋价值的差价而评估用于产权调换房屋的价值，也属于这种情形。在评估用于产权调换房屋的价值时，应特别注意以下两点：①价值时点应与评估被征收房屋价值的价值时点一致，即征收决定公告之日。②估价对象状况，如期房的区位、用途、建筑面积、建筑结构等，以房屋征收部门向房地产估价机构出具书面意见说明的用于产权调换房屋状况为依据。房屋征收部门与被征收人订立补偿协议后，补偿协议约定的用于产权调换房屋状况有变化的，应依据变化后的用于产权调换房屋状况对评估结果进行相应调整。当房屋征收部门和被征收人共同认可了用于产权调换房屋的评估价值或在此评估价值的基础上商定了一个价格后，则该评估价值或商定的价格就不应因将来用于产权调换房屋成为现房时房地产市场发生变化导致的实际市场价格与其不同而调整。仅当交付的用于产权调换房屋状况与补偿协议约定的状况有出入时，才应对评估价值或商定的价格进行相应调整。

（4）价值时点为过去、估价对象为过去状况的估价：也就是评估历史状况的房地产在过去的价值价格。此种情形大多出现在房地产纠纷、受贿、渎职估价中，特别是出现在对估价报告或估价结果有异议或争议所引起的复核估价、估价鉴定或专业技术评审中。例如，某宗房地产被人民法院强制拍卖后，被执行人认为人民法院确定处置参考价所参照的评估价过低，致使该房地产被低价拍卖，从而引起了该评估价是否过低的专业技术评审。评审该评估价是否过低，应按原价值时点（除非原价值时点确定有误），估价对象的产权性质、使用性质、建筑物状况、周围环境等估价对象状况以及房地产市场状况，也都应以原价值时点的状况而不是专业技术评审时的状况为准。否则的话，就无法判断该评估价是否过低。并且任何一个估价项目的估价结果在事后来看也都可能是错误的，因为房地产市场状况或估价对象状况可能发生了变化，而事实上估价结果可能并没有错，只是它不再适合变化后的房地产市场状况或估价对象状况。再如，根据《民法典》规定，无处分权人将房地产转让给受让人的，所有权人有权追回，但在符合该房地产是"以合理的价格转让"等情形下，则受让人取得该房地产的所有权。
而判定转让当时是否"以合理的价格转让"，通常需要评估当时状况的房地产在
当时的市场价格或市场价值。虽然现在状况的房地产可能仍然是当时的状况，但
之所以强调估价对象状况是当时状况的房地产，是因为现在状况的房地产也可能
不再是当时的状况，比如受让人购买后对房地产进行了重新装修改造。

　　类似的情况还出现在对过去评估的抵押房地产价值是否过高的鉴定中。当债
务人不履行到期债务或发生当事人约定的实现抵押权的情形，依法以抵押房地产
折价或以拍卖、变卖抵押房地产所得的价款优先受偿时，在折价的价值或拍卖、
变卖所得的价款不足以偿还抵押贷款的情况下，往往需要追究有关责任。此时，
容易引起人们怀疑的是当时的抵押房地产价值存在高估。如果通过鉴定，证明当
时的抵押房地产价值确实存在高估，则估价机构和估价师就要依法承担相应责
任；而如果当时评估的抵押房地产价值符合当时的房地产市场状况等实际情况，
则之后的经济不景气、房地产市场低迷甚至泡沫破灭等引起价格下降，导致不足
以偿还抵押贷款的，估价机构和估价师就不应承担有关责任。另外，在评估受贿
所收受的房屋价值价格时，价值时点理论上为过去的收受之日，而不是后来的案
发之日或委托估价之日，相应的估价对象状况一般为收受时的房屋状况（同时应
注意当时是期房还是现房）。

　　（5）价值时点为将来、估价对象为现在状况的估价：也就是评估现在状况的
房地产在未来的价值价格。此种情形大多出现在对现有房地产的未来价值价格进
行预测的情况下，例如预测现有的住宅、写字楼、商场、酒店等房地产在将来某
个时间的价值价格。

　　（6）价值时点为将来、估价对象为将来状况的估价：也就是评估未来状况的
房地产在未来的价值价格。此种情形大多出现在对计划开发建设或正在开发建设
而尚未产生的未来房地产的价值价格进行预测的情况下，特别是预测未来房地产
（如将来开发完成的熟地、将来建成的新房、旧房改扩建后的房屋）在其将来产
生时的价值价格，例如预测 2 年后建成的商品房在其 2 年后建成时的市场价格。
再如在假设开发法中，预测估价对象未来开发完成后的价值也属于这种情形。

　　图 6-1（a）所示现状为在建工程的房地产，因估价目的不同，有以下 3 种情
形的估价：①价值时点为现在、估价对象为现在状况的估价，即该在建工程现状
在当前房地产市场状况下的价值价格是多少，如在建工程抵押估价、房地产开发
项目转让估价。②价值时点为现在、估价对象为将来状况的估价，如该在建工程
经过一段时间（比如 10 个月）后将建成图 6-1（b）中的状况，而现在预售或预
购它的价格是多少。比如将建成写字楼，为该写字楼现在预售定价或预购出价提

供参考依据的估价。③价值时点为将来、估价对象为将来状况的估价，如该在建工程经过一段时间（比如 10 个月）后将建成图 6-1（b）中的状况，该状况的房地产在将来建成时的房地产市场状况下的价值价格是多少，如预测写字楼在将来建成时的市场价格的估价。此外，还可能有价值时点为现在、假设估价对象的现在状况已经是将来状况的估价，即评估假设将来状况已在现在存在并在现在的价值。例如，假设将来建成的写字楼现在已经建成，该写字楼在当前房地产市场状况下的市场价格是多少。

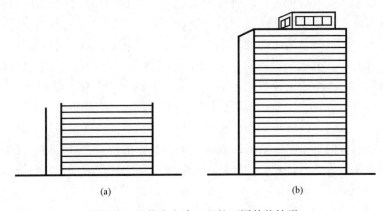

图 6-1　现状为在建工程的不同估价情形

第五节　替　代　原　则

　　替代原则要求评估价值与估价对象的类似房地产在同等条件下的价值价格偏差在合理范围内。该原则以替代原理为理论依据，也是该原理的具体应用。所有的房地产估价活动都应遵循替代原则。

　　替代原则为具体的房地产估价工作，主要指明了下列两点。

　　（1）估价对象所在地（如所在城市）如果存在一定数量与其相似的房地产，并已知这些房地产的价格，就可以通过这些房地产的价格推算出估价对象的价格。由于房地产各不相同，难以找到各方面状况均与估价对象状况相同的房地产，所以通常是寻找与估价对象房地产具有一定可比性和替代性的相似的房地产，然后将这些房地产与估价对象房地产进行比较，根据它们与估价对象房地产之间的差异对其价格进行恰当处理，从而求得估价对象房地产的价格。具体的方法就是比较法。

（2）在评估估价对象的价值价格时，不能不考虑与其相似的房地产的价值价格水平，特别是同一估价机构在同一地区（如同一城市）、同一时期、同一价值类型（如市场价值、市场价格）或同一估价目的（如抵押估价）下，对不同区位、不同档次的房地产进行估价时，评估价值应有合理的"差价"，尤其是较好的房地产的评估价值不应低于较差的房地产的评估价值。现实中有时会出现这种情况：就某一房地产的评估价值单独来看，似乎比较合理或难以看出其不合理，但如果把该房地产与其他房地产的评估价值放到一起进行比较时，则会明显地看出其偏高或偏低，或者没有合理的"差价"，甚至出现较差的房地产的评估价值高于较好的房地产的评估价值的"倒挂"现象。这种情况在估价工作中应充分注意，并尽量避免。

总之，替代原则要求不论采用比较法还是其他方法估价，最后都应把评估价值放到市场中、放到自己过去估价得出的评估价值中去衡量，特别是同一估价机构在同一地区的各宗房地产的评估价值，都可以拿出来落到该地区的地图上进行比较，其间不应相互矛盾，可以"自圆其说"。因此，在一般情况下，只有当评估价值没有不合理偏离与估价对象相似的房地产在同等条件下的价值价格时，该评估价值才是合理的，否则，应查找原因或说明正当理由。

此外，替代原则还适用于可比交易实例选取、估价参数测算与确定。例如，收益法中的客观收益，成本法中的客观成本，假设开发法中的后续必要支出等，都应遵循替代原则来求取。

第六节　最高最佳利用原则

一、最高最佳利用原则的含义

最高最佳利用原则也称为最有效利用原则、合理有效利用原则，要求评估价值是在估价对象最高最佳利用状况下的价值价格。最高最佳利用是指估价对象在法律上允许、技术上可能、财务上可行并使其价值最大的合理、可能的利用，包括最合适的用途、规模、档次等。对最高最佳利用的简单理解，"最高"即最大规模，"最佳"即最好用途。

最高最佳利用的英文是 highest and best use，包括多个维度的最佳利用。一是利用方向的最佳用途；二是竖向的最佳容积率、建筑面积、建筑高度、建筑层数或最佳集约度；三是横向的最佳土地面积（往往已事先确定）；四是最佳建筑档次（如设施设备、装饰装修）等。

除现状价值评估外，房地产估价之所以要遵循最高最佳利用原则，是因为在现实市场经济下的房地产利用中，每个房地产拥有者都试图采取最高最佳利用方式充分发挥其房地产的潜力，以获取最大的经济利益。这一原则也是房地产利用竞争与优选的结果。

二、最高最佳利用状况的确定

最高最佳利用应同时满足法律上允许、技术上可能、财务上可行、价值最大化四个条件。在实际估价中确定估价对象的最高最佳利用状况时，往往容易忽视"法律上允许"这个前提，甚至误以为最高最佳利用原则与合法原则有时是冲突的。由上述最高最佳利用应满足的条件来看，最高最佳利用首先应是法律法规等所允许的，因此最高最佳利用原则与合法原则的关系是：遵循了合法原则，并不意味着会遵循最高最佳利用原则；而遵循了最高最佳利用原则，则必然符合了合法原则中对估价对象依法利用的要求，但并不意味着符合了合法原则中的其他要求。

估价对象最高最佳利用状况的确定方法，是先尽可能地设想出估价对象各种潜在的利用，然后从下列4个方面依次进行分析、筛选或判断确定。

（1）法律上是否允许。对于每种潜在的利用，首先要检查它是否为法律法规、国土空间规划、出让条件和合同等所允许的。如果是不允许的，则应被淘汰。

（2）技术上是否可能。对于法律上允许的每种利用，要检查它在技术上是否能够实现，包括建筑材料性能、施工技术手段等能否满足要求。如果是不能实现的，则应被淘汰。

（3）财务上是否可行。对于法律上允许且技术上可能的每种利用，还要进行经济可行性分析，其一般做法是：针对法律上允许且技术上可能的每种利用，首先预测它未来的收入和支出流量，然后将未来的收入和支出流量转换为现值，再将这两者进行比较。只有收入现值大于或等于支出现值的利用才具有经济可行性，否则应被淘汰。具体的经济可行性分析评价指标有财务净现值、财务内部收益率、投资回收期等。

（4）价值是否最大化。在财务上可行的各种利用中，能够使估价对象的价值达到最大的利用，便是最高最佳利用。

进一步来说，适合原理、平衡原理、收益递增和递减原理都有助于理解和把握最高最佳利用原则。适合原理是以估价对象与其周围环境是否相协调，平衡原理是以估价对象的建筑物、土地等各个组成部分是否相搭配，收益递增和递减原理是根据估价对象增加生产要素投入是否达到收益递减点，来判定估价对象是否为最高最佳利用，从而可以帮助估价师确定估价对象的最佳用途、最佳规模和最佳集约度。适合原理加上平衡原理，即当估价对象与其周围环境相协调，同时其各个组成部分又相搭配时，便为最高最佳利用。

此外，由于我国目前的土地开发利用管理不是完全"只认地不认人"，有时"既认地又认人"，即不是只要符合土地的区位条件、规划建设条件等土地自身状况，现有土地使用者就可以自己或委托第三人进行开发利用，有时还要看是什么样的土地使用者（如是个人还是单位，是否具备相应的房地产开发企业资质条件等），因此同一房地产对其现有产权人和意向取得者来说，依法享有的开发利用权利可能不同。又由于最高最佳利用应是法律上允许的，所以房地产的现有产权人和意向取得者的最高最佳利用状况可能不同，进而导致从现有产权人的角度和从意向取得者的角度，按相应的最高最佳利用状况进行估价的结果可能不同，甚至差异很大。因此，估价对象最高最佳利用状况的确定，应调查、分析估价对象的现有产权人和意向取得者对估价对象依法享有的开发利用权利。当两者不相同时，应先根据估价目的确定是从现有产权人的角度还是从意向取得者的角度进行估价，再根据其对估价对象依法享有的开发利用权利，确定估价对象的最高最佳利用状况。

三、现有利用下相关估价前提的判断和选择

现实中的估价对象大多处于某种利用状态，即已为某种利用。对此，应在调查及分析估价对象利用现状的基础上，对其最高最佳利用和相应的估价前提作出下列之一的判断和选择。

（1）维持现状前提：经分析、判断，以依法维持现状、继续利用最为合理的，应选择维持现状前提进行估价。现有房地产应维持现状的财务上可行的条件是：现状房地产的价值≥（新房地产的价值－将现状房地产改变为新房地产的必要支出及应得利润）。

以建筑物为例，现有建筑物应予以保留的财务上可行的条件是：现有房地产的价值≥（新房地产的价值－拆除现有建筑物的必要支出及应得利润－建造新建筑物的必要支出及应得利润）。

（2）更新改造前提：经分析、判断，以依法更新改造再予以利用最为合理的，应选择更新改造前提进行估价。现有房地产应更新改造的财务上可行的条件是：（更新改造后的房地产价值－更新改造的必要支出及应得利润）＞现状房地产的价值。

需要指出的是，更新改造前提不一定是对建筑物进行更新改造，也有可能是对土地进行改造。因为土地与建筑物的不平衡所引起的功能折旧也可能是由于土

地方面的原因造成的，这时就需要对土地进行改造。

以现有商场、酒店等建筑物应重新装饰装修为例，现有建筑物应重新装饰装修的财务上可行的条件是：（装饰装修后的房地产价值－装饰装修的必要支出及应得利润）＞现状房地产的价值。

（3）改变用途前提：经分析、判断，以依法改变用途再予以利用最为合理的，应选择改变用途前提进行估价。现有房地产应改变用途的财务上可行的条件是：（新用途下的房地产价值－改变用途的必要支出及应得利润）＞现用途下的房地产价值。

（4）改变规模前提：经分析、判断，以依法改变规模（如扩大规模）再予以利用最为合理的，应选择改变规模前提进行估价。现有房地产应改变规模的财务上可行的条件是：（改变规模后的房地产价值－改变规模的必要支出及应得利润）＞现规模下的房地产价值。

（5）重新开发前提：经分析、判断，以依法重新开发（如拆除重建）再予以利用最为合理的，应选择重新开发前提进行估价。现有房地产应重新开发的财务上可行的条件是：（重新开发完成的房地产价值－重新开发的必要支出及应得利润）＞现有房地产的价值。

以建筑物为例，现有建筑物应拆除重建的财务上可行的条件是：（新房地产的价值－拆除现有建筑物的必要支出及应得利润－建造新建筑物的必要支出及应得利润）＞现有房地产的价值。

（6）上述利用前提的某种组合或其他特殊利用前提：经分析、判断，以上述利用前提的某种组合或其他特殊利用最为合理的，应选择上述利用前提的某种组合或其他特殊利用前提进行估价，如既更新改造又改变用途、扩大规模，比如依法将低效利用的办公用房、厂房改扩建为租赁住房。

需要指出的是，实际估价中不能只要看到了一种可行的利用前提，就直接判断该种利用为最高最佳利用。在同时有多种可行的利用前提下，应对多种可行的利用前提进行比较，然后从中作出最高最佳利用的判断和选择。

第七节　其他估价原则

一、谨慎原则

（一）谨慎原则的含义

谨慎原则要求评估价值是在充分考虑导致估价对象价值价格偏低的情况，慎重考虑导致估价对象价值价格偏高的情况下的价值价格。较具体地说，谨慎原则就是保守原则，是在估价对象价值价格的影响因素存在不确定性的情况下，如估价对象的规划用途、容积率、未来收益、周围环境、市场状况等不确定，在对这些不确定因素作出判断时，应充分考虑它们导致估价对象价值价格偏低的一面，慎重考虑它们导致估价对象价值价格偏高的一面。

对谨慎原则的理解与把握，关键是要弄清"影响因素存在不确定性的情况下"这个前提。在实际估价中，如果面临的估价对象价值价格影响因素是确定的，则不存在谨慎问题。而如果面临的估价对象价值价格影响因素是不确定的，如某个影响因素尚不确定，有乐观、保守、折中三种判断结果，相应得出偏高、偏低、居中三个价值价格测算结果，则在遵循谨慎原则的情况下，应选择对该因素的保守判断结果。例如，估价对象为商品住宅用地，规划建设条件中的最高容积率尚未确定，估计在 2.0 至 2.5 之间，如果该土地在最高容积率为 2.0 时的价值最低，且根据估价目的对该土地进行估价应遵循谨慎原则，则估价时应选择容积率为 2.0。再如，采用收益法评估某一房地产的价值，当预测该房地产的未来收益可能会高也可能会低时，应选择保守的较低的收益预测值。相比之下，如果无须遵循谨慎原则，则应选择既不偏低也不偏高的居中的收益预测值。

（二）抵押估价为何及如何遵循谨慎原则

房地产抵押估价应遵循谨慎原则，在影响抵押房地产价值的因素存在不确定性的情况下对其作出判断时，应保持必要的谨慎，不应高估假定未设立法定优先受偿权下的价值，不应低估法定优先受偿款及预期实现抵押权的费用和税金，并应充分考虑抵押房地产在未来行使抵押权时可能受到的限制以及可能发生的风险和损失。

房地产抵押估价之所以要遵循谨慎原则，是因为拟接受房地产抵押担保的债权人一般对抵押房地产变现风险高度关注，要求在房地产抵押贷款后，一旦要处置抵押房地产，其处置所回收的价款应超过主债权金额以及利息、违约金、损害赔偿金和实现债权的相关费用。而且由于抵押房地产在未来的处置时间存在很大不确定性，并与现在抵押估价时的价值时点时间间隔较长，届时抵押房地产的价值还有可能下降或减少，此外还有较多其他不确定因素，所以在抵押估价时就要充分考虑这些不确定因素对抵押房地产价值的不利影响。

《房地产抵押估价指导意见》针对不同的估价方法，提出了遵循谨慎原则的下列要求：

（1）在运用市场比较法估价时，不应选取成交价格明显高于市场价格的交易实例作为可比实例，并应对可比实例进行必要的实地查勘。

（2）在运用成本法估价时，不应高估土地取得成本、开发成本、有关费税和利润，不应低估折旧。

（3）在运用收益法估价时，不应高估收入或低估运营费用，选取的报酬率或资本化率不应偏低。

（4）在运用假设开发法估价时，不应高估未来开发完成后的价值，不应低估开发成本、有关费税和利润（即后续必要支出及应得利润）。

此外，《房地产估价规范》要求：评估房地产开发用地、在建工程等"待开发房地产"假定未设立法定优先受偿权下的价值采用假设开发法的，应选择被迫转让开发前提进行评估。抵押房地产已出租的，假定未设立法定优先受偿权下的价值在合同租金低于市场租金时，应为出租人权益价值；在合同租金高于市场租金时，应为无租约限制价值。

《商业银行押品管理指引》规定："商业银行应遵循客观、审慎原则"，"原则上，对于有活跃交易市场、有明确交易价格的押品，应参考市场价格确定押品价值。采用其他方法估值时，评估价值不能超过当前合理市场价格。"

二、一致性原则

一致性原则是指为了同一估价目的对同一或相关估价项目所涉及的各宗同类房地产进行估价时，应采用相同的估价方法或对待方式。即"横向一致"，如同一估价项目的估价对象有两宗或两宗以上同类房地产的，对该两宗或两宗以上同类房地产应采用相同的估价方法或对待方式进行估价。对于应遵循一致性原则而确因情况特殊未采用相同的估价方法或对待方式进行估价的，应在估价报告中予以说明并陈述正当理由。

例如，为征收房地产持有环节的房地产税服务的估价，公平相对来说比精准更为重要。因此，为了保证税收的公平性，减少纳税人之间攀比造成的矛盾纠纷，应遵循一致性原则，即对各个不同纳税人的同类房地产，应采用相同的估价方法或对待方式进行估价。再如，同一房屋征收范围内有两个或两个以上被征收人的房屋征收评估，公平和精准都很重要，也应遵循一致性原则，即对同一房屋征收评估项目所涉及的各个（或各户、各幢、各间、各套等）同类被征收房屋应一视同仁，采用相同的估价方法或对待方式进行估价。房地产投资信托基金等房地产证券化产品资产价值评估也应遵循一致性原则，即为了同一估价目的对同一房地产证券化产品涉及的同类房地产在同一价值时点的价值价格进行评估时，应采用相同的估价方法。在房地产置换（或互换、产权调换）估价中，一般也要遵循一致性原则，即对置换双方的同类房地产应采用相同的估价方法或对待方式进行估价。此外，批量估价本身就是一致性原则的体现。

三、一贯性原则

一贯性原则是指在不同时间为了同一估价目的对同一或同类房地产再次或多次进行估价时，应采用相同的估价方法或对待方式。即"纵向一致"，也就是现在采用的估价方法或对待方式应与过去所采用的估价方法或对待方式相同，保持估价方法或对待方式的连续性、稳定性，不得随意变更。对于应遵循一贯性原则而确因情况特殊，比如过去的估价方法选择不当、适用的条件发生了变化，相关估价标准出台或修订对估价方法选择有新要求，导致估价方法或对待方式必须变更的，应在估价报告中予以说明并陈述正当理由。

例如，房地产投资信托基金物业价值评估应遵循一贯性原则，即为了同一估价目的对同一房地产证券化产品的同一或同类房地产在不同价值时点的价值价格进行评估时，应采用相同的估价方法。用于财务报告的估价，一般也应遵循一贯性原则，即对同一公司、企业等单位的同一或同类房地产在不同价值时点的公允价值或市场价值进行评估时，应采用相同的估价方法。

复 习 思 考 题

1. 什么是房地产估价原则？它们有哪些？

2. 房地产估价原则与房地产价格形成与变动原理有何异同？

3. 房地产估价原则起着什么作用？掌握它们在估价实践中有何实质意义？

4. 现实中各种不同的估价目的和价值类型应遵循哪些估价原则？

5. 什么是独立客观公正原则？为什么说它是鉴证性估价的基本原则和最高行为准则？

6.《资产评估法》对评估机构及其评估专业人员独立、客观、公正开展业务作出了哪些规定？

7. 在估价中要求估价师与委托人及估价利害关系人没有利害关系，但为何又要求估价师把自己设想为各方估价利害关系人的角色或心态来思考评估价值？

8. 合法原则对房地产估价有何要求？房地产估价为何要遵循该原则？

9. 遵循合法原则应当包括哪些方面？

10. 在房地产抵押估价和房屋征收评估中如何遵循合法原则？

11. 价值时点原则对房地产估价有何要求？房地产估价为何要遵循该原则？

12. 价值时点为何不总是"现在"？现实中价值时点应为"过去"和"将来"

的估价分别有哪些?

13. 同一估价项目中估价对象状况与房地产市场状况是否应为同一时点时的状况? 为什么?

14. 现实中各种估价目的的估价, 其价值时点、估价对象状况和房地产市场状况应是怎样的?

15. 替代原则对房地产估价有何要求? 房地产估价为何要遵循该原则?

16. 实际估价中如何遵循替代原则?

17. 最高最佳利用原则对房地产估价有何要求? 房地产估价为何要遵循该原则? 但哪种价值类型评估不应遵循该原则?

18. 什么是最高最佳利用? 如何衡量及寻找估价对象的最高最佳利用?

19. 估价对象的实际利用状况不是最高最佳利用状况时对其价值价格有何影响?

20. 估价对象的实际用途、登记用途、规划用途、设计用途或者房屋证载用途与土地证载用途不一致时, 应如何根据合法原则和最高最佳利用原则确定估价的用途?

21. 实际估价中如何根据最高最佳利用原则确定相关估价前提?

22. 现有房地产应维持现状的条件是什么? 其中现有建筑物应予以保留的条件是什么?

23. 现有房地产应更新改造的条件是什么?

24. 现有房地产应改变用途的条件是什么?

25. 现有房地产应重新开发的条件是什么? 其中现有建筑物应拆除重建的条件是什么?

26. 谨慎原则对房地产估价有何要求? 何种估价目的的估价应遵循该原则? 为什么?

27. 什么是一致性原则和一贯性原则? 何种估价目的的估价应遵循这两项原则?

28. 在房地产置换估价中, 如何遵循一致性原则?

第七章　市场比较法及其运用

房地产估价应根据估价对象及其所处的市场状况等客观条件，恰当选择估价方法。本章介绍房地产估价三种基本方法之一的市场比较法，包括市场比较法的含义、理论依据、适用对象、适用条件、估价步骤以及每个步骤所涉及的具体内容。

第一节　市场比较法概述

一、市场比较法的含义

简要地说，市场比较法（以下称比较法）是根据与估价对象相似的房地产的成交价格来求取估价对象价值价格的方法；较具体地说，比较法是选取一定数量的可比交易实例，将它们与估价对象进行比较，根据其间的差异对可比交易实例成交价格进行处理后得到估价对象价值价格的方法。

与估价对象相似的房地产，也称为估价对象的类似房地产，简称类似房地产，是指与估价对象的区位、用途、权利性质、档次（或等级）、规模等状况相同或相当的房地产。可比交易实例简称可比实例，是符合一定条件的类似房地产的交易实例，具体是指交易方式适合估价目的，成交日期接近价值时点，成交价格为正常价格或可修正为正常价格的类似房地产的交易实例。交易实例是指真实成交的房地产等财产或权利及其成交价格等相关信息。其中使用"实例"一词，而不使用"案例"一词，就是为了强调是真实成交的"实际的例子"。

比较法的本质是以房地产的市场成交价格为导向（简称市场导向）来求取房地产的价值价格。因为比较法是利用实际发生、经过市场检验的类似房地产的成交价格来求取估价对象的价值价格，所以比较法是一种最直接、较直观、有市场说服力的估价方法，其测算结果易于被人们理解、认可或接受。

二、市场比较法的理论依据

比较法的理论依据是房地产价格形成的替代原理，即同一房地产市场上相似的房地产有相近的价格。因为房地产价格形成有替代原理，所以估价对象的未知价值价格就可以通过类似房地产的已知成交价格来推测。

同时需注意的是，在具体一宗房地产交易中，可能因交易双方有利害关系、对交易对象或市场行情缺乏了解等，导致成交价格偏离正常价格。这就要求在采用比较法时应搜集较多类似房地产的交易实例，并对这些交易实例的成交价格进行恰当处理。如此得到的结果，就可以作为估价对象价值价格的最佳参考值。此外，比较法是基于实际发生的交易实例即已成为过去的成交价格，实质上属于历史估价方法，不能完全体现房地产价格形成的预期原理，这是比较法的局限性。

三、市场比较法的适用对象

比较法适用于同类数量较多、有较多交易、相互间具有一定可比性的房地产，例如：①住宅，包括普通住宅、高档公寓、别墅等。特别是数量较多、可比性较好的成套住宅最适用比较法估价，相对而言也是最容易、最简单的房地产估价。②写字楼。③商铺。④标准厂房。⑤房地产开发用地。

下列房地产难以采用比较法估价：①数量很少的房地产，如特殊厂房、机场、码头、博物馆、教堂、寺庙、古建筑等。②很少发生交易的房地产，如学校、医院、行政办公楼等。③可比性很差的房地产，如在建工程等。

比较法的原理和技术，也可用于收益法、成本法、假设开发法中市场租金、经营收入、运营费用、空置率、入住率、报酬率、重置成本、房地产价格各个组成部分（如土地成本、建设成本、管理费用、销售费用、销售税费、开发利润）、预期完成的价值、开发经营期等的求取。

四、市场比较法的适用条件

比较法估价需要在价值时点之前的较近一段时间内有较多类似房地产的交易。在房地产交易不够活跃或类似房地产交易很少的地区，难以采用比较法估价。房地产交易总体上较活跃的地区，在某些特殊情况下比较法可能暂时不适用，比如房地产交易因稳定市场、疫情防控而受到限制，在较长一段时间暂停或很少发生。

目前，在政府基本不掌握房地产真实成交价以及房地产交易、登记等相关信息不够公开透明，也缺乏市场化房地产交易数据提供商的情况下，获取房地产真实成交价和相应的估价所需的房地产状况等信息，是运用比较法估价的主要难点之一。尽管如此，以下情况难以成为不选择比较法估价的正当理由：估价对象所在地有较多类似房地产的交易，只因估价机构和估价师难以搜集到必要的交易实例而不能采用比较法估价。

此外，运用比较法估价需要消除可比实例与估价对象在以下4个方面的差异造成的可比实例成交价格与估价对象价值价格差异：①成交价格与比较价值的内涵和形式不同，简称价格基础差异，如要把可比实例在其交易税费负担方式下的价格，处理成与评估价值内涵对应的交易税费负担方式下的价格，比如把交易税费非正常负担方式下的价格处理成正常负担价，或者把正常负担价处理成卖方净得价、买方实付价。这种处理称为建立价格比较基础，简称建立比较基础。②特殊交易情况与正常交易情况不同，简称交易情况差异，如要把可比实例存在急售或急买等特殊交易情况所造成的非正常成交价格，处理成正常价格。这种处理称为特殊交易情况修正，简称交易情况修正。③成交日期与价值时点不同，实质上是这两个时间的房地产市场状况或行情不同，简称市场状况差异，如要把可比实例在其成交日期的价格，处理成在价值时点的价格。这种处理称为房地产市场状况调整，简称市场状况调整。④可比实例与估价对象的自身状况不同，可称之为资产状况差异，如要把可比实例在其自身状况下的价格，处理成在估价对象状况下的价格。这种处理可称为资产状况调整，具体为房地产状况调整、房屋状况调整、土地状况调整等。

在进行上述处理时，应尽量分解各种房地产价格影响因素，尽可能地采用定量分析来量化这些因素对可比实例成交价格的影响程度，如通过对大量成交价格进行统计分析，得出不同因素对房地产价格的影响程度。但许多因素对可比实例成交价格的影响程度，难以采用定量分析予以量化，需要估价师对估价对象和可比实例所在地的房地产市场行情、交易习惯等进行深入了解，然后结合估价实践经验作出判断。因此，如果对估价对象和可比实例所在地的房地产市场行情、交易习惯等不很了解，或缺乏相关实践经验，则难以运用比较法得出合理、准确的价值价格。

还值得指出的是，比较法求得的价值价格趋向市场价格。在房地产市场参与者群体过于乐观或悲观的情况下，房地产价格会被市场所高估或低估，造成房地产市场价格不合理偏离房地产自身的价值，此时比较法求得的价值价格可能与市场价值有较大偏差，也与收益法、成本法求得的价值价格有较大差异。有时房地产市场价格变化过快，在估价报告尚未出具或出具不久就发生了明显变化，这会使比较法求得的价值价格难以让人接受，导致争议。比如在房价过快上涨时期，价值时点为征收决定公告之日的房屋征收补偿估价，价值时点为损失发生时的房地产损害赔偿估价，都有可能出现这种情况。

五、市场比较法的估价步骤

比较法的估价步骤一般为：①搜集交易实例；②选取可比实例；③建立比较基础；④进行交易情况修正；⑤进行市场状况调整；⑥进行资产状况调整；⑦计算比较价值。

上述第三至第六个步骤，均是对可比实例的成交价格进行处理。根据这些处理的实质内容不同，可分为下列 3 种类型的处理。

（1）价格换算：主要是对可比实例成交价格的内涵和形式进行处理，使可比实例成交价格与评估的估价对象价值价格之间，以及各个可比实例成交价格之间口径一致、相互可比，即建立比较基础。

（2）价格修正：是把可比实例实际而可能是非正常的成交价格处理成正常价格，是对可比实例成交价格予以"更正"，即进行交易情况修正。

（3）价格调整：是对价格"参考系"的调整，从可比实例"参考系"下的价格调整为估价对象"参考系"下的价格。"参考系"有市场状况和资产状况两类，相应的处理分别为市场状况调整和资产状况调整。

第二节　搜集交易实例

一、搜集交易实例的必要性

采用比较法估价要有符合一定数量和质量要求的可比实例，从而要有大量的交易实例可供选择。拥有了估价对象所在地大量的房地产交易实例，才能把握估价对象所在地正常的房地产市场价格行情，才能从中选择出符合一定数量和质量要求的可比实例，保证评估出的估价对象价值价格更加准确，不会出现较大误差，更不会超出合理范围。因此，应努力搜集较多的交易实例，甚至建立交易实例库。

搜集交易实例虽然是比较法中的一个步骤，但是不要等到采用比较法估价时才去搜集。搜集交易实例应日积月累，平时就要积极主动利用各种机会搜集。这样，一旦采用比较法估价，就已经有了足够多的交易实例可供选取，从而可以较快完成估价工作。当然，在采用比较法估价时，可以根据估价对象、价值时点等具体情况，有针对性地搜集交易实例。

二、搜集交易实例的方式和渠道

交易实例不限于通过交易当事人、采用查阅真实交易合同方式搜集的，也可以是通过其他渠道、采用其他方式搜集的。此外，完全真实、精确的成交价格一般只有交易当事人和促成交易的经纪人员知道，虽然应尽量调查了解这种成交价格，但在难以调查了解这种成交价格的情况下，可以调查了解近似的成交价格。近似的成交价格一般也属于成交价格的范畴。

交易实例不会自己跑到估价机构和估价师那里，现实中因房地产成交价格等交易信息不够公开透明等原因，搜集交易实例十分困难。不过，这也可以说是专业估价机构和估价师存在的价值之一。拥有大量的交易实例，同时是估价机构的核心竞争力之一。因此，估价机构和估价师不应有畏难情绪，而要当作自己要买卖、租赁房地产那样用心调查了解估价对象所在地搜集交易实例的方式和渠道，掌握搜集交易实例的技巧，依法努力搜集较多的交易实例，无论如何都不得编造虚假交易实例。

搜集交易实例的方式主要有当面访问（简称面访，包括上门拜访）、电话访问、问卷调查、查阅资料（如查阅交易合同）、市场购买、同行交换等。搜集的渠道主要有下列7个。

（1）向房地产交易当事人调查了解其成交的房地产及其成交价格等相关信息。调查可采用当面访问、电话访问、发送问卷、查阅资料等方式。

（2）向房地产经纪机构和经纪人员、相关律师、房地产交易当事人的邻居等调查了解其促成交易或知悉交易的房地产及其成交价格等相关信息。现在，越来越多的房地产交易是通过房地产经纪机构和经纪人员促成的，通过房地产经纪机构和经纪人员可以获得大量及时、真实的交易实例。

（3）查阅政府及有关部门掌握、公布的房地产价格等相关信息。例如，房地产权利人转让房地产时依法向有关部门申报的成交价格等相关信息[①]，政府出让建设用地使用权的成交价格等相关信息。

（4）向房地产交易数据提供商购买房地产成交价格等相关信息。现在，出现了一些以营利为目的的专门从事房地产成交价格等数据搜集、整理、分析和提供的公司。

（5）要求估价委托人提供估价对象的历史交易情况。如果估价委托人是估价

---

① 《城市房地产管理法》规定："国家实行房地产成交价格申报制度。房地产权利人转让房地产，应当向县级以上地方人民政府规定的部门如实申报成交价，不得瞒报或者作不实的申报。"

对象的权利人，估价机构和估价师可要求其提供估价对象的历史交易情况，尤其是最近一次交易的成交价格等交易信息。通过这种渠道搜集的交易实例，可作为其他估价对象的可比实例。

（6）查找有关网站、报刊、广告等平台和媒体上的房地产交易相关信息，走访经纪门店、售楼处以及参加房地产交易展示会等房地产交易场所，与房地产业主、开发企业、经纪人员等房地产出售人或其代理人沟通交流，获取房地产的挂牌价、报价、标价、要价、成交价等相关信息，了解房地产市场价格行情。其中挂牌价、报价、标价、要价因不是成交价，具有较大的随意性，往往偏离成交价较大，不应作为交易实例，但是较多数量的这类价格与成交价之间有一定的关系，在一定程度上可以作为了解市场价格行情的参考。

（7）估价同行之间相互交换交易实例。估价机构和估价师还应发挥各自的优势，通过其他渠道搜集交易实例。此外，还可由估价行业协会牵头或估价机构和估价师自发建立交换机制，相互提供所搜集的交易实例。

三、搜集交易实例的要求

搜集信息真实、完整、准确的交易实例，是提高估价精度的一个基本保证。搜集的交易实例信息应能满足比较法运用的需要，并尽可能地搜集较多的有用信息。不同的估价目的对交易实例信息真实性、完整性和准确性的要求程度有所不同，如涉诉房地产司法评估的要求较高，一般应是采用查阅真实交易合同方式搜集的交易实例。搜集的交易实例信息通常包括下列 9 个方面的内容。

（1）交易对象基本状况：如名称、坐落、范围、规模（如面积）、用途、权属，以及建筑结构、设施设备、装饰装修、建成时间、土地形状、土地开发程度、土地使用期限、周围环境等。

（2）交易双方基本情况：如卖方和买方的名称及其之间的关系等。

（3）交易方式：如买卖、互换、租赁，买卖中又如协议、招标、拍卖、挂牌等。

（4）成交日期。

（5）成交价格：包括总价、单价及计价单位。

（6）付款方式：例如是全部价款一次性支付，还是分期付款（包括付款期限、每期付款额或付款比例）。

（7）融资条件：如首付款比例、贷款利率、贷款期限等。

（8）交易税费负担方式：如买卖双方是依照法律法规规定、按照双方约定或当地交易习惯各自缴纳自己应缴纳的交易税费，还是全部交易税费都由买方负担或都由卖方负担。

（9）交易目的：如卖方为何而卖，买方为何而买，以及是否有急售、急买等特殊交易情况。

为了避免搜集交易实例时遗漏必要的信息，保证所搜集的信息统一和规范，提高交易实例搜集工作效率，并做到交易实例来源有据可查，最好事先制作"房地产交易实例调查记录表"，在搜集交易实例时再按该表进行搜集和填写。表7-1是一种示意性、简化的"房地产交易实例调查记录表"，仅供参考。

房地产交易实例调查记录表　　　　　表 7-1

交易对象基本状况	名　称						
	坐　落						
	范　围						
	规　模	建筑面积		土地面积		其　他	
	用　途						
	权　属						
交易基本情况	卖　方						
	买　方						
	成交日期						
	成交价格	总　价			单　价		
交易情况说明	一般交易情况说明	付款方式					
		税费负担					
		其他情况					
	特殊交易情况说明						
交易对象状况说明	实物状况说明						
	权益状况说明						
	区位状况说明						
交易对象位置示意图			交易对象外观照片			其他相关图片	
被调查者			调查方式	□面访□电话□问卷□查阅□购买 □交换□其他			
调查人员			调查日期	年　　　月　　　日			

为了保证所搜集的交易实例信息真实、完整、准确，对搜集到的每个交易实例、每项内容，都应依法进行审慎检查或核查验证。估价机构还可以安排有关人员专门从事交易实例等估价所需资料的搜集工作。

四、建立健全交易实例库

估价机构应建立健全交易（包括买卖、租赁）实例库，其目的不仅是满足比较法估价的需要，而且是从事房地产估价及相关咨询顾问业务的一项基础性工作，还有利于交易实例资料的保存和在需要时查找、调用，能有效提高估价及相关咨询顾问工作效率。

建立交易实例库的简单做法，是将搜集交易实例时填写好的"房地产交易实例调查记录表"及有关资料（如照片等），采用交易实例卡片或档案袋形式分门别类地保存起来，也可研发、购买有关计算机软件工具，利用其搜集交易实例并进行管理。

第三节　选取可比实例

一、选取可比实例的必要性

搜集到的交易实例或交易实例库中的交易实例可能较多，而针对特定的估价对象、估价目的和价值时点，通常仅有某些交易实例适合作为可比实例，因此需要从中选取符合一定条件的交易实例作为可比实例。

二、选取可比实例的要求

（一）选取可比实例的数量要求

从理论上讲，即使只有一个可比实例，只要对其成交价格处理得"恰当"，也可以得出估价对象的价值价格。但由于实际估价中存在信息不完全等情况，对可比实例成交价格的处理不可能做到完全"恰当"。因此，为了减小估价误差、提高估价可信度，需要选取多个可比实例。选取的可比实例理论上越多越好。但如果要求选取的可比实例过多，一是可能因适合作为可比实例的交易实例数量有限而难以做到，二是会大大增加不必要的估价工作量和成本，因此从某种意义上讲，选取可比实例主要在于精而不在于多，一般选取 3~5 个即可，但不得少于3个。

（二）选取可比实例的质量要求

选取的可比实例是否合适，直接关系到比较法测算结果的准确性，因此应慎重、恰当选择。选取的可比实例质量应符合下列要求。

1. 可比实例的交易方式应适合估价目的

这是因为房地产交易有买卖、互换、租赁等方式，其中又可分为协议、招标、拍卖、挂牌等方式。如果是为买卖目的估价，则应选取买卖实例为可比实例；如果是为租赁目的估价，则应选取租赁实例为可比实例。在实际估价中，为互换、折价、抵押、房屋征收补偿等目的估价，一般选取买卖实例为可比实例，而且一般应选取协议方式的买卖实例。但当选取建设用地使用权出让实例为可比实例时，目前不宜选取协议方式的出让实例。房屋征收补偿实例、估价实例一般不应作为可比实例。

2. 可比实例房地产应与估价对象房地产相似

即可比实例房地产应是估价对象的类似房地产，具体应满足下列要求。

（1）与估价对象的区位相近。可比实例与估价对象应在同一地区或同一供求范围内的相似地区。同一供求范围也称为同一供求圈、同一市场，是指与估价对象具有一定的替代性，价格会相互影响的房地产区域范围。以北京市为例，如果估价对象是位于王府井地区的一个商场，则选取的可比实例最好也位于王府井地区；而如果在王府井地区内可供选取的交易实例不多，则应选取东单这类近邻地区或西单这类同等级别商业区中的交易实例。如果估价对象是位于北京市区某个住宅区内的一套住宅，则选取的可比实例最好也位于同一住宅区；而如果在同一住宅区内没有合适的交易实例可供选取，则应选取北京市区内在区位、档次、规模等方面与估价对象住宅区相当的住宅区内的交易实例。

（2）与估价对象的用途相同。这里的用途相同主要指大类用途相同，如果能做到小类用途相同则更好。大类用途一般分为居住、商业、办公、工业、农业等。小类用途可参见第三章第三节"房地产的种类"。

（3）与估价对象的权利性质相同。当交易实例与估价对象的权利性质不相同时，一般不能作为可比实例。例如，国有土地与集体土地的权利性质不同；出让国有建设用地使用权与划拨国有建设用地使用权的权利性质不同；商品住房与房改所购住房、经济适用住房的权利性质不同。因此，如果估价对象是出让国有建设用地使用权或出让国有建设用地使用权土地上的房地产，则应选取出让国有建设用地使用权或出让国有建设用地使用权土地上的房地产的交易实例，不宜选取划拨国有建设用地使用权或划拨国有建设用地使用权土地上的房地产的交易实例。

（4）与估价对象的档次相当。档次是指按一定标准分成的不同等级。例如，土地的等级，酒店划分的五星级、四星级、三星级等，写字楼划分的高档（或甲级）、中档（或乙级）、普通等。这里的档次相当主要指在设施设备（如电梯、空调、智能化等）、装饰装修、周围环境等方面的齐全、优劣程度应相当。

（5）与估价对象的规模相当。例如，估价对象为一宗土地，则选取的可比实例的土地面积应与该土地的面积大小差不多，既不能过大也不能过小。选取的可比实例规模一般应在估价对象规模的 0.5～2 倍范围内，即：

$$0.5 \leqslant \frac{可比实例规模}{估价对象规模} \leqslant 2$$

此外，如果估价对象为房屋，则还应与估价对象的建筑结构相同。这里的建筑结构相同主要指大类建筑结构相同，如果能做到小类建筑结构相同则更好。大类建筑结构一般分为钢结构、钢筋混凝土结构、砖混结构、砖木结构、简易结构。

3. 可比实例的成交日期应接近价值时点

这里的"接近"是相对的，如果房地产市场价格较平稳，则较早之前成交的实例仍有较大参考价值，可选为可比实例；而如果房地产市场价格变化快，则只有近期成交的实例才有说服力，才可选为可比实例。可比实例的成交日期与价值时点相差宜在 6 个月内，不宜超过 1 年，不得超过 2 年。因为相差过长就难以进行市场状况调整，有时勉强进行市场状况调整，可能会出现较大偏差。此外，根据价值时点原则的要求，可比实例的成交日期不得晚于价值时点，即应是在价值时点之前成交的实例。

4. 可比实例的成交价格应尽量为正常价格

这是要求可比实例的成交价格为正常价格或可修正为正常价格。

（三）选取可比实例的其他注意事项

在选取可比实例时，估价对象为房地的，应选取类似房地的交易实例；估价对象为土地的，一般应选取类似土地的交易实例；估价对象为建筑物的，一般应选取类似建筑物的交易实例。但因单独的土地尤其是单独的建筑物的交易实例较少，甚至没有，所以选取可比实例有所谓"分配法"，其主要内容是：如果估价对象为土地或建筑物，但缺少相应的土地或建筑物的交易实例，而有较合适的包含类似土地或类似建筑物的房地交易实例时，则可以将此房地及其成交价格予以分解。即把该房地分为土地和建筑物两个组成部分，并将其成交价格在土地和建筑物之间进行分配，提取出与估价对象相应部分的土地或建筑物及其价格，然后将其作为可比实例。例如，估价对象为土地，在同一供求范围内没有类似土地的交易实例，而有包含类似土地的房地交易实例，且当其他条件也符合采用比较法估价的条件时，则可将该房地成交价格减去建筑物价格（通常采用成本法求取）得到土地价格，进而可将其中土地作为可比实例。然后对该土地价格进行恰当处理，便可求得估价对象土地的价值。例如，评估某宗办公用地的价值，在附近有一幢办公楼买卖，成交总价为 1 000 万元，其中建筑物价格为 600 万元，则土地价格为 400 万元，再以 400 万元的地价为基础，经过处理后便可得出该办公用地的价值。

针对现实中选取可比实例存在的问题，特别需要指出的是，当可供选择的交易实例较多时，应选取那些与估价对象最相似、成交日期与价值时点最接近的交易实例，不得为了迎合委托人的高估或低估要求，在位置上或成交日期上"舍近求远"，普遍选取那些成交价格偏高或偏低的交易实例，更不得有符合可比实例要求的交易实例不选取，而选取那些不符合可比实例要求的交易实例。对选取可比实例的底线要求是，可比实例应是现在或过去真实存在的，严禁虚构、编造可比实例。为此，在估价报告中至少要说明可比实例的名称、位置，并附位置图（或位置示意图）和外观照片。

第四节　建立比较基础

选取了可比实例后，一般应先对这些可比实例的成交价格进行换算处理，即对这些成交价格的内涵和形式进行"标准化"，使"标准化"后的成交价格与评估的估价对象价值价格之间以及这些成交价格之间口径一致、相互可比，为后续对这些成交价格进行修正和调整建立一个共同的基础。具体是要做"五统一"：统一财产范围，统一付款方式，统一融资条件，统一税费负担方式，统一计价方式。

一、统一财产范围

统一财产范围首先应对可比实例与估价对象的财产范围进行对比，然后消除因财产范围不同而造成的价值价格差异。对于某些估价对象，有时难以直接选到与其财产范围完全相同的交易实例作为可比实例，只能选取"主干"部分相同的交易实例作为可比实例。所谓财产范围不同，是指某种财产"有"与"无"的差别，而不是估价对象和可比实例都有这种财产的情况下，这种财产在估价对象和可比实例之间"好与坏"或"优与劣""新与旧"等不同程度的差别。因此，统一财产范围就是进行财产种类的"有无对比"，并消除估价对象"有"而可比实例"无"或者估价对象"无"而可比实例"有"所造成的价格差异。

财产范围不同主要有以下 4 种情形：①房地产的实物范围不同。例如，估价对象为土地，而可比实例是含有类似土地的房地交易实例。估价对象是不含装饰装修、带有储藏室或停车位的住宅，而可比实例是精装修、不带储藏室和停车位的住宅；或者相反。估价对象是封阳台的住宅，而可比实例是未封阳台的住宅；或者相反。②含有房地产以外的资产。例如，估价对象是含有家具、家电、汽车等动产或特许经营权等无形资产的以房地产为主的资产，而可比实例是"纯粹"的房地产；或者相反。③带有债权债务的房地产。例如，估价对象是有水电费等余款或欠费、欠缴房产税等税费、拖欠建设工程价款的房地产，而可比实例是"干净"的房地产；或者相反。④带有其他权益或负担的房地产。例如，估价对象是附带入学指标、户口指标，设立了居住权、地役权或已出租等的房地产，而可比实例是不带这些权益或负担的房地产；或者相反。

对估价对象与可比实例的房地产实物范围不同，统一财产范围一般是统一到估价对象的房地产实物范围，补充可比实例缺少的实物范围，扣除可比实例多出的实物范围，相应地对可比实例的成交价格进行加价或减价处理。

对含有房地产以外的资产，统一财产范围一般是统一到"纯粹"的房地产范围，利用下列公式对价格进行换算处理：

房地产价格＝含有房地产以外的资产的价格－房地产以外的资产的价值

如果是估价对象含有房地产以外的资产，则一般是在比较法最后步骤求出了不含房地产以外的资产的房地产价值后，再加上房地产以外的资产的价值，就可得到估价对象的价值。

对带有债权债务和其他权益或负担的房地产，统一财产范围一般是统一到不带债权债务和其他权益或负担的房地产范围，利用下列公式对价格进行换算处理：

$$\begin{array}{l}\text{不带债权债务和其他权}\\\text{益或负担的房地产价格}\end{array}=\begin{array}{l}\text{带有债权债务和其他权}\\\text{益或负担的房地产价格}\end{array}-\begin{array}{l}\text{债权和其他}\\\text{权益价值}\end{array}+\begin{array}{l}\text{债务和其他}\\\text{负担价值}\end{array}$$

如果是估价对象带有债权债务和其他权益或负担，则一般是在比较法最后步骤求出不带债权债务和其他权益或负担的房地产价值后，再加上债权和其他权益价值，然后减去债务和其他负担价值，就可得到估价对象的价值。

二、统一付款方式

房地产交易金额较大，许多情况下采取的是分期付款方式。而且付款期限长短、付款次数、每笔付款金额在付款期限内前后分布的不同，会导致实际价格有所不同。统一付款方式首先应对可比实例的成交价格与评估的估价对象价值价格的付款方式进行对比，然后消除因付款方式不同而造成的价值价格差异。在此为了简便，价格以在成交日期一次性付清所需支付的金额为基准。因此，统一付款方式一般是将可比实例不是在成交日期一次性付清的价格，调整为在成交日期一次性付清的价格。具体方法是通过折现计算。

【例 7-1】某宗房地产的成交总价为 30 万元，首付款 20%，余款于 6 个月后一次性支付。假设月利率为 0.5%，请计算该房地产在其成交日期一次性付清的价格。

【解】该房地产在其成交日期一次性付清的价格计算如下：

$$30 \times 20\% + \frac{30 \times (1-20\%)}{(1+0.5\%)^6} = 29.29 \text{（万元）}$$

在例 7-1 中，如果已知的不是月利率，而是：①年利率 r，则上述式子中的 $(1+0.5\%)^6$ 就变为 $(1+r)^{0.5}$；②半年利率 r，则上述式子中的 $(1+0.5\%)^6$ 就变为 $(1+r)$；③季度利率 r，则上述式子中的 $(1+0.5\%)^6$ 就变为 $(1+r)^2$。

三、统一融资条件

融资条件的不同，是指诸如融资成本（如贷款利率）、首付款比例、贷款期限等的不同。统一融资条件首先应对可比实例的成交价格与评估的估价对象价值价格的融资条件进行对比，然后消除因融资条件不同而造成的价值价格差异。一般情况下是将可比实例不是在该种类型房地产交易的常规融资条件下的价格，调整为在该种类型房地产交易的常规融资条件下的价格。

四、统一税费负担方式

可比实例的成交价格，以及根据估价目的、交易条件设定或约定、当地交易习惯等确定的估价对象价值价格，均有可能是正常负担价或卖方净得价、买方实付价。当可比实例的成交价格与评估的估价对象价值价格的交易税费负担方式不一致时，应统一税费负担方式。一般情况下是统一为正常负担价。

但是在当地房地产交易习惯中，如果成交价格普遍采取的是卖方净得价，如目前在许多城市，二手住宅成交价格基本上是卖方净得价，并且如果估价目的、交易条件设定或约定又无特殊要求的，则应评估的也是卖方净得价。在这种情况下，应将正常负担价和买方实付价的可比实例成交价格，统一为卖方净得价。

在司法拍卖估价中，有时也要统一为卖方净得价，因为买受人在支付拍卖价款后，有的还要缴纳包括被执行人应承担的交易税费在内的所有交易税费。但是，如果被执行人应承担的交易税费由人民法院从拍卖价款中扣除，买受人应承担的交易税费由其自行向税务机关申报缴纳，则应评估的是正常负担价。在这种情况下，应将可比实例成交价格统一为正常负担价。如果不论是被执行人、买受人应承担的交易税费都从拍卖价款中扣除，无须买受人另外缴纳，则应评估的是买方实付价。在这种情况下，应将可比实例成交价格统一为买方实付价。

【例7-2】某宗房地产在交易税费正常负担方式下的成交单价为 2 500 元/m²，卖方和买方应缴纳的税费分别为交易税费正常负担方式下的成交价格的 7% 和 5%。请计算该房地产的卖方净得价和买方实付价。

【解】该房地产的卖方净得价和买方实付价计算如下：

卖方净得价＝正常负担价－卖方应缴纳的税费

$$＝2\ 500－2\ 500×7\%$$

$$＝2\ 325\ （元/m²）$$

买方实付价＝正常负担价＋买方应缴纳的税费

$$＝2\ 500＋2\ 500×5\%$$

$$＝2\ 625\ （元/m²）$$

【例7-3】某宗房地产买卖合同约定成交单价为 2 325 元/m²，买卖涉及的税费均由买方负担。已知房地产买卖中卖方和买方应缴纳的税费分别为交易税费正常负担方式下的成交价格的 7% 和 5%。请计算该房地产的正常负担价。

【解】已知卖方净得价为 2 325 元/m²，则该房地产的正常负担价计算如下：

$$正常负担价＝\frac{卖方净得价}{1－卖方应缴纳的税费比率}$$

$$＝\frac{2\ 325}{1－7\%}$$

$$＝2\ 500\ （元/m²）$$

【例7-4】某宗房地产买卖合同约定成交单价为 2 625 元/m²，买卖涉及的税费均由卖方负担。已知房地产买卖中卖方和买方应缴纳的税费分别为交易税费正常负担方式下的成交价格的 7% 和 5%。请计算该房地产的正常负担价。

【解】已知买方实付价为 2 625 元/m²，则该房地产的正常负担价计算如下：

$$正常负担价＝\frac{买方实付价}{1＋买方应缴纳的税费比率}$$

$$＝\frac{2\ 625}{1＋5\%}$$

$$＝2\ 500\ （元/m²）$$

五、统一计价方式

统一计价方式包括统一价格表示方式、统一币种和货币单位、统一面积或体积内涵及计量单位。

（一）统一价格表示方式

统一价格表示方式可统一为单价，也可统一为总价。在统一为单价时，通常是单位面积的价格。例如，房地和建筑物通常为单位建筑面积（或套内建筑面积、使用面积）的价格。土地除了单位土地面积的价格，还可为单位建筑面积的价格，即楼面地价。在这些情况下，单位面积是一个比较单位。根据估价对象的具体情况，还可以有其他比较单位。例如，仓库通常以单位体积为比较单位，停车场（库）通常以一个车位为比较单位，旅馆通常以一间客房（或床位）为比较单位，影剧院通常以一个座位为比较单位，医院通常以一个床位为比较单位，保龄球馆通常以一个球道为比较单位等。此外，在评估租赁价格时，因计算租金的时间单位有天、月、年或小时，如果可比实例与估价对象计算租金的时间单位不同，应统一为估价对象计算租金的时间单位。

还需要说明的是，有些可比实例宜先对其总价进行某些修正和调整后，再转化为单价进行其他方面的修正和调整。因为这样处理时，对可比实例成交价格的修正和调整更容易、更准确。例如，估价对象是一套门窗有损坏的住宅，而选取的可比实例的某套住宅的门窗是完好的，成交总价为 90 万元。经调查得知，对估价对象的门窗进行修缮的必要费用为 2 万元。则宜先将该门窗是完好的可比实例的成交总价 90 万元，调整为门窗是损坏的总价 88 万元，然后将此总价 88 万元转化为单价，再进行其他方面的修正和调整。

（二）统一币种和货币单位

在统一币种方面，将某一币种（如美元、港币）的房地产价格换算为另一币种（如人民币）的房地产价格，应采用该价格对应日期的汇率，一般是采用成交日期的汇率。但如果先按照原币种的价格进行市场状况调整，则对进行了市场状况调整后的价格应采用价值时点的汇率进行换算。汇率的取值，一般采用国务院金融主管部门（国家外汇管理部门）公布的市场汇率中间价。

在统一货币单位方面，按照使用习惯，人民币、美元、港币等，通常都采用"元"或"万元"。

（三）统一面积或体积内涵及计量单位

在统一面积内涵方面，是在建筑面积、套内建筑面积、使用面积等的单价之间进行换算，相关公式如下：

$$建筑面积的单价＝套内建筑面积的单价\times\frac{套内建筑面积}{建筑面积}$$

$$套内建筑面积的单价＝使用面积的单价\times\frac{使用面积}{套内建筑面积}$$

$$使用面积的单价＝建筑面积的单价\times\frac{建筑面积}{使用面积}$$

在统一面积计量单位方面，是在平方米、公顷、亩、平方英尺、坪等的单价之间进行换算。其中将公顷、亩、平方英尺、坪的单价换算为平方米的单价为：

平方米的单价＝公顷的单价÷10 000

平方米的单价＝亩的单价÷666.67

平方米的单价＝平方英尺的单价×10.764

平方米的单价＝坪的单价÷3.305 79

【例7-5】搜集了甲乙两个交易实例。甲的建筑面积为 200m²，成交总价为800 万元人民币，分 3 期付款，首付款为 160 万元人民币，第二期于半年后付320 万元人民币，余款于 1 年后支付；乙的使用面积为 2 100 平方英尺，成交总价为 125 万美元，于成交时一次性付清。如果选取该两个交易实例为可比实例，请在对它们的成交价格进行有关修正和调整之前，进行"建立比较基础"处理。

【解】对甲乙两个交易实例的成交价格进行建立比较基础处理，需要统一付款方式和统一计价方式，具体如下：

（1）统一付款方式。如果以在成交日期一次性付清为基准，假设当时人民币的年利率为 8%，则：

$$甲总价＝160+\frac{320}{(1+8\%)^{0.5}}+\frac{320}{1+8\%}$$

$$=764.22（万元人民币）$$

乙总价＝125.00（万美元）

（2）统一计价方式。

①统一价格表示方式。统一为单价：

$$甲单价＝\frac{7\,642\,200}{200}$$

$$=38\,211.00（元人民币/平方米建筑面积）$$

$$乙单价＝\frac{1\,250\,000}{2\,100}$$

$$=595.24（美元/平方英尺使用面积）$$

②统一币种和货币单位。如果以人民币元为基准，则需要将乙的美元换算为

人民币元。已知乙成交当时人民币与美元的市场汇率为 1 美元等于 6.839 5 元人民币，则：

甲单价＝38 211.00（元人民币/平方米建筑面积）

乙单价＝595.24×6.839 5

　　　＝4 071.14（元人民币/平方英尺使用面积）

③统一面积内涵。如果以建筑面积为基准，已知乙的建筑面积与使用面积的关系为 1 平方英尺建筑面积等于0.75平方英尺使用面积，则：

甲单价＝38 211.00（元人民币/平方米建筑面积）

乙单价＝4 071.14×0.75

　　　＝3 053.35（元人民币/平方英尺建筑面积）

④统一面积计量单位。如果以平方米为基准，因 1 平方英尺＝0.092 903 04 平方米，则：

甲单价＝38 211.00（元人民币/平方米建筑面积）

乙单价＝3 053.35÷0.092 903 04

　　　＝32 866.00（元人民币/平方米建筑面积）

第五节　交易情况修正

一、交易情况修正的含义

交易情况修正是使可比实例的非正常成交价格成为正常价格的一种处理。由于可比实例的成交价格是实际发生的，可能是正常的，也可能是不正常的，而要求评估的估价对象价值价格一般是正常合理的，因此可比实例的成交价格如果是不正常的，就需要对其进行交易情况修正。经过交易情况修正后，可比实例实际而可能是非正常的成交价格便变成了正常价格。

二、造成成交价格偏离正常价格的因素

进行交易情况修正，首先需要了解有哪些因素可能使成交价格偏离正常价格及其是如何偏离的。由于房地产具有不可移动、各不相同、价值较高等特性，以及房地产市场是不完全市场，房地产成交价格容易受交易当事人的特殊交易情况的影响，从而偏离正常价格。特殊交易情况复杂多样，归纳起来有下列几个方面。

（1）利害关系人之间的交易。例如，近亲属（如父母、子女、兄弟姐妹、其

他近亲属）之间、母子公司之间、公司与其员工之间的房地产交易，成交价格往往低于正常市场价格。但也有高于正常市场价格的，比如在上市公司与其大股东、关联公司的资产置换中，存在大股东、关联公司将其房地产高价转让给上市公司的情况。

（2）对市场行情或交易对象缺乏了解的交易。如果买方不够了解市场行情或交易对象，盲目购买，成交价格往往偏高。反之，如果卖方不够了解市场行情或交易对象，盲目出售，成交价格往往偏低。

（3）被迫出售或被迫购买的交易。包括急售、急买的交易，比如卖方因急需资金、出国等而急于卖出房地产，因买方急需使用而急于买入房地产；被强迫出售、被强迫购买的交易，比如司法处置。被迫出售的成交价格通常偏低，被迫购买的成交价格通常偏高。

（4）对交易对象有特殊偏好的交易。例如，买方或卖方对所买卖的房地产特别爱好或有感情，尤其是对买方有特殊的意义或价值，买方执意购买或卖方惜售，在这种情况下，成交价格往往偏高。

（5）相邻房地产合并的交易。房地产价格受土地形状是否规则、土地面积或建筑规模是否适当等的影响。形状不规则、面积或规模过小的房地产，价值通常较低。但这种房地产如果与相邻房地产合并后，利用价值会提高，从而会产生附加价值或"合并价值"。因此，当相邻房地产的产权人欲购买该房地产时，往往愿意出较高的价格，出售人通常也会索要高价，从而相邻房地产合并交易的成交价格往往高于单独存在或与不相邻者交易的正常市场价格。

例如，图 7-1 中有甲乙两块窄小的相邻土地，市场价格分别为 45 万元和 35 万元。如果将它们合并为一块土地，由于面积增大而有利于利用，合并后的土地市场价格为 120 万元。可见，合并产生的增值为 40 万元（120－45－35）。在这种情况下，如果甲的产权人购买乙（反过来也可以），乙的产权人可要价 35 万元

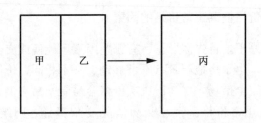

图 7-1   两块窄小的相邻土地合并为一块土地

至 75 万元（35＋40 或 120－45），合理的要价为 52.5 万元（35＋40×35÷80）①。甲的产权人愿意付出高于 35 万元、不超过 75 万元的价格取得乙也是正常的，因为他至少没有损失，而且还可能分享合并带来的增值。

（6）人为哄抬价格的交易。房地产交易方式中，正常成交价格的形成方式一般是交易双方讨价还价的协议方式。拍卖、招标等竞价方式形成的价格通常不够正常，原因是易受现场气氛、情绪以及竞买人之间争强好胜的影响，甚至购买房地产看中的不是房地产自身的价值而是购买房地产这种行为带来的广告宣传效应。但是我国目前建设用地使用权出让是例外，拍卖、招标、挂牌方式形成的价格虽然也受非理性因素的影响，但因为公开透明，相对于协议方式形成的价格较能客观真实反映市场状况和交易对象状况。协议方式出让由于管理体制尚不完善，出让人是政府，受让人是与自身利益直接相关的企业或个人，其结果往往是政府让利，形成的价格通常明显偏低。如果出让人是追求自身利益最大化的理性经济人，就难以出现这种情况。

（7）受迷信影响的交易。

（8）其他特殊交易情况。

上述特殊交易情况下的交易实例不宜选为可比实例，但当合适的交易实例少于 3 个时，在掌握特殊交易情况且能量化其对成交价格影响的情况下，可以将特殊交易情况下的交易实例选为可比实例，并对其进行交易情况修正。

三、交易情况修正的方法

交易情况修正的方法主要有总价修正和单价修正，金额修正和百分比修正。

总价修正是基于总价对可比实例的成交价格进行修正；单价修正是基于单价对可比实例的成交价格进行修正。

金额修正是采用金额对可比实例的成交价格进行修正，基本公式为：

可比实例成交价格±交易情况修正金额＝可比实例正常价格

百分比修正是采用百分比对可比实例的成交价格进行修正，基本公式为：

可比实例成交价格×交易情况修正系数＝可比实例正常价格

在百分比修正中，交易情况修正系数应以正常价格为基准来确定。假设可比实例的成交价格比其正常价格高或低的百分率为±$S\%$（当可比实例的成交价格比其正常价格高时，为＋$S\%$；低时，为－$S\%$），则有：

---

① 这里的合理要价是 40 万元的增值按合并前各地块的总价（45＋35）万元进行分配得到的。此外，还可能按合并前各地块的面积、容积率、对增值的贡献程度等进行分配。

$$可比实例正常价格×（1±S\%）=可比实例成交价格$$

因此有：

$$可比实例成交价格×\frac{1}{1±S\%}=可比实例正常价格$$

由上述公式可知，交易情况修正系数是$\frac{1}{1±S\%}$，而非$±S\%$或（1±S%）。

在交易情况修正中之所以要以正常价格为基准而不以实际成交价格为基准，是因为要求选取多个可比实例。这样，如果以正常价格为基准，就只有一个比较基础。而如果以实际成交价格为基准，就会有多个比较基础。另外，"可比实例的成交价格比其正常价格高 10%"与"可比实例的正常价格比其成交价格低10%"的含义不同。以正常价格为基准，讲可比实例的成交价格比其正常价格高10%，意即：

$$可比实例成交价格=可比实例正常价格×（1+10\%）$$

假设可比实例正常价格=1 500 元/m²，则有：

$$可比实例成交价格=1 500×（1+10\%）$$

$$=1 650（元/m^2）$$

如果以可比实例的成交价格为基准，讲可比实例的正常价格比其成交价格低10%，意即：

$$可比实例正常价格=可比实例成交价格×（1-10\%）$$

假设可比实例成交价格=1 650 元/m²，则有：

$$可比实例正常价格=1 650×（1-10\%）$$

$$=1 485（元/m^2）$$

显然，1 485 元/m²≠1 500 元/m²。因此，在交易情况修正中应统一采用可比实例的成交价格比其正常价格是高多少或低多少的表述。

在进行交易情况修正时，不仅要了解有哪些特殊交易情况影响了成交价格，还要测定这些特殊交易情况使成交价格偏离正常价格的程度。但由于缺乏客观、统一的尺度，这种测定有时很困难。因此，在哪种情况下应修正多少，主要是估价师依靠估价实践经验以及对当地房地产市场行情和交易习惯等的深入了解后作出判断。不过，估价师平常就应搜集整理交易实例，对其成交价格进行分析、比较，在积累了丰富经验的基础上，把握适当的修正系数或修正金额也就不很难了。

第六节　市场状况调整

一、市场状况调整的含义

市场状况调整也称为交易日期调整，是使可比实例在其成交日期的价格成为在价值时点的价格的一种处理。可比实例的成交价格是在其成交日期相对于价值时点为过去的市场状况下形成的价格。而需要评估的估价对象价值价格应是在价值时点的市场状况下形成的，如果价值时点是现在，则应是在现在的市场状况下形成的。因为可比实例的成交日期与价值时点不同，所以影响房地产价值价格的因素可能发生了变化，如市场形势有所变化、出台了新的政策措施、利率升降等，导致估价对象或可比实例这类房地产的市场状况发生了变化，即使同一房地产在这两个不同的时间，其价值价格也会有所不同。因此，需要对可比实例的成交价格进行市场状况调整，消除成交日期与价值时点之间的市场状况差异造成的价格差异，将可比实例在其成交日期的价格调整为在价值时点的价格。经过市场状况调整后，便将可比实例在其成交日期的价格变成了在价值时点的价格。

二、市场状况调整的方法

（一）市场状况调整的基本方法

在可比实例的成交日期至价值时点期间，随着时间的推移，房地产市场价格的变动有平稳、上涨、下降三种情况。当房地产市场价格平稳时，可不进行市场状况调整（实际上进行了市场状况调整，只是调整系数为 100％）。而当房地产市场价格上涨或下降时，则应进行市场状况调整，以使价格符合价值时点的房地产市场状况。因此，市场状况调整的关键是把握估价对象或可比实例这类房地产的市场价格自某个时间以来的涨落变动情况，应在"市场背景描述与分析"的基础上，调查过去不同时间的数宗类似房地产的价格，通过这些价格找出该类房地产的市场价格随着时间的推移而变动的规律，再据此对可比实例的成交价格进行市场状况调整。

市场状况调整的方法主要是百分比调整，其基本公式为：

$$可比实例在成交日期的价格 \times 市场状况调整系数 = 可比实例在价值时点的价格$$

其中市场状况调整系数一般应以成交日期的价格为基准来确定。假设从成交日期到价值时点，可比实例的市场价格上涨或下降的百分率为 $\pm T\%$（当可比实例的市场价格上涨时，为＋$T\%$；下降时，为－$T\%$)，则有：

$$\text{可比实例在成} \atop \text{交日期的价格} \times (1 \pm T\%) = {\text{可比实例在价} \atop \text{值时点的价格}}$$

由上述公式可知，市场状况调整系数是（$1\pm T\%$)，而非$\pm T\%$。

市场状况调整可采用房地产价格变动率或指数，也可采用时间序列分析（有关内容可见第十三章第二节"未来价值评估方法"）等具体方法。

之所以不宜采用一般物价指数或变动率，而应采用房地产价格变动率或指数，是因为只有房地产价格变动率或指数才能较好地反映房地产价格变动情况。此外，还要弄清房地产价格变动率或指数的内涵、数据基础、编制方法等。房地产价格变动率或指数，从地域范围看，可分为全国和某个地区（如某个城市、市辖区等）的；从房地产类型看，可分为各类房地产和某类房地产（如土地、商品住宅、写字楼等）的；从房地产交易方式看，可分为买卖价格和租赁价格的；从价格特性看，可分为同质价格和平均价格的；从数据基础看，可分为实际成交价、挂牌价、网签价或备案价的；从编制方法看，可分为定基和环比的。因为不同地区、不同用途或不同类型的房地产（如位于衰落旧城区的房地产和位于新兴开发区域的房地产），价格变动的方向和程度通常不同，所以针对具体的可比实例，对其价格进行市场状况调整，不是任何房地产价格变动率或指数都可以采用的，而应在调查和分析可比实例所在地同类房地产价格变动情况的基础上，选用可比实例所在地同类房地产的价格变动率或指数，并且所选用的价格变动率或指数的来源应真实、可靠。

（二）市场状况调整的价格变动率法

房地产价格变动率有逐期递增或递减的价格变动率和期内平均上升或下降的价格变动率。

采用逐期递增或递减的价格变动率进行市场状况调整的基本公式为：

$$\text{可比实例在成} \atop \text{交日期的价格} \times (1 \pm \text{价格变动率})^{\text{期数}} = {\text{可比实例在价} \atop \text{值时点的价格}}$$

采用期内平均上升或下降的价格变动率进行市场状况调整的基本公式为：

$$\text{可比实例在成} \atop \text{交日期的价格} \times (1 \pm \text{价格变动率} \times \text{期数}) = {\text{可比实例在价} \atop \text{值时点的价格}}$$

【例7-6】评估某宗房地产2021年7月1日的市场价值，选取的可比实例中有个可比实例的成交日期为2020年10月1日，成交价格为3 500元/m^2。另获知该类房地产的市场价格2020年6月1日至2021年3月1日平均每月比上月上涨1.5％，2021年3月1日至7月1日平均每月比上月上涨2％。请对该可比实例的价格进行市场状况调整。

【解】对该可比实例的价格进行市场状况调整，是将该价格由 2020 年 10 月 1 日调整到 2021 年 7 月 1 日。将该期间分为两段：第一段为 2020 年 10 月 1 日至 2021 年 3 月 1 日 5 个月，第二段为 2021 年 3 月 1 日至 7 月 1 日 4 个月，则：

$$3\,500\times(1+1.5\%)^5\times(1+2\%)^4=4\,081.30\,(元/m^2)$$

【例 7-7】某个可比实例 2021 年 1 月 30 日的价格为 2\,000 美元/m^2，该类房地产以人民币为基准的价格变动平均每月比上月上涨 0.2%。假设人民币与美元的市场汇率在 2021 年 1 月 30 日为 1 美元对人民币 6.845\,0 元，2021 年 9 月 30 日为 1 美元＝6.705\,0 元人民币。请将该可比实例的价格调整到 2021 年 9 月 30 日。

【解】将该可比实例的价格调整到 2021 年 9 月 30 日为：

$$2\,000\times6.845\,0\times(1+0.2\%)^8=13\,910.58\,(元人民币/m^2)$$

【例 7-8】某个可比实例 2021 年 1 月 30 日的价格为 2\,000 美元/m^2，该类房地产以美元为基准的价格变动平均每月比上月上涨 0.3%。假设人民币与美元的市场汇率在 2021 年 1 月 30 日为 1 美元对人民币 6.845\,0 元，2021 年 9 月 30 日为 1 美元对人民币 6.705\,0 元。请将该可比实例的价格调整到 2021 年 9 月 30 日。

【解】将该可比实例的价格调整到 2021 年 9 月 30 日为：

$$2\,000\times(1+0.3\%)^8\times6.705\,0=13\,735.24\,(元人民币/m^2)$$

（三）市场状况调整的价格指数法

房地产价格指数有定基价格指数和环比价格指数。在价格指数编制中，需要选择某个时期作为基期，以某个固定时期作为基期的指数是定基价格指数，以上一时期作为基期的指数是环比价格指数。这两种指数的编制原理见表7-2。

采用定基价格指数进行市场状况调整的公式为：

$$可比实例在成交日期的价格\times\frac{价值时点的定基价格指数}{成交日期的定基价格指数}=可比实例在价值时点的价格$$

价格指数的编制原理　　　　　　　　　　　　表 7-2

时　　期	价　　格	定基价格指数	环比价格指数
1	P_1	$P_1/P_1=100$	P_1/P_0
2	P_2	P_2/P_1	P_2/P_1
……	……	……	……
$n-1$	P_{n-1}	P_{n-1}/P_1	P_{n-1}/P_{n-2}
n	P_n	P_n/P_1	P_n/P_{n-1}

【例 7-9】某宗房地产 2021 年 6 月 1 日的市场价格为 3\,800 元/m^2，现需要将

其调整到 2021 年 10 月 1 日。已知该类房地产 2021 年 4 月 1 日至 10 月 1 日的市场价格指数分别为 110.6，110.0，109.7，109.5，108.9，108.5，108.3（以 2019 年 1 月 1 日为 100）。请计算该房地产 2021 年 10 月 1 日的市场价格。

【解】该房地产 2021 年 10 月 1 日的市场价格计算如下：

$$3\ 800\times\frac{108.3}{109.7}=3\ 751.50（元/m^2）$$

采用环比价格指数进行市场状况调整的公式为：

可比实例在成交日期的价格×成交日期的下一时期的环比价格指数×再下一时期的环比价格指数×……×价值时点的环比价格指数＝可比实例在价值时点的价格

【例 7-10】某宗房地产 2021 年 6 月 1 日的市场价格为 2 500 元/m²，现需要将其调整到 2021 年 10 月 1 日。已知该类房地产 2021 年 4 月 1 日至 10 月 1 日的市场价格指数分别为 99.6，98.7，97.5，98.0，99.2，101.5，101.8（均以上个月为 100）。请计算该房地产 2021 年 10 月 1 日的市场价格。

【解】该房地产 2021 年 10 月 1 日的市场价格计算如下：

$$2\ 500\times\frac{98.0}{100}\times\frac{99.2}{100}\times\frac{101.5}{100}\times\frac{101.8}{100}=2\ 511.26（元/m^2）$$

第七节　资产状况调整

一、资产状况调整的含义

资产状况调整是使可比实例在其自身状况下的价格成为在估价对象状况下的价格的一种处理。由于某一房地产等资产的价值价格还取决于其自身状况的好坏，所以需要将可比实例状况与估价对象状况进行比较，如果两者有差异，还要对可比实例的成交价格进行资产状况调整，消除可比实例与估价对象之间的资产状况差异造成的价格差异。因此，运用比较法估价时应能比较分析可比实例与估价对象之间的资产状况差异，以及由此造成的价格差异，并基于这种比较分析将这种价格差异消除。经过资产状况调整后，便将可比实例在其自身状况下的价格变成了在估价对象状况下的价格。

资产状况一般因时间的不同而不同，所以在进行资产状况比较、调整之前，要弄清可比实例状况、估价对象状况分别对应的是哪个时间的状况。可比实例状况应是其成交价格所对应或反映的状况，而不是在价值时点或估价作业期间的状况。因为在价值时点或估价作业期间，可比实例状况可能发生了变化，而在此之前的成交价格通常不反映这种变化。例如，某个可比实例是在 5 个月之前成交的，购买者在成交后对它进行了装修改造，甚至改变了用途，或者其交通条件、周围环境因道路建设、环境治理等而发生了较大变化。此外，由于交易合同对交易标的物状况的约定不同，可比实例状况还可能不是其成交日期的状况。例如期房买卖，成交日期的资产状况是在建工程，而实际交易标的物是建成的商品房甚至是精装修房。除期货房地产外，可比实例状况一般应是其成交日期的状况。

估价对象状况应是需要评估的价值价格所对应或反映的状况，通常是在价值时点的状况。但在第六章第四节"价值时点原则"中看到，也有价值时点为现在、估价对象为过去或未来状况的估价。在这种估价情况下，估价对象状况就不应是在价值时点的状况。

二、资产状况调整的内容

房地产的资产状况调整，应先分解为区位状况调整、实物状况调整、权益状况调整，然后将这三种调整进一步分解为若干因素的调整。为了使估价精细化及调整内容可视化、透明化，若干因素之下还宜再细分。由于资产状况的构成要素复杂多样，资产状况调整是比较法中内容最多的一种处理。但如果可比实例状况与估价对象状况有许多相同之处，则需要进行资产状况调整的内容就较少，资产状况调整相应较简单。因此，在此前选取可比实例时，应尽量选取与估价对象状况相同之处较多的房地产交易实例。例如，评估某个住宅区中某幢住宅楼的某套住宅价值，如果选取的可比实例是同一住宅区中的住宅交易实例，则就没有导致不同住宅区之间房价水平差异的因素（如小区配套、房龄、土地使用期限、物业管理等）调整；如果选取的可比实例是同一住宅楼中的住宅交易实例，则就没有导致不同住宅楼之间房价水平差异的因素（如楼栋位置、建筑外观、建筑结构等）调整。

（一）区位状况调整的内容

区位状况是对房地产价格有影响的房地产区位因素的状况。区位状况调整是使可比实例在其自身区位状况下的价格成为在估价对象区位状况下的价格的一种处理。

区位状况调整的内容主要有位置（包括所处的方位、与有关重要场所的距离、临街状况、朝向等）、交通（包括进出、停车的便利程度等）、配套（包括基础设施和公共服务设施）、环境（包括自然环境、人文环境和景观）等影响房地产价格的区位因素。当为某幢楼房中的某层、某套或某间时，区位状况调整的内容还包括所处楼幢、楼层。

（二）实物状况调整的内容

实物状况是对房地产价格有影响的房地产实物因素的状况。实物状况调整是使可比实例在其自身实物状况下的价格成为在估价对象实物状况下的价格的一种处理。

实物状况调整的内容很多，建筑物主要有建筑规模、建筑外观、建筑结构、设施设备、装饰装修、建筑性能（如防水、保温、隔热、隔声、通风、采光、日照）、空间布局、新旧程度（如房龄）等影响房地产价格的建筑物实物因素；土地主要有土地面积、形状、地形、地势、地质、土壤、开发程度等影响房地产价格的土地实物因素。

（三）权益状况调整的内容

权益状况是对房地产价格有影响的房地产权益因素的状况。权益状况调整是使可比实例在其自身权益状况下的价格成为在估价对象权益状况下的价格的一种处理。

由于在选取可比实例时就要求其权益状况中的权利性质、用途与估价对象的权利性质、用途相同，所以权益状况调整的内容一般不包括权利性质和用途，主要包括土地使用期限，共有等产权关系复杂状况，居住权、地役权、抵押权等其他物权设立状况，出租或占用状况，容积率等利用限制状况，以及额外利益、债权债务、物业管理等其他房地产权益状况。

同时需要指出的是，由于影响租赁价格与买卖价格的权益因素有所不同，在评估租赁价格时，权益状况调整的内容与上述内容有所不同。例如，一般不包括土地使用期限，因其对租赁价格影响不大；而应包括租赁期限长短，维修费用是由出租人还是承租人负担，承租人可否对租赁物进行改善或增设他物（如重新装修改造）、可否转租，在租赁期限内因占有、使用租赁物获得的收益是否归承租人所有等租赁权益因素。

三、资产状况调整的思路和步骤

资产状况调整的基本思路是：将可比实例状况与估价对象状况直接或间接进行比较，如果可比实例状况比估价对象状况好，则对可比实例的成交价格进行减价调整；反之，则对可比实例的成交价格进行加价调整。

资产状况调整的步骤一般为：

（1）确定对估价对象这类房地产的价格有影响的各种自身因素，包括区位因素、实物因素和权益因素。需要注意的是，不同用途的房地产，影响其价格的自身因素不尽相同。例如，居住用房地产讲求安全、宁静、舒适、周围环境、公共服务设施等；商业用房地产着重繁华程度、人流量、临街状况、交通条件等；工业用房地产强调对外交通运输、基础设施条件、产业集聚程度等；农业用房地产重视气候条件、土壤、灌溉与排水条件等。因此，应根据估价对象这类房地产的用途等情况，确定对其价格有影响的各种自身因素。

（2）将可比实例与估价对象在这些因素方面的状况逐项进行比较，确定它们之间的状况差异程度。以普通住宅为例，附近有几条公交线路，有无地铁，与公交车站或地铁站距离，周围环境如何，房龄多长，有无电梯、梯户比（电梯数/住宅套数），朝向、楼层、户型、室内装饰装修状况，是否附赠车位，是否带入学指标，物业费标准，是商品房还是房改房、经济适用住房等。

（3）将可比实例与估价对象之间的状况差异程度转换为它们之间的价格差异程度。即科学合理地量化房地产之间的状况差异程度所造成的房地产之间的价格差异程度，比如地段差价、朝向差价、楼层差价、户型差价、房龄差价、结构差价、品质差价、景观差价等。需要注意的是，可比实例与估价对象之间的状况差异程度不一定等于它们之间的价格差异程度。这是因为同一用途的房地产，各种价格影响因素对价格的影响程度不尽相同；不同用途的房地产，虽然某些价格影响因素相同，但这些因素对价格的影响方向和程度不尽相同。因此，对于同一用途的房地产，各种影响因素的权重一般有所不同；对于不同用途的房地产，同一影响因素的权重一般有所不同。为此，需要根据不同用途的房地产等具体情况，将可比实例与估价对象之间的状况差异程度转换为它们之间的价格差异程度。

（4）根据价格差异程度对可比实例的价格进行调整。通常是利用朝向差价、楼层差价等各种差价或资产状况调整系数，对可比实例的价格进行调整。

四、资产状况调整的方法

资产状况调整的方法主要有：①直接比较调整、间接比较调整；②总价调整、单价调整；③金额调整、百分比调整；④加法调整、乘法调整。此外，不同的影响因素的具体调整方法有所不同，如土地使用期限调整的具体方法参见第八章"收益法及其运用"中的有关内容。实际估价中的资产状况调整，往往是根据调整的内容等具体情况，对上述方法进行综合运用，即通常是混合的。

（一）直接比较调整和间接比较调整

1. 直接比较调整

直接比较调整是以估价对象状况为基准，将可比实例状况与估价对象状况进行比较，根据其间的差异对可比实例成交价格进行调整。一种具体的直接比较调整（表7-3）是：①确定若干种对资产价格有影响的资产状况方面的因素，如选取或分为10种因素。②根据每种因素对资产价格的影响程度确定其权重。③以估价对象状况为基准（通常采用百分制，将其在每种因素方面的分数定为100分），将可比实例状况与估价对象状况逐个因素进行比较、评分。如果在某个因素方面可比实例状况比估价对象状况好，则所得分数高于100分；反之，则所得分数低于100分。④将累计所得的分数转化为调整价格的比率。⑤利用该比率对可比实例价格进行调整。

资产状况直接比较表   表7-3

资产状况	权　重	估价对象	可比实例 1	可比实例 2	可比实例……
因素 1	f_1	100			
因素 2	f_2	100			
……	……	……			
因素 n	f_n	100			
综　合	1	100			

采用直接比较、百分比进行资产状况调整的表达式为：

$$可比实例在其自身状况下的价格 \times \frac{100}{(\quad)} = 可比实例在估价对象状况下的价格$$

上述公式括号内应填写的数字是可比实例状况相对于估价对象状况的得分。

2. 间接比较调整

间接比较调整是先选取或设定"标准资产"，然后将估价对象状况和可比实例状况分别与标准资产状况进行比较，再根据其间的差异对可比实例成交价格进行调整。该方法与直接比较调整相似，不同之处是以标准资产而非估价对象状况为基准，通常将标准资产在每种价格影响因素方面的分数定为100分，将估价对象状况和可比实例状况均与标准资产状况逐个因素进行比较、评分，如果比标准资产状况好，则所得分数高于100分；反之，则所得分数低于100分（表7-4）。间接比较调整一般适用于估价对象为多宗类似房地产的情形。

资产状况间接比较表　　　　　　　　表 7-4

资产状况	权　　重	标准状况	估价对象	可比实例 1	可比实例 2	可比实例 ……
因素 1	f_1	100				
因素 2	f_2	100				
……	……	……				
因素 n	f_n	100				
综　　合	1	100				

采用间接比较、百分比进行资产状况调整的表达式为：

$$可比实例在其自身状况下的价格 \times \frac{标准化修正\ 100}{(\quad)} \times \frac{资产状况调整\ (\quad)}{100} = 可比实例在估价对象状况下的价格$$

上述公式分母和分子的括号内应填写的数字，分别是可比实例状况和估价对象状况相对于标准资产状况的得分。

上述公式表达了间接比较调整的两个步骤：第一步，将可比实例在其自身状况下的价格调整为在标准资产状况下的价格，用公式表达为：

$$可比实例在其自身状况下的价格 \times \frac{标准化修正\ 100}{(\quad)} = 可比实例在标准房地产状况下的价格$$

第二步，将可比实例在标准资产状况下的价格调整为在估价对象状况下的价格，用公式表达为：

$$可比实例在标准房地产状况下的价格 \times \frac{资产状况调整\ (\quad)}{100} = 可比实例在其自身状况下的价格 \times \frac{标准化修正\ 100}{(\quad)} \times \frac{资产状况调整\ (\quad)}{100}$$

$$= 可比实例在估价对象状况下的价格$$

（二）总价调整和单价调整

总价调整是基于总价对可比实例成交价格进行资产状况调整，即以可比实例总价为基数增加或减少一定金额，或者按一定比例加价或减价。例如，估价对象住宅安装了现值 10 万元的整体厨房，而可比实例住宅没有厨房设备，则对该可比实例成交价格进行资产状况调整，应在其成交总价的基础上加价 10 万元。

单价调整是基于单价对可比实例成交价格进行资产状况调整。

（三）金额调整和百分比调整

金额调整是采用金额对可比实例成交价格进行资产状况调整，基本公式为：

$$可比实例在其自身状况下的价格 \pm 资产状况调整金额 = 可比实例在估价对象状况下的价格$$

百分比调整是采用百分比对可比实例成交价格进行资产状况调整，基本公式为：

$$可比实例在其自身状况下的价格 \times 资产状况调整系数 = 可比实例在估价对象状况下的价格$$

有的价格影响因素适合金额调整，如室内装修的不同，比如有装修比没有装修的每平方米增加 3 000 元；有的价格影响因素适合百分比调整，如区位、房屋结构、质量、性能、新旧的不同，比如房龄每增加一年减价 2%；有的价格影响因素两种调整方法均可，如楼层的不同，比如高层住宅每增加一层加价 200 元/m² 或 1%。

在百分比、直接比较调整中，资产状况调整系数应以估价对象状况为基准来确定。假设可比实例在其自身状况下的价格比在估价对象状况下的价格高或低的百分率为 ± R%（当可比实例在其自身状况下的价格比在估价对象状况下的价格高时，为 + R%；低时，为 − R%），则有：

$$可比实例在其自身状况下的价格 \times \frac{1}{1 \pm R\%} = 可比实例在估价对象状况下的价格$$

由上述公式可知，资产状况调整系数是 $\dfrac{1}{1 \pm R\%}$，而非 ± R% 或 (1±R%)。

（四）加法调整和乘法调整

在百分比调整中，当同时进行多种价格影响因素调整时，又有加法调整、乘法调整及其混合。

在实际资产状况调整中，通常根据每种因素的具体情况，如土地使用期限、容积率、房龄、朝向、楼层、户型、装修、层高等，采用适用的方法予以调整。以楼层调整为例，假设估价对象是一套旧住宅，该住宅位于一幢砖混结构、无电梯、总层数为 6 层的老旧住宅楼的 4 层。为评估该住宅的价值，选取了甲、乙、丙三个可比实例。甲位于一幢同类 6 层住宅楼的 5 层，成交价格为 2 900 元/m²；乙位于一幢同类 5 层住宅楼的 4 层，成交价格为 3 100 元/m²；丙位于一幢同类 5 层住宅楼的 5 层，成交价格为 2 700 元/m²。并假设通过对估价对象所在地同类 5 层、6 层住宅楼中的住宅成交价格进行大量调查和统计分析，得到以一层为基准的不同楼层住宅市场价格差异系数见表 7-5。

5层、6层普通住宅楼不同楼层的市场价格差异系数 表7-5

楼 层	5层住宅楼	6层住宅楼
1	100%（0%）	100%（0%）
2	105%（5%）	105%（5%）
3	110%（10%）	110%（10%）
4	105%（5%）	110%（10%）
5	95%（−5%）	100%（0%）
6		90%（−10%）

此外，还得到6层住宅楼的一层住宅市场价格为5层住宅楼的一层住宅市场价格的98%，则对该三个可比实例的成交价格进行楼层调整如下：

$$V_{甲}=2\,900\times\frac{110\%}{100\%}$$

$$=3\,190.00（元/m^2）$$

$$V_{乙}=3\,100\times\frac{110\%}{105\%}\times\frac{98\%}{100\%}$$

$$=3\,182.67（元/m^2）$$

$$V_{丙}=2\,700\times\frac{110\%}{95\%}\times\frac{98\%}{100\%}$$

$$=3\,063.79（元/m^2）$$

第八节 计算比较价值

一、计算单个可比实例的比较价值

由上述内容可知，在建立比较基础后，还需要对可比实例的成交价格进行交易情况、市场状况、资产状况三大方面的修正或调整。经过这些修正和调整后，就将可比实例的成交价格变成了估价对象的价值价格。如果把这些修正和调整综合在一起，则有下列公式。

（1）金额修正和调整下的公式：

$$比较价值=\frac{可比实例}{成交价格}\pm\frac{交易情况}{修正金额}\pm\frac{市场状况}{调整金额}\pm\frac{资产状况}{调整金额}$$

（2）百分比修正和调整下的加法公式：

$$比较价值 = \frac{可比实例}{成交价格} \times (1 + \frac{交易情况}{修正系数} + \frac{市场状况}{调整系数} + \frac{资产状况}{调整系数})$$

（3）百分比修正和调整下的乘法公式：

$$比较价值 = \frac{可比实例}{成交价格} \times \frac{交易情况}{修正系数} \times \frac{市场状况}{调整系数} \times \frac{资产状况}{调整系数}$$

值得注意的是，上述百分比修正和调整下的加法公式和乘法公式，只是文字上的形象表示。这就造成了从表面上看，似乎不论在加法公式、乘法公式中，各种修正和调整系数都是相同的，而实际上它们是不同的。仍然假设交易情况修正中可比实例的成交价格比其正常价格高或低的百分率为 $\pm S\%$，市场状况调整中从成交日期到价值时点可比实例同类房地产价格上涨或下降的百分率为 $\pm T\%$，资产状况调整中在价值时点可比实例在其自身状况下的价格比在估价对象状况下的价格高或低的百分率为 $\pm R\%$，则有下列公式。

（1）百分比修正和调整下的加法公式：

$$比较价值 \times (1 \pm S\% \pm R\%) = 可比实例成交价格 \times (1 \pm T\%)$$

或者

$$比较价值 = 可比实例成交价格 \times \frac{1 \pm T\%}{1 \pm S\% \pm R\%}$$

（2）百分比修正和调整下的乘法公式：

$$比较价值 \times (1 \pm S\%) \times (1 \pm R\%) = 可比实例成交价格 \times (1 \pm T\%)$$

或者

$$比较价值 = 可比实例成交价格 \times \frac{1}{1 \pm S\%} \times (1 \pm T\%) \times \frac{1}{1 \pm R\%}$$

在实际估价中，具体的公式要比上述公式复杂，因为建立比较基础、交易情况修正、市场状况调整、资产状况调整，以及对它们中的一些具体因素所造成的价格差异进行处理，比如对交易税费负担方式、建筑物新旧程度、土地使用期限等的不同所造成的价格差异进行处理，要视具体情况采用总价、单价、金额、百分比、加法、乘法等处理方法，而且这些方法往往混合在一起使用。这在前面介绍相关处理的内容和方法中已有所反映。

下面以百分比修正和调整下的乘法公式为例，进一步说明比较法的综合修正和调整计算。因为资产状况调整有直接比较调整和间接比较调整，所以较具体的综合修正和调整公式有直接比较修正和调整公式及间接比较修正和调整公式。

（1）直接比较修正和调整公式：

$$比较价值=\frac{可比实例}{成交价格}\times\frac{\overset{交易情况}{\overset{修\ \ 正}{100}}}{(\quad)}\times\frac{\overset{市场状况}{\overset{调\ \ 整}{(\quad)}}}{100}\times\frac{\overset{资产状况}{\overset{调\ \ 整}{100}}}{(\quad)}$$

$$=\frac{可比实例}{成交价格}\times\frac{正常价格}{实际成交价格}\times\frac{价值时点价格}{成交日期价格}\times\frac{对象状况价格}{实例状况价格}$$

上述公式中，交易情况修正的分子为100，表示以正常价格为基准；市场状况调整的分母为100，表示以成交日期的价格为基准；资产状况调整的分子为100，表示以估价对象状况为基准。

（2）间接比较修正和调整公式：

$$比较价值=\frac{可比实例}{成交价格}\times\frac{\overset{交易情况}{\overset{修\ \ 正}{100}}}{(\quad)}\times\frac{\overset{市场状况}{\overset{调\ \ 整}{(\quad)}}}{100}\times\frac{\overset{标准化}{\overset{修\ \ 正}{100}}}{(\quad)}\times\frac{\overset{资产状况}{\overset{调\ \ 整}{(\quad)}}}{100}$$

$$=\frac{可比实例}{成交价格}\times\frac{正常价格}{实际成交价格}\times\frac{价值时点价格}{成交日期价格}\times\frac{标准状况价格}{实例状况价格}\times\frac{对象状况价格}{标准状况价格}$$

上述公式中，标准化修正的分子为100，表示以标准资产状况为基准，分母是可比实例状况相对于标准资产状况的得分；资产状况调整的分母为100，表示以标准资产状况为基准，分子是估价对象状况相对于标准资产状况的得分。

需要指出的是，根据《房地产估价规范》的有关规定，进行交易情况修正、市场状况调整、区位状况调整、实物状况调整、权益状况调整时，分别对某个可比实例成交价格的修正或调整幅度不宜超过20%，共同对该可比实例成交价格的修正和调整幅度不宜超过30%；经过修正和调整后的各个比较价值中，最高价与最低价的比值不宜大于1.2；当幅度或比值超出上述规定时，宜更换可比实例；当因估价对象或市场状况特殊，无更合适的可比实例替换时，应在估价报告中说明并陈述正当理由。之所以这样规定：一是限制估价师在修正、调整上的自由裁量权，防止随意修正、调整；二是防止随意选取可比实例，如果可比实例不满足上述要求，则说明其与估价对象的相似度不够，宜更换。

二、计算最终的比较价值

各个比较价值通常是不同的，需要把它们综合成一个比较价值，以得出比较法的最终比较价值或测算结果。一般可选用下列4种方法之一得出一个最终的比较价值。

(1) 简单算术平均法。该方法是把修正和调整出的各个比较价值直接相加，再除以这些比较价值的个数，所得的平均数作为最终的比较价值。设 V 为最终的比较价值，V_1，V_2，……，V_n 为修正和调整出的 n 个比较价值，则简单算术平均法的计算公式为：

$$V = \frac{V_1 + V_2 + \cdots\cdots + V_n}{n}$$

$$= \frac{1}{n} \sum_{i=1}^{n} V_i$$

(2) 加权算术平均法。该方法是考虑到修正和调整出的各个比较价值的重要程度不同，先赋予每个比较价值不同的权数或权重，然后将所得的加权算术平均数作为最终的比较价值。通常对与估价对象最相似的可比实例所修正和调整出的比较价值，赋予最大的权数或权重；反之，赋予最小的权数或权重。设 f_1，f_2，……，f_n 依次为 V_1，V_2，……，V_n 的权数，则加权算术平均法的计算公式为：

$$V = \frac{V_1 f_1 + V_2 f_2 + \cdots\cdots + V_n f_n}{f_1 + f_2 + \cdots\cdots + f_n}$$

$$= \sum_{i=1}^{n} V_i f_i / \sum_{i=1}^{n} f_i$$

【例 7-11】对 3 个可比实例的成交价格进行修正和调整得到的 3 个比较价值分别为 5 200 元/m²、5 600 元/m² 和 5 300 元/m²，分别赋予权重 0.5、0.3 和 0.2。请采用加权算术平均法得出一个最终的比较价值。

【解】采用加权算术平均法得出一个最终的比较价值为：

5 200×0.5+5 600×0.3+5 300×0.2=5 340（元/m²）

(3) 中位数法。该方法是把修正和调整出的各个比较价值按由低到高的顺序排列，如果是奇数个比较价值，则处于正中间位置的那个比较价值为中位数，并将其作为最终的比较价值；如果是偶数个比较价值，则处于正中间位置的那两个比较价值的简单算术平均数为中位数，并将其作为最终的比较价值。例如，2 600，2 650，2 800，2 860，2 950 这组数值的中位数为 2 800；2 200，2 300，2 400，2 600，2 750，2 800 这组数值的中位数为 2 500[(2 400+2 600)÷2＝2 500]。

(4) 众数法。该方法是把众数作为最终的比较价值。众数是一组数值中出现频数最多或出现最频繁的那个数值。例如，2 200，2 600，2 300，2 600，2 300，2 600 这组数值的众数是2 600。一组数值可能有不止一个众数，也可能没有众数。

对经过修正和调整后的各个比较价值，应根据它们之间的差异程度、可比实例状况与估价对象状况的相似程度、可比实例资料的可靠程度等实际情况，恰当选择上述方法得出最终的比较价值。实际估价中，由于比较价值的个数一般较少，常用的是简单算术平均法和加权算术平均法，其次是中位数法，较少采用众数法。从理论上讲，在数值个数较少的情况下，平均数易受到其中极端数值的影响。如果一组数值中含有极端的数值，采用平均数就有可能得到非典型的甚至是误导的结果。在此情况下，采用中位数较合适；也可以去掉一个最大的和一个最小的数值，将余下的数值简单算术平均。在选用平均数、中位数和众数时，还应了解它们之间的关系。图 7-2 显示了它们之间的关系。该图中，X 是变量值，f 是变量值出现的频数。从图 7-2 中可以看到，如果变量值的分布是对称的［图 7-2(a)］，则平均数、中位数、众数相同；如果变量值的分布是向右倾斜的［图 7-2(b)］，则平均数和中位数靠左，平均数最小，众数最大，中位数位于两者之间；如果变量值的分布是向左倾斜的［图 7-2(c)］，则平均数和中位数靠右，平均数最大，众数最小，中位数位于两者之间。

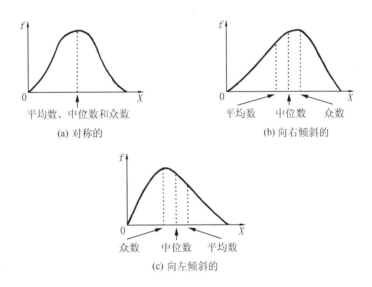

图 7-2　对称或倾斜的分布中平均数、中位数和众数的关系

【例 7-12】为评估某写字楼 2022 年 5 月 1 日的市场价值，在该写字楼附近选取了三个与其相似的写字楼的交易实例为可比实例，成交价格和成交日期见表 7-6，具体情况见"估价对象和可比实例基本情况表"（在此省略，现实估价中应有），并对估价对象和可比实例在交易情况、市场状况、资产状况等方面的

差异进行了分项目的详细比较，具体比较结果见"估价对象和可比实例比较结果表"（在此省略，现实估价中应有）。根据比较结果得出了可比实例价格修正和调整表，见表 7-6。

可比实例价格修正和调整表　　　　表 7-6

项　　目	可比实例 1	可比实例 2	可比实例 3
成交价格	8 000 元人民币/m²	1 300 美元/m²	8 800 元人民币/m²
成交日期	2022 年 1 月 1 日	2022 年 3 月 1 日	2022 年 4 月 1 日
交易情况	+2%	+3%	−3%
资产状况	−8%	−5%	+6%

在表 7-6 的交易情况中，正（负）值表示可比实例成交价格高（低）于其正常价格的幅度；资产状况中，正（负）值表示可比实例状况优（劣）于估价对象状况导致的价格差异幅度。人民币汇率中间价（在此为假设数，现实估价中应为实际数），2022 年 3 月 1 日为 1 美元等于人民币 6.570 6 元，2022 年 5 月 1 日为 1 美元等于人民币 6.499 0 元；该类写字楼以人民币为基准的市场价格在 2022 年 1 月 1 日至 2022 年 3 月 1 日平均每月比上月上涨 1‰，2022 年 3 月 1 日至 2022 年 5 月 1 日平均每月比上月下降 0.5%。请利用上述资料测算该写字楼 2022 年 5 月 1 日的市场价值。

【解】该写字楼 2022 年 5 月 1 日的市场价值测算如下。

（1）测算公式：

$$比较价值 = \frac{可比实例}{成交价格} \times \frac{交易情况}{修正系数} \times \frac{市场状况}{调整系数} \times \frac{资产状况}{调整系数}$$

（2）求取比较价值 V_1：

$$V_1 = 8\,000 \times \frac{1}{1+2\%} \times (1+1\%)^2 \times (1-0.5\%)^2 \times \frac{1}{1-8\%}$$

$$= 8\,609.76（元人民币/m²）$$

（3）求取比较价值 V_2：

$$V_2 = 1\,300 \times 6.570\,6 \times \frac{1}{1+3\%} \times (1-0.5\%)^2 \times \frac{1}{1-5\%}$$

$$= 8\,642.39（元人民币/m²）$$

（4）求取比较价值 V_3：

$$V_3 = 8\,800 \times \frac{1}{1-3\%} \times (1-0.5\%) \times \frac{1}{1+6\%}$$

$$= 8\,515.85（元人民币/m²）$$

（5）采用简单算术平均法由上述三个比较价值得出比较法的测算结果，则该写字楼 2022 年 5 月 1 日的市场价值为：

估价对象的市场价值（单价）＝（8 609.76＋8 642.39＋8 515.85）÷3
＝8 589.33（元人民币/m²）

【例 7-13】为评估某套住宅 2022 年 8 月 15 日的市场价值，在该住宅附近选取了三个与其相似的住宅的交易实例为可比实例，有关资料如下。

（1）可比实例的成交价格和成交日期，见表 7-7。

可比实例成交价格和成交日期　　　　　　　　表 7-7

项　　目	可比实例 1	可比实例 2	可比实例 3
成交价格	3 700 元/m²	4 200 元/m²	4 500 元/m²
成交日期	2022 年 3 月 15 日	2022 年 6 月 15 日	2022 年 7 月 15 日

（2）交易情况的分析判断结果，见表 7-8。表中交易情况的分析判断是以正常价格为基准，正值表示可比实例成交价格高于其正常价格的幅度，负值表示可比实例成交价格低于其正常价格的幅度。

可比实例交易情况分析判断结果　　　　　　　表 7-8

项　　目	可比实例 1	可比实例 2	可比实例 3
交易情况	−2%	0	+5%

（3）该类住宅 2022 年 2 月至 8 月的价格指数，见表 7-9。表中的价格指数为定基价格指数。

同类房地产价格指数　　　　　　　　　　表 7-9

月　份	2	3	4	5	6	7	8
价格指数	100	92.4	98.3	98.6	100.3	109.0	106.8

（4）资产状况的比较判断结果，见表 7-10。

资产状况比较判断结果　　　　　　　　　表 7-10

资产状况	权　重	估价对象	可比实例 1	可比实例 2	可比实例 3
区位状况	0.3	100	100	110	120
实物状况	0.2	100	120	100	100
权益状况	0.5	100	105	100	85

请利用上述资料测算该住宅 2022 年 8 月 15 日的市场价值。

【解】该住宅 2022 年 8 月 15 日的市场价值测算如下。

(1) 测算公式：

$$比较价值 = \frac{可比实例}{成交价格} \times \frac{交易情况}{修正系数} \times \frac{市场状况}{调整系数} \times \frac{资产状况}{调整系数}$$

(2) 求取交易情况修正系数：

$$可比实例 1 的交易情况修正系数 = \frac{1}{1-2\%}$$

$$可比实例 2 的交易情况修正系数 = \frac{1}{1-0}$$

$$可比实例 3 的交易情况修正系数 = \frac{1}{1+5\%}$$

(3) 求取市场状况调整系数：

$$可比实例 1 的市场状况调整系数 = \frac{106.8}{92.4}$$

$$可比实例 2 的市场状况调整系数 = \frac{106.8}{100.3}$$

$$可比实例 3 的市场状况调整系数 = \frac{106.8}{109.0}$$

(4) 求取资产状况调整系数：

$$可比实例 1 的资产状况调整系数 = \frac{100}{100 \times 0.3 + 120 \times 0.2 + 105 \times 0.5} = \frac{100}{106.5}$$

$$可比实例 2 的资产状况调整系数 = \frac{100}{110 \times 0.3 + 100 \times 0.2 + 100 \times 0.5} = \frac{100}{103.0}$$

$$可比实例 3 的资产状况调整系数 = \frac{100}{120 \times 0.3 + 100 \times 0.2 + 85 \times 0.5} = \frac{100}{98.5}$$

(5) 求取比较价值（单价）V_1，V_2，V_3：

$$V_1 = 3\,700 \times \frac{1}{1-2\%} \times \frac{106.8}{92.4} \times \frac{100}{106.5}$$

$$= 4\,097.56 \ (元/m^2)$$

$$V_2 = 4\,200 \times \frac{1}{1-0} \times \frac{106.8}{100.3} \times \frac{100}{103.0}$$

$$= 4\,341.93 \ (元/m^2)$$

$$V_3 = 4\,500 \times \frac{1}{1+5\%} \times \frac{106.8}{109.0} \times \frac{100}{98.5}$$

$$= 4\,263.16 \ (元/m^2)$$

（6）采用简单算术平均法由上述三个比较价值得出比较法的测算结果，则该住宅 2022 年 8 月 15 日的市场价值为：

$$估价对象的市场价值（单价）＝（4\ 097.56＋4\ 341.93＋4\ 263.16）÷3$$
$$＝4\ 234.22（元/m^2）$$

复 习 思 考 题

1. 什么是比较法？其理论依据是什么？

2. 哪些房地产适用比较法估价？

3. 比较法估价需具备哪些条件？

4. 比较法的估价步骤是什么？

5. 比较法估价中为何要搜集大量的交易实例？目前搜集交易实例的渠道主要有哪些？

6. 搜集交易实例时应搜集哪些信息并如何做到真实？

7. 估价对象房地产（被估价房地产）、与估价对象相似的房地产（类似房地产）、交易实例房地产、可比实例房地产的含义及之间的异同点和关系是什么？

8. 选取的可比实例应当符合哪些要求？

9. 什么是选取可比实例的分配法？

10. 为什么要建立比较基础？建立比较基础包括哪些方面？

11. 为什么要统一付款方式并以成交日期一次性付清为基准？

12. 不同币种的房地产价格之间应采用何种、何时的汇率进行换算？

13. 什么是交易情况修正？如何进行交易情况修正？

14. 现实中造成成交价格偏离正常价格的因素有哪些？

15. 交易情况修正系数为什么要以正常价格为基准来确定？

16. 什么是市场状况调整？如何进行市场状况调整？

17. 同一房地产在不同时间的价格变化有哪几种可能？

18. 什么是资产状况调整？它包括哪些方面？

19. 区位状况、实物状况和权益状况比较和调整的内容分别为哪些？

20. 在资产状况的比较调整中，可比实例状况和估价对象状况应当是它们何时的状况？

21. 在修正和调整的方法中，总价修正和调整与单价修正和调整，金额修正和调整与百分比修正和调整，加法调整与乘法调整，直接比较调整与间接比较调整的含义及异同？

22. 比较法的综合修正和调整公式及其含义是什么？

23. 如何将多个比较价值综合成一个最终比较价值？

24. 对可比实例成交价格进行的换算、修正、调整的含义及之间的异同是什么？区分换算、修正、调整的意义何在？

第八章　收益法及其运用

本章介绍房地产估价三种基本方法之一的收益法，包括收益法的含义、理论依据、适用对象、适用条件、估价步骤，以及每个步骤所涉及的具体内容。

第一节　收益法概述

一、收益法的含义

简要地说，收益法是根据估价对象的预期收益来求取估价对象价值价格的方法；较具体地说，收益法是预测估价对象的未来收益，利用报酬率或资本化率、收益乘数将未来收益转换为价值得到估价对象价值价格的方法。收益法的本质是以估价对象的预期收益为导向（简称收益导向）来求取其价值价格。

预期收益是合理预测的估价对象的未来收益。将预期收益转换为价值，类似于根据利息倒推出本金，称为"资本化"。根据将预期收益转换为价值的方式不同，或者说资本化方式的不同，收益法分为报酬资本化法（yield capitalization）和直接资本化法（direct capitalization）。报酬资本化法是一种现金流量折现法或折现现金流量分析（discounted cash flow analysis，DCF），即估价对象的价值价格等于其预期收益的现值之和，较具体地说，是预测估价对象未来各年的净收益，利用报酬率将其折现到价值时点后相加得到估价对象的价值价格。

报酬资本化法以现金流量预测与分析为基础。现金流量是指一项资产或一个项目（如一宗收益性房地产、一个房地产开发经营项目）在一定时期内收入和支出的资金数额。现金流量分为现金流入量、现金流出量和净现金流量。资金的收入（如租金收入、销售收入等）称为现金流入，相应的数额称为现金流入量，一般表示为正现金流量。资金的支出（如运营费用、销售费用、经营成本等）称为现金流出，相应的数额称为现金流出量，一般表示为负现金流量。净现金流量是指某一时点的正现金流量与负现金流量的代数和，即：

$$净现金流量＝现金流入量－现金流出量$$

直接资本化法是预测估价对象未来第一年的收益，将其除以资本化率或乘以收益乘数得到估价对象价值价格的方法。其中将未来第一年的收益乘以收益乘数得到估价对象价值价格的方法，称为收益乘数法。

下面先以报酬资本化法为主来说明收益法，然后介绍直接资本化法。

二、收益法的理论依据

收益法以预期原理为基础，其基本思想可简述如下：收益性房地产由于寿命长久，在其未来收益期内可不断带来收益，如租赁住房、写字楼、停车场（库）等可不断带来租赁收益，商场、酒店、游乐场、汽车加油站、农用地等可不断带来经营收益，因此购买收益性房地产可视为一种投资行为，人们购买的目的是为了获取房地产收益，也就是以现在的一笔固定资金去换取未来一系列虽然存在不确定性，但预计累加起来比该笔固定资金要多一些的资金。这样，将资金用于购买房地产获取收益，与将资金存入银行获取利息所起到的作用是相同的。于是，收益性房地产的价值就等于这样一笔资金，如果把该笔资金存入银行所得到的利息等于从该房地产所得到的收益，即：

$$一笔资金×利率＝房地产收益$$

那么，这笔资金就是该房地产的价值。将上述等式作变换后得到：

$$房地产价值＝\frac{房地产收益}{利率}$$

例如，某人拥有一宗房地产每年可获得 2 万元的收益（如出租净收入），另外有 40 万元资金以 5％的年利率存入银行每年可得到 2 万元的利息，则对该人来说，该房地产与 40 万元的资金等价，即该房地产值 40 万元。

上述收益法的基本思想是一种朴实、简明、便于理解的表述，还不够科学准确。在本章第二节中将会看到，它是净收益和报酬率每年都不变、收益期为无限年、获取房地产收益的风险与获取银行存款利息的风险相同情况下的收益法。如果净收益每年不是一个固定值，比如不是每年都为 2 万元，而是有时为 2 万元，有时为 1.8 万元，那么就很难用一笔固定的资金（这里的 40 万元）和一个固定的利率（这里的 5％）与它等同。如果在利率也变化的情况下，比如有时为 5％，有时为 3％，那么就更不能简单地把 40 万元说成是房地产的价值。如果再加上收益期为有限年，比如土地是以出让方式取得的有使用期限的建设用地使用权，或者由于其他原因造成收益期为有限年，比如预计 30 年后将会被海水淹没或荒漠化，则问题就更加复杂。因为将一笔资金存入银行所得的利息，从理论上讲是未来无限年都会有的（忽略银行破产的情况）。此外，收益法中的报酬率不一定要与银行存款利率等同起来，根据获取房地产收益的风险程度，可能要与获取更高或更低利息（收益）的资本（投资）的利率（收益率）等同起来。在后面的内容中，将说明收益法中的报酬率等同于银行存款利率也是一个特例。

考虑到上述各种情况，可以把普遍适用的收益法原理表述如下：假设价值时点为现在，那么在现在购买一宗有一定收益期的房地产，预示着在未来收益期内可以不断获取净收益，如果现有一笔资金可与这未来一系列净收益的现值之和等值，则这笔资金就是该房地产的价值。

现代收益法建立在资金的时间价值观念上。资金的时间价值也称为货币的时间价值，是指现在的资金比将来的同量资金具有更高的价值，通俗地说是现在的钱比将来的钱更值钱，俗话"多得不如现得"就是其反映。资金时间价值的量是同量资金在两个不同时点的价值之差，用绝对量来反映为"利息"，用相对量来反映为"利率"。从贷款人的角度来看，利息是贷款人将资金借给他人使用所获得的报酬；从借款人的角度来看，利息是借款人使用他人的资金所支付的成本。也可以将利息理解为使用资金的"租金"，如同租用房屋或土地的房租、地租。

有了资金的时间价值观念后，收益性房地产的价值就是其未来净收益的现值之和，该价值的高低直接取决于以下3个主要变量：①未来净收益的大小——未来净收益越大，房地产价值就越高，反之就越低；②获取净收益期限的长短——获取净收益期限越长，房地产价值就越高，反之就越低；③获取净收益的可靠程度——获取净收益越可靠，房地产价值就越高，反之就越低。

三、收益法的适用对象

收益法适用于收益性房地产估价，包括写字楼、商店、酒店、餐馆、租赁住房、游乐场、影剧院、停车场（库）、汽车加油站、非专业性厂房（用于出租的）、仓库（用于出租的）、农用地等。这些房地产不限于其目前是否有收益，只要其同类房地产较普遍有收益即可。例如，估价对象为自用或闲置的住宅，虽然目前没有收益，但由于同类住宅以出租方式获取收益的情形很多，因此可以将该住宅假设为出租的情况下运用收益法估价，即先根据用于出租的类似住宅的租金、空置率和运营费用等资料，采用比较法求取该住宅的租金、空置率和运营费用等，再利用收益法估价。

收益法一般不适用于行政办公楼、学校、公园等公用、公益性房地产估价。

收益法中的资本化技术，常用于比较法和成本法中，如比较法中因可比实例与估价对象的土地使用期限、收益期不同而进行的价格调整，成本法中不可修复的建筑物折旧的测算。此外，收益法还大量用于房地产损害赔偿中对房地产价值损失的评估，具体为损失资本化法（见第十三章第三节"价值损失评估方法"）。

四、收益法的适用条件

收益法的适用条件主要有：①估价对象符合"持续使用假设"，即假定估价对象在未来收益期或持有期内按估价所依据的用途及利用方式（如现行用途及利用方式）继续利用下去。收益期或持有期是自价值时点起至估价对象未来不能获取净收益或转售时止的时间。②评估的是现在或将来的价值价格，即不适用于评估过去的价值价格。③估价对象的未来收益和风险具有可预测性，即能较合理预测估价对象的未来收益和风险。否则，非理性或错误的预测会得出偏离实际或错误的收益价值。为了防止实际估价中随意预测未来收益，要求预测的未来收益不能脱离估价对象现在和过去的实际收益以及类似房地产当前的正常收益水平，除非有充分依据或正当理由。此外，由于房地产的租金等经营收入与其合法程度关系不很大，收益法往往会高估擅自改变用途、自建房、违法建筑等有严重产权瑕疵的房地产价值。

五、收益法的估价步骤

收益法的估价步骤一般为：①选择具体估价方法，即是选择报酬资本化法，还是选择直接资本化法，或者同时选择报酬资本化法和直接资本化法；选择报酬资本化的，是选择全剩余寿命模式，还是选择持有加转售模式。②测算收益期或持有期。③预测未来收益。④求取报酬率或资本化率、收益乘数。⑤计算收益价值。

第二节 报酬资本化法的公式

弄清了收益法的基本原理后，下面介绍报酬资本化法的各种公式。

一、报酬资本化法最一般的公式

$$V = \frac{A_1}{1+Y_1} + \frac{A_2}{(1+Y_1)(1+Y_2)} + \cdots\cdots + \frac{A_n}{(1+Y_1)(1+Y_2)\cdots\cdots(1+Y_n)}$$

$$= \sum_{i=1}^{n} \frac{A_i}{\prod\limits_{j=1}^{i}(1+Y_j)}$$

式中　V——估价对象在价值时点（现在或将来）的收益价值。

A_i——估价对象未来各期的净运营收益，简称净收益。A_1，A_2，……，A_n 分别为相对于价值时点而言的未来第1，2，……，n 期末的净收益。

Y_i——估价对象未来各期的报酬率，也称为折现率。Y_1，Y_2，……，Y_n 分别为相对于价值时点而言的未来第1，2，……，n 期的报酬率。

n——估价对象的收益期或持有期。

对上述公式及相关问题，作下列6点说明。

（1）上述公式是收益法基本原理的公式化，或收益法的原理性公式，主要用于理论分析。

（2）实际估价中通常假设报酬率长期不变，即 $Y_1 = Y_2 = \cdots\cdots = Y_n = Y$。因此，上述公式可简化为下列公式：

$$V = \frac{A_1}{1+Y} + \frac{A_2}{(1+Y)^2} + \cdots\cdots + \frac{A_n}{(1+Y)^n}$$
$$= \sum_{i=1}^{n} \frac{A_i}{(1+Y)^i}$$

（3）当上述公式中的 A_i 每期不变或按一定规律变动，以及 n 为有限期或无限期的情况下，可推导出后面的各种公式（也称为估价模型）。因此，后面的各种公式实际上都是上述公式的特例。

为了便于较直观理解报酬资本化法的各种公式，帮助进行有关计算，可借助现金流量图，如图8-1所示。

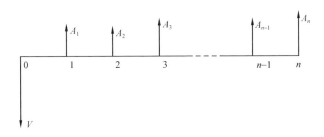

图 8-1　用现金流量图来表示的报酬资本化法

（4）报酬资本化法的所有公式均假设未来各期的净收益相对于价值时点发生在期末。在现实中，如果净收益发生的时间相对于价值时点不是在期末，而是在期初或期中，则应对净收益或报酬资本化法公式进行相应的调整。假设净收益发生在期初为 $A_初$，对该净收益进行调整是将其转换为发生在期末，调整的公式为：

$$A_{末}=A_{初}（1+Y）$$

如果是对报酬资本化法公式进行调整，则调整后的报酬资本化法公式为：

$$V=A_1+\frac{A_2}{1+Y}+\cdots\cdots+\frac{A_n}{(1+Y)^{n-1}}$$

$$=\sum_{i=1}^{n}\frac{A_i}{(1+Y)^{i-1}}$$

（5）公式中 A，Y，n 的时间单位是一致的，通常为年，也可以为月、季、半年等。例如，房租通常按月计取，基于月房租求取的是月净收益。现实中如果 A，Y，n 之间的时间单位不一致，比如 A 的时间单位为月，而 Y 的时间单位为年，则应对净收益或报酬率、报酬资本化法公式进行相应的调整。因为惯例上采用年报酬率，所以一般将月或季、半年的净收益调整为年净收益，或者在求取净收益时先将月或季、半年的收入、费用调整为年收入、费用，然后据此求出年净收益。

（6）在介绍报酬资本化法的各种公式时，假设净收益、报酬率和收益期或持有期均已知。至于如何求取它们，将在后面单独介绍。

二、净收益每年不变的公式

根据收益期的不同，净收益每年不变的公式分为有限年和无限年两种。

（一）收益期为有限年的公式

$$V=\frac{A}{Y}\left[1-\frac{1}{(1+Y)^n}\right]$$

公式原型为：

$$V=\frac{A}{1+Y}+\frac{A}{(1+Y)^2}+\cdots\cdots+\frac{A}{(1+Y)^n}$$

此公式的假设前提（也是应用条件，下同）是：①净收益每年不变为 A；②报酬率为 Y，且 $Y\neq0$；③收益期为有限年 n。

上述公式的假设前提是其在数学推导上的要求（后面的公式均如此）。报酬率 Y 在现实中是大于零的，因为报酬率也表示一种资金的时间价值或机会成本。从数学上看，当 $Y=0$ 时，$V=A\times n$。

（二）收益期为无限年的公式

$$V=\frac{A}{Y}$$

公式原型为：

$$V = \frac{A}{1+Y} + \frac{A}{(1+Y)^2} + \cdots\cdots + \frac{A}{(1+Y)^n} + \cdots\cdots$$

此公式的假设前提是：①净收益每年不变为 A；②报酬率为 Y，且 $Y>0$；③收益期为无限年。

（三）净收益每年不变的公式的应用

净收益每年不变的公式除了可直接用于测算价值，还有以下 3 个作用：①用于不同土地使用期限或不同收益期的房地产（简称不同期限房地产）价格之间的换算；②用于比较不同期限房地产价格的高低；③用于比较法等估价方法中因土地使用期限或收益期不同进行的价格调整。

1. 直接用于测算价值

【例 8-1】某写字楼的土地是 6 年前以出让方式取得的建设用地使用权，出让合同载明使用期限为 50 年，不可续期。预测该写字楼正常情况下每年的净收益为 80 万元，该类房地产的报酬率为 8.5%。请计算该写字楼的收益价值。

【解】该写字楼的收益价值计算如下：

$$V = \frac{A}{Y}\left[1 - \frac{1}{(1+Y)^n}\right]$$

$$= \frac{80}{8.5\%}\left[1 - \frac{1}{(1+8.5\%)^{50-6}}\right]$$

$$= 915.19（万元）$$

【例 8-2】某宗房地产的收益期可视为无限年，预测其未来每年的净收益为 80 万元，该类房地产的报酬率为 8.5%。请计算该房地产的收益价值。

【解】该房地产的收益价值计算如下：

$$V = \frac{A}{Y}$$

$$= \frac{80}{8.5\%}$$

$$= 941.18（万元）$$

与例 8-1 中 44 年土地使用期限的写字楼价值 915.19 万元相比，例 8-2 中无限年的房地产价值要大 25.99 万元（941.18−915.19）。

【例 8-3】6 年前，甲单位提供一块面积为 1 000m² 、使用期限为 50 年的土地，乙企业出资 300 万元，合作建设一幢建筑面积为 3 000m² 的钢筋混凝土结构办公楼。建设期为 2 年。建成后的办公楼建筑面积中，1 000m² 归甲所有，2 000m² 由乙使用 20 年，使用期满后无偿归甲所有。现在，乙有意将其使用部分的办公楼在使用期满后的剩余期限买下来，甲也愿意出卖。但双方对价格把握不准并有争议，共同委托房地产估价机构评估。

【解】本题的估价对象是未来 16 年后（乙的使用期限为 20 年，扣除已经使用的 4 年，剩余期限为 16 年）的 28 年建设用地使用权（土地使用期限为 50 年，扣除建设期 2 年和乙的使用期限 20 年，剩余期限为 28 年）和房屋所有权在现在的价值。估价思路之一是采用比较法，寻找市场上类似房地产 44 年的价值和 16 年的价值，然后将两者相减便可得到。估价思路之二是采用收益法（未来净收益的现值之和），其中又有两种求法：一是先求取未来 44 年的净收益的现值之和及未来 16 年的净收益的现值之和，然后将两者相减便可得到；二是直接求取未来 16 年后的 28 年的净收益的现值之和便可得到。

下面采用收益法的第一种求法。

据调查获知，现时与该办公楼相似的写字楼每平方米建筑面积的月租金平均为 80 元，据估价师分析预测，其未来月租金稳定在 80 元，出租率为 85%，年运营费用约占年租赁有效毛收入的 35%，报酬率为 10%。钢筋混凝土结构办公楼的使用年限为 60 年，价值时点以后的剩余使用年限为 56 年（60−4），建筑物使用年限晚于土地使用期限结束，收益期根据建设用地使用权剩余期限确定。价值时点以后的建设用地使用权剩余期限为 44 年（50−6）。

（1）求取未来 44 年的净收益的现值之和：

$$年净收益 = 80 \times 2\,000 \times 85\% \times (1-35\%) \times 12$$
$$= 106.08 （万元）$$

$$V_{44} = \frac{A}{Y} \left[1 - \frac{1}{(1+Y)^n}\right]$$
$$= \frac{106.08}{10\%} \left[1 - \frac{1}{(1+10\%)^{44}}\right]$$
$$= 1\,044.79 （万元）$$

（2）求取未来 16 年的净收益的现值之和：

$$V_{16} = \frac{A}{Y} \left[1 - \frac{1}{(1+Y)^n}\right]$$
$$= \frac{106.08}{10\%} \left[1 - \frac{1}{(1+10\%)^{16}}\right]$$
$$= 829.94 （万元）$$

（3）求取未来 16 年后的 28 年建设用地使用权和房屋所有权现在的价值：

$$V_{28} = V_{44} - V_{16}$$
$$= 1\,044.79 - 829.94$$
$$= 214.85 （万元）$$

2. 用于不同期限房地产价格之间的换算

为了表述简洁，现以 K_n 代表上述收益期为有限年公式中的"$1-\dfrac{1}{(1+Y)^n}$"，即：

$$K_n = 1 - \frac{1}{(1+Y)^n}$$
$$= \frac{(1+Y)^n - 1}{(1+Y)^n}$$

因此，K_{70} 表示 n 为 70 年时的 K 值，K_∞ 表示 n 为无限年时的 K 值。如果用 V_n 表示收益期为 n 年的价格，则 V_{50} 就表示收益期为 50 年的价格，V_∞ 就表示收益期为无限年的价格。于是，不同期限房地产价格之间的换算方法如下。

若已知 V_∞，求 V_{70}、V_{50} 如下：

$$V_{70} = V_\infty \times K_{70}$$
$$V_{50} = V_\infty \times K_{50}$$

若已知 V_{50}，求 V_∞、V_{40} 如下：

$$V_\infty = V_{50} \times \frac{1}{K_{50}}$$

$$V_{40} = V_{50} \times \frac{K_{40}}{K_{50}}$$

如果将上述公式一般化，则有：

$$V_n = V_N \times \frac{K_n}{K_N}$$
$$= V_N \times \frac{(1+Y)^{N-n} \left[(1+Y)^n - 1 \right]}{(1+Y)^N - 1}$$

【例 8-4】已知某宗收益性房地产 40 年收益权利的价格为 2 500 元/m^2，报酬率为 10%。请计算该房地产 30 年收益权利的价格。

【解】该房地产 30 年收益权利的价格计算如下：

$$V_n = V_N \times \frac{(1+Y)^{N-n} \left[(1+Y)^n - 1 \right]}{(1+Y)^N - 1}$$

$$V_{30} = 2\ 500 \times \frac{(1+10\%)^{40-30} \left[(1+10\%)^{30} - 1 \right]}{(1+10\%)^{40} - 1}$$

$$= 2\ 409.98\ (元/m^2)$$

上述不同期限房地产价格之间的换算隐含着以下 3 个前提：①V_n 与 V_N 对应的报酬率相同且不等于零(当 V_n 或 V_N 之一为 V_∞ 时，要求报酬率大于零；当 V_n 和 V_N 都不为 V_∞ 且报酬率等于零时，$V_n = V_N \times \dfrac{n}{N}$)；②$V_n$ 与 V_N 对应的净收益相同或可转化为相同(如单位面积的净收益相同);③ 如果 V_n 与 V_N 对应的是两宗房地产,则该两宗房地产除收益期不同外,其他方面均应相同或可调整为相同。

当 V_n 与 V_N 对应的报酬率不相同时,假如 V_n 对应的报酬率为 Y_n, V_N 对应的报酬率为 Y_N,其他方面仍符合上述前提,则可通过公式

$$V_n = \frac{A}{Y_n}\left[1 - \frac{1}{(1+Y_n)^n}\right]$$

与公式

$$V_N = \frac{A}{Y_N}\left[1 - \frac{1}{(1+Y_N)^N}\right]$$

相除,推导出下列不同期限房地产价格之间的换算公式:

$$V_n = V_N \times \frac{Y_N(1+Y_N)^N\left[(1+Y_n)^n - 1\right]}{Y_n(1+Y_n)^n\left[(1+Y_N)^N - 1\right]}$$

【例8-5】已知某宗收益性房地产在 30 年建设用地使用权、报酬率为 10% 下的价格为 3 000 元 /m²。请计算该房地产在 50 年建设用地使用权、报酬率为 8% 下的价格。

【解】该房地产在 50 年建设用地使用权下的价格计算如下:

$$V_n = V_N \times \frac{Y_N(1+Y_N)^N\left[(1+Y_n)^n - 1\right]}{Y_n(1+Y_n)^n\left[(1+Y_N)^N - 1\right]}$$

$$V_{50} = 3\,000 \times \frac{10\%(1+10\%)^{30}\left[(1+8\%)^{50} - 1\right]}{8\%(1+8\%)^{50}\left[(1+10\%)^{30} - 1\right]}$$

$$= 3\,893.00(元 /m^2)$$

3. 用于比较不同期限房地产价格的高低

在比较两宗相似的房地产的价格高低时,如果该两宗房地产的土地使用期限或收益期不同,则直接比较是不妥的,需要先把它们转换成相同期限下的价格,然后进行比较。转换成相同期限下的价格的方法,与上述不同期限房地产价格之间的换算方法相同。

【例8-6】现有甲乙两宗房地产,甲的收益期为 50 年,单价为 2 000 元/m²;乙的收益期为 30 年,单价为 1 800 元/m²。报酬率均为 6%,其他条件相同。请比较甲乙两宗房地产的价格高低。

【解】比较甲乙两宗房地产的价格高低,需要把它们转换为相同期限下的价格。为了计算上方便,将它们转换为无限年下的价格:

甲 $V_\infty = V_{50} \div K_{50}$

$$= 2\,000 \div \left[1 - \frac{1}{(1+6\%)^{50}}\right]$$

$$=2\ 114.81\ （元/m^2）$$

$$乙\ V_\infty=V_{30}\div K_{30}$$

$$=1\ 800\div\left[1-\frac{1}{(1+6\%)^{30}}\right]$$

$$=2\ 179.47\ （元/m^2）$$

由上可知，乙的价格从表面上看低于甲的价格（1 800 元/m²＜2 000元/m²），而实际上高于甲的价格（2 179.47 元/m²＞2 114.81元/m²）。

4. 用于比较法等估价方法中因期限不同进行的价格调整

在比较法、基准地价修正法等估价方法中，当可比实例价格、基准地价等对应的土地使用期限或收益期与估价对象的土地使用期限或收益期不相同时，可采用上述不同期限房地产价格之间的换算方法对可比实例价格、基准地价等进行调整，使其成为估价对象的土地使用期限或收益期下的价格。

【例8-7】某宗 5 年前以出让方式取得的 50 年使用期限的工业用地，目前所处土地级别的基准地价为1 200元/m²。该基准地价在评估时设定的使用期限为法定最高使用年期。除使用期限不同外，该工业用地的其他状况与评估基准地价时设定的状况相同。现行的土地报酬率为10%。请通过基准地价求取该工业用地目前的价格。

【解】本题通过基准地价求取该工业用地目前的价格，实际上是将使用期限为法定最高使用年期（50 年）的基准地价转换为 45 年（原取得的 50 年使用期限减去已经使用的 5 年）的地价。具体计算如下：

$$V_{45}=V_{50}\times\frac{K_{45}}{K_{50}}$$

$$=1\ 200\times\frac{(1+10\%)^{50-45}\ \left[(1+10\%)^{45}-1\right]}{(1+10\%)^{50}-1}$$

$$=1\ 193.73\ （元/m^2）$$

净收益每年不变的公式还有一些其他作用，例如可用来说明在不同报酬率下土地使用期限长到何时，有限期的土地使用权价格接近无限年的土地所有权价格。通过计算可以发现，报酬率越高，越较快地接近无限年的价格。假设将两者相差不大于万分之一视为接近，当报酬率为2%时，需要 520 年才能接近无限年的价格，3%时需要 350 年，4%时需要 260 年，5%时需要 220 年，6%时需要 180 年，7%时需要 150 年，8%时需要 130 年，9%时需要 120 年，14%时需要 80 年，20%时需要 60 年。当报酬率为25%时，只要 50 年就相当于无限年的价格。

三、净收益按一定数额递增的公式

根据收益期的不同，净收益按一定数额递增的公式分为有限年和无限年两种。

（一）收益期为有限年的公式

$$V=\left(\frac{A}{Y}+\frac{b}{Y^2}\right)\left[1-\frac{1}{(1+Y)^n}\right]-\frac{b}{Y}\times\frac{n}{(1+Y)^n}$$

式中 b——净收益逐年递增的数额，即净收益未来第 1 年为 A，第 2 年为 $(A+b)$，第 3 年为 $(A+2b)$，依此类推，第 n 年为 $[A+(n-1)b]$。

公式原型为：

$$V=\frac{A}{1+Y}+\frac{A+b}{(1+Y)^2}+\frac{A+2b}{(1+Y)^3}+\cdots\cdots+\frac{A+(n-1)b}{(1+Y)^n}$$

此公式的假设前提是：①净收益未来第 1 年为 A，此后按数额 b 逐年递增；②报酬率为 Y，且 $Y\neq0$；③收益期为有限年 n。

（二）收益期为无限年的公式

$$V=\frac{A}{Y}+\frac{b}{Y^2}$$

公式原型为：

$$V=\frac{A}{1+Y}+\frac{A+b}{(1+Y)^2}+\frac{A+2b}{(1+Y)^3}+\cdots\cdots+\frac{A+(n-1)b}{(1+Y)^n}+\cdots\cdots$$

此公式的假设前提是：①净收益未来第 1 年为 A，此后按数额 b 逐年递增；②报酬率为 Y，且 $Y>0$；③收益期为无限年。

【例 8-8】预测某宗房地产未来第一年的净收益为 16 万元，此后每年的净收益在上一年的基础上增加 2 万元，收益期可视为无限年，该类房地产的报酬率为 9%。请计算该房地产的收益价值。

【解】该房地产的收益价值计算如下：

$$V=\frac{A}{Y}+\frac{b}{Y^2}$$

$$=\frac{16}{9\%}+\frac{2}{(9\%)^2}$$

$$=424.69（万元）$$

四、净收益按一定数额递减的公式

由于净收益按一定数额逐年递减会导致在一定年限后的净收益均为负值，所以净收益按一定数额递减的公式只有收益期为有限年一种。该公式为：

$$V = \left(\frac{A}{Y} - \frac{b}{Y^2}\right)\left[1 - \frac{1}{(1+Y)^n}\right] + \frac{b}{Y} \times \frac{n}{(1+Y)^n}$$

式中　b——净收益逐年递减的数额，即净收益未来第 1 年为 A，第 2 年为 $(A-b)$，第 3 年为 $(A-2b)$，依此类推，第 n 年为 $[A - (n-1)b]$。

公式原型为：

$$V = \frac{A}{1+Y} + \frac{A-b}{(1+Y)^2} + \frac{A-2b}{(1+Y)^3} + \cdots\cdots + \frac{A-(n-1)b}{(1+Y)^n}$$

此公式的假设前提是：①净收益未来第 1 年为 A，此后按数额 b 逐年递减；②报酬率为 Y，且 $Y \neq 0$；③收益期为有限年 n，且 $n \leqslant \frac{A}{b} + 1$。

$n \leqslant \frac{A}{b} + 1$ 和不存在收益期为无限年公式的具体原因是：当 $n > \frac{A}{b} + 1$ 年时，第 n 年的净收益 <0。这可以通过令第 n 年的净收益 <0 推导出，即：

$$A - (n-1)b < 0$$

得到

$$n > \frac{A}{b} + 1$$

在 $\left(\frac{A}{b} + 1\right)$ 年后，各年的净收益均为负值，作为追求自身利益最大化的理性经济人，在这种情况下将不会经营下去。

【例 8-9】预测某宗房地产未来第一年的净收益为 25 万元，此后每年的净收益在上一年的基础上减少 2 万元。请计算该房地产的合理经营期限，以及该期限结束前和结束后一年在假定经营情况下的净收益；如果报酬率为 6%，请计算该房地产的收益价值。

【解】（1）该房地产的合理经营期限计算如下：

设该房地产的合理经营期限为 n，

并令　$A - (n-1)b = 0$

则有　$25 - (n-1) \times 2 = 0$

由上述等式计算出 $n = 13.5$（年）。

（2）该房地产合理经营期限结束前一年（即第 13 年）的净收益计算如下：

$A - (n-1)b = 25 - (13-1) \times 2$

$\qquad\qquad = 1$（万元）

（3）该房地产合理经营期限结束后一年（即第 14 年）的净收益计算如下：

$$A-(n-1)b=25-(14-1)\times 2$$
$$=-1\ (\text{万元})$$

(4) 该房地产的收益价值计算如下：

$$V=\left(\frac{A}{Y}-\frac{b}{Y^2}\right)\left[1-\frac{1}{(1+Y)^n}\right]+\frac{b}{Y}\times\frac{n}{(1+Y)^n}$$

$$=\left(\frac{25}{6\%}-\frac{2}{6\%^2}\right)\left[1-\frac{1}{(1+6\%)^{13.5}}\right]+\frac{2}{6\%}\times\frac{13.5}{(1+6\%)^{13.5}}$$

$$=129.28(\text{万元})$$

五、净收益按一定比率递增的公式

根据收益期的不同，净收益按一定比率递增的公式分为有限年和无限年两种。

(一)收益期为有限年的公式

$$V=\frac{A}{Y-g}\left[1-\left(\frac{1+g}{1+Y}\right)^n\right]$$

式中 g——净收益逐年递增的比率，即净收益未来第 1 年为 A，第 2 年为 $A(1+g)$，第 3 年为$A(1+g)^2$，依此类推，第 n 年为$A(1+g)^{n-1}$。

公式原型为：

$$V=\frac{A}{1+Y}+\frac{A(1+g)}{(1+Y)^2}+\frac{A(1+g)^2}{(1+Y)^3}+\cdots\cdots+\frac{A(1+g)^{n-1}}{(1+Y)^n}$$

此公式的假设前提是：①净收益未来第 1 年为 A，此后按比率 g 逐年递增；②报酬率为 Y，且 $g\neq Y$[当 $g=Y$ 时，$V=A\times\dfrac{n}{(1+Y)}$]；③收益期为有限年 n。

【例8-10】某宗房地产的收益期为 48 年；未来第一年的净收益为 16 万元，此后每年的净收益在上一年的基础上增长 2%；该类房地产的报酬率为 9%。请计算该房地产的收益价值。

【解】该房地产的收益价值计算如下：

$$V=\frac{A}{Y-g}\left[1-\left(\frac{1+g}{1+Y}\right)^n\right]$$

$$=\frac{16}{9\%-2\%}\left[1-\left(\frac{1+2\%}{1+9\%}\right)^{48}\right]$$

$$=219.12\ (\text{万元})$$

(二) 收益期为无限年的公式

$$V=\frac{A}{Y-g}$$

公式原型为：

$$V=\frac{A}{1+Y}+\frac{A\ (1+g)}{(1+Y)^2}+\frac{A\ (1+g)^2}{(1+Y)^3}+\cdots\cdots+\frac{A\ (1+g)^{n-1}}{(1+Y)^n}+\cdots\cdots$$

此公式的假设前提是：①净收益未来第 1 年为 A，此后按比率 g 逐年递增；②报酬率为 Y，且 $g<Y$；③收益期为无限年。

此公式之所以要求 $g<Y$，是因为从数学上看，如果 $g\geqslant Y$，V 就会无穷大。但这种情况在现实中不可能出现：一是因为任何房地产的净收益都不可能以极快的速度无限递增下去；二是因为较快的递增速度通常意味着较大的风险，从而要求提高风险报酬。

【例8-11】预测某宗房地产未来第一年的净收益为 16 万元，此后每年的净收益在上一年的基础上增长 2%，收益期可视为无限年，该类房地产的报酬率为 9%。请计算该房地产的收益价值。

【解】该房地产的收益价值计算如下：

$$V=\frac{A}{Y-g}$$

$$=\frac{16}{9\%-2\%}$$

$$=228.57\ （万元）$$

六、净收益按一定比率递减的公式

根据收益期的不同，净收益按一定比率递减的公式分为有限年和无限年两种。

（一）收益期为有限年的公式

$$V=\frac{A}{Y+g}\left[1-\left(\frac{1-g}{1+Y}\right)^n\right]$$

式中 g——净收益逐年递减的比率，即净收益未来第 1 年为 A，第 2 年为 $A(1-g)$，第 3 年为 $A(1-g)^2$，依此类推，第 n 年为 $A(1-g)^{n-1}$。

公式原型为：

$$V=\frac{A}{1+Y}+\frac{A\ (1-g)}{(1+Y)^2}+\frac{A\ (1-g)^2}{(1+Y)^3}+\cdots\cdots+\frac{A\ (1-g)^{n-1}}{(1+Y)^n}$$

此公式的假设前提是：①净收益未来第 1 年为 A，此后按比率 g 逐年递减；②报酬率为 Y，且 $Y\neq0$；③收益期为有限年 n。

（二）收益期为无限年的公式

$$V=\frac{A}{Y+g}$$

公式原型为：

$$V=\frac{A}{1+Y}+\frac{A\ (1-g)}{(1+Y)^2}+\frac{A\ (1-g)^2}{(1+Y)^3}+\cdots\cdots+\frac{A\ (1-g)^{n-1}}{(1+Y)^n}+\cdots\cdots$$

此公式的假设前提是：①净收益未来第 1 年为 A，此后按比率 g 逐年递减；②报酬率为 Y，且 $Y>0$；③收益期限为无限年。

净收益等于有效毛收入减去运营费用。如果有效毛收入与运营费用逐年递增或递减的比率不等，也可以利用净收益按一定比率递增或递减的公式计算估价对象的收益价值。例如，假设有效毛收入逐年递增的比率为 g_I，运营费用逐年递增的比率为 g_E，收益期为有限年，则计算公式为：

$$V=\frac{I}{Y-g_I}\left[1-\left(\frac{1+g_I}{1+Y}\right)^n\right]-\frac{E}{Y-g_E}\left[1-\left(\frac{1+g_E}{1+Y}\right)^n\right]$$

式中　I——有效毛收入；

E——运营费用；

g_I——I 逐年递增的比率；

g_E——E 逐年递增的比率。

公式原型为：

$$V=\frac{I-E}{1+Y}+\frac{I\ (1+g_I)\ -E\ (1+g_E)}{(1+Y)^2}+\frac{I\ (1+g_I)^2-E\ (1+g_E)^2}{(1+Y)^3}+\cdots\cdots+$$

$$\frac{I\ (1+g_I)^{n-1}-E\ (1+g_E)^{n-1}}{(1+Y)^n}$$

$$=\left[\frac{I}{1+Y}+\frac{I\ (1+g_I)}{(1+Y)^2}+\frac{I\ (1+g_I)^2}{(1+Y)^3}+\cdots\cdots+\frac{I\ (1+g_I)^{n-1}}{(1+Y)^n}\right]-$$

$$\left[\frac{E}{1+Y}+\frac{E\ (1+g_E)}{(1+Y)^2}+\frac{E\ (1+g_E)^2}{(1+Y)^3}+\cdots\cdots+\frac{E\ (1+g_E)^{n-1}}{(1+Y)^n}\right]$$

此公式的假设前提是：①有效毛收入 I 按比率 g_I 逐年递增，运营费用 E 按比率 g_E 逐年递增；②报酬率为 Y，且 g_I 或 g_E 不等于 Y；③收益期为有限年 n，且满足 $I\ (1+g_I)^{n-1}-E\ (1+g_E)^{n-1}\geqslant0$。

同理，如果有效毛收入与运营费用逐年递减的比率不等，或者一个逐年递增，另一个逐年递减，其计算公式都能较容易地推导出。其中在有效毛收入始终大于运营费用的前提下，收益期为无限年的计算公式为：

$$V=\frac{I}{Y\pm g_I}-\frac{E}{Y\pm g_E}$$

在上述公式中有两种情况应注意：一是有效毛收入的折现值与运营费用的折现值之间必然是相减的；二是有效毛收入逐年递增时，g_I 前取"－"，逐年递减时，g_I 前取"＋"；运营费用逐年递增时，g_E 前取"－"，逐年递减时，g_E 前取"＋"。

【例 8-12】预测某宗房地产未来第一年的有效毛收入为 20 万元，运营费用为 12 万元，此后每年的有效毛收入在上一年的基础上增长 5％，运营费用增长 3％，收益期可视为无限年。该类房地产的报酬率为 8％。请计算该房地产的收益价值。

【解】该房地产的收益价值计算如下：

$$V=\frac{I}{Y-g_I}-\frac{E}{Y-g_E}$$

$$=\frac{20}{8\%-5\%}-\frac{12}{8\%-3\%}$$

$$=426.67\ （万元）$$

【例 8-13】预测某宗房地产未来每年的有效毛收入不变，为 16 万元；运营费用第一年为 8 万元，此后每年的运营费用在上一年的基础上增长 2％。该类房地产的报酬率为 10％。请计算该房地产的收益价值。

【解】因为该房地产在一定期限后的运营费用会超过有效毛收入而导致净收益为负值，所以在计算收益价值之前，先计算合理经营期限 n。

因为：$I-E\ (1+g_E)^{n-1}=0$

所以：$16-8\ (1+2\%)^{n-1}=0$

由上述等式计算出：$n=36$（年）

该房地产的收益价值计算如下：

$$V=\frac{I}{Y}\Big[1-\frac{1}{(1+Y)^n}\Big]-\frac{E}{Y-g_E}\Big[1-\Big(\frac{1+g_E}{1+Y}\Big)^n\Big]$$

$$=\frac{16}{10\%}\Big[1-\frac{1}{(1+10\%)^{36}}\Big]-\frac{8}{10\%-2\%}\Big[1-\Big(\frac{1+2\%}{1+10\%}\Big)^{36}\Big]$$

$$=61.42\ （万元）$$

七、净收益在前后阶段变化规律不同的公式

净收益在前后阶段变化规律不同的公式，可分为前后两段或两段以上；根据收益期的不同，分为有限年和无限年两种。把净收益的变化分为不同阶段可使估价更科学准确，如前段的净收益可为更符合实际的无规律变化，后段的净收益因对收益价值影响较小、难以预测而可假定为每年不变。此外，前后阶段的净收益变化情形都可根据具体情况，设定为按不同的一定数额递增、一定数额递减、一定比率递增、一定比率递减等。为了表述简洁，下面以假定后段的净收益每年不

变来说明。

（一）收益期为有限年的公式

$$V=\sum_{i=1}^{t}\frac{A_i}{(1+Y)^i}+\frac{A}{Y}\frac{1}{(1+Y)^t}\left[1-\frac{1}{(1+Y)^{(n-t)}}\right]$$

式中　t——净收益有变化的期限。

公式原型为：

$$V=\frac{A_1}{1+Y}+\frac{A_2}{(1+Y)^2}+\cdots\cdots+\frac{A_t}{(1+Y)^t}+\frac{A}{(1+Y)^{t+1}}+\frac{A}{(1+Y)^{t+2}}+\cdots\cdots+\frac{A}{(1+Y)^n}$$

此公式的假设前提是：①净收益在未来 t 年（含第 t 年）有变化，分别为 A_1，A_2，$\cdots\cdots$，A_t，在第 t 年以后无变化为 A；②报酬率为 Y，且 $Y\neq0$；③收益期为有限年 n。

净收益在前后阶段变化规律不同的公式很有实用价值。因为现实中每年的净收益一般是不同的。如果采用净收益每年不变或有规律变化的公式，比如公式

$$V=\frac{A}{Y}\left[1-\frac{1}{(1+Y)^n}\right]$$

来估价，有时未免太片面；而如果根据净收益无规律变化的实际情况来估价，又不大可能（除非收益期较短）。为了解决这个矛盾，一般是根据估价对象的经营状况和市场环境，预测未来 5 至 10 年的净收益，并假设此后的净收益每年不变或按一定规律变动，再对这两段净收益进行折现而得出收益价值。特别是像商场、酒店、娱乐之类的房地产，在建成后的前几年因试营业等原因，其收益可能不稳定，然后逐渐趋于稳定，更适用这类公式来估价。更加特殊的是设立了居住权的住宅估价，在前段（居住权期限届满前或居住权人死亡前）一般无收益，只有后段有收益。

【例8-14】某宗房地产的收益期为 38 年，预测其未来 5 年的净收益分别为20 万元、22 万元、25 万元、28 万元、30 万元，从未来第 6 年到第 38 年每年的净收益将稳定在 35 万元左右，该类房地产的报酬率为 10%。请计算该房地产的价值。

【解】该房地产的价值计算如下：

$$V=\sum_{i=1}^{t}\frac{A_i}{(1+Y)^i}+\frac{A}{Y(1+Y)^t}\left[1-\frac{1}{(1+Y)^{(n-t)}}\right]$$

$$=\frac{20}{1+10\%}+\frac{22}{(1+10\%)^2}+\frac{25}{(1+10\%)^3}+\frac{28}{(1+10\%)^4}+\frac{30}{(1+10\%)^5}+$$

$$\frac{35}{10\%(1+10\%)^5}\left[1-\frac{1}{(1+10\%)^{(38-5)}}\right]$$

＝300.86(万元)

（二）收益期为无限年的公式

$$V=\sum_{i=1}^{t}\frac{A_i}{(1+Y)^i}+\frac{A}{Y}\frac{1}{(1+Y)^t}$$

公式原型为：

$$V=\frac{A_1}{1+Y}+\frac{A_2}{(1+Y)^2}+\cdots\cdots+\frac{A_t}{(1+Y)^t}+$$

$$\frac{A}{(1+Y)^{t+1}}+\frac{A}{(1+Y)^{t+2}}+\cdots\cdots+\frac{A}{(1+Y)^n}+\cdots\cdots$$

此公式的假设前提是：①净收益在未来 t 年（含第 t 年）有变化，分别为 A_1，A_2，……，A_t，在第 t 年以后无变化为 A；②报酬率为 Y，且 $Y>0$；③收益期为无限年。

【例 8-15】预测某宗房地产未来 5 年的净收益分别为 20 万元、22 万元、25 万元、28 万元、30 万元，从未来第 6 年到无穷远每年的净收益将稳定在 35 万元左右，该类房地产的报酬率为 10%。请计算该房地产的价值。

【解】该房地产的价值计算如下：

$$V=\sum_{i=1}^{t}\frac{A_i}{(1+Y)^i}+\frac{A}{Y(1+Y)^t}$$

$$=\frac{20}{1+10\%}+\frac{22}{(1+10\%)^2}+\frac{25}{(1+10\%)^3}+\frac{28}{(1+10\%)^4}+\frac{30}{(1+10\%)^5}$$

$$+\frac{35}{10\%(1+10\%)^5}$$

＝310.20(万元)

与例 8-14 的 38 年收益期的房地产价值 300.86 万元相比，例 8-15 收益期为无限年的房地产价值要高 9.34 万元（310.20－300.86）。

八、预知未来若干年后价格的公式

（一）预知未来若干年后价格的公式形式

预测房地产未来 t 年的净收益分别为 A_1，A_2，……，A_t，第 t 年末的价值价格为 V_t，则其现在的价值价格为：

$$V=\sum_{i=1}^{t}\frac{A_i}{(1+Y)^i}+\frac{V_t}{(1+Y)^t}$$

式中 V——房地产现在的价值价格。

t—— 预测未来净收益的期限；如果购买房地产的目的是持有一段时间后

转售，则 t 为持有期。

A_i——房地产未来 t 年的净收益，即在预测未来净收益的期限内或持有期间各年可获得的净收益，简称期间收益。

V_t——房地产未来第 t 年末的价值价格，简称期末价格；如果购买房地产的目的是持有一段时间后转售，则 V_t 为期末转售收益。

公式原型为：

$$V=\frac{A_1}{1+Y}+\frac{A_2}{(1+Y)^2}+\cdots\cdots+\frac{A_t}{(1+Y)^t}+\frac{V_t}{(1+Y)^t}$$

此公式的假设前提是：①期间收益分别为 A_1，A_2，……，A_t；②期末价格或期末转售收益为 V_t；③期间报酬率和期末报酬率相同，为 Y。

上述公式根据期间收益的变化情形，可具体化为下列公式。

（1）期间收益每年不变的公式

上述公式中，如果期间收益每年不变为 A，则公式为：

$$V=\frac{A}{Y}\Big[1-\frac{1}{(1+Y)^t}\Big]+\frac{V_t}{(1+Y)^t}$$

（2）期间收益按一定数额递增的公式

上述公式中如果期间收益按数额 b 逐年递增，则公式为：

$$V=\Big(\frac{A}{Y}+\frac{b}{Y^2}\Big)\Big[1-\frac{1}{(1+Y)^t}\Big]-\frac{b}{Y}\times\frac{t}{(1+Y)^t}+\frac{V_t}{(1+Y)^t}$$

（3）期间收益按一定数额递减的公式

上述公式中，如果期间收益按数额 b 逐年递减，则公式为：

$$V=\Big(\frac{A}{Y}-\frac{b}{Y^2}\Big)\Big[1-\frac{1}{(1+Y)^t}\Big]+\frac{b}{Y}\times\frac{t}{(1+Y)^t}+\frac{V_t}{(1+Y)^t}$$

（4）期间收益按一定比率递增的公式

上述公式中，如果期间收益按比率 g 逐年递增，则公式为：

$$V=\frac{A}{Y-g}\Big[1-\Big(\frac{1+g}{1+Y}\Big)^t\Big]+\frac{V_t}{(1+Y)^t}$$

（5）期间收益按一定比率递减的公式

上述公式中，如果期间收益按比率 g 逐年递减，则公式为：

$$V=\frac{A}{Y+g}\Big[1-\Big(\frac{1-g}{1+Y}\Big)^t\Big]+\frac{V_t}{(1+Y)^t}$$

上述公式中，如果难以预测期末价格，而能够预测期末价格相对于现在价格的变化率（即相对价值价格变动），如增值率为 Δ，即 $V_t=V(1+\Delta)$，以期间收益每年不变的情形为例，则公式为：

$$V = \frac{A}{Y}\left[1 - \frac{1}{(1+Y)^t}\right] + \frac{V(1+\Delta)}{(1+Y)^t}$$

对此公式进行整理，可得到下列公式：

$$V = \frac{A[(1+Y)^t - 1]}{Y[(1+Y)^t - (1+\Delta)]}$$

$$= \frac{A}{Y - \Delta \dfrac{Y}{(1+Y)^t - 1}}$$

$$= \frac{A}{Y - \Delta a}$$

$$= \frac{A}{R}$$

式中 a——偿债基金系数，$a = \dfrac{Y}{(1+Y)^t - 1}$；

R——资本化率。

【例8-16】预测某宗房地产未来两年的净收益分别为55万元和60万元，两年后的价格比现在的价格上涨5%。该类房地产的报酬率为10%。请计算该房地产现在的价格。

【解】该房地产现在的价格计算如下：

$$V = \sum_{i=1}^{t} \frac{A_i}{(1+Y)^i} + \frac{V_t}{(1+Y)^t}$$

$$= \frac{55}{1+10\%} + \frac{60}{(1+10\%)^2} + \frac{V(1+5\%)}{(1+10\%)^2}$$

$$V = 753.30(万元)$$

如果预测未来价格每年会上涨，以现在价格为基础，从现在开始的年上涨率为g，即$V_t = V(1+g)^t$，以期间收益每年不变的情形为例，则公式为：

$$V = \frac{A}{Y}\left[1 - \frac{1}{(1+Y)^t}\right] + \frac{V(1+g)^t}{(1+Y)^t}$$

对此公式进行整理，可得到下列公式：

$$V = \frac{A[(1+Y)^t - 1]}{Y[(1+Y)^t - (1+g)^t]}$$

$$= \frac{A}{Y\left[1 - \dfrac{(1+g)^t - 1}{(1+Y)^t - 1}\right]}$$

【例8-17】预测某宗收益性房地产未来第一年的净收益为2.4万元，未来5年的净收益每年增加0.1万元，价格每年上涨3%，报酬率为9.5%。请计算该房地产现在的价格。

【解】选用下列公式计算该房地产现在的价格：

$$V=\left(\frac{A}{Y}+\frac{b}{Y^2}\right)\left[1-\frac{1}{(1+Y)^t}\right]-\frac{b}{Y}\times\frac{t}{(1+Y)^t}+\frac{V_t}{(1+Y)^t}$$

根据题意已知：$A=2.4$（万元），$b=0.1$（万元），$t=5$（年），$V_t=V(1+3\%)^5$（万元），$Y=9.5\%$。

将上述数据代入公式中计算如下：

$$V=\left(\frac{2.4}{9.5\%}+\frac{0.1}{9.5\%^2}\right)\left[1-\frac{1}{(1+9.5\%)^5}\right]-\frac{0.1}{9.5\%}\times\frac{5}{(1+9.5\%)^5}+\frac{V(1+3\%)^5}{(1+9.5\%)^5}$$

对上述等式进行合并同类项并计算后得到：

$V=37.61$（万元）

（二）持有加转售模式及其适用情形

测算房地产的持有期，选择预知未来若干年后价格的公式，通常称为选择"持有加转售模式"；测算房地产的收益期，选择其他收益法公式，通常称为选择"全剩余寿命模式"。预知未来若干年后价格的公式主要适用于下列 3 种情形。

（1）房地产现在的价值价格不知道，但可以预测其未来的价值价格或未来价值价格相对于现在价值价格的变化率，特别是预计某地区会有较大改变（如新建火车站、机场、市政府迁入等）或房地产市场行情有较大变化。

（2）房地产因投资者优化资产配置的需要而持有一段时间后转售，从而不是按房地产的整个剩余收益期来估价，而是先根据该类房地产投资者的平均持有期等情况，确定一个正常持有期，然后预测期间收益和期末转售收益，再将它们折算为现值。实际上，收益性房地产为投资品，投资者通常是持有一定期限后转售，再选择更合适的房地产进行投资。因此，房地产投资收益一般由期间收益和期末转售收益两部分组成，"持有加转售模式"便成为收益性房地产估价的常用模式。

（3）收益性房地产的剩余寿命或未来收益期很长，未来一定年限（如 10 年）之后的净收益通常难以预测，预测结果也难以令人信服。"全剩余寿命模式"的缺点是在收益期较长的情况下，预测未来一定年限之后的净收益误差较大，易受到质疑，进而导致收益价值测算结果可信度降低。因此，需要设定一个合理的预测未来净收益的期限，然后预测期间收益和期末价格，再将它们折算为现值。但是，设立了居住权的住宅估价，由于居住权剩余期限通常较长，且该期限内一般无收益，只能利用居住权剩余期限后的净收益来估价，因此只能选择全剩余寿命模式。

【例8-18】某宗房地产目前的价格为 3 500 元/m²，年净收益为 200 元/m²，报酬率为 10%。现在获知该房地产所在地区将要兴建火车站，并在 6 年后建成投入使用，到那时该地区将会达到其所在城市现有火车站地区的繁华程度。在该城市现有火车站地区，同类房地产目前的价格为 7 000 元/m²。据此预计新火车站建成投入使用后，新火车站地区该类房地产的价格将达到 7 000 元/m²。请计算获知将要兴建火车站后该房地产的价格。

【解】获知将要兴建火车站后该房地产的价格计算如下：

$$V = \frac{A}{Y}\left[1 - \frac{1}{(1+Y)^t}\right] + \frac{V_t}{(1+Y)^t}$$
$$= \frac{200}{10\%}\left[1 - \frac{1}{(1+10\%)^6}\right] + \frac{7\ 000}{(1+10\%)^6}$$
$$= 4\ 822.37(元/m^2)$$

可见，该房地产在获知将要兴建火车站后，价格由不知要兴建火车站的 3 500 元/m² 跳涨到 4 822 元/m²。

【例8-19】某写字楼过去的市场价格为 12 000 元/m²，目前房地产市场低迷，其市场租金为每天 3 元/m²。该类写字楼的净收益为市场租金的 70%。预测房地产市场 3 年后会回升，到那时该写字楼的市场价格将达 12 500 元/m²，转让该写字楼的税费为市场价格的 6%。如果投资者要求该类投资的报酬率为 10%，请计算该写字楼现在的价值。

【解】该写字楼现在的价值计算如下：

$$V = \frac{A}{Y}\left[1 - \frac{1}{(1+Y)^t}\right] + \frac{V_t}{(1+Y)^t}$$
$$= \frac{3 \times 365 \times 70\%}{10\%}\left[1 - \frac{1}{(1+10\%)^3}\right] + \frac{12\ 500(1-6\%)}{(1+10\%)^3}$$
$$= 10\ 734\ (元/m^2)$$

【例8-20】某出租的旧办公楼的租赁期限尚余 2 年，在此 2 年内每年可获得净租金 80 万元，租赁期限届满后要将该旧办公楼拆除作为商业用地。预计作为商业用地的价值为 1 100 万元，拆除费用为 50 万元，不考虑改变土地用途应补缴出让金等费用。该类房地产的报酬率为 10%。请计算该旧办公楼的价值。

【解】该旧办公楼的价值计算如下：

$$V = \frac{A}{Y}\left[1 - \frac{1}{(1+Y)^t}\right] + \frac{V_t}{(1+Y)^t}$$
$$= \frac{80}{10\%}\left[1 - \frac{1}{(1+10\%)^2}\right] + \frac{1\ 100 - 50}{(1+10\%)^2}$$

=1 006.61(万元)

(三)期末价格和期末转售收益及其求取

预知未来若干年后价格的公式中的 V_t，在现实中有许多具体形式，可分为期末价格和期末转售收益两类。期末价格是指预测未来净收益的期限届满后继续持有下的价值价格，具体有第 t 年末的市场价格、市场价值、净残值等。期末转售收益是指在持有期末转售房地产时预计可获得的净收益，即期末转售价格减去期末转售成本后的收益。可见，期末转售收益与期末价格不同，一是假设预测未来净收益的期限届满后不再继续持有，而要转售；二是要减去期末转售成本。期末转售价格是在持有期末转售房地产时预计的价格。期末转售成本是在持有期末转售房地产时预计转让人应负担的销售费用、销售税费等费用和税金。

期末价格和期末转售价格的求取方法主要有 3 种：①采用比较法结合长期趋势法求取（长期趋势法的内容见第十三章第二节）；②采用净收益每年不变的报酬资本化法求取，净收益一般选取期末净收益，即 $V_t = \dfrac{A_t}{Y}\left[1 - \dfrac{1}{(1+Y)^{(n-t)}}\right]$；③采用直接资本化法求取，净收益一般选取期末净收益，即 $V_t = \dfrac{A_t}{R}$。

第三节 收益期和持有期的测算

一、收益期及其测算

收益期也称为未来收益期、剩余收益期，是预计在正常市场和运营状况下估价对象未来可获取净收益的时间，即自价值时点起至估价对象未来不能获取净收益时止的时间。收益期应根据估价对象自价值时点起计算的土地使用权剩余期限和建筑物剩余经济寿命进行测算。

土地使用权剩余期限是自价值时点起至土地使用权使用期限结束时止的时间。建筑物剩余经济寿命是自价值时点起至建筑物经济寿命结束时止的时间。建筑物经济寿命是建筑物对房地产价值有贡献的时间，即建筑物自竣工时起至其对房地产价值不再有贡献时止的时间。对收益性房地产来说，建筑物经济寿命具体是建筑物自竣工时起，在正常市场和运营状况下，房地产产生的收入大于运营费用，即净收益大于零的持续时间，如图 8-2 所示。

建筑物经济寿命主要由市场决定，一般在建筑物设计使用年限的基础上，根据建筑物的施工、使用、维护和更新改造等状况，以及周围环境、房地产市场

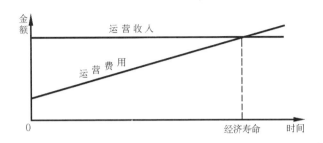

图 8-2 建筑物的经济寿命

状况等进行综合分析判断得出。同类建筑物在不同地区的经济寿命可能不同。

建筑物剩余经济寿命与土地使用权剩余期限可能相同，也可能不同，归纳起来有下列 3 种情形。

（1）建筑物剩余经济寿命与土地使用权剩余期限相同。在这种情形下，收益期为土地使用权剩余期限或建筑物剩余经济寿命。

（2）建筑物剩余经济寿命早于土地使用权剩余期限结束，或者说土地使用权剩余期限超过建筑物剩余经济寿命。在这种情形下，房地产价值等于以建筑物剩余经济寿命为收益期计算的房地价值，加上自收益期结束时起计算的剩余期限土地使用权在价值时点的价值。后者又可等于自价值时点起计算的剩余期限土地使用权在价值时点的价值，减去以收益期为使用期限的土地使用权在价值时点的价值。例如，某宗房地产的建筑物剩余经济寿命为 30 年，土地使用权剩余期限为 40 年，求取该房地产现在的价值，可先求取其 30 年收益期的价值，然后加上 30 年后的 10 年使用期限土地使用权在现在的价值。该 30 年后的 10 年使用期限土地使用权在现在的价值，等于现在 40 年使用期限的土地使用权的价值，减去现在 30 年使用期限的土地使用权的价值。求取自收益期结束时起计算的剩余期限土地使用权在价值时点的价值，还可先预测自收益期结束时起计算的剩余期限土地使用权在收益期结束时的价值，再将其折现到价值时点。

（3）建筑物剩余经济寿命晚于土地使用权剩余期限结束，或者说建筑物剩余经济寿命超过土地使用权剩余期限。在这种情形下，分为两种情况：①出让合同等约定土地使用权期限届满后无偿收回土地使用权及地上建筑物；②出让合同等未约定土地使用权期限届满后无偿收回土地使用权及地上建筑物。对于第一种情况，房地产价值等于以土地使用权剩余期限为收益期计算的价值。对于第二种情况，房地产价值等于以土地使用权剩余期限为收益期计算的价值，加上建筑物在收益期结束时的价值折现到价值时点的价值。

评估承租人权益价值的，收益期为剩余租赁期限。

二、持有期及其测算

广义的持有期是指预测估价对象未来净收益的期限，也称为预测期、计算期。狭义的持有期一般简称持有期，是指预计正常情况下持有估价对象的时间，即自价值时点起至估价对象未来转售时止的时间。利用预知未来若干年后价格的公式或选择"持有加转售模式"求取价值价格，以及收益期较长、难以预测该期限内各年净收益的，应估计持有期。持有期应根据市场上投资者对同类房地产的典型持有时间，以及能够预测期间收益的一般期限来确定，通常为 5 年至 10 年。但是，持有期应短于收益期。

第四节 净收益的测算

利用报酬资本化法估价，需要预测估价对象未来的净收益。在现实估价中，测算净收益甚至比求取报酬率更困难，特别是针对不同用途（如住房、写字楼、酒店、商场、汽车加油站、游乐场、农用地等）、不同业务收入和运营费用及收支情况不同（比如房屋维修费、物业费、供暖费、水电费，有的出租人全包，有的则由承租人分担或全部负担）的估价对象，测算净收益时应从总收入中扣除哪些、不扣除哪些，不能一概而论，需要结合收入的内涵等实际情况来确定。

一、地租及其测算

严格意义上的地租就是土地净收益或净地租，并且地租理论是较早、较成熟的经济理论，因此了解地租理论有助于深刻理解和认识房地产净收益，特别是把握净收益的测算，即总收入应减去哪些项目后才是净收益。

（一）地租的含义

经济学上的地租含义较多。狭义的地租仅指利用土地所获得的超额报酬。广义的地租是指超额的工资、利息、利润以及利用任何生产要素所获得的超额报酬。例如，西尼尔（Nassau William Senior，1790—1864）1836 年在《政治经济学大纲》中把地租定义为"出于自然或偶然所自发地提供的收入"，包括"在体力或脑力方面具有非常能力所取得的特优报酬"。也就是说，如果一个人用不着做更大的努力就可以完成比别人好或比别人多的工作，他的收入因此会超过其他人，这种超过一般工资部分的超额收入也应看作地租。①

不论狭义、广义的地租，它们都有一个共同的内涵，就是一种"纯粹的剩余物"。下面介绍的是狭义的地租。

（二）现实中的地租现象

从肥力不同的农地来看，如图 8-3 所示，假设有 A、B、C、D 四块肥力由低到高的农地，除肥力不同外，其他条件均相同，且有同一个农民可同时在该四块农地上耕种同一种农作物，他对这四块农地的耕作经营没有勤快、懒惰之别。这四块农地因肥力不同，产量会有所不同。农地 A 因肥力最低，产量会最低；农地 B 因较肥沃，产量较高；最后到农地 D，因最肥沃，产量会最高。相对于肥力最低的农地 A，农地 B、C、D 所超出的产量就是一种地租现象。

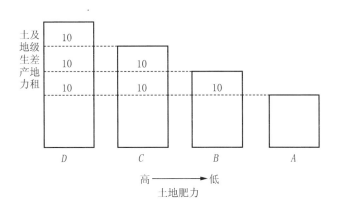

图 8-3 肥力不同的农地上地租的形成

从位置不同的农地来看，如图 8-4 所示，假设有 A、B、C、D 四块与农产品市场的距离由远到近的农地，除与农产品市场的距离不同外，包括肥力在内的其他条件均相同，且有同一个农民可同时在该四块农地上耕种同一种农作物，他对这四块农地的耕作经营没有勤快、懒惰之别。这四块农地因肥力相同，产量会相同，但因它们与农产品市场的距离不同，把农产品运到市场上的运输成本会有所不同。农地 A 因最远，运输成本会最高；农地 B 因较近，运输成本较低；最后到农地 D，因最近，运输成本会最低。相对于距离最远的农地 A，农地 B、C、D 所节省的运输成本就是一种地租现象。

---

① ［英］西尼尔著．政治经济学大纲．蔡受百译．北京：商务印书馆，1977 年 12 月第 1 版．第 193～196 页。

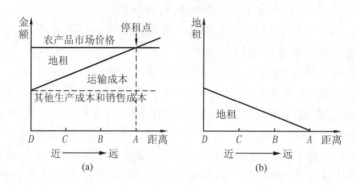

图 8-4　位置不同的农地上地租的形成

从城镇中地段不同的摊位来看，假设同一个人能在不同的地段摆摊，该人在这些不同地段摆摊没有所售商品以及勤快和懒惰之别，那么好地段上的销售额会高于差地段上的销售额，从而好地段上的销售净收入（销售额减去进货成本和销售税费等）会高于差地段上的销售净收入。这种好地段上高出差地段上的销售净收入就是一种地租现象。同理，假设有两个位于不同繁华地段，但规模、档次、经营品种、经营管理水平等方面均相同的商场，因区位上的差异也会带来销售净收入的差异。这种销售净收入的差异也是一种地租现象。

（三）地租的决定原理

亚当·斯密是古典经济学最著名的代表，于 1776 年出版了著名的《国民财富的性质和原因的研究》（简称《国富论》），在该书中论述了地租的决定机制："作为使用土地的代价的地租，自然是租地人按照土地实际情状所支给的最高价格。在决定租约条件时，地主都设法使租地人所得的土地生产物份额，仅足补偿他用以提供种子、支付工资、购置和维持耕畜与其他农具的农业资本，并提供当地农业资本的普通利润。这一数额，显然是租地人在不亏本的条件下所愿意接受的最小份额，而地主决不会多留给他。生产物中分给租地人的那一部分，要是多于这一数额，换言之，生产物中分给租地人那一部分的价格，要是多于这一数额的价格，地主自然要设法把超过额留为己有，作为地租。因此，地租显然是租地人按照土地实际情况所能缴纳的最高额。诚然，有时由于存心宽大，更经常是由于无知，地主接受比这一数额略低的地租；同样，有时也由于无知（但比较少见），租地人缴纳比这一数额略高的地租，即甘愿承受比当地农业资本普通利润略低的利润。但这一数额，仍可视为土地的自然地租，而所谓自然地租，当然是大部分出租土地应得的地租。"

马克思（Karl Marx，1818—1883）在批判和继承前人的地租理论的基础上，创立了马克思主义地租理论，具有不同于前人的崭新的科学内容。其中有关地租的计算，可以从马克思对级差地租、绝对地租、垄断地租的论述中反映出来。

对于任何一块产生地租的土地，其地租可以归结为以下 3 种情况之一。一是提供级差地租的土地：地租＝级差地租＋绝对地租。二是仅提供绝对地租的土地：地租＝绝对地租。三是垄断土地：地租＝垄断地租。

假设最劣等土地为 A，其产品的个别生产价格是 P_A；较好一级土地为 B，其产品的个别生产价格是 P_B；第三级土地为 C，其产品的个别生产价格是 P_C；第四级土地为 D，其产品的个别生产价格是 P_D。根据马克思的论述，如果假定最劣等土地 A 不支付地租，则其产品的个别生产价格 P_A 就是一般的调节市场的生产价格。在这种情况下，B 级土地的地租为：$P_A-P_B=d$；C 级土地的地租为：$P_A-P_C=2d$；D 级土地的地租为：$P_A-P_D=3d$。但马克思讲，在论述级差地租时假定最劣等土地 A 不支付地租是为了论述问题的方便，其实"这个前提是错误的"，最劣等土地 A 也会提供地租 r。这时，就会得出下列两个结论。

（1）A 级土地上产品的价格，不是由它的个别生产价格来调节，而包含着一个超过它的个别生产价格的余额 r，即 A 级土地上产品的价格为 P_A+r。

（2）在这种情况下，虽然产品的一般价格会发生本质变化，但级差地租的规律不会因此失去作用。既然 A 级土地上产品的价格为一般市场价格，即 P_A+r，那么 B、C、D 等各级土地上产品的价格也同样为 P_A+r。如对 B 级土地来说，因为 $P_A-P_B=d$，所以 $(P_A+r)-(P_B+r)$ 同样等于 d；对 C 级土地来说，$P_A-P_C=(P_A+r)-(P_C+r)=2d$，如此等等。

根据马克思的上述论述，A、B、C、D 各级土地的全部地租量分别为：A 级土地的地租 $=r=(P_A+r)-P_A=$ 一般市场价格 $-A$ 级土地上产品的个别生产价格；B 级土地的地租 $=r+d=(P_A+r)-P_B=$ 一般市场价格 $-B$ 级土地上产品的个别生产价格；C 级土地的地租 $=r+2d=(P_A+r)-P_C=$ 一般市场价格 $-C$ 级土地上产品的个别生产价格，如此等等。由此可见，不论是提供绝对地租的 A 级土地，还是同时提供绝对地租和级差地租的 B、C、D 级土地，它们各自的地租量都等于其产品的一般市场价格减去个别生产价格。

对于某些自然条件特别有利的土地，马克思说能提供垄断地租。垄断地租的产生是由于在垄断土地上能生产稀有的土特产品，从而使该产品能提供一个垄断价格。例如，生产特种葡萄酒的葡萄园，会提供一个垄断价格，该垄断价格会提供一个相当大的超额利润。这种垄断价格带来的超额利润，会因为土地所有权的存在作为地租落入土地所有者手里。从垄断地租量来看，垄断地租＝垄断价格－

垄断土地上产品的个别生产价格，也即等于市场价格减去个别生产价格。

综上所述，根据马克思的理论，一块土地的地租等于该块土地所提供的产品的市场价格减去该块土地生产该产品的个别生产价格，如果用公式来表示，则为：

地租＝农产品的市场价格－农产品的个别生产价格

为了更好地理解马克思关于地租的计算，还要了解马克思关于市场价格和个别生产价格的具体化。对于市场价格，应比较好理解，在此无须进一步说明。对于个别生产价格，综合马克思的以下两句话就可以得出："成本要素（已耗费的不变资本和可变资本的价值）加上一个由一般利润率决定，并按全部预付资本（包括已经消耗的和没有消耗的）计算的利润。""生产中消耗的不变资本和可变资本加上平均利润（＝企业主收入加上利息）。"①

（四）地租测算的总结

下面用现代概念，将地租的测算归纳总结如下。

（1）计算公式：

地租＝农产品市场价格－农产品销售税费－农产品生产成本－
　　　农产品运输成本－土地上投入资本的利息－农业经营者的利润

其中土地上投入资本的利息不包括对应土地价值的资本的利息，如过去购置土地的费用，而是土地以外的投入资本的利息。

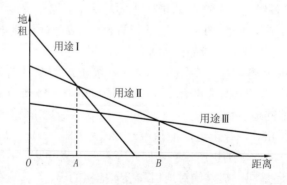

图 8-5　不同用途的地租支付能力

（2）土地是在最佳用途下利用的。这可以用竞标地租理论来说明。假设土地有三种竞争性用途，相应的地租支付能力曲线如图 8-5 所示。因为在市场竞争

---

① 马克思．资本论第 3 卷．北京：人民出版社，1975 年 6 月第 1 版．第 721 页、第 843 页．

下谁支付的地租高，土地就由谁使用，所以每块土地都会由能够支付最高地租的用途所使用，其结果是 OA 段的地租由用途 I 的地租支付能力决定，AB 段的地租由用途 II 的地租支付能力决定，B 点以外的地租由用途 III 的地租支付能力决定。即使没有完善的土地市场进行这种配置，为了使土地得到合理利用，也应遵循该规律。

（3）土地是在最佳集约度下利用的。此点可用马克思的级差地租 II 的原理来说明：假设投在 A 级（最劣等）一英亩土地上的 3 镑生产费用生产 1 夸特产品，从而 3 镑成为 1 夸特产品的生产价格和起调节作用的市场价格。另有 D 级一英亩土地，第一次投入 3 镑生产费用生产 4 夸特产品，并提供 9 镑的超额利润；第二次投入 3 镑生产费用生产 3 夸特产品，并提供 6 镑的超额利润；第三次投入 3 镑生产费用生产 2 夸特产品，并提供 3 镑的超额利润；第四次投入 3 镑生产费用生产 1 夸特产品，没有超额利润。在市场竞争机制的作用下，D 级一英亩土地必然会总投入 12 镑生产费用（即第一、二、三、四次各投入的 3 镑生产费用之和），提供 18 镑超额利润（即第一、二、三次的超额利润 9 镑、6 镑和 3 镑之和）。这 18 镑超额利润会转化为地租，即 D 级一英亩土地的地租不会仅由第一次投入 3 镑生产费用所提供的 9 镑超额利润决定，而是由继续投入直至第四次为止所提供的 18 镑超额利润决定。

（4）销售税费、生产成本、运输成本、资本利息、经营利润均是以社会平均或一般水平来扣除的。这是等量资本要获得等量利润、等质劳动力要获得等量工资等的要求。该要求实际上隐含在马克思关于某一等级土地上产品的个别生产价格的原理中。根据马克思的思想，假设最劣等土地 A 上产品的个别生产价格为 P_A，较好一级土地 B 上产品的个别生产价格为 P_B，第三级土地 C 上产品的个别生产价格为 P_C，第四级土地 D 上产品的个别生产价格为 P_D，这里的 P_A，P_B，P_C，P_D 实际上分别是各级土地上产品的"社会"个别生产价格；造成"个别"的原因仅是土地本身（如肥力、位置的差别），而不是管理水平、采用的技术设备的先进程度或有无特殊的社会关系等，否则的话，就有可能出现 $P_B > P_A$。

（5）如果土地上生产的产品数量为 Q，其每个产品的市场价格为 P，则上述地租计算公式中的市场价格为 PQ。公式中的经营利润是按照全部预付资本的社会平均利润率（一般利润率）来计算的，这是等量资本要获得等量利润的要求，此点在上面已经说明。这里需要进一步说明的是：在资本周转率、投资风险不同的情况下，不同周转率、不同风险的资本不能用同一比率来计算其应得利润。

上面以农地生产农作物来说明地租的测算，是一种经典情况。例如，伊利（Richard Theodore Ely，1854—1943）和莫尔豪斯（Moorehouse）说：地租的理论，或者说土地收益的理论，首先被认为是同农地有关系的，为了简便，或许用这类土地来说明这个理论更为妥当。"譬如一英亩地产 30 蒲式耳小麦，而花掉的费用，即劳力和资本（工具、装备、肥料等等）是 15 元。如果麦子卖 5 角钱一蒲式耳，则每英亩的总收入刚够劳力和其他费用的开销，而土地则毫无收益；因此，我们说没有地租可言"。"要是麦价涨到 6 角一蒲式耳，那么，每英亩的总收入就是 18 元，从中减去劳力和其他费用，还净余 3 元，或者说，3 元钱的地租。要确定市地的地租，也可照样来做。从一定的收益中，减去例如建筑投资的利息、折旧、损耗及其他费用之后所剩下来的余额就是土地本身的收益。"①

现实中测算地租的方法还有多种，例如：①采用比较法求取地租，即根据类似土地的地租来求取。②采用"房租剥离法"从房租中分离出地租，如像亚当·斯密所说的由房租减去建筑物租得出地皮租，具体如：地租＝房租－房屋折旧费－维修费－管理费－房地产税－房屋保险费－租赁费用－租赁税费－投资利息－投资利润。③采用"收益法的逆运算"由地价反求地租，如通过"地租＝地价×资本化率"求出地租。④采用类似于假设开发法的方法求取地租。例如某块土地，假设在投入资金使其达到最佳利用后可以获得某一地租，则这一地租减去投入资金的利息等之后获得的收益，就是该块土地现在的地租。再如，各种未耕地的地租是由具有同等质量和位置的已耕地的地租决定的，即：未耕地的地租＝同等质量和位置的已耕地的地租－开垦费用的利息。

二、净收益测算的基本原理

收益性房地产获取收益的方式，可分为出租和自营两类。据此，求取净收益的路径可分为以下两种：①基于租赁收入求取净收益，如有大量租赁实例的住房、写字楼、商铺、停车场（库）、非专业性厂房、仓库等类房地产；②基于营业收入求取净收益，如以自营为主的酒店、影剧院、娱乐中心、高尔夫球场、汽车加油站等类房地产。在英国，将前一种情况下的收益法称为投资法，后一种情况下的收益法称为利润法。有些房地产既有大量租赁实例又有营业收入，如商铺、餐馆、农用地等。在实际估价中，只要是能够通过租赁收入来求取净收益的，就应优先通过租赁收入来求取净收益，因为这种求取净收益的方式更加直接、简单且准确。因此，通过租赁收入来求取净收益的收益法，是收益法的主要形式。

---

① ［美］伊利，莫尔豪斯著 . 土地经济学原理 . 滕维藻译 . 北京：商务印书馆，1982 年 6 月第 1 版：第 223～224 页。

（一）基于租赁收入测算净收益的基本原理

基于租赁收入测算净收益的基本公式为：

净收益＝潜在毛租金收入－空置和收租损失＋其他收入－运营费用

　　　＝应收毛租金收入－收租损失＋其他收入－运营费用

　　　＝有效毛租金收入＋其他收入－运营费用

　　　＝有效毛收入－运营费用

上述公式如果采用计算过程的表述方式，即：

$$
\begin{array}{r}
潜在毛租金收入 \\
-空置损失 \\
\hline
\end{array}
$$

$$
\begin{array}{r}
=应收毛租金收入 \\
-收租损失 \\
\hline
\end{array}
$$

$$
\begin{array}{r}
=有效毛租金收入 \\
+其他收入 \\
\hline
\end{array}
$$

$$
\begin{array}{r}
=有效毛收入 \\
-运营费用 \\
\hline
\end{array}
$$

$$=净收益$$

净收益全称净运营收益（net operating income，NOI），是有关收入（如有效毛收入）减去费用（如由出租人负担的运营费用）后归因于估价对象的收益。评估承租人权益价值的，净收益等于市场租金减去合同租金。

有效毛收入（effective gross income，EGI）是潜在毛收入减去空置和收租损失后的收入。潜在毛收入（potential gross income，PGI）是估价对象在充分利用、没有空置和收租损失情况下所能获得的归因于估价对象的总收入。写字楼、商铺、租赁住房等出租型房地产的潜在毛收入等于潜在毛租金收入加上各种其他收入。潜在毛租金收入等于所有可出租数量与其最可能的租金水平（通常为市场租金）的乘积。各种其他收入是租赁押金、预定金的利息收入，以及自动售货机、洗衣房等的收入。空置和收租损失是因空置、承租人拖欠租金等而造成的租金收入损失。空置的部分没有租金收入。因空置而造成的租金收入损失简称空置损失，通常按照潜在毛租金收入的一定比例（如空置率）测算。收租损失是因承租人不付租金、少付租金（包括少交租金、租金折扣等）、拖延支付租金以及免租期等而造成的租金收入损失，通常按照应收毛租金收入的一定比例（如收租损失率）测算。应收毛租金收入等于潜在毛租金收入减去空置损失。收租损失率是收租损失与应收毛租金收入的百分比。

运营费用是维持估价对象正常使用或营业的必要支出，包括房地产税（如房产税、城镇土地使用税）、房屋保险费、房屋维修费、房屋管理费等，具体应根据合同租金的内涵决定取舍，其中由承租人负担的部分不应计入。运营费用是从估价的角度出发，与会计上的成本费用有所不同，通常不含房地产抵押贷款还本付息额、房地产折旧费、房地产改扩建费用和所得税。对此进一步说明如下。

（1）对于已抵押的房地产，运营费用不含抵押贷款还本付息额是以测算包含自有资金和抵押贷款价值在内的整体房地产价值为前提的。因抵押贷款并不影响房地产整体的正常收益，并因抵押贷款额和偿还方式不同，抵押贷款还本付息额会有所不同，所以运营费用如果包含抵押贷款还本付息额，则会使不同抵押贷款额和偿还方式下的净收益出现差异，从而影响到这种情况下房地产估价的客观性。如果在扣除运营费用后得到的净收益基础上再扣除抵押贷款还本付息额，则得到的收益称为税前现金流量。即税前现金流量是净收益减去抵押贷款还本付息额后的余额，它被用于评估房地产自有资金权益的价值。

（2）这里所说的房地产折旧费，是指会计上的建筑物折旧费和土地取得费用摊销，不含经济寿命短于整体建筑物经济寿命的建筑构件、设施设备、装饰装修等的折旧费。建筑物的一些组成部分（如电梯、空调、锅炉等）的经济寿命比整体建筑物的经济寿命短，它们在自身经济寿命结束后需要更换或重置（如重新购置和安装）才能继续维持房地产正常使用（如电梯的经济寿命结束后如果不更换，房地产就不能正常运营），由于它们的重置成本是确实发生的，所以其折旧费或重置提拨款应包含在运营费用中，是运营费用的一种。重置提拨款（replacement allowance）也称为重置准备金（reserve for replacements），是指在估价对象的收益期间或持有期间，为定期更换（如每隔若干年需更换一次，同时要一次性支付一笔费用）经济寿命短于建筑物经济寿命的建筑构件、设施设备、装饰装修等而按期（通常按年）计提的费用。

（3）房地产改扩建能通过增加房地产每年的收入来提高房地产的价值。收益法估价是假设房地产改扩建费用与其所带来的房地产价值增加额相当，从而两者可相抵，因此不将它作为运营费用的一部分。如果房地产改扩建能大大提高房地产的价值，改扩建费用远低于其所带来的房地产价值增加额，则这种房地产是可以重新开发建设的房地产，应采用第十章的假设开发法来估价。

（4）运营费用中之所以不含所得税，是因为所得税与特定业主的经营状况直接相关。如果包含所得税，则估价会失去作为客观价值指导的普遍适用性。而在评估投资价值时，通常是采用扣除所得税后的收益，这种收益称为税后现金流量。

运营费用与有效毛收入的百分比，称为运营费用率（operating expense ratio，OER）。某些类型的房地产，其运营费用率有一个相对固定的范围，因此可以采用市场提取法找出这些类型房地产的运营费用率，以供具体估价时测算估价对象的运营费用或净收益参考。市场提取法是通过可比实例的有关数据测算相关估价参数的方法。采用市场提取法找出某种类型房地产的运营费用率，是指调查同一市场上许多相似的房地产的运营费用和有效毛收入，分别求其运营费用与有效毛收入的百分比，然后综合得出一个运营费用率的正常合理区间。

净收益与有效毛收入的百分比，称为净收益率（net income ratio，NIR）。因为净收益等于有效毛收入减去运营费用，所以净收益率是运营费用率的补集，即：

$$NIR=1-OER$$

潜在毛收入、有效毛收入、运营费用、净收益等，通常以年度计，并假设在年末发生。

【例 8-21】某幢公寓楼有租赁住房 100 间，平均每间的月租金为 2 000 元，租赁押金、自动售货机、洗衣房等其他收入扣除相关直接成本后的月均收入为 1.5 万元。该公寓楼的年均空置率为 10%，收租损失为应收毛租金收入的 5%，运营费用率为 25%。请分别计算该公寓楼的年潜在毛租金收入、应收毛租金收入、有效毛租金收入、潜在毛收入、有效毛收入和净收益。

【解】（1）该公寓楼的年潜在毛租金收入计算如下：

潜在毛租金收入＝所有可出租房间数×每间房的租金水平
　　　　　　　　＝100×0.2×12
　　　　　　　　＝240（万元）

（2）该公寓楼的年应收毛租金收入计算如下：

应收毛租金收入＝潜在毛租金收入－空置损失
　　　　　　　　＝潜在毛租金收入×（1－空置率）
　　　　　　　　＝240×（1－10%）
　　　　　　　　＝216（万元）

（3）该公寓楼的年有效毛租金收入计算如下：

有效毛租金收入＝潜在毛租金收入－空置和收租损失
　　　　　　　　＝应收毛租金收入－收租损失

$$=应收毛租金收入×（1-收租损失率）$$
$$=216×（1-5\%）$$
$$=205.2（万元）$$

（4）该公寓楼的年潜在毛收入计算如下：

$$潜在毛收入=潜在毛租金收入+其他收入$$
$$=240+1.5×12$$
$$=258（万元）$$

（5）该公寓楼的年有效毛收入计算如下：

$$有效毛收入=潜在毛收入-空置和收租损失$$
$$=潜在毛租金收入-空置和收租损失+其他收入$$
$$=有效毛租金收入+其他收入$$
$$=205.2+1.5×12$$
$$=223.2（万元）$$

（6）该公寓楼的年净收益计算如下：

$$净收益=有效毛收入-运营费用$$
$$=有效毛收入×（1-运营费用率）$$
$$=223.2×（1-25\%）$$
$$=167.4（万元）$$

（二）基于营业收入测算净收益的基本原理

有些收益性房地产通常不是以租赁方式而是以营业方式获取收益，业主与经营者合二为一，如购物中心、酒店、高尔夫球场、汽车加油站等。这类房地产的净收益测算与基于租赁收入的净收益测算，主要有两个不同：一是潜在毛收入或有效毛收入变成了经营收入，二是要扣除归属于其他资本或经营的收益，如要扣除商业、服务业、娱乐业、工业、农业等经营者的正常利润。例如，某养殖场正常经营的收入、费用和利润分别为 100 万元、36 万元和 24 万元，则基于营业收入测算的房地产净收益为 40 万元（100-36-24=40）。基于租赁收入测算净收益时，由于归属于其他资本或经营的收益在房地产租金之外，即实际上已扣除，所以就不再扣除归属于其他资本或经营的收益。

三、不同收益类型房地产净收益的测算

估价对象的收益类型不同，净收益的测算也会有所不同，可归纳为以下 4 种情况：①出租的房地产；②自营的房地产；③自用或尚未使用的房地产；④混合收益的房地产。

（一）出租的房地产净收益测算

出租的房地产是收益法估价的典型对象，其净收益通常为租赁收入扣除由出租人负担的运营费用后的余额。

租赁收入包括租金收入和与租赁相关的各种其他收入。与租赁相关的各种其他收入简称其他收入，是指租赁押金或保证金、预定金的利息收入，以及自动售货机、洗衣房等的收入。在计算租金收入时，应注意租金有固定租金和变动租金，变动租金还有多种形式（见第四章第三节中的"房地产租赁中的价值和价格"）。

根据房地产租金的一般构成项目（地租、房屋折旧费、房屋维修费、房屋管理费、房地产税、房屋保险费、房地产租赁费用、房地产租赁税费、房地产投资利息、房地产投资利润），出租人负担的运营费用通常为其中的维修费、管理费、房地产税、保险费、租赁费用、租赁税费。但在现实中，房地产租金可能不含某些一般构成项目，还可能包含其他费用。因此，以出租住房为例，出租人负担的运营费用是表8-1所列的费用、税收中，按照租赁合同约定或当地租赁习惯由出租人负担的部分。

出租的住房测算净收益需要扣除的运营费用　　　　　表 8-1

项目名称	出租人负担	承租人负担	标　准	数　量	年金额
房屋维修费①					
物业费					
房地产税②					
房屋保险费③					
租赁费用④					
租赁税费⑤					
家具家电折旧费⑥					
供暖费					
水费					
电费					
燃气费					
电话费					
网费					

续表

项目名称	出租人负担	承租人负担	标　准	数　量	年金额
有线电视收看费					
车位费					
其他费用					

注：①房屋所有权人应负担的维修部位或房屋专有部分，如房屋门窗、水暖设备、厨卫设备、照明设备等的维修费；②如房产税、城镇土地使用税；③如投保房屋火灾险等的保险费；④如委托房地产经纪机构出租，出租人应支付的佣金；⑤如增值税、城市维护建设税、教育费附加、所得税等；⑥如出租人提供的家具（如床、柜、桌、椅等）、家电（如电视机、空调机、热水器、电冰箱等）等的折旧费。

在实际测算净收益时，通常是在分析租赁合同的基础上决定应扣除的费用项目。如果租赁合同约定保证合法、安全、正常使用所需的各项费用均由出租人负担，则应将它们全部扣除；如果租赁合同约定部分或全部费用由承租人负担，则出租人所得的租赁收入就接近于净收益，此种情况下扣除的费用项目就要相应减少。当按照当地租赁习惯确定出租人负担的费用时，要注意与租金水平相匹配。在现实房地产租赁中，如果出租人负担的费用项目较多或承租人负担的费用项目较少，则名义租金会高一些；反之，则名义租金会低一些。

（二）自营的房地产净收益测算

自营的房地产的最大特点，是房地产所有者同时也是经营者，房地产租金与经营者利润没有分开。

（1）商服经营型房地产，应根据经营资料测算净收益，净收益等于经营收入减去经营成本、经营费用、经营税金及附加、管理费用、财务费用和应归属于商服经营者的利润。其中采用联营方式的购物中心或商场，产权人通常按经营者的商品销售额返点（或比例）计取租金性质的有效毛收入，以返点收入计算增值税、房产税等税费，因此，净收益等于返点收入减去有关税费。

（2）工业生产型房地产，应根据产品市场价格和原材料、人工费用等资料测算净收益，净收益等于产品销售收入减去生产成本、销售费用、销售税金及附加、管理费用、财务费用和应归属于工业生产者的利润。

（3）农用地净收益的测算，是由农用地年产值（全年农产品的产量乘以单价）减去种子或种苗费、肥料费、农药费、水电费、人工费、畜工费、机工费、运输费、农具折旧费、农舍折旧费、投资利息、农业税和农业利润等。

（三）自用或尚未使用的房地产净收益测算

自用或尚未使用的房地产是指住宅、写字楼、商铺等目前为业主自用或暂时空置的房地产，而不是指酒店、写字楼的大堂、管理用房等所必要的"空置"或自用部分，也不包括正常空置率造成的空置部分。酒店、写字楼的大堂、管理用房等的价值是通过客房、会议室等其他用房的收益体现出来的，因此其净收益不应单独计算，否则就重复了。自用或尚未使用的房地产的净收益，可比照有收益的类似房地产的有关资料按上述相应方式来测算，或通过类似房地产的净收益的直接比较和调整得出。

（四）混合收益的房地产净收益测算

现实中包含上述多种收益类型的房地产，如酒店一般有客房、会议室、餐厅、商场、商务中心、娱乐中心等，其净收益视具体情况采用下列 3 种方式之一求取。

（1）把费用分为变动费用和固定费用，将测算出的各种类型的收入分别减去相应的变动费用，予以加总后再减去总的固定费用。变动费用是指其总额随着业务量的变动而变动的费用。当业务量增加（如生产更多产品）时，由于需要更多的原材料，费用也因此而增加。固定费用是指其总额不随业务量的变动而变动的费用，即无论业务量发生什么变化，都固定不变的费用。以一个有客房、会议室、餐厅、商场、商务中心、娱乐中心的酒店为例来说明，客房部分的变动费用是与入住客人多少直接相关的费用，会议室部分的变动费用是与使用会议室的次数直接相关的费用，餐厅部分的变动费用是与用餐人数直接相关的费用，商场部分的变动费用是与商品销售额直接相关的费用等；固定费用是指人员工资、固定资产折旧费、房地产税、保险费等，不管客房是否有客人入住、会议室是否有人租用、餐厅是否有人就餐、商场是否有人购物等，都要发生的费用。

（2）首先测算各种类型的收入，然后测算各种类型的费用，再将总收入减去总费用。

（3）把混合收益的房地产看作各种单一收益类型房地产的简单组合，先分别根据各自的收入和费用求出各自的净收益，然后将它们的净收益相加。

四、净收益测算的注意事项

（一）有形收益和无形收益

估价对象的收益可分为有形收益和无形收益。有形收益一般是指估价对象带来的直接货币收益。无形收益是指估价对象带来的间接利益，包括间接经济利益和非经济利益，比如提高融资能力、社会信誉、自豪感等。在求取净收益时，不仅要包括有形收益，还应考虑无形收益。

无形收益通常难以货币化，在测算净收益时不易量化，但可通过选取较低的报酬率或资本化率予以适当考虑。同时值得注意的是，如果无形收益已通过有形收益得到体现，则不应再单独考虑，以免重复计算。例如，在当地能显示承租人形象、地位的高档写字楼，即承租人租用该写字楼办公可显示其实力，该因素往往已包含在该写字楼的较高租金（其中含有超额租金）中。

（二）实际收益和客观收益

估价对象的收益可分为实际收益和客观收益。实际收益是估价对象实际获得的收益，它一般不能直接用于估价。因为具体经营管理者的能力等对实际收益影响很大，如果将实际收益进行资本化，就会得到不符合估价对象实际状况的结果。例如，城市中有一宗尚未利用的空地，实际收益为零，甚至为负数（比如要支付看管费，缴纳城镇土地使用税等有关税费），但这并不表示该空地无价值。再如，一个交通便利的商场或酒店，由于经营不善，由收入减去费用得到的结果可能为负数，这也不意味着该房地产无价值。相反，比如一个交通不便、设施设备不够好的宾馆，因有特殊关系或规定能将一些会议、活动指定在该宾馆举办，从而可以获得较高的收益，但这并不意味着该宾馆本身的价值较高。

客观收益是估价对象在正常情况下所能获得的收益，或实际收益经剔除不正常和偶然的因素所造成的收益偏差后的收益。通常只有客观收益才能用于估价。因此，估价中采用的潜在毛收入、有效毛收入、运营费用或净收益，除有租约限制外，一般应采用正常客观的数据。为此，除有租约限制外，利用估价对象本身的资料直接测算出了潜在毛收入、有效毛收入、运营费用或净收益后，还应将它们与类似房地产在正常情况下的潜在毛收入、有效毛收入、运营费用或净收益进行比较。如果与正常客观的情况不符，应对它们进行恰当修正，使其成为正常客观的。

评估有租约限制的房地产价值，应先弄清是评估无租约限制价值还是出租人权益价值、承租人权益价值。评估出租人权益价值，租赁期限内应采用合同租金；租赁期限届满后和未出租部分，应采用市场租金。因此，合同租金高于或低于市场租金都会影响出租人权益价值。从投资者的角度来看，如果合同租金高于市场租金，则出租人权益价值会高些；反之，如果合同租金低于市场租金，则出租人权益价值会低些。当合同租金与市场租金差异较大时，毁约的可能性增大，这对出租人权益价值也有影响，可将这种情况作为一种风险体现在相应较高的报酬率中。

【例8-22】某商铺为上下两层，每层的可出租面积均为200m²，土地使用期限自2017年8月1日起为40年。一层于2018年8月1日租出，租赁期限为5年，可出租面积的月租金为180元/m²，且每年不变；二层目前暂时空置。附近相似的商铺一、二层可出租面积的正常月租金分别为 200 元$/m^2$ 和 120 元$/m^2$，运营费用率为 25%。该类房地产的出租率为 100%，报酬率为 9%。请计算该商铺 2021 年 8 月 1 日带租约出售的正常价格。

【解】该商铺 2021 年 8 月 1 日带租约出售的正常价格测算如下：

（1）商铺一层价格的测算：

$$租赁期限内的年净收益 = 200 \times 180 \times (1 - 25\%) \times 12$$
$$= 32.40(万元)$$

$$租赁期限届满后的年净收益 = 200 \times 200 \times (1 - 25\%) \times 12$$
$$= 36.00(万元)$$

$$V = \sum_{i=1}^{t} \frac{A_i}{(1+Y)^i} + \frac{A}{Y(1+Y)^t}\left[1 - \frac{1}{(1+Y)^{n-t}}\right]$$

$$= \frac{32.40}{1+9\%} + \frac{32.40}{(1+9\%)^2} + \frac{36.00}{9\%(1+9\%)^2}\left[1 - \frac{1}{(1+9\%)^{40-4-2}}\right]$$

$$= 375.69(万元)$$

（2）商铺二层价格的测算：

$$年净收益 = 200 \times 120 \times (1 - 25\%) \times 12$$
$$= 21.60(万元)$$

$$V = \frac{A}{Y}\left[1 - \frac{1}{(1+Y)^n}\right]$$

$$= \frac{21.60}{9\%}\left[1 - \frac{1}{(1+9\%)^{40-4}}\right]$$

$$= 229.21(万元)$$

$$该商铺的正常价格 = 商铺一层的价格 + 商铺二层的价格$$
$$= 375.69 + 229.21$$
$$= 604.90(万元)$$

收益法的一种变换形式是"成本节约资本化法"。某种权益或资产虽然不产生收入，但当其可以避免原本会发生的成本时，就可以采用"成本节约资本化法"评估其价值。该方法的实质是某种权益或资产的价值等于其未来有效期限内可以节约的成本的现值之和。承租人权益价值评估就是这种方法的典型运用。承租人权益价值等于剩余租赁期限内各期合同租金与市场租金差额的现值之和。如果合同租金低于市场租金，则承租人权益就有价值；反之，如果合同租金高于市场租金，则承租人权益就是负价值。

【例 8-23】某公司 3 年前租用了某栋写字楼中的 $500m^2$ 面积，约定租赁期限 10 年，月租金固定不变，为 75 元$/m^2$。现市场上相似的写字楼月租金为 100 元/

m²。假设折现率为 10%，请计算目前承租人权益的价值。

【解】选用下列公式计算目前承租人权益的价值：

$$V = \frac{A}{Y}\left[1 - \frac{1}{(1+Y)^n}\right]$$

根据题意已知：

$A = (100 - 75) \times 500 \times 12 = 150\ 000$（元）

$Y = 10\%$

$n = 10 - 3 = 7$（年）

将上述数据代入公式中计算如下：

$$V = \frac{150\ 000}{10\%}\left[1 - \frac{1}{(1+10\%)^7}\right]$$

$$= 73.03（万元）$$

（三）乐观估计、保守估计和最可能估计

求取净收益实际上是预测未来的净收益。预测由于面临不确定性，难免有乐观估计、保守估计和最可能（或折中）估计。在实际估价中，不仅客观上存在这三种估计，而且可能为了故意高估或低估估价对象的价值价格而对净收益作出过高或过低的估计。为了避免出现这种情况，一是预测应以估价对象过去一定年限（如 3 年以上）的实际净收益为基础，不得无故脱离实际净收益来预测；二是应同时给出未来净收益的较乐观、较保守和最可能的估计值。除评估抵押价值和抵押净值因遵循谨慎原则应选用较保守的估计值、评估投资价值可能根据投资者的风险偏好选用较乐观或较保守的估计值外，其他估价目的一般应选用既不乐观也不保守的最可能的估计值。

（四）重置提拨款的计算提取方法

重置提拨款通常利用偿债基金系数计算提取。例如，估价对象的采暖通风与空调系统（HVAC）需要在 10 年后以 100 000 元的价格更换，偿债基金储蓄的利率为 5%，每年需要计提的重置提拨款为：

$$100\ 000 \times \frac{Y}{(1+Y)^t - 1} = 100\ 000 \times \frac{5\%}{(1+5\%)^{10} - 1}$$

$$= 7\ 950（元）$$

在上述情况下，如果估价对象不考虑重置提拨款的每年收益为 100 000 元，则考虑重置提拨款的每年净收益为：

100 000 − 7 950 = 92 050（元）

如果预计估价对象 10 年后转售收益为 1 000 000 元，折现率为 10%，则估价对象现在的价值为：

$$V = \frac{A}{Y}\left[1 - \frac{1}{(1+Y)^t}\right] + \frac{V_t}{(1+Y)^t}$$

$$= \frac{92\,050}{10\%}\left[1 - \frac{1}{(1+10\%)^{10}}\right] + \frac{1\,000\,000}{(1+10\%)^{10}}$$

$$= 951\,151\ （元）$$

五、净收益流模式的确定

运用报酬资本化法估价，在测算估价对象的净收益时，应根据估价对象的净收益过去、现在和将来的变动情况，以及测算出的收益期或持有期，分析未来净收益流量的持续性、稳定性、成长性，然后判断确定属于以下哪种类型，以便选用相应的报酬资本化法公式计算收益价值：①净收益每年基本上不变；②净收益每年基本上按某个数额递增或递减；③净收益每年基本上按某个比率递增或递减；④其他有规律变动的情况。

实际估价中采用较多的是净收益每年不变的公式，其净收益 A 的求取方法有下列 3 种。

（1）"过去数据简单算术平均法"：这是通过调查，求取估价对象过去若干年的净收益，如过去 3 年或 5 年的净收益，然后将其简单算术平均数作为 A。

（2）"未来数据简单算术平均法"：这是通过调查，预测估价对象未来若干年的净收益，如未来 3 年或 5 年的净收益，然后将其简单算术平均数作为 A。

（3）"未来数据资本化公式法"：这是通过调查，预测估价对象未来若干年的净收益，如未来 3 年或 5 年的净收益，然后利用报酬资本化法公式演变出的下列等式来求取 A（可当作一种加权算术平均数）：

$$\frac{A}{Y}\left[1 - \frac{1}{(1+Y)^t}\right] = \sum_{i=1}^{t}\frac{A_i}{(1+Y)^i}$$

或者

$$A = \frac{Y(1+Y)^t}{(1+Y)^t - 1}\sum_{i=1}^{t}\frac{A_i}{(1+Y)^i}$$

由于收益法采用的净收益理论上应是未来的净收益，而不是过去或现在的净收益，所以上述三种方法中第三种最科学合理，应优先选用。

【例8-24】某宗房地产的收益期为 40 年，判断其未来每年的净收益基本不变，通过预测得知其未来 4 年的净收益分别为 25 万元、26 万元、24 万元和 25 万元，报酬率为 10%。请计算该房地产的收益价值。

【解】 (1) 采用"未来数据资本化公式法"求取该房地产每年不变的净收益：

$$A = \frac{Y(1+Y)^t}{(1+Y)^t-1} \sum_{i=1}^{t} \frac{A_i}{(1+Y)^i}$$

$$= \frac{10\% \times (1+10\%)^4}{(1+10\%)^4-1} \left[\frac{25}{1+10\%} + \frac{26}{(1+10\%)^2} + \frac{24}{(1+10\%)^3} + \frac{25}{(1+10\%)^4} \right]$$

$$= 25.02 \text{（万元）}$$

(2) 求取该房地产的收益价值：

$$V = \frac{A}{Y} \left[1 - \frac{1}{(1+Y)^n} \right]$$

$$= \frac{25.02}{10\%} \left[1 - \frac{1}{(1+10\%)^{40}} \right]$$

$$= 244.67 \text{（万元）}$$

第五节　报酬率的求取

一、报酬率的实质

过去没有区分报酬率（yield rate，Y）和资本化率（capitalization rate，R），把两者混在一起，笼统地称为还原利率，不够科学准确。报酬率也称为回报率、收益率，是把估价对象未来各年的净收益转换为估价对象价值价格的折现率，是与利率、内部收益率（internal rate of return，IRR，也称为内部报酬率）的性质和内涵相似的比率。而资本化率是房地产未来第一年的净收益与其价值价格的百分比。

进一步弄清报酬率的内涵，还要弄清一笔投资中投资回收与投资回报的含义及之间的区别。投资回收是指所投入资金的收回，即收回的成本。投资回报是指所投入的资金全部收回以后的额外所得，即获得的报酬。以向银行存款为例，投资回收就是向银行存入本金的收回，投资回报就是从银行得到的利息。因此，投资回报不含投资回收，报酬率为投资回报与所投入资金的比率，即：

$$\text{报酬率} = \frac{\text{投资回报}}{\text{所投入资金}}$$

可以把购买收益性房地产视为投资行为：这种投资所需投入的资金是房地产

价格，预期获取的收益是房地产净收益。投资既要获取收益，又要承担风险。虽然古今中外人们都盼望以最小的风险获取最大的收益，且收益大小与投资者自身因素有关，但如果抽象掉投资者的自身因素，则收益主要与投资对象及其所处的投资环境有关。在完善的市场中，投资者之间竞争的结果是"收益永远和风险成正比"，即想要获取较高收益，就要承担较大风险，或者如果有较大风险，投资者必然要求较高收益，即只有较高收益的吸引，投资者才愿意进行有较大风险的投资。因此，从全社会来看，投资遵循收益与风险相匹配原则，报酬率和投资风险正相关：风险大的，报酬率就高；反之，报酬率就低。例如，将资金购买国债，虽然由国家财政信誉担保，安全性很高、风险很小，但收益率较低；而如果将资金购买股票甚至搞投机冒险，收益率虽然较高，但风险也大。报酬率和投资风险的关系见图 8-6。

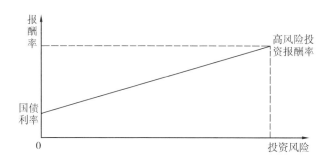

图 8-6　报酬率和投资风险关系示意图

弄清了报酬率和投资风险的上述关系，就在观念上理解了求取报酬率的方法，即估价采用的报酬率应等同于与获取估价对象净收益具有同等风险的投资的报酬率。例如，甲乙两宗房地产的净收益相等，但甲获取净收益的风险较大，从而要求的报酬率较高；乙获取净收益的风险较小，从而要求的报酬率较低。由于房地产价值与报酬率负相关，所以甲的价值较低，乙的价值较高。由此可知，在收益能力相同的情况下，风险较大的房地产的价值较低，风险较小的房地产的价值较高。此外，对报酬率的这种认识还使得报酬率的确定可以包容多种情况，避免一些过于武断或仅适用于某些特定情况下的结论。以土地为例，正如马克思所说的，当人们把土地所有权看作所有权的特别高尚的形式，并且把购买土地看作特别可靠的投资时，报酬率就要低于其他较长期投资的报酬率，甚至低于银行利率。马克思说："因为一切古老国家都把土地所有权看作所有权的特别高尚的形式，并且把购买土地看作特别可靠的投资，所以，购买地租所根据的利息率，多半低于其他较长期投资的利息率，例如，土地购买者只得到购买价格的 4%，而他用同一资本投在其他方面却能得到 5%；这也就是说，他为地租付出的资本，多于他在其他投资上为等量年货币收入所付出的资本。"[1] 但当情况不再是这样时，比如拥有土地者不再有任何特殊的社会地位，受自然或社会因素的影响获取地租并不稳定、有风险时，报酬率就要高于其他较长期投资的报酬率。因为土地不可移动，所以它难以躲避政策改变、社会动荡、自然灾害等的影响。

不同地区、不同时期、不同用途或不同类型的房地产，同一类型房地产的不同收益类型，如期间收益和期末转售收益，基于合同租金的收益和基于市场租金的收益，土地收益和建筑物收益，抵押贷款收益和自有资金收益，由于风险大小不同，报酬率应有所不同。因此，实际估价中并不存在一个统一不变的报酬率数值。但是这又不意味着可以随意选取报酬率。选取的报酬率应有市场等依据，并经得起理论推敲和进行横向（不同房地产之间）、纵向（前后不同时间之间）比较。

二、报酬率的求取方法

认知了报酬率的实质后，下面介绍求取报酬率的累加法、投资收益率排序插入法和市场提取法。运用这三种方法都需具备某些条件，如房地产市场和金融市场、资本市场较活跃等。

（一）累加法

累加法（built—up method）是以安全利率加风险调整值作为报酬率，即把报酬率分为无风险（或低风险）报酬率和风险（或较高风险）报酬率两大部分，然后分别求出每一部分，再将它们相加得到报酬率。安全利率是指无风险或低风险的投资报酬。风险调整值是指投资者为补偿所承担的较高风险所要求的额外报酬，即超过安全利率以上部分的投资报酬。风险调整值应根据估价对象及其所在地区、行业、市场等存在的风险来确定。

累加法实际上是将报酬率进行分解，它的一个细化公式为：

报酬率＝安全利率＋投资风险补偿率＋管理负担补偿率＋
缺乏流动性补偿率－投资带来的优惠率

上述公式中：①投资风险补偿率，是指与安全利率相比，投资于收益较不确定、有较高风险的房地产时，投资者要求对其承担的额外风险有所补偿，即需要较高的收益来补偿其承担的较高风险，否则就不会投资。②管理负担补偿

---

① 马克思．资本论第 3 卷．北京：人民出版社，1975 年 6 月第 1 版．第 703～704 页。

率，是指一项投资要求的操劳越多，其吸引力会越小，从而投资者要求对其承担的额外管理工作有所补偿。房地产投资要求的管理工作一般会超过存款、股票等有价证券。③缺乏流动性补偿率，是指投资者对其投入的资金因缺乏流动性所要求的补偿。房地产与存款、股票、基金、债券等相比，售出要困难，变现能力较弱。④投资带来的优惠率，是指因投资房地产可能获得某些额外利益，如易于获得融资（如可以抵押贷款、抵押贷款利率较低），从而投资者会降低其要求的报酬率。

由于现实中没有绝对无风险的投资，所以安全利率一般是选取那些易于收集、人们通常认为的同一时期相对较低风险的投资收益率。通常，国债平均收益被当作"无风险收益"。在此基础上，每多一分预期收益，就多一分潜在风险。安全利率具体可选取国务院金融主管部门公布的同一时期一定年期国债年收益率或定期存款年利率。于是，投资风险补偿、管理负担补偿、缺乏流动性补偿和投资带来的优惠，就是与所选取的相对较低风险的投资收益率的投资相比较而言的，如投资估价对象相对于将资金投入国债或存款所承担的较高风险、负担的较多管理、缺乏的流动性的补偿和能带来的优惠。同时需注意的是，上述安全利率和收益率、报酬率一般是名义的，即包含了通货膨胀的影响。在收益法估价中，由于一般采用的是名义净收益，因此根据"匹配原则"，应采用与之对应的名义报酬率。累加法应用举例见表 8-2。

累加法应用举例　　　　　　　　　　　　　　　　表 8-2

项目	数值	
安全利率	0.038	（3.8%）
投资风险补偿率	0.030	（3.0%）
管理负担补偿率	0.002	（0.2%）
缺乏流动性补偿率	0.015	（1.5%）
投资带来的优惠率	−0.010	（−1.0%）
报酬率	0.076	（7.5%）

（二）投资收益率排序插入法

收益法估价所采用的报酬率是典型投资者在房地产置业投资中所要求的收益率。由于具有同等风险的不同投资的收益率应是相近的，所以可通过与获取估价对象净收益具有同等风险的投资的收益率来求取估价对象的报酬率。投资收益率排序插入法的步骤及其主要内容如下。

（1）调查、搜集有关不同类型的投资特别是金融资产的收益率、风险程度等资料，如各种类型的政府债券利率、银行存款利率、公司债券利率、基金收益率、股票收益率、估价对象所在地房地产投资和其他投资的收益率、风险程度等。

（2）将所搜集的不同类型的投资按风险大小排序（或根据收益率从低到高的顺序排列），制成示意图（图 8-7）。

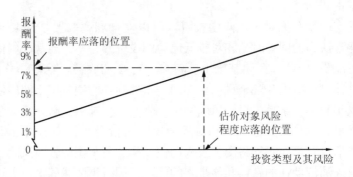

图 8-7　投资收益率排序插入法示意图

（3）将估价对象与这些投资的风险程度进行分析比较，考虑管理的难易、投资的流动性、作为资产的安全性等，判断出同等风险的投资，确定估价对象风险程度应落的位置。

（4）根据估价对象风险程度所落的位置，在图表上找出对应的收益率，从而求出估价对象的报酬率。

（三）市场提取法

采用市场提取法求取报酬率，是利用与估价对象具有相同或相似收益特征的可比实例的价格、净收益、收益期或持有期等数据，选用相应的报酬资本化法公式，计算出报酬率。例如：

（1）在 $V = \dfrac{A}{Y}$ 的情况下，通过 $Y = \dfrac{A}{V}$ 来求取 Y，即可以将类似房地产的净收益与其价格的比率作为报酬率。通常为了避免偶然性，应尽量搜集较多的可比实例，求其净收益与价格之比的平均数。举例说明，见表 8-3。该表中 6 个可比实例报酬率的简单算术平均数为：

（11.8％＋12.1％＋11.4％＋12.0％＋12.5％＋12.8％）÷6＝12.1％

由此求出的 12.1％可作为估价对象的报酬率。此外，较精确的计算还可采用加权算术平均数。

选取的 6 个可比实例及其相关资料 表 8-3

可比实例	净收益（万元/年）	价格（万元）	报酬率（%）
1	12	102	11.8
2	23	190	12.1
3	10	88	11.4
4	65	542	12.0
5	90	720	12.5
6	32	250	12.8

（2）在 $V=\dfrac{A}{Y}\left[1-\dfrac{1}{(1+Y)^n}\right]$ 的情况下，通过

$$\frac{A}{Y}\left[1-\frac{1}{(1+Y)^n}\right]-V=0$$

来求取 Y。在手工计算的情况下，是先采用试错法试算，计算到一定的精度后，再采用线性内插法求取，即 Y 是通过试错法与线性内插法相结合的方法来求取的。

设：

$$X=\frac{A}{Y}\left[1-\frac{1}{(1+Y)^n}\right]-V$$

试错法是先以任一方式挑选出一个认为最可能使 X 等于零的 Y，再通过计算这一选定 Y 下的 X 值来检验它。如果计算出的 X 正好等于零，则就求出了 Y；如果计算出的 X 为正值，则通常表明必须再试一下较大的 Y；反之，如果计算出的 X 为负值，就必须再试一下较小的 Y。这个过程一直进行到找到一个使计算出的 X 值接近于零的 Y 时为止。在不利用计算机的情况下，求解 Y 必须反复进行人工试算。在利用计算机的情况下，只要输入 V，A，n，便可以让计算机来做。

利用试错法计算到一定的精度后，再利用线性内插法求取 Y 的公式为：

$$Y=Y_1+\frac{(Y_2-Y_1)\times|X_1|}{|X_1|+|X_2|}$$

式中　Y_1——当 X 为接近于零的正值时的 Y；

　　　Y_2——当 X 为接近于零的负值时的 Y，与 Y_1 宜相差 1% 以内；

　　　X_1——Y_1 时的 X 值（正值）；

X_2——Y_2 时的 X 值（实际为负值，但在此取其绝对值）。

(3) 在 $V=\dfrac{A}{Y}\left[1-\dfrac{1}{(1+Y)^t}\right]+\dfrac{V\,(1+\Delta)}{(1+Y)^t}$ 的情况下，通过 $\dfrac{A}{Y}\left[1-\dfrac{1}{(1+Y)^t}\right]+$

$\dfrac{V\,(1+\Delta)}{(1+Y)^t}-V=0$ 来求取 Y。

(4) 在 $V=\dfrac{A}{Y-g}$ 的情况下，通过 $Y=\dfrac{A}{V}+g$ 来求取 Y。

需要指出的是，市场提取法求出的报酬率反映的是人们头脑中对过去而非未来的风险判断，它可能不是估价对象未来各期收益风险的可靠指针。对估价对象报酬率的判断，还应着眼于可比实例的典型买者和典型卖者对该类房地产的预期或期望报酬率，对市场提取法求出的报酬率进行恰当调整。此外，报酬资本化法中利用市场提取法求取的报酬率测算出的价值价格趋向市场价格，利用累加法和投资收益率排序插入法测算出的价值价格趋向市场价值。

还值得指出的是，尽管报酬率的求取方法有多种，但这些方法还不能直接给出一个确切的报酬率数字，如只能是 8%，不能是 10%。因为这些方法对报酬率的确定都含有某些主观选择性，需要估价师运用自己掌握的关于报酬率的专业知识，并结合实践经验以及对当地房地产市场和相关投资、金融、资本市场等的较深入了解作出判断。因此，报酬率的确定同整个房地产估价活动一样，也是专业知识和实践经验的有机结合。但在一定时期和某个地区，报酬率有一个正常合理区间，从长期正常水平来看，一般为 8%～10%。

第六节　直接资本化法

一、直接资本化法概述

（一）直接资本化法的含义

直接资本化法是预测估价对象未来第一年的收益，将其除以资本化率或乘以收益乘数得到估价对象价值价格的方法。其中利用资本化率将未来第一年的净收益转换为价值价格的直接资本化法的公式为：

$$V=\frac{NOI}{R}$$

式中　V——房地产价值价格；

NOI——房地产未来第一年的净收益，简称年净收益；

　R——资本化率。

利用收益乘数将未来第一年的收益转换为价值价格的直接资本化法（具体称为收益乘数法）的公式为：

$$房地产价值价格＝房地产年收益×收益乘数$$

收益乘数是房地产的价值价格与其未来第一年的收益的比值。

直接资本化法中未来第一年的收益简称年收益，包括但不限于年净收益。未来第一年的收益难以预测时，可用近期的年收益或近几年（比如近三年）的平均年收益来代替。

（二）直接资本化法的由来

从收益法的发展过程来看，先有直接资本化法，后有报酬资本化法。在直接资本化法中，先有购买年法（相当于收益乘数法），后有地租资本化法。收益法的雏形是用若干年的年地租（或若干倍的土地年收益）来表示地价的购买年法，即：

$$地价＝年地租×购买年$$

例如，威廉·配第（William Petty，1623－1687）在1662年出版的《赋税论》中写道："在爱尔兰，土地的价值只相当于六年至七年的年租，但在海峡彼岸，土地就值二十年的年租。"[①]

后来有了地租资本化法，即认为地价是地租的资本化或资本化的地租，是预买一定年数的地租，公式为：

$$地价＝地租÷利息率$$

并用上述公式说明早期的购买年法只不过是地租资本化法的另一种表现——购买年是利息率的倒数。例如，马克思说："在英国，土地的购买价格，是按年收益若干倍来计算的，这不过是地租资本化的另一种表现。"[②] 此后，产生了将未来第一年的净收益除以资本化率的直接资本化法。

二、收益乘数法的种类

用于收益乘数法的收益类型主要有潜在毛收入（PGI）、有效毛收入（EGI）和净收益（NOI），相应的收益乘数称为潜在毛收入乘数（potential gross income multiplier，PGIM）、有效毛收入乘数（effective gross income multiplier，EGIM）和净收益乘数（net income multiplier，NIM），相应的收益乘数法称为潜在毛收入乘数法、有效毛收入乘数法和净收益乘数法。

---

① ［英］威廉·配第著.赋税论.陈冬野 等译.北京：商务印书馆，1978年10月第2版.第13页.

② 马克思.资本论第3卷.北京：人民出版社，1975年6月第1版.第703页.

（一）潜在毛收入乘数法

潜在毛收入乘数法是将估价对象未来第一年的潜在毛收入乘以潜在毛收入乘数来求取估价对象价值价格的方法，即：

$$V = PGI \times PGIM$$

潜在毛收入乘数通常采用市场提取法求取，是类似房地产的价格除以其年潜在毛收入所得的倍数，即：

$$PGIM = \frac{V}{PGI}$$

由于潜在毛收入是房地产在充分利用、没有空置和收租损失情况下所能获得的收入，所以潜在毛收入乘数法没有考虑不同房地产之间空置、收租损失和运营费用的差异。因此，在估价对象与可比实例的空置率、运营费用率都差异不大且收租损失率的差异可忽略的情况下，潜在毛收入乘数法是一种简单可行的方法。但总的来说，该方法较粗略，仅适用于估价对象资料不充分或对估价精度要求不高的估价，如批量估价。

（二）有效毛收入乘数法

有效毛收入乘数法是将估价对象未来第一年的有效毛收入乘以有效毛收入乘数来求取估价对象价值价格的方法，即：

$$V = EGI \times EGIM$$

有效毛收入乘数通常采用市场提取法求取，是类似房地产的价格除以其年有效毛收入所得的倍数，即：

$$EGIM = \frac{V}{EGI}$$

由于有效毛收入是潜在毛收入减去空置和收租损失后的收入，所以有效毛收入乘数法考虑了不同房地产之间空置和收租损失的差异。因此，当估价对象与可比实例的空置率有较大差异且预计这种差异还将继续下去时，采用有效毛收入乘数法比采用潜在毛收入乘数法更合适。因为投资者在评判不同房地产的价值时是会考虑它们之间的空置率差异的，通常空置率较高的房地产，价值是较低的。但有效毛收入乘数法的缺点是没有考虑不同房地产之间运营费用的差异。例如，两宗房地产的有效毛收入如果相同，采用有效毛收入乘数法求取的价值就是相同的，但如果它们之间的运营费用差异较大，则它们的价值应差异较大。因此，有效毛收入乘数法通常仅适用于较粗略的估价，如批量估价。

（三）净收益乘数法

净收益乘数法是将估价对象未来第一年的净收益乘以净收益乘数来求取估价

对象价值价格的方法，即：

$$V = NOI \times NIM$$

净收益乘数通常采用市场提取法或与资本化率的关系求取，是类似房地产的价格除以其年净收益所得的倍数，即：

$$NIM = \frac{V}{NOI}$$

净收益乘数法比潜在毛收入乘数法和有效毛收入乘数法能提供更准确可靠的价值价格测算。

由于净收益乘数与资本化率是互为倒数的关系，所以通常很少直接采用净收益乘数法形式，而是采用资本化率将净收益转换为价值价格的形式，即：

$$V = \frac{NOI}{R}$$

三、资本化率和收益乘数的求取方法

资本化率和收益乘数都可以采用市场提取法，通过市场上近期交易的与估价对象的净收益流模式（包括净收益的变化、收益期的长短）等相同的许多类似房地产的有关资料（由这些资料可求得年收益和价格）求取。

采用市场提取法求取资本化率的公式为：

$$R = \frac{NOI}{V}$$

采用市场提取法求取收益乘数的公式为：

$$收益乘数 = \frac{价格}{年收益}$$

直接资本化法中利用市场提取法求取的资本化率和收益乘数测算出的价值价格，比报酬资本化法中利用市场提取法求取的报酬率测算出的价值价格，更趋向市场价格。

资本化率（R）还可以通过净收益率（NIR）与有效毛收入乘数（EGIM）之比、资本化率与报酬率的关系（见后面"四、资本化率与报酬率的区别和关系"）以及投资组合技术（见本章第七节）来求取。

通过净收益率与有效毛收入乘数之比求取综合资本化率的公式为：

$$R = \frac{NIR}{EGIM}$$

因为

$$NIR = 1 - OER$$

所以又有

$$R=\frac{1-OER}{EGIM}$$

上述公式的来源是：

因为

$$R=\frac{NOI}{V}$$

将该等式右边的分子和分母同时除以有效毛收入（EGI），即：

$$R=\frac{NOI/EGI}{V/EGI}$$

又因为

$$NOI/EGI=NIR，V/EGI=EGIM$$

所以

$$R=\frac{NIR}{EGIM}$$

如果可比实例与估价对象的净收益流模式等相同，可用估价对象的净收益率或运营费用率和可比实例的有效毛收入乘数来求取估价对象的综合资本化率。综合资本化率是用于将全部房地产的净收益转换为房地产价值的资本化率。

四、资本化率与报酬率的区别和关系

资本化率和报酬率虽然都是将房地产的预期收益转换为价值的比率，但两者有实质区别。资本化率是在直接资本化法中采用的，是一步就将房地产的预期收益转换为价值的比率；报酬率是在报酬资本化法中采用的，是通过折现的方式将房地产的预期收益转换为价值的比率。资本化率是房地产的某种年收益与其价格的比率（通常用未来第一年的净收益除以价格来计算），仅表示从收益到价值的比率，并不明确地表示获利能力；报酬率是求取一连串的未来各期净收益的现值的比率，与利息率、折现率、内部收益率的性质相同，能表示获利能力。

在报酬资本化法中，如果净收益流模式不同，具体的计算公式会有所不同。例如，在下列4种情况下的报酬资本化法公式中，Y是报酬率。

（1）在净收益每年不变且收益期为无限年的情况下，报酬资本化法的公式为：

$$V=\frac{A}{Y}$$

（2）在净收益每年不变但收益期为有限年的情况下，报酬资本化法的公

式为：

$$V = \frac{A}{Y}\left[1 - \frac{1}{(1+Y)^n}\right]$$

（3）在净收益按比率 g 逐年递增且收益期为无限年的情况下，报酬资本化法的公式为：

$$V = \frac{A}{Y-g}$$

（4）在预知未来若干年后的价格相对变动的情况下，报酬资本化法的公式为：

$$V = \frac{A}{Y - \Delta \dfrac{Y}{(1+Y)^t - 1}}$$

而资本化率是不区分净收益流模式的，在所有情况下的未来第一年的净收益与价格的比率（A/V）都是资本化率。因此，在上述第一种情况下，资本化率正好等于报酬率，即：

$$R = Y$$

在上述第二种情况下，资本化率就不等于报酬率。它与报酬率的关系变为：

$$R = \frac{Y(1+Y)^n}{(1+Y)^n - 1}$$

在上述第三种情况下，资本化率与报酬率的关系变为：

$$R = Y - g$$

在上述第四种情况下，资本化率与报酬率的关系变为：

$$R = Y - \Delta \frac{Y}{(1+Y)^t - 1}$$

由上可见，资本化率与净收益本身的变化、与收益期的长短都有直接关系，而报酬率与它们无直接关系。

【例 8-25】某宗房地产未来的净收益流见表 8-4，报酬率为 10%。请求取该房地产的资本化率。

某宗房地产未来的净收益流　　　　　　　　　　　表 8-4

年　份	1	2	3	4	5
净收益（元）	5 000	5 250	5 600	5 850	65 000

【解】先求取该房地产的价值。该房地产的价值为其未来各年净收益的现值之和，计算结果见表8-5。

某宗房地产未来净收益的现值 表8-5

年 份	1	2	3	4	5	合 计
净收益（元）	5 000	5 250	5 600	5 850	65 000	
现 值（元）	4 545.45	4 338.84	4 207.36	3 995.63	40 359.89	57 447.17

求出了该房地产的价值之后，其资本化率为其未来第一年的净收益与价值的比率，即：

$$R = \frac{5\ 000}{57\ 447.17}$$

$$= 8.70\%$$

例 8-25 由于净收益流是无规则变动的，所以资本化率与报酬率之间没有明显的严格数学关系。

五、直接资本化法与报酬资本化法的比较

（一）直接资本化法的优缺点

直接资本化法的主要优点有：①无须预测未来较长期的净收益，只需预测未来第一年的收益，有时还可用近期的年收益替代；②资本化率或收益乘数直接来源于市场上所显示的收益与价值价格的关系，能较好地反映市场的实际情况；③计算过程较简单。

直接资本化法的主要缺点是：仅利用未来第一年的收益来资本化，因此要求有较多与估价对象的净收益流模式相同的房地产来求取资本化率或收益乘数，对可比实例的要求较高、依赖性强。例如，要求选取的可比实例房地产的净收益变化与估价对象的净收益变化相同，否则估价结果会有误。假设估价对象的净收益每年上涨 2%，而选取的可比实例房地产的净收益每年上涨 3%，如果以该房地产的资本化率 8%将估价对象的净收益转换为价值，则会明显高估估价对象的价值。

（二）报酬资本化法的优缺点

报酬资本化法的主要优点有：①指明了房地产的价值是其未来各期净收益的现值之和，这既是预期原理最形象的表述，又考虑到了资金的时间价值，逻辑严密，有很强的理论基础；②未来每期的净收益或现金流量都是明确的，直观并容易理解；③由于具有同等风险的任何投资的收益率应是相近的，所以不必直接依靠与估价对象的净收益流模式相同的房地产来求取报酬率，也可以通过其他具有同等风险的投资的收益率来求取报酬率。

报酬资本化法的主要缺点是：需要预测未来各期的净收益，而未来往往存在较大不确定性，且这种预测较多依赖估价师的主观判断，各种简化的净收益流模式也不一定符合实际情况，因此增加了评估价值误差的可能性。

当相似的预期收益存在大量的市场可比信息时，直接资本化法是较可靠的。而当市场可比信息缺乏时，则报酬资本化法能提供一个相对可靠的评估价值，因为估价师可以通过投资者在具有同等风险的投资上所要求的收益率来确定估价对象的报酬率。

第七节　投资组合技术和剩余技术

在收益法中，可以从房地产的物理组成部分（土地和建筑物）或资金组成部分（抵押贷款和自有资金）中求出各个组成部分的报酬率或资本化率，或者将其报酬率、资本化率运用到各个组成部分上以测算其价值。

一、投资组合技术

投资组合技术（band of investment technique）主要有土地与建筑物的组合和抵押贷款与自有资金的组合。

（一）土地与建筑物的组合

运用直接资本化法估价，由于估价对象不同，如评估的是房地价值还是土地价值或建筑物价值，采用的资本化率应有所不同。相应的三种资本化率分别是综合资本化率、土地资本化率、建筑物资本化率。

综合资本化率是求取房地价值时应采用的资本化率。这时对应的净收益应是建筑物及其占用范围内的土地共同产生的净收益。也就是说，在评估建筑物和土地综合体的价值时，应采用建筑物及其占用范围内的土地共同产生的净收益，同时应选用综合资本化率将其资本化。如果选用的不是综合资本化率，则求出的就不是建筑物和土地综合体的价值。

土地资本化率是用于将归因于土地的净收益转换为土地价值的资本化率，即求取土地价值时应采用的资本化率。这时对应的净收益应是土地产生的净收益（即归因于土地的净收益），不含建筑物带来的净收益。如果在求取土地价值时选用的不是土地资本化率，即使得出了一个结果，这个结果也不能说是土地价值。

建筑物资本化率是用于将归因于建筑物的净收益转换为建筑物价值的资本化

率，即求取建筑物价值时应采用的资本化率。这时对应的净收益应是建筑物产生的净收益（即仅归属于建筑物的净收益），不含土地带来的净收益。如果在求取建筑物价值时选用的不是建筑物资本化率，则求出的就不是建筑物的价值。

综合资本化率、土地资本化率、建筑物资本化率三者虽然有严格区分，但又是相互联系的。如果能从可比实例中求出其中两种资本化率，便可以利用下列公式求出另外一种资本化率：

$$R_O = \frac{V_L \times R_L + V_B \times R_B}{V_L + V_B}$$

$$R_L = \frac{(V_L + V_B)R_O - V_B \times R_B}{V_L}$$

$$R_B = \frac{(V_L + V_B)R_O - V_L \times R_L}{V_B}$$

式中　R_O——综合资本化率；

R_L——土地资本化率；

R_B——建筑物资本化率；

V_L——土地价值；

V_B——建筑物价值。

要运用上述公式，必须确切知道土地价值和建筑物价值分别是多少，这有时难以做到。但如果知道了土地价值或建筑物价值占房地价值的比率，也可以找出综合资本化率、土地资本化率和建筑物资本化率三者的关系，公式为：

$$R_O = L \times R_L + B \times R_B$$

或者

$$R_O = L \times R_L + (1 - L)R_B$$

或者

$$R_O = (1 - B)R_L + B \times R_B$$

式中　L——土地价值占房地价值的比率；

B——建筑物价值占房地价值的比率，$L + B = 100\%$。

【例8-26】某宗房地产的土地价值占总价值的40%，通过可比实例计算出的土地资本化率和建筑物资本化率分别为6%和8%。请计算该房地产的综合资本化率。

【解】该房地产的综合资本化率计算如下：

$R_O = L \times R_L + (1 - L) \times R_B$

　　$= 40\% \times 6\% + (1 - 40\%) \times 8\%$

　　$= 7.2\%$

（二）抵押贷款与自有资金的组合

在房地产和金融密切相关的现代社会，购买房地产的资金通常由自有资金（或称权益资金）和抵押贷款两部分组成。因此，房地产的报酬率应同时满足这两部分资金对收益的要求：贷款人（如贷款银行）要求得到与其贷款所冒风险相当的贷款利率收益，自有资金投资者要求得到与其投资所冒风险相当的投资收益。由于抵押贷款通常是分期偿还的，所以抵押贷款与自有资金的组合一般不是利用抵押贷款利率和自有资金报酬率来求取房地产的报酬率，而是利用抵押贷款资本化率和自有资金资本化率来求取综合资本化率，具体是综合资本化率为抵押贷款资本化率与自有资金资本化率的加权平均数，即：

$$R_O = M \times R_M + (1-M) R_E$$

式中　M——贷款价值比（LTV），是贷款金额与房地产价值的比率；

　　　R_M——抵押贷款资本化率，等于抵押贷款常数；

　　　R_E——自有资金资本化率。

在上述公式中，抵押贷款常数一般采用年抵押贷款常数，即年还款额与抵押贷款金额的比率。如果抵押贷款是按月偿还的，则年抵押贷款常数是将月还款额乘以12，再除以抵押贷款金额；或者将月抵押贷款常数（月还款额与抵押贷款金额的比率）乘以12。在分期等额偿还贷款本息的情况下，由于等额还款额为：

$$A_M = \frac{V_M \times Y_M}{1 - \dfrac{1}{(1+Y_M)^n}}$$

则抵押贷款常数的计算公式为：

$$
\begin{aligned}
R_M &= \frac{A_M}{V_M} \\
&= \frac{Y_M (1+Y_M)^n}{(1+Y_M)^n - 1} \\
&= Y_M + \frac{Y_M}{(1+Y_M)^n - 1}
\end{aligned}
$$

式中　A_M——等额还款额；

　　　V_M——抵押贷款金额；

　　　Y_M——抵押贷款报酬率，即抵押贷款利率（i）；

　　　n——抵押贷款期限。

自有资金资本化率是税前现金流量（从净收益中扣除抵押贷款还本付息额后的余额）与自有资金额的比率，通常为未来第一年的税前现金流量与自有资金额的比率，可采用市场提取法，由可比实例的税前现金流量除以自有资金额得到。

综合资本化率应同时满足贷款人对还本付息额的要求和自有资金投资者对税前现金流量的要求。下列几点有助于理解抵押贷款与自有资金组合的公式。

（1）可以把购买收益性房地产当作一种投资行为，房地产价格为投资额，房地产净收益为投资收益。

（2）购买房地产的资金来源可分为抵押贷款和自有资金两部分，因此有：

$$抵押贷款金额＋自有资金额＝房地产价格$$

（3）房地产的收益相应地由这两部分资本来分享，即：

$$房地产净收益＝抵押贷款收益＋自有资金收益$$

（4）于是又有：

$$房地产价格×综合资本化率＝抵押贷款金额×抵押贷款常数＋自有资金额×自有资金资本化率$$

（5）于是有：

$$综合资本化率＝\frac{抵押贷款金额}{房地产价格}×抵押贷款常数＋\frac{自有资金额}{房地产价格}×自有资金资本化率$$

$$＝贷款价值比率×抵押贷款常数＋(1－贷款价值比率)×自有资金资本化率$$

【例8-27】购买某类房地产通常抵押贷款占七成，抵押贷款年利率为6%，贷款期限为20年，按月等额偿还贷款本息。通过可比实例计算出的自有资金资本化率为8%。请计算该房地产的综合资本化率。

【解】该房地产的综合资本化率计算如下：

$$R_M = Y_M + \frac{Y_M}{(1+Y_M)^n - 1}$$

$$= \left[6\%/12 + \frac{6\%/12}{(1+6\%/12)^{20×12} - 1} \right] × 12$$

$$= 8.60\%$$

$$R_O = M × R_M + (1-M) R_E$$

$$= 70\% × 8.60\% + (1-70\%) × 8\%$$

$$= 8.42\%$$

【例8-28】某宗房地产的年净收益为2万元，购买者的自有资金为8万元，自有资金资本化率为10%，抵押贷款常数为8.5%。请求取该房地产的价格。

【解】该房地产的价格求取如下：

$$购买者要求的税前现金流量＝8×10\%$$

$$= 0.8（万元）$$

偿还抵押贷款的能力＝2－0.8

＝1.2（万元）

抵押贷款金额＝1.2÷8.5%

＝14.12（万元）

该房地产价格＝自有资金额＋抵押贷款金额

＝8＋14.12

＝22.12（万元）

二、剩余技术

剩余技术（residual technique）是当已知整体房地产的净收益、其中某个组成部分的价值和各个组成部分的资本化率或报酬率时，从整体房地产的净收益中减去已知组成部分的净收益，分离出归因于另外组成部分的净收益，再利用相应的资本化率或报酬率进行资本化，得出未知组成部分的价值的方法。还可把得出的未知组成部分的价值加上已知组成部分的价值，得到整体房地产的价值。剩余技术主要有土地剩余技术和建筑物剩余技术，自有资金剩余技术和抵押贷款剩余技术。

（一）土地剩余技术

建筑物和土地共同产生收益，如果能采用收益法以外的方法（多数情况下采用成本法）求得其中建筑物价值时，则可利用收益法公式求得归因于建筑物的净收益，然后从建筑物和土地共同产生的净收益中减去建筑物的净收益，分离出归因于土地的净收益，再利用土地资本化率或土地报酬率进行资本化，即可求得土地的价值。这种剩余技术称为土地剩余技术。

直接资本化法的土地剩余技术的公式为：

$$V_L = \frac{A_O - V_B \times R_B}{R_L}$$

式中 A_O——建筑物和土地共同产生的净收益（通常是通过房租求取的净收益）。

在净收益每年不变、收益期为有限年情况下的土地剩余技术的公式为：

$$V_L = \frac{A_O - \dfrac{V_B \times Y_B}{1 - \dfrac{1}{(1+Y_B)^n}}}{Y_L} \left[1 - \frac{1}{(1+Y_L)^n} \right]$$

式中 Y_B——建筑物报酬率；

Y_L——土地报酬率。

另外，如果把土地价值加上建筑物价值，还可以得到整体房地产的价值。

【例 8-29】某宗房地产每年的净收益为 50 万元，建筑物价值为 300 万元，建筑物资本化率为 10%，土地资本化率为 8%。请求取该房地产的价值。

【解】该房地产的价值求取如下：

$$V_L = \frac{A_O - V_B \times R_B}{R_L}$$

$$= \frac{50 - 300 \times 10\%}{8\%}$$

$$= 250 \ (万元)$$

$$V_O = V_L + V_B$$

$$= 250 + 300$$

$$= 550 \ (万元)$$

土地剩余技术在土地难以采用其他方法估价时，是一种有效的估价方法。例如，城市现成商业区内的土地，有时没有可参照的土地交易实例，难以采用比较法估价，成本法通常也不适用，但存在着大量的房屋出租、商业经营行为，此时可以采用土地剩余技术来估价。另外，在需要对地上有老旧建筑物的土地进行估价时，虽然可以采用比较法求得设想该老旧建筑物不存在时的空地价值，但对因有老旧建筑物而导致的土地价值降低到底应减价多少，比较法通常难以解决，这时如果运用土地剩余技术便可以求得。

（二）建筑物剩余技术

建筑物和土地共同产生收益，如果能采用收益法以外的方法（如比较法）求得其中土地价值时，则可利用收益法公式求得归因于土地的净收益，然后从建筑物和土地共同产生的净收益中减去土地的净收益，分离出归因于建筑物的净收益，再利用建筑物资本化率或建筑物报酬率进行资本化，即可求得建筑物的价值。这种剩余技术称为建筑物剩余技术。

直接资本化法的建筑物剩余技术的公式为：

$$V_B = \frac{A_O - V_L \times R_L}{R_B}$$

在净收益每年不变、收益期为有限年情况下的建筑物剩余技术的公式为：

$$V_B = \frac{A_O - \dfrac{V_L \times Y_L}{1 - \dfrac{1}{(1+Y_L)^n}}}{Y_B} \left[1 - \frac{1}{(1+Y_B)^n} \right]$$

另外，把建筑物价值加上土地价值，可以得到整体房地产的价值。

　　建筑物剩余技术对检验建筑物相对于土地是否规模过小或过大很有用处，此外还可用来测算建筑物折旧。将建筑物的重置成本或重建成本减去运用建筑物剩余技术求取的建筑物价值就是建筑物折旧。

　　（三）自有资金剩余技术

　　自有资金剩余技术是在已知房地产抵押贷款金额的情况下，求取自有资金权益价值的剩余技术。它是先根据从市场上得到的抵押贷款条件（包括贷款金额、贷款利率、贷款期限等）计算出年还款额，再把它从净收益中扣除，得到税前现金流量，然后除以自有资金资本化率就可以得到自有资金权益价值。

　　直接资本化法的自有资金剩余技术的公式为：

$$V_E = \frac{A_O - V_M \times R_M}{R_E}$$

式中　V_E——自有资金权益价值。

　　自有资金剩余技术对测算抵押房地产的自有资金权益价值特别有用。如果将抵押贷款金额加上自有资金权益价值，还可以得到整体房地产的价值。

　　（四）抵押贷款剩余技术

　　抵押贷款剩余技术是在已知自有资金数量的情况下，求取抵押贷款金额或价值的剩余技术，先从净收益中减去在自有资金资本化率下能满足自有资金的收益得到属于抵押贷款部分的收益，然后除以抵押贷款常数得到抵押贷款金额或价值。

　　直接资本化法的抵押贷款剩余技术的公式为：

$$V_M = \frac{A_O - V_E \times R_E}{R_M}$$

　　抵押贷款剩余技术假设投资者愿意投在房地产上的自有资金数量已确定，并假设投资者需要从房地产中得到特定的自有资金资本化率也已确定，则贷款金额取决于可作为抵押贷款还款额的剩余现金流量和抵押贷款常数。

　　在正常情况下，抵押贷款剩余技术不适用于对已设立其他抵押的房地产进行估价，因为这时剩余的现金流量不完全归自有资金投资者所有，它还必须先偿还原有抵押贷款的债务。

　　期末转售收益可以是减去抵押贷款余额前的收益，也可以是减去抵押贷款余额后的收益。在估价中，未减去抵押贷款余额的期末转售收益与净收益匹配使用；如果需要利用税前现金流量来评估房地产自有资金权益的价值，则应从净收益中减去抵押贷款还本付息额，并从期末转售收益中减去抵押贷款余额。

复习思考题

1. 什么是收益法？具体有哪些收益法？

2. 报酬资本化法与直接资本化法之间，以及投资法与利润法之间的主要区别是什么？

3. 收益法的理论依据是什么？

4. 收益法适用于哪些房地产估价？

5. 收益法估价需具备哪些条件？

6. 收益法的估价步骤是什么？

7. 报酬资本化法有哪些计算公式？各种计算公式的应用条件是什么？

8. 如何利用净收益每年不变的公式进行不同土地使用期限和收益期房地产价格的换算？

9. 什么是收益期和持有期？它们有何异同？如何确定？

10. 建筑物的剩余经济寿命和经济寿命的含义是什么，如何确定？

11. 建筑物经济寿命结束的时间与土地使用权期限届满的时间不一致的，收益期应如何确定？

12. 什么是地租？其本质是什么？其现象有哪些？

13. 由农产品的产量或产值测算地租应扣除哪几项？

14. 测算地租应注意哪几个方面的问题？其方法有哪些？

15. 潜在毛租金收入、潜在毛收入、应收毛租金收入、有效毛租金收入、有效毛收入和净收益的含义及区别是什么？

16. 什么是运营费用？它与会计上的成本费用有何不同？

17. 什么是运营费用率和净收益率？它们之间有何关系？分别有什么作用？

18. 基于租赁收入和基于营业收入测算净收益之间有哪些主要区别？

19. 由营业收入测算净收益为何要扣除归属于其他资本或经营的收益？

20. 出租的房地产净收益如何测算？

21. 商服经营型房地产净收益如何测算？

22. 工业生产型房地产净收益如何测算？

23. 农用地的净收益如何测算？

24. 自用或尚未使用的房地产净收益如何测算？

25. 实际收益和客观收益的含义及区别是什么？

26. 重置提拨款通常是采用何种方法分摊到每年的？

27. 如何利用收益法评估承租人权益价值?

28. 将未来每年基本不变的净收益转换为未来每年不变的净收益应采用何种方法?

29. 什么是报酬率? 其实质是什么? 与投资风险有何种关系?

30. 投资回收与投资回报有何异同?

31. 什么是求取报酬率的累加法? 如何利用这种方法求取报酬率?

32. 什么是求取报酬率的投资收益率排序插入法? 如何利用这种方法求取报酬率?

33. 如何采用市场提取法求取报酬率?

34. 什么是资本化率? 资本化率与报酬率的区别及相互关系是什么?

35. 报酬率 (Y)、资本化率 (R)、内部收益率 (IRR)、利息率 (i) 的含义及之间的异同是什么?

36. 什么是收益乘数? 主要有哪几种收益乘数?

37. 什么是收益乘数法? 主要有哪几种收益乘数法?

38. 净收益乘数与资本化率之间的关系是什么?

39. 直接资本化法与报酬资本化法各有什么优缺点? 适用条件有什么不同?

40. 综合资本化率、土地资本化率、建筑物资本化率的含义及相互关系如何?

41. 综合资本化率、抵押贷款资本化率 (常数)、自有资金资本化率的含义及相互关系如何?

42. 抵押贷款资本化率 (常数) 如何计算?

43. 什么是剩余技术? 主要有哪些剩余技术?

44. 什么是现金流量及税前现金流量? 税前现金流量与净收益有何不同? 在何种估价下需要采用它?

第九章 成本法及其运用

本章介绍房地产估价三种基本方法之一的成本法，包括成本法的含义、理论依据、适用对象、适用条件、估价步骤，以及房地产价格构成、成本法每个估价步骤所涉及的具体内容。

第一节 成本法概述

一、成本法的含义

简要地说，成本法是根据估价对象的重置成本或重建成本来求取估价对象价值价格的方法；较具体地说，成本法是测算估价对象在价值时点的重置成本或重建成本和折旧，将重置成本或重建成本减去折旧得到估价对象价值价格的方法。为了表述简洁，把重置成本和重建成本合称重新购建成本，是指假设在价值时点重新开发建设全新状况的估价对象的必要支出及应得利润，或者重新购置全新状况的估价对象的必要支出。重新开发建设可简单地理解为重新生产，重新购置可简单地理解为重新购买或重新取得。因土地没有折旧，折旧具体为建筑物折旧，是指各种原因造成的建筑物价值损失。

成本法的本质是以房地产的重新开发建设成本为导向（简称成本导向），以房地产价格的各个组成部分之和为基础来求取房地产价值价格。因此，成本法中的"成本"（包括重置成本、重建成本等）并不是通常意义上的成本（不含利润），而是价格（包含利润）。同时，成本法中也常用到通常意义上的成本以及费用、支出、花费、代价、投入等相关概念，因此在遇到成本等相关概念时，需根据其上下文的内容和语境来判定它们的内涵。

成本法的优点是求得的房地产价值价格能让人"看得见"，即可看到它是由哪些部分或项目组成的，容易发现其中哪些是多余的或被遗漏了，哪些算高了或算低了，特别是在有"文件"规定房地产价格构成项目以及有关成本、费用、税金、利润（率）等参照标准或测算依据、方法的情况下。

二、成本法的理论依据

成本法的理论依据可以说是"劳动价值论"及"生产费用价值论"，即房地产的价值价格取决于开发建设房地产所需的社会必要劳动时间或全部费用，实际估价中可转变为通俗、具体的开发建设成本（或开发建设的必要支出及应得利润），并可从卖方和买方两个角度来看。

从卖方的角度来看，卖方愿意接受的价格是不低于他为该房地产已付出的开发建设成本。如果低于该开发建设成本，他就会亏损，尤其是在考虑机会成本的情况下。进一步来看，当一种房地产的市场价格远低于其开发建设成本时，它将不会被开发建设，除非它的市场价格升高了；而当一种房地产的市场价格远高于其开发建设成本时，它将会较快被开发建设并投入市场，直到它的市场价格降下来。

从买方的角度来看，根据"替代原理"，买方愿意支付的价格是不高于该房地产的现行重新开发建设成本。如果高于该开发建设成本，则还不如自己或委托第三人开发建设。例如，对于某栋办公楼，买方在确定其购买价格时通常会这样考虑：假设自己现在购置一块类似土地，然后在该土地上建造一栋类似建筑物，该土地的正常市场价格是多少，该建筑物的正常建设费用又是多少，两者之和（含应得利润）便是自己愿意支付的价格。此外，如果该办公楼是旧的，则在上述开发建设成本的基础上还要"打折"，即要减去建筑物折旧。

由上可知，卖方的要求是不低于已付出的开发建设成本，而买方的要求是不高于现行重新开发建设成本，双方可接受的共同点是正常合理的开发建设成本。因此，房地产的价值价格便可根据其重新开发建设的必要支出及应得利润来求取。

三、成本法的适用对象

以下房地产都可以采用成本法估价：①新近开发建设完成的房地产，简称新的房地产，如净地、熟地、新房；②可假设重新开发建设的既有房地产，简称旧的房地产，如旧房；③正在开发建设或停建、缓建而尚未建成的在建房地产，如在建工程；④计划开发建设或正在开发建设而尚未产生的未来房地产，如期房。

成本法特别适用于以下两类房地产估价：一是很少发生交易而限制了比较法运用，又没有现实或潜在的经济收益而限制了收益法运用的房地产，如行政办公楼、学校、医院、图书馆、体育场馆、公园、军事设施等以公用、公益为目的的房地产。二是特殊厂房（如化工厂、钢铁厂、发电厂）、油田、码头、机场之类有独特设计或者只针对特定使用者的特殊需要而建设的房地产。

此外，单独的建筑物或其装饰装修部分，以及在房地产保险（包括投保和理赔）、损害赔偿中，通常采用成本法估价。因为在保险事故发生后或其他损害中，房地产的损毁往往是建筑物的部分或局部，需要将其恢复到原来或完好的状况；对于建筑物全部损毁或灭失的，有时也需要采取重建方式来解决。

成本法估价通常较费时费力，因为测算房地产特别是建筑物较老旧的房地产的重新购建成本和折旧的难度都较大，且建筑物老化越严重，估价的难度会越大。如果建筑物过于老旧，基本上没有了使用价值，通常就不宜采用成本法估价。在这种情况下，对于整体房地产，一般是采用假设开发法，根据预测的未来开发建设完成的房地产价值价格减去开发建设的必要支出及应得利润来估价；对于建筑物，一般是根据其拆除后的残余价值来估价。

四、成本法的适用条件

运用成本法估价需注意的是，现实中的房地产尤其是具体一宗房地产的价值价格，直接取决于其效用而非成本。房地产开发建设成本的增加，只有在提高了房地产效用的情况下才会提升房地产价值价格。例如，在一宗土地上建造商品住宅，事先不知道该土地下面埋有垃圾等有害物质，在基础工程开挖时才发现。在这种情况下因要清理有害物质，开发建设成本大大增加，但建成的住宅价格不会因此而上升，反而会下降。因为尽管对有害物质进行了清理，但通常因受心理因素影响而愿意购买的人减少或出价会降低，从而房地产开发商只得少赚利润甚至亏损。反之，花费的开发建设成本不多不一定说明房地产价值价格不高。因此，房地产价格等于开发建设的必要支出加应得利润，是对同一种而非具体一宗房地产且在较长期平均来看的，此外还需具备以下两个条件：一是自由竞争（即有进出市场的自由），二是该种房地产可大量重复开发建设。其简要的形成机制如下。

首先，假设某种房地产的价格正好等于其开发建设的必要支出加应得利润，并假设此时的供给和需求正好平衡。然后，假设有某个因素（如购房贷款利率上调）导致了供大于求，则在供求规律和利润激励的作用下会出现以下循环：供大于求→价格下降→开发利润率降低→开发投资减少→开发量缩减→供给减少→价格上涨→开发利润率上升→开发投资增加→开发量增加→供给增加→价格下降……

显而易见，如果不是在较长期平均来看，或者没有自由竞争，又或者该种房地产不能大量重复开发建设，则上述循环就不成立，价格就不等于开发建设的必要支出加应得利润。实际上，即使具备这些条件，价格等于开发建设的必要支出加应得利润也是偶然的，价格仅围绕着开发建设的必要支出加应得利润上下波动，趋向开发建设的必要支出加应得利润。当供不应求时，价格可能远高于开发建设成本；当供过于求时，价格可能低于开发建设成本。因此，房地产开发建设成本高，并不意味着房地产价格必定高；房地产开发建设成本低，并不意味着房地产价格必定低。正是因为房地产价格与房地产开发建设成本不是始终成正比，才出现了从事房地产开发经营活动有盈亏的情况。不论从一个房地产开发项目、一个房地产开发企业、一个城市或更大地区的房地产开发行业来看，都有盈亏的问题。

尽管有上述原理，但不意味着不具备上述理想条件就不能采用成本法估价，而是要求在运用成本法估价时注意"逼近"，特别是要做到下列3点。

（1）应采用客观成本而不是实际成本。可以将开发建设成本区分为实际成本和客观成本。实际成本也称为个别成本，是开发建设估价对象的实际支出及实际利润，或购置估价对象的实际支出。客观成本也称为社会平均成本、正常成本、一般成本，是开发建设估价对象的必要支出及应得利润，或购置估价对象的必要支出，或实际成本经剔除不正常和偶然的因素所造成的成本偏差后的成本。

（2）应在客观成本的基础上根据房地产自身因素特别是自身缺陷进行恰当调整。现实中某些房地产因选址、定位、规划、设计、施工、报建等方面存在问题而造成质量、性能、产权等有缺陷或瑕疵，比如选址不当、定位错误、规划设计不合理造成不符合市场需求，极端的例子是在人流量长期都不够大的地方建造的大型商场，虽然无论谁来建造该商场都需花费那么多成本，但该商场也不会有那么高的价值。

（3）应在客观成本的基础上根据房地产外部因素特别是不利因素进行恰当调整。例如，当房地产市场供大于求时，应在客观成本的基础上调低评估价值，如某宗房地产虽然实实在在地投入了较多费用，或者无论谁来开发建设都需这么多支出，但在房地产市场低迷时应予以减价调整。还有诸如邻近垃圾站、高压线、化工厂等不利因素，也要求在客观成本的基础上调低评估价值。

在未进行后续有关调整的成本法测算结果，一般是完全产权的市场价值，在中国可视为房屋所有权和在价值时点的剩余期限土地使用权，且不存在租赁、抵押、查封等情况下的市场价值。当估价对象的权益状况与此不同、所评估的不是市场价值时，还应对成本法的测算结果进行相应调整。

成本法估价还要求估价师具有一定的建筑工程、建筑材料、建筑设备、装饰装修、工程造价、财务会计等方面的专业知识。

五、成本法的估价步骤

成本法的估价步骤一般为：①选择具体估价路径；②测算重新购建成本（重置成本或重建成本）；③测算折旧（折旧额或成新率）；④计算成本价值。

第二节　房地产价格构成

典型的成本法是以房地产价格的各个组成部分之和为基础来测算房地产价值价格。这就需先把房地产价格分解为它的各个组成部分，即要弄清房地产价格构成。在现实中，特别是在土地取得、房地产开发经营和相关税费等制度、政策、规则不够完善且时常改变的情况下，房地产价格构成较复杂，不同地区、不同时期、不同用途或不同类型的房地产价格构成不尽相同。尽管如此，在运用成本法估价时，关键是要模拟估价对象所在地在价值时点的房地产开发经营过程，深入调查从取得土地到房屋竣工验收乃至完成商品房销售的全过程中所需做的各项工作——通常要经过取得土地、前期工作、施工建设、竣工验收、商品房销售等阶段，在该过程中发生的各项成本、费用、税金等支出及其支付或缴纳的标准、时间和依据，以及开发利润，进而整理出这些成本、费用、税金和利润等的清单，做到房地产价格构成项目不多不少。然后，在此基础上结合估价对象的实际情况，确定估价对象的价格构成项目。最后，分别测算出各个构成项目的金额，再将它们相加。

下面以房地产开发企业取得房地产开发用地进行基础设施建设和房屋建设，然后销售所建成的房地产（商品房）这种典型的房地产开发经营方式为例，并从便于测算房地产价格各个构成项目金额的角度，将房地产价格构成项目分为土地成本、建设成本、管理费用、销售费用、投资利息、销售税费和开发利润 7 大项，即：

$$房地产价格 = \frac{土地}{成本} + \frac{建设}{成本} + \frac{管理}{费用} + \frac{销售}{费用} + \frac{投资}{利息} + \frac{销售}{税费} + \frac{开发}{利润}$$

一、土地成本

土地成本也称为土地取得成本、土地费用，是购置土地的必要支出，或开发土地的必要支出及应得利润，其构成因土地的开发程度（如是净地、熟地还是生地、毛地）和取得渠道的不同而不同。目前，取得土地的渠道主要有市场购置、征收集体土地、征收国有土地上房屋。在实际估价中，应根据估价对象所在地在价值时点的同类房地产开发建设活动取得土地的通常渠道，从上述三个渠道中恰当选取其一来求取。由于上述三个渠道的土地成本的内涵和构成不同，求得的土地成本可能差异较大，所以应注意弄清、说明土地成本的内涵和构成，并在求取时与之对应，后面的建设成本等房地产价格构成项目也要与之对应。

（一）市场购置的土地成本

在土地使用权出让、转让较活跃的情况下，土地成本通常由下列 2 项构成。

（1）土地购置价格：目前主要是购买政府出让或房地产开发企业等单位转让的建设用地使用权，因此土地购置价格通常为建设用地使用权出让地价或转让价格，可采用比较法、成本法、基准地价修正法等方法求取。

（2）土地取得税费：是应由土地购置者（如房地产开发企业）缴纳的契税、印花税以及可直接归属于该土地的其他支出，通常根据税收法律、法规及相关规定，按照土地购置价格的一定比例来测算。

例如，某宗建设用地的面积为 5 000m²，容积率为 2.0，出让地价或转让价格（楼面地价）为 1 600 元/m²，受让人需按照购置价格的 3‰缴纳契税、印花税等税费，则土地成本为 1 648 万元 [1 600× （1+3‰） ×5 000×2=1 648]。

（二）征收集体土地的土地成本

征收集体土地的土地成本一般包括下列费用。

1. 土地征收补偿费用

根据《民法典》第二百四十三条和《土地管理法》第四十八条的规定，土地征收补偿费用包括下列费用。

（1）土地补偿费和安置补助费。征收农用地的土地补偿费、安置补助费标准由省、自治区、直辖市通过制定公布区片综合地价确定。征收农用地以外的其他土地的补偿标准，由省、自治区、直辖市制定。比如征收集体建设用地的，可按照集体建设用地的市场评估价给予补偿。

（2）农村村民住宅补偿费用。应按照先补偿后搬迁、居住条件有改善的原则，尊重农村村民意愿，采取重新安排宅基地建房、提供安置房或货币补偿等方式给予公平、合理的补偿，并对因征收造成的搬迁、临时安置等费用予以补偿，保障农村村民居住的权利和合法的住房财产权益。农村村民住宅的补偿标准，由省、自治区、直辖市制定。

（3）其他地上附着物和青苗等补偿费用。其他地上附着物补偿费用是对被征收土地上农村村民住宅以外的建筑物、构筑物、树木、鱼塘、农田水利设施、蔬菜大棚等给予的补偿费用，一般为重置价格减去折旧后的余额。青苗补偿费用是对被征收土地上尚未成熟、不能收获的诸如水稻、小麦、蔬菜、水果等给予的补偿费用。可以移植的苗木、花草以及多年生经济林木等，一般是支付移植费用；不能移植的，给予合理补偿或作价收购。其他地上附着物和青苗等的补偿标准，由省、自治区、直辖市制定。

（4）被征地农民社会保障费用。该费用的筹集、管理和使用办法，由省、自治区、直辖市制定。

2. 相关税费

（1）新菜地开发建设基金（征收城市郊区菜地的）。征收城市郊区的菜地，用地单位应当按照国家有关规定缴纳新菜地开发建设基金。新菜地开发建设基金的缴纳标准，由省、自治区、直辖市规定。

（2）耕地开垦费（占用耕地的）。国家实行占用耕地补偿制度。非农业建设经批准占用耕地的，按照"占多少，垦多少"的原则，由占用耕地的单位负责开垦与所占用耕地的数量和质量相当的耕地；没有条件开垦或者开垦的耕地不符合要求的，应当按照省、自治区、直辖市的规定缴纳耕地开垦费，专款用于开垦新的耕地。

（3）耕地占用税（占用农用地的）。根据《耕地占用税法》（2018 年 12 月 29 日全国人民代表大会常务委员会通过）的规定，占用耕地建设建筑物、构筑物或从事非农业建设的单位和个人，为耕地占用税的纳税人，应依法缴纳耕地占用税。耕地占用税以纳税人实际占用的耕地面积为计税依据，按照规定的适用税额一次性征收，应纳税额为纳税人实际占用的耕地面积（平方米）乘以适用税额（每平方米 5 元至 50 元）。占用园地、林地、草地、农田水利用地、养殖水面、渔业水域滩涂以及其他农用地建设建筑物、构筑物或从事非农业建设的，依照《耕地占用税法》的规定缴纳耕地占用税。

（4）政府规定的其他有关费用。如部分省、自治区、直辖市还规定收取防洪费、南水北调费、水利建设基金等。具体费用项目和收取标准，应根据国家和当地政府的有关规定执行。

3. 其他相关费用

包括征收评估费、征收服务费、地上物拆除费、废弃物和渣土清运费、场地平整费、市政基础设施配套费（或大市政费）、土地使用权出让金等费用，通常结合被拆除地上物状况等具体情况，依照规定的标准和方法或采用比较法求取。

（三）征收国有土地上房屋的土地成本

征收国有土地上房屋的土地成本一般包括下列费用。

1. 房屋征收补偿费用

根据《国有土地上房屋征收与补偿条例》的规定，房屋征收补偿费用包括下列费用。

（1）房屋补偿费：是对被征收房屋价值（包括被征收房屋及其占用范围内的土地使用权和其他不动产的价值）的补偿，不得低于被征收房屋类似房地产的市场价格。被征收房屋的价值，由具有相应资质的房地产估价机构评估确定。

（2）搬迁费：是对因征收房屋造成搬迁的补偿。根据需要搬迁的家具、家电（如分体式空调、热水器）、机器设备等动产的拆除、运输和重新安装调试等费用给予补偿。对征收后虽未到使用寿命但不可继续利用的动产，根据其残余价值给予补偿。

（3）临时安置费：是对因征收房屋造成临时安置的补偿。根据被征收房屋的区位、用途、面积等因素，按照类似房地产的市场租金结合过渡期限确定。

（4）停产停业损失补偿费：是对因征收房屋造成停产停业损失的补偿，根据房屋被征收前的效益、停产停业期限等因素确定。

（5）相关补助和奖励：是对被征收人给予的补助和奖励，如市区搬迁到郊区的补助，提前搬家奖。

2. 相关费用

（1）房屋征收评估费：是承担房屋征收评估的房地产估价机构向房屋征收部门收取的费用。

（2）房屋征收服务费：是房屋征收实施单位承担房屋征收与补偿的具体工作向房屋征收部门收取的费用。

（3）政府规定的其他有关费用：一般依照规定的标准和方法或采用比较法求取。

（4）其他相关费用：包括地上物拆除费、废弃物和渣土清运费、场地平整费、市政基础设施配套费、土地使用权出让金等费用，通常结合被拆除地上物状况等具体情况，依照规定的标准和方法或采用比较法求取。

二、建设成本

建设成本是取得了一定开发程度的土地（与上述土地成本对应）后，在该土地上进行基础设施建设、房屋建设所必要的费用等，主要包括下列几项。

（1）前期费用：如市场调研、可行性研究、项目策划、环境影响评价、交通影响评价、工程勘察、测量、规划及建筑设计、工程造价咨询、建设工程招标，以及施工通水、通电、通路、场地平整和临时用房等房地产开发项目前期工作的必要支出。要注意场地平整费等费用与前述土地成本的衔接。如果土地成本中已包含了地上物拆除、渣土清运和场地平整的费用，或者取得的土地是净地，则在此就只有部分或没有场地平整费等费用。

（2）建筑安装工程费：包括建造商品房及附属工程所发生的建筑工程费、安装工程费、装饰装修工程费等费用。其中附属工程，是指房屋周围的围墙、水池、建筑小品、绿化等。要注意其与下面的基础设施建设、公共服务设施建设等工程建设内容的区分，避免重复计算或漏算。

（3）基础设施建设费：是指建筑物外墙外边线 2m 以外和项目红线范围内的道路、供水、排水、供电、通信、供燃气、供热、绿化、环卫、室外照明等设施的建设费用，以及各项设施与市政干道、干管、干线等的接口费用。需要注意的是，要弄清这些费用是否已包含在前述土地成本中，如果已包含，则不应再计入。如果取得的土地是生地，基础设施建设费还应包括城市规划要求配套的项目红线外的道路、供水、排水、供电、通信、供燃气、供热等设施的建设费用。

（4）公共服务设施建设费：包括城市规划要求配套的教育（如幼儿园、中小学校）、医疗卫生（如卫生院）、文化体育（如文化站）、社区服务（如居委会）等非营利性公共服务设施的建设费用。对于工业类房地产开发项目，该部分费用较少发生或不发生，测算时应据实计取。同时工业类房地产开发项目中通常有较多构筑物，应注意计取构筑物等的建设费用。在实际中，构筑物的建设费用可计入附属工程建设费，也可计入公共服务设施建设费，但不应重复计算或漏算。

（5）其他工程费：包括工程监理费、工程检测费、竣工验收费等。

（6）开发期间税费：包括有关税收和地方政府或其有关部门收取的费用，如城市基础设施配套费、绿化建设费、人防工程费、水电增容费等。

在估价实践中，有时需要把上述建设成本划分为土地开发成本和建筑物建设成本，或者在单纯土地开发的情况下采用成本法测算土地价格时，仅有土地开发成本。在这种情况下，首先应界定土地和建筑物的财产范围（主要是对实物状况进行划分），即房地产实物状况中哪些属于土地的财产范围，哪些属于建筑物的财产范围，再将其相应的建设成本归入土地开发成本和建筑物建设成本，做到对建设成本的划分既不剩余，也不重复。一般可将基础设施建设费归入土地开发成本，建筑安装工程费归入建筑物建设成本；公共服务设施建设费视土地开发程度、地块大小、周边公共服务设施完备程度等情况，归入土地开发成本或建筑物建设成本，或者在两者之间进行合理分配；前期费用等其他费用一般在两者之间进行合理分配。

三、管理费用

管理费用是房地产开发企业为组织和管理房地产开发经营活动的必要支出，包括房地产开发企业的人员工资及福利费、办公费、差旅费等。管理费用可根据以往房地产开发项目的相关资料，归结为土地成本与建设成本之和的一定比例，实际估价中可按该比例（比如 3%～4%）来测算，同时需注意管理费用中的某些支出与项目的正常建设期有关。

四、销售费用

销售费用也称为销售成本，是销售（预售或现售）所建成的房地产的必要支出，包括广告费、销售资料制作费、售楼处建设费、样板房（或样板间）建设费、销售人员费用或销售代理费等。为便于投资利息的测算，销售费用应区分销售之前发生的费用和与销售同时发生的费用。广告费、销售资料制作费、售楼处建设费、样板房建设费一般是在销售之前发生的，销售代理费一般是与销售同时发生的。销售费用通常按照所建成的房地产价格的一定比例（比如 3%～5%）来测算。

五、投资利息

（一）投资利息的含义

投资利息与财务费用或融资成本不同，是在房地产开发建设完成或实现销售之前发生的所有必要费用应计算的正常利息，而不只是借款部分的正常利息，也不是借款部分的实际利息支出和相关手续费等。因此，土地成本、建设成本、管理费用和销售费用的资金来源，不论是借贷还是自有的，都应计算利息。因为借贷资金要支付贷款利息，自有资金要放弃可得的存款利息，即考虑资金的机会成本。此外，从估价的角度来看，为了使评估价值客观合理，需把房地产开发企业的自有资金应获得的利息与其应获得的开发利润分开，不能把自有资金应获得的利息算作开发利润，通常也不应受不同房地产开发企业的自有资金比例、融资成本等的影响。但是，如果是评估投资价值，则通常为财务费用或融资成本，而不是投资利息。

（二）投资利息的计算

计算投资利息需要把握下列 5 个方面。

（1）应计息项目：包括土地成本、建设成本、管理费用和销售费用。销售税费一般不计算利息。

（2）计息周期：是计算利息的单位时间，可以是年、半年、季、月等，通常为年。精确的投资利息计算，要求计息周期为月、季或半年。

（3）计息期：也称为计息周期数。为了确定每项费用的计息期，需先测算整个房地产开发项目的建设期。建设期也称为开发期或开发周期，在成本法中，其起点一般是取得房地产开发用地的日期，终点是达到全新状况的估价对象的日期。

对在土地上进行房屋建设的情况来说，建设期可分为前期和建造期。前期是自取得房地产开发用地日期起至开工（动工开发）日期止的时间。建造期是自开工日期起至房屋竣工日期止的时间。建造期一般能较准确测算，可参照建筑安装工程工期定额，并结合房地产开发项目具体情况（如用途、结构类型、层数、建筑面积、地区类别）来确定。

现实中由于受某些特殊因素的影响，建设期可能延长。例如，取得土地中遇到"钉子户"，基础工程开挖中发现重要的文物或污染物，施工中遇到极端恶劣天气、重污染天气、重大活动保障、某些建筑材料和工程设备不能按时供货、原计划筹措的资金不能按时到位、劳资纠纷、政治经济形势突变等一系列因素，都可能影响项目进展甚至导致停工，使建设期延长。由于建设期延长，房地产开发企业一方面要承担更多的投资利息，另一方面要承担总费用上涨的风险。但这类特殊的非正常因素在测算建设期时通常不予考虑。

建设期还可以采用类似于比较法的方法，即通过类似房地产已发生的建设期的比较、修正或调整来求取。例如，测算某幢旧写字楼现在的建设期，已知目前建设类似的新写字楼从取得土地到竣工验收完成正常需要 24 个月，则该旧写字楼的建设期为 24 个月。

有了建设期之后，便可估计土地成本、建设成本、管理费用、销售费用在该建设期间发生的时间及相应金额。土地成本、建设成本、管理费用、销售费用等的金额，均应按照它们在价值时点（在此假设为现在）的正常水平来测算，而不是按照它们在过去发生时的实际或正常水平来测算。

某项费用的计息期是该项费用应计息的时间长度，比如 2 年或 4 个半年度、8 个季度、24 个月。一项费用应计息的时间起点是该项费用发生的时点，终点通常是建设期的终点，一般不考虑商品房预售和延迟销售的情况。还需要说明的是，有些费用通常不是集中在一个时点发生的，而是分散在一段时间内不断发生，但计息时通常假设其在所发生的时间段内均匀发生，往往进一步简化为在该时间段的中间集中发生。因此，这些费用应计息的时间起点变为该时间段的中间，计息期就变为该时间段的一半。此外，对计息期的时间划分，一般与计息周期相同。例如，某项费用发生的时间段为整个建设期，假设建设期为 24 个月，该项费用在建设期内均匀发生，如果计息周期为年，则该项费用的计息期为 1；如果计息周期为半年，则该项费用的计息期为 2；如果计息周期为月，则该项费用的计息期为 12。

（4）计息方式：计算投资利息有单利和复利两种。单利计息是每个计息期均按原始本金计算利息，即只有原始本金计算利息，本金所产生的利息不计算利息。在单利计息下，每个计息期的利息是相等的。如果用 P 表示本金，i 表示利率，n 表示计息期，I 表示总利息，F 表示计息期末的本利和，则有：

$$I = P \times i \times n$$
$$F = P(1 + i \times n)$$

复利计息是以上一个计息期的利息加上本金为基数计算当期的利息。在复利计息下，不仅原始本金要计算利息，而且以前的所有利息都要计算利息，即所谓"利滚利"。复利的本利和计算公式为：

$$F = P(1 + i)^n$$

复利的总利息计算公式为：

$$I = P \left[(1 + i)^n - 1 \right]$$

在本金相等、计息期相同时，如果利率相同，则在通常情况下（计息期大于1）单利计息的利息少，复利计息的利息多；如果要使单利计息与复利计息相同，则两者的利率应不同，其中单利的利率应高一些，复利的利率应低一些。假设 i_1 为单利利率，i_2 为复利利率，并令 n 期末单利计息与复利计息的本利和相等，即：

$$P(1 + i_1 \times n) = P(1 + i_2)^n$$

通过上述公式，可以得出单利计息与复利计息相同的利率关系如下：

$$i_1 = \frac{(1 + i_2)^n - 1}{n}$$

在通常情况下，单利存款（定期）在存款期限内不能随意提取，流动性相对较差，因此实际上的单利利率还应比上述计算出的单利利率高一些。例如，某银行存款采用单利计息方式，假设其一年期存款的年利率为 5%，为吸引 3 年期的储户，则其 3 年期存款的单利年利率应大于：

$$\frac{(1 + 5\%)^3 - 1}{3} = 5.25\%$$

弄清了单利和复利的关系后，可知现实中的单利与复利并无实质区别，主要是表达方式上的不同。利息计算实际上都是复利（否则可在每一计息周期结束时将本利一起取出后再存入），采取单利形式主要是为了计算上的方便。

（5）利率：是单位时间内的利息和原资金额（本金）的比率，有单利利率和复利利率、存款利率和贷款利率等。投资利息计算中的利率通常采用价值时点的类似房地产开发贷款的正常或一般、平均利率。

六、销售税费

销售税费是销售所建成的房地产应由卖方（在此为房地产开发企业）缴纳的税费，可分为下列两类。

（1）销售税金及附加，如增值税、城市维护建设税和教育费附加，通常简称"两税一费"。

（2）其他销售税费，如印花税。

销售税费如"两税一费"，一般是按照售价的一定比例收取的。因此，销售税费通常按照所建成的房地产价格的一定比例来测算。值得指出的是，因所建成的房地产价格中含销售税费，如果有关销售税费的计税依据为不含税价格，则还应进行相关计税价格换算。此外，这里的销售税费不含应由卖方缴纳的土地增值税、企业所得税以及应由买方缴纳的契税等税费。不含应由卖方缴纳的土地增值税、企业所得税，是便于实际估价中对正常开发利润率的调查、估计。因为土地增值税是以纳税人转让房地产取得的增值额为计税依据的，每笔转让房地产取得的增值额可能不同，从而应缴纳的土地增值税会有所不同；企业所得税是以企业为对象缴纳的，一个企业可能同时有多种业务或多个房地产开发项目，有的业务或项目可能盈利较多，有的业务或项目可能盈利较少，有的业务或项目甚至亏损，从而不同的企业缴纳的企业所得税会有所不同。不含应由买方缴纳的契税等税费，是因为评估价值通常是建立在买卖双方各自缴纳自己应缴纳的交易税费下的价值价格。

七、开发利润

测算开发利润时应掌握下列几点。

（1）开发利润是房地产开发企业（或业主、建设单位）的利润，而不是建筑企业的利润。建筑企业的利润已包含在建筑安装工程费等建设工程费用中。

（2）开发利润是该类房地产开发项目在正常情况下房地产开发企业所能获得的利润（平均利润或正常利润），而不是个别房地产开发企业期望获得或实际获得的利润。现实中的开发利润是结果，即由销售收入（售价）减去各项成本、费用和税金后的余额。而在成本法中，"售价"是最后需要求取的未知数，开发利润则是在售价之前就要测算出的已知数。

（3）开发利润是未扣除土地增值税和企业所得税的税前利润或毛利润，即：

$$开发利润＝\frac{所建成的}{房地产价格}－\frac{土地}{成本}－\frac{建设}{成本}－\frac{管理}{费用}－\frac{销售}{费用}－\frac{投资}{利息}－\frac{销售}{税费}$$

开发利润之所以为税前利润，是为了与不含应由卖方缴纳的土地增值税、企业所得税的销售税费的口径一致，并得到相对客观合理的开发利润。

（4）开发利润通常按照一定基数乘以相应的房地产开发利润率来测算。开发利润的计算基数和相应的房地产开发利润率主要有下列 4 种。

①计算基数＝土地成本＋建设成本，相应的房地产开发利润率可称为房地产开发直接成本利润率，简称直接成本利润率，即：

$$直接成本利润率＝\frac{开发利润}{土地成本＋建设成本}$$

②计算基数＝土地成本＋建设成本＋管理费用＋销售费用，相应的房地产开发利润率可称为房地产开发投资利润率，简称投资利润率，即：

$$投资利润率＝\frac{开发利润}{土地成本＋建设成本＋管理费用＋销售费用}$$

③计算基数＝土地成本＋建设成本＋管理费用＋销售费用＋投资利息，相应的房地产开发利润率可称为房地产开发成本利润率，简称成本利润率，即：

$$成本利润率＝\frac{开发利润}{土地成本＋建设成本＋管理费用＋销售费用＋投资利息}$$

④计算基数＝土地成本＋建设成本＋管理费用＋销售费用＋投资利息＋销售税费＋开发利润＝所建成的房地产价格，相应的房地产开发利润率可称为房地产开发销售利润率，简称销售利润率，即：

$$销售利润率＝\frac{开发利润}{所建成的房地产价格}$$

在采用销售利润率测算开发利润的情况下，因为

开发利润＝房地产价格×销售利润率

$$＝\left(\frac{土地}{成本}＋\frac{建设}{成本}＋\frac{管理}{费用}＋\frac{销售}{费用}＋\frac{投资}{利息}＋\frac{销售}{税费}＋\frac{开发}{利润}\right)×\frac{销售}{利润率}$$

所以

$$开发利润＝\frac{\left(\frac{土地}{成本}＋\frac{建设}{成本}＋\frac{管理}{费用}＋\frac{销售}{费用}＋\frac{投资}{利息}＋\frac{销售}{税费}\right)×销售利润率}{1－销售利润率}$$

因有多种房地产开发利润率，在测算开发利润时应弄清利润率的内涵，并注意利润率和计算基数相匹配。各种利润率的分子都是相同的，仅分母不同。销售

利润率的分母是所有房地产价格构成项目，成本利润率的分母不含销售税费和开发利润，投资利润率的分母不含投资利息、销售税费和开发利润，直接成本利润率的分母不含管理费用、销售费用、投资利息、销售税费和开发利润。它们由大到小依次为直接成本利润率、投资利润率、成本利润率、销售利润率。从理论上讲，同一个房地产开发项目的开发利润，不论采用哪种利润率和与之对应的计算基数来测算，所得出的结果都是相同或相近的。

（5）开发利润率通常是通过调查同一市场上许多类似房地产开发项目的平均利润率得到的，并应根据不同类型房地产开发项目的投资风险的不同而有所不同。一般来说，商业用房地产开发项目的开发经营中不确定因素较多，投资风险较大，开发利润率应相对较高；普通商品住宅开发项目的开发经营中不确定因素较少，投资风险较小，开发利润率应相对较低。

（6）开发利润率可分为总利润率和年均利润率，两者的关系为：

$$总利润率＝年均利润率×项目开发期$$

房地产开发项目的总利润率是现实存在的，可以测算出来，而年均利润率是理论上虚拟的，意在说明总利润率的高低与项目开发期的长短相关，便于在估价时合理确定总利润率水平。因此，开发利润率一般应为总利润率。在其他条件相同的情况下，项目开发期较短的，总利润率应低些，而年均利润率应高些；项目开发期较长的，总利润率应高些，而年均利润率应低些。此外，开发利润率应为税前（未扣除土地增值税和企业所得税）利润率或毛利润率，而不用税后利润率或净利润率。

将上述房地产价格的各个组成部分相加得到的通常是房地产总价。求取房地产单价还要将该总价除以房地产开发项目中可销售的房地产总面积（总建筑面积或总套内建筑面积等），而不是除以房地产开发项目所有建筑物面积总和。

另外，在采用销售利润率测算开发利润的情况下求取房地产价格时，因为

$$房地产价格＝\frac{土地}{成本}＋\frac{建设}{成本}＋\frac{管理}{费用}＋\frac{销售}{费用}＋\frac{投资}{利息}＋\frac{销售}{税费}＋\frac{开发}{利润}$$

$$销售税费＝房地产价格×销售税费率$$

$$开发利润＝房地产价格×销售利润率$$

所以

$$房地产价格＝\frac{土地成本＋建设成本＋管理费用＋销售费用＋投资利息}{1－（销售税费率＋销售利润率）}$$

第三节　成本法的基本公式

一、适用于旧的房地产的基本公式

旧的房地产可分为旧的房地（如通常所说的旧房，包含房屋占用范围内的土地）、旧的建筑物（不含建筑物占用范围内的土地）两类。

（一）适用于旧的房地的基本公式

旧的房地价值＝旧的房地重新购建成本－建筑物折旧

旧的房地是成本法估价的典型对象，其基本公式是最完整的，适用于其他房地产的成本法基本公式均是它的某种特例。上述公式中旧的房地重新购建成本的求取，有"房地合估""房地分估""房地整估"三个路径，相应的成本法基本公式如下。

1. 房地合估的基本公式

$$\begin{matrix}\text{旧的房}\\\text{地价值}\end{matrix}=\begin{matrix}\text{土地}\\\text{成本}\end{matrix}+\begin{matrix}\text{建设}\\\text{成本}\end{matrix}+\begin{matrix}\text{管理}\\\text{费用}\end{matrix}+\begin{matrix}\text{销售}\\\text{费用}\end{matrix}+\begin{matrix}\text{投资}\\\text{利息}\end{matrix}+\begin{matrix}\text{销售}\\\text{税费}\end{matrix}+\begin{matrix}\text{开发}\\\text{利润}\end{matrix}-\begin{matrix}\text{建筑物}\\\text{折旧}\end{matrix}$$

"房地合估"是旧的房地重新购建成本为重新开发建设与旧的房地相似的全新状况的房地产的必要支出及应得利润，即把房地产当作一个"产品"，将其中土地当作原材料，模拟房地产开发经营过程，以房地产价格构成为基础，采用成本法求取。也就是成本法中套着成本法，这种成本法是纯粹或最地道的成本法。

上述公式中的土地成本是净地成本、熟地成本还是生地成本、毛地成本，应根据旧的房地所在地在价值时点的同类新的房地产开发建设活动取得土地的通常开发程度来确定。如果当地同类新的房地产开发建设活动一般是在取得净地或熟地的基础上进行的，则土地成本应为净地成本或熟地成本；如果一般是在取得生地或毛地的基础上进行的，则土地成本应为生地成本或毛地成本，并在建设成本中相应有从生地或毛地变为净地或熟地的土地开发成本。

当采用"房地合估"的成本法评估成片开发建设的房地产中某一房地产的价值价格时，如评估一个住宅区或一幢住宅楼中某套住宅的价值，通常是先评估该住宅区或该住宅楼的平均单价，然后对该平均单价进行楼幢、户型、朝向、楼层、景观、室内装饰装修等因素调整后才得到该套住宅的单价。在实际估价中，如果需要同时评估出该住宅区或该住宅楼各套住宅的价值，"房地合估"的成本法是经济可行的。而如果仅评估其中一套住宅的价值，"房地合估"的成本法通常在经济上不可行，因此往往是采用比较法、收益法估价。

2. 房地分估的基本公式

旧的房地价值＝土地重新购建成本＋建筑物重新购建成本－建筑物折旧

"房地分估"是把房地产当作土地和建筑物两个相对独立的部分拼装而成，先分别求取土地和建筑物的重新购建成本，然后将两者相加，再减去建筑物折旧。但需注意的是，不能把基准地价（或相当于基准地价的土地价格）加上建筑安装工程费减去建筑物折旧作为房地分估的估价结果，如此会大大低估房地价值。因为土地重新购建成本不只是基准地价，基准地价是当作"原材料"的土地价格，对应的是"房地合估"中的土地购置价格；建筑物重新购建成本不只是建筑安装工程费，建筑安装工程费对应的是"房地合估"中的建设成本的一部分。

3. 房地整估的基本公式

旧的房地价值＝新的房地市场价格－旧的房地减价

"房地整估"是旧的房地重新购建成本为重新购置与旧的房地（如二手房）相似的全新状况的房地产（如同地段同品质同权益的新建商品房）的必要支出（如市场价格），也就是把旧的房地作为一个整体，采用比较法求取与其相似的新的房地产的市场价格。例如，评估某套二手房的市场价格，可采用比较法求取与其相似的新建商品房的市场价格，然后根据该二手房相对于新建商品房因建筑物陈旧过时、土地使用期限缩短、小区环境和配套落后等而造成的市场价格降低情况，予以减价。相应的公式为：

二手房市场价格＝新建商品房市场价格－二手房减价

"房地整估"的成本法与比较法有相似之处：一是重新购置全新状况的估价对象的必要支出（简称重新购置价格），相当于比较法中的可比实例成交价格；二是"减价"可当作资产状况调整，即将估价对象设定为全新状况下的重新购置价格，调整为实际上是旧的状况下的价格。但"房地整估"的成本法与比较法又有所不同：一是"可比实例"不是比较法所要求的与估价对象相似的旧的房地产，而是新的房地产；二是对重新购置价格进行的"减价"调整，不受比较法中对可比实例成交价格调整幅度的约束。进一步用较易理解的评估一台旧机器的市场价格来说明它们的区别：该旧机器的市场价格如果是通过市场上同类旧机器的成交价格修正和调整来求取的，则是比较法；而如果是通过同类新机器的市场价格减去折旧来求取的，则是成本法；如果是通过重新生产同类新机器的成本（包括原料费、加工费、税金、利润等）减去折旧来求取的，则是纯粹的成本法。

（二）适用于旧的建筑物的基本公式

旧的建筑物价值＝旧的建筑物重新购建成本－旧的建筑物折旧

二、适用于新的房地产的基本公式

新的房地产可分为新的房地（如新建商品房）、新开发的土地、新的建筑物三类。

（一）适用于新的房地的基本公式

$$\text{新的房}\atop\text{地价值}=\text{土地}\atop\text{成本}+\text{建设}\atop\text{成本}+\text{管理}\atop\text{费用}+\text{销售}\atop\text{费用}+\text{投资}\atop\text{利息}+\text{销售}\atop\text{税费}+\text{开发}\atop\text{利润}$$

上述公式与旧的房地公式相比，除了没有建筑物折旧，其他注意事项基本相同。

（二）适用于新开发的土地的基本公式

新开发的土地有征收集体土地并进行"三通一平"等基础设施建设和场地平整、征收国有土地上房屋并进行基础设施改造和场地平整、填海造地、开山造地等土地一级开发完成的净地或熟地。其采用成本法估价的基本公式为：

$$\text{新开发的}\atop\text{土地价值}=\text{待开发}\atop\text{土地成本}+\text{土地开}\atop\text{发成本}+\text{管理}\atop\text{费用}+\text{销售}\atop\text{费用}+\text{投资}\atop\text{利息}+\text{销售}\atop\text{税费}+\text{开发}\atop\text{利润}$$

上述公式中的土地开发成本是狭义的，相当于加工费，是在已取得的待开发土地上进行基础设施建设或改造、场地平整等的必要支出，其具体构成与待开发土地和开发完成的土地（即估价对象土地）的开发程度有关，比如有将农用地、旧城区建设用地、滩涂、山地等待开发土地，开发为"三通一平""五通一平""七通一平"等净地或熟地的多种情形。

上述公式在具体情况下还会有具体形式。例如，土地成片开发完成或新开发区的某宗土地单价（还可为楼面地价、土地总价）采用成本法评估的公式为：

$$\begin{aligned}\text{新开发区某}\atop\text{宗土地单价}=&(\text{开发区用地取得总成本}+\text{土地开发总成本}+\text{总管理费用}+\\&\text{总销售费用}+\text{总投资利息}+\text{总销售税费}+\text{总开发利润})\div\\&(\text{开发区用地总面积}\times\text{开发完成的可转让土地面积的比率})\times\\&\text{宗地区位、用途、使用期限、容积率、形状等因素调整系数}\end{aligned}$$

上述公式中

$$\text{开发完成的可转让}\atop\text{土地面积的比率}=\frac{\text{开发完成的可转让土地总面积}}{\text{开发区用地总面积}}\times100\%$$

实际测算通常分为以下 3 个步骤：①测算新开发区全部土地的平均价格。②测算新开发区可转让土地的平均价格。这是将第一步测算出的平均价格除以可转让土地面积的比率。③测算新开发区某宗土地的价格。这是将第二步测算出的平均价格，根据宗地的区位、用途、使用期限、容积率、形状等状况进行加价或减价调整。

远离市区的新开发区土地分宗估价，成本法是一种有效、实用的方法，因为新开发区在初期，土地市场和房地产市场往往还未形成，土地收益也没有，比较法、收益法都不适用，甚至假设开发法也较难应用。

【例9-1】某成片荒地的面积为$2km^2$，取得该荒地的代价为1.2亿元，将其开发成"五通一平"熟地的开发成本和管理费用为2.5亿元，开发期为3年，贷款年利率为8%，销售费用、销售税费和开发利润分别为开发完成的可转让熟地价格的2%、5.5%和10%，开发完成的可转让熟地面积的比率为60%。请求取该荒地开发完成的可转让熟地的平均单价（假设开发成本和管理费用在开发期内均匀投入，开发完成时即开始销售，销售费用在开发完成时投入）。

【解】求取该荒地开发完成的可转让熟地平均单价的过程如下：

$$
\begin{aligned}
\text{该荒地开发完成的} \atop \text{可转让熟地总价} &= \text{该荒地取} \atop \text{得总代价} + \text{土地开发} \atop \text{总成本} + \text{总管理} \atop \text{费用} + \text{总销售} \atop \text{费用} + \text{总投资} \atop \text{利息} \\
&\quad + \text{总销售} \atop \text{税费} + \text{总开发} \atop \text{利润} \\
&= \text{该荒地取} \atop \text{得总代价} + \text{土地开发} \atop \text{总成本} + \text{总管理} \atop \text{费用} + \text{总投资} \atop \text{利息} + \text{可转让熟} \atop \text{地的总价} \times \text{销售费用、销售税费} \atop \text{和开发利润的比率}
\end{aligned}
$$

得出

$$
\begin{aligned}
\text{该荒地开发完成的} \atop \text{可转让熟地平均单价} &= \frac{\text{该荒地取} \atop \text{得总代价} + \text{土地开发} \atop \text{总成本} + \text{总管理} \atop \text{费用} + \text{总投资} \atop \text{利息}}{(1 - \text{销售费用、销售税费} \atop \text{和开发利润的比率}) \times \text{可转让熟} \atop \text{地总面积}} \\
&= \frac{\text{该荒地取} \atop \text{得总代价} + \text{土地开发} \atop \text{总成本} + \text{总管理} \atop \text{费用} + \text{总投资} \atop \text{利息}}{(1 - \text{销售费用、销售税费} \atop \text{和开发利润的比率}) \times \text{该荒地} \atop \text{总面积} \times \text{可转让熟地} \atop \text{面积的比率}} \\
&= \frac{120\,000\,000 \times (1 + 8\%)^3 + 250\,000\,000 \times (1 + 8\%)^{1.5}}{[1 - (2\% + 5.5\% + 10\%)] \times 2\,000\,000 \times 60\%} \\
&= 436(\text{元}/m^2)
\end{aligned}
$$

（三）适用于新的建筑物的基本公式

$$
\text{新的建} \atop \text{筑物价值} = \text{建筑物} \atop \text{建设成本} + \text{管理} \atop \text{费用} + \text{销售} \atop \text{费用} + \text{投资} \atop \text{利息} + \text{销售} \atop \text{税费} + \text{开发} \atop \text{利润}
$$

上述公式中的管理费用、销售费用、投资利息、销售税费和开发利润，是与建筑物建设成本对应的房地产开发经营活动的管理费用、销售费用、投资利息、销售税费和开发利润，不含新的建筑物占用范围内的土地成本以及与之对应的房地产开发经营活动的管理费用、销售费用、投资利息、销售税费和开发利润。

三、适用于在建工程的基本公式

$$\frac{\text{在建工}}{\text{程价值}}=\frac{\text{土地}}{\text{成本}}+\frac{\text{已投入的}}{\text{建设成本}}+\frac{\text{管理}}{\text{费用}}+\frac{\text{销售}}{\text{费用}}+\frac{\text{投资}}{\text{利息}}+\frac{\text{销售}}{\text{税费}}+\frac{\text{开发}}{\text{利润}}$$

上述公式中，已投入的建设成本是在价值时点之前已经投入的各项建设成本；管理费用、投资利息、开发利润是土地成本和已投入的建设成本所对应的管理费用、投资利息、开发利润；销售费用、销售税费是销售在建工程所对应的销售费用、销售税费，应视项目具体情况而定，如果不发生销售行为，则不计算销售费用、销售税费。

新的房地产和在建工程虽然没有旧的房地产那样的折旧，但应根据其自身因素和外部因素，特别是自身缺陷和外部不利因素，考虑其可能存在的减价和增值因素了以相应调整。例如，长期停工或烂尾的在建工程，应考虑其自然老化或维护不当造成的已完工部分破损、钢筋锈蚀、构件损坏等物质性价值损失，以及消费观念或需求变化造成的户型过时、外观落后、车位配比过小等功能性价值损失。

第四节　重新购建成本的测算

一、重新购建成本的内涵

重新购建成本也称为重新购建价格，具体为重置成本或重建成本，把握其内涵需要注意下列 3 点。

（1）重新购建成本是价值时点的重新购建成本。例如，在假设重新开发建设的情况下，重新购建成本是在价值时点重新开发建设的必要支出及应得利润，即在价值时点的国家财税制度和市场价格体系下，按照价值时点的房地产价格构成来测算；在假设重新购置的情况下，重新购建成本是在价值时点重新购置或取得的必要支出。但应注意的是，价值时点并非都是现在，也可能是过去或将来。

（2）重新购建成本是客观的重新购建成本。重新开发建设的必要支出及应得利润、重新购置的必要支出，都不是个别单位或个人的实际支出和实际利润，而是必须付出的成本、费用、税金和应当获得的利润，并且为类似房地产开发经营活动的正常或一般、平均水平，也就是客观成本。如果实际支出超出了正常或一般、平均水平，则超出的部分不能提高价格，只是浪费或会亏损；反之，实际支出低于正常或一般、平均水平的部分，不会降低价格，只会形成个别单位或个人的超额利润。

（3）建筑物的重新购建成本是全新状况的建筑物（简称全新建筑物）的重新购建成本，尚未减去建筑物折旧；土地的重新购建成本一般是在价值时点的土地状况的重新购建成本，考虑了土地减价和增值因素。例如，估价对象中的土地是10年前取得的商业用途法定最高年限40年的建设用地使用权，求取该土地现在的重新购置成本，不是求取当初取得时的40年建设用地使用权在现在的价格，而是求取现在剩余30年建设用地使用权在现在的价格。如果该土地现在的区位状况比10年前有了很大改变，求取该土地现在的重新购置成本，不是求取其在10年前的区位状况下的价格，而是求取其在现在的区位状况下的价格。

二、重新购建成本的求取思路

（一）房地重新购建成本的求取思路

求取房地重新购建成本有房地合估、分估、整估三个路径。实际估价中应根据估价对象状况和土地市场状况，恰当选择这三个路径。

房地合估路径主要适用于估价对象是独立开发建设或可假设独立开发建设的整体房地产，如一栋办公楼、一幢厂房、一座商场、一个酒店、一个体育馆等。此外，采用成本法求取一个住宅区的平均房价，也适用于房地合估路径。

房地分估路径主要适用于两种情况：一是土地市场上以能直接在其上进行房屋建设的小块熟地交易为主，如农村、小城镇的独栋房屋；二是有关成本、费用、税金和利润较易在土地和建筑物之间进行分配。此外，当建筑物和土地合在一起，并需要单独或分别求取其中土地或建筑物的价值时，也适用于房地分估路径。

房地整估路径主要适用于估价对象有较多与其相似的有交易历史的新的房地产，如一幢旧住宅楼中的一套住宅，一幢旧写字楼中的一间办公用房。

（二）土地重新购建成本的求取思路

土地一般没有重建成本的说法，因此土地重新购建成本具体为土地重置成本。土地重置成本也称为土地重置价格，是指在价值时点重新购置土地的必要支出，或重新开发土地的必要支出及应得利润。求取土地重置成本时，除估价对象状况相对于价值时点应为历史状况或未来状况外，土地状况应为价值时点的土地状况，土地使用期限应为自价值时点起计算的土地使用权剩余期限，此外还应区分无建筑物的空地和有建筑物的土地。

无建筑物的空地采用成本法估价，其重置成本只有重新开发土地的必要支出及应得利润，没有重新购置土地的必要支出，否则就不是采用成本法而是采用比较法对无建筑物的空地进行估价了。一宗空地不论是新近开发或购置的，还是很早以前开发或购置的，其重新开发的必要支出及应得利润都可以模拟新开发的土地采用成本法求取，即与前面所说的求取新开发的土地价值的成本法相同。同时需注意的是，其中待开发土地的开发程度和取得渠道，不一定是当初的待开发土地的实际开发程度和取得渠道，而应根据当地在价值时点的类似土地开发活动取得待开发土地的通常开发程度和取得渠道来确定。

求取有建筑物的土地重置成本，就是求取房地分估公式"旧的房地价值＝土地重新购建成本＋建筑物重新购建成本－建筑物折旧"中的土地重新购建成本。在求取时，先假设建筑物不存在，除此之外的其他状况维持不变，然后求取该土地在价值时点重新购置的必要支出或重新开发的必要支出及应得利润，再加上与之对应的房地产开发经营活动的管理费用、销售费用、投资利息、销售税费和开发利润。

有建筑物的土地重新购置的必要支出，为土地重新购置价格加上土地取得税费。土地重新购置价格通常采用比较法、基准地价修正法或标定地价修正法求取。求取有建筑物的土地重新开发的必要支出及应得利润，与求取空地的重新开发的必要支出及应得利润的方法相同。

在求取建筑物过于老旧的房地的土地重置成本时，还可能需要考虑老旧建筑物导致的土地价值损失，即在此情况下的空地价值可能大于有老旧建筑物的土地价值，甚至大于有老旧建筑物的房地价值。

把包含土地和建筑物的价值价格在内的房地产评估值、成交价在土地和建筑物之间进行分配时，求取所分配的土地价值价格等同于求取有建筑物的土地重置成本。例如，某宗房地产的评估值为 700 万元，其中土地采用比较法、基准地价修正法求得的评估值为 210 万元，当地的土地取得税费为土地价格的 3%，通过测算得出与该土地评估值和土地取得税费对应的房地产开发经营活动的管理费用、销售费用、投资利息、销售税费和开发利润为 90 万元，则该房地产中土地应分配的价值为 306.3 万元[210×(1＋3%)＋90＝306.3]，建筑物应分配的价值为 393.7 万元(700－306.3＝393.7)。因此，还可知该房地产的价值中土地约占 43.8%，建筑物约占 56.2%。

(三) 建筑物重新购建成本的求取思路

求取建筑物重新购建成本，是假设该建筑物占用范围内的土地已取得且为空地，该土地除没有建筑物外，其他状况均维持不变，然后在该土地上建造与该建筑物相同或具有同等效用的全新建筑物的必要支出及应得利润；也可设想将该全新建筑物发包给建筑施工企业建造，由建筑施工企业将能直接使用的全新建筑物移交给发包人，这种情况下发包人应支付给建筑施工企业的全部费用（即建设工程价款或工程承发包价格），再加上发包人的其他必要支出（如勘察设计和前期工程费、管理费用、销售费用、投资利息、销售税费等）及发包人的应得利润。

三、建筑物重新购建成本的求取方式

按照建筑物重新建造方式的不同，建筑物重新购建成本分为重置成本和重建成本。这两种成本可以说是两种重新购建成本基准，分别称为重置成本基准和重建成本基准。

建筑物重置成本（replacement cost）也称为建筑物重置价格，是采用价值时点的建筑材料、建筑构配件和设备及建筑技术、工艺等，在价值时点的国家财税制度和市场价格体系下，重新建造与估价对象中的建筑物具有相同效用的全新建筑物的必要支出及应得利润。

建筑物重建成本（reproduction cost）也称为建筑物重建价格，是采用与估价对象中的建筑物相同的建筑材料、建筑构配件和设备及建筑技术、工艺等，在价值时点的国家财税制度和市场价格体系下，重新建造与估价对象中的建筑物完全相同的全新建筑物的必要支出及应得利润。这种重新建造方式就是复原建造，可形象地理解为"复制"。因此，进一步地说，重建成本是在原址，按照原有规格和建筑形式，使用与原有建筑材料、建筑构配件和设备相同的新的建筑材料、建筑构配件和设备，采用原有建筑技术和工艺等，在价值时点的国家财税制度和市场价格体系下，重新建造与原有建筑物相同的全新建筑物的必要支出及应得利润。

重置成本与重建成本往往不同，既是科技进步的结果，也是"替代原理"的体现。因为科技进步使得原有的许多建筑材料、构配件、设备、结构、技术、工艺等过时落后或成本过高，所以重置成本通常低于重建成本。一般的建筑物适用重置成本，具有历史、艺术、科学价值或代表性的建筑物适用重建成本。因年代久远、已缺少与旧建筑物相同的建筑材料、建筑构配件和设备，或因建筑技术、工艺变更等使得旧建筑物复原建造有困难的建筑物，一般只好部分或全部使用重置成本，并尽量做到"形似"。

四、建筑物重新购建成本的求取方法

（一）建筑物重新购建成本求取方法概述

建筑物重新购建成本可采用成本法、比较法求取，也可利用房地产市场价

格、政府或其有关部门公布的房屋重置价格扣除其中包含的土地价值价格且进行恰当调整来求取，其中成本法是最主要、最常用的求取方法。

采用成本法求取建筑物重新购建成本，相当于采用成本法求取新的建筑物价值，其基本公式为：

$$\begin{array}{l}\text{建筑物重新}\\ \text{购建成本}\end{array} = \begin{array}{l}\text{建筑物}\\ \text{建设成本}\end{array} + \begin{array}{l}\text{管理}\\ \text{费用}\end{array} + \begin{array}{l}\text{销售}\\ \text{费用}\end{array} + \begin{array}{l}\text{投资}\\ \text{利息}\end{array} + \begin{array}{l}\text{销售}\\ \text{税费}\end{array} + \begin{array}{l}\text{开发}\\ \text{利润}\end{array}$$

（二）建筑安装工程费的求取方法

采用成本法求取建筑物重新购建成本时，其中建筑物建设成本可分为建筑安装工程费、专业费用两个部分。建筑安装工程费的求取方法主要有单位比较法（comparative-unit method）、分部分项法（unit-in-place method）、工料测量法（quantity survey method）和指数调整法（index method）。

1. 单位比较法

单位比较法是以建筑物为整体，选取与该类建筑物的建筑安装工程费密切相关的某种计量单位（如单位建筑面积、单位体积、延长米等）为比较单位，调查在价值时点的近期建成的类似建筑物的单位建筑安装工程费，对其进行处理后得到建筑物建筑安装工程费的方法。

单位比较法实际上是一种比较法。该方法中的有关处理包括：①把可比实例建筑物实际而可能不是正常的单位建筑安装工程费，修正为正常的单位建筑安装工程费；②把可比实例建筑物在其建造时的建筑安装工程费，调整为在价值时点的建筑安装工程费；③根据可比实例建筑物与估价对象建筑物在对单位建筑安装工程费有影响的建筑规模、设施设备、装饰装修等方面的差异，对单位建筑安装工程费进行调整，即可得到估价对象建筑物的单位建筑安装工程费。单位比较法较为简单、实用，因此经常被采用，但这种方法比较粗略。单位比较法主要有单位面积法（square-foot method）和单位体积法（cubic-foot method）。

单位面积法是调查在价值时点的近期建成的类似建筑物的单位建筑面积建筑安装工程费，对其进行处理后得到建筑物建筑安装工程费的方法。这种方法主要适用于同一类型建筑物的单位建筑面积建筑安装工程费基本相同的建筑物，如住宅、办公楼等。

【例9-2】某幢房屋的建筑面积为300m²，该类用途、建筑结构和档次的房屋的建筑安装工程费为1 200元/m²，专业费用为建筑安装工程费的8%，管理费用为建筑安装工程费与专业费用之和的3%，销售费用为重新购建成本的4%，建设期为6个月，所有费用可当作在建设期内均匀投入，年利率为6%，房地产开发成本利润率为15%，销售税费为重新购建成本的6%。请计算该房屋的重新购建成本。

【解】 设该房屋单位建筑面积的重新购建成本为 V_B，计算如下：

(1) 建筑安装工程费＝1 200(元/m²)

(2) 专业费用＝1 200×8%
$$=96(元/m²)$$

(3) 管理费用＝(1 200＋96)×3%
$$=38.88(元/m²)$$

(4) 销售费用＝V_B×4%
$$=0.04V_B(元/m²)$$

(5) 投资利息＝(1 200＋96＋38.88＋0.04V_B)×[(1＋6%)$^{0.25}$－1]
$$=19.59＋0.0006V_B(元/m²)$$

(6) 销售税费＝V_B×6%
$$=0.06V_B(元/m²)$$

(7) 开发利润＝(1 200＋96＋38.88＋0.04V_B＋19.59＋0.0006V_B)×15%
$$=203.17＋0.0061V_B(元/m²)$$

(8) V_B＝1 200＋96＋38.88＋0.04V_B＋19.59＋0.0006V_B＋0.06V_B＋203.17
$$＋0.0061V_B$$

$$V_B＝1 743.69(元/m²)$$

重新购建成本总额＝1 743.69×300
$$=52.31(万元)$$

单位体积法与单位面积法相似，是调查在价值时点的近期建成的类似建筑物的单位体积建筑安装工程费，对其进行处理后得到建筑物建筑安装工程费的方法。这种方法主要适用于同一类型建筑物的单位体积建筑安装工程费基本相同的建筑物，如储油罐、地下油库等。

2. 分部分项法

分部分项法是把建筑物分解为各个分部工程或分项工程，测算每个分部工程或分项工程的数量，调查各个分部工程或分项工程在价值时点的单位价格或单位成本，将各个分部工程或分项工程的数量乘以相应的单位价格或单位成本后相加得到建筑物建筑安装工程费的方法。

在运用分部分项法测算建筑物的重新购建成本时，需要注意两点：①应结合各个构件或分部分项工程的特点使用计量单位，有的要用面积单位，有的要用体积单位，有的要用长度单位，有的要用容量单位（如千瓦、千伏安）。例如，土方和基础工程通常用体积单位，墙面抹灰工程通常用面积单位，楼梯栏杆工程通常用长度单位，如"延长米"。②既不要漏项也不要重复计算，以免造成测算不准。

【例9-3】测算某幢住宅楼2022年6月30日的建筑物重置成本。经实地查勘、查阅有关图纸等资料，得知该住宅楼共17层，总建筑面积为13 430m²，建筑结构为钢筋混凝土剪力墙结构，室内普通精装修，并搜集到测算该住宅楼重置成本所需的有关数据如下：

1）建筑安装工程费

（1）建筑工程直接费

①土方及基础工程：187.61元/m²

②结构、砌筑及粗抹灰工程：1 311.55元/m²

③外保温及外立面工程：336.35元/m²

④园林景观工程：66.37元/m²

⑤室外配套工程：238.90元/m²

小计：2 140.78元/m²

（2）安装工程直接费

①电梯工程：61.75元/m²（一次性包死承包价）

②给水排水工程：48.00元/m²（其中：人工费13.92元/m²）

③采暖通风工程：93.05元/m²（其中：人工费21.79元/m²）

④电气工程：161.54元/m²（其中：人工费36.81元/m²）

⑤消防工程：17.30元/m²（其中：人工费3.80元/m²）

⑥综合布线工程：40.01元/m²（其中：人工费8.80元/m²）

⑦环保系统工程：11.14元/m²（一次性包死承包价）

⑧燃气工程：25.62元/m²（一次性包死承包价）

小计：458.41元/m²（其中：人工费85.12元/m²）

（3）装饰装修工程直接费

①门窗工程：134.14元/m²（一次性包死承包价）

②室内精装修工程：616.36元/m²（一次性包死承包价）

③公共区域精装修工程：56.90元/m²（一次性包死承包价）

④其他装饰费：44.66元/m²（一次性包死承包价）

小计：852.06元/m²

（4）建筑工程综合费率为建筑工程直接费的7.2%，安装工程综合费率为安装工程人工费的32%，建筑安装工程的税金为3.477%。

2）专业费用

（1）规划设计费：69.39 元/m²

（2）工程管理费：54.31 元/m²

（3）专业咨询费：11.53 元/m²

（4）其他专业费：200.72 元/m²

小计：335.95 元/m²

3）管理费用

管理费用为建筑安装工程费与专业费用之和的 5%。

4）销售费用

销售费用为售价的 2%。

5）投资利息

开发经营期为 2 年；费用第一年投入 60%，第二年投入 40%；年利率为 5.76%。

6）销售税费

销售税费为售价的 5.53%。

7）开发利润

成本利润率为 20%。

【解】设该住宅楼 2022 年 6 月 30 日的建筑物重置总价为 V_B，测算过程如下：

1）建筑安装工程费

（1）建筑工程费 $= [2\,140.78 \times (1+7.2\%)] \times (1+3.477\%)$

$= 2\,374.71(元/m^2)$

（2）安装工程费 $= (458.41+85.12 \times 32\%) \times (1+3.477\%)$

$= 502.53(元/m^2)$

（3）装饰装修工程费 $= 852.06 \times (1+3.477\%)$

$= 881.69(元/m^2)$

（4）单位建筑安装工程费 $= 2\,374.71+502.53+881.69$

$= 3\,758.93(元/m^2)$

建筑安装工程费总额 $= 3\,758.93 \times 13\,430$

$= 5\,048.24(万元)$

2）专业费用 $= 335.95 \times 13\,430$

$= 451.18(万元)$

3）管理费用 $= (5\,048.24+451.18) \times 5\%$

$= 274.97(万元)$

4）销售费用＝V_B×2%

　　　　　　＝0.02V_B（万元）

以上1至4项费用之和＝5 048.24＋451.18＋274.97＋0.02V_B

　　　　　　　　＝5 774.39＋0.02V_B（万元）

5）投资利息＝（5 774.39＋0.02V_B）×[60%（1＋5.76%）$^{1.5}$＋40%（1＋

　　　5.76%）$^{0.5}$－1]

　　　　＝369.20＋0.0013V_B（万元）

6）销售税费＝V_B×5.53%

　　　　＝0.0553V_B（万元）

7）开发利润＝（5 774.39＋0.02V_B＋369.20＋0.0013V_B）×20%

　　　　＝1 228.72＋0.004V_B（万元）

8）建筑物重置成本

V_B＝5 774.39＋0.02V_B＋369.20＋0.0013V_B＋0.0553V_B＋1 228.72

　　＋0.004V_B

V_B＝8 018（万元）

建筑物重置单价＝8 018÷1.343

　　　　　　＝5 970（元/m²）

3. 工料测量法

工料测量法是把建筑物还原为建筑材料、建筑构配件和设备，测算重新建造该建筑物所需的这些材料、构配件和设备的种类和数量，以及施工机械台班数、人工时数，调查在价值时点相应的单价和人工费标准，将这些材料、构配件、设备、施工机械台班的数量和人工时数乘以相应的单价和人工费标准后相加，并计取相应的措施项目费、规费和税金等得到建筑物建筑安装工程费的方法。工料测量法的优点是详细、准确，缺点是较费时、费力，通常需要造价工程师、建造师等相关领域的专家帮助。工料测量法主要用于求取具有历史价值的建筑物的重新购建成本。利用该方法测算某幢砖木结构建筑物的重新购建成本的一个简化例子，见表9-1。

利用工料测量法测算建筑物重新购建成本　　　　　　　表9-1

项目	数量	单价	金额（元）
现场准备			3 000
水泥			6 500
砂石			5 000

续表

项目	数量	单价	金额（元）
砖块			12 000
木材			7 000
瓦面			3 000
铁钉			200
管线			3 000
门窗			5 000
厨卫设备			7 000
灯具			1 000
人工			15 000
税费			1 000
其他			1 500
利润			3 500
重新购建成本			73 700

4. 指数调整法

指数调整法也称为成本指数趋势法（cost index trending），是利用建筑安装工程费的有关指数或变动率，将估价对象建筑物的历史建筑安装工程费调整到价值时点的建筑安装工程费来求取估价对象建筑物建筑安装工程费的方法。这种方法主要用于检验其他方法的测算结果。

将历史建筑安装工程费调整到价值时点的建筑安装工程费的具体方法，与比较法中市场状况调整的方法相同（见第七章第六节）。

第五节　建筑物折旧的测算

一、建筑物折旧的含义和原因

（一）建筑物折旧的含义

估价上的建筑物折旧是指各种原因造成的建筑物价值损失，其折旧额为建筑物在价值时点的重新购建成本与在价值时点的市场价值之差，即：

建筑物折旧＝建筑物重新购建成本－建筑物市场价值

建筑物重新购建成本是建筑物在全新状况下的价值，建筑物市场价值是建筑物在价值时点的旧的状况下的价值。如果价值时点为现在，则建筑物市场价值就是建筑物在当前实际状况下的价值。将建筑物重新购建成本减去建筑物折旧，实际上是把建筑物在全新状况下的价值调整为在价值时点的旧的状况下的价值，调整后的结果就是建筑物的市场价值，即：

建筑物市场价值＝建筑物重新购建成本－建筑物折旧

（二）建筑物折旧的原因

根据引起折旧的原因，建筑物折旧分为物质折旧、功能折旧和外部折旧。

1. 物质折旧

物质折旧（physical deterioration）也称为物质损耗、有形损耗、物质性价值损失，是由自然原因、人们使用等引起建筑物老化、磨损或损坏而造成的建筑物价值损失。根据引起的原因，物质折旧分为下列 4 种。

（1）自然经过的老化：也称为自然老化折旧，是在正常使用和正常维护下，随着时间流逝由自然原因引起的，如风吹、日晒、雨淋等引起建筑物的构件、设施设备、装饰装修等腐烂、生锈、风化和基础沉降等。这种折旧与建筑物的实际年龄（建筑物自竣工时起至价值时点止的年数）正相关，并要看建筑物所在地区的气候条件和环境因素，如在酸雨多的地区、海边，建筑物的老化就快。拿人打比方，自然经过的老化类似于人发育成熟后随着年龄增长而发生的衰老。

（2）正常使用的磨损：也称为使用磨损折旧，是随着时间流逝由正常使用引起的，与建筑物的使用性质、使用强度和使用时间正相关。例如，工业用途的建筑物磨损要大于居住用途的建筑物磨损。受腐蚀的工业用途的建筑物磨损，因受到使用过程中产生的有腐蚀作用的废气、废液等的不良影响，要大于不受腐蚀的工业用途的建筑物磨损。拿人打比方，正常使用的磨损类似于是从事体力劳动还是脑力劳动，体力劳动中是从事重体力劳动还是轻体力劳动等对人的损害。

（3）意外破坏的损坏：也称为意外损坏折旧，是由偶发性的天灾人祸引起的，包括自然方面的，如地震、水灾、风灾、雷击等；人为方面的，如失火、碰撞、装修中的破坏性拆改等。有些损坏即使进行了修复，但可能仍有“内伤”。拿人打比方，意外破坏的损坏类似于曾经得过大病对人的损害。

（4）延迟维修的损坏残存：也称为延迟维修折旧，是由维修不及时引起的，如未适时采取预防、养护措施或修理不够及时、不到位造成建筑物不应有的损坏或提前损坏、或已有损坏仍然存在，如门窗有破损，墙面、地面有裂缝等。拿人打比方，延迟维修的损坏残存类似于人平时不注意休养生息，有病不治。

2. 功能折旧

功能折旧（functional obsolescence）也称为无形损耗、功能性价值损失，是因建筑物功能不足或功能过剩而造成的建筑物价值损失。导致建筑物功能不足或功能过剩的原因，主要有科技进步、消费观念改变、过去的建筑标准过低、建筑设计上的缺陷等。功能折旧可分为下列 3 种。

（1）功能缺乏折旧：是因建筑物中缺少某些部件、设施设备、功能等而造成的建筑物价值损失。例如，早期建造的住房许多不是成套住宅，没有独用的厨房和卫生间，有的还不通燃气、没有供暖（北方地区）。显而易见，这些都是功能缺乏。目前在一些城市，随着居住水平的提高，人们普遍要求住宅有衣帽间、储藏室甚至书房，地上三层及以上的住宅楼有电梯。在这些城市如果住宅没有相应的功能空间和设施设备，就存在功能缺乏。对办公楼来说，现今如果没有电梯、集中空调、宽带，一般也存在功能缺乏。

（2）功能落后折旧：是因建筑物中某些部件、设施设备、功能等低于市场要求的标准而造成的建筑物价值损失。例如，设施设备性能较差或容量不够，建筑外观落后，空间布局欠佳等。从住宅来看，某些较早建造的住宅，卧室大、客厅小、厨房小、卫生间小；后来随着居住水平提高，流行所谓"三大、一小、一多"住宅，即客厅、厨房、卫生间大，卧室小，壁橱多的住宅；现在随着居住水平进一步提高，人们对住宅功能的要求又普遍提高，比如要求有单独的餐厅、浴室；要求住宅楼不仅有电梯（若无电梯则为功能缺乏），而且电梯速度较快、电梯间较大、梯户比较大；对住宅用电负荷的要求，因家用电器越来越多，用电量越来越大，要求住宅的用电负荷较大，否则难以满足居民日常生活用电需要，或者时常出现跳闸断电。因此，相对于现在人们对住宅功能的普遍要求，那些达不到相应要求的住宅就存在功能落后。再如高档办公楼，现在普遍要求有较好的智能化系统，如果某个所谓高档办公楼的智能化程度不够，则其功能相对就落后了。

（3）功能过剩折旧：是因建筑物中某些部件、设施设备、功能等超过市场要求的标准、对房地产价值的贡献小于其成本而造成的建筑物价值损失。例如，某幢厂房的层高为 6m，而如果当地该类厂房的标准层高为 5m，则该厂房超高的 1m 不被市场所接受，多花的成本不能转化为增加厂房的价格或租金，从而使这部分多花的成本成为无效成本。

3. 外部折旧

外部折旧（external obsolescence）是建筑物以外的各种不利因素造成的建筑物价值损失。不利因素主要有以下 4 类：①不利的经济因素，如因经济不景气、房地产市场低迷或供过于求等导致某些建筑物不再有需求；②不利的环境因素，如周围的自然环境恶化、较好景观被破坏、环境污染严重等；③不利的交通因素，如因以水路为主改变为以陆路为主等交通方式转变而造成相对偏僻、人流减少等；④其他不利因素，如采取房地产市场调控措施、取消优惠政策等。据此，外部折旧可分为经济折旧（economic obsolescence）、环境折旧、交通折旧和其他外部折旧，此外还可分为暂时性外部折旧和永久性外部折旧。例如，房地产市场低迷造成的房地产价值下降是一种经济折旧，但这种折旧不会永久下去，当市场回暖后会消失，因此房地产市场低迷的经济折旧是暂时性的，并可以将不考虑这类经济折旧的成本法称为传统成本法。再如，一个高档住宅区附近兴建一座工厂使该住宅区的房价下降是一种环境折旧，且这种折旧一般是永久性的。

【例 9-4】 某套旧住宅的重置成本（类似新建商品住宅的市场价格）为 60 万元，门窗、墙面、地面等破损引起的物质折旧为 5 万元，户型设计不好、没有独立卫生间、没有燃气等引起的功能折旧为 8 万元，位于城市衰落区域引起的外部折旧为 3 万元。请计算该旧住宅的折旧总额和折旧后价值。

【解】（1）该旧住宅的折旧总额计算如下：

该旧住宅的折旧总额＝物质折旧＋功能折旧＋外部折旧

$$=5+8+3$$
$$=16（万元）$$

（2）该旧住宅的折旧后价值计算如下：

该旧住宅的折旧后价值＝重置成本－折旧

$$=60-16$$
$$=44（万元）$$

二、建筑物折旧的求取方法

求取建筑物折旧的方法主要有年限法、市场提取法和分解法。

（一）年限法

1. 年限法和有关年限的含义

年限法也称为年龄—寿命法（age-life method），是根据建筑物的有效年龄和预期经济寿命或预期剩余经济寿命来测算建筑物折旧的方法。

建筑物的年龄（age）分为实际年龄（actual age）和有效年龄（effective age）。建筑物的实际年龄是建筑物自竣工时起至价值时点止的年数，类似于人的实际年龄。建筑物的有效年龄是根据价值时点的建筑物实际状况判断的建筑物年龄，类似于人看上去的年龄，比如生理年龄、心理年龄等。

建筑物的有效年龄可能等于也可能小于或大于其实际年龄。类似于有的人看上去与实际年龄相当，有的比实际年龄小，有的则比实际年龄大。建筑物的有效年龄一般根据建筑物的施工、使用、维护和更新改造等状况，在其实际年龄的基础上进行恰当加减调整得出。当建筑物的施工、使用、维护为正常的，其有效年龄与实际年龄相当；当建筑物的施工、使用、维护比正常的施工、使用、维护好或经过更新改造的，其有效年龄小于实际年龄；当建筑物的施工、使用、维护比正常的施工、使用、维护差的，其有效年龄大于实际年龄。

建筑物的寿命（life）也称为使用寿命、使用年限、耐用年限，分为自然寿命（physical life）和经济寿命（economic life）。建筑物自然寿命是建筑物自竣工时起至其主要结构构件自然老化或损坏而不能保证建筑物安全使用时止的时间。建筑物经济寿命是建筑物对房地产价值有贡献的时间，即建筑物自竣工时起至其对房地产价值不再有贡献时止的时间，其确定已在第八章第三节"收益期和持有期的测算"中作了介绍，在此不再重复。此外，建筑物经济寿命还可以通过后面将要介绍的市场提取法求出的年折旧率的倒数来求取。建筑物的经济寿命短于自然寿命。如果建筑物经过更新改造和修缮等，自然寿命和经济寿命都有可能得到延长。

建筑物的剩余寿命（remaining life）是建筑物寿命减去年龄后的寿命，分为剩余自然寿命和剩余经济寿命（remaining economic life）。建筑物剩余自然寿命是建筑物自然寿命减去实际年龄后的寿命。建筑物剩余经济寿命是建筑物经济寿命减去有效年龄后的寿命，即自价值时点起至建筑物经济寿命结束时止的时间。因此，建筑物有效年龄是从价值时点向过去推算的时间，它与建筑物剩余经济寿命之和等于建筑物经济寿命。如果建筑物的有效年龄比其实际年龄小，就会延长建筑物的剩余经济寿命；反之，就会缩短建筑物的剩余经济寿命。

利用年限法求取建筑物折旧时，建筑物的年龄应采用有效年龄，寿命应采用预期经济寿命，或者剩余寿命应采用预期剩余经济寿命。因为只有这样，求出的建筑物折旧和价值才符合实际。例如，两幢同时建成的完全相同的建筑物，如果使用、维护状况不同，它们的市场价值就会不同，但如果采用实际年龄、自然寿命来计算建筑物折旧，它们的价值就会相同。进一步来说，新近建成的建筑物未必完好，从而其价值未必高；而较早建成的建筑物未必损坏严重，从而其价值未必低。例如，新建成的房屋可能由于存在设计、施工质量缺陷或者使用不当，竣工没有几年就已经成了"严重损坏房"；而有些20世纪初建造的旧建筑物，至今可能仍然完好，即使不考虑其文化内涵因素，也有较高的市场价值。

2. 直线法

年限法中最主要的是直线法（straight-line method）。直线法是最简单的一种测算折旧的方法，它假设在建筑物的经济寿命期间每年的折旧额相等。直线法的年折旧额计算公式为：

$$D_i = D = \frac{C-S}{N}$$

$$= \frac{C\ (1-R)}{N}$$

式中　D_i——第 i 年的折旧额，也称为第 i 年的折旧。在直线法中，每年的折旧额 D_i 是一个常数 D。

　　　　C——建筑物重新购建成本。

　　　　S——建筑物预计净残值，简称净残值，是预计建筑物经济寿命结束时，经拆除后的旧料价值减去清理费用后的余额。

　　　　N——建筑物经济寿命。

　　　　R——建筑物残值率，简称残值率，是建筑物的净残值与其重新购建成本的比率。

　　另外，$(C-S)$ 称为折旧基数；年折旧额与重新购建成本的比率称为年折旧率，如果用 d 来表示，即：

$$d = \frac{D}{C} \times 100\%$$

$$= \frac{1-R}{N} \times 100\%$$

　　有效年龄为 t 年的建筑物折旧总额的计算公式为：

$$E_t = D \times t$$

$$= (C-S)\ \frac{t}{N}$$

$$= C\ (1-R)\ \frac{t}{N}$$

$$= C \times d \times t$$

式中　E_t——建筑物折旧总额。

　　采用直线法折旧下的建筑物折旧后价值的计算公式为：

$$V = C - E_t$$

$$= C - (C-S)\ \frac{t}{N}$$

$$= C\ [1 - (1-R)\ \frac{t}{N}]$$

$$= C\ (1-d \times t)$$

式中　V——建筑物折旧后价值。

　　【例 9-5】某幢旧平房的建筑面积为 150m^2，有效年龄为 20 年，预期经济寿命为 40 年，重置成本为 1 800 元/m²，残值率为 3%。请用直线法计算该房屋的折旧总额，并计算其折旧后价值。

【解】(1) 已知：$t=20$ 年，$N=40$ 年，$C=1\,800\times150=270\,000$(元)，$R=3\%$。

(2) 该房屋的折旧总额 E_t 计算如下：

$$E_t=C\,(1-R)\,\frac{t}{N}=270\,000\times\,(1-3\%)\,\times\frac{20}{40}$$

$$=130\,950\,(元)$$

(3) 该房屋的折旧后价值 V 计算如下：

$$V=C-E_t=270\,000-130\,950$$

$$=139\,050\,(元)$$

设建筑物剩余经济寿命为 n，则 $N=t+n$。现将采用直线法折旧下的计算建筑物折旧后价值的各种公式总结在图 9-1 的方框内。

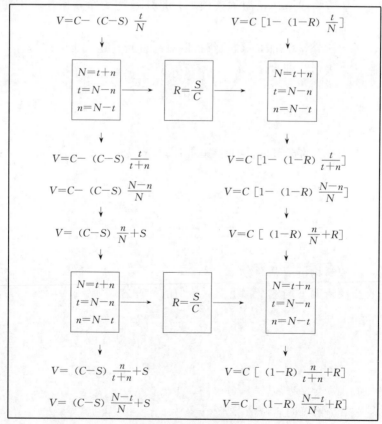

图 9-1   直线法折旧下的建筑物折旧后价值计算公式总结

直线法求取建筑物折旧，可分为综合折旧法、分类折旧加总法和个别折旧加总法。这三种方法是从粗到细的。前面介绍的直线法实际上是综合折旧法。分类折旧加总法之一是把建筑物分解为结构、设备和装修三部分，分别根据它们的重新购建成本和有效年龄、预期经济寿命或预期剩余经济寿命来求取折旧后相加。个别折旧加总法是把建筑物分解为各个更为具体的组成部分，分别根据它们的重新购建成本和有效年龄、预期经济寿命或预期剩余经济寿命来求取折旧后相加。

3. 成新折扣法

早期采用成本法求取建筑物折旧后价值时，习惯于根据建筑物的建成年代、新旧程度或完损状况等，判定出建筑物成新率，或者用建筑物的年龄、寿命计算出建筑物成新率，然后将建筑物重新购建成本乘以成新率来直接求取建筑物折旧后价值。这种方法称为成新折扣法，计算公式为：

$$V = C \times q$$

式中　　V——建筑物折旧后价值；

　　　　C——建筑物重新购建成本；

　　　　q——建筑物成新率（%）。

建筑物成新率是建筑物在价值时点的市场价值与在价值时点的重新购建成本的百分比。成新折扣法不够精细，主要用于建筑物初步估价，或同时需要对大量建筑物进行估价的场合，即建筑物批量估价，尤其是在大范围内开展建筑物现值摸底调查。

如果利用建筑物的有效年龄、经济寿命或剩余经济寿命来求取建筑物成新率，则成新折扣法就成了年限法的另一种表现形式。用直线法计算成新率的公式为：

$$q = \left[1 - (1-R)\frac{t}{N} \right] \times 100\%$$

$$= \left[1 - (1-R)\frac{N-n}{N} \right] \times 100\%$$

$$= \left[1 - (1-R)\frac{t}{t+n} \right] \times 100\%$$

$$= 100\% - d \times t$$

当 $R = 0$ 时，

$$q = \left(1 - \frac{t}{N} \right) \times 100\%$$

$$= \frac{n}{N} \times 100\%$$

$$=\frac{n}{t+n}\times100\%$$

【例9-6】某幢10年前竣工交付的房屋，维护状况一直正常，剩余经济寿命为30年，残值率为零。请用直线法计算该房屋的成新率。

【解】(1) 已知：$t=10$年，$n=30$年，$R=0$。

(2) 该房屋的成新率 q 计算如下：

$$q=\frac{n}{t+n}\times100\%=\frac{30}{10+30}\times100\%$$

$$=75\%$$

(二) 市场提取法

求取建筑物折旧的市场提取法是通过含有与估价对象中的建筑物具有类似折旧状况的建筑物的房地可比实例，来求取估价对象中的建筑物折旧的方法。类似折旧状况是指可比实例中的建筑物与估价对象中的建筑物的折旧类型（物质折旧、功能折旧、外部折旧）和折旧程度相同或相当。

市场提取法是基于先知道旧的房地价值，然后利用适用于旧的房地的成本法公式反求出建筑物折旧。因为适用于旧的房地的"房地分估"成本法公式为：

旧的房地价值＝土地重置成本＋建筑物重新购建成本－建筑物折旧

所以，如果知道了旧的房地价值、土地重置成本和建筑物重新购建成本，便可求出建筑物折旧，即：

建筑物折旧＝土地重置成本＋建筑物重新购建成本－旧的房地价值

＝建筑物重新购建成本－（旧的房地价值－土地重置成本）

＝建筑物重新购建成本－建筑物折旧后价值

根据上述公式，市场提取法求取建筑物折旧的步骤及其主要内容如下。

(1) 从估价对象所在地的房地产市场中搜集大量的房地交易实例。

(2) 从房地交易实例中选取不少于3个作为可比实例，且要求可比实例中的建筑物与估价对象中的建筑物具有类似折旧状况。

(3) 对每个可比实例的成交价格进行标准化处理、交易情况修正、建筑物折旧状况以外的房地产其他状况调整，但不进行市场状况调整。

(4) 采用比较法或基准地价修正法求取每个可比实例在其成交日期的土地重置成本，然后将前面换算、修正和调整后的可比实例成交价格减去土地重置成本，得出建筑物折旧后价值。

(5) 采用成本法或比较法求取每个可比实例在其成交日期的建筑物重新购建成本，然后将每个可比实例的建筑物重新购建成本减去前面求出的建筑物折旧后价值，得出建筑物折旧。

（6）将每个可比实例的建筑物折旧除以其建筑物重新购建成本转换为总折旧率，即：

$$总折旧率＝\frac{建筑物折旧}{建筑物重新购建成本}$$

如果可比实例中的建筑物年龄与估价对象中的建筑物年龄相近，且求出的各个可比实例总折旧率的范围较窄，则可以将各个可比实例的总折旧率调整为适用于估价对象的总折旧率。但如果各个可比实例中的建筑物区位、年龄、维护状况等之间有较大差异，求出的各个可比实例总折旧率的范围较宽，则应将每个可比实例的总折旧率除以其建筑物年龄转换为年折旧率，即：

$$年折旧率＝\frac{总折旧率}{建筑物年龄}$$

然后将各个可比实例的年折旧率调整为适用于估价对象的年折旧率。

（7）将估价对象建筑物的重新购建成本乘以总折旧率，或者乘以年折旧率再乘以建筑物年龄，便可得到估价对象中的建筑物折旧，即：

建筑物折旧＝建筑物重新购建成本×总折旧率

或者

建筑物折旧＝建筑物重新购建成本×年折旧率×建筑物年龄

采用市场提取法求出的年折旧率，还可求取年限法所需的建筑物经济寿命。在假设建筑物的残值率为零的情况下：

$$建筑物经济寿命＝\frac{1}{年折旧率}$$

例如，如果采用市场提取法求出的估价对象建筑物的年折旧率为2%，则可根据2%的倒数估算出估价对象建筑物的经济寿命为50年。

此外，利用总折旧率还可求出建筑物的成新率，即：

建筑物成新率＝1－总折旧率

【例9-7】某宗房地产的土地面积5 000m²，建筑面积12 500m²，现行市场价格4 700元/m²，每平方米建筑面积的土地重置成本为2 300元、建筑物重置成本为3 000元，建筑物年龄为10年。请计算建筑物折旧总额、总折旧率和年折旧率。

【解】（1）建筑物折旧总额计算如下：

建筑物折旧总额＝土地重置成本＋建筑物重置成本－房地产市场价格

＝（2 300＋3 000－4 700）×12 500÷10 000

＝750（万元）

（2）建筑物总折旧率计算如下：

建筑物总折旧率＝建筑物折旧总额÷建筑物重置成本

＝750÷（3 000×12 500÷10 000）

＝20％

（3）建筑物年折旧率计算如下：

建筑物年折旧率＝建筑物总折旧率÷建筑物年龄

＝20％÷10

＝2％

（三）分解法

分解法是把建筑物折旧分为物质折旧、功能折旧、外部折旧等各个组成部分，分别测算出各个组成部分后相加得到建筑物折旧的方法。如先把建筑物折旧分为物质折旧、功能折旧、外部折旧三大组成部分，然后分别分为若干个组成部分，再根据各个组成部分的特点，分别采用适当的方法求取，最后将这些折旧相加。分解法是求取建筑物折旧最详细、复杂的方法，其求取建筑物折旧的思路见图 9-2。

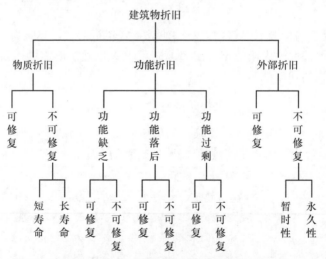

图 9-2 分解法求取建筑物折旧的思路

分解法求取建筑物折旧的步骤一般为：①求取物质折旧。先把物质折旧分解为各个项目，然后分别针对各个项目采用适当的方法求取其折旧，再将这些折旧相加。例如，把建筑物分解为建筑结构、设施设备、装饰装修三个组成部分或再细分，分别求取相应的重置成本和成新率或折旧率，然后将重置成本乘以成新率或折旧率求取折旧，再将这些折旧相加就是物质折旧额。②求取功能折旧。先把功能折旧分解为各个项目，然后分别针对各个项目采用适当的方法求取其折旧，再将这些折旧相加。③求取外部折旧。先把外部折旧分为不同情形，然后分别针对不同情形采用适当的方法求取其折旧，再将这些折旧相加。④求取建筑物折旧总额。把上述求取的物质折旧、功能折旧和外部折旧相加，即得到建筑物折旧总额。

1. 物质折旧的求取

求取物质折旧的过程和方法如下。

（1）将物质折旧项目分为可修复项目和不可修复项目两类。修复是指采取修理或部分更换等方式将建筑物恢复到新的或相当于新的状况。预计修复成本小于或等于修复所能带来的房地产价值增加额的，即：

$$修复成本 \leqslant （修复后的房地产价值 - 修复前的房地产价值）$$

是可修复的；反之，预计修复成本大于修复所能带来的房地产价值增加额的，是不可修复的。修复成本是采用合理的修复方案将建筑物恢复到新的或相当于新的状况的必要支出及应得利润。需进一步说明的是，可修复不仅是技术上能够做到的，还是法律上允许和经济上可行的。即判断是否可修复，不仅要看技术上能否修复，还要看法律上是否允许修复，以及经济上是否值得修复。

（2）对于可修复项目，测算其在价值时点的修复成本作为相应的折旧额。

（3）对于不可修复项目，根据其在价值时点的剩余寿命是否短于整体建筑物的剩余经济寿命，将其分为短寿命项目和长寿命项目两类。短寿命项目是剩余寿命短于整体建筑物剩余经济寿命的部件、设备、设施等，它们在建筑物剩余经济寿命期间迟早要更换，甚至要更换多次。长寿命项目是剩余寿命等于或长于整体建筑物剩余经济寿命的部件、设备、设施等，它们在建筑物剩余经济寿命期间无须更换。在实际中，短寿命项目和长寿命项目的划分，一般是在其寿命是否短于建筑物经济寿命的基础上作出的，如基础、墙体、梁柱、屋顶、门窗、管道、电梯、空调、卫生设备、装饰装修等的寿命是不同的。

短寿命项目分别根据各自的重新购建成本（通常为市场价格、运输费、安装费等之和）、年龄、寿命或剩余寿命，采用年限法计算其折旧额。

长寿命项目是合在一起，根据建筑物重新购建成本减去各个可修复项目的修复成本和短寿命项目的重新购建成本后的余额、建筑物的有效年龄、经济寿命或剩余经济寿命，采用年限法计算其折旧额。

（4）把各个可修复项目的修复成本、短寿命项目的折旧额、长寿命项目的折旧额相加，就是物质折旧总额。

【例9-8】某个建筑物的建筑面积500m²，重置成本3 600元/m²，有效年龄10年，预期经济寿命50年。门窗等破损的修复成本2万元；设施设备的重置成本60万元，年龄10年，平均寿命15年；装饰装修的重置成本600元/m²，年龄3年，平均寿命5年。残值率假设均为零。请计算该建筑物的物质折旧总额。

【解】该建筑物的物质折旧总额计算如下：

(1) 门窗等破损的修复成本＝2（万元）

(2) 设施设备的折旧额＝$60 \times \frac{1}{15} \times 10$

$\qquad\qquad\qquad\qquad = 40$（万元）

(3) 装饰装修的折旧额＝$600 \times 500 \times \frac{1}{5} \times 3$

$\qquad\qquad\qquad\qquad = 18$（万元）

(4) 长寿命项目的折旧额＝$(3\,600 \times 500 - 20\,000 - 600\,000 - 600 \times 500) \times \frac{1}{50} \times 10$

$\qquad\qquad\qquad\qquad = 17.6$（万元）

(5) 该建筑物的物质折旧总额＝2＋40＋18＋17.6

$\qquad\qquad\qquad\qquad = 77.6$（万元）

2. 功能折旧的求取

求取功能折旧的过程和方法如下。

(1) 把功能折旧分为功能缺乏折旧、功能落后折旧、功能过剩折旧。

(2) 功能缺乏折旧的求取。把功能缺乏折旧分为可修复的功能缺乏折旧、不可修复的功能缺乏折旧。

可修复的功能缺乏折旧在采用缺乏该功能的"建筑物重建成本"下的求取方法是：①测算在价值时点在估价对象建筑物上单独增加该功能的必要费用（简称单独增加功能费用）；②测算在价值时点重置估价对象建筑物时随同增加该功能的必要费用（简称随同增加功能费用）；③将单独增加功能费用减去随同增加功能费用，即单独增加功能的超额费用为可修复的功能缺乏折旧额。

【例9-9】某幢现在应有但无电梯的房屋，重建成本2 000万元，现单独加装电梯的建筑工程费、电梯购置费和安装费等需要120万元，而重置该房屋时随同加装电梯仅需100万元。请计算该房屋无电梯的功能折旧额和扣除该折旧后的价值。

【解】该房屋无电梯的功能折旧额和扣除该折旧后的价值计算如下：

该房屋无电梯的功能折旧额＝120－100

$\qquad\qquad\qquad\qquad = 20$（万元）

该房屋扣除无电梯的功能折旧后的价值＝2 000－20

$$＝1 980（万元）$$

如果是采用具有该功能的"建筑物重置成本"，则将建筑物重置成本减去单独增加功能费用，便直接得到了扣除该可修复的功能缺乏折旧后的价值。

【例 9-10】例 9-9 应有电梯而无电梯的办公楼，现单独加装电梯需要 120 万元，相似的有电梯办公楼的重置成本为 2 100 万元。请计算该办公楼扣除无电梯的功能折旧后的价值。

【解】该办公楼扣除无电梯的功能折旧后的价值计算如下：

该办公楼扣除无电梯的功能折旧后的价值＝2 100－120

$$＝1 980（万元）$$

不可修复的功能缺乏折旧可采用以下方法求取：①利用"收益损失资本化法"求取因缺乏该功能而造成的未来每年损失的净收益的现值之和；②测算随同增加功能费用；③将未来每年损失的净收益的现值之和减去随同增加功能费用，即得到不可修复的功能缺乏折旧额。

【例 9-11】某幢无电梯的旧写字楼建筑面积 3 000m²，租金 1.8 元/（m²·天），空置率 15％。有电梯的类似写字楼的租金 2 元/（m²·天），空置率 10％。现单独加装电梯的必要费用为 400 万元，而重置该写字楼时随同加装电梯的必要费用仅为 200 万元。该写字楼的预期剩余寿命为 30 年，报酬率为 8％。请回答：①该无电梯的功能缺乏是否可修复；②该无电梯的功能缺乏折旧额是多少。

【解】（1）计算加装电梯所能带来的房地产价值增加额：

$$V = \frac{A}{Y}\left[1 - \frac{1}{(1+Y)^n}\right]$$

$$= \frac{[2\times(1-10\%)-1.8\times(1-15\%)]\times365\times3\,000}{8\%}\left[1-\frac{1}{(1+8\%)^{30}}\right]$$

$$=332.84（万元）$$

（2）通过比较修复成本与房地产价值增加额的大小，判断是否可修复：

因为修复成本 400 万元大于房地产价值增加额 332.84 万元，所以该无电梯的功能缺乏不可修复。

（3）计算无电梯的功能折旧额：

无电梯的功能折旧额＝房地产价值增加额－随同加装电梯费用

$$=332.84-200$$

$$=132.84（万元）$$

（3）功能落后折旧的求取。把功能落后折旧分为可修复的功能落后折旧、不可修复的功能落后折旧。

可修复的功能落后折旧在采用该落后功能的"建筑物重建成本"下，为在价值时点该落后功能的重置成本减去该落后功能已提折旧，加上拆除该落后功能的必要费用（简称拆除落后功能费用），减去该落后功能拆除后的残余价值（简称落后功能残余价值），加上单独增加先进功能的必要费用（简称单独增加先进功能费用），减去重置建筑物时随同增加先进功能的必要费用（简称随同增加先进功能费用）。因此，采用计算过程的表述方式来说明扣除可修复的功能落后折旧后的价值，即：

$$
\begin{aligned}
&\quad\ \text{建筑物重建成本}\\
&-\text{落后功能重置成本}\\
&+\text{落后功能已提折旧}\\
&-\text{拆除落后功能费用}\\
&+\text{落后功能残余价值}\\
&-\text{单独增加先进功能费用}\\
&+\text{随同增加先进功能费用}\\
\hline
&=\text{扣除功能落后折旧后的价值}
\end{aligned}
$$

如果是采用具有先进功能的"建筑物重置成本"，则将该建筑物重置成本减去落后功能重置成本，加上落后功能已提折旧，减去拆除落后功能费用，加上落后功能残余价值，减去单独增加先进功能费用，便直接得到了扣除可修复的功能落后折旧后的价值。

与可修复的功能缺乏折旧额相比，可修复的功能落后折旧额多了落后功能尚未折旧的价值（即落后功能的重置成本减去已提折旧。因为该尚未折旧的部分未发挥作用就报废了），少了落后功能的净残值（即可挽回的损失，等于落后功能的残余价值减去清理费用），即多了落后功能的服务期未满而提前报废的损失。

【例 9-12】某幢旧办公楼的电梯已落后，如果将该旧电梯更换为功能先进的新电梯，估计需要 2 万元的清理费用，可回收残值 3 万元，安装新电梯需要 120 万元，比在建造同类办公楼时随同安装新电梯多花 20 万元。估计该旧办公楼的重建成本为 2 050 万元，该旧电梯的重置成本为 50 万元，已提折旧 40 万元。请计算该办公楼电梯落后的功能折旧额和扣除该折旧后的价值。

【解】该办公楼电梯落后的功能折旧额和扣除该折旧后的价值计算如下：

该办公楼电梯落后的功能折旧额＝（50－40）＋（2－3）＋20

$$=29（万元）$$

该办公楼扣除电梯落后的功能折旧后的价值＝2 050－29
$$＝2 021（万元）$$

不可修复的功能落后折旧是在上述可修复的功能落后折旧额计算中，将单独增加先进功能费用替换为利用"收益损失资本化法"求取的功能落后导致的未来每年损失的净收益的现值之和。

（4）功能过剩折旧的求取。功能过剩一般是不可修复的。功能过剩折旧包括功能过剩造成的"无效成本"和"超额持有成本"。如果采用"建筑物重置成本"，则"无效成本"可自动消除；如果采用"建筑物重建成本"，则"无效成本"不能消除。以前面讲过的层高过高的厂房为例，因为厂房重置成本是依据5m 层高来测算的，而厂房重建成本是依据 6m 层高来测算的。"超额持有成本"可利用"超额运营费用资本化法"，即功能过剩导致的未来每年超额运营费用的现值之和来求取。这样，在采用建筑物重置成本下：

扣除功能过剩折旧后的价值＝建筑物重置成本－超额持有成本

在采用建筑物重建成本下：

扣除功能过剩折旧后的价值＝建筑物重建成本－（无效成本＋超额持有成本）

【例 9-13】某房地产的重建成本为 2 000 万元，已知在建造期间中央空调系统因功率过大较正常情况多投入 150 万元，投入使用后每年多耗电费 0.8 万元。假定该空调系统使用寿命为 15 年，估价对象的报酬率为 9%。请计算该房地产的中央空调功率过大的功能折旧和扣除该折旧后的价值。

【解】（1）该房地产的中央空调功率过大的功能折旧计算如下：

$$该房地产中央空调功率过大的功能折旧＝150＋\frac{0.8}{9\%}\left[1-\frac{1}{(1+9\%)^{15}}\right]$$
$$＝156.45（万元）$$

（2）该房地产扣除中央空调功率过大的功能折旧后的价值计算如下：

该房地产扣除中央空调功率过大的功能折旧后的价值＝2 000－156.45
$$＝1 843.55（万元）$$

（5）把功能缺乏折旧、功能落后折旧和功能过剩折旧相加，就是整个功能折旧。

3. 外部折旧的求取

外部折旧通常是不可修复的。求取外部折旧先要分清是暂时性的还是永久性的，然后可根据收益损失的期限不同，利用"收益损失资本化法"求取建筑物以外的各种不利因素导致的未来每年损失的净收益的现值之和，就是外部折旧。

三、求取建筑物折旧的注意事项

（一）估价上的折旧与会计上的折旧的本质不同

估价上的折旧与会计上的折旧有以下本质不同：估价上的折旧注重的是资产市场价值的真实损失，科学地说不是"折旧"，而是"减价调整"；会计上的折旧注重的是资产历史成本的分摊、补偿或回收。以直线法折旧下的公式

$$V = C\left[1 - (1-R)\frac{t}{N}\right]$$

为例，其中 C 在会计上为资产的历史成本，是当初购置时的，不随着时间的推移而变化；在估价上为资产的重新购建成本，是价值时点的，价值时点不同，其值可能不同。此外，会计上把资产的历史成本 C 与累计折旧额 $C(1-R)\frac{t}{N}$ 之差，称为资产的账面价值，它无须与资产的市场价值一致；估价上把资产的重新购建成本 C 与折旧总额 $C(1-R)\frac{t}{N}$ 之差，当作资产的实际价值，它必须与资产的市场价值一致。经常出现这种情况：有些房地产尽管在会计账目上折旧早已提足或者快要提足，但估价结果显示其仍然有较大的现时价值，比如保存完好的旧建筑物；而有些房地产尽管在会计账目上折旧尚未提足甚至远未提足，但估价结果显示其现时价值已所剩无几，比如存在严重工程质量问题的新建房屋。

（二）土地使用期限对建筑物经济寿命的影响

在求取建筑物折旧时应注意土地使用期限对建筑物经济寿命的影响。计算建筑物折旧所采用的建筑物经济寿命遇到的情况及其处理如下。

（1）住宅不论其经济寿命是早于还是晚于土地使用期限而结束，均按照其经济寿命计算折旧，因为法律规定"住宅建设用地使用权期限届满的，自动续期。"

（2）非住宅建筑物经济寿命早于土地使用期限而结束的，应按照建筑物经济寿命计算建筑物折旧。如图 9-3（a）所示，假设是在原划拨国有建设用地上建造的办公楼，在其建成 15 年后补办了出让手续，出让年限为 50 年，办公楼经济寿命为 60 年。在这种情况下，应按照 60 年（办公楼经济寿命）而不是 45 年（60 年办公楼经济寿命减去 15 年办公楼年龄）、50 年（土地使用期限）或 65 年（60 年办公楼经济寿命加上 5 年剩余土地使用期限）计算办公楼折旧。

（3）非住宅建筑物经济寿命晚于土地使用期限而结束的，分为两种情况：①出让合同约定建设用地使用权期限届满需要无偿收回建设用地使用权时，根据收回时建筑物的残余价值给予土地使用者相应补偿。②出让合同约定建设用地使用权期限届满需要无偿收回建设用地使用权时，建筑物也无偿收回。

对于上述第一种情况，应按照建筑物经济寿命计算建筑物折旧。这样处理的理由是：虽然 1990 年发布的《城镇国有土地使用权出让和转让暂行条例》规定"土地使用权期满，土地使用权及地上建筑物、其他附着物所有权由国家无偿取得"，但此后于 1994 年公布、2007 年修正的《城市房地产管理法》规定"土地使用权出让合同约定的使用年限届满，土地使用者未申请续期或者虽申请续期但依照前款规定未获批准的，土地使用权由国家无偿收回"，而未规定地上建筑物、其他附着物所有权一并由国家无偿收回。这实际上是取消了地上建筑物、其他附着物所有权在土地使用权期满时也由国家无偿取得的原有规定。2008 年国土资源部和国家工商行政管理总局制定的《国有建设用地使用权出让合同》示范文本（GF－2008－2601）第二十六条，进一步对土地出让期限届满需要无偿收回国有建设用地使用权时，收回地上建筑物、构筑物及其附属设施有给予补偿和无偿收回两种约定："土地出让期限届满，土地使用者申请续期，因社会公共利益需要未获批准的，土地使用者应当交回国有土地使用证，并依照规定办理国有建设用地使用权注销登记，国有建设用地使用权由出让人无偿收回。出让人和土地使用者同意本合同项下宗地上的建筑物、构筑物及其附属设施，按本条第＿＿＿项约定履行：（一）由出让人收回地上建筑物、构筑物及其附属设施，并根据收回时地上建筑物、构筑物及其附属设施的残余价值，给予土地使用者相应补偿；（二）由出让人无偿收回地上建筑物、构筑物及其附属设施。"

对丁上述第二种情况，应按照建筑物经济寿命减去其晚于土地使用期限的那部分寿命后的寿命计算建筑物折旧。如图 9-3（b）所示，假设是在出让的国

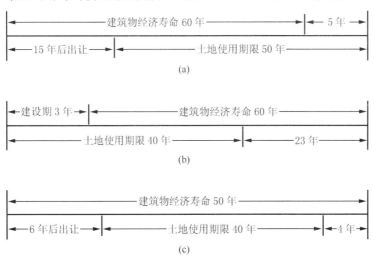

图 9-3 建筑物经济寿命与土地使用期限关系的几种情况

有建设用地上建造的商场，出让年限为 40 年，建设期为 3 年，商场经济寿命为 60 年。在这种情况下，商场经济寿命中晚于土地使用期限的那部分寿命为 23 年（3 年建设期加上 60 年商场经济寿命减去 40 年出让年限），因此，应按照 37 年（60 年商场经济寿命减去 23 年）而不是 60 年、63 年或 40 年计算商场折旧。如图 9-3（c）所示，假设是旧厂房改造的超级市场，在该旧厂房建成 6 年后补办了出让手续，出让年限为 40 年，建筑物经济寿命为 50 年。在这种情况下，建筑物经济寿命中晚于土地使用期限的那部分寿命为 4 年（50 年建筑物经济寿命减去 6 年建筑物年龄，再减去 40 年出让年限），因此，应按照 46 年（50 年建筑物经济寿命减去 4 年）而不是 50 年、44 年或 40 年计算建筑物折旧。

第六节　房屋完损等级评定和折旧的有关规定

一、房屋完损等级评定的有关规定

房屋完损等级是用来检查房屋维护状况的一个标准，也是确定房屋实际新旧程度、测算房屋折旧的一个重要参考依据。房屋的完好程度越高，其折旧后价值就越接近房屋重新购建成本。1984 年 11 月 8 日，城乡建设环境保护部发布了《房屋完损等级评定标准（试行）》（城住字〔1984〕第 678 号），并于同年 12 月 12 日发布了《经租房屋清产估价原则》。现将有关内容综合如下。

（1）房屋完损状况，根据房屋的结构、装修、设备等组成部分的完好、损坏程度，分为以下 5 类：①完好房；②基本完好房；③一般损坏房；④严重损坏房；⑤危险房。

（2）房屋结构组成分为地基基础、承重构件、非承重墙、屋面、楼地面；房屋装修组成分为门窗、外抹灰、内抹灰、顶棚、细木装修；房屋设备组成分为水卫、电照、暖气及特种设备（如消防栓、避雷装置等）。

（3）房屋完损等级的判定依据如下。

①完好房：结构构件完好，装修和设备完好、齐全完整，管道畅通，现状良好，使用正常。或虽然个别分项有轻微损坏，但一般经过小修就能修复的。

②基本完好房：结构基本完好，少量构部件有轻微损坏，装修基本完好，油漆缺乏保养，设备、管道现状基本良好，能正常使用，经过一般性的维修能恢复的。

③一般损坏房：结构一般性的损坏，部分构部件有损坏或变形，屋面局部漏雨，装修局部有破损，油漆老化，设备、管道不够畅通，水卫、电照管线、器具

和零件有部分老化、损坏或残缺，需要进行中修或局部大修更换部件的。

④严重损坏房：房屋年久失修，结构有明显变形或损坏，屋面严重漏雨，装修严重变形、破损，油漆老化见底，设备陈旧不齐全，管道严重堵塞，水卫、电照管线、器具和零部件残缺及严重损坏，需进行大修或翻修、改建的。

⑤危险房：承重构件已属危险构件，结构丧失稳定及承载能力，随时有倒塌可能，不能确保住用安全的。

（4）房屋新旧程度的判定标准如下：①完好房，十、九、八成；②基本完好房，七、六成；③一般损坏房，五、四成；④严重损坏房及危险房，三成以下。

二、房屋折旧的有关规定

1992 年 6 月 5 日，建设部、财政部制定的《房地产单位会计制度——会计科目和会计报表》（建综〔1992〕349 号印发）对经租房产折旧作了有关规定。这些规定虽然是针对会计上的折旧和"经租房产"的，但其中房屋分类分等，以及房屋的耐用年限（寿命）、残值率等参数，对估价上求取建筑物折旧有一定的参考价值。经租房产折旧的有关规定如下。

（1）计算折旧必须确定房产的价值、使用年限、残值和清理费用，计算公式为：

$$年折旧额＝原价×（1－残值率）÷耐用年限$$

（2）经租房产根据房屋结构分为下列 4 类 7 等。

①钢筋混凝土结构：全部或承重部分为钢筋混凝土结构，包括框架大板与框架轻板结构等房屋。这类房屋一般内外装修良好，设备比较齐全。

②砖混结构一等：部分钢筋混凝土，主要是砖墙承重的结构，外墙部分砌砖、水刷石、水泥抹面或涂料粉刷，并设有阳台，内外设备齐全的单元式住宅或非住宅房屋。

③砖混结构二等：部分钢筋混凝土，主要是砖墙承重的结构，外墙是清水墙，没有阳台，内部设备不全的非单元式住宅或其他房屋。

④砖木结构一等：材料上等、标准较高的砖木（石料）结构。这类房屋一般是外部有装修处理、内部设备完善的庭院式或花园洋房等高级房屋。

⑤砖木结构二等：结构正规，材料较好，一般外部没有装修处理，室内有专用上、下水等设备的普通砖木结构房屋。

⑥砖木结构三等：结构简单，材料较差，室内没有专用上、下水等设备，较低级的砖木结构房屋。

⑦简易结构：如简易楼、平房、木板房、砖坯房、土草房、竹木捆绑房等。

（3）各种结构房屋的一般耐用年限见表 9-2。

（4）房屋残值是指房屋达到使用年限，不能继续使用，经拆除后的旧料价值；清理费用是指拆除房屋和搬运废弃物所发生的费用；残值减去清理费用的价值与房屋造价的比例为残值率。各种结构房屋的一般残值率见表 9-2。

各种结构房屋的耐用年限和残值率　　　　　　　　　　　表 9-2

		耐用年限（年）			残值率（%）
		生产用房	受腐蚀的生产用房	非生产用房	
钢筋混凝土结构		50	35	60	0
砖混结构	一等	40	30	50	2
	二等	40	30	50	2
砖木结构	一等	30	20	40	6
	二等	30	20	40	4
	三等	30	20	40	3
简易结构		10			0

复习思考题

1. 什么是成本法？其"成本"是成本还是价格？原因何在？

2. 成本法的理论依据是什么？

3. 当估价对象的重新购建成本为重新购置全新状况的估价对象的必要支出时，成本法与比较法有何异同？

4. 成本法适用于哪些房地产估价？需具备哪些条件？

5. 实际成本（个别成本）、客观成本（社会平均成本）以及有效成本、无效成本的含义及区别是什么？在估价中为何要采用客观成本和有效成本？

6. 成本法的估价步骤是什么？

7. 房地产价格构成项目有哪些？如何测算各个构成项目的金额？

8. 直接成本利润率、投资利润率、成本利润率、销售利润率之间有何异同和高低关系？

9. 适用于旧的和新的房地产以及在建工程的成本法基本公式分别是怎样的？

10. 房地合估、分估、整估路径有何异同？实际估价中应如何选择？

11. 新开发的成片土地分宗估价的成本法基本公式是怎样的？

12. 什么是重新购建成本？

13. 为何建筑物的重新购建成本是全新建筑物的重新购建成本，而土地的重新购建成本是在价值时点的土地状况的重新购建成本？

14. 求取房地、土地、建筑物的重新购建成本的思路分别是什么？

15. 如何利用有建筑物的土地重置成本的求取方法，把房地产价值价格在土地和建筑物之间进行分配？

16. 重置成本和重建成本的含义及异同点是什么？分别在何种情况下采用？

17. 什么是单位比较法、分部分项法、工料测量法、指数调整法？它们的异同点和优缺点是什么？

18. 估价上的折旧与会计上的折旧有何异同？什么是估价上的建筑物折旧？它分为哪三类？

19. 物质折旧、功能折旧、外部折旧的含义及之间的异同点是什么？

20. 求取建筑物折旧的方法主要有哪几种？

21. 什么是年限法？建筑物的年龄、寿命、剩余寿命的含义及相互关系是什么？

22. 建筑物的实际年龄和有效年龄的含义是什么？

23. 建筑物的自然寿命的含义是什么？

24. 建筑物的残值及残值率的含义是什么？它们与建筑结构有何关系？

25. 什么是直线法？其计算建筑物折旧及建筑物折旧后价值的公式是怎样的？

26. 综合折旧法、分类折旧加总法和个别折旧加总法的含义及之间的区别是什么？

27. 成新折扣法下的建筑物折旧后价值的计算公式是怎样的？

28. 如何采用市场提取法求取建筑物折旧？

29. 什么是分解法？如何利用它来求取建筑物折旧？

30. 可修复和不可修复的含义及判断标准是什么？在求取建筑物折旧中作此两种区分有何意义？

31. 某旧建筑物现在的价值是否可能大于它过去新的时候的价值？如果可能，出现这种情况的主要原因是什么？

32. 在建筑物经济寿命结束的时间与建设用地使用权期限届满的时间不一致的情况下，如何确定计算建筑物折旧的经济寿命？

33. 房屋完损等级是如何划分的？不同的完损等级对应的新旧程度是什么？

34. 经租房产折旧有关规定的主要内容是什么？

第十章　假设开发法及其运用

本章介绍待开发房地产特别是待开发土地估价常用方法之一的假设开发法，包括假设开发法的含义、理论依据、适用对象、适用条件、估价步骤和每个步骤所涉及的具体内容，以及其他用途。

第一节　假设开发法概述

一、假设开发法的含义

简要地说，假设开发法是根据估价对象的预期剩余开发价值来求取估价对象价值价格的方法。预期剩余开发价值是估价对象预期开发建设完成的价值减去后续开发建设的必要支出后的余额。预期开发建设完成的价值简称预期完成的价值、开发完成后的价值，是将估价对象（如土地、在建工程、旧房等，统称"待开发房地产"）开发建设或重新开发建设成为某种状况的房地产（如熟地、新房等，统称"未来开发建设完成的房地产"，简称"未来完成的房地产"），也就是把估价对象或待开发房地产"变成"未来完成的房地产，预测的未来完成的房地产的价值价格。后续开发建设的必要支出简称后续必要支出，是预测的取得估价对象时及将估价对象开发建设或重新开发建设成某种状况的房地产所需付出的各项成本、费用和税金。

根据考虑资金时间价值的方式不同，假设开发法分为动态分析法和静态分析法。动态分析法是求得估价对象后续必要支出、预期完成的价值和折现率，将预期完成的价值和后续必要支出折现到价值时点后相减得到估价对象价值价格的方法。静态分析法是求得估价对象后续必要支出及应得利润、预期完成的价值，将预期完成的价值减去后续必要支出及应得利润得到估价对象价值价格的方法。

假设开发法尤其是其中静态分析法在形式上（从计算公式来看）是成本法的

逆运算，而其实质与收益法相同，即以房地产的预期收益为导向来求取房地产的价值价格，只是假设开发法的预期收益具体为预期剩余开发价值。因此，假设开发法也称为剩余法。但称之为假设开发法更加科学准确、易于理解，不易引起混淆和误解（如收益法中有"剩余技术"）。

二、假设开发法的理论依据

假设开发法的主要理论依据与收益法相同，是预期原理，其估价的基本思路可用下面的例子予以较好说明。该例子是模拟一个典型的房地产开发企业，在公平竞争、由出价最高的竞买人获得的建设用地使用权出让市场上竞买一块房地产开发用地，是如何考量其愿意支付的最高价格的。

假如政府要公开出让一块房地产开发用地，同时有多个房地产开发企业参与竞买，作为其中一个房地产开发企业将愿意出价多少？首先，该企业要深入调查、分析该土地的内外部状况及其所在地的房地产市场状况，包括该土地的坐落、界址（或四至）、面积（包括规划总用地面积和其中建设用地面积、代征地面积）、形状、地质、开发程度、规划建设条件（如规划用途、容积率、绿地率，以及配套建设公共服务设施、保障性住房、自持租赁住房等要求）、将拥有的土地权利（包括出让年限或土地使用期限）、交通条件、外部配套设施、周围环境、周边新建商品房和二手房价格水平、相关房地产市场调控政策、未来房地产市场走势等。

其次，该企业要根据调查、分析得到的该土地的内外部状况及其所在地的房地产市场状况，选择该土地的最佳开发经营方式，例如在规划允许的范围内最适宜开发建设何种用途、多大规模、什么档次的商品房。比如规划用途为住宅，则是建普通住宅还是建高档公寓或别墅；规划用途为商业办公，则是建写字楼还是建商场、酒店等。

接下来，该企业要预测在将来适当的时候销售（预售或现售）建成的商品房，市场价格是多少；在取得该土地时作为买方需要缴纳的契税等"取得税费"是多少；为了开发建设和售出建成的商品房，各项支出是多少，如建设成本、管理费用、销售费用、投资利息（该企业投入的资金有些是自有资金，有些是银行贷款等借贷资金，但都要计算利息或将资金全部视为借贷资金，因为借贷资金要支付利息，自有资金要考虑机会成本）、销售税费。此外，还不能忘了要获得开发利润。但期望获得的开发利润既不能过高，也不能过低。因为如果过高，就会导致自己的出价较低，从而将在取得该土地的竞争中得不到它；而如果过低（如低于类似房地产开发经营活动的正常利润率，或者低于将有关资金、时间和精力投到其他方面所能获得的利润），则还不如将有关资金、时间和精力投到其他方面，这是考虑到相关机会成本。

在作出上述预测后，该企业便可知道自己愿意为该土地支付的最高价格等于预测的未来建成的商品房价格，减去预测的该土地的取得税费和未来开发经营过程中必须付出的各项成本、费用、税金以及应获得的开发利润后的余额。

由上可见，假设开发法在形式上是适用于新建成的房地产（如新建商品房）和新开发的土地（如熟地或净地）的成本法的逆运算。两者的主要区别是：成本法中的待开发房地产（如待开发土地）价值为已知，需要求取的是开发建设完成的房地产价值；假设开发法中的开发建设完成的房地产价值已事先通过预测得到，需要求取的是待开发房地产价值。

假设开发法更深层的理论依据类似于"不是地租决定土地产品的价格，而是土地产品的价格决定地租"的地租原理，只不过地租是每年的租金剩余，而假设开发法测算的通常是一次性的价格或价值剩余。例如，被誉为研究空间经济鼻祖的约翰·冯·杜能（Johann Heinrich von Thünen，1783—1850），在 1826 年出版的《孤立国同农业和国民经济的关系》一书中以下一段文字，可视为假设开发法的早期思想："有一田庄，庄上全部房屋、树木、垣篱都遭焚毁，凡想购置这一田庄的人，在估值时总首先考虑，田庄建设完备之后，这块土地的纯收益是多少，然后扣除建造房屋等投资的利息，根据剩余之数确定买价。"[①]

三、假设开发法的适用对象

假设开发法适用于依法可以进行开发建设或按新的用途、规模等重新开发建设，且预期完成的价值可以采用比较法、收益法等成本法以外的方法求取的各种待开发房地产，主要包括下列 3 类。

（1）可供开发的土地：包括生地、毛地、净地、熟地，典型的是房地产开发用地。特别是交通条件较好、规划允许、适宜建造高档住宅、别墅、酒店而尚未开发的有水景、山景等自然景观优美、生态环境良好的土地，通常难以采用成本法估价，比较法、收益法往往也不适用或难以完全反映其价值，而假设开发法是有效的估价方法。

（2）在建工程或房地产开发项目：包括正在开发建设、停建、缓建的在建工程或建设工程、房地产开发项目。

---

① ［德］约翰·冯·杜能著. 孤立国同农业和国民经济的关系. 吴衡康译. 北京：商务印书馆，1986 年 6 月第 1 版. 第 28～29 页。

（3）可更新改造或改变用途的房地产：包括可依法扩建、改建、改造、重新装饰装修等的旧房，如适宜且可依法改建为写字楼、超级市场、租赁住房等的旧厂房。如果是将旧房拆除后重新开发建设，则估价对象为可供开发的毛地。

四、假设开发法的适用条件

在估价实践中，假设开发法测算结果的可靠程度主要取决于两个预测。第一，是否根据房地产估价的合法原则和最高最佳利用原则，正确判断了估价对象的最佳开发经营方式（包括最佳的用途、规模、档次等）。第二，是否根据估价对象所在地的房地产市场状况，正确预测了未来完成的房地产价值价格。由于这两个预测包含较多不确定因素，假设开发法有时被指责具有较大随意性，认为主要适合对待开发房地产价值价格进行粗略估计。比如，在建设用地使用权出让中，各个竞买人都是采用假设开发法测算其出价或报价，而不同的竞买人愿意支付的最高价往往相差悬殊。当然，各个竞买人的测算结果实质上是各自的投资价值，而不是相对客观的市场价值或市场价格，在测算各自的出价或报价时所依据的自身条件（如融资成本、期望利润等）和对未来房地产市场形势（如未来房价变动趋势、变动幅度等）的判断都可能不同，甚至差异很大。此外，准确地预测后续必要支出也有较大难度，特别是在建筑材料、人工等价格和税费变动较大的情况下。不过，当估价对象具有潜在的开发价值时，假设开发法几乎是最主要且有效、实用的估价方法。

要使假设开发法的测算结果准确可靠，除了要熟练掌握假设开发法本身之外，还要有一个较稳定、可预期的市场、制度和政策等经济社会环境，主要包括以下4个方面：①有一套统一、严谨和健全的房地产法规政策；②有一个长远、公开并有效落实的土地供应规划或计划；③有一个历史较长、时间连续、可供查阅的房地产信息资料库，包括有一个清晰、全面的有关房地产开发建设和交易的税费清单或目录；④房地产市场较为平稳、理性。如果上述条件不具备，就会使原本难以准确预测的预期完成的价值和后续必要支出的预测，增加更多的不确定因素，对它们的准确预测将更加困难，导致不同估价人员运用假设开发法的测算结果差异较大。

五、假设开发法的估价步骤

假设开发法的估价步骤一般为：①选择具体估价方法，即是选择动态分析法，还是选择静态分析法；②选择相关估价前提；③选择最佳开发经营方式；④求取后续开发经营期；⑤求取预期完成的价值；⑥求取后续必要支出；⑦确定折现率或求取后续开发利润；⑧计算开发价值。

第二节　动态分析法和静态分析法

一、动态分析法和静态分析法的产生

房地产特别是大型房地产开发项目的开发建设期较长、金额很大，房地产开发用地等"待开发房地产"的购置价款、各项后续必要支出、未来完成的房地产（如商品房）销售回款等发生的时间相隔较长。因此，运用假设开发法估价应考虑资金的时间价值，考虑的方式主要有两种：一是折现，二是计算投资利息和开发利润。把折现方式下的假设开发法称为动态分析法，把计算投资利息和开发利润方式下的假设开发法称为静态分析法。

二、动态分析法与静态分析法的区别

动态分析法与静态分析法主要有下列 3 大区别。

（1）求取后续必要支出和预期完成的价值，在静态分析法中主要是根据价值时点（通常为现在）的相关市场状况得出的，即它们基本上都是静止在价值时点的金额；而在动态分析法中是模拟房地产开发经营过程，预测它们未来各自发生的时间及在该时间的金额，即要预测未来现金流量。拿求取预期完成的价值来说，假如开发建设某种商品住宅，则是求取建成的该种商品住宅价值。对此，静态分析法主要是根据当前同地段同品质的类似商品住宅的市场价格得出建成的该种商品住宅价值，即假设未来建成的该种商品住宅现在已经建成且在现在的市场价格是多少，也就是现时价值评估；而动态分析法是预测该种商品住宅在未来建成时的市场价格，即未来价值评估。例如，已知当前同地段同品质的类似商品住宅的市场价格为 16 000 元/m^2，预测 2 年后建成时的该种商品住宅市场价格为 19 000 元/m^2，则在静态分析法和动态分析法中建成的该种商品住宅价值（单价）分别为 16 000 元/m^2 和 19 000 元/m^2。

（2）静态分析法不考虑各项收入、支出发生的时间不同，即不需将它们折现到同一时间，而是直接相加减，但要计算各项支出的投资利息。而动态分析法要考虑各项收入、支出发生的时间不同，即要先把它们折现到同一时间（价值时点），然后相加减。例如，采用动态分析法评估一宗房地产开发用地于 2022 年 8 月 15 日的价值，需要把未来发生的各项收入和支出都折现到 2022 年 8 月 15 日。如果该项目 2025 年 8 月 15 日开发完成的房价为 30 000 元/m^2，折现率为 10%，

则需要将这30 000元/m² 折现到 2022 年 8 月 15 日，即：

$$\frac{30\ 000}{(1+10\%)^3}=22\ 539.44\ (元/m^2)$$

（3）在静态分析法中投资利息和开发利润都单独显现出来，在动态分析法中这两项都不显现出来，而是隐含在折现过程中。因此，动态分析法要求折现率既包含安全收益部分（即通常的利率），又包含风险收益部分（即利润率）。之所以这样处理，是为了与投资项目经济评价中的现金流量分析的口径一致，便于比较。

三、动态分析法和静态分析法的优缺点

从理论上讲，动态分析法的测算结果较精确，测算过程相对复杂；静态分析法的测算过程相对简单，测算结果较粗略。

在实际估价中，动态分析法测算结果的精确度，取决于现金流量预测的精确度。在可以较准确预测现金流量的前提下，动态分析法的测算结果更加精确。因此，要使动态分析法的测算结果较精确，还需在以下 3 个方面有较准确的预测结果：①后续开发经营期究竟多长；②各项后续必要支出和预期完成的价值在未来何时发生；③各项后续必要支出和预期完成的价值在其发生时的金额。此外，折现率的高低要合理，过低或过高都对测算结果影响较大。

由于现实中有着很多的不确定、未知和偶然因素会使上述预测偏离实际，完全准确预测是不可能的。尽管如此，实际估价中应优先选用动态分析法。在难以采用动态分析法的情况下，可以选用静态分析法。静态分析法主要适用于预计未来的房地产市场状况（如商品房市场价格）、影响开发建设成本（如建筑材料、工程设备价格、人工费）的因素等不会发生较大变化的情况。

第三节　假设开发法的估价前提

一、假设开发法不同估价前提的产生

在运用假设开发法估价时，待开发房地产特别是在建工程面临着以下 3 种情形：①由其业主（拥有者或房地产开发企业等建设单位）继续开发建设完成；②被其业主转让给他人开发建设完成；③被人民法院采取拍卖、变卖等方式转让给他人开发建设完成。在上述三种情形下，由于后续开发经营期的长短、后续必要支出的构成和数额有所不同，测算出的待开发房地产价值价格是不同的。例如，估价对象是某个房地产开发企业开发建设的商品房在建工程，在运用假设开

发法估价时，要弄清该在建工程是仍由该企业续建完成，还是将由其他房地产开发企业续建完成，特别是该在建工程是否要被人民法院强制拍卖。假如预测该在建工程的后续建设期，通过比较法等方法得到该在建工程到目前状况的正常建设期为 24 个月，类似商品房开发项目从开始到商品房建成的正常建设期为 36 个月，则在该在建工程由现房地产开发企业续建完成的情况下，其后续建设期为 12 个月。但如果该在建工程要被现房地产开发企业自愿转让，或被人民法院强制拍卖给其他房地产开发企业，则还应加上由现房地产开发企业转为其他房地产开发企业的正常"换手"期限，如需要办理有关变更手续、工程交接等，相当于产生了一个新的"前期"。如果自愿和被迫"换手"的正常期限分别为 3 个月和 8 个月，则该在建工程的后续建设期分别为 15 个月和 20 个月。在"换手"的情况下，通常还会发生新的"前期费用"，因此在测算后续必要支出时，还应加上这部分"前期费用"。如果该在建工程处于长期停工或烂尾状态，这个新的"前期"还可能因重启施工（如重新进行工程招标等）而更长，"前期费用"会更多。

二、假设开发法的估价前提及其选择

由上可见，假设开发法的估价前提有以下 3 种：①"业主自行开发"前提，即估价对象由其业主继续开发建设完成；②"自愿转让开发"前提，即估价对象将被其业主转让给他人开发建设完成；③"被迫转让开发"前提，即估价对象将被人民法院采取拍卖、变卖等方式转让给他人开发建设完成。

同一估价对象在业主自行开发、自愿转让开发、被迫转让开发三种估价前提下的估价测算结果，依次是从大到小的。

上述三种估价前提中应选择哪种，不是随意的，应根据估价目的、估价对象所处开发建设状态等情况来选择，并在估价报告中说明选择的正当理由。例如，房地产司法处置估价一般应选择被迫转让开发前提；房地产抵押估价因应遵循谨慎原则，理论上应选择被迫转让开发前提；建设用地使用权出让、转让和房地产开发项目转让估价，一般应选择自愿转让开发前提；房地产开发项目增资扩股、股权转让估价，一般应选择业主自行开发前提。

第四节　最佳开发经营方式的选择

一、选择最佳开发经营方式的前期工作

选择最佳开发经营方式包括选择最佳的房地产开发利用方式和最佳的房地产

经营方式。在选择之前，应深入调查、分析估价对象状况及估价对象所在地的房地产市场状况。下面以估价对象为政府有偿出让建设用地使用权的土地为例予以说明。

目前，政府有偿出让建设用地使用权的土地主要是房地产开发用地，它一般是净地或熟地，也可能是毛地或生地，在出让之前一般明确了土地用途、使用期限等限制条件，土地取得者只能在这些限制条件下对其进行开发利用和经营。因此，这些限制条件也是评估这类土地价值价格时应遵守的前提条件。对该类土地状况的调查、分析主要包括下列 3 个方面。

（1）弄清土地的区位状况。包括以下 3 个层次：①土地所在城市的性质；②土地所在城市内的区域的性质；③具体的区位状况。弄清这些，主要是为选择土地的最佳用途服务。例如，对位于上海浦东新区的一块房地产开发用地，弄清该土地的区位状况，需要弄清上海的性质和地位，浦东新区的性质和地位，浦东新区与上海老市区的关系，以及政府对浦东新区的政策和规划建设设想等，此外还要弄清该土地在浦东新区内的具体区位状况，包括位置、交通、配套、环境等。

（2）弄清土地的实物状况。包括土地面积、形状、地形、地势、地质、开发程度等。弄清这些，主要是为测算后续所需的土石方费用、基础设施建设费等必要支出服务。

（3）弄清土地的权益状况。包括弄清规划建设条件（如规划用途、容积率、建筑密度、建筑高度、绿地率等）、将拥有的土地权利（如土地权利类型、使用期限、能否续期，以及对该房地产开发项目和建成后的房地产转让、租赁、价格等的有关规定）。弄清规划建设条件，主要是为选择未来完成的房地产状况服务。弄清将拥有的土地权利，主要是为预测未来完成的房地产市场价格、市场租金等服务。

二、最佳开发经营方式的具体选择

在调查、分析了估价对象状况及估价对象所在地的房地产市场状况后，首先选择最佳的房地产开发利用方式，然后选择最佳的房地产经营方式。

选择最佳的房地产开发利用方式是针对估价对象的，即选择估价对象的最佳开发利用方式或最高最佳利用，主要是选择未来完成的房地产状况。一般是根据估价对象状况（生地、毛地、净地、熟地、在建工程和旧房等），选择未来完成的房地产主要状况。如估价对象为生地、毛地的，是选择净地、熟地还是新房。如选择新房的，再根据合法原则和最高最佳利用原则，选择未来完成的房地产的最佳用途、面积、档次，以及是毛坯房还是简装房、精装房等较具体状况。选择最佳用途和面积，应选择在规划建设条件允许范围内的最佳用途和面积。其中最重要的是选择最佳用途，其选择要考虑所选用途所在位置的可接受性，以及该用途的现实社会需要程度和未来发展趋势，即要分析项目将来建成后当地市场的接受能力，以及市场上究竟需要什么类型的房地产。例如，某块土地的规划用途为酒店或公寓、写字楼，实际估价中究竟应选择哪种用途？为此，先要调查、分析该土地所在城市和区域酒店、公寓、写字楼的供求关系及其走向。如果对酒店、写字楼的需求开始趋于饱和，表现为客房入住率、写字楼出租率呈下降趋势，但希望能租到或买到公寓的人逐渐增加，而在将来几年内能提供的数量又较少时，则应选择该土地的用途为公寓。

选择最佳的房地产经营方式针对的是未来完成的房地产，即选择未来完成的房地产经营方式，应根据已选择的未来完成的房地产状况，在出售（包括预售和现售）、出租（包括预租，但比较少见，多为建成后出租）、自营（如商场、酒店、游乐场之类的经营性房地产，投资者将其建成后也可能自己持有并经营）及其不同经营方式的组合中进行选择。

第五节　后续开发经营期的求取

一、后续开发经营期的含义和构成

房地产开发经营需要经过一段较长时间，不论是动态分析法中的折现，还是静态分析法中的计算投资利息，以及预测各项后续必要支出和预期完成的价值发生的时间及金额，都需要知道后续开发经营期。后续开发经营期简称开发经营期，是自价值时点起至未来完成的房地产经营结束时止的时间，其起点是（假设）取得估价对象（待开发房地产）的日期（价值时点），终点是未来完成的房地产经营结束之日。后续开发经营期可分为后续建设期和后续经营期，该三者的关系见图 10-1。

后续建设期简称建设期，也称为后续开发期或开发周期，是自价值时点起至未来完成的房地产竣工日期止的时间，其起点与开发经营期的起点相同，终点是未来开发建设完成之时，具体为未来完成的房地产竣工日期。建设期又可分为前期和建造期。

后续经营期简称经营期，可根据未来完成的房地产经营方式而具体化。由于未来完成的房地产经营方式有出售、出租和自营，所以经营期可具体化为销售

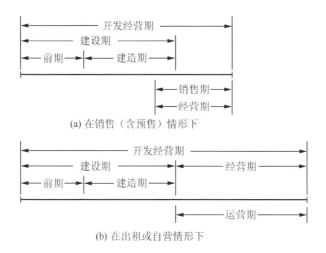

(a) 在销售（含预售）情形下

(b) 在出租或自营情形下

图 10-1　后续开发经营期及其构成

期（针对出售情形）和运营期（针对出租和自营两种情形）。销售期是自未来完成的房地产开始销售时起至其售出时止的时间。在有预售的情况下，销售期与建设期有部分重合。在有延迟销售的情况下，销售期与运营期有部分重合。运营期是自未来完成的房地产竣工日期起至其持有期或经济寿命结束时止的时间，即运营期的起点是未来完成的房地产竣工日期，终点是未来完成的房地产的正常持有期结束之日或经济寿命结束之日。

二、后续开发经营期的求取方法

开发经营期应根据后续开发建设工作量、施工难易程度、房地产市场景气状况等具体情况来求取，一般按照下列步骤进行。

（1）确定开发经营期的时间周期。时间周期从具体到粗略依次有月、季、半年、年，应根据估价精度要求、开发经营期长度、估价所处开发建设阶段等来确定，一般越具体越好。开发经营期较短的，时间周期应较具体，比如开发经营期不足 1 年的，时间周期应为月或季，而不能为年。开发经营期超过 3 年的，如果估价精度要求不高，时间周期可为年。

估价通常处于开发建设的初始阶段，甚至更早，如建设用地使用权出让估价。在那时，项目的初步可行性研究、开发建设方案可能都还没有或未确定，因此时间周期可以粗略些，比如为年或半年。而如果是在建工程估价，由于开发建设方案已明确或正在实施，所以时间周期应较具体。

（2）把开发经营期分解为它的各个组成部分，比如分解为建设期（又分解为前期、建造期）、经营期（又分解为销售期、运营期）等。

（3）针对开发经营期的各个组成部分，分别采用恰当的方法进行预测。在预测建设期时，前期的预测相对较困难，建造期的预测方法较成熟，也相对容易些，一般能较准确地预测。预测建设期的关键是先抓住估价对象状况和未来完成的房地产状况这两端，然后测算将估价对象开发建设或重新开发建设成未来完成的房地产所需的时间。测算的方法，一是根据往后需要做的各项工作所需的时间来直接测算建设期。二是采用"差额法"，即未来完成的房地产的建设期减去估价对象的建设期。例如，采用类似于比较法的方法，通过类似房地产已发生的建设期的比较、修正或调整，先分别求取未来完成的房地产的建设期和估价对象的建设期，然后将这两个建设期相减就是估价对象的后续建设期，如测算估价对象为某个商品房在建工程的后续建设期，通过类似于比较法的方法得到类似商品房开发项目的正常建设期为 30 个月，该在建工程的正常建设期为 18 个月，则该商品房在建工程的后续建设期为 12 个月。

在预测经营期时，销售期特别是预售期和延迟销售期通常难以准确预测。销售期的预测首先要综合考虑商品房销售（包括预售、现售）相关规定、未来房地产市场景气状况等因素，从乐观到保守，在全部预售完毕、全部建成时销售完毕、全部延迟销售以及它们的不同组合中进行选择，然后据此预测销售期。运营期的预测主要是考虑未来完成的房地产的正常持有期或经济寿命。

（4）把预测出的各个组成部分连接起来，就得到开发经营期，同时要处理好时间上的衔接，避免出现重叠和空档。

第六节　假设开发法的基本公式

一、假设开发法最基本的公式

动态分析法下最基本的公式为：

房地产开发价值＝预期完成的价值的现值－后续必要支出的现值

静态分析法下最基本的公式为：

房地产开发价值＝预期完成的价值－后续必要支出及应得利润

上述两个公式中，房地产开发价值就是待开发房地产价值；后续必要支出包括待开发房地产取得税费以及后续的建设成本、管理费用、销售费用、投资利息、销售税费。

对比来看，如果是采用成本法求取未来完成的房地产价值，则基本公式为：

$$\frac{未来完成的}{房地产价值}=\frac{待开发房}{地产价值}+\frac{待开发房地}{产取得税费}+\frac{建设}{成本}+\frac{管理}{费用}+\frac{销售}{费用}+\frac{投资}{利息}+\frac{销售}{税费}+\frac{开发}{利润}$$

在实际估价中，对假设开发法公式中具体应减去的项目及其金额，要牢记"后续"两字，掌握的基本原则是设想得到估价对象后，将其开发建设成某种状况的房地产并完成租售，还需要做的各项工作和相应的必要支出及应得利润。因此，如果是在得到估价对象之前已经完成的工作和相应的支出及利润，则它们已经包含在估价对象的价值内，不应作为扣除项目。例如，评估尚未完成房屋征收补偿等工作的毛地价值，这时减去的项目应包括房屋征收补偿费、地上物拆除费等费用。《城市房地产开发经营管理条例》规定："房地产开发企业转让房地产开发项目时，尚未完成拆迁补偿安置的，原拆迁补偿安置合同中有关的权利、义务随之转移给受让人。"但是，如果评估的是已经完成房屋征收补偿等工作的净地或熟地价值，则不应将房屋征收补偿费等费用作为扣除项目。

下面，为了表述简洁，用静态分析法的形式说明假设开发法的各种基本公式。

二、按估价对象和未来完成的房地产状况细化的公式

现实中运用假设开发法估价，关键要弄清前端的估价对象状况和末端的未来完成的房地产状况。估价对象状况也就是待开发房地产状况，有土地、在建工程、旧房等。其中，土地又有生地、毛地、净地、熟地。未来完成的房地产状况也就是将来建成的房地产状况，通常为新房。对于估价对象状况为生地和毛地的，未来完成的房地产状况还可能为熟地或净地。因此，对上述估价对象状况和未来完成的房地产状况进行匹配组合，假设开发法估价的情形主要有以下 7 种：①估价对象为生地，将生地开发成熟地或净地；②估价对象为生地，将生地开发成熟地并进行房屋建设；③估价对象为毛地，将毛地开发成熟地或净地；④估价对象为毛地，将毛地开发成熟地并进行房屋建设；⑤估价对象为净地或熟地，在净地或熟地上进行房屋建设；⑥估价对象为在建工程，将在建工程续建成房屋；⑦估价对象为旧房，将旧房更新改造或改变用途成新房。据此，可将假设开发法最基本的公式细化如下。

（一）求土地价值的公式

1. 求生地价值的公式

（1）适用于将生地开发成熟地（或净地）的公式

$$\frac{生地}{价值}=\frac{预期完成的}{熟地价值}-\frac{生地取}{得税费}-\frac{由生地开发成}{熟地的成本}-\frac{管理}{费用}-\frac{销售}{费用}-\frac{投资}{利息}-\frac{销售}{税费}-\frac{开发}{利润}$$

相对应的成本法公式为：

$$\text{熟地价值} = \text{生地价值} + \text{生地取得税费} + \text{由生地开发成熟地的成本} + \text{管理费用} + \text{销售费用} + \text{投资利息} + \text{销售税费} + \text{开发利润}$$

（2）适用于将生地开发成熟地并进行房屋建设的公式

$$\text{生地价值} = \text{预期完成的价值} - \text{生地取得税费} - \text{由生地建成房屋的成本} - \text{管理费用} - \text{销售费用} - \text{投资利息} - \text{销售税费} - \text{开发利润}$$

相对应的成本法公式为：

$$\text{房地价值} = \text{生地价值} + \text{生地取得税费} + \text{由生地建成房屋的成本} + \text{管理费用} + \text{销售费用} + \text{投资利息} + \text{销售税费} + \text{开发利润}$$

2. 求毛地价值的公式

（1）适用于将毛地开发成熟地（或净地）的公式

$$\text{毛地价值} = \text{预期完成的熟地价值} - \text{毛地取得税费} - \text{由毛地开发成熟地的成本} - \text{管理费用} - \text{销售费用} - \text{投资利息} - \text{销售税费} - \text{开发利润}$$

相对应的成本法公式为：

$$\text{熟地价值} = \text{毛地价值} + \text{毛地取得税费} + \text{由毛地开发成熟地的成本} + \text{管理费用} + \text{销售费用} + \text{投资利息} + \text{销售税费} + \text{开发利润}$$

（2）适用于将毛地开发成熟地并进行房屋建设的公式

$$\text{毛地价值} = \text{预期完成的价值} - \text{毛地取得税费} - \text{由毛地建成房屋的成本} - \text{管理费用} - \text{销售费用} - \text{投资利息} - \text{销售税费} - \text{开发利润}$$

相对应的成本法公式为：

$$\text{房地价值} = \text{毛地价值} + \text{毛地取得税费} + \text{由毛地建成房屋的成本} + \text{管理费用} + \text{销售费用} + \text{投资利息} + \text{销售税费} + \text{开发利润}$$

3. 求熟地（或净地）价值的公式（适用于在熟地或净地上进行房屋建设）

$$\text{熟地价值} = \text{预期完成的价值} - \text{熟地取得税费} - \text{由熟地建成房屋的成本} - \text{管理费用} - \text{销售费用} - \text{投资利息} - \text{销售税费} - \text{开发利润}$$

相对应的成本法公式为：

$$\text{房地价值} = \text{熟地价值} + \text{熟地取得税费} + \text{由熟地建成房屋的成本} + \text{管理费用} + \text{销售费用} + \text{投资利息} + \text{销售税费} + \text{开发利润}$$

（二）求在建工程价值的公式（适用于将在建工程续建成房屋）

$$\text{在建工程价值} = \text{续建完成的价值} - \text{在建工程取得税费} - \text{续建成本} - \text{管理费用} - \text{销售费用} - \text{投资利息} - \text{销售税费} - \text{续建利润}$$

相对应的成本法公式为：

$$\text{房地价值} = \text{在建工程价值} + \text{在建工程取得税费} + \text{续建成本} + \text{管理费用} + \text{销售费用} + \text{投资利息} + \text{销售税费} + \text{续建利润}$$

（三）求旧房价值的公式（适用于将旧房更新改造或改变用途成新房）

$$\frac{旧房}{价值}=\frac{更新改造}{后的价值}-\frac{旧房取}{得税费}-\frac{更新改}{造成本}-\frac{管理}{费用}-\frac{销售}{费用}-\frac{投资}{利息}-\frac{销售}{税费}-\frac{更新改}{造利润}$$

相对应的成本法公式为：

$$\frac{新房}{价值}=\frac{旧房}{价值}+\frac{旧房取}{得税费}+\frac{更新改}{造成本}+\frac{管理}{费用}+\frac{销售}{费用}+\frac{投资}{利息}+\frac{销售}{税费}+\frac{更新改}{造利润}$$

三、按未来完成的房地产经营方式细化的公式

假设开发法的公式还因未来完成的房地产经营方式不同而有所不同。未来完成的房地产经营方式有出售、出租、自营等。未来完成的房地产适宜出售的，预期完成的价值适用比较法求取；未来完成的房地产适宜出租或自营的，预期完成的价值适用收益法求取。据此，可将假设开发法最基本的公式细化如下。

（一）适用于未来完成的房地产出售的公式

$$V=V_P-C$$

式中　V——房地产开发价值；

　　　V_P——采用比较法求取的预期完成的价值；

　　　C——后续必要支出及应得利润。

（二）适用于未来完成的房地产出租或自营的公式

$$V=V_R-C$$

式中　V_R——采用收益法求取的预期完成的价值；

　　　V——房地产开发价值；

　　　C——后续必要支出及应得利润。

第七节　假设开发法公式中各项的求取

一、预期完成的价值

在求取预期完成的价值时，需要弄清以下 3 个问题：①预期完成的价值是哪种房地产状况的价值；②预期完成的价值是哪个时间的价值；③预期完成的价值有哪些求取方法。

（一）预期完成的价值对应的房地产状况

预期完成的价值是未来完成的房地产等资产的价值价格，因此预期完成的价值对应的房地产状况是未来完成的房地产等资产状况，简称未来完成的房地产状

况。从估价对象为商品房开发用地、商品房开发项目或在建工程来看，如果未来完成的商品房为毛坯房，则预期完成的价值对应的房地产状况是毛坯房，此时求取的预期完成的价值应是毛坯房的价值价格；如果未来完成的商品房为简装房，则预期完成的价值对应的房地产状况是简装房，此时求取的预期完成的价值应是简装房的价值价格；如果未来完成的商品房为精装房，则预期完成的价值对应的房地产状况是精装房，此时求取的预期完成的价值应是精装房的价值价格。

此外，未来完成的房地产状况不一定是纯粹的房地产，还可能包含动产、特许经营权等房地产以外的资产，特别是未来完成的房地产为租赁住房、酒店、汽车加油站、高尔夫球场、影剧院等收益性房地产的，其状况通常是"以房地产为主的整体资产"，除了房屋和土地，还包含家具家电、机器设备等资产。在这种情况下，预期完成的价值对应的房地产状况是以房地产为主的整体资产状况，简称房地产等资产状况，此时求取的预期完成的价值还应包含家具家电、机器设备等资产的价值。

（二）预期完成的价值对应的时间

预期完成的价值对应的时间可能是未来开发建设完成之时，也可能是在此之前或在此之后的某个时间。因此，在求取预期完成的价值时，还要弄清是求取未来完成的房地产在哪个时间的价值价格。

在静态分析法中，预期完成的价值一般是求取未来完成的房地产在价值时点的房地产市场状况下的价值价格，因此预期完成的价值对应的时间一般是价值时点。

在动态分析法中，对于未来完成的房地产适宜出售的，通常是预测它在未来开发建设完成时的房地产市场状况下的价值价格，预期完成的价值对应的时间是未来开发建设完成之时。但是，当房地产市场较好而适宜预售的，则是预测它在预售时的房地产市场状况下的价值价格，预期完成的价值对应的时间是未来预售之时；当房地产市场不够好而需要延迟销售的，则是预测它在延迟销售时的房地产市场状况下的价值价格，预期完成的价值对应的时间是未来延迟销售之时。在实际估价中，通常根据与未来完成的房地产相似的房地产过去和现在的销售进展情况，结合未来房地产市场状况，推测未来完成的房地产分期分批出售的时间、数量和价值价格，因此预期完成的价值对应的时间一般是一段时间。

（三）预期完成的价值求取的方法

预期完成的价值通常采用比较法、收益法求取。采用比较法求取时，通常需考虑与未来完成的房地产相似的房地产市场价格的未来变化趋势，或者采用比较法结合长期趋势法，即根据与未来完成的房地产相似的房地产过去和现在的市场价格及其未来可能的变化趋势来预测。例如，假设现在是 2022 年 6 月，有一宗房地产开发用地，用途为商品住宅，预测建设期为 18 个月（或 1.5 年），如果要预测该商品住宅在 2023 年 12 月建成时的价值价格，则可通过搜集当地该类商品住宅过去若干年和现在的市场价格资料，以及未来可能的变化趋势来推测确定。

对于未来完成的房地产是出租或自营的，如租赁住房、写字楼、商场、酒店、餐馆、游乐场等，求取其预期完成的价值，可先预测其租赁或自营的净收益，再采用收益法将该净收益转换为价值。例如，纯自持租赁住宅建设用地使用权出让地价采用假设开发法评估，其中预期完成的价值一般采用收益法求取。在此情况下，收益法并不是一种独立的估价方法，而被包含在假设开发法中，成了假设开发法中的一个部分。

【例 10-1】根据当前的市场租金水平等情况，预测未来建成的某写字楼的月租金为 35 元/m²（使用面积），出租率为 90%，运营费用占租金收入的 30%，报酬率为 10%，可供出租的使用面积为 38 000m²，运营期为 47 年。请求取未来建成的该写字楼在其建成时的总价值。

【解】设未来建成的该写字楼在其建成时的总价值为 V，则：

$$V = \frac{35 \times 38\ 000 \times 90\% \times (1-30\%) \times 12}{10\%}\left[1-\frac{1}{(1+10\%)^{47}}\right]$$
$$= 9\ 940.8\ (万元)$$

（四）预期完成的价值求取的注意事项

在动态分析法中采用比较法求取预期完成的价值时，不宜把估价时与未来完成的房地产相似的房地产的市场价格直接"平移"过来作为预期完成的价值。

预期完成的价值不能采用成本法求取，否则表面上是采用假设开发法估价，实际上是采用成本法估价。有人据此认为，同一估价对象不能同时采用成本法和假设开发法估价。但这种观点是不正确的。许多待开发房地产，如住宅、写字楼、商场、酒店等在建工程或开发建设项目，不仅可以而且应同时采用成本法和假设开发法估价，只是在运用假设开发法估价时，其中预期完成的价值不能采用成本法求取。

在建设用地使用权出让地价评估中，有时面临特定条件的出让方式，如"限地价、竞配建（或竞房价、竞自持面积等）""限房价、竞地价"（对建成的商品住宅实行最高限价），或出让时约定租赁住房面积比例等。在此情况下，应根据相应的特定条件及出让地价评估的有关规定，测算预期完成的价值。例如，对于"限地价、竞配建"方式出让的，一般按类似房地产正常价格水平或收益水平测算预期完成的价值。对于"限房价、竞地价"方式出让的，一般按限定的房价测算预期完成的价值。对于出让时约定租赁住房面积比例的，一般按类似租赁住房正常租金水平，采用收益法测算约定租赁住房面积比例的预期完成的价值。对于要求配建一定比例的保障性住房、征收拆迁安置房等房屋，且建成后由政府定价回购的，一般按政府定价测算相应比例的预期完成的价值。对于要求配建一定比例的配套设施等，且建成后无偿移交给政府的，一般不考虑该部分的预期完成的价值，即将其预期完成的价值视为零，但应考虑其后续必要支出。

【例 10-2】某宗住宅用地的建设用地使用权出让，土地面积为 25 000m^2，容积率为 2.0；同地段同品质新建商品住宅市场价格为 20 000 元/m^2，周边二手住宅市场价格为 18 000 元/m^2。请测算以下 5 种情形的预期完成的价值：①全部建设不限价的商品住宅；②全部建设限价为 18 000 元/m^2 的商品住宅；③配建 20％的自持租赁住房，其余建设不限价的商品住宅，预计自持租赁住房价值为 15 000 元/m^2；④配建 20％的保障性住房，建成后由政府以 8 000 元/m^2 的价格回购，其余建设不限价的商品住宅；⑤配建 20％的公共服务设施，建成后无偿移交给政府，其余建设不限价的商品住宅。

【解】设预期完成的价值为 V，则：

（1）在全部建设不限价的商品住宅下

$V =$ 20 000×25 000×2

　　$=$10.0（亿元）

（2）在全部建设限价的商品住宅下

$V =$ 18 000×25 000×2

　　$=$9.0（亿元）

（3）在配建 20％的自持租赁住房下

$V =$ （15 000×20％＋20 000×80％）×25 000×2

　　$=$9.5（亿元）

（4）在配建 20％的保障性住房下

$V =$ （8 000×20％＋20 000×80％）×25 000×2

　　$=$8.8（亿元）

（5）在配建 20％的公共服务设施下

$V =$ （0×20％＋20 000×80％）×25 000×2

　　$=$8.0（亿元）

对于有预售的在建工程司法处置估价，因其接手人无法得到已经预售部分的销售价款但仍需承担其续建义务，此时虽然不计算已经预售部分的预期完成的价值，但仍要扣除其后续必要支出。对于有预售的在建工程抵押估价，因预售部分的权利人已发生转移，一般不把预售部分纳入抵押估价范围，则预售部分的预期完成的价值及其后续必要支出均不计算。如果在建工程处于长期停工或烂尾状态，则测算预期完成的价值时应考虑市场接受度降低（包括担心质量、不良名声等）对价值的影响。

在上述测算中只讲了常见的预期完成的价值这种收入，实际估价中特别是在评估投资价值时，往往还应考虑某些额外收入、无形收益或节省的费用。例如，深圳市 1987 年 12 月 1 日首次公开拍卖的一块面积为 8 588m² 的国有土地 50 年使用权，从当时预测的开发完成的房地产价值减去建设成本等必要支出及应得利润后的余额来看，价值也许不高，但因是我国首块公开拍卖的土地，购买者一旦取得了该土地后会附带取得一些意想不到的社会效果。例如，随着对这种改革开放措施的广泛宣传，实际上也就间接地对该土地的取得者起着广告宣传作用。因此，该土地的成交价比较高是较自然的（当时该土地的拍卖底价为 200 万元人民币，最后成交价为 525 万元人民币，比拍卖底价高了很多）。

二、后续必要支出

后续必要支出是把估价对象"变成"未来完成的房地产所需付出的估价对象取得税费以及后续的建设成本、管理费用、销售费用、投资利息、销售税费。这些都是在计算开发价值时应减去的，统称"扣除项目"。

各个扣除项目的概念、包含内容和求取方法与成本法中的基本相同（见第九章第二节"房地产价格构成"），但在内涵上有以下两个不同：①它们是在取得估价对象时以及把估价对象"变成"未来完成的房地产的必要支出，而不包含在取得估价对象之前所发生的支出。②它们是各个扣除项目在其未来发生时的值，而不是在价值时点的值（但在静态分析法中，是将它们近似为在价值时点的值）。

估价对象取得税费是假定在价值时点购置估价对象，此时应由估价对象购置者（买方或受让人）缴纳的契税、印花税和可直接归属于估价对象的其他支出。该项税费通常根据税收法律、法规及相关规定，按照估价对象价值的一定比例来测算。

后续的建设成本、管理费用、销售费用、销售税费等必要支出的具体项目及其金额，要与未来完成的房地产状况相对应。例如，估价对象为同一块土地，其未来完成的房地产为毛坯房的后续必要支出，要多于熟地的后续必要支出；简装房的后续必要支出，要多于毛坯房的后续必要支出；精装房的后续必要支出，要多于简装房的后续必要支出。特别是未来完成的房地产为"以房地产为主的整体资产"的，后续必要支出通常还应包括家具家电、机器设备等房地产以外的其他资产的价值或购买价款。还需注意的是，现实中存在为了降低土地出让的名义地价，在土地出让条件中搭配"实物地租"，比如额外要求承建学校、体育场馆、市政道路等。这些"实物地租"应考虑在后续必要支出中。此外，对于估价对象为长期停工的在建工程，后续的建设成本还应考虑必要的结构安全检测、钢筋除锈、损坏构件的修复等费用，部分工程内容功能落后、但属于可修复的所需发生的修复费用，甚至包括因原设计功能严重落后且不可修复需要将已完工程拆除并重新建设的费用。

投资利息只在静态分析法中才需要求取。在求取投资利息时，要把握应计息项目、计息周期、计息期、计息方式和利率。其中，应计息项目包括估价对象价值和估价对象取得税费，以及后续的建设成本、管理费用和销售费用。销售税费一般不计算利息。

一项支出应计息的时间起点是该项支出发生的时点，终点通常是未来完成的房地产竣工日期，即建设期的终点，一般既不考虑预售，也不考虑延迟销售。此外还需注意的是，估价对象价值和估价对象取得税费通常假设在价值时点一次性付清，因此其计息的时间起点是价值时点，计息期为整个建设期。但是，后续的建设成本、管理费用和销售费用一般不是集中在一个时点发生，而是分散在一段时间内（如开发期间或建造期间）不断发生，在计息时通常假设它们在所发生的时间段内均匀发生，往往进一步简化为在该时间段的中间集中发生。因此，它们应计息的时间起点变为该时间段的中间，计息期就变为该时间段的一半。计息期的时间划分一般与计息周期相同，通常按年来划分，精确的投资利息测算要求按半年、季或月来划分。

三、后续开发利润

后续开发利润只在静态分析法中才需要求取，是后续开发建设的应得利润，较具体地说，是将估价对象开发建设或重新开发建设成某种状况的房地产应当获得的利润，即把估价对象"变成"未来完成的房地产应当获得的正常利润，通常为同一市场上类似房地产开发项目在正常情况下所能获得的开发利润。

后续开发利润一般利用利润率来测算，在测算时要注意利润率有直接成本利润率、投资利润率、成本利润率和销售利润率，且这些利润率的内涵和计算基数或者计算公式的分子和分母有所不同，它们之间要相匹配。采用直接成本利润率测算后续开发利润的，计算基数为估价对象价值、估价对象取得税费和后续的建设成本；采用投资利润率测算后续开发利润的，计算基数为估价对象价值、估价对象取得税费和后续的建设成本、管理费用、销售费用；采用成本利润率测算后续开发利润的，计算基数为估价对象价值、估价对象取得税费和后续的建设成本、管理费用、销售费用、投资利息；采用销售利润率测算后续开发利润的，计算基数为预期完成的价值。此外，要注意利润率是总利润率还是年均利润率，一般应为总利润率，并应为税前（未扣除土地增值税和企业所得税）利润率。

四、折现期和折现率

在采用动态分析法时，需要把预期完成的价值、后续必要支出（不包括投资利息）折现到价值时点，从而需要知道它们的折现期和折现率。而估价对象价值和估价对象取得税费由于通常假设在价值时点一次性付清，所以一般不需要折现。

把预期完成的价值、各项后续必要支出折现到价值时点所采用的折现期各不相同，分别是从它们各自发生的时点往过去计算到价值时点的时间。对比来看，在静态分析法中，各项后续必要支出的计息期是从它们各自发生的时点向未来计算到开发建设完成时的时间。因此，某一后续必要支出，其计息期越长，则其折现期越短，其折现期与计息期、建设期的关系如下：

$$折现期＋计息期＝建设期$$

折现率是在采用动态分析法时需要确定的一个重要估价参数，其实质是房地产开发投资所要求的收益率，它包含了资金的利率和开发利润率两个部分，具体应等同于同一市场上类似房地产开发项目所要求的平均收益率。把预期完成的价值、各项后续必要支出折现到价值时点所采用的折现率一般是相同的。折现率的求取方法与报酬资本化法中的报酬率的求取方法相同，在此不再重复。

第八节　假设开发法应用和其他用途

一、假设开发法应用举例

【例 10-3】某成片荒地的面积为 $2km^2$，适宜开发成"五通一平"的熟地后分为小块转让；可转让土地面积的比率为 60%；附近地区与其区位状况相当的小块"五通一平"熟地的单价为 800 元/m^2；建设期为 3 年；将该成片荒地开发成"五通一平"熟地的建设成本、管理费用和销售费用为 2.5 亿元/km^2；贷款年利率为 8%；土地开发的年平均投资利润率为 10%；当地土地转让中卖方需要缴纳的增值税等税费和买方需要缴纳的契税等税费，分别为转让价格的 6% 和 4%。请采用假设开发法中的静态分析法测算该成片荒地的总价和单价。

【解】价值时点为购买该成片荒地之日，假设为现在，并设该成片荒地的总价为 V，则：

(1) 开发完成的熟地总价值 $=800\times2\ 000\ 000\times60\%$

$$=9.6\ (亿元)$$

(2) 该成片荒地取得税费总额 $=V\times4\%$

$$=0.04V\ (亿元)$$

(3) 建设成本、管理费用和销售费用总额 $=2.5\times2$

$$=5\ (亿元)$$

(4) 投资利息总额 $=(V+0.04V)\times[(1+8\%)^3-1]+5\times[(1+8\%)^{1.5}-1]$

$$=0.27V+0.612\ (亿元)$$

(5) 转让开发完成的熟地的税费总额 $=9.6\times6\%$

$$=0.576\ (亿元)$$

(6) 开发利润总额 $=(V+V\times4\%)\times10\%\times3+5\times10\%\times1.5$

$$=0.312V+0.75\ (亿元)$$

(7) $V=9.6-0.04V-5-(0.27V+0.612)-0.576-(0.312V+0.75)$

$$V=1.641(亿元)$$

故：

该成片荒地总价 $=1.641$（亿元）

该成片荒地单价 $=\dfrac{164\ 100\ 000}{2\ 000\ 000}$

$$=82.05\ (元/m^2)$$

【例10-4】某宗"七通一平"熟地的面积为 $5\ 000m^2$，容积率为 2.0，适宜建造一幢写字楼。预计取得该土地后将该写字楼建成需要 2 年，建筑安装工程费为每平方米建筑面积 3 000 元，勘察设计和前期工程费及其他工程费为建筑安装工程费的 8%，管理费用为建筑安装工程费的 6%；建筑安装工程费、勘察设计和前期工程费及其他工程费、管理费用第一年需要投入 60%，第二年需要投入 40%。在该写字楼建成前半年需要开始投入广告宣传等销售费用，并预计该费用为售价的 2%。当地房地产交易中卖方应缴纳的增值税等税费和买方应缴纳的契税等税费，分别为正常市场价格的 6% 和 3%。预计该写字楼在建成时可全部售出，售出时的平均价格为每平方米建筑面积 8 500 元。请利用所给资料采用假设开发法中的动态分析法测算该土地的总价、单价和楼面地价（折现率为 12%）。

【解】价值时点为购买该土地之日，假设为现在，并设该土地的总价为 V，则：

（1）该写字楼的总建筑面积＝5 000×2

$$＝10 000（m^2）$$

（2）建成的该写字楼总价值＝$\dfrac{8\ 500×10\ 000}{(1+12\%)^2}$

$$＝6\ 776.15（万元）$$

（3）该土地取得税费总额＝$V×3\%$

$$＝0.03V（万元）$$

（4）建安工程费等的总额＝3 000×10 000×（1＋8%＋6%）

$$×\left[\dfrac{60\%}{(1+12\%)^{0.5}}+\dfrac{40\%}{(1+12\%)^{1.5}}\right]$$

$$＝3\ 093.10（万元）$$

建筑安装工程费、勘察设计和前期工程费及其他工程费、管理费用在各年的投入实际上是覆盖全年的，但为了折现计算上的方便，假设各年的投入集中在该年的年中，这样，就有了上述计算中的折现年数分别是0.5和1.5的情况。

（5）销售费用总额＝$\dfrac{8\ 500×10\ 000×2\%}{(1+12\%)^{1.75}}$

$$＝139.42（万元）$$

销售费用假设在写字楼建成前半年内均匀投入，视同在该期间的中间一次性投入，这样，就有了上述计算中的折现年数是1.75的情况。

（6）销售税费总额＝6 776.15×6%

$$＝406.57（万元）$$

（7）$V＝6\ 776.15－0.03V－3\ 093.10－139.42－406.57$

$$V＝3\ 045.69（万元）$$

故：

土地总价＝3 045.69（万元）

土地单价＝$\dfrac{30\ 456\ 900}{5\ 000}$

$$＝6\ 091.38（元/m^2）$$

楼面地价＝$\dfrac{30\ 456\ 900}{10\ 000}$

$$＝3\ 045.69（元/m^2）$$

【例10-5】某旧厂房拟出卖，其建筑面积为5 000m²，根据其位置，适宜改造成商场出售，并可获得政府批准，但应补缴出让金等费用400元/m²（按建筑面积计），同时取得 40 年的出让建设用地使用权。预计买方购买该旧厂房需缴纳的税费为购买价格的 4%；改造期为 1 年，改造费用为每平方米建筑面积 1 000 元；改造完成时即可全部售出，售价为每平方米建筑面积 4 000 元；在改造完成前半年开始投入广告宣传等销售费用，该费用为售价的 2%；销售税费为售价的 6%。请利用上述资料采用假设开发法中的动态分析法测算该旧厂房的正常购买总价和单价（折现率为 12%）。

【解】价值时点为购买该旧厂房之日，假设为现在，并设该旧厂房的正常购买总价为 V，则：

(1) 改造后的商场总价值 $=\dfrac{4\,000\times5\,000}{1+12\%}$

$\qquad\qquad\qquad\qquad =1\,785.71$（万元）

(2) 购买该旧厂房的税费总额 $=V\times4\%$

$\qquad\qquad\qquad\qquad\quad =0.04V$（万元）

(3) 应补缴出让金等费用总额 $=400\times5\,000$

$\qquad\qquad\qquad\qquad\qquad =200$（万元）

(4) 改造总费用 $=\dfrac{1\,000\times5\,000}{(1+12\%)^{0.5}}$

$\qquad\qquad\qquad =472.46$（万元）

(5) 销售费用总额 $=\dfrac{4\,000\times5\,000\times2\%}{(1+12\%)^{0.75}}$

$\qquad\qquad\qquad =36.74$（万元）

(6) 销售税费总额 $=\dfrac{4\,000\times5\,000\times6\%}{1+12\%}$

$\qquad\qquad\qquad =107.14$（万元）

(7) $V=1\,785.71-0.04V-200-472.46-36.74-107.14$

$\quad\ V=932.09$（万元）

故：

该旧厂房总价 $=932.09$（万元）

该旧厂房单价 $=\dfrac{932.09}{0.5}$

$\qquad\qquad\qquad =1\,864.18$（元/m²）

【例 10-6】某在建工程的建设用地面积为 3 000 m²，规划总建筑面积为 12 400 m²，用途为办公，土地使用期限自 2020 年 3 月 1 日起为 50 年，建设用地使用权出让合同约定不可续期；当时取得该土地的楼面地价为 800 元/m²。该土地上正在建造写字楼，建筑结构为框架结构，测算正常建设费用（包括勘察设计和前期工程费、建筑安装工程费、管理费用等）为每平方米建筑面积3 300元。至2021年9月1日完成了主体结构，相当于投入了40%的建设费用。预计至建成尚需18个月（1.5年），还需投入60%的建设费用。建成半年后可租出，可出租面积为建筑面积的70%，可出租面积的月租金为90元/m²，出租率为85%，出租的运营费用为有效毛收入的25%。买方购买在建工程需缴纳的税费为购买价格的3%，同类房地产开发项目的销售费用和销售税费分别为售价的3%和6%，在建成前半年开始投入广告宣传等销售费用。请利用上述资料采用假设开发法中的动态分析法测算该在建工程2021年9月1日的正常购买总价和按规划总建筑面积折算的单价（报酬率为9%，折现率为13%）。

【解】价值时点为2021年9月1日，并设该在建工程的正常购买总价为V，则V的测算过程如下。

（1）续建完成的写字楼总价值采用收益法测算，公式为：

$$\frac{A}{Y}\left[1-\frac{1}{(1+Y)^n}\right]\times\frac{1}{(1+r_d)^t}$$

上述公式中，A为净收益，Y为报酬率，n为收益期，r_d为折现率，t为需要折现的年数。根据题意，它们分别如下：

$A=90\times12\times12\,400\times70\%\times85\%\times(1-25\%)$
　　$=597.62$（万元）

$Y=9\%$

由于预计框架结构建筑物的使用年限会超过50年而使其经济寿命晚于土地使用期限结束，出让合同约定不可续期，n根据建设用地使用权的剩余期限来确定，又由于土地使用期限为50年，自2020年3月1日至该写字楼建成之日为3年（自2020年3月1日至价值时点2021年9月1日已经过去1.5年，加上尚需1.5年建成，共3年），建成半年后可租出，所以

$n=50-3-0.5$
　　$=46.5$（年）

$r_d=13\%$

t是把收益法测算出的续建完成的价值折算到价值时点的价值的年限。由于收益法测算出的续建完成的价值是在价值时点之后2年，所以

$t=2$（年）

续建完成的写字楼总价值计算如下：

$$续建完成的写字楼总价值=\frac{597.62}{9\%}\left[1-\frac{1}{(1+9\%)^{46.5}}\right]\times\frac{1}{(1+13\%)^2}$$
$$=5\,105.71（万元）$$

(2) 购买该在建工程的税费总额$=V\times 3\%$

$$=0.03V\text{（万元）}$$

(3) 续建总费用$=\dfrac{3\ 300\times 12\ 400\times 60\%}{(1+13\%)^{0.75}}$

$$=2\ 240.15\text{（万元）}$$

(4) 销售费用总额$=\dfrac{597.62}{9\%}\left[1-\dfrac{1}{(1+9\%)^{46.5}}\right]\times\dfrac{3\%}{(1+13\%)^{1.25}}$

$$=167.88\text{（万元）}$$

(5) 销售税费总额$=5\ 105.71\times 6\%$

$$=306.34\text{（万元）}$$

(6) $V=5\ 105.71-0.03V-2\ 240.15-167.88-306.34$

$$V=2\ 321.69\text{（万元）}$$

(7) 该在建工程 2021 年 9 月 1 日的正常购买总价和按规划总建筑面积折算的单价分别为：

$$\text{该在建工程总价}=2\ 321.69\text{（万元）}$$

$$\text{该在建工程单价}=\dfrac{2\ 321.69}{1.24}$$

$$=1\ 872.33\text{（元/m}^2\text{）}$$

【例 10-7】估价对象概况：本估价对象是一宗"五通一平"的房地产开发用地，建设用地面积为 10 000m²，土地用途为商业和住宅，容积率不高于 5.0，建筑密度不高于 35%；商业和住宅的建筑面积比例在规划建设条件中未予明确，可由土地使用者自行确定；商业和住宅的土地使用期限自建设用地使用权出让之日起计算，分别为 40 年和 70 年。

估价需要：为政府采取招标方式出让该土地确定招标底价提供参考依据，评估该土地于 2021 年 9 月 1 日的正常市场价格。

估价过程：

(1) 选择估价方法。该土地属于待开发房地产，适用假设开发法估价，因此选用假设开发法，具体是选用动态分析法。

(2) 选择估价前提。由于是为政府出让该土地而估价，选择的估价前提是"自愿转让开发"。

(3) 选择最佳开发经营方式。通过市场调研，得知该土地的最佳开发经营方式如下：①用途为商业与住宅混合。②容积率达到最高，即 5.0，因此总建筑面积为 50 000m²（10 000×5）。③建筑密度适宜为 30%。④建筑物层数确定为 18 层；其中，1~2 层的建筑面积相同，均为 3 000m²，适宜为商业用途；3~18 层的建筑面积相同，均为 2 750m²，适宜为住宅用途；故商业用途的建筑面积共计 6 000m²，住宅用途的建筑面积共计44 000m²。⑤未来完成的房地产经营方式为全部出售。

（4）求取后续开发经营期。预计自取得建设用地使用权时起需 3 年时间建成，即 2024 年 9 月 1 日建成。

（5）求取后续必要支出。据了解，如果得到该土地，需要按照取得价款的 3% 缴纳契税等税费。建筑安装工程费预计为每平方米建筑面积 2 800 元；勘察设计和前期工程费及管理费用等预计为每平方米建筑面积 700 元；估计在将来 3 年的建设期内，建设费用（包括勘察设计和前期工程费、建筑安装工程费、管理费用等）的投入情况如下：第一年需投入 20%，第二年需投入 50%，第三年投入余下的 30%。广告宣传和销售代理费等销售费用预计为售价的 3%，在建成前半年开始投入至全部售完为止；增值税等销售税费预计为售价的 6%。

（6）求取预期完成的价值。通过市场调研，预计商业部分在建成后即可全部售出，住宅部分在建成后可售出 30%，半年后可售出 50%，其余 20% 一年后售出；商业部分在出售时的均价为每平方米建筑面积 10 000 元，住宅部分在出售时的均价为每平方米建筑面积 6 000 元。

（7）确定折现率。折现率选取为 14%。

（8）计算开发价值。价值时点为 2021 年 9 月 1 日，把全部的收入和支出都折算到该时间。

① $\dfrac{未来完成的}{商业部分价值} = \dfrac{10\,000 \times 6\,000}{(1+14\%)^3}$

$\qquad = 4\,049.83$（万元）

② $\dfrac{未来完成的}{住宅部分价值} = 6\,000 \times 44\,000 \times \left[\dfrac{30\%}{(1+14\%)^3} + \dfrac{50\%}{(1+14\%)^{3.5}} + \dfrac{20\%}{(1+14\%)^4}\right]$

$\qquad = 16\,816.59$（万元）

③购地税费总额 $=$ 总地价 $\times 3\%$

$\qquad = 0.03$ 总地价（万元）

④ $\dfrac{建设费}{用总额} = (2\,800 + 700) \times 50\,000 \times \left[\dfrac{20\%}{(1+14\%)^{0.5}} + \dfrac{50\%}{(1+14\%)^{1.5}} + \dfrac{30\%}{(1+14\%)^{2.5}}\right]$

$\qquad = 14\,250.29$（万元）

⑤销售费用总额 $= \dfrac{(10\,000 \times 6\,000 + 6\,000 \times 44\,000) \times 3\%}{(1+14\%)^{3.25}}$

$\qquad = 634.93$（万元）

⑥销售税费总额＝（4 049.83＋16 816.59）×6％

　　　　　　　　＝1 251.99（万元）

⑦总地价＝4 049.83＋16 816.59－0.03 总地价－14 250.29－634.93－1 251.99

　　总地价＝4 591.47（万元）

估价结果：在上述测算结果的基础上，结合估价师的实践经验，将总地价评估为4 592万元。

对房地产开发用地的估价，通常需要给出三种形式的价格，即总地价、单位地价和楼面地价。因此，该土地于 2021 年 9 月 1 日的正常市场价格评估结果为：总地价4 592 万元，单位地价4 592元/m²，楼面地价 918.4 元/m²。

二、假设开发法的其他用途

假设开发法除了用于房地产市场价值评估，还特别适用于房地产投资价值评估、房地产开发项目分析。用于投资价值评估、开发项目分析与用于市场价值评估的主要不同之处是：在选取有关参数和测算有关数值时，市场价值评估是站在一个典型投资者的立场上，而投资价值评估和开发项目分析是站在某个特定投资者的立场上，比如采用的是某个房地产开发企业的建筑材料和设备采购成本、融资成本、期望利润等。假设开发法用于投资价值评估和开发项目分析的目的，主要是为房地产开发企业进行有关决策提供参考依据，如可提供下列 3 种数值。

（1）待开发房地产的投资价值或最高价格。房地产开发企业如果有意取得某宗待开发房地产，就需要事先测算出自己可承受的最高价格或投资价值，其实际的购买价格应低于或等于该价格或价值，否则就不值得取得该房地产。

（2）房地产开发项目的预期利润。在测算房地产开发项目的预期利润时，是假定待开发房地产已按照某个价格取得，即待开发房地产的取得成本被当作已知。预计未来可获得的收入减去待开发房地产的取得成本和未来的建设成本等成本、费用、税金后的余额，就是该房地产开发项目所能产生的利润。该利润额或利润率如果大于或等于房地产投资者期望的利润额或利润率，则认为该房地产开发项目可行；否则，应推迟开发，甚至取消投资。

（3）房地产开发中可能的最高费用。在测算最高费用时，待开发房地产的取得成本也被当作已知。测算最高费用的目的是使开发利润保持在一个合理范围内，同时使建设成本等成本、费用、税金在开发过程的各个阶段得到有效控制，不至于在开发过程中出现成本失控。

此外，在限地价、竞配建保障性住房或自持租赁住房面积的建设用地使用权出让中，在已知最高地价的情况下，可利用假设开发法测算配建保障性住房或自持租赁住房的最大面积。

在国土空间规划或城市规划、土地利用规划中，还可利用假设开发法为科学合理地确定有关地块的规划建设条件提供参考依据，比如在备选的多种规划建设条件中进行优选时，分别测算备选的各种规划建设条件下的地块价值，其中使地块价值最大的规划建设条件一般就是最优的规划建设条件。

上述假设开发法用于市场价值、投资价值等价值价格评估以外的其他用途下的计算公式，与用于价值价格评估的计算公式相同，只是根据所需测算的内容，相应变换计算公式中的已知项目和未知项目，即把计算公式中的某个已知项目变为未知项目，把其余项目均变为已知项目。

复习思考题

1. 什么是假设开发法？为何也称为剩余法？

2. 假设开发法的本质和主要理论依据是什么？

3. 为什么说假设开发法在形式上是成本法的逆运算，而其本质又与收益法相同？

4. 哪些房地产适用假设开发法估价？

5. 运用假设开发法估价需具备哪些条件？

6. 假设开发法的估价步骤是什么？

7. 假设开发法为何分为动态分析法和静态分析法？两者有哪些主要区别？

8. 动态分析法和静态分析法各有何优缺点？实际估价中应如何恰当选择？

9. 假设开发法的估价前提有哪些？实际估价中应如何恰当选择估价前提？

10. 开发经营方式主要包括哪些？实际估价中应如何选择最佳开发经营方式？

11. 适用于将生地开发成净地或熟地的假设开发法公式是怎样的？

12. 适用于在生地上进行房屋建设的假设开发法公式是怎样的？

13. 适用于将毛地开发成净地或熟地的假设开发法公式是怎样的？

14. 适用于在毛地上进行房屋建设的假设开发法公式是怎样的？

15. 适用于在净地或熟地上进行房屋建设的假设开发法公式是怎样的？

16. 适用于将在建工程续建成房屋的假设开发法公式是怎样的？

17. 适用于将旧房更新改造成新房的假设开发法公式是怎样的？

18. 适用于可改变用途的旧房的假设开发法公式是怎样的？

19. 适用于未来完成的房地产出售的假设开发法公式是怎样的？

20. 适用于未来完成的房地产出租或自营的假设开发法公式是怎样的?

21. 后续开发经营期有何作用? 如何求取?

22. 开发经营期、建设期、经营期、前期、建造期、销售期、运营期、持有期、经济寿命的含义及之间的区别和联系是什么?

23. 在假设开发法中为何不能采用成本法求取预期完成的价值?

24. 如何求取预期完成的价值?

25. 在实际运用假设开发法估价时应如何确定扣除项目,即针对具体的估价对象,哪些应为扣除项目,哪些不应为扣除项目?

26. 如何求取估价对象取得税费?

27. 如何求取后续的建设成本、管理费用、销售费用、投资利息、销售税费?

28. 如何确定折现率和折现期?

29. 如何求取后续开发利润?

30. 除了评估房地产价值价格之外,假设开发法还有哪些用途?

第十一章 土地估价基本方法的特殊要求

市场比较法（比较法）、收益还原法（收益法）、成本逼近法（成本法）、剩余法（假设开发法）在"土地估价"和"房地产估价"中的基本含义、基本原理、基本思路、主要步骤、主要内容是相同或类同的，仅有少量专业术语的名称有所不同，但内涵基本相同。此外，在基本公式的表达式、相关内容的详略程度等方面不尽相同。《城镇土地估价规程》《农用地估价规程》《国有建设用地使用权出让地价评估技术规范》（国土资厅发〔2018〕4号）等土地估价标准规范，还对这四种估价方法在具体运用中的技术要求等作了一些特别规定。本章仅对这些主要不同和特殊之处予以简要说明。

第一节 土地估价中市场比较法的特殊要求

一、市场比较法中术语不同之处

土地估价的市场比较法在术语方面的不同之处主要有：①方法名称通常为市场比较法；②可比实例称为比较实例；③市场状况调整称为估价期日修正或交易期日修正，简称期日修正；④比较价值（或交易价值、比较价格）称为比准价格。

二、市场比较法中内容特殊之处

（一）市场比较法的基本公式

市场比较法评估待估宗地价格的基本公式为：

$$P = P_B \times A \times B \times C \times D \times E$$

式中 P——待估宗地价格；

P_B——比较实例价格；

　　　　A——交易情况修正系数；

　　　　B——估价期日修正系数；

　　　　C——区域因素修正系数；

　　　　D——个别因素修正系数；

　　　　E——使用年期修正系数。

　　上述公式中，待估宗地即估价对象为宗地；比较实例也称为比较实例宗地；交易情况修正系数为待估宗地交易情况指数除以比较实例交易情况指数；估价期日修正系数为待估宗地估价期日的地价指数除以比较实例交易日期的地价指数；区域因素修正系数为待估宗地区域因素条件指数除以比较实例区域因素条件指数；个别因素修正系数为待估宗地个别因素条件指数除以比较实例个别因素条件指数；使用年期修正系数为待估宗地使用年期修正指数除以比较实例使用年期修正指数。

　　上述公式可以说是将某个比较实例价格修正为某个比准价格的原理性公式，或全部为百分比修正和乘法修正的公式。实际估价中，一要在全面深入理解市场比较法基本原理的基础上，结合各项修正的具体情况，比如地价指数是定基指数还是环比指数，对上述公式酌情变通运用；二要将所选取的3个或3个以上比较实例价格经各项比较修正后的3个或3个以上比准价格，选用简单算术平均法、加权算术平均法、中位数法、众数法之一，得出一个最终的比准价格。

　　（二）比较实例选择的有关要求

　　在选择比较实例方面，比较实例的交易日期距估价期日原则上不超过3年。对于国有建设用地使用权出让地价评估，《国有建设用地使用权出让地价评估技术规范》规定，在综合分析当地土地市场近3年交易实例的基础上，优先选用正常市场环境下的交易实例。原则上不采用竞价轮次较多、溢价率较高的交易实例；不能采用楼面地价历史最高或最低水平的交易实例。近3年内所在或相似区域的交易实例不足3个的，原则上不应选用市场比较法。

　　（三）若干修正方面的有关要求

　　在估价期日修正方面，已经开展地价动态监测并发布地价指数的城市，待估宗地估价期日的地价指数和比较实例交易日期的地价指数，可采用发布的相应时间和所在区域的地价指数，不宜直接采用全市的地价指数。地价动态监测所发布的地价指数一般可反映土地市场上真实、客观地价的变动，且具有较强的权威性。

　　在交易情况修正和估价期日修正之外，没有统称的土地状况调整，也不是把土地状况分为区位状况、实物状况和权益状况三类进行调整。

在建设用地估价中,"土地状况调整"一般分为下列4类因素修正。

(1) 区域因素修正。区域因素是指影响城镇内部区域之间地价水平的因素。区域因素修正的主要因子包括商服繁华程度、产业集聚程度、交通条件、公共服务设施水平、基础设施水平、区域环境条件、城镇规划、区域土地使用限制、自然条件等。由于不同用途的土地影响其价格的区域因子不同,区域因素修正的具体因子应根据待估宗地的用途确定。

(2) 个别因素修正。个别因素是指宗地自身的地价影响因素。个别因素修正的主要因子包括宗地位置、面积、形状、临街状况、宗地内基础设施水平、地势、地质、水文状况、容积率、其他规划限制条件等。由于不同用途的土地影响其价格的个别因子不同,个别因素修正的具体因子应根据待估宗地的用途确定。当容积率对地价影响较大时,应单独进行容积率修正。

【例 11-1】某待估宗地为住宅用地,容积率为 3.5。选取的比较实例的容积率为 2.0,楼面地价为 2 000 元/m²。所在城市基于楼面地价的住宅用地容积率修正系数表,见表 11-1。请测算待估宗地的地面地价。

某城市基于楼面地价的住宅用地容积率修正系数表　　　　表 11-1

容积率	1.0	1.5	1.8	2.0	2.5	3.0	3.5	4.0
修正系数	1.20	1.05	1.00	0.97	0.92	0.88	0.85	0.80

【解】待估宗地的地面地价 (P) 测算如下:

$$P = 比较实例楼面地价 \times \frac{待估宗地容积率修正系数}{比较实例容积率修正系数} \times 待估宗地容积率$$

$$= 2\,000 \times \frac{0.85}{0.97} \times 3.5$$

$$= 6\,134.02\ (元/m^2)$$

例 11-1 中,如果待估宗地或比较实例的容积率不是正好为容积率修正系数表中的容积率,一般采用"内插法"求取相应的容积率修正系数。

(3) 土地使用年期修正。简称使用年期修正或年期修正。年期修正中的土地使用年期应为土地使用权的剩余期限,也称为土地剩余使用期限或剩余使用年期。当待估宗地为拟出让宗地、比较实例为出让土地的交易实例时,土地使用年期为其出让年限;当待估宗地或比较实例为已出让土地(出让后已使用的土地)时,土地使用年期为其出让年限减去已经使用年限后的剩余期限。

使用年期修正系数用于将比较实例使用年期下的价格修正到待估宗地使用年期下的价格。使用年期修正系数的计算公式为:

$$K_y = [1-1/(1+r)^m] / [1-1/(1+r)^n]$$

式中 K_y——使用年期修正系数；

r ——土地还原率；

m ——待估宗地的使用年期；

n ——比较实例的使用年期。

【例 11-2】 某待估宗地目前的使用年期为 50 年。近期以转让方式成交的某个比较实例的土地使用权是 5 年前以出让方式取得的，取得时的出让年限为 45 年。该比较实例经过使用年期以外各项修正后的价格为 4 000 元/m²，土地还原率为 8%。请通过该比较实例价格测算待估宗地目前的比准价格。

【解】 通过比较实例价格（P_B）测算待估宗地目前的比准价格（P）如下：

$$P = P_B \times [1-1/(1+r)^m] / [1-1/(1+r)^n]$$
$$= 4\,000 \times [1-1/(1+8\%)^{50}] / [1-1/(1+8\%)^{45-5}]$$
$$= 4\,103.61 \,(元/m^2)$$

（4）其他因素修正。除进行上述修正外，经过充分调查和专家论证，还可根据比较实例与待估宗地的条件差异进行其他必要的修正。

在农用地（包括耕地、园地、林地、草地等）估价中，把"土地状况调整"一般分为影响因素修正和使用年期修正。影响因素修正又分为下列 3 类因素修正。

（1）自然因素修正。自然因素是指影响农用地生产力的各种自然条件，主要包括气候、地形地貌、水文地质、土壤、自然灾害、生态状况等。

（2）社会经济因素修正。社会经济因素是指影响农用地收益的社会经济发展条件、土地制度和交通条件等，主要包括相关的制度、经济政策、人口状况、经济发展水平、保护与开发利用状况、农田基础设施状况、规划条件、交通区位、权利状况等。

（3）特殊因素修正。特殊因素是指影响农用地生产力和收益所独有的条件或不利因素，主要包括特殊的气候条件、土壤条件、水源条件、环境条件、环境污染状况等。

上述影响因素在耕地、园地、林地、草地等估价时均需适当考虑，并可根据相关规程、规范或技术指引增加影响因素，选择具体的影响因子。

在比较实例价格修正幅度方面，对于国有建设用地使用权出让地价评估，《国有建设用地使用权出让地价评估技术规范》规定如下：

（1）比较实例的修正幅度不能超过 30%，即：

（实例修正后的比准价格—实例价格）/实例价格≤30%

（2）各比较实例修正后的比准价格之间相差不能超过 40％，即：

（高比准价格－低比准价格）/低比准价格≤40％

对超过 40％的，应另选实例予以替换。实例不足无法替换的，应对各实例进行可比性分析，并作为确定取值权重考虑因素之一。

第二节 土地估价中收益还原法的特殊要求

一、收益还原法中术语不同之处

土地估价的收益还原法在术语方面的不同之处主要有：①方法名称通常为收益还原法；②净收益称为纯收益或地租；③报酬率称为还原率。

二、收益还原法中内容特殊之处

在求取土地纯收益方面，用于测算收益水平的比较实例应不少于 3 个。确定土地收益，应通过调查市场实例进行比较后得出，符合当前市场的正常客观收益水平。对于国有建设用地使用权出让地价评估，还应"假设该收益水平在出让年期内保持稳定"。这意味着一般应假设该收益水平在出让年期内每年基本不变，从而应选用净收益每年不变、收益期为有限年的公式。对于房地产现状出租经营的土地，先按房地产条件选用比较实例，再减去房屋纯收益求取土地纯收益。

土地估价的收益还原法没有严格区分报酬率和资本化率，统称为还原率，一般等同于报酬率。确定还原率时，应详细说明确定的方法和依据，应充分考虑投资年期与收益风险之间的关系。此外，应注意不同类型土地使用权价格评估之间的还原率高低关系，如授权经营土地使用权、土地租赁权、划拨土地使用权、地役权等价格评估，还原率一般应高于相同条件下出让土地使用权价格评估的还原率。

第三节 土地估价中成本逼近法的特殊要求

一、成本逼近法中术语不同之处

土地估价的成本逼近法在术语方面的不同之处，主要是方法名称通常为成本逼近法。

二、成本逼近法中内容特殊之处

（一）成本逼近法的基本公式

成本逼近法评估待估宗地价格的基本公式为：

$$P = E_a + E_d + T + R_1 + R_2 + R_3$$
$$= P_E + R_3$$

式中　P——待估宗地价格；

　　　E_a——土地取得费；

　　　E_d——土地开发费；

　　　T——各项税费；

　　　R_1——土地开发利息；

　　　R_2——土地开发利润；

　　　R_3——土地增值；

　　　P_E——土地成本价格。

由上述公式可知，土地价格构成项目中有单独的一项"土地增值"；除土地增值以外的其他各项之和称为"土地成本价格"，简称"成本价格"。鉴于成本逼近法中土地成本价格或成本价格已有上述特定含义，为了避免混淆和误解，不能把成本逼近法测算出的土地价格简称为土地成本价格或成本价格。

（二）土地成本价格中各项的求取

1. 土地取得费

土地取得费也称为土地取得成本，根据征收农村集体土地、收回国有土地使用权或征收国有土地上房屋、通过市场交易获得土地等不同取得途径和情况，按取得土地权利而支付的各项客观费用计算。《国有建设用地使用权出让地价评估技术规范》规定，土地取得成本应通过调查当地正常情况下取得土地实际发生的客观费用水平确定，需注意与当地土地征收、房屋征收和安置补偿等标准的差异。

2. 土地开发费

土地开发费也称为土地开发成本，按待估宗地设定开发程度下应投入的各项客观费用计算。《国有建设用地使用权出让地价评估技术规范》规定，土地开发成本应通过调查所在区域开发同类土地的客观费用水平确定。对拟出让宗地超出所在区域开发同类土地客观费用水平的个例性实际支出，不能纳入成本。

3. 各项税费

各项税费是指土地取得和开发过程中应向政府缴纳的税费。《国有建设用地使用权出让地价评估技术规范》规定，国家或地方拟从土地出让收入或土地出让收益中计提（安排）的各类专项资金，包括农业土地开发资金、国有土地收益基金、农田水利建设资金、教育资金、保障性安居工程资金等，以及新增建设用地土地有偿使用费、新增耕地指标和城乡建设用地增减挂钩结余指标等指标流转费用，不得计入土地成本，也不得计入出让底价。

4. 土地开发利息

土地开发利息是指土地开发总投资应计算的合理利息。土地开发总投资包括土地取得费、土地开发费和各项税费。按待估宗地设定开发程度的正常开发周期、各项费用的投入期限和贷款年利率，分别测算各期投入应支付的利息。土地开发周期超过 1 年的，利息应按复利计算。

5. 土地开发利润

土地开发利润是指土地开发总投资应计算的合理利润。土地开发利润的计算基数与土地开发利息的计算基数相同，也是土地开发总投资。按照开发性质和各地实际情况，确定土地开发中各项投资的客观回报率，测算土地开发应取得的开发利润。

（三）土地增值的含义及测算

土地增值也称为土地增值收益，是指因用途等土地使用条件改变或进行土地开发而产生的价值增加。由农用地转为建设用地的，土地增值是指农用地转为建设用地并进行土地开发，达到建设用地条件而产生的价值增加。通过收回国有土地使用权或征收国有土地上房屋取得的，土地增值是指改变土地用途和规划条件而产生的价值增加。

土地增值额理论上等于土地客观成本价格和土地市场价格之间的系统性差距，简要地说就是土地市场价格与成本价格的差额，实践中依据土地所在区域内因用途等土地使用条件改变或进行土地开发而产生的价值增加额或比率来测算。土地价值增加比率简称土地增值率或土地增值收益率，利用其测算土地增值额的公式为：

$$土地增值＝（土地取得费＋土地开发费＋各项税费＋$$
$$土地开发利息＋土地开发利润）×土地增值率$$

由农用地转为建设用地的，上述公式中的土地取得费通常具体为土地征收补偿费用（包括土地补偿费、安置补助费等费用）。土地增值率一般参考前若干年土地使用权出让、转让及相关估价资料，并结合有关专家的意见来确定，其高低因土地取得途径、权利类型、用途、级别等的不同而不同。

（四）初步测算价格的修正

按成本逼近法的基本公式初步测算出土地价格（简称初步测算价格）后，应根据待估宗地在区域内的位置和宗地条件，考虑是否需要对初步测算价格进行必要的修正（简称其他因素修正），进而确定成本逼近法评估出的待估宗地价格。

初步测算价格的内涵通常是法定最高使用年期的出让土地使用权价格，但也可能是无限年期的出让或划拨土地使用权价格。当待估宗地价格的内涵与初步测算价格的内涵不一致时，需要进行相应的因素修正。例如，当待估宗地为已出让土地时，应进行剩余使用年期修正。再如，待估宗地虽然是拟出让宗地，但当其拟出让年期短于法定最高使用年期时，如对高精尖产业用地拟弹性出让 20 年而不是 50 年，在评估该 20 年期的出让地价时，应进行使用年期修正。

当土地增值是以无限年期的土地市场价格与成本价格的差额确定时，土地增值收益与成本价格一并进行年期修正。而当土地增值是以有限年期的土地市场价格与成本价格的差额确定时，且待估宗地的剩余使用年期与该有限年期相同，则不再另行年期修正；否则，应进行年期修正。

此外，《国有建设用地使用权出让地价评估技术规范》规定，评估工业用地出让地价时，不得以当地工业用地出让最低价标准为基础，推算各项参数和取值后，评估出地价。

第四节　土地估价中剩余法的特殊要求

一、剩余法中术语不同之处

土地估价的剩余法在术语方面的不同之处，主要是方法名称通常为剩余法。在评估待开发土地价格时，时常也称为假设开发法。

二、剩余法中内容特殊之处

土地估价的剩余法不仅用于评估待开发土地（包括待建、在建的土地）价格，还用于评估现有不动产（如住宅、商场、写字楼、酒店、厂房等）中所含土地价格。

同时需注意的是，一宗建设用地处于待建（如拟出让宗地，以出让方式取得后尚未动工开发的房地产开发用地）、在建（如在建工程中所含土地）、已建成（如现有不动产中所含土地）等不同开发建设和使用阶段，以及因估价目的不同（如土地使用权出让地价评估，已出让土地调整容积率、用途等土地利用条件需补缴地价款评估，在建工程抵押、现有不动产抵押、司法处置等估价中当要求或有必要分别列出土地价值和建筑物或建设工程本身的价值时），相应评估的土地价格的内涵和结果不尽相同。

（一）评估现有不动产中所含土地价格

通俗地说，评估现有不动产中所含土地价格就是评估建筑物已建成的现状房地产价格中的土地价格。在评估现有不动产中所含土地价格时，要区分并根据估价目的明确是评估下列2种中的哪种土地价格：

（1）当作房地产两大组成部分（建筑物和土地）中的土地价格。这实际上是把整体房地产价值价格在建筑物和土地之间进行分配。

（2）当作待建的土地价格。这实际上是把现有不动产中的土地视为待建的空地来评估其价格。例如，划拨土地办理协议出让时不改变土地及建筑物现状的，评估现状使用条件下的出让土地使用权正常市场价格和现状使用条件下的划拨土地使用权价格。

评估当作房地产两大组成部分中的土地价格，一般没有"假设开发"，是将不动产价格（如房价）减去房屋现值（建筑物价值价格）及交易税费，得出土地价格。

评估当作待建的土地价格，可选择下列3个路径之一：

（1）先评估当作房地产两大组成部分中的土地价格，然后减去土地取得税费及与土地相对应的管理费用、销售费用、投资利息、销售税费、开发利润。

（2）利用评估待建的土地价格的剩余法，通过"假设开发"来求取，即先假设现有不动产中的建筑物不存在，并假设重新取得现有不动产中的土地，然后按现有不动产中的建筑物用途、规模、档次等状况重新开发建设。

（3）利用成本法中"房地合估"的逆运算，即先把房地合估公式中的土地成本（包括土地购置价格和土地取得税费）当作未知项，求得土地成本后再减去土地取得税费。

（二）评估待开发土地价格

分为评估待建的土地价格和评估在建的土地价格。

1. 评估待建的土地价格

在评估待建的土地价格时，如评估国有建设用地使用权出让地价，是将开发完成后的不动产总价减去土地取得税费、开发成本、投资利息和开发利润等，得出土地价格。

对于运用剩余法评估国有建设用地使用权出让地价，《国有建设用地使用权出让地价评估技术规范》规定需体现的技术要求主要有下列4个方面：

（1）在假设项目开发情况时，按规划建设条件评估；容积率、绿地率等规划建设指标是区间值的，在区间上限、下限值中按最有效利用原则择一进行评估。

（2）假设的项目开发周期一般不超过 3 年。

（3）对于开发完成后拟用于出售的项目，售价取出让时当地市场同类不动产正常价格水平，不能采用估算的未来售价。这个要求意味着运用剩余法评估国有建设用地使用权出让地价时要选择静态分析法。

（4）利润率宜采用同一市场上类似不动产开发项目的平均利润率。利润率的取值应有客观、明确的依据，能够反映当地不动产开发行业平均利润水平。

2. 评估在建的土地价格

在评估在建的土地价格时，如评估在建工程中所含土地价格，要区分并根据估价目的明确是评估下列 2 种中的哪种土地价格：

（1）当作在建工程两大组成部分（建设工程本身和土地）中的土地价格。

（2）当作待建的土地价格。

评估当作在建工程两大组成部分中的土地价格的技术思路，与评估现有不动产中所含土地价格当作房地产两大组成部分中的土地价格的技术思路相似。评估当作待建的土地价格的技术思路，与评估现有不动产中所含土地价格当作待建的土地价格的技术思路相似。

此外还需注意的是，采用剩余法评估在建的土地价格，与采用剩余法或假设开发法评估在建工程（建设工程及其所占用土地）价值价格，估价对象的财产范围、剩余法的扣除项目和测算结果都有所不同。

复 习 思 考 题

1. 土地估价的市场比较法与房地产估价的比较法有哪些不同之处？

2. 采用市场比较法评估建设用地价格与评估农用地价格有哪些不同之处？

3. 为什么要规定比较实例价格修正以及各比较实例修正后的比准价格之间相差的最大幅度？

4. 土地估价的收益还原法与房地产估价的收益法有哪些不同之处？

5. 土地估价的成本逼近法与房地产估价的成本法有哪些不同之处？

6. 成本逼近法中哪些不得计入或不能纳入土地成本？

7. 土地价格构成项目中为何有土地增值？土地增值率应如何确定？

8. 计算土地开发利息、开发利润、土地增值的基数应含哪些？不应含哪些？

9. 土地估价的剩余法与房地产估价的假设开发法有哪些不同之处？

10. 评估现有不动产中所含土地价格与评估待开发土地价格有何不同？

11. 在评估现有不动产中所含土地价格时，评估当作待建的土地价格与评估当作房地产两大组成部分中的土地价格有何不同？

12. 剩余法评估待建的土地价格与假设开发法评估在建工程价值价格有何不同？

13. 剩余法评估国有建设用地使用权出让地价有哪些特殊的技术要求？

14. 为何运用剩余法评估国有建设用地使用权出让地价时要选择静态分析法？

第十二章 公示地价修正法及其运用

本章介绍土地估价特有的公示地价修正法，包括基准地价修正法、路线价法、标定地价修正法。

第一节 公示地价修正法概述

一、公示地价修正法的含义

公示地价修正法也称为公示地价系数修正法，是利用政府公示地价及其修正体系，按照替代原则，将待估宗地的区域条件和个别条件等与公示地价的条件相比较，进而通过修正求取待估宗地在估价期日价格的方法。

公示地价是指以维护经济和市场的平稳健康发展为目标，遵循公开市场价值标准评估，并经政府确认、公布实施的地价，包括基准地价、标定地价等。

公示地价修正法是以政府部门制定并公布的公示地价作为参考标准，求取的待估宗地价格有明确的依据，较有权威性，尤其是在土地市场不够发育、缺少可参考的土地交易实例的中小城镇，以及公共管理与公共服务用地、特殊用地等。

二、公示地价修正法的具体方法

公示地价修正法分为建设用地的公示地价修正法、农用地的公示地价修正法。

（一）建设用地的公示地价修正法

建设用地的公示地价修正法具体有基准地价修正法、路线价法、标定地价修正法。这三种方法将分别在本章第二、三、四节中介绍。

（二）农用地的公示地价修正法

农用地的公示地价修正法主要是基准地价修正法，具体有下列 3 种方法。

（1）系数修正法。该方法的技术思路与建设用地的基准地价系数修正法类同，可参见本章第二节。

（2）定级指数模型评估。利用基准地价评估过程中所建立的定级指数与地价关系模型，通过评判待估农用地定级指数，并将其代入模型，测算出待估农用地价格的方法。估价步骤为：①收集整理农用地基准地价相关资料；②确定待估农用地级别、基准地价及适用模型；③调查分析确定待估农用地定级指数；④将定级指数代入模型，计算待估农用地价格；⑤对计算出的待估农用地价格进行估价期日和年期修正。

（3）基准地块法。利用基准地价评估过程中已经建立的基准地块档案，通过比较修正评估出待估农用地价格的方法。估价步骤和方法同市场比较法。

第二节　基准地价修正法

一、基准地价修正法的含义

基准地价修正法也称为基准地价系数修正法，是利用基准地价及其修正体系，按照替代原则，将待估宗地的区域条件和个别条件等与其所处土地级别或均质区域的平均条件相比较，进而通过修正求取待估宗地在估价期日价格的方法。

均质区域也称为均质地域，是土地用途及利用条件、地价水平基本相同的土地区域。基准地价有城镇基准地价、农用地基准地价等。城镇基准地价是在土地利用总体规划确定的城镇可建设用地范围内，对平均开发利用条件下，不同级别或不同均质区域的建设用地，按照商服、住宅、工业等用途分别评估，并由政府确定的，某一估价期日法定最高使用年期土地权利的区域平均价格。农用地基准地价是县（市）政府根据需要针对农用地不同级别或不同均质区域，按照不同利用类型，分别评估确定的某一估价期日的平均价格。

二、基准地价修正法的基本原理

基准地价修正法实质上是一种比较法，且是一种间接比较法，其理论依据及基本原理与市场比较法的相同，是替代原理和替代原则。

之所以说基准地价修正法是间接比较法，是因为基准地价本身是评估价，而不是市场成交价。

三、基准地价修正法的基本公式

基准地价修正法评估待估宗地价格的基本公式为：

$$P = P_{1b} \times (1 \pm \sum K_i) \times K_j + D$$

式中　　P——待估宗地价格；

　　　P_{1b}——待估宗地对应的基准地价；

　　$\sum K_i$——待估宗地区域因素和个别因素修正系数之和；

　　　K_j——估价期日、容积率、土地使用年期等其他因素修正系数；

　　　D——土地开发程度修正值。

上述公式中各种修正的方法与市场比较法中的类同，如估价期日修正系数一般为待估宗地估价期日的地价指数除以基准地价估价期日的地价指数。

【例 12-1】 某待估宗地所处土地级别的基准地价为楼面地价 500 元/m^2，区域因素和个别因素修正系数之和为—0.13，估价期日、容积率、土地使用年期修正系数分别为 1.06、1.51、0.97，土地开发程度与基准地价设定的相同。请采用基准地价修正法测算该宗地的楼面地价。

【解】 采用基准地价修正法测算该宗地的楼面地价（P）如下：

$$\begin{aligned}
P &= P_{1b} \times (1 \pm \sum K_i) \times K_j + D \\
&= 500 \times (1 - 0.13) \times 1.06 \times 1.51 \times 0.97 + 0 \\
&= 675.37 \ (\text{元}/m^2)
\end{aligned}$$

四、基准地价修正法的估价步骤

（一）收集基准地价相关资料

通过有关渠道收集利用基准地价修正法求取待估宗地价格所需的基准地价及其修正体系等资料，包括待估宗地所在地区（如城市）政府公布的基准地价图（如各用途基准地价成果图等）、基准地价表（如各级别各用途基准地价成果表、基准地价修正系数表、修正因素指标说明表等）、基准地价内涵说明（如基准地价对应的土地权利类型、使用年期、用途、容积率、开发程度和期日），以及政府公布基准地价的文件、公布日期等。

（二）确定待估宗地对应的基准地价

具体是确定待估宗地所处土地级别或均质区域的基准地价，一般按以下 3 个步骤进行：①根据待估宗地的用途，确定其所属的用途类别，比如是属于商服用途还是住宅、工业等用途；②根据待估宗地的用途类别和具体位置，确定其所处的土地级别或均质区域；③根据待估宗地所处土地级别或均质区域，查找该土地级别或均质区域的基准地价。

（三）分析待估宗地的地价影响因素

具体是分析影响待估宗地价格的区域因素、个别因素和其他因素。

（四）编制待估宗地地价影响因素条件说明表

根据待估宗地查勘情况，对照基准地价的条件说明表，采集因素因子值，填写待估宗地地价影响因素条件说明表。

（五）确定待估宗地地价修正系数

具体是依据宗地地价影响因素条件说明表和基准地价修正体系，确定待估宗地地价修正系数（区域因素和个别因素修正系数）。

（六）确定其他因素修正系数

具体是确定估价期日、容积率、土地使用年期、土地开发程度等其他因素修正系数。

（七）测算待估宗地价格

包括利用估价期日修正系数对基准地价进行市场状况调整，即将基准地价在其估价期日的值，调整为在价值时点的值。利用待估宗地地价修正系数和其他因素修正系数，对基准地价进行土地状况调整。

需要注意的是，由于不同地区、不同用途土地（如建设用地、耕地、园地、林地、草地）的基准地价内涵、表现形式（地面地价、楼面地价）以及地价影响因素等可能有所不同，修正的具体内容和方法不尽相同。

五、基准地价修正法的适用范围

运用基准地价修正法评估待估宗地价格，应满足合法性、目的性、技术性、时效性等要求。

基准地价修正法可用于政府已公布基准地价，具有完备的基准地价修正体系的区域。采用的基准地价应已向社会公布；采用已完成更新但尚未向社会公布的基准地价，需经市、县自然资源主管部门书面同意。

由于基准地价修正法是间接比较法，利用其求取的待估宗地价格的合理性与准确性，还取决于基准地价的准确性和现势性、基准地价修正体系的完备性以及有关修正系数的合理性。就现势性来说，待估宗地的估价期日距基准地价的期日一般不超过３年。此外，基准地价修正法原则上不宜用于评估标定地价。

第三节　路　线　价　法

一、路线价法概述

（一）路线价法的含义

城镇街道两旁的商业用地，如图 12-1 所示，虽然它们的位置相邻、形状相同、面积相等，但因临街状况不同，比如一面临街的矩形土地是较长的边临街还是较短的边临街 ［图 12-1（a）］，梯形土地是较宽的边临街还是较窄的边临街 ［图 12-1（b）］，三角形土地是一边临街还是一顶点临街 ［图 12-1（c）］，是否为街角地、前后两面临街 ［图 12-1（d）］ 等，价格会有所不同，甚至差异很大。对图 12-1 中的各宗临街土地，人们通常凭借常识便可判断它们的价格高低：在其他条件相同的情况下，土地 A 的价格高于土地 B 的价格，土地 C 的价格高于土地 D 的价格，土地 E 的价格高于土地 F 的价格，土地 G 的价格高于土地 H 的价格。

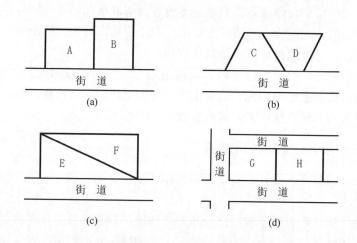

图 12-1　不同临街状况的土地价格高低比较

如果想要较快速度、较低成本且不失科学合理、客观公平地评估出某个城镇的所有街道或其中若干条街道、某条街道各宗临街土地的价格，可以采用路线价法。作为批量估价的路线价法，是在城镇街道上划分路线价区段、设定标准临街深度，在每个路线价区段内设立标准临街宗地并评估其价格作为路线价，进而利用路线价修正系数将路线价调整为各宗临街土地价格的方法。

（二）路线价法的理论依据

路线价法实质上是一种比较法，是比较法的派生方法，其理论依据与比较法相同，是替代原理。

路线价法中的"标准临街宗地"，可视为比较法中的"可比实例"；标准临街宗地的价格称为"路线价"，可视为比较法中经过交易情况修正、市场状况调整，但未进行资产状况调整的"可比实例价格"；其他临街土地的价格是根据它们各自的临街深度、临街宽度、形状（如矩形、三角形、梯形、平行四边形、不规则形）、临街状况等土地状况，对路线价进行恰当调整来求取，这些调整可视为比较法中的"资产状况调整"。

作为批量估价的路线价法与比较法的不同之处主要有以下 3 点：①利用路线价求取临街土地的价格时不进行"交易情况修正"和"市场状况调整"，仅进行"资产状况调整"。②先对多个"可比实例价格"进行综合，即得出路线价，然后进行"资产状况调整"，而不是先分别对每个"可比实例价格"进行修正和调整，然后进行综合。③利用相同的"可比实例价格"即路线价，同时评估出许多"估价对象"即各宗临街土地的价格，而不是仅评估出一个估价对象的价格。

作为批量估价的路线价法在利用路线价评估宗地价格时，之所以不进行"交易情况修正"和"市场状况调整"，是因为：①求得的路线价（标准临街宗地的价格），已是经过交易情况修正后的正常价格；②求得的路线价所对应的日期，已与所需求取的临街土地价格所对应的日期一致，都是价值时点（估价期日）的。可见，"交易情况修正"和"市场状况调整"已在求取路线价时进行了。但是，如果把路线价当作一种基准地价事先进行评估，之后利用路线价评估宗地价格的，则需要进行市场状况调整（估价期日修正）。

（三）路线价法的适用对象和条件

路线价法原本是一种批量估价方法，主要用于大量临街商业用地的批量估价，适用的基本条件是街道较规整，临街土地的排列较整齐。

市场比较法、收益还原法、成本逼近法、剩余法均主要用于单宗土地估价或数宗土地分别估价。如果需要评估出数量很多的宗地价格，则这几种方法的估价作业时间较长，且成本较高。而路线价法是一种高效率、低成本但又不失科学合理、客观公平的批量估价方法，特别适用于市地重划（城镇土地整理）、房地产税收以及其他需要在较短时间内对数量很多的临街土地进行估价的情形。

如果把路线价当作一种基准地价，政府公布的基准地价中有路线价，则路线价法演变成了基准地价修正法的一种特殊形式，可称为路线价系数修正法，可用于单宗土地估价。当区域内同时有基准地价和路线价时，里地线以内的宗地应采用路线价法估价。

（四）路线价法的估价步骤

作为批量估价方法的路线价法的估价步骤一般为：①划分路线价区段；②设定标准临街深度；③设立标准临街宗地；④测算并确定路线价；⑤编制路线价修正系数表；⑥利用路线价评估宗地价格。如果把路线价当作一种基准地价事先进行评估，则上述①至⑤个步骤属于路线价评估的内容。

二、路线价评估

（一）划分路线价区段

一个路线价区段是其内不同宗地的地价水平相近、具有同一路线价的地段。在划分路线价区段时，应将通达性相当、位置相邻、地价水平相近的临街土地划为同一个路线价区段。相邻两个路线价区段一般在两边的地价水平有明显差异的十字路或丁字路中心处划分界线，两个路口之间的地段为一个路线价区段。但某些较长的繁华街道，因不同宗地的地价水平有明显差异，需将两个路口之间的地段划分为两个或两个以上的路线价区段，分别附设不同的路线价；而某些不繁华的街道，因不同宗地的地价水平差异不大，同一个路线价区段可延长至多个路口。同一条街道如果两侧的繁华程度、地价水平有明显差异的，应以街道中心为分界线，将街道两侧划分为不同的路线价区段，分别附设不同的路线价。因此，划分出的路线价区段一般位于街道两侧，是带状的。

（二）设定标准临街深度

标准临街深度简称标准深度，从理论上讲，是随着土地与街道距离的增加，街道对土地价值影响为零时的深度，即街道对地价影响的转折点：由此点接近街道的方向，地价受街道的影响而逐渐升高；由此点离开街道的方向，地价可看作基本不变，即地价不受街道的影响。

在实际估价中，设定的标准临街深度通常是路线价区段内各宗临街土地的临街深度的众数或平均数。例如，某个路线价区段内临街土地的临街深度大多为 18m，则标准临街深度一般设定为 18m；如果临街深度大多为 25m，则标准临街深度一般设定为 25m。以各宗临街土地的临街深度的众数为标准临街深度，可简化以后各宗临街土地价格的计算。否则，后面根据标准临街深度确定的临街深度价格修正率，将使以后多数临街土地价格的计算要用该临街深度价格修正率进行调整。这不仅会增加计算的工作量，而且会使所求得的路线价代表性不够强。

标准临街深度的连线称为里地线。里地线以外（离开街道）不临街的宗地称为里地，里地线以内的宗地一般为临街土地。

（三）设立标准临街宗地

标准临街宗地是一个路线价区段内具有代表性的宗地，一般应符合以下 8 个条件：①一面临街；②土地形状为矩形；③临街深度为标准临街深度；④临街宽度为标准临街宽度（简称标准宽度，通常是同一路线价区段内各宗临街土地的临街宽度的众数或平均数）；⑤临街宽度与临街深度的比例（简称宽深比）适当①；⑥用途为所在路线价区段具有代表性的用途；⑦容积率或房屋层数为所在路线价区段具有代表性的容积率或房屋层数（通常是同一路线价区段内各宗临街土地的容积率或房屋层数的众数或平均数）；⑧其他方面，如土地使用期限、土地开发程度等应具有代表性。

每个路线价区段内，应选取或设定一宗标准临街宗地。在路线价区段内有符合标准临街宗地条件的，应选取一宗符合标准临街宗地条件的真实存在的土地作为标准临街宗地；没有完全符合标准临街宗地条件的，应先选取一宗较符合标准临街宗地条件的真实存在的土地，再以该土地状况为基础，设定某种状况的土地作为标准临街宗地。

（四）测算并确定路线价

路线价是标准临街宗地的价格。测算路线价时，同一路线价区段内有多宗符合标准临街宗地条件的，通常是选取一定数量的标准临街宗地，运用收益法（通常是其中的土地剩余技术）、比较法等估价方法分别测算它们的价格，然后计算其平均数或中位数、众数，即得到该路线价区段的路线价。如果仅选取或设定一宗标准临街宗地的，可恰当选择比较法、收益法等估价方法测算并确定其价格。

路线价可为土地单价，也可为楼面地价；可用货币来表示，也可用相对数（如点数）来表示，比如将一个城镇中路线价最高的路线价区段用 1 000 点来表示，然后据此依次确定路线价较低的各个路线价区段的点数，如为 960 点、900点……。用货币表示的路线价较直观、易理解，便于土地交易时参考。用点数表示的路线价便于测算，可以避免因币值变动所引起的麻烦。下面以土地单价、用货币表示路线价的情形，进一步说明路线价法。

（五）编制路线价修正系数表

路线价修正系数表分为临街深度价格修正率表、其他价格修正率表。

---

①　按理，具备了前面③和④两条，就会符合第⑤条。这里为强调"宽深比"适当，将其单独列为一条。

1. 临街深度价格修正率表

临街深度价格修正率表简称深度价格修正率表，也称为深度百分率表、深度指数表或深度指数修正表，是基于临街深度价格递减原理，以临街深度价格递减率为基础编制的。

（1）临街深度价格递减原理

一宗临街土地中各部分的价值一般随着与街道的距离增加而递减，因为离街道越远，通达性越差，价值会越低。如图 12-2（a）所示，一宗临街深度为 n 米的矩形临街土地，假设以某个长度（如 1 米）将其划分为许多（如 n 个）与街道平行的形状和面积相同的细长条。由于越接近街道的细长条的利用价值越大，越远离街道的细长条的利用价值越小，所以接近街道的细长条的价值大于远离街道的细长条的价值。如果从临街方向起按顺序以 a_1，a_2，a_3，……，a_{n-1}，a_n 来表示各细长条的价值，则有：$a_1 > a_2$，$a_2 > a_3$，……，$a_{n-1} > a_n$。另外，虽然各细长条的距离之差都相同（为 1m），但它们的价值之差各不同，其中 a_1 与 a_2 之差最大，a_2 与 a_3 之差次之，之后逐渐缩小，至 a_{n-1} 与 a_n 之差可视为零。如果把总价转化为单价，因为各细长条的面积相同，所以各细长条单价的变化也遵循相同的规律。但在不同的城镇，在同一城镇内不同的路线价区段，土地价值随着临街深度变化的程度有所不同，表现为图 12-2（b）中曲线的位置及弯曲程度不同。弯曲程度越大，表明土地价值对临街深度的变化越敏感。如果把各细长条的价值转换为相对数，就可得到临街深度价格递减率。

（2）四三二一法则

最简单、最容易理解的一种临街深度价格递减率，是"四三二一法则

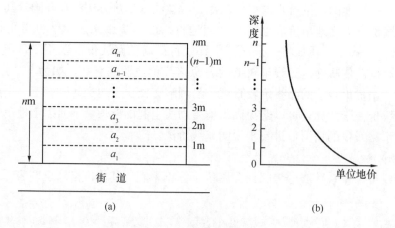

(a)　　　　　　　　(b)

图 12-2　临街深度价格递减率

(four three-two-one rule)"。如图 12-3 所示，该法则是把一块临街深度为 100 英尺①的临街土地，划分为与街道平行的四等份。显而易见，各等份因离街道的远近不同，价值有所不同。从与街道的距离由近到远来看，第一、二、三、四个 25 英尺等份的价值，分别占整块土地价值的 40%、30%、20% 和 10%。例如，一块临街深度为 100 英尺、临街宽度为 50 英尺的临街土地，总价值为 100 万元，该土地与街道的距离由近到远四个等份的价值，分别为 40 万元、30 万元、20 万元和 10 万元。

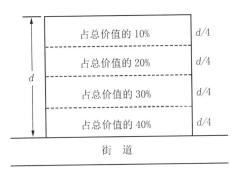

图 12-3　四三二一法则

如果超过 100 英尺，则以"九八七六法则"来补充，即超过 100 英尺的第五、六、七、八个 25 英尺等份的价值，分别为临街深度 100 英尺的土地价值的 9%、8%、7% 和 6%。在上述举例的情况下，分别为 9 万元、8 万元、7 万元和 6 万元。

【例 12-2】某宗临街深度 30.48m（即 100 英尺）、临街宽度 20.00m 的矩形土地，总价为 121.92 万元。请根据"四三二一法则"，计算其相邻的临街深度为 15.24m（即 50 英尺）、临街宽度为 20.00m 的矩形土地的总价。

【解】该相邻的临街土地的总价计算如下：
$$121.92 \times (40\% + 30\%) = 85.34 \text{（万元）}$$

【例 12-3】例 12-2 中如果相邻的临街土地的临街深度为 45.72m（即 150 英尺），其他条件不变，请计算该相邻的临街土地的总价。

【解】该相邻的临街土地的总价计算如下：
$$121.92 \times (100\% + 9\% + 8\%) = 142.65 \text{（万元）}$$

①　为了保持"四三二一法则"的原貌及便于理解，这里将长度单位仍用英尺来表示。

【例 12-4】 通过标准临街宗地单价（路线价）求得的一宗临街深度为 15.24m（即 50 英尺）、临街宽度为 20.00m 的土地总价为 85.34 万元。标准临街宗地的临街深度为 30.48m（即 100 英尺），临街宽度为 25.00m。假设临街宽度 20.00m 与临街宽度 25.00m 的差异对土地单价高低的影响不大，可以忽略，请根据"四三二一法则"，反算标准临街宗地的单价和总价。

【解】 标准临街宗地的单价和总价计算如下：

设临街深度为 30.48m、临街宽度为 20.00m 的土地总价为 V，则：

$$V \times (40\% + 30\%) = 85.34 \text{（万元）}$$
$$V = 85.34 \div (40\% + 30\%)$$
$$= 121.92 \text{（万元）}$$

标准临街宗地的单价 $= 121.92 \times 10\,000 \div (30.48 \times 20.00)$
$$= 2\,000.00 \text{（元/m}^2\text{）}$$

标准临街宗地的总价 $= 2\,000.00 \times (30.48 \times 25.00) \div 10\,000$
$$= 152.40 \text{（万元）}$$

（3）其他法则

"前面三分之一里面三分之二法则"：临街深度为 150 英尺的临街土地，前三分之一部分和后三分之二部分的价值，各占整块土地价值的一半。

苏慕斯法则（Somers rule）：临街深度为 100 英尺的临街土地，前半部分和后半部分的价值，分别占整块土地价值的 72.5% 和 27.5%。如果再深 50 英尺，则该部分的价值仅为临街深度为 100 英尺的临街土地价值的 15%。

霍夫曼法则（Hoffman rule）：临街深度为 100 英尺的临街土地，前 25 英尺部分、前 50 英尺部分、前 75 英尺部分和整块土地的价值，分别占整块土地价值的 37.5%、67%、87.7% 和 100%。

哈柏法则（Harper rule）：临街深度为 100 英尺的临街土地，前各部分的价值占整块土地价值的 $10\sqrt{\text{临街深度}}\%$。例如，一块临街深度为 100 英尺的临街土地，其前 25 英尺部分的价值占整块土地价值的 $10\sqrt{25}\% = 50\%$，前半部分的价值占整块土地价值的 $10\sqrt{50}\% = 70\%$。

（4）几种临街深度价格修正率

临街深度价格修正率有单独深度价格修正率（即临街深度价格递减率）、累计深度价格修正率、平均深度价格修正率。在图 12-2（a）中，假设 a_1，a_2，a_3，……，a_{n-1}，a_n 也分别表示各细长条的价值占整块土地价值的比率，则单独深度价格修正率的关系为：

$$a_1 > a_2 > a_3 > \cdots\cdots > a_{n-1} > a_n$$

累计深度价格修正率的关系为：

$$a_1 < (a_1 + a_2) < (a_1 + a_2 + a_3) < \cdots\cdots < (a_1 + a_2 + a_3 + \cdots\cdots + a_{n-1} + a_n)$$

平均深度价格修正率的关系为：

$$a_1 > \frac{a_1 + a_2}{2} > \frac{a_1 + a_2 + a_3}{3} > \cdots\cdots > \frac{a_1 + a_2 + a_3 + \cdots\cdots + a_{n-1} + a_n}{n}$$

以"四三二一法则"为例，单独深度价格修正率为：

$$40\% > 30\% > 20\% > 10\% > 9\% > 8\% > 7\% > 6\%$$

累计深度价格修正率为：

$$40\% < 70\% < 90\% < 100\% < 109\% < 117\% < 124\% < 130\%$$

平均深度价格修正率为：

$$40\% > 35\% > 30\% > 25\% > 21.8\% > 19.5\% > 17.7\% > 16.25\%$$

为了简明起见，将上述各种临街深度价格修正率用表格形式来表示，就是临街深度价格修正率表，见表 12-1。该表中的平均深度价格修正率，是将上述临街深度 100 英尺处的平均深度价格修正率 25% 乘以 4 转换为 100%，同时为保持与其他数字的相对关系不变，其他数字也都乘以 4。这也是利用平均深度价格修正率进行单价修正的需要。平均深度价格修正率与累计深度价格修正率的关系，还有下列等式：

$$平均深度价格修正率 = 累计深度价格修正率 \times \frac{标准临街深度}{所给临街深度}$$

基于"四三二一法则"编制的临街深度价格修正率表　　　　　表 12-1

临街深度（英尺）	25	50	75	100	125	150	175	200
四三二一法则（%）	40	30	20	10	9	8	7	6
单独深度价格修正率（%）	40	30	20	10	9	8	7	6
累计深度价格修正率（%）	40	70	90	100	109	117	124	130
平均深度价格修正率（%）	160 (40)	140 (35)	120 (30)	100 (25)	87.2 (21.8)	78.0 (19.5)	70.8 (17.7)	65.0 (16.25)

编制临街深度价格修正率表的要领是：①设定标准临街深度；②将标准临街深度划分为若干等份；③确定临街深度价格递减率；④求取单独深度价格修正率或累计深度价格修正率、平均深度价格修正率，并用表格形式来表示。

2. 其他价格修正率表

其他价格修正率表也称为"个别因素修正系数表"。将路线价调整为各宗临街土地的价格，除了要进行临街深度修正，往往还要进行临街宽度、宽深比、容积率、土地使用年期、土地开发程度等修正，这就需要编制相应的价格修正率表。此外，计算三角形等形状的临街土地价格，还需要编制三角形等形状土地价格修正率表。

三、利用路线价评估宗地价格

（一）路线价法的计算公式

利用路线价评估临街宗地价格之前，需要弄清路线价和临街深度价格修正率的内涵、标准临街宗地的条件，并结合被估价宗地的形状和临街状况。就路线价与临街深度价格修正率两者的对应关系来说，路线价的内涵不同，应采用不同类型的临街深度价格修正率。采用不同类型的临街深度价格修正率，路线价法的计算公式也会有所不同。下面先以一面临街矩形土地的情形来说明这个问题。

（1）当以标准临街宗地的总价为路线价时，应采用累计深度价格修正率，即∑单独深度价格修正率。如果估价对象土地的临街宽度（简称临街宽度）与标准临街宗地的临街宽度（简称标准宽度）相同，并将估价对象土地的临街深度简称临街深度，则临街土地价格（V）的计算公式为：

$$V(总价)=标准临街宗地总价 \times \Sigma 单独深度价格修正率$$

$$V(单价)=\frac{标准临街宗地总价 \times \Sigma 单独深度价格修正率}{估价对象土地面积}$$

$$=\frac{标准临街宗地总价 \times \Sigma 单独深度价格修正率}{临街宽度 \times 临街深度}$$

如果临街宽度与标准宽度不同，则临街土地价格（V）的计算公式为：

$$V(总价)=\frac{标准临街宗地总价 \times \Sigma 单独深度价格修正率}{标准宽度 \times 临街深度} \times 估价对象土地面积$$

$$=标准临街宗地总价 \times \Sigma 单独深度价格修正率 \times \frac{临街宽度}{标准宽度}$$

$$V(单价)=\frac{V(总价)}{估价对象土地面积}$$

$$=\frac{标准临街宗地总价 \times \Sigma 单独深度价格修正率}{标准宽度 \times 临街深度}$$

（2）当以单位宽度的标准临街宗地（如临街宽度 1 英尺、临街深度 100 英尺）的总价为路线价时，应采用累计深度价格修正率，临街土地价格（V）的计算公式为：

$$V(总价)=路线价 \times \Sigma 单独深度价格修正率 \times 临街宽度$$

$$V(单价) = \frac{V(总价)}{估价对象土地面积}$$

$$= \frac{路线价 \times \Sigma 单独深度价格修正率}{临街深度}$$

（3）当以标准临街宗地的单价为路线价时，应采用平均深度价格修正率，临街土地价格（V）的计算公式为：

$$V(单价) = 路线价 \times 平均深度价格修正率$$

$$V(总价) = 路线价 \times 平均深度价格修正率 \times 临街宽度 \times 临街深度$$

如果土地的形状和临街状况较特殊，如土地形状不是矩形，临街状况不是一面临街而是前后两面临街、街角地等，则在上述公式计算出的价格基础上，还要进行加价或减价调整。以标准临街宗地的单价为路线价的情形为例，形状和临街状况特殊的土地价格（V）的计算公式为：

$$V(单价) = 路线价 \times 平均深度价格修正率 \times 其他价格修正率$$

$$V(总价) = 路线价 \times 平均深度价格修正率 \times 其他价格修正率 \times 土地面积$$

或者

$$V(单价) = 路线价 \times 平均深度价格修正率 \pm 单价修正额$$

$$V(总价) = 路线价 \times 平均深度价格修正率 \times 土地面积 \pm 总价修正额$$

（二）临街土地价格的计算

下面以标准临街宗地的单价为路线价的情形为例，说明临街土地价格的计算。并且假定临街土地的容积率、使用期限、开发程度等与路线价的内涵一致，如果不一致，还应对路线价进行相应的调整。

1. 一面临街矩形土地价格的计算

计算一面临街矩形土地的价格，是先查找出其所在路线价区段的路线价，再根据其临街深度查找出相应的临街深度价格修正率。计算公式为：

$$V(单价) = u \times dv$$

$$V(总价) = u \times dv \times (f \times d)$$

式中　V——土地价格；

　　　u——路线价（为土地单价）；

　　　dv——临街深度价格修正率（采用平均深度价格修正率）；

　　　f——临街宽度；

　　　d——临街深度。

【例 12-5】图 12-4 中是一块一面临街的矩形土地，临街深度为 15.24m（即 50 英尺），临街宽度为 20.00m，路线价（土地单价）为 2 000 元/m²。请根据表

12-1中的临街深度价格修正率，计算该一面临街矩形土地的单价和总价。

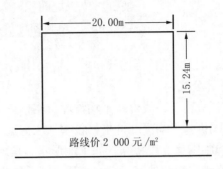

图 12-4   一面临街的矩形土地

【解】因为路线价为土地单价，所以采用表 12-1 中的平均深度价格修正率。因此

$$该一面临街矩形土地的单价＝路线价×平均深度价格修正率$$
$$＝2\,000×140\%$$
$$＝2\,800\,（元/m^2）$$
$$该一面临街矩形土地的总价＝土地单价×土地面积$$
$$＝0.28×20.00×15.24$$
$$＝85.34\,（万元）$$

2. 前后两面临街矩形土地价格的计算

计算前后两面临街矩形土地的价格，通常是采用"重叠价值估价法"，即：①确定高价街（也称为前街）与低价街（也称为后街）影响范围的分界线；②以该分界线将前后两面临街矩形土地分为前后两部分；③根据该两部分各自所临街道的路线价和临街深度分别计算价格；④将该两部分的价格相加。计算公式为：

$$V（总价）= u_0 × dv_0 × f × d_0 + u_1 × dv_1 × f × (d - d_0)$$

$$V（单价）= \frac{u_0 × dv_0 × d_0 + u_1 × dv_1 × (d - d_0)}{d}$$

式中　　u_0——前街路线价；

　　　　dv_0——前街临街深度价格修正率；

　　　　f——临街宽度；

　　　　d_0——前街影响深度；

　　　　u_1——后街路线价；

dv_1——后街临街深度价格修正率；

d——总深度。

分界线的求取方法如下：

$$前街影响深度＝总深度×\frac{前街路线价}{前街路线价＋后街路线价}$$

$$后街影响深度＝总深度×\frac{后街路线价}{前街路线价＋后街路线价}$$

前街影响深度、后街影响深度和总深度之间的关系有：

$$后街影响深度＝总深度－前街影响深度$$

【例12-6】图12-5中是一块前后两面临街的矩形土地，总深度为30.00m，前街路线价（土地单价）为2 000元/m²，后街路线价（土地单价）为1 000元/m²。请采用重叠价值估价法计算其前街和后街影响深度。

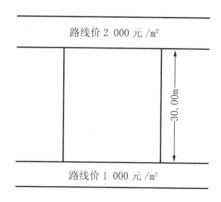

路线价2 000元/m²

30.00m

路线价1 000元/m²

图12-5　前后两面临街的矩形土地

【解】该前后两面临街矩形土地的前街和后街影响深度计算如下：

$$前街影响深度＝总深度×\frac{前街路线价}{前街路线价＋后街路线价}$$

$$＝30.00×2 000÷（2 000＋1 000）$$

$$＝20.00（m）$$

$$后街影响深度＝总深度－前街影响深度$$

$$＝30.00－20.00$$

$$＝10.00（m）$$

3. 矩形街角地价格的计算

街角地是位于十字路口或丁字路口的土地，其价格通常采用"正旁两街分别轻重估价法"计算,即先求取高价街(也称为正街)的价格,再计算低价街(也称为旁街)的影响加价,然后将它们相加。计算公式为:

$$V(单价) = u_0 \times dv_0 + u_1 \times dv_1 \times t$$

$$V(总价) = (u_0 \times dv_0 + u_1 \times dv_1 \times t) \times (f \times d)$$

式中　u_0——正街路线价;

　　　dv_0——正街临街深度价格修正率;

　　　u_1——旁街路线价;

　　　dv_1——旁街临街深度价格修正率;

　　　t——旁街影响加价率;

　　　f——临街宽度;

　　　d——临街深度。

街角地如果有人行天桥或地下道出入口等对其利用造成不利影响的,则在上述方法计算出价格后,还要对该价格进行恰当减价调整。

【例 12-7】图 12-6 中是一块矩形街角地,临正街深度为 22.86m(即 75 英尺),临旁街深度为 15.24m(即 50 英尺);正街路线价(土地单价)为 2 000元/m²,旁街路线价(土地单价)为 1 000 元/m²。假设旁街影响加价率为 20%,请根据表 12-1 中的临街深度价格修正率,计算该矩形街角地的单价和总价。

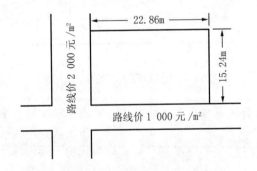

图 12-6　矩形街角地

【解】该矩形街角地的单价和总价计算如下:

$$该矩形街角地的单价 = u_0 \times dv_0 + u_1 \times dv_1 \times t$$
$$= 2\,000 \times 120\% + 1\,000 \times 140\% \times 20\%$$
$$= 2\,680(元/m^2)$$

$$该矩形街角地的总价 = 土地单价 \times 土地面积$$
$$= 0.268 \times 15.24 \times 22.86$$
$$= 93.37（万元）$$

4. 三角形土地价格的计算

（1）一边临街直角三角形土地价格的计算

计算一边临街直角三角形土地的价格，如图 12-7 所示，通常是先作辅助线，以形成一面临街的矩形土地，然后依照一面临街矩形土地单价的计算方法计算，再乘以三角形土地价格修正率（一边临街直角三角形土地价值占一面临街矩形土地价值的百分率）。如果要计算总价，则再乘以该三角形土地的面积。计算公式为：

$$V（单价）= u \times dv \times h$$
$$V（总价）= u \times dv \times h \times (f \times d \div 2)$$

式中　　u——路线价；

　　　　dv——临街深度价格修正率；

　　　　h——三角形土地价格修正率；

　　　　f——临街宽度；

　　　　d——临街深度。

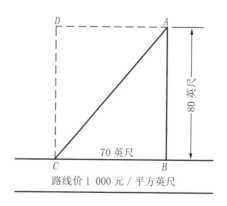

图 12-7　一边临街的直角三角形土地

（2）其他三角形土地价格的计算

计算其他三角形土地的价格，如图 12-8 所示，通常是先作辅助线，以形成两块一边临街的直角三角形土地，然后依照上述方法分别计算该两块一边临街直角三角形土地的价格，再将两者相减，即得到该三角形土地的价格。

【例 12-8】图 12-8 中是一宗一边临街的三角形土地，临街深度为 80 英尺，临街宽度为 50 英尺，路线价（土地单价）为 1 000 元/平方英尺。如果临街深度为 80 英尺的一面临街矩形土地的平均深度价格修正率为 116％，临街深度为 80 英尺的三角形土地价格修正率为 63％，请计算该一边临街三角形土地的价格。

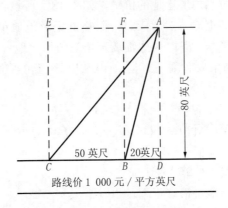

图 12-8 一边临街的三角形土地

【解】在图 12-8 上作辅助线 AD，AE，CE 和 BF，则有：

$$直角三角形 ACD 土地的总价 = 0.1 \times 116％ \times 63％ \times 70 \times 80 \div 2$$
$$= 204.62（万元）$$
$$直角三角形 ABD 土地的总价 = 0.1 \times 116％ \times 63％ \times 20 \times 80 \div 2$$
$$= 58.46（万元）$$
$$三角形 ABC 土地的总价 = 直角三角形 ACD 土地的总价 -$$
$$直角三角形 ABD 土地的总价$$
$$= 204.62 - 58.46$$
$$= 146.16（万元）$$

5. 其他形状土地价格的计算

计算梯形、平行四边形等其他形状土地的价格，通常是先把它们划分为矩形、三角形土地，然后分别计算这些矩形、三角形土地的价格，再将它们相加减。因此，一般只要掌握了一面临街矩形土地、前后两面临街矩形土地、街角地和三角形土地的价格计算方法，就可以解决其他形状土地的价格计算问题。如图 12-9 所示，梯形 ABCD 土地的价格 = 矩形 ABEF 土地的价格 - 直角三角形

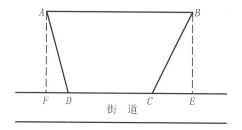

图 12-9　一面临街的梯形土地

ADF 土地的价格－直角三角形 BEC 土地的价格。

第四节　标定地价修正法

一、标定地价修正法的含义

标定地价修正法也称为标定地价系数修正法，是利用标定地价及其修正体系，按照替代原则，将待估宗地的地价影响因素与标定地价的相应影响因素相比较，进而通过修正求取待估宗地在估价期日价格的方法。

标定地价是指政府为管理需要确定的，标准宗地在现状开发利用、正常市场条件、法定最高使用年期或政策规定年期下，某一估价期日的土地权利价格。标定地价与基准地价的内涵有所不同。标定地价是某一标准宗地的价格，即标准宗地地价，属于宗地地价的范畴；而基准地价是某一区域（土地级别或均质区域）土地的平均价格，即区域平均地价，属于区域地价的范畴。标定地价按照土地使用权类型，分为出让土地的标定地价、划拨土地的标定地价、租赁土地的标定地价。

标准宗地是指在标定区域内，土地条件、土地利用状况等特征具有代表性，且利用状况相对稳定，地价水平能够起示范和比较标准作用的宗地。标定区域是指在土地级别或均质区域基础上划定的，土地条件、土地利用状况等特征基本相似、地价水平接近的空间闭合区域。《标定地价规程》规定，每类用途的每个标定区域内，有且仅有一宗标准宗地。标准宗地按照土地用途，分为商服标准宗地、住宅标准宗地、工业标准宗地、混合用途标准宗地、农用地标准宗地、其他用途标准宗地。

二、标定地价修正法的基本原理

标定地价修正法实质上是一种间接比较法，其理论依据及基本原理与市场比较法、基准地价修正法的相同，是替代原理和替代原则。标定地价是一种评估价，是标定区域内土地市场的正常价值参考，位于标定区域内的待估宗地，其价格可以通过待估宗地与标准宗地的地价影响因素相比较，对标准宗地的价格即标定地价进行相应修正来求取。

三、标定地价修正法的基本公式

标定地价修正法评估待估宗地价格的基本公式为：

$$P = P_s \times A \times B \times C \times D$$

式中　P—— 待估宗地价格；

　　　P_s—— 待估宗地对应的标定地价；

　　　A—— 待估宗地交易情况指数；

　　　B—— 待估宗地估价期日地价指数／标准宗地估价期日地价指数；

　　　C—— 待估宗地个别因素条件指数／标准宗地个别因素条件指数；

　　　D—— 待估宗地使用年期修正系数。

四、标定地价修正法的估价步骤

（一）收集标准宗地及标定地价相关资料

通过有关渠道收集利用标定地价修正法求取待估宗地价格所需的标定地价及其修正体系等资料，包括待估宗地所在地区政府公布的标准宗地与标定区域布设图、标定地价信息公示表、标定地价修正体系表、标定地价体系相关辅助说明等。根据《标定地价规程》的有关规定，政府部门按照规定的程序和途径，将所辖区域内标定地价有关信息公开发布，作为供市场主体或相关管理工作参考的价值标准，并接受公众咨询。

（二）选择可比标准宗地并确定对应的标定地价

先根据待估宗地的用途类别和具体位置，确定待估宗地所在的标定区域。然后在该标定区域内，选择土地用途、使用权类型与待估宗地的用途、使用权类型相同或相似的标准宗地，进而确定待估宗地对应的标定地价。

（三）进行相关地价影响因素修正

将待估宗地的地价影响因素与标定地价的相应影响因素进行比较，对待估宗地对应的标定地价进行交易情况、估价期日、个别因素、使用年期等修正。这些修正的具体内容和方法，与土地估价的市场比较法、基准地价修正法类同。

（四）测算待估宗地价格

这里测算待估宗地价格的具体方法，与土地估价的市场比较法、基准地价修正法类同。

五、标定地价修正法的适用范围

在已经开展标定地价公示的地区（如城市），对位于标定地价公示范围内的待估宗地，可运用标定地价修正法评估其价格。标定地价公示范围是标定地价体系覆盖并运行的空间范围，由若干标定区域连接构成。

运用标定地价修正法评估待估宗地价格，应满足合法性、目的性、技术性、时效性等要求。具体来说，根据《城镇土地估价规程》《标定地价规程》，标定地价修正法可用于政府已公布标定地价的区域，且涉及国有土地资产处置或土地资产抵押时。所采用的标准宗地与待估宗地应位于相同或类似区域，且具有可比性。所采用的标定地价应具有现势性，待估宗地的估价期日距标定地价的期日一般不超过1年。

此外，标定地价修正法不能用于评估标定地价。

复 习 思 考 题

1. 什么是公示地价修正法及公示地价？
2. 公示地价修正法有哪些具体方法？
3. 农用地的基准地价修正法主要有哪几种？
4. 什么是基准地价修正法？其估价步骤是什么？
5. 如何运用基准地价修正法评估宗地价格？并应注意哪些问题？
6. 什么是路线价法？其理论依据是什么？
7. 路线价法用于批量估价时为何不做交易情况修正和市场状况调整？
8. 路线价法的优点是什么？适用于哪些估价对象？需具备哪些条件？
9. 路线价法的估价步骤是什么？
10. 如何划分路线价区段？
11. 如何设定标准临街深度？
12. 什么是里地线？什么是里地？
13. 标准临街宗地应符合哪些条件？应如何选取或设定？
14. 什么是路线价？应如何测算并确定？

15. 临街土地根据其形状和临街状况可分为哪些类型？

16. 什么是临街深度价格修正率？有哪三种临街深度价格修正率？它们之间的关系如何？

17. 什么是"四三二一法则"？除了该法则，还有哪些法则？它们的主要内容是什么？

18. 除了临街深度价格修正率，还有哪些价格修正率？

19. 路线价法的计算公式是怎样的？

20. 一面临街矩形土地的价格如何计算？

21. 前后两面临街矩形土地的价格如何采用"重叠价值估价法"计算？

22. 街角地的价格计算有什么特点？

23. 三角形及其他形状土地的价格如何计算？

24. 什么是标定地价修正法？如何运用该方法评估宗地价格？

25. 什么是标定地价？它与基准地价有何异同？

26. 什么是标准宗地？它与标准临街宗地有何异同？

27. 标定地价和标准宗地分别有哪些？

28. 公示地价修正法、基准地价修正法、路线价法、标定地价修正法、市场比较法之间有哪些相同之处和不同之处？

第十三章 其他估价方法及其运用

房地产估价还有一些其他方法。本章介绍主要用于房地产批量估价的标准价调整法和回归分析法，主要用于房地产未来价值评估的长期趋势法，以及主要用于房地产价值损失评估的修复成本法、价差法和损失资本化法。

第一节 批量估价方法

一、批量估价方法概述

批量估价是指基于同一估价目的，利用共同的数据，采用相同的方法，并经过统计检验，同时对大量相似的房地产在给定时间的同种价值价格进行评估。跟"批量估价"相对的是个案估价，是指单独对一宗或分别对数宗房地产的价值价格进行评估。

批量估价在实际应用中通常是对大量房地产分批（或分组、分区分类）进行批量估价，通俗地说是房地产分区分类批量估价，具体的批量估价方法有标准价调整法和回归分析法，城镇临街商业用地的批量估价方法还有路线价法。

批量估价主要适用于成套住宅、商铺、写字楼、快捷酒店、标准厂房等同类数量较多、可比性较好的房地产。大型商场、星级饭店、特殊厂房等房地产因其可比性不够好或同类数量不够多，通常不宜采用批量估价，或者在对估价结果精度要求不高的情况下，以批量估价结果为基础辅以个别因素调整或个案估价。

现实中，当需要在较短时间内对某个地区（如城市、市辖区等）的大量或所有房地产进行估价时，通常是以批量估价为主、个案估价为辅，即对其中适用批量估价的房地产采用批量估价，对少数不适用批量估价的房地产采用个案估价。因此，把批量估价和个案估价有机结合起来，可以兼顾"效率"与"公平"，在较短时间内评估出某个地区各种房地产的价值价格。

二、标准价调整法

(一) 标准价调整法的含义及其理解

标准价调整法是在较大区域内对纳入批量估价对象的大量房地产进行分组，把区位状况相当、类型相同的房地产划为同一组，在每组内选取或设定有代表性的房地产作为标准房地产，然后评估标准房地产的价值价格并作为标准价，再利用有关调整系数将标准价调整为各宗被估价房地产价值价格的方法。

标准价调整法与比较法有许多相似之处，本质上是比较法的拓展与应用。例如，标准房地产可视为比较法中的可比实例，标准价可视为可比实例价格，有关调整系数可视为对可比实例价格的各种资产状况调整系数。

路线价法实质上是一种标准价调整法。其中，划分路线价区段就是对房地产进行分组（具体是分组中的分区），标准临街宗地就是标准房地产，路线价就是标准价，价格修正率就是有关调整系数。此外，标准价调整法与标定地价修正法基本相同。只是标准价调整法的估价对象是房地产，并用于大量房地产批量估价；而标定地价修正法的估价对象是土地，主要用于宗地个案估价。

标准价调整法适用的估价目的主要是房地产税税基评估、存量房交易税收估价、房地产押品价值重估。

(二) 标准价调整法的估价步骤

在确定估价目的、价值类型和价值时点的基础上，标准价调整法的估价步骤一般为：①确定批量估价区域和估价对象；②搜集批量估价所需资料；③对房地产进行分组；④设立标准房地产；⑤测算并确定标准价；⑥确定有关调整系数；⑦测算各宗被估价房地产价值价格。

(三) 标准价调整法的主要内容

1. 确定批量估价区域和估价对象

批量估价区域是指一个批量估价项目的被估价地区范围，即需要对哪个地区内的房地产开展批量估价，例如是某个城市的全部行政区，还是其中某几个或某个辖区或规划区、市区、建成区、开发区等。该地区范围一般根据估价目的和委托人（如税务部门、商业银行、房产管理部门等）的需要，并与委托人进行充分沟通来确定。

批量估价对象是指一个批量估价项目的被估价房地产，根据估价目的、委托人的需要、批量估价适用的房地产类型，并与委托人进行充分沟通来确定。一般是在已确定的批量估价区域内，明确将哪些用途和类型的房地产纳入批量估价对象，比如是各类房地产，还是居住用房地产，或是商业、办公、旅馆、工业等非居住用房地产；是房屋，还是既包括房屋又包括构筑物，以及是否包括土地；是经不动产登记的房地产，还是包括已登记和未登记的房地产；是合法的房地产，还是包括合法和不合法或违法违规的房地产。

2. 搜集批量估价所需资料

这主要是准备批量估价所需的图表，采集批量估价所需的数据，包括搜集反映批量估价区域和估价对象状况以及对估价对象价值价格有影响的资料，如估价对象的区位、面积、用途、房屋类型、朝向、楼层、户型、房龄、土地权利类型等。

3. 对房地产进行分组

这是在确定的批量估价区域内对纳入批量估价对象的所有房地产进行分组，简称"房地产分组"，即把相似的房地产分在同一组内。

房地产分组一般又有分类和分区，根据具体情况，有的宜先分类、后分区，有的宜先分区、后分类。如果批量估价对象包含着不同用途的房地产，因影响不同用途房地产价值价格的区位因素有较大差异，一般是先按用途分大类，然后进行分区；而如果批量估价对象是相同用途或同类的房地产，比如都是居住用房地产，一般是先分区、后分类。

房地产分类是在批量估价区域内把纳入批量估价对象的所有房地产按用途或类型进行划分。其中，按用途进行的划分简称"分用途"，比如分为居住、商业、办公、酒店、工业、仓库等用途的房地产；按类型进行的划分简称"分类型"，比如把居住用房地产分为低层住宅、多层住宅、高层住宅等，或者分为商品住房、拆迁安置住房、自建住房等，把商业用房地产分为大型商场、小型商铺等，把办公用房地产分为高档办公楼、中档办公楼、普通办公楼等。

房地产分区是在批量估价区域内把纳入批量估价对象的所有房地产按区位状况进行划分，比如按行政区划（行政边界）、街区、住宅区、物业管理区域、道路、铁路、堤坝、沟渠、河流、山脉等，把房地产划分为不同片区，使房地产区位状况及同类房地产价格水平在同一片区内差异不大，而在不同片区之间有明显差异。以居住用房地产分区为例，成片开发的住宅通常可按住宅区或物业管理区域来划分。而如果同一住宅区或物业管理区域内有低层、多层或高层等不同类型，且它们之间的档次和价格水平有明显差异的，则通常在分区的基础上还按类型来划分。又如临街商业用房地产分区，一般按路线价区段来划分。但如果某个商业路段内有较多个楼幢，每个楼幢内有较多个商铺，不同楼幢之间的区位状况有较大差异，还可按楼幢来划分，即按楼幢分组。因为不同楼幢的商铺在位置、临街状况、开间、进深、层高（或室内净高）、设施设备、建成年代以及业态限制等方面的差异可能较大。

　　一般来说，房地产分组越小，同一组内的房地产相似度就越高，从而应调整的价值价格影响因素会越少或调整幅度较小。但如果分组过小，则同一组内的交易实例"样本"可能过少，难以满足评估标准价的需要。实际中可根据市场数据满足程度、估价结果精度要求、批量估价可操作性等具体情况来确定分组大小，进行恰当的房地产分组。

　　4. 设立标准房地产

　　这是分别在每组内选取或设定有代表性，即能代表该组房地产状况的房地产作为标准房地产。标准房地产宜为真实存在的，从同一组内的房地产中筛选。在没有合适的实际房地产作为标准房地产的情况下，可在挑选有一定代表性的实际房地产状况的基础上，设定某种状况的房地产作为标准房地产。设定的房地产状况，诸如具体用途、位置、朝向、楼层、户型、面积、房龄、建筑结构、景观等，应在同一组内具有代表性。成套住宅可在合适的住宅幢内选取或设定"标准套"作为标准房地产。商铺可在合适的商业用房幢内选取或设定"标准间"作为标准房地产。

　　标准房地产不论是真实存在还是虚拟的，都应明确其基本状况（一般为影响同一组内不同房地产价值价格的主要因素状况），以便据此评估标准价、确定有关调整系数、比较分析各宗被估价房地产状况与标准房地产状况差异。

　　5. 测算并确定标准价

　　标准价是标准房地产的价值价格，根据标准房地产的用途等具体情况，恰当选择比较法、收益法、成本法等估价方法进行测算。例如，住宅、写字楼的标准价通常采用比较法进行测算，商场、酒店的标准价通常采用收益法进行测算，工业用房地产以及单独建筑物的标准价通常采用成本法进行测算。此外，还需对测算出的各个标准价在各组之间进行横向平衡与调整，然后确定每组的标准价。

　　6. 确定有关调整系数

　　基于被估价房地产与标准房地产之间的各种价值价格差异或"比价关系"，比如楼幢位置、朝向、楼层、户型、面积、房龄、建筑结构、建筑间距、采光、景观、附近有无厌恶性设施及其距离等价值价格影响因素的不同，编制房地产价值价格调整系数体系，然后利用大量数据进行分析、测算，并结合相关经验和专家意见，分别得出相应的调整系数值。

　　7. 测算各宗被估价房地产价值价格

　　这是在比较分析各宗被估价房地产状况与标准房地产状况差异的基础上，利用有关公式、标准价、调整系数等，通过计算，将标准价调整为各宗被估价房地产的价值价格。

（四）标准价调整法运用的注意事项

在实际估价中，如果需要对标准价进行很大幅度的调整才能得出科学合理、符合实际的评估价值，则应仔细检查核对房地产分组、标准房地产选取或设定、标准价测算与确定、调整系数体系及调整系数值等是否正确、合理、完善，并应结合房地产市场状况、区位环境或基础设施、公共服务设施等变化，适时或定期对房地产分组、标准房地产、标准价、调整系数进行更新和调整。

标准价调整法可分为基于比较法、成本法、收益法的标准价调整法。一般来说，基于比较法的标准价调整法最简单、常用，但该方法也需要采集一定数量的交易实例及相关数据或信息，并通过一系列的数据清洗、统计分析和检验来评估标准价、确定有关调整系数，进而才能科学准确地测算出各宗被估价房地产的价值价格。

基于成本法的标准价调整法，主要适用于建筑物的批量估价。其中，标准价一般是标准建筑物的重置价格，即建立在"标准重置价格调整法"的基础上。有关调整系数是影响建筑物重置价格的建筑结构、层高、跨度等各种主要因素，以及建筑物的新旧程度。建筑物的新旧程度一般采用按建筑物的年龄、寿命计算出的成新率。

基于收益法的标准价调整法，一般是建立在"标准租金调整法"的基础上，即先测算的是标准租金（如净租金或有效毛租金、潜在毛租金、净收益）而不是标准价，再利用有关租金调整系数将标准租金调整为各宗被估价房地产的租金，然后利用收益法公式（通常采用直接资本化法）将各宗被估价房地产的租金转换为各宗被估价房地产的价值价格。确定有关租金调整系数是基于被估价房地产与标准房地产之间租金差异的各种主要因素，得出相应的租金调整系数，以及根据收益法公式的需要，确定统一的租金回报率或资本化率。

三、回归分析法

回归分析法是在特定的较大区域内对纳入批量估价对象的大量房地产进行分组，把类型相同、区位状况相当的房地产分为同一组，在每组内把房地产价值价格作为因变量，把影响房地产价值价格的若干因素作为自变量，设定多元回归模型，采集足够数量的房地产成交价等价值价格及其影响因素数据，经过试算优化和分析检验，确定估价模型，再利用该模型计算出各宗被估价房地产价值价格的方法。回归分析法主要用于房地产计税价值评估、房地产押品价值重估。

回归分析法的估价步骤及其主要内容如下。

（1）确定批量估价区域和估价对象。这与标准价调整法中的相同。

（2）搜集批量估价所需资料。这与标准价调整法中的基本相同。

（3）进行房地产分组。这与标准价调整法中的基本相同。

（4）设定多元回归模型。

常见的多元回归模型为：

$$V = b_0 + b_1 X_1 + b_2 X_2 + \cdots\cdots + b_n X_n$$

式中　　　　　　　　V——因变量（被解释变量），为被估价房地产的价值价格；

X_1，X_2，……，X_n——自变量（解释变量），为影响房地产价值价格的若干因素，比如 X_1 代表朝向，X_2 代表楼层，X_3 代表房龄等；

n——自变量的数量；

b_0——常数项；

b_1，b_2，……，b_n——自变量的系数。

（5）确定估价模型。这是把采集的房地产成交价等价值价格及其影响因素的数据代入上述设定的模型中，进行回归分析，将拟合度最优的模型作为估价模型。

（6）测算各宗被估价房地产价值价格。这是把采集的各宗被估价房地产价值价格的影响因素数据，如朝向、楼层、户型、房龄等数据，代入所确定的估价模型中，计算出各宗被估价房地产的价值价格。

此外，在利用回归分析法估价时，一些不普遍或不常见的对房地产价值价格有重大有利和不利影响的特殊因素，比如有良好景观，房间不方正、层高不达标、采光严重受遮挡或为"凶宅"，附近有铁路线、高压线、垃圾填埋场、墓地、传染病医院等，如果作为多元回归模型中的自变量，则会增加多元回归模型的复杂性，往往也没有足够的有关数据，从而会降低多元回归模型的可行性和计算结果的准确性。因此，可将这些特殊因素不作为多元回归模型中的自变量，而单独建立特殊因素调整系数体系，待利用多元回归模型得出计算结果后，再利用这些特殊因素调整系数对存在特殊因素的被估价房地产的多元回归模型计算结果进行调整，从而得出这些被估价房地产的价值价格。

与标准价调整法相比，回归分析法对房地产数据特别是交易实例等市场数据的数量和质量要求更高，其适用的房地产类型和地区因此受到较大限制。

第二节　未来价值评估方法

未来价值评估也就是未来价值价格预测。这种估价的价值时点为将来，具体是在估价报告出具日期之后，比如3个月或半年、一年、三年后的某个时间；估价对象状况有两种，一是现在的状况（如现有的房地产），二是未来的状况（如将来建成的商品房）；基于的房地产市场状况为未来（价值时点）的状况；估价方法是各种预测方法，在此主要介绍长期趋势法。

一、长期趋势法概述

（一）长期趋势法的含义

长期趋势法是运用预测科学的有关理论和方法，特别是时间序列分析，来推测、判断估价对象未来价值价格的方法。所谓预测，就是根据已知的过去和现在的相关信息，预先推测未知的未来可能出现的状况。

（二）长期趋势法的理论依据

长期趋势法的理论依据是事物的未来与其过去是有联系的，事物的现实是其历史发展的结果，而事物的未来又是其现实的延伸。就房地产价格来说，虽然是不断波动变化的，在短期内通常难以看出其变动规律和发展趋势，但从长期看则会呈现出一定的变动规律和发展趋势。因此，当需要评估（具体是预测）某宗或某类房地产的未来价格时，可以搜集该宗或该类房地产从过去到现在较长时期各个不同时间的价格资料，并按照时间先后顺序将它们编排成时间序列，找出该宗或该类房地产价格随着时间的推移而变动的方向、程度、过程和趋势，然后进行外延或类推，这样就可以对该宗或该类房地产的未来价格作出较有把握的推测和科学的判断，即评估（预测）出了该宗或该类房地产的未来价格。

（三）长期趋势法的适用对象

长期趋势法是根据房地产价值价格从过去到现在较长时期形成的变动规律来推测、判断房地产未来的价值价格，通过对房地产价值价格历史资料和现实资料的统计、分析得出一定的变动规律，并假定其过去形成的趋势在未来继续存在。因此，长期趋势法适用于价值价格具有明显变动规律的房地产。

（四）长期趋势法的适用条件

长期趋势法估价需具备的条件是拥有估价对象或类似房地产从过去到现在较长时期的价值价格资料，并且要求所拥有的价值价格资料真实。拥有越长时期、越真实的价值价格资料，作出的推测、判断就会越准确、越可信，因为长期趋势可以消除房地产价值价格的短期波动和意外变动等不规则变动。

（五）长期趋势法的估价步骤

长期趋势法预测房地产价值价格的步骤一般为：①搜集估价对象或类似房地产的历史和现实价值价格资料，并进行检查和鉴别，以保证其真实。②整理所搜集到的历史和现实价值价格资料，将其化为同一标准（如为单价，土地还有楼面地价。化为同一标准的内容和方法与比较法中"建立比较基础"的内容和方法相同），并按照时间先后顺序将它们编排成时间序列，画出时间序列图。③观察、分析这个时间序列，根据其特征选择适当、具体的长期趋势法，找出估价对象的价值价格随着时间的推移而出现的变动规律，得出一定的模式（或数学模型）。④运用所得出的模式去推测、判断估价对象在将来某个时间的价值价格。

二、几种主要的长期趋势法

长期趋势法主要有数学曲线拟合法、平均增减量法、平均发展速度法、移动平均法和指数修匀法。

（一）数学曲线拟合法

数学曲线拟合法主要有直线趋势法、指数曲线趋势法和二次抛物线趋势法。这里仅介绍其中最简单的直线趋势法。

利用直线趋势法预测，估价对象或类似房地产的历史价值价格的时间序列散点图应表现出明显的直线趋势。在这种条件下，如果用 Y 表示各期的房地产价值价格，X 表示时间，则 X 为自变量，Y 为因变量，Y 依 X 而变。因此，房地产价值价格与时间的关系可用下列方程式来描述：

$$Y=a+bX$$

上述公式中，a，b 为未知参数，如果确定了它们的值，直线的位置也就确定了。a，b 的值通常采用最小二乘法来确定。根据最小二乘法求得的 a，b 的值如下：

$$a=\frac{\sum Y-b\sum X}{n}$$

$$b=\frac{n\sum XY-\sum X\sum Y}{n\sum X^2-(\sum X)^2}$$

当 $\sum X=0$ 时，

$$a=\frac{\sum Y}{n}$$

$$b=\frac{\sum XY}{\sum X^2}$$

上述公式中，n 为时间序列的项数；$\sum X$，$\sum X^2$，$\sum Y$，$\sum XY$ 的值可从时间序列的实际值中求得。在手工计算的情况下，为了减少计算的工作量，可使 $\sum X=0$。其方法是：当时间序列的项数为奇数时，设中间项的 $X=0$，中间项之前的项依次设为 -1，-2，-3，……，中间项之后的项依次设为 1，2，3，……；当时间序列的项数为偶数时，以中间两项相对称，前者依次设为−1，−3，−5，……，后者依次设为1，3，5，……。

【例 13-1】某城镇某类商品住宅 2012—2020 年的价格见表 13-1 第 3 列。请利用最小二乘法拟合其直线趋势方程，并用该方程预测该城镇该类商品住宅 2021 年和 2022 年的价格。

某城镇某类商品住宅 2012−2020 年的价格（元/m²）　　　表 13-1

年　份	时间 X	商品住宅价格 Y	XY	X^2	趋势值（$a+bX$）
2012	(1)　−4	2 200	−8 800	16	1 982.22
2013	(2)　−3	2 400	−7 200	9	2 367.22
2014	(3)　−2	2 700	−5 400	4	2 752.22
2015	(4)　−1	3 000	−3 000	1	3 137.22
2016	(5)　 0	3 400	0	0	3 522.22
2017	(6)　1	3 800	3 800	1	3 907.22
2018	(7)　2	4 200	8 400	4	4 292.22
2019	(8)　3	4 700	14 100	9	4 677.22
2020	(9)　4	5 300	21 200	16	5 062.22
总　计	0	31 700	23 100	60	

【解】令 $\sum X=0$。已知 $n=9$ 为奇数，故设中间项的 $X=0$，则 X 的值见表 13-1 第 2 列。

计算 $\sum Y$，XY，$\sum XY$，X^2 和 $\sum X^2$ 的值，分别见表 13-1 第 3、4、5 列。

求取 a，b 如下：

$$a = \frac{\sum Y}{n}$$

$$= \frac{31\,700}{9}$$

$$= 3\,522.22$$

$$b = \frac{\sum XY}{\sum X^2}$$

$$= \frac{23\,100}{60}$$

$$= 385.00$$

因此，描述该类商品住宅价格变动长期趋势线的方程为：

$$Y = a + bX$$
$$= 3\,522.22 + 385.00X$$

用该方程计算 2012—2020 年该类商品住宅价格的趋势值见表 13-1 第 6 列。

预测该城镇该类商品住宅 2021 年的价格为：

$$Y = 3\,522.22 + 385.00 \times 5$$
$$= 5\,447.22\;(元/m^2)$$

预测该城镇该类商品住宅 2022 年的价格为：

$$Y = 3\,522.22 + 385.00 \times 6$$
$$= 5\,832.22\;(元/m^2)$$

（二）平均增减量法

当房地产价值价格时间序列的逐期增减量大致相同时，可以采用简便的平均增减量法进行预测。计算公式为：

$$V_i = P_0 + d \times i$$

$$d = \frac{(P_1 - P_0) + (P_2 - P_1) + \cdots\cdots + (P_i - P_{i-1}) + \cdots\cdots + (P_n - P_{n-1})}{n}$$

$$= \frac{P_n - P_0}{n}$$

式中 V_i——第 i 期（可为年、半年、季、月等，下同）房地产价值价格的趋势值；

i——时期序数，$i=1$，2，……，n；

P_0——基期房地产价值价格的实际值；

d——逐期增减量的平均数；

P_i——第 i 期房地产价值价格的实际值。

【例 13-2】需要预测某宗房地产 2021 年、2022 年的价格。通过市场调研，获得该类房地产 2016—2020 年的价格及其逐年上涨额分别见表 13-2 第 2、3 列。

某类房地产 2016—2020 年的价格（元/m²）   表 13-2

年　份	房地产价格的实际值	逐年上涨额	房地产价格的趋势值
2016	6 810		
2017	7 130	320	7 145
2018	7 460	330	7 480
2019	7 810	350	7 810
2020	8 150	340	8 150

【解】从表 13-2 可知该类房地产 2016－2020 年的价格的逐年上涨额大致相同，因此可以计算其逐年上涨额的平均数，并用该逐年上涨额的平均数推算各年价格的趋势值。

该类房地产价格逐年上涨额的平均数计算如下：

$$d = \frac{(P_1-P_0) + (P_2-P_1) + \cdots\cdots + (P_i-P_{i-1}) + \cdots\cdots + (P_n-P_{n-1})}{n}$$

$$= \frac{320+330+350+340}{4}$$

$$= 335 \text{（元/m}^2\text{）}$$

据此预测该房地产 2021 年的价格为：

$$V_i = P_0 + d \times i$$
$$V_5 = 6\,810 + 335 \times 5$$
$$= 8\,485 \text{（元/m}^2\text{）}$$

预测该房地产 2022 年的价格为：

$$V_i = P_0 + d \times i$$
$$V_6 = 6\,810 + 335 \times 6$$
$$= 8\,820 \text{（元/m}^2\text{）}$$

例 13-2 采用逐年上涨额（增减量）的平均数计算的趋势值（见表 13-2 第 4 列），基本上都接近实际值。但需注意的是，如果房地产价格波动较大，各期上涨额（增减量）差异较大，即时间序列的变动幅度较大，则计算出的趋势值与实际值的偏离也随之增大，这就意味着运用这种方法预测的房地产价格的准确性随之降低。

运用平均增减量法进行预测的条件是，房地产价值价格的变动过程是持续上升或持续下降的，并且各期上升或下降的数额大致相同，否则就不宜采用这种方法。

由于越接近所预测的价值价格对应的时间的增减量对预测更为重要，所以如果能用不同的权重对过去各期的增减量予以加权后再计算其平均增减量，就能使所预测出的价值价格更接近或符合实际。至于在预测时究竟应采用哪种权重予以加权，一般需要根据房地产价值价格的变动过程和趋势，并结合预测者的经验来判断确定。对于例 13-2 的逐年上涨额，可选用表 13-3 的几种权重予以加权。表 13-3 的权重是根据一般惯例进行假设的。

过去各期增减量的权重   表 13-3

年　份	第一种权重	第二种权重	第三种权重
2017	0.1	0.1	0.1
2018	0.2	0.2	0.1
2019	0.3	0.2	0.2
2020	0.4	0.5	0.6

例 13-2 的逐年上涨额如果采用表 13-3 的第二种权重予以加权，则其逐年上涨额的加权平均数为：

$$d = 320 \times 0.1 + 330 \times 0.2 + 350 \times 0.2 + 340 \times 0.5$$
$$= 338（元/m^2）$$

采用这个逐年上涨额的加权平均数预测该房地产 2021 年的价格为：

$$V_i = P_0 + d \times i$$
$$V_5 = 6\,810 + 338 \times 5$$
$$= 8\,500（元/m^2）$$

（三）平均发展速度法

当房地产价值价格时间序列的逐期发展速度大致相同时，可以采用平均发展速度法进行预测。计算公式为：

$$V_i = P_0 \times t^i$$

$$t = \sqrt[n]{\frac{P_1}{P_0} \times \frac{P_2}{P_1} \times \cdots\cdots \times \frac{P_i}{P_{i-1}} \times \cdots\cdots \times \frac{P_n}{P_{n-1}}}$$

$$= \sqrt[n]{\frac{P_n}{P_0}}$$

式中　t——平均发展速度。

【例 13-3】需要预测某宗房地产 2021 年和 2022 年的市场价格。通过市场调研，获得该类房地产 2016—2020 年的市场价格及其逐年上涨速度分别见表 13-4 第 2、3 列。

某类房地产 2016—2020 年的市场价格（元/m²）   表 13-4

年　份	房地产价格的实际值	逐年上涨速度（%）	房地产价格的趋势值
2016	5 600		
2017	6 750	120.5	6 776
2018	8 200	121.5	8 199

续表

年　份	房地产价格的实际值	逐年上涨速度（%）	房地产价格的趋势值
2019	9 850	120.1	9 920
2020	12 000	121.8	12 004

【解】从表13-4可知该类房地产2016—2020年的市场价格的逐年上涨速度大致相同，因此可以计算其平均上涨速度，并用该平均上涨速度推算各年市场价格的趋势值。

该类房地产市场价格平均上涨速度计算如下：

$$t = \sqrt[4]{\frac{12\ 000}{5\ 600}}$$
$$= 1.21$$

通过上述计算表明，该类房地产市场价格年均上涨21%。据此预测该房地产2021年的市场价格为：

$$V_i = P_0 \times t^i$$
$$V_5 = 5\ 600 \times 1.21^5$$
$$= 14\ 525(元/m^2)$$

预测该房地产2022年的市场价格为：

$$V_i = P_0 \times t^i$$
$$V_6 = 5\ 600 \times 1.21^6$$
$$= 17\ 575(元/m^2)$$

运用平均发展速度法对房地产价值价格进行预测的条件是：房地产价值价格的相对变动过程是持续上升或持续下降的，并且各期相对上升或下降的幅度大致相同；否则就不宜采用这种方法。

与平均增减量法类似，由于越接近所预测的价值价格对应的时间的发展速度对预测更为重要，所以如果能用不同的权重对过去各期的发展速度予以加权后再计算其平均发展速度，就能使所预测出的价值价格更接近或符合实际。至于在预测时究竟应采用哪种权重予以加权，一般需要根据房地产价值价格的变动过程和趋势，并结合预测者的经验来判断确定。

（四）移动平均法

移动平均法是对原有价值价格按照时间序列进行修匀，即采用逐项递移的方法分别计算一系列移动的时序价值价格平均数，派生一个新的平均价值价格的时间序列，借以消除价值价格短期波动的影响，显现出价值价格变动的基本发展趋势。在运用移动平均法时，一般按照房地产价值价格变化的周期长度进行移动平均。移动平均法有简单移动平均法和加权移动平均法。

1. 简单移动平均法

某类房地产 2021 年 1—12 月的市场价格，见表 13-5 第 2 列。各月份的价格因受到某些不确定因素的影响，时高时低，波动较大，如果不予以分析，则不易显现其发展趋势。如果把若干个月的价格加起来计算其移动平均数，建立一个移动平均数时间序列，就可以从平滑的发展趋势中明显地看出其发展变动的方向和程度，进而可以预测该类房地产未来的价格。

某类房地产 2021 年 1—12 月的市场价格（元/m²）　　　　　表 13-5

月　份	房地产价格的实际值	每 5 个月的移动平均数	移动平均数的逐月上涨额
1	67 000		
2	68 000		
3	69 000	68 400	
4	68 000	69 400	1 000
5	70 000	70 400	1 000
6	72 000	71 400	1 000
7	73 000	72 600	1 200
8	74 000	73 800	1 200
9	74 000	75 000	1 200
10	76 000	76 200	1 200
11	78 000		
12	79 000		

在计算移动平均数时，每次应采用几个月来计算，需要根据时间序列的序数和变动周期来确定。如果序数较多、变动周期较长，则可以采用每 6 个月甚至每 12 个月来计算；反之，可以采用每 2 个月至每 5 个月来计算。对于上述房地产价格，采用每 5 个月的实际值计算其移动平均数，具体是：把 1—5 月的价格相加除以 5 得 68 400 元/m²，作为 3 月的房地产价格移动平均数；把 2—6 月的价格相加除以 5 得 69 400 元/m²，作为 4 月的房地产价格移动平均数；把 3—7 月的价格相加除以 5 得 70 400 元/m²，作为 5 月的房地产价格移动平均数。依此类

推，计算结果见表 13-5 第 3 列。然后根据每 5 个月的移动平均数计算其逐月上涨额，计算结果见表 13-5 第 4 列。

如果以最后一个移动平均数为基础来确定预测值，并预测该类房地产 2022 年 1 月的市场价格，由于最后一个移动平均数 76 200 对应的时间是 2021 年 10 月，与 2022 年 1 月相差 3 个月，所以预测该类房地产 2022 年 1 月的市场价格为：

$$76\ 200 + 1\ 200 \times 3 = 79\ 800 \text{（元/m}^2\text{）}$$

2. 加权移动平均法

加权移动平均法是在计算移动平均数时，根据越是近期的数据对预测值影响越大这一特点，对较近的数据给予较大的权重，对较远的数据给予较小的权重，将各期房地产价值价格的实际值经过加权后，再采用类似于简单移动平均法的方法进行趋势估计。

（五）指数修匀法

指数修匀法是以本期的实际值和本期的预测值为根据，经过修匀后得出下一期预测值的方法。

设：P_i 为第 i 期的实际值；V_i 为第 i 期的预测值；V_{i+1} 为第 $i+1$ 期的预测值；a 为修匀常数，$0 \leqslant a \leqslant 1$。则运用指数修匀法进行预测的公式为：

$$V_{i+1} = V_i + a\ (P_i - V_i)$$
$$= aP_i + (1-a)\ V_i$$

在实际计算时，通常采用

$$V_{i+1} = aP_i + (1-a)\ V_i$$

其中，第 0 期的预测值一般以第 0 期的实际值替代。运用指数修匀法进行预测的关键是确定 a 的值。一般认为 a 的值可通过试算确定，如对同一个预测对象用 0.3，0.5，0.7，0.9 等进行试算，用哪个 a 修正的预测值与实际值的绝对误差最小，就选用这个 a 来修正最合适。

三、长期趋势法的作用

长期趋势法主要用于推测、判断房地产的未来价值价格，如用于假设开发法中预测未来开发建设完成的房地产价值价格，此外还有以下作用：①用于收益法中预测未来的租金水平、空置率、运营费用或净收益等；②用于比较法中对可比实例的成交价格进行市场状况调整；③用来比较、分析两宗或两类以上房地产价值价格的发展趋势或潜力；④用来填补某些房地产历史价值价格资料的缺乏。

以比较、分析两宗或两类以上房地产价格的发展趋势或潜力为例，利用长期趋势法制作的房地产价格长期趋势图，如图 13-1 所示，可用来比较、分析两宗或两类房地产价格涨跌的强弱程度或发展潜力，为房地产投资决策等提供参考依据。如果长期趋势线越陡，则表明房地产价格的上涨（或下降）趋势越强；反之，则表明房地产价格的上涨（或下降）趋势越弱。

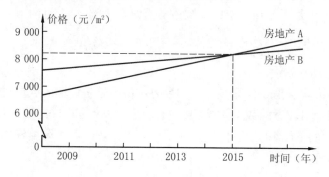

图 13-1   两宗或两类房地产价格发展趋势比较

在图 13-1 中，从 2008 年至 2015 年这段时间来看，房地产 B 的价格高于房地产 A 的价格；到了 2015 年，两者的价格水平达到一致；而 2015 年以后，房地产 A 的价格超过了房地产 B 的价格。由此可知，房地产价格上涨（或下降）趋势的强弱与房地产当前的价格水平高低没有必然的正向或负向关系，需要具体问题具体分析。目前价格较高的房地产，其价格上涨趋势可能较缓慢，而价格较低的房地产，其价格上涨趋势可能较强劲。例如，城乡接合部的房地产因交通、环境、市政基础设施、公共服务设施等的完善，其价格通常比已发展成熟的市中心区的房地产价格上涨得快。还有某些区域的房地产，一旦被认为是"价格洼地"，其价格也可能较快上涨。但也不排除价格高的房地产因外来人口、投资增加等需求的拉动，具有更强劲的上涨趋势。特别是一二线城市与三四线城市，因人口流入和流出等的不同，两者的房地产市场和价格出现了所谓分化现象。

第三节   价值损失评估方法

一、修复成本法

修复成本法是测算把估价对象改变后的状况修复到改变前的状况的必要支出及应得利润，将其作为估价对象价值损失额的方法。该方法主要用于评估可修复的房地产价值损失额，包括全部可修复和部分可修复。

全部可修复是指可以采取修理的方式把估价对象改变后的状况（现状）完全恢复到改变前的状况（原状），即可以恢复原状，或者修复后的质量、性能等状况不次于甚至优于改变前的质量、性能等状况。部分可修复是指不能把估价对象改变后的状况完全恢复到改变前的状况，即不能恢复原状，或者修复后的质量、性能等状况不如改变前的质量、性能等状况，但不会影响安全使用。

如果预计修复的必要支出及应得利润大于估价对象原状的价值，则在经济上是不可修复的，可采取重作（如拆除后重建）、更换（如用类似房地产置换）或货币补偿的方式给予损害赔偿。修复因为一般是小批量生产，所以单位修复成本一般高于大批量生产的单位新建成本。现实中的房地产损害，除了造成房地产价值损失之外，往往还会额外增加相关费用，造成直接经济损失，如搬迁费用（与房屋征收仅发生一次搬出不同，往往发生搬出和搬入）、修复期间的临时安置费用（或临时过渡费用）、租金损失（出租的）或停产停业损失（经营的）等。修复成本法的具体计算与成本法相似，在此不再详细说明。

二、价差法

（一）价差法的含义

价差法是分别评估估价对象在改变前和改变后状况下的价值价格，将两者之差作为估价对象价值损失额的方法。例如，在某住宅邻近建造高层建筑，使该住宅的日照、采光、通风、私密性受到影响。如果该住宅每平方米的市场价格在邻近未建造高层建筑的情况下为 9 000 元，在建造了高层建筑的情况下为 8 300 元，则该住宅每平方米的价值损失额为 700 元。

（二）价差的求取方法

估价对象在改变前和改变后状况下的价值价格，通常采用比较法、收益法评估。其中，改变前和改变后状况下的价值价格均采用比较法评估的，除了可分别采用比较法评估改变前和改变后状况下的价值价格后相减之外，还可以直接采用房地产价值价格影响因素状况的改变所造成的价值价格下降得出价值损失额，即可以利用有关房地产状况调整系数来计算，相应的计算公式为：

$$\text{估价对象价值损失额} = \frac{\text{估价对象原状}}{\text{下的价值价格}} \times \sum \frac{\text{估价对象状况改变对应的}}{\text{各种房地产状况调整系数}}$$

例如，采用价差法评估某办公楼因邻近建造高架路而造成的价值损失额，首先，评估该办公楼在邻近未建造高架路下的市场价值；其次，分析邻近建造高架路而影响该办公楼市场价值的各种因素，比如会影响该办公楼的形象、采光、视野，并带来噪声和空气污染等；再次，进一步分析该办公楼在这些方面的受影响程度，比如该办公楼在建造高架路前后的形象、采光、视野、噪声和空气污染等差异程度，并将它们转化为对该办公楼市场价值的影响程度，如以百分比形式确定相应的各种减值系数；最后，将该办公楼在邻近未建造高架路下的市场价值乘以相应的各种减值系数，即得到该办公楼因邻近建造高架路而造成的价值损失额。

（三）价差法的用途

价差法主要用于评估不可修复的房地产价值损失额，除了可评估因房地产状况改变而造成的房地产价值价格差异之外，还可评估因房地产市场状况不同而造成的房地产价值价格差异，比如因错误查封、不按合同约定的时间或期限供应建筑材料设备、不按时竣工等各种原因，致使新建商品房不能如期上市销售而错过了较好的市场机会所造成的房地产价值损失，以及不能按合同约定的时间或期限交付给买房人导致违约所造成的经济赔偿等。

此外，价差法还可用于评估房地产价值增加额，其中一种主要情形是评估需补缴地价款。

（四）需补缴地价款的评估

需补缴地价款是指因调整土地使用条件、发生土地增值等情况应当补缴的地价款。需要补缴地价款的情形主要有：①改变土地用途或容积率等规划条件；②延长土地使用期限（如建设用地使用权期限届满后的续期）；③转让、出租、抵押以划拨方式取得建设用地使用权的房地产。

理论上讲，评估需补缴地价款就是测算因调整土地使用条件等情况而带来的土地增值额。对于改变土地用途或容积率等规划条件的，需补缴地价款理论上等于批准改变时新旧规划条件下的土地市场价格之差额，即：

需补缴地价款＝新规划条件下的土地市场价格－旧规划条件下的土地市场价格

其中，对于单纯调整容积率，或者调整土地用途并调整容积率的，需补缴地价款的测算公式为：

需补缴地价款（单价）＝新楼面地价×新容积率－旧楼面地价×旧容积率

需补缴地价款（总价）＝需补缴地价款（单价）×土地总面积

如果楼面地价不随容积率的改变而改变，则：

需补缴地价款（单价）＝楼面地价×（新容积率－旧容积率）

或者

$$需补缴地价款（单价）＝\frac{旧容积率下的土地单价}{旧容积率}×（新容积率－旧容积率）$$

或者

$$需补缴地价款（单价）=\frac{新容积率下的土地单价}{新容积率}\times（新容积率-旧容积率）$$

【例13-4】某宗土地的面积为 $2\ 000m^2$，容积率为 3.0，相应的土地单价为 $1\ 500元/m^2$。现可依法将容积率提高到 5.0，假设楼面地价不因容积率的提高而变化，请测算需补缴地价款。

【解】需补缴地价款测算如下：

$$需补缴地价款（单价）=1\ 500\times\frac{5-3}{3}$$
$$=1\ 000（元/m^2）$$
$$需补缴地价款（总价）=1\ 000\times0.2$$
$$=200（万元）$$

【例13-5】某宗工业用地的面积为 $3\ 000m^2$，容积率为 0.8，相应的楼面地价为 $700 元/m^2$。现可依法改变为商业用地，容积率提高到 2.0，相应的楼面地价为 $1\ 500 元/m^2$。请测算需补缴地价款。

【解】需补缴地价款测算如下：

$$需补缴地价款（单价）=1\ 500\times2-700\times0.8$$
$$=2\ 440（元/m^2）$$
$$需补缴地价款（总价）=2\ 440\times0.3$$
$$=732（万元）$$

现实中，为核定应该补缴的地价款提供参考依据的需补缴地价款评估以及实际要补缴的地价款，取决于相关估价规范和政策规定。例如，《国有建设用地使用权出让地价评估技术规范》对已出让土地需补缴地价款的评估作了明确规定，在评估需补缴地价款时，应结合本地实际遵照执行该规范。又如，已购公有住房和经济适用住房的建设用地使用权一般属于划拨性质，其上市出售从理论上讲应缴纳较高的出让金等费用，但当地政府为了促进房地产市场发展和存量住房流通，满足居民改善居住条件的需要，鼓励已购公有住房和经济适用住房上市出售，可能只需要缴纳较低的出让金等费用，比如仅为房价的 $1\%\sim3\%$，甚至更低。再如，根据国家有关规定，对商业办公、旅馆、厂房、仓储、科研教育等非居住存量房屋，允许改建为保障性租赁住房，在用作保障性租赁住房期间，不补缴土地价款。

三、损失资本化法

损失资本化法是预测估价对象未来各年的净收益减少额或收入减少额、运营费用增加额，将其现值之和作为估价对象价值损失额的方法。该方法主要用于评估不可修复的房地产价值损失额。例如，不可修复的房屋质量缺陷（如室内净高不达标）、噪声污染，以及日照、采光、通风、景观等受到不利影响，导致房地产租金降低、出租率下降等收入减少或者电费、燃气费等运营费用增加，所造成的房地产价值损失额。

损失资本化法可以分为"收益损失资本化法""收入损失资本化法""超额费用资本化法"。这些方法的计算公式与收益法相似，只是将收益法计算公式中的净收益替换为净收益减少额、收入减少额、运营费用增加额。

【例 13-6】 某套住宅因邻近建高楼使其日照、采光、通风受到严重影响，造成该住宅的市场租金由每月 3 500 元降到 3 000 元，运营费用每月增加 50 元。预计该住宅的剩余使用寿命为 45 年，该类房地产的报酬率为 8.5%。请计算该住宅因邻近建高楼而造成的价值损失额。

【解】 该住宅因邻近建高楼而造成的价值损失额计算如下：

（1）该住宅因邻近建高楼而造成的年净收益减少额为：

$$A = [(3\ 500 - 3\ 000) + 50] \times 12$$
$$= 6\ 600(元)$$

（2）该住宅因邻近建高楼而造成的价值损失额为：

$$V = \frac{A}{Y}\left[1 - \frac{1}{(1+Y)^n}\right]$$

$$= \frac{6\ 600}{8.5\%}\left[1 - \frac{1}{(1+8.5\%)^{45}}\right]$$

$$= 75\ 671(元)$$

四、价值损失评估方法的综合运用

在现实房地产损害赔偿估价中，修复成本法、价差法和损失资本化法通常是综合运用的。例如，在评估估价对象的全部价值损失额时，对于只能部分可修复的，一般是先采用修复成本法评估其中可修复部分的价值损失额，然后采用价差法或损失资本化法评估剩余不可修复部分的价值损失额，再将这两部分的价值损失额相加就是估价对象的全部价值损失额。此外，房地产损害赔偿通常不仅包括房地产价值损失，还包括相关额外费用和直接经济损失，这些往往也需要评估提供参考依据。

【例 13-7】 某大厦工程基础施工中，造成邻近住宅楼出现一定程度的墙体开裂、门窗变形和基础不均匀沉降等。该住宅楼总建筑面积 5 500m²，共 60 套住房，有 60 户居民。经评估，该住宅楼在未受损状况（原状）下的市场价格为 6 000 元/m²，平均每套住房的市场租金为 2 000 元/月，在受损状况（现状）下的市场价格为 5 200 元/m²；如果对该住宅楼进行修复，修复工程费为 180 万元，并需要居民搬迁和在外临时过渡 6 个月，搬迁费平均每户每次 1 000 元，临时过渡费平均每户每月 2 000 元；该住宅楼即使修复后，也会因曾受损使人心理减价 3%。请计算：①该住宅楼在不修复情况下的价值损失额；②修复所能带来的价值增加额；③修复的各项必要费用；④该损害在经济上是否可修复；⑤该损害所造成的相关额外费用和直接经济损失；⑥该损害所造成的总损失额；⑦如果由损害方修复，损害方平均还应给予每户的赔偿额。

【解】（1）该住宅楼在不修复情况下的价值损失额，为其未受损状况下与受损状况下的市场价格之差，即：

$$(6\,000 - 5\,200) \times 5\,500 = 440.00（万元）$$

（2）修复所能带来的价值增加额，为修复后与修复前的市场价格之差，即：

$$[6\,000 \times (1 - 3\%) - 5\,200] \times 5\,500 = 341.00（万元）$$

（3）修复的各项必要费用，包括修复工程费、搬迁费和临时过渡费，即：

$$180 + 0.1 \times 2 \times 60 + 0.2 \times 6 \times 60 = 264.00（万元）$$

（4）该损害在经济上是否可修复，是看修复的必要费用是否小于或等于修复所能带来的价值增加额。如果修复的必要费用小于或等于修复所能带来的价值增加额，则在经济上是可修复的；反之，在经济上是不可修复的。

因为修复的各项必要费用 264 万元小于修复所能带来的价值增加额 341 万元，所以该损害在经济上是可修复的。

（5）该损害所造成的相关额外费用和直接经济损失，是房地产价值损失（本例为修复工程费和修复后的价值损失额）之外的搬迁费和临时过渡费，即：

$$0.1 \times 2 \times 60 + 0.2 \times 6 \times 60 = 84.00（万元）$$

（6）该损害所造成的总损失额，包括修复的必要费用和修复后的价值损失额，即：

$$264 + 0.6 \times 3\% \times 5\,500 = 363.00（万元）$$

（7）如果由损害方修复，损害方除进行修复外，平均还应给予每户的赔偿额包括搬迁费、临时过渡费和修复后的价值损失额，或者总损失额减去修复工程费后的余额，即：

$$0.1 \times 2 + 0.2 \times 6 + 0.6 \times 3\% \times 5\,500 \div 60 = 3.05（万元）$$

或者

$$(363 - 180) \div 60 = 3.05（万元）$$

复习思考题

1. 什么是批量估价？什么是个案估价？两者有何异同？

2. 什么是标准价调整法？它有什么用途？

3. 什么是回归分析法？它有什么用途？

4. 什么是长期趋势法？主要有哪几种？其理论依据是什么？

5. 长期趋势法适用于哪些估价对象？估价需具备哪些条件？

6. 长期趋势法预测房地产价值价格的步骤是什么？

7. 长期趋势法的公式及其计算是怎样的？

8. 移动平均法的基本思路是什么？

9. 指数修匀法的基本思路是什么？

10. 长期趋势法有哪些作用？如何有效预测一宗房地产的未来价值？

11. 评估房地产价值损失有哪些有效方法？

12. 什么是修复成本法、价差法和损失资本化法？分别在什么情况下选用？

13. 如何综合运用修复成本法、价差法和损失资本化法评估现实中的房地产价值损失？

14. 现实中需要补缴地价款的情形有哪些？各种情形下的需补缴地价款如何测算？

第十四章　房地产估价程序

按照完整、科学、严谨的估价程序有计划、有步骤地开展估价工作，可以保质按时完成估价项目，并能有效防范估价风险。本章介绍房地产估价程序的含义、作用和具体内容，特别是较详细介绍估价程序中的受理估价委托、确定估价基本事项、编制估价作业方案、搜集估价所需资料、实地查勘估价对象、确定估价结果、撰写估价报告、内部审核估价报告和保存估价资料等工作。

第一节　房地产估价程序概述

一、房地产估价程序的含义

房地产估价程序简称估价程序，是完成一个估价项目所需做的各项工作进行的先后次序，通俗地说是为了又好又快地完成一个估价项目，从头到尾需要做哪些工作，其中哪些工作应当先做，哪些工作可以后做。

要完成一个估价项目，需要做许多工作。做好这些工作不仅需要一定的时间，而且要根据这些工作之间的相互关系，按时间有序进行。为了有计划、有步骤地开展估价工作，保质按时完成每个估价项目，应不断归纳总结完成一个估价项目所需做的各项工作，不断优化和改进这些工作进行的先后次序，形成一套完整、科学、严谨的估价程序。根据《资产评估法》和《房地产估价规范》的有关规定，结合房地产估价工作实际，房地产估价程序一般为：①受理估价委托；②确定估价基本事项；③编制估价作业方案；④搜集估价所需资料；⑤实地查勘估价对象；⑥选用估价方法测算；⑦确定估价结果；⑧撰写估价报告；⑨内部审核估价报告；⑩交付估价报告；⑪保存估价资料。对上述估价程序进行阶段划分，①至③项是前期准备阶段，④至⑧项是估价实施阶段，⑨至⑪项是验收移交阶段。

在实际估价中，估价目的、项目性质、项目复杂程度等实际情况不同，具体的估价程序不尽相同。例如，根据《国有土地上房屋征收评估办法》的规定，被征收房屋价值评估还需要公示分户的初步评估结果，并在公示期间要对分户的初步评估结果进行现场说明解释。对于重大、复杂、疑难、特殊、新兴的估价项目，通常在前期准备阶段还应就估价原则、估价依据、估价前提、估价技术路线等关键问题，组织内部专业人员或邀请外部专家进行研讨和论证。根据有关规定，还可能要履行估价报告备案、外部审核或专家评审程序。此外，某些估价工作之间不是绝对分隔开的，可以有部分交叉，甚至需有必要的反复。例如，估价基本事项可以在受理估价委托时初步、原则性确定，在确定估价基本事项时再详细、具体地确定；搜集估价所需资料可以在此前的受理估价委托和确定估价基本事项时尽量要求委托人提供，还可以在此后的实地查勘估价对象时进一步补充搜集；对于复杂、疑难、特殊的估价项目，内部审核估价报告也可适当提前介入。

虽然不同估价项目的估价程序繁简程度不尽相同，但是不得随意简化、省略必要的估价程序，如不对估价对象进行实地查勘，不对估价报告进行内部审核等。

二、房地产估价程序的作用

估价程序的作用主要有以下 4 个：①规范估价行为；②保证估价质量；③防范估价风险；④提高估价效率。

按照完整、科学、严谨的估价程序有条不紊地开展估价工作，可以使估价工作具有计划性且规范化、精细化，避免疏忽遗漏、顾此失彼、重复浪费，特别是防止估价工作过于因人而异、随意性大，从而保证估价质量，提高估价效率。

作为专业服务行为的估价，尤其是鉴证性估价，不仅要注重估价结果，而且要注重估价过程（即估价程序）。对于不是故意高估或低估的，甚至过程比结果更加重要。因为如果过程做到位了，结果一般不会出错。因此，履行必要的估价程序不但是完成任何一个估价项目的基本要求，更是估价机构和估价师防范估价风险、保护自己的有效手段。

在针对估价报告、估价结果异议或争议所进行的鉴定或专业技术评审中，鉴定或评审的主要内容是检查估价师和估价机构是否履行了必要的估价程序，例如是否做了以下工作：①在受理估价委托时，与委托人充分沟通，认真细致了解其真实、具体的估价需要，制作估价项目来源和沟通情况记录，依法要求委托人出具估价委托书并与其签订估价委托合同；②在搜集估价所需资料时，依法要求委托人如实提供其知悉的估价所需资料，自己努力搜集估价所需的其他资料，并对作为估价依据的资料依法进行核查验证或审慎检查；③对估价对象进行实地查勘，并按要求制作实地查勘记录；④依法恰当选择估价方法，并进行正确、仔细的测算；⑤依法对估价报告进行内部审核，并制作内部审核记录。因此，估价机构应加强估价程序管理，使任何一个估价项目在履行估价程序方面都没有随意简化、省略等疏漏，经得起事后的严格检查。

第二节　受理估价委托

一、估价业务来源与获取

估价业务是估价机构及其从业人员生存与发展的基础，源于现实中房地产转让、租赁、抵押、征收、税收、司法处置、损害赔偿、土地有偿使用、企业经济行为等对房地产估价的各种需要，具体的来源渠道和获取方式多种多样。

（一）从主观能动性来看估价业务来源与获取

从估价机构及其估价专业人员的主观能动性来看，估价业务来源与获取可分为"主动争取"和"被动接受"两大类，现实中大多是混合的或各有侧重。

（1）"主动争取"：是估价机构及其估价专业人员积极主动到社会上寻找估价需求者，并力争为其提供估价服务。在估价机构数量多、竞争激烈的情况下，"主动争取"通常是估价业务的主要来源。但是，不应采取过于商业化的营销方式，不得采取恶性压价手段招揽或争抢业务。以明显低于估价行业平均收费水平甚至低于成本的恶性压价，其害处很多且很大。一是属于违法违规行为，是《资产评估法》等法律法规明令禁止的，如《资产评估法》明确规定评估机构不得以恶性压价等不正当手段招揽业务。二是因收费过低而导致估价工作"偷工减料"，如不履行实地查勘估价对象等必要的估价程序，不尽职搜集交易实例，难以保证起码的估价质量，进而会给估价机构和估价师带来很大的潜在风险，也会严重损害委托人和估价报告使用人的利益。三是估价机构之间竞相压价不仅损人害己，而且会变成一种慢性的集体自杀行为。

（2）"被动接受"：是估价机构及其估价专业人员凭借其良好口碑、专业服务吸引估价需求者上门寻求估价服务。"被动接受"并不是不思进取的"等靠要"，而是酒香不怕巷子深，依靠长期积累形成的知名品牌、高强本领、优质服务等吸引估价需求者，是获取估价业务的高级阶段。

（二）获取估价业务的多种具体、恰当做法

获取估价业务的具体、恰当做法有多种，归纳起来主要有下列 8 类。

（1）持续提高估价机构及其估价专业人员的估价技术水平、向客户提供高质量的估价服务，并采取必要、合适的宣传推广和建立人脉关系等方式，如举办相关专业讲座、研讨会，发布或推送房地产市场分析报告、价格指数、资本化率、收益率等成果，以此展现自己的估价专业能力、扩大知名度、培育良好口碑、提高美誉度以至形成知名品牌，从而吸引新客户，不断有回头客，并且老客户推介新客户（老客户是最好的传播者），甚至成为终身客户。

（2）关心并积极参与国家及本地有关法律法规和政策的制定、修订、征求意见等活动，向相关立法机关、政策制定部门和专家学者大力宣传估价的必要性、重要性及其对做好有关工作、防范相关风险、助力经济社会发展等的积极作用，力争将有关估价要求写入其中。这不仅会做大整个估价行业的"蛋糕"，还能使估价机构及其估价专业人员较早了解和介入相关估价业务，赢得市场先机。

（3）不断关注、跟踪、发掘有关法律法规和政策出台、房地产市场发展、经济社会发展对估价的新需要和新要求，及时进行宣传、开展估价创新、开发新的估价产品等，将各种潜在的估价需要有效转化为现实的估价需求。例如，大力宣传并努力开展房地产法定评估业务。

（4）广泛调查了解其他估价机构、外地和国外已开展，而本机构、本地和国内尚未开展的估价业务类型，学习借鉴其成功做法，并予以介绍、推动、引进和推广。

（5）深入挖掘、开拓既有客户的估价需求。例如，在为房地产开发企业提供房地产开发项目前期咨询、市场调研等专业服务时，就关注其之后可能因调整土地使用条件、发生土地增值等情况需补缴地价款评估，可能因融资需要的土地和在建工程抵押估价等业务需求。完成本次估价服务后通过客户回访等方式，获得客户的下次或新的估价业务，比如为国有房屋经营单位提供房屋租金评估服务后，根据房屋租赁期限等情况适时做好客户回访，以获得租赁期限内调整租金和租赁期限届满续订、重新签订租赁合同或另行出租的房屋租金评估业务，还可关注因出租人提前解除租赁合同而需赔偿承租人装饰装修、停产停业损失等所产生的估价需求。

（6）与相关上下游专业服务机构建立合作关系，形成专业服务链，相互推介业务。目前，许多单位和个人有包括房地产估价需求在内的多种专业服务需求，估价机构如果与律师、会计师、财务顾问、税务咨询、工程造价咨询、投资咨询、规划设计、测绘、房地产经纪、移民服务等有关专业服务机构加强联系沟通，互利共赢开展多种形式的合作，相互介绍客户和业务，可获得这些专业服务机构客户的房地产估价业务。

（7）密切关注估价需求者发布的估价项目招标或政府采购、建立估价服务机构名单库等信息，及时按相关要求参加投标、提出申请等来获取估价业务。

（8）加入依法设立的房地产估价行业组织，积极参加其举办的估价业务交流、研讨、经验介绍等活动，以及经房地产估价行业组织向社会宣传、推荐入选估价服务机构名单库、直接推介估价业务等来获取估价业务。

总之，在获取估价业务时，估价机构及其估价专业人员首先要树立做优做久的理念，坚持"专业主义"和"长期主义"，还要拓宽思路、分析需求、梳理客户，并从主要靠"关系""低价"获取业务转向主要凭"本领""优质"获取业务，然后不急不懈、循序渐进，假以时日便会积累越来越多的客户资源，进而业务会接连不断或"东方不亮西方亮"。

在获取估价业务时还需注意的是，估价需求者除了房地产权利人，还有房地产的意向购买人、潜在投资者等。例如，房地产的意向购买人通常会要求对其拟购买的房地产进行估价；一方以房地产作价出资（入股）与另一方合作，另一方一般也会要求对该房地产进行估价，为其与对方商定出资额或股份数额提供参考依据；房屋所有权人、土地使用权人以房地产抵押申请贷款，商业银行等贷款人一般会委托其信任的第三方专业估价机构对该房地产进行估价；征收国有土地上单位、个人的房屋，一般由房屋征收部门委托估价机构对被征收房屋价值进行评估；人民法院确定财产处置参考价、调处财产纠纷、判决财产损害赔偿金额、刑事案件定罪量刑等，往往也需要对相关房地产进行估价；税务机关为征收与房地产相关的税收，也可能要对应税房地产进行估价；等等。

二、估价委托不应受理的情形

估价委托不应受理的情形，是指估价机构不应承接或不应受理估价业务的情形，而不是估价师应回避或不应承办估价业务的情形。估价师在与估价需求者接洽和沟通过程中，根据所了解的估价目的、估价对象、估价基本条件具备程度、相关当事人和利害关系人等情况，分析和评判该估价业务是否超出本机构的业务范围、是否与本机构有利害关系、是否本机构的专业能力难以胜任、是否存在本机构不可接受的风险等，然后决定是否受理该估价委托。决定不予受理的，应及时告知委托人并说明理由，使委托人能够谅解。

（一）超出本机构的业务范围

估价机构一般有自己的业务范围，特别是在法律法规、经营范围等对估价机构的业务范围有明确规定或限制的情况下。例如，根据《资产评估法》，评估机构应向有关评估行政管理部门备案才能开展相应评估专业领域的业务，因此未向房地产估价行政管理部门备案的评估机构不能开展房地产估价业务。此外，虽然已向房地产估价行政管理部门备案的评估机构，但因其资质等级等的不同，业务范围有所不同，如《房地产估价机构管理办法》规定："从事房地产估价活动的机构，应当依法取得房地产估价机构资质，并在其资质等级许可范围内从事估价业务。"因此，如果委托的估价业务超出了估价机构的业务范围，就不应受理该估价委托。

在上述不应受理估价委托的情况下，估价机构可以向估价需求者推介其他合适的专业机构承接该项业务，而不是简单地一推了之。

（二）与本机构有利害关系

估价机构（包括股东或合伙人、实际控制人）如果与估价需求者、相关当事人或委托估价对象有利害关系，则不应受理该估价委托。例如，估价机构应回避与自己、关联方以及其他利害关系人有利害关系的估价业务。因为估价机构如果与估价需求者、相关当事人或委托估价对象有利害关系，就有可能影响其独立、客观、公正估价。即使估价机构自认为并确实会秉公估价，其估价结果也会招致怀疑，缺乏公信力。为此，有关法律法规明确规定了回避制度。例如，《资产评估法》规定评估机构不得"受理与自身有利害关系的业务"。《房地产估价机构管理办法》规定："房地产估价机构及执行房地产估价业务的估价人员与委托人或者估价业务相对人有利害关系的，应当回避。"《国有土地上房屋征收评估办法》规定："任何单位和个人不得干预房屋征收评估、鉴定活动。与房屋征收当事人有利害关系的，应当回避。"《房地产抵押估价指导意见》规定："房地产估价机构、房地产估价人员与房地产抵押当事人有利害关系或者是房地产抵押当事人的，应当回避。"

（三）本机构的专业能力难以胜任

估价机构应认真评估自己的专业胜任能力，如果认为自己的专业能力难以胜任某项估价业务，则不应受理该估价委托。这是世界上包括房地产估价在内的所有专业服务都要遵守的一个职业道德准则，即俗话所说的"没有金刚钻，别揽瓷器活"。但是，对于新兴或综合性的估价业务，在没有其他合适的估价机构可推介的情况下，可以承接或聘请具有相应专业胜任能力的专家提供专业帮助，或者与其他较合适的估价机构联合承接、合作完成该估价业务。例如，《房地产估价规范》第8.0.2条规定："房地产估价师和房地产估价机构不得承接超出自己专业胜任能力和本机构业务范围的估价业务，对部分超出自己专业胜任能力的工作，应聘请具有相应专业胜任能力的专家或单位提供专业帮助。"第3.0.9条规定："在估价中遇有难以解决的复杂、疑难、特殊的估价技术问题时，应寻求相关估价专家或单位提供专业帮助，并应在估价报告中说明。"

此外，对估价中涉及其他专业领域的问题，如房屋中镶嵌的古董和艺术品、地上的名贵奇石、林木、特殊机器设备等，则可以聘请相关专家，咨询相关研究机构、生产厂家，采取"分包"方式或者建议委托人聘请相关专业机构或专家出具专业意见来解决，即可借用相关专业意见。例如，《房地产估价规范》第3.0.10条规定："对估价对象的房屋安全、质量缺陷、环境污染、建筑面积、财务状况等估价专业以外的专业问题，经实地查勘、查阅现有资料或向相关专业领域的专家咨询后，仍难以作出常规判断和相应假设的，应建议估价委托人聘请具有相应资质资格的专业机构或专家先行鉴定或检测、测量、审计等，再以专业机构或专家出具的专业意见为依据进行估价，并应在估价报告中说明。"

（四）存在本机构不可接受的风险

估价机构要处理好估价业务发展和防范风险的关系，关注、预见、识别和分析委托的估价业务风险及其风险点和风险程度，经过认真评估自己的风险承受能力后，如果认为该估价业务会给本机构和估价专业人员带来不可接受的风险，则不应受理该估价委托。例如，对于委托人提供的资料不能满足估价基本要求、不具备相应估价目的下的估价基本条件，比如委托人不能提供或拒绝提供、不如实提供估价所必需的估价对象权属证明等资料，或对估价对象必须进行实地查勘而无法进行实地查勘，尤其是估价对象可能不存在的，则不应受理该估价委托。再如，对于估价结果是各方估价利害关系人的重大关切且之间存在激烈的利益冲突，预计会面临估价报告或估价结果异议等，而估价机构对自己的估价缺乏足够信心且将难以应对的，可不受理该估价委托。又如，对于估价需求者或其他组织和个人要求高估、低估甚至出具虚假估价报告的，要坚守估价职业道德底线，向其说明不能满足其要求的原因；对于委托人执意甚至以利诱、威胁等不正当手段要求高估或低估及出具虚假估价报告的，应拒绝该估价业务。对此，《资产评估法》作了更严格的要求："委托人要求出具虚假评估报告或者有其他非法干预评估结果情形的，评估机构有权解除合同。"据此，即使在受理估价委托和签订估价委托合同后，如果委托人提出此类非法要求的，估价机构也可解除合同。

此外，对于估价需求者恶性压低评估费、索要或变相索要回扣的，应依法予以拒绝或抵制，甚至不受理该估价委托。在与估价需求者沟通中，还应向其了解估价对象是否拟委托或委托过其他估价机构估价。对于拟委托或委托过其他估价机构估价的，应向估价需求者了解其不正式委托其他估价机构估价的原因。如果是因为其他估价机构不能满足其高估或低估等不正当要求的，则不应受理该估价委托。对于已做过估价的，应要求估价需求者提供相应的估价报告。如果原估价结果并无不妥且是为了相同目的而估价的，应劝说估价需求者不必另行委托估价，除非是估价需求者为了使估价结果更加可信而另行委托估价予以印证。如果是原估价结果确实不合理的，可采取咨询方式出具相关专业咨询意见，请估价需求者据此与原估价机构沟通。如果是原估价结果确实不合理且原估价机构拒不改正的，则可承接该估价业务。上述做法，是为了防止估价机构之间无序竞争，特别是防止对同一估价对象为同一估价目的进行估价时，多个当事人甚至同一当事人委托多家估价机构多次估价得出多种差异很大的估价结果，从而严重损害估价行业的社会形象。例如，一方当事人委托了一家估价机构估价，另一方当事人对其估价结果不满意又委托另一家估价机构估价，甚至反复多次委托估价，如果这些估价结果之间差异很大，则不仅会加剧当事人之间的矛盾，还会造成估价不严肃、很随意的不良印象。

还需注意的是，《资产评估法》规定评估机构不得"分别接受利益冲突双方的委托，对同一评估对象进行评估"。据此，在房地产买卖、置换、离婚析产、损害赔偿等涉及两个或两个以上利益冲突当事人的估价中，估价机构不得分别接受买卖双方、置换双方、男女双方、损害双方等的委托，对同一房地产进行估价。例如，在离婚析产估价中，如果接受了女方的委托，就不能接受男方的委托，反之亦然。但是如果经男女双方协商一致后共同委托的，则可以接受男女双方的共同委托，对同一房地产进行估价。

三、估价委托洽商与受理

（一）估价委托受理前的相关准备

经与估价需求者充分沟通，认真细致地了解其委托估价的目的（真实、具体的估价需要）、对象（初步指定的估价对象或用于估价的资产）之后，如果估价需求者愿意把估价业务委托给估价机构，估价机构认为该业务不属于不应受理的情形且愿意承接，则可以为估价需求者草拟估价委托书，准备估价委托合同，将所了解的事实情况、商定的相关事项等采用书面形式在估价委托书和估价委托合同中予以明确。

早期，未严格区分估价委托书和估价委托合同，两者的内容、作用基本相同，可二选一。后来，把两者区分开来，各自发挥不同作用，两者缺一不可。特别是《资产评估法》规定："委托人应当与评估机构订立委托合同，约定双方的权利和义务。"

区分估价委托书和估价委托合同的主要原因，一是估价委托书可只限于约定估价业务事项，相对简明扼要，并将其作为重要的估价依据之一放入估价报告的附件中向估价报告使用人等明示；而估价委托合同一般较复杂，且涉及估价收费、违约责任、解决争议的方法等与估价业务本身关系不大的内容，甚至涉及一些不宜公开或委托人要求保密的商业信息等内容，依法将估价委托合同存入估价档案即可。二是在某些特殊情况下，估价需求者可能希望早些开展估价工作、尽快拿到估价报告，而估价收费、估价过程中双方的权利和义务、违约责任等问题的商定需要较长时间，例如某些组织机构庞大复杂的单位委托人对估价委托合同的审批流程较复杂、时间较长。但无书面凭据就开展估价工作，既不利于保护估价机构和估价师的合法权益，又破坏估价市场秩序。因此，可先请委托人出具估价委托书，先行开展有关估价前期工作，估价委托合同可适当延缓，在出具估价报告前签订。

为了避免估价委托书和估价委托合同就同一事项所记载的内容不一致，估价委托书和估价委托合同一般应一并办理。估价委托书和估价委托合同就同一事项所记载的内容应一致；如有不一致的，一般以估价委托合同为准；估价报告中涉及该内容的，应在估价报告中说明。

（二）估价委托书的出具和主要内容

估价委托书是委托人向估价机构出具的，看似委托人单方面的行为，应由委托人自己编写。但在实际中，估价委托书应由估价师在委托人口头委托意向并亲自与委托人充分沟通的基础上，为委托人草拟或指导委托人在事先制作的格式文本上填写估价委托书，经委托人和估价机构一致认可后，由委托人签名或盖章确认，然后正式向估价机构出具。之所以这么做，一是因为估价委托书实质上是关于估价业务的约定书，主要涉及估价专业技术问题，二是因为委托人通常缺乏估价专业知识，不了解专业估价要求，且估价机构和估价师应为委托人做好相应服务。

估价委托书的内容一般包括：①委托人的名称或姓名，委托的估价机构名称；②委托估价的目的，写明对估价的真实、具体需要，包括估价报告的预期用途和预期使用人；③委托估价的对象，写明初步指定的估价对象或用于估价的房地产等资产的名称、坐落、界址、四至等基本状况；④委托估价的要求，写明对估价质量、估价报告交付期限（或交付时间、完成期限）等要求；⑤其他相关说明事项；⑥委托日期、委托人签章等。此外，委托的估价业务属于重新估价的，应在估价委托书中注明。

（三）估价委托合同的作用和主要内容

估价委托合同的作用主要有以下3个：①建立受法律保护的正式委托与受托关系；②约定双方的权利和义务；③载明估价的有关事项。因此，一般来说，只有签订了估价委托合同后，才能够提供估价服务；未签订估价委托合同，不应提供估价服务，以防止事先无书面合同约定而在事后产生纠纷，也防范某些单位和个人想方设法不签订估价委托合同而骗取估价服务。在某些特殊情况下，有关估价前期工作可在签订估价委托合同之前开展，但应先取得估价委托书。估价机构正式出具估价报告之前，应与委托人签订估价委托合同。

　　估价委托合同的内容一般包括：①委托人和估价机构的基本情况，如委托人名称或姓名、住所、联系人和联系方式，估价机构名称、资质等级、住所、联系人和联系方式。②负责本估价项目的估价师，包括估价师的姓名、注册号、联系方式。③委托人的估价需要和委托估价对象，包括估价报告的预期用途、预期使用人及其需求。④估价所需资料的提供和退还，如委托人应向估价机构提供的估价对象权属证明、财务会计信息以及历史成交价格、运营收益、开发建设成本等资料。对于要求委托人提供的资料，应事先针对不同的估价需要和估价对象列出"估价所需资料清单"，然后根据本次估价业务情况从中勾选。⑤估价过程中双方的权利和义务，如委托人应保证其提供的资料是真实、完整、合法和准确的，没有隐匿或虚报的情况，应协助估价师对其提供的作为估价依据的资料依法进行核查验证或审慎检查，并协助搜集估价所需的其他资料以及对估价对象进行实地查勘；估价机构和估价师应对估价活动中知悉的国家秘密、商业秘密和个人隐私予以保密。⑥估价报告及其交付，包括估价报告的形式、份数、交付期限、交付方式等。例如，是仅提供估价结果报告，还是既提供估价结果报告又提供估价技术报告。在确定估价报告交付期限时，应时间服从质量，保证有合理的时间以保质完成该项目。⑦估价费用及其支付的方式、期限。估价对象不位于估价机构及其分支机构所在城市的异地估价项目，除了收取估价服务费，还应明确相关交通、食宿、现场办公等费用的负担。⑧违约责任。⑨解决争议的方法。⑩其他需要约定的事项。⑪估价委托合同签订日期、委托人和估价机构签章。估价委托合同的内容还应体现《资产评估法》的以下规定："委托人拒绝提供或者不如实提供执行评估业务所需的权属证明、财务会计信息和其他资料的，评估机构有权依法拒绝其履行合同的要求。""委托人要求出具虚假评估报告或者有其他非法干预评估结果情形的，评估机构有权解除合同。"

　　需指出的是，估价委托书和估价委托合同一般无须写明具体的通过正式开展专业估价工作后才能准确表述或界定的估价目的、估价对象、价值时点和价值类型，特别是无须写明价值时点和价值类型，这些属于受理估价委托之后确定估价基本事项阶段的估价工作内容，尤其是那些复杂、疑难、特殊、新兴的估价项目。

还需要说明的是，司法鉴定或其他特殊估价业务建立估价委托关系所采用的文书并不一定是估价委托合同。例如，人民法院确定财产处置参考价的估价业务，根据最高人民法院办公厅印发的《人民法院委托评估工作规范》（法办〔2018〕273号），其估价委托关系的凭证是人民法院向估价机构发送的评估委托书，而无须签订估价委托合同。

（四）估价委托的受理和业务承办

估价委托应由估价机构统一受理、统一收费。估价师等个人不得私自接受委托从事估价业务、收取费用，分支机构应以设立该分支机构的估价机构名义承揽估价业务。签订估价委托合同后，未经委托人同意，估价机构不得转让或变相转让受托的估价业务。

根据《资产评估法》和《房地产估价规范》的有关规定，以及房地产估价师职（执）业资格属于准入类的要求，对受理的估价业务，无论估价项目大小、难易，估价机构都应指定或选派至少两名符合要求的注册房地产估价师承办，并应明确其中一人为项目负责人。指定或选派估价师时，具体应符合以下要求：①与委托人或其他相关当事人及估价对象无利害关系。《资产评估法》规定评估专业人员"与委托人或者其他相关当事人及评估对象有利害关系的，应当回避"。②能胜任该项估价工作。如《房地产抵押估价指导意见》规定："从事房地产抵押估价的房地产估价师，应当具备相关金融专业知识和相应的房地产市场分析能力。"③估价师的数量不得少于两名，具体数量应根据估价项目的规模大小、难易程度和完成时间等实际情况来确定。《资产评估法》规定"对受理的评估业务，评估机构应当指定至少两名评估专业人员承办"，"评估机构开展法定评估业务，应当指定至少两名相应专业类别的评估师承办"。④委托人提出的其他要求。如对估价师执业年限等资历的特殊要求。

除应采用批量估价的项目外，每个估价项目应有至少一名注册房地产估价师全程参与受理估价委托、实地查勘估价对象、撰写估价报告等估价工作，即不得将有机联系的估价工作前后割裂开来，采取流水作业方式，由不同的人员分别完成其中一部分工作。可采用批量估价的项目，主要是适用于批量估价的房地产计税价值评估、房地产抵押贷款后重估。而房地产抵押贷款前估价、房屋征收评估（不包括预评估），不宜采用批量估价或自动估价。

在受理估价委托和此后的估价业务开展过程中，应做好"估价项目来源和沟通情况记录"，特别要说明估价师最初是否亲自与委托人进行了接洽和沟通。

第三节　确定估价基本事项

一、估价基本事项概述

房地产估价的核心内容，是根据特定目的，对特定房地产在特定时间的特定价值价格进行分析、测算和判断。因此，在对价值价格进行分析、测算和判断之前，要弄清特定目的、特定房地产、特定时间和特定价值价格，即要确定估价目的、估价对象、价值时点和价值类型四个基本估价要素，通常称之为确定估价基本事项。在实际中，一些估价师寄希望于委托人提出符合专业估价要求的明确的估价目的、估价对象、价值时点和价值类型，甚至抱怨、责怪委托人不能明确地提出它们，或者任由委托人怎么定，委托人让评什么就评什么，以为即使有错误也是委托人确定的。这种想法和做法是不正确的，因为委托人不是估价专业人员，通常不懂得这些，更不懂得如何表述它们。因此，估价基本事项不能明确特别是确定错误的责任主要在估价师。为此，估价师应在与委托人进行充分沟通及调查了解有关情况和规定的基础上确定估价基本事项，然后请委托人确认。

在一个估价项目中，估价目的、估价对象、价值时点和价值类型之间有着内在联系，其中估价目的是基础。因为只有确定了估价目的之后，才能够确定估价对象、价值时点和价值类型。例如，从确定估价对象来看，法律法规规定不得买卖、租赁、抵押、作价出资或进行其他活动的房地产，或征收不予补偿的房地产，就不应作为相应估价目的的估价对象。如《民法典》《文物保护法》以及《城市房地产抵押管理办法》等法律法规规定不得抵押的房地产，就不应作为抵押估价的对象。不能独立使用、不可分割转让、难以处置变现的房地产，比如一个高尔夫球洞、一条保龄球球道、一个单位大院或厂区内的一幢房屋（除非为该幢房屋设立地役权，使其所有权人和使用人可自由进出大院或厂区），因为不宜作为抵押物，一般不具有抵押价值，所以不宜作为抵押估价的对象。

此外，估价对象有时与价值时点有关。例如，一些估价目的要求估价对象状况是在价值时点的状况，因此，价值时点不同，估价对象的具体状况可能不同，从而确定价值时点一般应在确定具体的估价对象之前。

二、估价目的的确定

估价目的是由委托人对估价的某种具体需要决定的，理应由委托人提出。但是估价师不应指望委托人提出估价目的，特别是提出符合专业估价要求的具体、准确的估价目的。因此在确定估价目的时，需要估价师主动与委托人沟通，了解其真实、具体的估价需要，比如询问委托人想要拿将来完成（或提供、出具）的估价报告或估价结果具体做什么用、解决什么具体问题、满足何种具体需要、交给谁使用或由谁认可等，然后将估价目的恰当表述出来，再请委托人确认。

对房地产估价按照不同需要和相应的估价目的可分为：房地产转让、租赁、抵押、征收、税收、司法处置、分割、损害赔偿、刑事案件定罪量刑，企业资产置换、资产重组、发行债券、产权转让、改制、合并、分立、合资、合作、租赁、清算，以及建设用地使用权出让等。在实际估价中，还应根据委托人的具体需要，对上述估价目的进行细分或进一步说明。例如，房地产转让估价可根据转让方式，分为买卖、互换、作价出资、作价入股、抵债等估价；房地产买卖估价又可分为为卖方确定要价、为买方确定出价、为买卖双方协商成交价的估价。房地产征收估价，可分为国有土地上房屋征收评估、集体土地征收评估；国有土地上房屋征收评估又可根据估价对象，分为被征收房屋价值评估、用于产权调换房屋价值评估等。建设用地使用权出让估价可根据服务对象，分为出让人需要的估价、意向用地者需要的估价。

估价目的的表述应符合有关规定并具体、准确、简洁，且要对应相应的经济、行政、司法等行为。例如，房地产抵押贷款前估价的估价目的一般表述为：为确定房地产抵押贷款额度提供参考依据而评估房地产价值。房屋征收评估中，被征收房屋价值评估日的一般表述为：为房屋征收部门与被征收人确定被征收房屋价值的补偿提供依据，评估被征收房屋的价值；用于产权调换房屋价值评估目的一般表述为：为房屋征收部门与被征收人计算被征收房屋价值与用于产权调换房屋价值的差价提供依据，评估用于产权调换房屋的价值。涉执房地产处置司法评估的估价目的一般表述为：为人民法院确定财产处置参考价提供参考依据。如果估价项目背景复杂或估价报告用途特殊，在简要表述了估价目的后，还可简要说明估价项目的背景或作必要的解释，使估价目的更加具体、准确。例如，为某种房地产税收服务的估价，估价目的不能仅表述为"为征税的需要"或"为税务机关核定计税依据提供参考依据"，还要说明是为了哪种具体的税收需要而估价，如"为税务机关依法核定契税的计税依据提供参考依据"。因为不同的税种，甚至同一税种涉及的行为不同，计税依据有所不同，如房地产买卖的契税计税依据为成交价格，互换的契税计税依据为互换价格差额，从而需要评估的价值类型不同。因此，估价目的的表述要避免模糊、笼统，特别是要避免为了达到高估或低估目的，或者为了回避有关规定，故意采用"了解市场价值"之类模糊、笼统的表述。

需要说明的是，一个估价项目应只有一个估价目的。当同一委托人对同一估价对象有两种或两种以上估价目的时，应分别作为不同的估价项目，分别出具估价报告。

三、价值时点的确定

确定价值时点是确定将要评估的价值价格是哪个时间点的。如果价值时点不确定，后续的估价工作就难以开展。其主要原因：一是同一估价对象在不同时间的价值价格会有所不同；二是许多情况下的估价对象状况应是在价值时点的状况，而价值时点不同，估价对象状况可能有所不同，因此需要先确定价值时点，再确定估价对象状况。从本质上讲，价值时点既不是由委托人决定的，也不是由估价师决定的，而是由估价目的决定的。在实际确定价值时点时，需要估价师根据已确定的估价目的先拟定所要评估的价值价格的时间点，然后请委托人确认。

多数情况下是评估现在的价值价格，但在某些情况下需要评估过去或将来的价值价格。例如，房屋征收评估的价值时点，根据有关规定，应为房屋征收决定公告之日。房地产损害赔偿估价，从房地产受到损失到人民法院作出判决一般会经过较长时间，价值时点有损失发生之日、起诉之日、立案之日、判决作出之日等，但根据《民法典》"侵害他人财产的，财产损失按照损失发生时的市场价格或者其他合理方式计算"的规定，价值时点应为房地产损失发生之日。在评估受贿所收受的房屋价值价格时，价值时点有收受之日、案发之日、委托估价之日等多种选择，理论上为收受之日，其中"以房换房"收受房屋的，一般将房屋互换完成的最终时间作为价值时点（房屋价格鉴定的基准日），现实中应根据有关规定确定。对估价报告或估价结果有异议或争议所引起的复核估价、估价鉴定或专业技术评审，价值时点应为原估价报告确定的价值时点，但是原估价报告确定价值时点有误的除外。

价值时点宜到日（某一天），并采用公历。过去价值评估和未来价值评估的价值时点，在难以到日且能满足估价目的需要的情况下，可以到周或旬、月、季、半年、年等。价值时点是现在的，一般以估价作业期间特别是实地查勘估价对象期间的某个日期（如完成估价对象实地查勘之日）或估价报告出具日期为价值时点，一般不得早于受理估价委托之日（如收到估价委托书之日、签订估价委托合同之日），不得晚于估价报告出具日期。价值时点是过去的，确定的价值时点应早于受理估价委托之日。价值时点是将来的，确定的价值时点应晚于估价报告出具日期。

一个估价项目通常只有一个价值时点。但现在人们越来越需要了解估价对象在不同时间的价值价格，以便进行不同时间的价值价格比较，或者了解价值价格的动态变化、发展趋势以及是否具有稳定性、持续性。为了满足这种需要，有必要从静态估价转向动态估价，即不只是给出价值时点这一个时间点的价值价格，可同时给出多个时间点甚至一个连续时间特别是未来的价值价格。例如房地产抵押估价，为了满足贷款银行了解抵押房地产价值价格及其变动的需要，除了给出抵押房地产现在的价值价格，还可以给出该类房地产市场价格过去的变动情况和未来的变动趋势，比如给出该类房地产价格指数或价格走势图。德国的房地产抵押估价还给出抵押房地产在过去一个市场周期的平均价值。在这种情况下，可以把根据估价目的确定的某一特定时间的价值价格称为"价值时点的价值价格"，此外时间的价值价格称为"其他时间的价值价格"。

四、估价对象的确定

估价对象是由委托人指定，但又不是由委托人完全决定的。就是说，估价对象不能简单地按委托人的指定来确定，不是委托人要求评什么资产就评什么资产，而应在委托人初步指明及提供相关情况和资料的基础上，根据已确定的估价目的先拟定估价对象的主要范围和基本状况，然后请委托人确认。在确定估价对象时应注意下列几点。

（1）要弄清哪些资产不应作为估价对象，哪些资产可以作为估价对象。因为根据有关法律法规，有些资产不应作为某些估价目的的估价对象。例如，不得抵押的房地产，不应作为抵押估价的对象；房屋征收不予补偿的房地产，不应作为房屋征收估价的对象；不得转让或买卖的房地产，不应作为转让或买卖估价的对象；不得作价出资的房地产，不应作为作价出资估价的对象；不得租赁的房地产，不应作为租赁估价的对象。因此，对于作为估价对象的资产，应在估价报告中根据相应的抵押、房屋征收、转让、作价出资、租赁等估价目的，分析、说明其进行相应活动的合法性或者不违反法律法规的有关规定。

（2）要明确估价对象状况是何时的状况，即是现在的状况，还是过去、将来或价值时点的状况。例如，评估5年前受贿所收受的一套住宅的价值价格，现在的状况为精装修，5年前收受时为毛坯房，则估价对象状况一般应是5年前的毛坯房状况。

（3）要明确估价对象的财产范围，不得遗漏财产或超出财产范围。可采用估价对象明细表、清单等直观、简洁的形式，并附加必要的文字说明，来明确估价对象的财产范围。

房地产估价对象的财产范围一般为房地产，房地产的财产范围一般为不动产，即房屋（或建筑物、构筑物）及其占用范围内的土地（或建设用地使用权等土地用益物权）和其他不动产。但是，现实中一个房地产估价项目的估价对象不一定是纯粹、完整的一宗房地产，可能是以房地产为主的整体资产，也可能是部分或局部房地产，还可能是多宗房地产。因此，对于估价对象的财产范围为房地产的，要说明它是一宗房地产，还是多宗房地产；是既包含建筑物又包含土地，还是仅为建筑物或仅为土地，或是一幢（或套、间等）建筑物或一宗土地中的某个部分或局部。特别是估价对象的财产范围不包含属于房地产（不动产）范围的资产的，应具体列举说明不包含的房地产范围的资产，比如说明估价对象的财产范围不包含室内装修、吊灯、马桶、酒窖、室外建筑小品、假山、树木等。

对于估价对象是以房地产为主的资产，应说明在房地产（不动产）、动产、债权债务、特许经营权等不同类型的资产中，估价对象包含哪类资产。特别是对于正在使用或经营的房地产，如存量住宅、酒店、商场、餐馆、影剧院、游乐场、高尔夫球场、汽车加油站、码头、厂房等，应明确是否包含室内家具、电器、货柜、机器设备、债权债务、特许经营权等房地产以外的资产。例如，评估某套存量住宅，应说明是否包含室内家具、家电、装饰品等动产，以及水、电、燃气、供暖、物业服务等费用结余或欠交的债权债务；评估汽车加油站，应说明是否包含专业设备、特许经营权、债权债务等。

在明确估价对象的财产范围时，即使委托人提出了明确的估价对象及其范围，也应检查是否有应列入而未列入的，或者有不应列入而列入的，以及有无冒充、顶替甚至虚构的。此外，还要注意在抵押、征收、自愿转让、司法拍卖、保险等不同估价目的下，即使面对同一标的物，估价对象的财产范围也应有所不同。例如，一个特许加盟经营、有特色装饰装修、正在运营的餐厅，其资产有房屋及其占用范围内的建设用地使用权以及厨具等动产和特许经营权、债权债务等，但是在不同估价目的下，估价对象的财产范围不尽相同，见表14-1，相关说明如下：①抵押一般是房屋和土地抵押，但也可能是房屋、土地及其他不动产抵押，有时甚至是整体资产抵押，因此抵押估价对象的财产范围通常要视具体情况而定。就房地产抵押估价来说，一般不应包含特色装饰装修的价值，因为一旦债务人不履行到期债务或发生当事人约定的实现抵押权的情形而需要以拍卖等方式处置抵押房地产的，特色装饰装修对受让人来说通常没有使用价值，也就没有价值。②被征收房屋价值的补偿应包括属于被征收人的、被征收人搬不走的不动产价值的补偿，因此其估价对象的财产范围应包括被征收房屋及其占用范围内的土地使用权和属于被征收人的其他不动产，其中被征收房屋理应包含室内装饰装修，但在征收实践中通常将室内装饰装修与房屋主体分开，室内装饰装修价值先由征收当事人协商确定；协商不成的，再委托估价机构评估确定。③自愿转让估价应区分继续经营下的自愿转让估价和因区位状况变化等不宜继续经营下的自愿转让估价两种情形。继续经营下的自愿转让估价，一般为整体资产转让估价；因区位状况变化等不宜继续经营下的自愿转让估价，一般为房地产转让估价，并因特色装饰装修通常对受让人来说没有使用价值，所以估价对象的财产范围一般不含特色装饰装修。④司法拍卖估价一般为纯房地产拍卖估价，但也可能为以房地产为主的整体资产拍卖估价。

某餐厅在不同估价目的下的估价对象财产范围 　　　　表 14-1

估价目的	前提约定或处置方式	房屋	土地	特色装饰装修	厨具等动产	特许经营权	债权债务	
							抵押贷款	其他
抵押贷款	纯房地产抵押	√	√	×	×	×	√	×
	整体资产抵押	√	√	√	√	√	√	×
房屋征收	不评装饰装修	√	√	×	×	√	×	×
	评装饰装修	√	√	√	×	√	×	×
自愿转让	继续经营	√	√	√	√	√	√	√
	不再继续经营	√	√	×	×	√	×	×
司法拍卖	纯房地产拍卖	√	√	×	×	×	×	×
	整体资产拍卖	√	√	√	√	√	×	×
保　险	投保火灾险	√	×	√	√	×	×	×

注：√表示估价对象包括；×表示估价对象不包括。

再如，在建工程估价，已进施工现场但尚未使用、安装的建筑材料、建筑构配件和设备等动产是否在估价对象的财产范围内，也要根据估价目的来确定，如房地产抵押、房屋征收估价一般不在估价对象的财产范围内，项目转让、股权转让估价一般在估价对象的财产范围内，司法处置估价要根据人民法院明确的处置财产范围来确定是否在估价对象的财产范围内。

（4）要明确估价对象的具体位置和空间范围，即要说明估价对象中房地产的坐落、界址或四至，有的房地产还需要说明其高度、深度等。

（5）要明确估价对象范围内的各项资产状况。其中，房地产状况包括实物状况、权益状况和区位状况。明确房地产的实物状况是要弄清并说明房地产的实物状况。例如，对于房地产开发用地，应明确其开发程度。

在明确房地产的权益状况时，要先弄清房地产的现实法定权益状况，然后在此基础上根据估价目的来明确是评估房地产在现实法定权益状况下的价值价格，还是在设定权益状况下的价值价格。多数情况下是评估在现实法定权益状况下的价值价格，不得随意设定权益状况来估价。但在某些情况下，根据估价目的的要求，应以设定的权益状况来估价。例如，土地使用权出让地价评估一般以设定的权益状况来估价。再如，被征收房屋价值评估不应考虑被征收房屋租赁、抵押、查封等因素的影响，应评估被征收房屋在完全产权下的价值。其中，不考虑租赁因素的影响，是评估无租约限制价值而不是评估出租人权益价值；不考虑抵押、查封因素的影响，是评估价值中不扣除被征收房屋已抵押担保的债权数额、拖欠的建设工程价款和其他法定优先受偿款。这是因为不论被征收房屋是否租赁、抵押、查封等，政府都应付出足额的被征收房屋价值的补偿。至于被征收房屋租赁、抵押、查封等问题，属于被征收人与被征收房屋承租人、抵押权人等有关单位和个人的债权债务等关系问题，应由相关当事人或有关管理部门解决。又如，房地产司法拍卖估价，被拍卖的房地产往往正是因为抵押、产权人欠债不还或非法占有（如受贿）等而被查封并强制拍卖，其现实法定权益状况是有抵押、查封等情形的，但这种估价应是评估被拍卖的房地产在未抵押、未查封等权益状况下的价值价格。因为对受让人来说，通过司法拍卖取得的将是未抵押、未查封等权益状况的房地产。但如果不是通过司法拍卖取得，而是直接从产权人那里取得，则评估的一般应是在现实法定权益状况下的价值价格。因此，如果评估的是在设定权益状况下的价值价格，则应在估价报告中清晰说明所设定的权益状况及其设定的依据和正当理由，并应在"估价假设和限制条件"中作相应说明，对估价报告用途作相应限制，避免被误认为虚假估价报告、有重大遗漏或重大差错的估价报告。

明确房地产的区位状况，是要弄清房地产的位置、交通、配套、环境等。值得注意的是，房地产的用途和实物状况不同，对其区位状况的界定有所不同。例如，住宅、商业、办公、工业、仓储、农业等不同用途的房地产，它们的区位状况的侧重点和具体内容就有所不同。又如，估价对象是一整栋楼还是其中某层或套、间，对区位状况的界定是不同的。如果是一整栋楼，则区位状况应包括朝向，而不包括楼层；如果是其中某层或套、间，则区位状况既包括朝向，也包括楼层。

在确定估价对象时，还可根据之前委托人提供的估价所需资料情况和此时确定估价对象的需要，要求委托人进一步提供其所能提供的相关资料。

五、价值类型的确定

确定价值类型是确定将要评估的是哪种具体的价值价格，包括价值价格的名称、定义或内涵。由于可以评估的价值价格的种类较多，同一估价对象的不同类型价值价格的高低或大小往往不同，甚至差异很大，如市场价值和投资价值，虽然它们的估价方法相同，比如都是采用收益法或假设开发法，但评估市场价值与评估投资价值的报酬率或折现率等估价参数的取值通常不同，所以如果不事先明确要评估哪种价值价格，就难以往下开展估价工作。价值类型的确定与价值时点的确定一样，既不是由委托人决定的，也不是由估价师决定的，而是由估价目的决定的，实务中是由估价师根据已确定的估价目的先拟定价值类型，然后请委托人确认。

多数估价目的要求评估的是市场价值，但某些估价目的要求评估的是市场价格、投资价值、现状价值、谨慎价值、清算价值、残余价值等。究竟应评估哪种价值价格，不能只看估价目的的表面行为，还要根据法律法规的相关规定。例如，房屋征收虽然是强制性的，不符合市场价值形成的"不受强迫"条件，但根据有关法律法规，因为要"给予公平、合理的补偿"，并"对被征收房屋价值的补偿，不得低于房屋征收决定公告之日被征收房屋类似房地产的市场价格"，所以被征收房屋价值评估应评估市场价值或市场价格，而不是"被迫转让价值"。房地产司法拍卖估价和为抵押房地产折价、变卖服务的估价，根据最高人民法院的相关规定和《民法典》"抵押财产折价或者变卖的，应当参照市场价格"的规定，一般应评估市场价格或市场价值，而不是清算价值。房地产抵押估价，应评估抵押价值或抵押净值，其本质是谨慎价值。为房地产开发企业取得房地产开发用地、开发项目等待开发房地产服务的估价，一般是评估投资价值。房地产损害赔偿估价，因《民法典》规定"侵害他人财产的，财产损失按照损失发生时的市场价格或者其他合理方式计算"，一般是评估市场价格。

为了更好地为委托人和估价报告使用人服务，便于其从多个角度来考察估价对象的价值价格，某些估价目的有必要从只给出单一价值类型转向同时给出多种价值类型，即一个估价项目可以同时给出多种类型的价值价格。例如，房地产抵押估价除了给出抵押价值、抵押净值，还可给出市场价值、市场价格、清算价值；为房地产开发企业取得待开发房地产服务的估价，除了给出投资价值，还可给出市场价格、市场价值，甚至给出出售人的可能底价、竞争对手的可能出价。在这种情况下，可以把根据估价目的确定的最主要的价值类型称为"主要价值类型"，其他的价值类型称为"辅助价值类型"。

在确定价值类型时，还应确定将要评估的价值价格的付款方式、融资条件、交易税费负担方式、计价方式。

第四节 编制估价作业方案

一、估价作业方案的含义和内容

估价作业方案是为保质按时完成某个特定估价项目而拟定的用于指导该项目将来估价工作的实施计划。估价作业方案重点解决的是将要做什么、何时做、谁来做、如何做，其内容一般包括估价工作的主要内容、质量要求、实施步骤、时间进度、人员安排和费用预算。凡事先谋而后动。编制估价作业方案有利于增强估价工作的预见性、主动性和计划性。

每个估价项目都应编制书面估价作业方案，一般由估价项目负责人牵头组织编制。估价作业方案的繁简程度，根据有关规定和需要以及估价项目的重要性、业务成熟度、估价对象等具体情况合理确定，如成套住宅抵押估价作业方案可以简明扼要。但无论繁简，都应内容完整、思路清晰、重点突出、科学可行。对于重大、复杂、疑难、特殊、新兴的估价项目，编制估价作业方案时还应聘请有关专家指导和参与，或对其进行研讨和论证。

二、估价工作的主要内容和质量要求

估价作业方案实际上是把确定估价基本事项后所需履行的估价程序，以书面形式落实到具体的估价项目，因此这里所讲的估价工作的主要内容，是指估价基本事项确定后所需做的各项工作，包括确定主要的估价原则、估价依据、估价前提，初选估价技术路线和估价方法，以及在估价作业方案编制后所需做的各项工作。

（一）确定估价原则、依据和前提

根据已确定的估价基本事项，此时尽可能地确定估价原则、估价依据、估价前提。其中某些估价依据、估价前提因估价所需资料尚未搜集、估价方法尚未选择等而暂时难以确定的，可在后面适当环节再予以确定或补充完善。

某个特定估价项目的估价原则主要根据其估价目的和价值类型来确定，一般从独立客观公正原则、合法原则、价值时点原则、替代原则、最高最佳利用原则、谨慎原则、一致性原则、一贯性原则等估价原则中进行选择，具体见第六章第一节中的"房地产估价原则的选择"。

此时确定估价依据，主要是选择有关法律法规和政策、有关估价标准规范，应根据估价目的和估价对象等来选择，既要完整又要有针对性，既不能遗漏又不能多余，更不得"张冠李戴"。《城市房地产管理法》《资产评估法》和国家标准《房地产估价规范》一般是所有房地产估价项目的估价依据。此外，具体的估价目的和估价对象所对应的法律法规和政策以及估价标准规范不可缺少，如国有土地上房屋征收评估应有《国有土地上房屋征收与补偿条例》《国有土地上房屋征收评估办法》以及估价对象所在地的相关规定，房地产抵押估价应有《房地产抵押估价指导意见》，房地产司法处置估价应有《涉执房地产处置司法评估指导意见（试行）》，国有建设用地使用权出让地价评估应有《国有建设用地使用权出让地价评估技术规范》等。同时需注意的是，集体土地征收补偿与国有土地上房屋征收补偿，适用的法律法规和政策有所不同，相应的估价依据特别是其中的补偿标准有所不同。再如，军队房地产估价，特别是军队和地方之间房地产置换估价，以及国防工程设施的搬迁补偿、报废等估价，适用的法律法规和政策也有所不同，要慎重、正确选择估价依据。

此时确定估价前提，包括确定估价假设，主要根据估价目的、估价对象以及估价原则和估价依据来选择和确定某些重要估价前提，例如是"自愿转让"前提还是"被迫转让"前提，是按现状估价还是按规划状况估价等。特别是服务于军队和地方之间土地、房屋等房地产转入、转出的估价，尤其是对军队转出的房地产（如原军用机场、码头、训练场、营房等），用途是按现实用途（如军事用途）还是按对应的民用用途或未来规划用途，土地使用权性质（或土地使用权取得方式）是按划拨还是按出让进行估价，估价结果差异很大，需要慎重选择和确定。有时这些重要估价前提不是估价机构和估价师能够独自确定的，需要与委托人和相关当事人充分沟通，甚至需要研讨和论证，并达成共识。

（二）初选估价技术路线和估价方法

初选估价技术路线和估价方法的目的，是为了使后面的搜集估价所需资料、实地查勘估价对象等工作有的放矢，因为不同的估价技术路线和估价方法所需的资料有所不同。

1. 估价技术路线及其选择

估价技术路线也称为估价技术路径，是一个估价项目中评估估价对象价值价格所遵循的基本途径，是指导该项目整个估价过程的工作思路。估价技术路线包括选择哪些估价方法，这些方法如何综合运用，以及在同一估价方法中如何选择具体的估价路径。例如评估房地产计税价值，在选择估价技术路线时，是选择批量估价还是个案估价；选择批量估价的，是选择标准价调整法还是回归分析法；

选择标准价调整法的，是选择基于比较法的标准价调整法还是基于收益法或成本法的标准价调整法；选择比较法的，是选择直接比较调整还是间接比较调整、乘法调整还是加法调整等。

由于一个估价项目的估价对象不一定只有一宗房地产，可能有多宗房地产，甚至是大量房地产，因此严谨地说，选择估价技术路线一般是针对整个估价项目的，而选择估价方法一般是分别针对一个估价项目中的每一宗房地产的。

2. 不同估价方法之间的关系

在初选估价方法时，需要弄清不同估价方法之间的下列 3 种关系。

（1）相互印证，而不是相互替代。即同一房地产能够选择多种估价方法的，应都选择，不得随意取舍，因为不同的估价方法是从不同的角度或方面来测算房地产价值价格的，选择多种估价方法，可以使评估价值更加客观合理。例如商铺、写字楼、商品住宅，一般同时采用比较法、收益法估价；新开发的净地、熟地、商品房开发项目或在建工程，一般同时采用假设开发法、成本法估价。

（2）相互补缺。有的房地产不适用比较法估价，但适用成本法估价，如特殊厂房、在建工程；有的房地产不适用成本法估价，但适用假设开发法估价，如待开发的生地、毛地；有的房地产不适用收益法估价，但适用成本法估价，如行政办公楼。

（3）相互引用。例如，比较法中土地使用期限、租约影响的调整，可采用收益法；收益法中租金收入（如市场租金、空置率等）、成本法中土地成本的求取，可采用比较法；假设开发法中预期完成的价值求取，可采用比较法和收益法。

3. 估价方法选择的要求

《资产评估法》规定："应当恰当选择评估方法，除依据评估执业准则只能选择一种评估方法的外，应当选择两种以上评估方法"。因此，不是选择了两种估价方法就够了，也不是必须选择两种估价方法，而是适用几种估价方法，就应选择几种估价方法，即所有在理论上适用于评估估价对象价值价格的方法，都应作为初选的估价方法。

主要根据估价对象和价值类型来初选估价方法。根据《房地产估价规范》的有关规定，估价对象的同类房地产有较多交易的，应选择比较法。估价对象或其同类房地产通常有租金等经济收入的，应选择收益法。估价对象可以假定为独立的开发建设项目按其用途、规模、档次等进行重新开发建设的，宜选择成本法；其中当估价对象的同类房地产没有交易或交易很少，且估价对象或其同类房地产没有租金等经济收入时，应选择成本法。估价对象是可以进行开发建设或按新的用途、规模等重新开发建设，且预期完成的价值可以采用除成本法以外的方法求取的，应选择假设开发法。当估价对象适用两种以上（含两种）估价方法估价时，宜同时选择所有适用的估价方法，不得随意取舍；当必须取舍时，应在估价报告中说明并陈述正当理由。当估价对象仅适用一种估价方法估价时，可以只选择一种估价方法，但必须在估价报告中说明正当理由。

在前面介绍各种估价方法时已说明了它们的适用对象，反过来，在初选估价方法时应清楚哪种房地产在理论上适用哪些估价方法。例如，商品住宅、写字楼、商场，理论上同时适用比较法、收益法和成本法；游乐场、影剧院，理论上同时适用收益法和成本法；预期完成的价值可以采用比较法或收益法评估的在建工程，比如在建的商品住宅、写字楼、商场、酒店等，理论上同时适用假设开发法和成本法；预期完成的价值可以采用比较法或收益法评估的房地产开发用地，如果是净地或熟地的，理论上同时适用假设开发法、比较法和成本法，而如果是生地或毛地的，则主要适用假设开发法。

4. 估价方法选择的其他注意事项

在初选估价方法时，还应初选其中具体估价方法、模式或路径，以及相关计算公式等。例如，选择收益法的，是选择报酬资本化法，还是选择直接资本化法；选择报酬资本化法的，是选择持有加转售模式，还是选择全剩余寿命模式。选择成本法的，是选择房地合估路径，还是选择房地分估路径、房地整估路径。选择假设开发法的，是选择动态分析法，还是选择静态分析法。

还需注意的是，对同一估价对象选用了两种以上估价方法，是指该两种以上估价方法均是用于直接得出估价对象的价值价格，而不包括估价方法之间引用或一种估价方法中包含另一种估价方法的情况。例如，某个在建工程采用假设开发法估价，其中预期完成的价值采用比较法或收益法评估，则该在建工程实际上只采用了假设开发法一种估价方法，而不是采用了假设开发法、比较法两种，或者假设开发法、收益法两种，或者假设开发法、比较法、收益法三种估价方法。

（三）估价作业方案编制后的估价工作内容

在估价作业方案编制后所需做的各项工作，包括搜集估价所需资料、实地查勘估价对象、选用估价方法测算、确定估价结果、撰写估价报告、内部审核估价报告、交付估价报告等工作。这些工作的具体内容和要求，将在本章后面分节介绍。在此编制估价作业方案时，特别是要做好其中的搜集估价所需资料、实地查勘估价对象工作的计划安排，如拟定需要搜集哪些资料及其从哪里获取，何时进行实地查勘估价对象工作以及需要做哪些准备工作。

（四）估价工作的质量要求

估价机构应依法建立健全估价工作质量控制制度，保证各项估价工作质量，如《资产评估法》规定"评估机构应当依法独立、客观、公正开展业务，建立健全质量控制制度，保证评估报告的客观、真实、合理。"

三、估价工作的实施步骤和时间进度

这是在满足估价报告交付期限的要求下，对估价作业方案编制后所需做的各项工作进行的先后次序和作业时间（起止时间）作出合理安排，最好以直观的流程图或进度表等图表形式并附加必要的文字说明来表示，特别是对于大型、复杂、作业期较长的估价项目。

拟定估价工作的实施步骤和时间进度，除了可采用较简单的流程图、进度表，还可采用线条图或网络计划技术。线条图也称为横道图、甘特图，是20世纪初出现的进度计划方法。线条图中的进度线（横道）与时间坐标相对应，这种表达方式具有直观、简明、方便的优点。网络计划技术也称为计划协调技术、计划评审技术、关键路线法，是20世纪50年代后期发展起来的一种计划管理的科学方法，其基本原理是：①用网络图形式来表达一项计划中各项工作的先后次序和相互关系；②通过计算找出计划中的关键工作和关键路线（最优次序和作业时间）；③通过不断改善网络计划，选择最优方案，并付诸实践；④在计划执行过程中进行有效的控制和监督，保证最合理地使用人力、财力和物力，多快好省地完成任务。

四、估价工作的人员安排和费用预算

根据估价基本事项、估价报告交付期限、估价工作的实施步骤和时间进度等，就更加知道了估价项目的大小、难易和缓急，进而可以确定需要何种人员，需要多少人员，何时需要这些人员，以及预计需要多少费用等。

有的估价师擅长某种估价目的的估价（如抵押估价，征收评估，司法估价，资产证券化估价），或擅长某种类型房地产的估价（如住宅估价，商场、酒店估价，厂房估价，在建工程估价），或擅长运用某种估价方法估价（如比较法估价，收益法估价，成本法估价，假设开发法估价）。因此，在确定了估价目的、估价对象和初选了估价方法的情况下，可以确定由哪些估价师来实施估价更加合适，并做好工作分工。

随着估价目的、估价对象越来越多、越来越复杂，以及对估价精度的要求越来越高，为了保证估价工作质量、提高估价工作效率，可按照估价目的或估价对象对估价师进行适当的专业分工。此外，还可配备一定数量的辅助人员或助理人员，协助估价师开展有关工作。

有时根据估价项目的特殊需要，还应聘请有关估价专家以及其他专业领域的专家，比如聘请规划师、建筑师、设备工程师、造价工程师、会计师、律师等提供有关专业帮助。

五、估价作业方案实施中的调整

实际估价工作应尽量按照编制的估价作业方案进行。但有时计划赶不上变化，如果在估价作业方案实施过程中遇到未预料到的情况，可按照一定的权限和程序，适时适度对估价作业方案进行调整，并及时通知方案调整后将涉及的单位和个人。

第五节 搜集估价所需资料

一、搜集估价所需资料的重要性

如果缺少估价所需要的资料（包括数据），就难以评估出估价对象的价值价格。关于获取估价所需资料，《房地产估价规范》采用的是"搜集"一词而非"收集"一词。根据《现代汉语词典》的解释，"搜集"是指"到处寻找（事物）并聚集在一起"；"收集"是指"使聚集在一起"。可见，"搜集"比"收集"要积极、主动、努力。因此，"搜集估价所需资料"比"收集估价所需资料"的要求更高、更严，就是估价机构和估价师要努力寻找估价所需要的资料。

二、估价所需资料的形式和内容

估价所需资料形式上有证书、证明、文件、合同、报表、数据、图纸、照片、图像等，内容上主要有以下4类：①反映估价对象状况的资料；②估价对象及其同类房地产的交易（如成交价格）、收益（如经营收入和运营费用）、成本（如开发建设成本）等资料；③对估价对象所在地区的房地产价值价格有影响的资料；④对房地产价值价格有普遍影响的资料。

不同的估价项目所需的资料种类既有相同的，又因估价对象、估价目的、估价方法等的不同而不同。因此，除了所有估价项目都需要的反映估价对象状况的资料外，还应针对特定估价项目的估价对象、估价目的、初选的估价方法等来确定需要搜集的资料。就初选的估价方法来说，初选比较法估价的，应搜集类似房地产的交易实例资料；初选收益法估价的，应搜集类似房地产的收益实例资料；初选成本法或假设开发法估价的，应搜集类似房地产的成本实例资料。而具体需要搜集的内容，还应根据估价方法中的计算所需的数据进行。例如，对写字楼初选收益法估价的，应搜集租金水平、出租率或空置率、运营费用等方面的资料；对房地产开发用地初选假设开发法估价的，应搜集开发建设成本、与开发建设完成的房地产相似的房地产过去和现在的市场价格水平及其将来变动趋势等方面的资料。在搜集房地产交易、收益、成本等资料时，还应了解它们是否受到不正常或人为因素的影响。对于受到这些因素影响的资料，严格地说，只有在能够确定其受影响程度并能够进行修正的情况下才可以采用。

三、估价所需资料的搜集途径和方法

除反映估价对象状况及其历史交易、收益、成本等资料只能在估价时搜集以外，其他估价所需资料特别是房地产交易、收益、成本实例等资料在平时就应留意搜集和积累，并建立估价资料库。在估价时，还应针对估价项目进行搜集，尤其是反映估价对象状况及其历史交易、收益、成本等资料，不仅在此时应搜集，而且在前面受理估价委托、确定估价基本事项时就应要求委托人尽量提供，在后面实地查勘估价对象时还可进一步补充搜集。

搜集估价所需资料的途径和方法主要有以下 6 种：①依法要求委托人提供；②查阅本机构的估价资料库；③在实地查勘估价对象时获取；④依法向有关国家机关或其他组织查阅；⑤向有关知情人士或单位调查了解；⑥到有关网站、报刊等平台和媒体上查找。

上述途径和方法中，依法要求委托人提供估价所需资料，是搜集估价所需资料最直接、有效的途径和方法。根据《资产评估法》的规定，估价师有权要求委托人提供相关的权属证明、财务会计信息和其他资料；委托人拒绝提供或不如实提供执行估价业务所需的估价对象权属证明、财务会计信息和其他资料的，估价机构有权依法拒绝其履行估价委托合同的要求，终止估价程序。

四、估价所需资料的检查和整理

虽然通常会在估价委托合同中约定委托人应如实提供其知悉的估价所需资料，并保证其提供的资料是真实、完整、合法和准确的，没有隐匿或虚报的情况，而且《资产评估法》规定"委托人应当对其提供的权属证明、财务会计信息和其他资料的真实性、完整性和合法性负责"，但是估价机构和估价师仍然应对委托人提供的资料持合理怀疑的态度，依法进行审慎检查。估价机构和估价师对自己搜集的资料也应进行审慎检查。当委托人是估价对象权利人的，还应查看估价对象的权属证明原件，并将复印件与原件核对，不得仅凭未经核对无误的复印

件来判断或假定估价对象的权属状况。当为鉴证性估价时，应根据《资产评估法》等法律法规的规定，对作为估价依据的资料进行核查验证。

搜集估价所需资料后，应对搜集到的资料及时进行登记、整理、分类、妥善保管，以便需要时查阅和使用。对于委托人提供的资料，应及时进行清点；对于需要退还委托人的资料，应做好交接手续，其中能当场将复印件与原件核对的，宜核对后及时退还原件，留存复印件。

第六节 实地查勘估价对象

一、实地查勘估价对象的必要性

实地查勘也称为现场调查、现场勘验，是指估价师等估价专业人员亲自到估价对象现场，采取观察、询问、检查、核对、拍摄等方式调查并记录估价对象状况的活动。《资产评估法》规定："评估专业人员应当根据评估业务具体情况，对评估对象进行现场调查，收集权属证明、财务会计信息和其他资料并进行核查验证、分析整理，作为评估的依据。"俗话"百闻不如一见"，对房地产来说尤其如此，因为房地产各不相同，特别是其价值价格与区位密切相关。因此，实地查勘一般是不可省略的最为关键的基本估价程序，任何房地产估价项目，只要有可能，都必须对估价对象进行实地查勘。

实地查勘是对作为估价依据的估价对象状况等资料进行核查验证的有效手段，其必要性具体来说主要体现在以下 3 个方面：①核实估价对象是否真实存在，确认是否就是所要估价的对象。②调查估价对象的实际占有使用状况。③调查对估价对象价值价格有较大影响的估价对象实物、区位等状况。由于委托人、估价对象权利人等相关当事人通常与估价对象有利害关系，估价师要对其提供的估价对象状况等资料的真实性、完整性、准确性和合法性持合理怀疑的态度。现实中，委托人、估价对象权利人等相关当事人无意或故意提供与估价对象实际状况不同的状况，特别是涂改或伪造估价对象权属证书、编造或虚构估价对象及其状况、故意错误指认估价对象、隐瞒估价对象的质量瑕疵等情况时有发生，尤其在抵押估价中为了高评高贷而易发生此类情况。此外，也有可能遗漏某些估价对象。所有这些不仅直接关系到估价结果的合理性与准确性，还会给估价机构和估价师带来很大风险。因为估价对象及其状况虚假、有重大遗漏或重大差错，会导致出具虚假估价报告、有重大遗漏或重大差错的估价报告。已有人民法院裁定估价机构和估价师未严格按照有关法律法规和估价标准进行实地查勘、未认真审查资料即出具估价报告的行为构成出具证明文件重大失实罪。因此，要有效防范此类风险，只有估价师对估价对象进行实地查勘。

对于房地产来说，通常只有对其进行实地查勘，才能真正"感知"其实际状况。估价师到现场"感知"估价对象状况，是估价师用自己的视觉、听觉、嗅觉、味觉、触觉等去亲身感受估价对象状况。例如，用视觉观察周围环境是否整洁、景观如何，观察建筑物外表是否美观、土地形状是否规整，观察室内净高、光线明暗（如采光）、空间布局等；用听觉感受周围有无噪声或是否安静，门窗、墙体、楼板是否隔声；用嗅觉感受室内外的空气有无异味或是否清新，建筑物是否存在腐坏情况；用触觉感受门窗、墙体、地面等的质地、平整、光滑、牢固状况等；甚至可以用味觉尝试一下室内饮用自来水的味道。估价对象的这些状况都对其价值价格有很大影响。如果不到估价对象现场，即使有真实的照片、视频，这些单纯的视觉感受仍不如到现场直接感受那样全面、真实。特别是室内净高、采光、环境噪声、空气异味等许多状况，尤其是某些重大缺陷，不到现场是难以感受到的。因此，实地查勘有利于估价师加深对估价对象的认知，获取文字、图纸、照片、视频等资料难以或无法反映的实情和细节。

二、实地查勘估价对象的工作内容

在实地查勘估价对象时，工作内容主要包括下列 7 个方面。

（1）检查、核对此前搜集的估价对象的名称、坐落（如所在的街路巷名称、住宅区或楼宇名称，以及地址、门牌号等）、范围（如界址、四至）、规模（如面积、体积）、用途等基本情况。

（2）检查、询问估价对象的实际占有使用状况，包括实际用途及其与登记用途、规划用途等是否一致；是在使用还是空置；在使用的，是自用还是出租、出借或被侵占，以及是否存在查封、征收等权利限制情况（如查看现场是否张贴有查封、征收公告等）。

（3）观察、检查估价对象的实物状况，如建筑结构、设施设备、装饰装修、新旧程度（包括工程质量、维护状况等）、土地形状、地形地貌等。

（4）观察、体验估价对象的位置、交通、配套、环境等区位状况。

（5）检查、询问估价对象是否存在违法建设和质量缺陷，以及历史使用状况，比如是否受到过污染。

（6）拍摄能反映估价对象内部状况、外部状况（如外观）和区位状况（如周围环境）的照片、视频等影像资料。

（7）补充搜集估价所需的其他资料，包括调查、搜集估价对象周边以及估价对象所在地同类房地产的市场行情等。

三、实地查勘估价对象的实施

实地查勘工作宜由两名以上估价专业人员共同实施，其中至少一名估价师。应要求估价委托人提供必要协助（《资产评估法》规定评估专业人员有权要求委托人提供"为执行公允的评估程序所需的必要协助"），如要求委托人亲自或指定估价对象权利人等了解估价对象的人员担任领勘人，带领估价师到估价对象现场并介绍有关情况、解答相关问题及见证。委托人不是估价对象权利人的，一般还应要求委托人通知估价对象权利人等当事人到场；当事人不到场的，一般应有第三方见证人见证。法律法规对参加实地查勘的人员有特别规定的，还应从其规定。

在委托人是估价对象权利人的情况下，实地查勘工作通常会较顺利。而当委托人不是估价对象权利人，特别是估价对象权利人与其有利益冲突甚至反对开展估价工作的，实地查勘工作往往会遇到困难以至阻挠。例如，房屋征收补偿估价中委托人是房屋征收部门，估价对象权利人是被征收人；房地产司法处置估价中委托人是人民法院，估价对象权利人是被执行人。对此，估价师应事先根据估价目的和估价委托人等具体情况有所预判并做好应对预案，如要求委托人与估价对象权利人或占有使用人做好沟通协调。此外，估价师还可在实地查勘时向估价对象权利人表明估价将是独立、客观、公正的，做好解释工作，争取其理解与配合。

估价对象财产范围包含两宗以上房地产等多项资产的，应对每宗房地产等每项资产逐一进行实地查勘。在实地查勘过程中，估价师应仔细查看估价对象状况，认真听取领勘人以及估价对象权利人或占有使用人等当事人对估价对象状况的介绍，向他们详细询问需要弄清的有关情况，完成实地查勘的各项工作内容。在实地查勘时，宜一边查勘，一边把相关状况、情况、数据等记录下来。记录除了采取笔记方式，还可采取录音、录像、拍照等方式。估价师还可采取与估价对象合照等方式证明自己亲自到估价对象现场进行了实地查勘。

可借助现代科技手段辅助实地查勘。这不仅能提高实地查勘工作的效率，还能保证其质量。例如，可事先查询电子地图来了解估价对象的区位状况，搜集周边商业、教育、医疗、体育等公共服务设施情况，然后在实地查勘时进行核对。可利用集定位、拍照、记录于一体的包括实地查勘功能在内的估价手机应用程序（App）进行实地查勘。在估价对象为大面积土地、地形地貌复杂而难以进行全面人工查勘的情况下，可依法利用无人机进行航拍。

四、估价对象实地查勘记录

实地查勘估价对象应制作书面实地查勘记录。为了避免实地查勘时遗漏必要的工作内容，保证实地查勘工作质量，提高实地查勘工作效率，可事先制作《估价对象实地查勘记录表》，在实地查勘时再按照该表内容逐项对估价对象进行调查与记录。不同估价目的、不同价值类型、不同用途或类型的房地产由于实地查勘的关注点、侧重点和深度要求有所不同，可分别制作相应的实地查勘记录表。

实地查勘记录应记载实地查勘的对象、内容、结果、时间和人员（包括估价专业人员、领勘人、估价对象权利人或见证人等）以及其他有关情况或事项，记载的内容应真实、客观、准确、完整、清晰。

实地查勘记录应由执行实地查勘的估价师等估价专业人员签名，并按照有关规定要求委托人和估价对象权利人等当事人或见证人签名或盖章确认。例如，对于房屋征收评估，《国有土地上房屋征收评估办法》（建房〔2011〕77号）规定："房屋征收部门、被征收人和注册房地产估价师应当在实地查勘记录上签字或者盖章确认。被征收人拒绝在实地查勘记录上签字或者盖章的，应当由房屋征收部门、注册房地产估价师和无利害关系的第三人见证，有关情况应当在评估报告中说明。"对于房地产司法评估，《最高人民法院关于人民法院委托评估、拍卖和变卖工作的若干规定》（法释〔2009〕16号）规定："评估机构勘验现场，应当制作现场勘验笔录。勘验现场人员、当事人或见证人应当在勘验笔录上签字或盖章确认。"

五、非常规情况下的实地查勘问题

现实中估价对象因某些非常规情况，致使估价师不能做到上述完整意义上的实地查勘，或实地查勘会受到一些限制，甚至无法到其现场进行实地查勘，主要情形和相应处理如下。

（1）估价对象为历史状况、原状与现状差异部分或未来状况的，应到其原址、现场或拟选地址进行实地查勘。例如，估价对象为已灭失或因毁损、改扩建等而"面目全非"的房地产，虽然到现场看不到其历史状况或原状，但仍有必要到其原址进行相关调查和感受，特别是通过能否找到原址核实其曾经是否真实存在。估价对象为原状与现状差异部分的，还应对其现状进行完整意义上的实地查勘。估价对象为未来状况的，虽然现在看不到其真实状况，但应到其现场或拟选地址进行实地查勘，对其区位状况进行调查和感受。

（2）估价对象因自身特殊性或利害关系人阻挠致使估价师无法进入其内部进

行实地查勘的，应依法对其外部和区位状况进行实地查勘。例如，估价对象因涉及国家秘密（如属于军事禁区、军事管理区或国家秘密不对外开放的其他场所）禁止外人入内，因内部环境危险、恶劣等严禁非相关专业人员进入，或者因征收、司法处置等强制取得、强制转让而被征收人、被执行人拒绝或阻止估价师进入，致使无法对估价对象内部状况进行实地查勘，经估价委托人同意，可不对估价对象内部状况进行实地查勘，但应依法对其外部和区位状况进行实地查勘，并应在估价报告中说明未进入估价对象内部进行实地查勘及其具体原因。在这种情况下，估价对象有相邻类似房地产的，如估价对象为住宅，同一住宅楼或住宅区内有同户型的，应尽可能对相邻类似房地产的内部状况进行实地查勘，并应根据有关资料、情况介绍以及相邻类似房地产的内部状况等，对未进行实地查勘的估价对象内部状况作出合理假定，作为估价假设中的依据不足假设在估价报告中说明。

（3）估价对象因外部特殊情况致使估价师无法到其现场进行实地查勘的，可进行远程在线查勘。例如，估价对象因受疫情防控、抢险救灾等紧急需要的限制，估价师无法进入其内部进行实地查勘，甚至无法到其所在小区、社区、街道、城市对其外部和区位状况进行实地查勘，经估价委托人同意，可与在估价对象现场的领勘人采取远程实时视频方式对估价对象进行远程在线查勘，并在估价报告中作出相应说明。估价对象因极端特殊情况而不具备采取远程实时视频方式查勘基本条件的，在确需估价的情况下，可采取由估价委托人提供估价作业期间估价对象真实影像资料的方式查勘估价对象。

同时需说明的是，上述非常规情况下无法对估价对象进行实地查勘造成虚假估价报告、有重大遗漏或重大差错的估价报告的法律责任，可能仍由出具估价报告的估价机构和估价师依法承担。此外，某些特殊估价项目虽可不对估价对象进行实地查勘，但仍应注意防范相关估价风险。例如，应采用批量估价的房地产税收估价、网络询价，以及某些房屋征收预评估等少数特殊目的下的估价，可根据估价委托人的要求不对估价对象进行实地查勘，或利用无人机等进行查勘。但目前尚无法律法规明确规定这类估价业务不需要估价师等估价专业人员对估价对象进行实地查勘。因此，应注意防范这种情况下未对估价对象进行实地查勘可能带来的估价风险和法律责任。

对于比较法、收益法等估价方法所选取的买卖、租赁可比实例，可参照实地查勘估价对象的要求对可比实例的外部状况和区位状况进行实地查勘，调查其是否真实存在，拍摄其外观、周围环境的照片等。

第七节 选用估价方法测算

此步骤主要是根据前面初选的估价方法、搜集到的估价所需资料等具体情况，正式选定估价方法，并运用所选定的估价方法测算估价对象的价值价格。

一、估价方法可不选用的情形

在前面编制估价作业方案时，已初选了估价方法。在那时，只要是理论上适用于估价对象的方法，都应作为初选的估价方法。在此时，应根据估价对象及其所在地的房地产市场状况等客观条件，包括根据搜集到的估价所需资料的数量和质量、估价对象所在地同类房地产市场状况等具体情况，对初选但不限于初选的估价方法进行适用性分析，然后正式选定估价方法。这是因为实际估价中每种估价方法是否真正适用，除了其适用对象，还要看是否具备适用条件。有的估价对象因其所在地的同类房地产交易不够活跃等客观因素，可能会限制某些在理论上适用的估价方法的实际应用。

关于搜集到的估价所需资料的数量和质量，值得指出的是，有的是真正缺少估价所必需的资料，有的则可能是估价机构和估价师没有尽力搜集。估价方法可不选用的情形，不包括没有尽力搜集估价所需资料这种情况。如果是这种情况，则应补充搜集所缺少的资料。

二、估价方法选定后的测算

正式选定估价方法后，就是运用所选定的估价方法测算估价对象的价值价格。如何运用各种估价方法测算估价对象的价值价格，已在前面介绍各种估价方法时作了详细说明，此处不再赘述。

第八节 确定估价结果

确定估价结果一般按以下3个步骤进行：①对选用的每种估价方法的测算结果进行校核和比较分析；②把校核和比较分析后的不同估价方法的测算结果处理成一个综合测算结果；③在综合测算结果的基础上形成最终估价结果。此外还应采用适当的表现形式，把最终估价结果清晰、完整地表述出来。

一、测算结果的校核和比较分析

在确定估价结果时，要先仔细进行下列检查，对选用的每种估价方法的测算结果进行校核，对两种或两种以上估价方法的测算结果进行比较分析，找出导致测算结果可能错误或之间差异的问题和原因。发现错误的，应予以改正；对于测算结果之间没有正当理由的差异部分，应予以消除。

（1）估价数据输入和计算是否正确。即测算中各个数据的填写、录入等是否正确，计算是否正确，以及前后的相关数据是否一致。例如，后面的计算用到前面的数据或计算结果，当前面的数据或计算结果修改后，后面的相应数据或计算结果是否随之修改。数据输入和计算错误虽是低级错误，但可能导致测算结果严重错误。

（2）估价基础数据是否准确。即测算中使用的诸如估价对象的面积、容积率、土地使用期限、建筑物建成时间及大修或更新改造时间等是否正确、准确，以及估价对象及其类似房地产的历史和当前的成交价格、运营收入与费用、开发建设成本等是否真实、正常、合理。需要强调的是，测算中使用的每个估价基础数据都应有其来源或确定依据和方法。

（3）估价参数是否合理。即测算中选取的诸如调整（修正）系数、报酬率、资本化率、利率、利润率、残值率、成新率等系数、比率或比值是否正常、合理，以及内涵、计算基数是否相匹配。例如，在成本法、假设开发法中计算利润时，利润率的取值不同，相同取值的内涵不同，比如利润率为 15%，但它是总利润率还是年均利润率，是税前利润率或毛利润率还是税后利润率或净利润率，是直接成本利润率还是投资利润率、成本利润率、销售利润率，以及计算基数是多几项还是少几项，计算出的利润额是不同的，从而导致测算结果不同。需要强调的是，测算中选取的每个估价参数都应有其确定依据和方法或来源。有关估价主管部门或行业组织公布的相关估价参数，应优先选用；不选用的，应有正当理由并予以说明。

（4）估价公式、模式和路径是否正确并适用。即测算中选用的各个具体的估价公式、模式和路径是否正确、适用。例如，比较法、成本法估价公式中的价值价格影响因素、构成项目有无重大遗漏、多余或重复。比如成本法选用房地分估路径时，土地和建筑物之间的价格构成项目是否衔接，既不脱节，又不交叉。再如，收益法估价时预测的估价对象未来收益及其变动情况是否有客观、明确的根据，并是否正确选用了相应的持有加转售模式或全剩余寿命模式和具体的计算公式。

（5）估价假设和相关设定是否合理和充分。即是否对估价对象的用途、面积、权利性质、权利负担等状况，以及交易税费负担方式、付款方式等交易条件做了必要、合理且有根据的假定或设定。例如，在估价对象的实际用途与登记用途、实际面积与登记面积、现状与规划状况等不一致的情况下，是否结合特定估价目的做了必要、合理且有根据的假定并据此进行估价。进一步来说，应按登记用途、登记面积进行估价的，却设定为实际用途、实际面积进行估价；应按规划状况进行估价的，却设定为现状进行估价。或者与此相反，如应设定为实际用途进行估价的，却按登记用途进行估价。再如，对于未经登记、无权属证明的房地产，应按手续不齐的房地产进行估价的，却设定为完全合法的房地产进行估价，或者与此相反，设定为违法建筑、违法占地的房地产进行估价。又如，在估价对象被查封、设立了担保物权或有其他优先受偿权的情况下，不应有背离事实假设的转让、抵押估价，却作出背离事实假设或按估价对象未被查封、未设立担保物权或无其他优先受偿权的状况进行估价；而应有背离事实假设的司法处置、房屋征收估价，却未作出背离事实假设或按估价对象被查封、设立了担保物权或有其他优先受偿权的实际状况进行估价。

（6）估价依据是否适用。即使用的各种估价依据是否适用于估价对象、估价目的、价值时点等。例如，估价中用作依据的法律、法规、文件、标准、证明等是否适用、已生效或停止执行、失效、废止。如果估价依据错误，则会导致测算结果错误。

（7）估价原则选择和运用是否恰当。即是否不多不少且正确遵循了本次估价应遵循的估价原则，包括选择的估价原则是否适用于估价目的和价值类型，是否有重大遗漏，是否遵循了不应遵循的估价原则或添加了不应有的"估价原则"，以及对估价原则是否有错误理解和不当运用。例如，抵押估价未遵循谨慎原则，甚至明显高估。评估被征收房屋的价值时，忽视合法原则、片面理解最高最佳利用原则，对个人的房屋按未来规划建设条件进行评估。

（8）不同估价方法的估价对象财产范围是否相同。即不同估价方法的测算结果对应的估价对象财产范围是否相同。例如，酒店、租赁住房采用收益法、成本法估价时，收益法因求取净收益时未减去家具、电器等动产的收益贡献或折旧费，其测算结果含有家具、电器等动产的价值；而成本法因房地产价格构成未含家具、电器等动产的价值或重置价，其测算结果仅是纯粹房地产的价值。再如，在建工程采用假设开发法、成本法估价时，成本法可能按工程形象进度或已完成实物工作量进行估价，假设开发法可能按投资进度或已完成投资额进行估价，甚至只按业主的实际投资额（如未含拖欠建设工程价款）进行估价，而这些情况下的估价对象财产范围不同，从而导致测算结果之间差异较大。

（9）不同估价方法的估价前提是否相同。即不同估价方法所选择或隐含的估价前提是否相同。例如，在建工程采用假设开发法、成本法估价时，假设开发法因有业主自行开发、自愿转让开发、被迫转让开发估价前提的选择要求，且不同估价前提下的测算结果不同，而成本法因无这种明确要求，其隐含的估价前提可能与假设开发法所选择的估价前提不同，从而导致测算结果之间差异较大。再如，收益期或土地使用期限为有限期的房地产采用收益法、成本法估价时，收益法因能较好体现此类期限对房地产价值的影响，其测算结果一般是考虑了此类期限影响的价值；而成本法因不易体现此类期限对房地产价值的影响，其测算结果可能是未考虑或未充分考虑此类期限影响的价值。是否考虑此类期限对房地产价值的影响，尤其在期限较短的情况下，测算结果之间差异较大。

（10）不同估价方法的适用程度是否不同。即选用的各种估价方法适用于估价对象、估价目的、价值类型的程度，以及适用条件的具备程度等是否有较大不同。例如，带租约的房地产采用收益法、比较法、成本法估价时，收益法的测算结果高低与合同租金高低、剩余租赁期限长短等租赁因素高度相关，最适用于估价对象；比较法的测算结果与租赁因素较相关，较适用于估价对象；成本法如果不对测算结果进行相关租赁因素调整，测算结果往往与租赁因素关系不大，从而适用于估价对象的程度较低。再如，土地使用权出让地价采用基准地价修正法、假设开发法（剩余法）、比较法评估时，可能由于基准地价更新不够及时，与现时地价水平相差较大，导致其测算结果与假设开发法、比较法的测算结果差异较大。

（11）房地产市场状况是否特殊。即房地产市场是否处于过热或有泡沫、低迷等特殊时期。就商业用房、写字楼、酒店、商品住宅采用比较法、收益法、成本法估价来看，在房地产市场过热或有泡沫时期，房地产价值往往被市场高估，导致房地产市场价格较高，从而使比较法的测算结果明显高于传统收益法（报酬率或资本化率不是用市场提取法求取）、成本法的测算结果。例如，我国许多城市在 2015 年至 2018 年房地产价格过快上涨时，比较法的测算结果最高，传统收益法的测算结果最低，成本法的测算结果居中。而在房地产市场低迷时期，房地产价值往往被市场低估，导致房地产市场价格较低，从而使比较法的测算结果明显低于传统成本法（不考虑经济折旧）、传统收益法的测算结果。例如，海南在 1994 年房地产泡沫破裂后的数年内，比较法的测算结果最低，传统成本法的测算结果最高，传统收益法的测算结果居中。再如，在建工程采用假设开发法、成本法估价时，在房地产市场过热或有泡沫时期，假设开发法的测算结果通常明显高于成本法的测算结果；而在房地产市场低迷时期，假设开发法的测算结果通常明显低于成本法的测算结果。

（12）是否有其他问题和原因。即是否还有其他问题和原因导致测算结果错误或之间差异。例如，土地使用权出让地价采用假设开发法（剩余法）、成本法（成本逼近法）评估时，可能由于出让时限定的房价较低或约定的配建保障性住房、自持租赁住房等面积比例较大，导致假设开发法的测算结果明显低于成本法的测算结果。

二、综合测算结果的得出

（一）一般情况下综合测算结果的得出

对于只能选用一种估价方法的，其测算结果经校核并确认无误或改正后，可作为综合测算结果。

对于选用两种或两种以上估价方法的，各种估价方法的测算结果经校核和比较分析并确认无误或改正后，在估价目的和价值类型对估价结果在不同估价方法的测算结果之间取舍无特殊要求的情况下，可根据不同估价方法的适用程度、数据可靠程度、测算结果之间差异程度等具体情况，恰当选择下列平均法之一得出综合测算结果。

（1）简单算术平均法。当各种估价方法的测算结果之间差异不大，且无正当理由选用其他平均法的，一般选用简单算术平均法得出综合测算结果。

（2）加权算术平均法。当选用该方法时，通常是对更加适用于估价对象、估价目的和价值类型，以及估价数据更加准确可靠、估价参数取值更有把握的估价方法的测算结果给予较大权重；反之，给予较小权重。

（3）中位数法或众数法。对于选用三种或三种以上估价方法的，可将测算结果从低到高排序，认为中位数或众数更具有代表性的，可将其作为综合测算结果。

（二）特殊情况下综合测算结果的得出

对于选用两种或两种以上估价方法，各种估价方法的测算结果经校核和比较分析并确认无误或改正后，在估价目的和价值类型对估价结果在不同估价方法的测算结果之间取舍有特殊要求的情况下，应根据造成测算结果之间差异的原因，以及不同估价方法适用于估价目的、价值类型的程度等具体情况，恰当选择下列方式之一得出综合测算结果。

（1）去除其中不适合的估价方法的测算结果，将余下的估价方法的测算结果处理成综合测算结果。例如，当房地产市场状况较特殊而导致不同估价方法的测算结果之间差异过大或异常时，不能直接选用平均法得出综合测算结果，而应根据估价目的、价值类型等具体情况，先去除不适合的估价方法的测算结果，然后把余下的估价方法的测算结果处理成综合测算结果。

（2）以其中一种估价方法的测算结果为主，酌情考虑其他估价方法的测算结果，得出综合测算结果。一般是以其中一种较适合的估价方法的测算结果为基础，根据其他估价方法的测算结果是高于还是低于该测算结果以及高于或低于的幅度大小等具体情况，对该测算结果予以适当上调或下调得出综合测算结果。

（3）选择其中一种最适合的估价方法的测算结果作为综合测算结果。

以房地产抵押价值、被征收房屋价值采用比较法、收益法、成本法评估为例，说明特殊情况下综合测算结果的得出。在房地产市场过热或有泡沫而出现市场价格明显高于收益价值、成本价值的时期，抵押价值评估因要遵循谨慎原则，故不宜采用较高的比较法的测算结果，而应采用较低的收益法或成本法的测算结果，或者收益法、成本法、比较法的测算结果综合得出的测算结果。而被征收房屋价值评估因要保障被征收人的合法权益、对被征收房屋价值的补偿不得低于类似房地产的市场价格，故不应采用比较法、收益法、成本法的测算结果综合得出的测算结果，而应采用较高的比较法的测算结果。反之，在房地产市场低迷而出现市场价格明显低于收益价值或成本价值的时期，抵押价值评估宜采用较低的比较法的测算结果，而被征收房屋价值评估宜采用比较法、成本法、收益法的测算结果综合得出的测算结果，也可采用较高的传统成本法的测算结果。

再就土地使用权出让地价采用假设开发法、成本法评估来说，如果因出让时约定的配建面积比例较大导致假设开发法的测算结果明显低于成本法的测算结果，则不宜将成本法和假设开发法的测算结果进行平均，而宜以假设开发法的测算结果为主，或将假设开发法的测算结果作为综合测算结果。这是因为在这种情况下，假设开发法的测算结果更能反映市场可接受的地价水平。

又如房地产投资信托基金物业价值评估，在各种估价方法的测算结果中，不论收益法的测算结果是高还是低，一般以收益法的测算结果为主，或将收益法的测算结果作为综合测算结果。

（三）得出综合测算结果时的注意事项

在得出综合测算结果时，不得通过随意调整不同估价方法测算结果的权重，或去除、挑选、调整某种估价方法的测算结果来调整综合测算结果，更不得预先设定估价结果，然后以此推算权重或去除、挑选、调整某种估价方法的测算结果。有关估价标准等对权重取值有上下限规定的，应在上下限范围内恰当选取权重。此外，还应说明得出综合测算结果的方法和正当理由。

三、最终估价结果的确定

经综合分析，如果认为综合测算结果已较好体现了估价对象价值价格影响因素对估价对象价值价格的影响，可以直接把综合测算结果作为最终估价结果。

然而，通常由于估价对象价值价格影响因素很多且复杂，其中一些因素对估价对象价值价格的影响难以用公式或模型予以量化，不宜直接把综合测算结果作为最终估价结果，还应结合估价专业知识和实践经验以及对估价对象状况、房地产市场行情等的深入了解，考虑未能体现在综合测算结果中的估价对象价值价格影响因素的影响，对综合测算结果进行恰当调整，并可征询有关专家和市场人士的意见，形成最终估价结果。需要注意的是，鉴证性估价结果一般不能征求或听取估价委托人和估价利害关系人的意见，因为鉴证性估价应始终独立客观公正，否则还有可能被认为与委托人串通、出具虚假估价报告，带来很大的估价风险隐患，但是房屋征收分户初步评估结果应根据有关规定向被征收人公示。

此外需要注意的是，法律法规和政策对估价对象定价有规定的，确定的最终估价结果应符合相关规定。例如，对于实行政府指导价的房地产，最终估价结果不应超出政府指导价规定的范围。同时需要注意的是，不能把最终估价结果的确定与执行政府相关定价规则和决策相混淆，即不能把评估价与根据有关规定给出的建议价相混淆。例如，国有建设用地使用权出让地价评估涉及协议出让最低价标准、工业用地出让最低价标准等最低限价的，在测算出的地价低于最低价标准的情况下，正确的做法是依然正常确定最终估价结果，同时说明评估价低于最低价标准，并建议出让方根据有关规定按最低价标准确定出让底价，而不是按该最低价标准来确定最终估价结果或修改、推算评估价。这是因为确定出让底价是出让方的决策行为，而不是估价机构或估价师的估价行为，根据相关规定应由出让方在评估价和最低价标准中按照孰高原则决定。

四、最终估价结果的表述

最终估价结果的表现形式有多种。首先，可根据估价目的以及委托人等的需要或要求，采用下列 3 种形式之一。

（1）一个具体的金额。这是目前普遍采用的形式。

（2）一个最可能或正常合理的区间值。比如估价对象价值的正常合理区间为 520 万～550 万元。咨询性估价、投资价值评估的估价结果可以采用这种形式。

（3）一个下限值，或一个上限值，或同时给出一个下限值和一个上限值。下限值是估价对象价值价格一般不会低于的金额，如估价对象保守估价一般不会低于 500 万元；上限值是估价对象价值价格一般不会高于的金额，如估价对象乐观估价一般不会高于 580 万元，或单价一般不会高于每平方米建筑面积 13 600 元。某些特殊的估价目的，经与委托人沟通后，估价结果可以采用这种形式。例如，对某个估价机构的估价结果进行专家鉴定或专业技术评审，必要时可以对估价对象价值价格给出这种形式的鉴定或评审结论。

对于最终估价结果应精确到的位数，比如是精确到人民币元还是十、百、千、万元等，应根据估价目的以及委托人等的需要或要求来确定。

其次，一般应同时给出总价和单价，其中总价还应注明大写金额。建筑容积率在 1.0 以上的建设用地，一般还应给出楼面地价。估价对象为两宗以上房地产或包含其他类型资产的，一般应分宗、分类或分项列出它们的估价结果。根据有关需要和要求，有时还应列出一宗房地产不同组成部分的估价结果。常见的是分别列出其中建筑物和土地的评估值。例如，在建设工程价款优先受偿权的司法处置估价中，建设工程价款优先受偿权针对的是建设工程本身，不包括建筑物所占用土地价值部分，即其仅对建筑物价值部分享有优先受偿效力，但根据"房地一体处分"原则，实践中要将建筑物和土地一并处分，估价对象的财产范围为整体房地产。为便于法官审理和执行案件，应把评估出的整体房地产价值在建筑物和土地之间进行合理分配，估价结果除了给出整体房地产价值，还应分别列出其中建筑物价值和土地价值，或者建筑物和土地各自的价值份额。

此外，对于涉及政府最低价或最高价标准等最低限价或最高限价的，一般同时列出估价结果和相应最低限价或最高限价标准。例如，《国有建设用地使用权出让地价评估技术规范》规定，涉及协议出让最低价标准、工业用地出让最低价标准等最低限价的，在估价报告的"估价结果"部分，应同时列出估价结果和相应最低限价标准。

最后，估价结果不只是一个或几个数字，数字背后有着丰富的内涵和信息。为便于估价报告使用人更好地理解和使用估价结果，还应把数字背后的内涵和信息简明扼要、通俗易懂地表述出来，形成相关专业结论和建议。

第九节　撰写估价报告

在求得了估价对象的价值价格后，应撰写估价报告。

一、估价报告的实质

在现代"商品"和"服务"两大类交易对象中，房地产估价提供的是"服务"，其成果的有形和集中表现是估价报告，即估价报告是估价服务的最终成果，可视为估价机构的"产品"、估价师的"作品"。从估价专业的角度来说，估价报告是估价机构和估价师向委托人所做的关于估价情况和结果的正式陈述，是估价机构履行估价委托合同、给予委托人关于估价对象价值价格及相关问题的正式答复，也是关于估价对象价值价格及相关问题的专业意见和研究报告。

二、估价报告的形式要求

估价报告理论上有口头形式和书面形式。为了估价报告的严肃性、规范化，估价报告应采用书面形式，即应为书面估价报告。

书面估价报告按照格式，分为叙述式估价报告和表格式估价报告；按照内容，分为估价结果报告和估价技术报告；按照作用，分为鉴证性估价报告和咨询性估价报告；按照范围，分为整体评估报告和分户评估报告；按照介质，分为纸质估价报告和电子估价报告；按照使用的文字，分为中文估价报告和外文估价报告，如英文估价报告等。

表格式估价报告与叙述式估价报告的差别，主要是格式或表现形式上的不同，可以比叙述式估价报告简明扼要一些，但并非是简单或省略的估价报告，其内容应包含叙述式估价报告应有的内容。当为成套住宅抵押估价、基于同一估价目的的大量相似的房地产批量估价时，估价报告可以采用表格形式。住宅房屋征收分户估价报告，也可采用表格形式。

还需指出的是，估价报告的形式虽然很重要，但不应拘泥于形式，特别是估价报告的格式只是其外在表现形式，并不是固定不变、不可改动的，关键是估价报告的要素和基本内容不可缺少，且改动后的估价报告格式更好，如结构更加合理、层次更加清晰、详略更加得当。

三、估价报告的质量要求

《资产评估法》规定评估机构应"建立健全质量控制制度，保证评估报告的客观、真实、合理"。《房地产估价规范》要求估价报告"真实、客观、准确、完整、清晰、规范"。综合起来，估价报告的质量应符合下列要求。

（1）客观：估价报告应不加任何偏见、好恶和情感进行叙述、分析和评论，没有误导性陈述。

（2）真实：估价报告应按照事物的本来面目去陈述事实、描述状况、说明情况，没有编造虚假内容，没有虚假记载。

（3）合理：估价报告应有根据、合乎事理、符合实际地得出估价结果等结论，没有重大差错。

（4）完整：估价报告应全面反映估价情况和结果，应包含估价报告使用人所需的且与其知识水平相适应的必要信息，以使估价报告使用人能够恰当理解该估价报告，正文内容和附件资料应齐全、配套，没有隐瞒重要事实，没有重大遗漏。

（5）准确：估价报告中的估价基础数据应正确，对未予以核实的事项不得轻率写入，对难以确定的事项及其对估价结果的影响应予以说明，用语应明确肯定，不含糊其辞，不会产生歧义，不易引起误解。

（6）清晰：估价报告应层次分明、逻辑性强、简洁明了，文字表达通俗易懂，避免不必要的重复，尽量图文并茂，用简明的文字和图表对有关情况和结果进行归纳总结，便于估价报告使用人理解和使用。

（7）规范：估价报告的制作应符合规定的基本格式，文字和图表等的使用应符合相应的标准，房地产估价术语及其他专业术语应符合《房地产估价基本术语标准》等有关规定。纸质估价报告还应装订成册，纸张大小宜采用尺寸为210mm×297mm 的 A4 纸规格。

《资产评估法》规定"评估机构及其评估专业人员对其出具的评估报告依法承担责任"，评估机构不得"出具虚假评估报告或者有重大遗漏的评估报告"，评估专业人员不得"签署虚假评估报告或者有重大遗漏的评估报告"。《国有土地上房屋征收与补偿条例》也规定了房地产价格评估机构和房地产估价师出具虚假或者有重大差错的评估报告的法律责任。因此，估价报告如果有质量问题，特别是被认定为虚假评估报告、有重大遗漏或重大差错的评估报告，不论是估价机构和估价师，都要依法承担责任。

四、估价报告的内容要求

一份完整的叙述式估价报告应包括封面、致估价委托人函、目录、估价师声明、估价假设和限制条件、估价结果报告、估价技术报告、附件等八个部分。此外，房地产抵押贷款前估价报告还应包括估价对象变现能力分析与风险提示。根据估价委托人的需要或有关要求，可在完整的估价报告的基础上形成估价报告摘要。

（一）封面

估价报告的封面应包括下列 7 项内容。

（1）估价报告名称：一般为房地产估价报告或土地估价报告。为了使估价报告的用途一目了然，可结合估价对象和估价目的给估价报告命名，如房地产抵押估价报告、房屋征收补偿估价报告、房地产司法处置估价报告（或涉执财产处置司法评估报告）、房地产投资信托基金（REITs）估价报告、土地使用权出让地价评估报告等。

（2）估价报告编号：应反映估价机构简称、估价报告出具年份，并按出具时间顺序编号数，不得重复、遗漏、跳号。

（3）估价项目名称：应根据估价对象的名称或位置和估价目的或价值类型，提炼出简洁、简短的项目名称，如××住宅区××号住宅抵押估价、××大街××号商铺转让价格评估、××酒店征用补偿估价、××大厦市场租金评估、××公寓大楼承租人权益价值评估、××房地产开发项目股权转让估价、××开发区××（地块编号）地块国有建设用地使用权出让地价评估等。

（4）估价委托人：当为单位时，应写明其名称（全称）；当为个人时，应写明其姓名。

（5）估价机构：应写明其名称（全称）。

（6）估价师：应写明所有参加估价的房地产估价师的姓名和注册号。

（7）估价报告出具日期：简称报告日期或报告日（date of the report，report date），相当于产品出厂日期，应与致估价委托人函中的致函日期一致。

（二）致估价委托人函

致估价委托人函是估价机构和估价师向委托人正式提交估价报告的文件，也就是将估价报告提供给委托人的商务公函，一般包括下列9项内容。

（1）致函对象：应写明委托人的名称或姓名。

（2）估价目的：应写明委托人对估价报告的预期用途，或估价是为了满足委托人的何种需要或解决什么问题。

（3）估价对象：应写明估价对象的财产范围以及名称、坐落、规模、用途、权属等基本状况。

（4）价值时点：应写明所评估的估价对象价值价格对应的时间。

（5）价值类型：应写明所评估的估价对象价值价格的名称；当所评估的估价对象价值价格无规范的名称时，应写明其定义或内涵。

（6）估价方法：应写明所采用的估价方法的名称；当所采用的估价方法无规范的名称时，应写明其定义或内涵。

（7）估价结果：应写明最终评估价值的总价，并应注明其大写金额；除估价对象价值价格无法表示为单价外，还应写明最终评估价值的单价；建筑容积率在1.0以上的建设用地，一般还应写明楼面地价。

（8）特别提示：应写明与评估价值和使用估价报告、估价结果有关的须引起委托人和估价报告使用人特别注意的重大事项。

（9）落款：包括估价机构的名称、估价师或估价机构主要负责人的签名和致函日期。致函日期应注明致函的年、月、日。该日期也称为估价报告签发日期，就是估价报告出具日期。

致估价委托人函应加盖估价机构公章，不得以其他印章代替；法定代表人或执行事务合伙人宜在其上签名或盖章。

（三）目录

目录应按前后次序列出估价报告各个组成部分的名称并注明在正文中的对应页码，便于委托人和估价报告使用人对估价报告的框架和主要内容有一个总体了解，容易查找其关注的内容。

目录中还应列出估价结果报告、估价技术报告和附件的各个组成部分的名称及对应页码。当按估价委托合同约定不向委托人提供估价技术报告的，目录中可不列出估价技术报告及其各个组成部分，但在估价技术报告中应有单独的目录。

（四）估价师声明

估价师声明是所有承办（包括参加）某项估价业务的估价师对自己在从事该估价业务中的职业道德等行为规范的书面宣誓、保证或承诺。该声明表明签名的估价师已经知悉自己作为估价师应有的职业道德，同时也是对自己的一种警示，或者如果在签名之前有与该声明的内容不符的行为，则还来得及"自我纠错"。因此，不得将估价师声明的内容与估价假设和限制条件的内容相混淆，更不得把估价师声明变成估价师和估价机构的免责声明或保护性条款。

鉴证性估价报告的估价师声明应包括以下内容：①估价师在估价报告中对事实的说明是真实和准确的，没有虚假记载、误导性陈述、重大遗漏或重大差错；②估价报告中的分析、意见和结论是估价师独立、客观、公正的专业分析、意见和结论，但受到估价报告中已说明的估价假设和限制条件的限制；③估价师与估价报告中的估价对象没有现实或潜在的利益，与估价委托人及估价利害关系人没有利害关系，也对估价对象、估价委托人及估价利害关系人没有偏见；④估价师是按照有关法律法规和房地产估价标准的规定开展估价工作，撰写估价报告。

非鉴证性估价报告的估价师声明的内容，可根据实际情况对鉴证性估价报告的估价师声明的内容进行恰当增减。

（五）估价假设和限制条件

估价假设和限制条件由估价假设和估价报告使用限制两部分组成。

1. 估价假设

估价假设要有针对性，应根据估价目的、估价时遇到的客观情况，针对特定估价对象状况等估价前提作出。此外，估价假设还要有必要性、合理性并有充分依据或正当理由，要防止出现以下情况：①故意编造估价假设，即有虚假；②故意或无意缺少必要的估价假设，即有遗漏；③随意罗列一些与本估价项目无关的估价假设，或者对无须假设的已确定事项或事实进行假设，即有多余；④为了规避法定的核查验证或应尽的审慎检查资料、尽职调查情况、实地查勘估价对象等勤勉尽责估价义务而过度作出估价假设，甚至为了高估或低估估价对象的价值价格而作出不合理假定，即滥用。例如，不顾合法原则，片面理解最高最佳利用原则，设定最高最佳利用状况进行估价。特别是在有关管理部门给定了土地用途、容积率等规划条件的情况下，还擅自作出不符合规划条件的假设。此外，还不得错误引用或错误理解有关估价原则而作出缺乏合理性、可行性的假设，如在军队和地方之间的土地置换估价中，因军队换出的土地按规划条件以住宅用地进行估价，就机械地以"对等原则""同等条件"为理由，而不考虑假设的合理性、可行性，将军队换入的诸如临近机场跑道、雷达阵地等不符合住宅用地条件的土地设定为住宅用地进行估价。另外，不应将所评估的市场价值、现状价值、残余价值等价值类型的内涵、形成条件或隐含前提与这里的估价假设混淆在一起，如市场价值中的公开市场、最高最佳利用，现状价值中的现状利用，残余价值中的非继续利用等前提；也不应将所选用估价方法中的估价前提与这里的估价假设混淆在一起，如假设开发法中的业主自行开发、自愿转让开发、被迫转让开发等前提。这些内容应分别在相应的价值类型、估价方法中一并说明，是价值类型、估价方法的内涵或内容的重要组成部分。

估价假设主要有下列 6 种。

（1）一般假设：也称为一般性假设，是所有房地产估价项目通常都有的常规假设，主要说明下列 3 类假定。

一是，对估价委托人提供的资料真实性、完整性、准确性和合法性的合理假定。应说明对估价所依据的委托人提供的估价对象的权属、面积、用途等证明、财务会计信息和其他资料在无法进行核查验证的情况下进行了审慎检查，在无正当理由怀疑其真实性、完整性、准确性和合法性且未予以核实的情况下，对其真实、完整、准确和合法的合理假定。例如，在建工程抵押估价时，对委托人提供的估价对象已抵押担保的债权数额和拖欠建设工程价款数额等资料（如承包人等当事人出具的书面说明）真实、完整、准确和合法的合理假定。在评估出租人权益价值、承租人权益价值时，对委托人提供的估价对象租赁合同及其租赁面积、租赁期限、租金等资料真实、完整、准确和合法的合理假定。

二是，对估价对象状况中影响估价结果的重大因素未见异常的合理假定。如说明对估价对象的房屋安全、质量缺陷、环境污染、生态破坏、建筑面积、权属状况等影响估价结果的重大因素，无论其相关资料或情况是否估价委托人提供的，都给予了关注和合理怀疑，在无正当理由怀疑估价对象存在此类问题，且无相应的专业机构进行鉴定或检测、测量、调查等的情况下，对房屋安全（或不存在严重安全隐患）、无重大质量缺陷（或不存在重大质量问题）、无环境污染、无生态破坏、面积准确、权属无争议等的合理假定。但若得知、有迹象表明或有正当理由怀疑上述因素有异常，如发现房屋有较大裂缝、不均匀沉降等现象，对接近或超过耐用年限的老旧房屋、无房屋安全鉴定合格证明的自建房，在经过认真实地查勘、查阅现有资料或向相关专业领域的专家咨询后，仍难以作出常规判断和相应假设的，应建议估价委托人聘请具有相应资质资格的专业机构或专家先行鉴定或检测、测量、调查等，再以专业机构或专家出具的专业意见为依据进行估价，并应在估价报告中说明。

三是，对估价对象无罕见、奇特等特殊状况的合理假定。现实中的估价对象千奇百怪，其中极少数可能为"凶宅""凶楼"，附近有坟墓、垃圾填埋场、危险化学品及易燃易爆品仓库等对估价对象价值价格产生重大不利影响的所谓厌恶性设施。由于这类特殊状况非常少见，有的难以发现，但又不能完全排除估价对象不存在，因此有必要作出相关假设，说明估价时假定估价对象无此类特殊状况，或估价中不考虑此类特殊因素。但如果已得知、有迹象表明或有正当理由怀疑估价对象有此类特殊状况的，如估价对象被当地人传为凶宅的，则应予以关注并进行调查了解，再在此基础上进行估价。

（2）背离事实假设：也称为异于现状假设，说明因估价目的的特殊需要、估价委托人或交易当事人的交易条件设定或约定，对估价对象状况所做的与估价对象的实际状况不一致的合理假定。典型的是估价对象状况虽然为现在状况，但将其中某些状况假定为不同于其现状的某种状况，例如：①房地产司法拍卖估价中，估价对象为被查封、设立了抵押权或其他优先受偿权的房地产，但估价时假定为未被查封、未抵押、无其他优先受偿权的房地产来估价。这是因为查封的目的就是为了实现抵押权和其他优先受偿权，将拍卖所得价款用于偿还抵押贷款和其他优先受偿款，查封会因司法拍卖而解除。《最高人民法院关于人民法院民事执行中拍卖、变卖财产的规定》规定"拍卖财产上原有的担保物权及其他优先受偿权，因拍卖而消灭"。②国有土地上房屋征收评估中，被征收房屋已出租或抵押、被查封，但估价时不考虑租赁、抵押、被查封的影响，假定为没有出租、未抵押、未被查封的房屋来估价。③房地产抵押估价中，用于设立最高额抵押权且最高额抵押权设立前已经存在的债权经当事人同意而转入最高额抵押担保的债权范围的，或者同一抵押权人的续贷房地产抵押估价，抵押价值和抵押净值可不减去相应的已抵押担保的债权数额，故而假定无相应的抵押来估价。④房地产违法违规行为处罚估价中，如违法违规新建、改扩建、改变用途的建筑不能拆除或恢复原状而采取没收违法收入、罚款、补缴地价款等处罚措施的，为确定相应的没收、罚款、补缴金额提供参考依据，根据完成处罚后对产权的处理情况，将违法违规的面积、用途假定为非违法违规甚至完全合法的面积、用途来估价。⑤土地使用权出让地价评估中，估价时拟出让宗地有尚未完成拆迁的建筑物，或开发程度仅为"三通"，但出让人说明将按净地或"五通一平"熟地出让或交付给受让人的，将拟出让宗地设定为净地或"五通一平"熟地来估价。⑥军队土地转让估价中，现状为划拨性质的军事用地，转让后根据规划用于经营性开发建设的，将拟转让土地设定为净地，按规划条件、出让性质来估价。

实际估价中在调查了解估价对象状况时，宜先根据估价目的，弄清有无必要作出背离事实假设。根据估价目的应作出背离事实假设的，对估价对象的相应状况可仅进行简单调查了解，甚至可不调查了解。例如，在房地产司法拍卖估价中，一般可不调查了解估价对象查封、抵押、拖欠工程款情况；在国有土地上房屋征收补偿估价中，一般可不调查了解被征收房屋租赁、抵押、查封情况。但是，根据估价委托人或交易当事人的交易条件设定或约定而作出背离事实假设的，一般应在估价报告中如实说明或披露估价对象被查封、有抵押、已出租、有尚未完成拆迁的建筑物等事实。

（3）不相一致假设：说明在估价对象同一事项的状况之间不一致的情况下，对估价所依据的状况所做的合理假定。现实中，同一房地产的同一事项的状况之间不一致的情形较多，例如：①房地产名称有多个，之间不一致，如不同权属证明上的房地产名称不同，或与其约定俗成的名称、标准地名（如住宅区名称、楼宇名称）、现场标志上的名称不一致；②房地产地址（或坐落）有多个，之间不一致，如因街路巷名称、门牌号码、楼栋编号等变更造成地址不同；③房地产权利人名称有多个，之间不一致，如产权单位发生更名、分立、合并、隶属关系变更等，但权属证明上的名称未相应变更，甚至同一房地产的不同权属证明上的权利人名称不同；④房地产用途有多种，如有实际用途、登记用途、规划用途、设计用途等，之间不一致；⑤房地产面积有多种，如有实际面积、登记面积、合同面积等，之间不一致。在做不相一致假设时，既不能因名称、地址等不同而把同一房地产误认为不同的房地产，又不能把不同的房地产误认为同一房地产，同时不能把权利人名称不一致与产权不清、权属有争议相混淆。

（4）未定事项假设：说明在估价所必需的估价对象状况等相关事项尚未明确

或不够明确、存在不确定性的情况下，对估价所依据的事项所做的合理的、最可能的假定。在对所评估的价值价格有重大影响的估价对象状况有未定事项的情况下难以估价，因为这种情况下的估价对象价值价格存在很大不确定性。如果在这种情况下确需估价，就应根据有关规定、专业意见、先例等做未定事项假设。例如：①估价对象未经登记、无权属证明、有关部门又未进行认定，在确需估价的情况下，对估价对象的合法性、权利性质等产权状况作出合理假定。②估价对象为待开发土地，规划用途、容积率等规划建设条件尚未明确，在确需估价的情况下，通过咨询有关规划管理部门、专业机构和专家的意见，参考所在区域控制性详细规划、周边同类土地的规划建设条件等方式，推测其合理的、最可能的规划建设条件。在评估投资价值等特定情况下且有必要时，也可根据意向投资者初步设想的建设条件进行估价。但当估价对象的容积率等规划建设指标是区间值时，在区间值中按最高最佳利用原则进行选择的，不属于未定事项假设。③估价对象的建设用地使用权续期等事项不够明确，如估价对象为非住宅，其建设用地使用权的剩余期限较短，期限届满后能否续期，以及续期的建设用地使用权期限和续期费用的缴纳或减免、土地上的房屋和其他不动产的归属等对估价对象价值价格有很大影响，在法律法规的规定及相关约定不明确的情况下，对此所做的合理假定。④估价对象已在享受的税费减免、获得的财政补贴等支持政策有期限，支持政策到期后能否继续享受和获得，或者得知估价对象可能会享受税费减免、获得财政补贴、列入重点项目，抑或与此相反受到罚款、整改等处罚而尚无定论的，对此所做的合理的、最可能的假定。⑤估价对象已出租，在评估出租人权益价值、承租人权益价值时，现有租赁合同在剩余租赁期限内能否得以履行，或租赁期限届满能否根据续租条款续租，对此不确定性所做的合理的、最可能的假定。⑥估价对象为设立了居住权的住宅，其价值价格受到居住权剩余期限的很大影响。居住权期限一般具有长期性、终身性。当没有约定居住权期限或居住权至居住权人死亡时消灭的，居住权剩余期限一般为居住权人剩余寿命，在估价时是不确定的，需综合考虑当地人均预期寿命、居住权人身体状况和年龄等因素作出合理假定。

（5）依据不足假设：说明在确因客观原因致使估价师无法了解估价所必需的估价对象状况的情况下，对估价所依据的估价对象状况所做的合理的、最可能的假定，包括说明在估价委托人无法提供估价所必需的反映估价对象状况的资料及估价师进行了尽职调查仍然难以取得该资料的情况下，缺少该资料及对相应的估价对象状况的合理假定。例如：①估价时一般应查阅估价对象的权属证明原件，但在委托人不是估价对象产权人且不能提供估价对象权属证明原件的情况下，估价师虽然进行了尽职调查，但未能查阅估价对象权属证明原件，此种情况下对未能查阅估价对象权属证明原件的说明，以及对估价对象权属状况的合理假定。②估价对象因涉及国家秘密等特殊情形，不允许估价师进入其内部进行实地查勘的，对无法了解估价对象内部状况的说明，以及对估价对象内部状况的合理假定。③估价对象因征收、司法处置等强制取得、强制转让，被征收人、被执行人拒绝或阻止估价师进入估价对象内部进行实地查勘的，对无法了解估价对象内部状况的说明，以及对估价对象内部状况的合理假定。④估价作业期间因受疫情防控、抢险救灾等紧急需要的限制，估价师无法对估价对象进行实地查勘的，对无法了解估价对象状况的说明，以及对估价对象状况的合理假定。例如，因估价对象受疫情防控的限制致使估价师无法对估价对象进行实地查勘，但又确需出具估价报告而只得采取远程在线查勘方式的，说明因估价对象受疫情防控的限制致使估价师无法对其进行实地查勘，经估价委托人同意，对估价对象进行远程在线查勘，并假定远程在线查勘对象的状况与估价对象的实际状况一致，但是依据背离事实假设中设定的估价对象特定状况进行估价的除外。此外，对既有房屋特别是老旧房屋的建成时间（或房龄）等影响估价对象价值价格的重要因素，在估价委托人、估价对象产权人、估价机构及其估价专业人员以及相关专业机构和专家都难以准确了解的情况下，对其所做的合理假定。

要弄清依据不足假设和未定事项假设的异同。两者都属于对估价对象未知状况的推测性假设，都应选择最有可能出现或发生概率最大的情形作为估价前提。但两者更有本质不同。未定事项假设是在估价时估价对象状况本身不明确而对其所做的假定。依据不足假设是在估价时估价对象状况本身是明确的，只是估价机构和估价师因客观原因无法了解或无法准确确定而对其所做的假定。

上述估价假设中，没有设定与估价对象实际状况不一致的状况进行估价的，应无背离事实假设；估价对象同一事项的状况之间无不一致的，应无不相一致假设；估价对象无未定事项的，应无未定事项假设；基于估价对象状况的估价分析、测算和判断无依据不足的，应无依据不足假设。对于没有的估价假设，无须在估价报告中说明无此假设。而有估价假设的，应在估价报告中作出特别提示，并简要说明作出这些估价假设的依据或正当理由，以及这些估价假设对估价结果的影响或估价结果对它们的依赖。例如，有未定事项假设、依据不足假设的，说明如果未来明确和弄清的相关状况与假定的状况不同，则估价结果会发生变化或需调整，甚至要重新估价。

（6）其他假设：说明上述估价假设之外的其他必要、合理且有依据的假定。例如，对于估价对象是历史状况（包括已灭失和已改变）的，作出"历史存在假设"，说明因估价目的（如损害赔偿、解决历史遗留问题等）的特殊需要，估价对象是历史状况，后因某种原因（如毁损、拆除、迁移、改扩建、装饰装修等）而灭失或发生改变，与实地查勘时或估价作业期间的实际状况不同，但根据有关证据（如相关权属证明、买卖合同、批文、图纸、图像、文字记载等历史资料，或有关组织和个人出具的证明、情况说明等），估价对象曾经是真实存在的，且估价时所设定的历史状况与原来（或灭失、改变前）的实际状况相同。

估价对象是历史状况的，既有与现状不同而存在背离事实的情况，又有不能"眼见为实"而存在依据不足的情况，但是作出"历史存在假设"后，可不另外做背离事实假设和依据不足假设。这样处理，不仅可使估价对象是历史状况的估价假设"化繁为简"，而且可防止实际估价中遗漏估价对象，或与此相反被误认为虚构不真实存在的估价对象，更是为了防止真正的虚构估价对象。现实中不乏发生估价委托人伪造权属证书、虚构不真实存在的估价对象而要求对其进行估价的情况。例如，为了骗取房屋征收补偿款，房屋征收部门或房屋征收实施单位的人员与被征收人合谋，虚构不真实存在的被征收房屋、树木等财物。为了弥补贷款手续不齐全，贷款银行与借款人合谋，虚构不真实存在的抵押房地产。

估价对象是历史状况的估价情形有多种，例如：①评估历史状况的房地产在现在的价值价格，如房地产损害赔偿、纠纷、灾害损失评估、保险理赔等估价中，评估已毁损、灭失的房地产假定在未毁损、灭失下的价值价格。②评估历史状况的房地产在过去的价值价格，如用于办理房屋受贿案件的估价中，评估所收受的房屋在过去收受时的状况（如为毛坯期房）而非现在状况（如精装修现房）下的价值价格。此外，根据有关规定，由于收受房屋并非必须以办理权属变更手续为成立要件，所以受贿人未办理房屋权属变更登记或借用他人名义办理权属变更登记的，估价时需要假定受贿人"合法所有"所收受的房屋，即含有权属状况的"异于现状假设"。估价对象是历史状况的情形，还存在于解决历史遗留问题的估价中，如用于军队解决过去未按规定权限和程序报批而处置房地产问题的估价。在这些情形下，都需要对估价对象的历史状况进行合理推定，作出相应假设。关于估价对象现状的简要说明、历史状况的合理推定和具体描述，宜在估价报告中的估价对象部分披露，相应的具体证明材料应作为估价报告的附件。

还需说明的是，估价对象是未来状况的，如评估将来建成的商品房假设现在已经建成且在现在的价值价格，应有背离事实假设；但是评估将来建成的商品房在将来建成时的价值价格，可无背离事实假设。此外，假设开发法估价中为求取预期完成的价值而对未来开发建设完成的房地产状况进行的设定，既不属于针对估价对象状况所做的假定范畴，也不属于背离事实假设。

2. 估价报告使用限制

估价报告使用限制相当于产品使用说明，应说明估价报告（含估价结果）使用范围及在使用估价报告时需要注意的其他事项。估价报告使用范围一般包括估价报告的具体用途、使用人和使用期限。

（1）估价报告用途。根据估价目的及估价假设等，说明估价报告的具体用途。例如，有背离事实假设、不减去已抵押担保债权数额的用于设立最高额抵押权或者同一抵押权人的续贷房地产抵押估价，不能只说明估价报告用途为抵押用途，而必须说明仅用于设立最高额抵押权或者同一抵押权人的续贷房地产抵押用途。如果未对估价报告用途作此严格限制，估价报告使用人将估价报告用于一般抵押用途，因未减去已抵押担保债权数额而造成的损失，估价机构和估价师可能要依法承担责任。此外，为了防止被误用而产生严重后果，还可补充说明不得将估价报告用于已经说明的具体用途以外的其他用途。例如，把被查封、有抵押假定为未被查封、无抵押的房地产司法拍卖估价报告用于房地产转让、抵押用途的，将会给房地产受让人、贷款银行带来重大经济损失或信贷风险。

（2）估价报告使用人。说明可使用本估价报告的单位名称或个人姓名，如××银行，××人民法院。宜在受理估价委托时就与委托人明确估价报告使用人。许多情况下，估价委托人就是估价报告使用人。当无法确定估价报告使用人的具体名称或姓名时，可按照类型予以明确，如委托人指定的律师等代理人或合作伙伴等。

（3）估价报告使用期限。也称为估价报告使用有效期，相当于产品保质期，是自估价报告出具日期起计算，使用估价报告特别是估价结果不得超过的时间。估价报告使用期限应根据估价目的和预计估价对象的市场价格变化程度等市场状况来确定，不宜超过一年。其表述形式可有多种，例如：①估价报告使用期限至××年××月××日；②估价报告使用期限自××年××月××日起至××年××月××日止；③估价报告使用期限自××年××月××日起不得超过××年（××个月、××日）。需注意的是，估价报告使用期限与估价责任期限不尽相同。估价报告在其使用期限内如果依法被使用，则估价责任期限到估价服务的行为结束为止，即在估价报告上盖章的估价机构和签名的估价师要负责到底。而估价报告在其使用期限内如果未被使用，则估价责任期限就是估价报告使用期限，即估价报告在其使用期限届满后被使用的，估价机构和估价师依法不承担责任。

（4）估价报告使用的其他注意事项。宜根据《资产评估法》第三十二条"委托人或者评估报告使用人应当按照法律规定和评估报告载明的使用范围使用评估报告。委托人或者评估报告使用人违反前款规定使用评估报告的，评估机构和评估专业人员不承担责任"，作出以下特别提示：委托人和估价报告使用人应按照法律规定和已经说明的具体用途、使用期限等使用范围使用本估价报告。否则，本估价机构和估价师依法不承担责任。

对估价报告使用限制的说明，也可参考以下简洁的表述形式：本估价报告仅供××（委托人）和××（其他估价报告使用人）在××年××月××日前（或自××年××月××日起至××年××月××日止，自××年××月××日起不得超过××年或××个月、××日）用于××用途。委托人或估价报告使用人应按照法律规定和此处说明的具体用途、使用期限等使用范围使用本估价报告。否则，本估价机构和估价师依法不承担责任。

在估价报告中说明估价报告使用限制，主要是避免引起委托人、估价报告使用人以及估价利害关系人的误解和误用，同时划清估价机构、估价师与委托人、估价报告使用人的责任：如果不按照法律规定和估价报告载明的使用范围使用估价报告，如不按照估价报告的具体用途使用或超过估价报告使用期限使用估价报告，对所产生的不利后果，估价机构和估价师不承担责任；如果在估价报告使用范围内使用估价报告，相关责任应由在估价报告上盖章的估价机构和签名的估价师承担，但是委托人或估价报告使用人不当使用估价报告的除外。

（六）估价结果报告

估价结果报告应简明扼要说明下列事项。

（1）估价委托人：当为单位时，应写明其名称（全称）、住所和法定代表人姓名；当为个人时，应写明其姓名和住址。

（2）估价机构：应写明估价机构的名称（全称）、住所、法定代表人或执行事务合伙人姓名、资质等级和资质证书编号。

（3）估价目的：应说明估价委托人对估价报告的预期用途，或估价是为了满足委托人的何种需要、解决什么问题。

（4）估价对象：应概要说明估价对象的财产范围，以及名称、坐落、规模、用途、权属等基本状况；对建筑物基本状况的说明，还应包括建筑结构、设施设备、装饰装修、新旧程度；对土地基本状况的说明，还应包括界址、四至、形状、开发程度、使用期限。

（5）价值时点：应说明所评估的估价对象价值价格对应的时间及其确定的简要理由。同时，可说明估价作业期、估价报告出具日期及其与价值时点的本质不同，以免委托人和估价报告使用人误解。

（6）价值类型：应说明所评估的估价对象价值价格的名称、定义或内涵。

（7）估价原则：应说明所遵循的估价原则的名称、定义或内涵。

（8）估价依据：应说明估价所依据的有关法律法规和政策，估价标准规范，估价委托书或估价委托合同，委托人提供以及估价机构和估价师积累和搜集的估价所需资料。

（9）估价方法：应说明所采用的估价方法的名称和定义。当按估价委托合同约定不向估价委托人提供估价技术报告的，还应说明估价测算的简要内容。

（10）估价结果：应说明不同估价方法的测算结果和最终的评估价值。评估价值应注明单价和总价，且总价应注明大写金额。当估价对象价值价格无法表示为单位的，评估价值可不注明单价。

（11）估价师：应写明所有（至少两名）承办该项估价业务的房地产估价师的姓名和注册号，并由本人亲自签名及注明签名日期，不得以个人印章（包括执业专用章）代替签名（可以既签名又盖个人印章，但不得只盖个人印章而不签名），更不得由他人代签。未经注册的房地产估价师和未承办该业务的房地产估价师不得在其上签名。《资产评估法》规定："评估报告应当由至少两名承办该项业务的评估专业人员签名并加盖评估机构印章。""评估机构开展法定评估业务，应当指定至少两名相应专业类别的评估师承办，评估报告应当由至少两名承办该项业务的评估师签名并加盖评估机构印章。"评估专业人员不得"签署本人未承办业务的评估报告"。

（12）实地查勘期：应说明实地查勘估价对象的起止日期，具体为自进入估价对象现场之日起至完成实地查勘之日止。估价对象规模不很大、不复杂的，一般当日就可完成实地查勘，因此实地查勘期就是实地查勘日期。

（13）估价作业期：类似于产品生产日期，应说明估价工作的起止日期，具体为自受理估价委托之日（如收到估价委托书之日或签订估价委托合同之日）起至估价报告出具之日止。

（14）其他需要说明的事项。

（七）估价技术报告

估价技术报告应较详细说明下列内容。

（1）估价对象描述与分析：应有针对性地较详细说明、分析估价对象的区位、实物和权益状况。估价对象的区位状况包括估价对象的地理位置（包括所处的方位、与有关重要场所的距离、临街状况、朝向等）、交通条件（包括进出、停车的便利程度等）、外部配套（包括基础设施和公共服务设施）、周围环境（包括自然环境、人文环境和景观）等状况。当估价对象为某幢楼房中的某层、某套或某间时，区位状况还包括所处楼幢、楼层。

估价对象的建筑物实物状况包括建筑规模、建筑外观、建筑结构、设施设备、装饰装修、建筑性能、空间布局、新旧程度等状况。估价对象的土地实物状况应包括土地面积、形状、地形、地势、地质、土壤、开发程度等状况。

估价对象的权益状况包括估价对象的权利性质（如房屋所有权、土地使用权、土地使用期限等），共有等产权关系复杂状况，居住权、地役权、抵押权等其他物权设立状况，出租或占用状况，用途、容积率等利用限制状况，被查封、采取财产保全措施或以其他形式限制状况，以及额外利益、债权债务、物业管理等其他房地产权益状况。

（2）市场背景描述与分析：应简要说明估价对象所在地区的经济社会发展状况和房地产市场总体状况，并有针对性地较详细说明、分析过去、现在和可预见的将来同类房地产的市场状况。

（3）估价对象最高最佳利用分析：应说明以估价对象的最高最佳利用状况为估价前提，并有针对性地较详细分析、说明估价对象的最高最佳利用状况。当估价对象已为某种利用时，应从依法维持现状、更新改造、改变用途、改变规模、重新开发以及它们的某种组合或其他特殊利用中分析、判断何种利用为最高最佳利用。当根据估价目的不以最高最佳利用状况为估价前提的，可不进行估价对象最高最佳利用分析。

（4）估价方法适用性分析：应逐一分析比较法、收益法、成本法、假设开发法等估价方法是否适用于估价对象。对于因理论上不适用于估价对象而不选用的估价方法，应简述不选用的正当理由；对于理论上适用于估价对象，但因客观条件不具备而不选用的估价方法，应充分陈述不选用的正当理由；对于选用的估价方法，应简述选用的正当理由，并说明其估价技术路线。

（5）估价测算过程：应详细说明所选用的估价方法的测算步骤、计算公式和计算过程，以及其中估价基础数据和估价参数的来源或确定依据等。

（6）估价结果确定：应说明不同估价方法的测算结果和最终的评估价值，并详细说明评估价值确定的方法和正当理由。

估价技术报告一般应提供给估价委托人，但因知识产权、商业秘密等原因也可以不提供给估价委托人。如果不提供给估价委托人的，应事先在估价委托合同中约定。

（八）附件

附件是放在估价报告后面的、相对独立的补充说明或证明估价依据、估价对象状况、估价机构资质和估价师资格等的资料，是与估价结果报告、估价技术报告并列的，而不是它们中的一部分。不论是否向委托人提供估价技术报告，都应向其提供附件。

附件一般包括以下内容：①估价委托书复印件；②估价对象位置图（或位置示意图）；③估价对象实地查勘情况和相关照片；④估价对象权属证明复印件；⑤估价对象法定优先受偿款调查情况（当不是房地产抵押估价报告时，可不包括该情况）；⑥可比实例位置图（或位置示意图）和外观照片（当未采用比较法估价时，可不包括该图和照片）；⑦专业帮助情况和相关专业意见；⑧作为估价依据的其他文件资料；⑨反映估价机构和估价师相关专业资格、能力和经验的证明，如估价机构的营业执照、估价资质证书（或依法备案的有关证明）、单位会员证书等复印件，估价师的资格证书、注册证书、个人会员证书等复印件，以及估价机构和估价师获得的相关专业评价、奖励或业绩等证明。

（九）估价对象变现能力分析与风险提示

房地产抵押贷款前估价报告应有专门的"估价对象变现能力分析与风险提示"部分，而不作为估价结果报告或估价技术报告中的一部分，并应向委托人提供，放在附件之前。

"估价对象变现能力分析与风险提示"应有针对性地说明估价对象是否易于处置变现，是否具有较好的变现能力和债权保障作用，特别是指出估价对象可能存在的不利于变现的因素和相关风险。例如，应针对估价对象，较全面、清晰地说明、分析以下方面：①影响估价对象变现能力的主要因素，以及这些因素对估价对象变现能力的影响。主要因素包括估价对象的通用性、独立使用性、可分割转让性、区位、产权关系复杂程度、开发程度、价值大小，以及房地产市场状况等。②假定在价值时点采取合法方式将估价对象处置变现，其合法方式主要有哪些（如折价、拍卖、变卖等），处置变现时间的长短，处置变现所能回收的价款与估价对象市场价格或市场价值的差异程度，以及处置变现相关费用、税金的种类和清偿顺序。③预期未来可能导致估价对象价值下降的主要因素，以及这些因素对估价对象价值的影响。④将来可能产生的房地产信贷风险关注点，比如估价对象状况和房地产市场状况随着时间的推移对估价对象价值可能产生的影响，宜定期或在房地产市场价格发生较大波动时对抵押房地产的价值进行重估。

第十节   内部审核估价报告

一、建立健全估价报告内部审核制度

估价报告交付给委托人之前要经过内部审核，相当于产品出厂前要经过质量检验，是保证估价报告质量、防范估价风险的最后一道防线。《资产评估法》规定评估机构应当"建立健全质量控制制度，保证评估报告的客观、真实、合理"，"评估机构应当对评估报告进行内部审核"。因此，估价机构应依法建立健全包括估价报告内部审核制度在内的估价质量控制制度，确保向委托人出具的估价报告是经过内部审核且合格的，经得起交付后可能发生的委托人、估价利害关系人或其代理律师等对估价报告提出的质询或异议、争议，委托人或估价报告使用人因被审计、追责等原因导致对估价报告进行的延伸调查，以及有关估价行政管理部门、行业组织等依法对估价报告进行的检查、鉴定或专业技术评审、专家审查等。

估价报告内部审核应按照审核与评估分离的原则，实行分级审核的制度，并要制定内部审核标准，至少要指定审核人员。有条件的估价机构宜设置专门岗位或专门部门，专门从事估价报告内部审核工作。估价报告内部审核标准既是估价机构对估价报告进行内部审核的技术准则，也是其估价报告质量标准。该标准对估价报告的质量要求，可高于但不得低于《资产评估法》、国家标准《房地产估价规范》以及相应专项估价标准等有关法律法规、估价标准规定的估价报告质量要求。审核人员一般由本机构内具有较高估价技术水平、经验丰富的房地产估价师担任，也可聘请本机构外的房地产估价专家担任。

为了切实把好估价报告质量关，宜实行三级及三级以上审核制，比如实行一审（初审）、二审（复审或复核）、三审（终审或签发）的三级审核制，分别由审核人员、审核部门负责人、机构技术总监（或总估价师、首席估价师）等对估价报告逐级进行审核。此外，还可成立估价技术小组或委员会，对新兴估价业务、重大估价项目或者估价师与审核人员对估价原则、估价依据、估价前提、估价技术路线、估价方法选择、重要估价参数确定、估价结果等重大估价问题有分歧的估价报告进行集体研讨、重点审核。

估价机构应结合本机构实际情况，制定完整、科学、严谨的内部审核流程，明确不同层级审核人员的职责分工和审核重点，可区分估价项目的业务成熟度、规模大小、复杂程度、估价利害关系人关切程度等具体情况和风险程度，对相应的估价报告实行不同层级的分类审核。比如对常规、成熟的个人住房抵押贷款估价项目可实行一级审核制，对个人房屋征收补偿估价项目可实行二级审核制，对司法处置估价项目实行三级审核制。

需注意的是，估价机构即使建立健全了估价报告内部审核制度，仍应要求承办业务的估价师或估价业务部门在估价报告提交内部审核前进行全面认真的检查核对，尤其是在确定估价结果时对测算结果进行校核和比较分析，不应把公式、数据、计量单位、计算以及文字、符号、表格、图片、格式、排版、页码等的检查核对工作都推给审核人员或审核部门。实际上，估价师或估价业务部门对估价报告进行检查核对和审核人员或审核部门对估价报告进行内部审核，都是估价报告质量控制制度不可或缺的重要组成部分，是在不同阶段相对独立、相互制约、各有侧重地对估价报告进行质量控制的必要措施，尤其是审核人员或审核部门是代表整个估价机构，对估价师或估价业务部门撰写的估价报告进行质量监督。

二、估价报告内部审核的实施与记录

对估价报告进行内部审核时，应按照事先制定的内部审核标准进行。实行估价报告多级审核制的，还应按照内部审核流程、不同审核层级的职责分工、各有侧重地开展内部审核工作。内部审核一般需先确认此前的估价程序是否执行到位（如是否对估价对象进行了实地查勘）、评估价值是否在合理范围内等关键和重大事项有无问题，特别是要严防出现虚假估价报告、有重大遗漏或重大差错的估价报告，然后按照《资产评估法》《房地产估价规范》等规定估价报告应客观、真实、合理、完整、准确、清晰、规范等质量要求，从内容到形式、从内在质量到外在质量等方面对估价报告进行全面、认真、细致的审查核定，并提出审核意见和结论。

审核意见应指出估价报告存在的具体问题，并可提出修改完善的具体建议，以便于承办该项业务的估价师有针对性地对估价报告进行修改完善。审核结论可为以下 4 种之一：①同意出具；②修改后出具；③重新撰写；④重新估价。

对于复杂、疑难、特殊的估价项目，为了避免审核结论为重新撰写、重新估价而造成返工量过大和反复审核，内部审核工作可适当提前介入，对先期完成的诸如估价对象财产范围、价值时点、价值类型的确定，估价技术路线、估价方法的选择，估价原则、估价依据、估价前提、实地查勘记录、重要估价参数等关键估价工作预先进行审核。

为了防止估价报告内部审核流于形式，便于在将来发生估价报告质量事故时有据可查及追责，完成审核后应形成估价报告内部审核记录，记载被审核估价报告的名称以及对该报告审核的内容、意见、结论、时间、人员及其签名等。估价机构内部估价技术小组或委员会出具相关意见的，应将有关书面意见附在估价报告内部审核记录后面。

为了使估价报告内部审核工作规范化、标准化及便于审核，避免审核上的疏忽遗漏，保证审核工作质量，提高审核工作效率，可事先制作融入了估价报告内部审核标准的简洁明了、使用方便的《估价报告内部审核记录表》，在审核时再

按照该表内容逐项对估价报告进行审核与记录。

三、估价报告内部审核后的处理与利用

估价报告经内部审核合格后，方可交付给委托人；未经内部审核或内部审核不合格的，不得交付给委托人。

对于审核结论为修改后出具、重新撰写或重新估价的，应及时退给承办该项业务的估价师进行修改、重新撰写或重新估价。经修改、重新撰写或重新估价后的估价报告，应再次进行全面审核。

承办业务的估价师、估价报告内部审核人员或估价机构及其有关部门负责人之间如果对重大估价问题有不同意见的，应有估价中重大不同意见记录或在估价报告内部审核记录中注明。而根据《资产评估法》等法律法规，由于估价报告由盖章的估价机构和签名的估价师依法承担责任，在对重大估价问题有不同意见的情况下，估价报告是出具还是修改、重新撰写或重新估价，应由承办该项业务并在估价报告上签名的估价师和估价机构最终决定。

估价机构应要求审核人员定期或不定期对内部审核中发现的各种估价问题进行归纳整理并提出改进措施建议，适时将其反馈给估价专业人员或在机构内部举办交流会、研讨会，共同探讨有效解决办法，预防类似问题以后再次出现。

估价机构还可将内部审核意见和结论作为考核评价估价专业人员的重要依据，在全体估价专业人员中建立"合格的产品是生产出来的，不是检验出来的"质量观念，促使估价专业人员不断提高估价报告质量，尽量将估价报告可能存在的问题解决在内部审核之前，并可有效减少内部审核的工作量。

第十一节　交付估价报告

一、估价报告的交接方式

估价报告经内部审核合格，由至少两名承办该项业务的估价师签名并加盖估价机构公章后，应按照估价委托书或委托合同约定及有关规定的交付方式，在估价报告交付期限内交付给委托人。估价报告的交付方式有面呈、邮寄、电子邮件等。

为了避免估价报告交接不清引起有关矛盾纠纷等问题，可事先制作"估价报告交接单"，内容包括估价报告的名称、份数，以及收到日期、接收人签名或盖章。在交付估价报告时由委托人或其指定的接收人在该交接单上签收。估价报告

交接单上注明的收到日期，一般为估价报告交付日期。

二、估价报告的说明解释

在当面交付估价报告时，估价师可主动对估价报告中的某些重大注意事项，特别是估价报告载明的使用范围和相关法律责任作口头提示或说明。

委托人对估价报告、估价结果或估价过程等提出询问，或者对估价报告、估价结果有异议的，估价机构或承办该项业务的估价师应及时答复委托人，向其作解释或说明。

第十二节 保存估价资料

一、保存估价资料的目的

估价报告交付给委托人后，承办该项业务的估价师和负责估价档案管理的人员应按照有关规定和职责分工，及时收集、整理相关估价资料，对其中具有保存价值的资料进行分类形成估价档案，并予以妥善保存。

保存估价资料的目的主要有以下 3 个：①建立健全估价档案和估价资料库（如估价实例库，估价参数、评估值等数据库），以便今后做好估价工作、展现估价业绩；②防备日后可能产生估价异议或争议，并能提供相关证据，有利于解决相关异议和争议；③防备接受有关估价行政管理部门、行业组织等开展相关监督检查，如《资产评估法》规定"评估机构应当依法接受监督检查，如实提供评估档案以及相关情况"。

二、所需保存的估价资料

所需保存的估价资料包括估价报告及相关的在估价活动中获得和形成的文字、图表、声像等形式的资料，主要有以下 9 种：①估价报告；②估价委托书和估价委托合同；③作为估价依据的委托人提供的资料（原件需退还委托人的，应留存复印件；未作为估价依据的资料可退还委托人，可不保存）；④估价项目来源和沟通情况记录；⑤估价作业方案；⑥估价对象实地查勘记录；⑦估价报告内部审核记录；⑧估价中重大不同意见记录（或注明在估价报告内部审核记录中）；⑨外部专业帮助的专业意见。

上述所需保存的估价资料应由估价机构集中统一管理，原制作、搜集的估价人员和估价业务部门不得将其分散保存或据为己有、拒不归档。

三、估价资料的保存期限

估价资料的保存期限自估价报告出具之日起计算，根据《资产评估法》和《房地产估价规范》的有关规定，保存期限不少于 15 年，属于法定评估业务的，保存期限不少于 30 年。在实践中，对于无法确定是否属于法定评估业务的，为稳妥起见，保存期限不少于 30 年。估价资料保存已超过 15 年或 30 年而相应估价服务的行为尚未结束的，应保存到估价服务的行为结束。例如，某个非国有商业银行的个人住房抵押贷款估价项目，不属于法定评估业务，其估价资料的保存期限一般不少于 15 年即可，但如果该笔住房抵押贷款期限为 20 年，则其估价资料应保存 20 年以上。实际上，估价机构不应把估价资料保存当作负担，而应将估价资料当作宝贵财富，说不定哪天会有更大价值。因此，有远见的估价机构应将估价资料永久保存。

对未正式出具估价报告的估价项目的相关资料，应参照上述要求保存，保存期限至少 1 年。

四、估价资料的保管处理

估价机构应建立健全估价资料的立卷、归档、保管、查阅和销毁等估价资料管理制度或估价档案管理制度，保证估价资料完整、真实，妥善保管、有序存放、方便查阅，不得擅自改动、更换、删除或销毁。

估价资料可采用纸质、电子或其他介质形式的文档保存。纸质文档应每个估价项目专卷建档，并至少保留一份与交给委托人完全相同的估价报告原件。同时采用纸质和电子文档保存的，纸质文档和电子文档应相互一致。

估价资料保存期间因各种原因需要更换估价档案管理人员或档案管理部门的，应按照有关规定办理估价档案交接手续。估价机构分立、合并、终止（如撤销、解散、破产）等，估价档案管理人员应按照有关规定会同有关人员和单位编制估价档案移交清册，将估价档案移交指定的单位，并办理估价档案交接手续。

估价资料保存期限届满后需要销毁的，应按照有关规定编造清册后销毁。

五、估价资料的开发利用

有条件的估价机构可建立估价报告评价制度，对估价报告中涉及的有关估价参数、评估价值等数据进行统计分析，归纳、总结、提炼出相关合理范围和规律，对其中偏离度高的数据应探究原因，以实现估价报告质量的持续改进，增强估价机构的核心竞争力。

复习思考题

1. 《资产评估法》《房地产估价规范》对评估程序和房地产估价程序有何规定?

2. 估价程序有何作用? 为何要制定一套完整、科学、严谨的估价程序?

3. 房地产估价业务来源有哪些? 获取估价业务时应注意哪些问题? 恶性压价招揽或争抢业务有何危害?

4. 估价委托人是否应是被估价资产的权利人? 并举例说明。

5. 估价机构不应受理估价委托的情形有哪些? 这些情形下为何不应受理?

6. 在受理估价委托时应与委托人沟通、协商哪些事项?

7. 估价委托书与委托合同为何要分开? 有何异同? 分别包括哪些内容?

8. 确定估价基本事项应包括哪些内容?

9. 一个估价项目的估价目的、价值时点、估价对象和价值类型分别是由什么决定的, 它们之间为何有着内在联系? 试举例说明。

10. 估价作业方案有何作用? 应如何编制?

11. 估价技术路线和估价方法是什么关系? 针对某个估价对象, 对选择估价方法有何要求?

12. 估价所需资料有哪些? 应包括哪些内容? 搜集的途径和方法有哪些?

13. 为什么要对估价对象进行实地查勘? 其工作内容主要有哪些? 如何做好实地查勘及其记录?

14. 为何要对可比实例的外部状况和区位状况进行必要的实地查勘?

15. 如何检查估价方法测算结果的合理性与准确性?

16. 如何把不同估价方法的测算结果综合成一个结果?

17. 最终的评估价值应如何确定?

18. 什么是估价报告? 其形式有哪些?

19. 对估价报告的质量有哪些要求?

20. 虚假估价报告、有重大遗漏的估价报告、有重大差错的估价报告之间有何异同?

21. 估价报告通常由哪几大部分组成?

22. 估价报告的封面起何种作用? 应反映哪些内容?

23. 致估价委托人函起何种作用? 应包含哪些要素?

24. 估价报告中为何应有估价师声明? 它与估价假设和限制条件有何本质

不同?

25. 估价假设和限制条件有何作用? 如何写作估价假设和限制条件?

26. 估价结果报告和估价技术报告应包括哪些内容?

27. 估价报告的附件有何必要? 它一般包括哪些内容?

28. 为什么要对估价报告进行内部审核及如何进行内部审核?

29. 估价报告的交付方式有哪些? 在交接时应注意哪些问题?

30. 估价资料为何要保存? 应保存的估价资料有哪些?

31. 估价资料的保存期限自何时起算? 应为多长?

32. 估价中各种有关时间的概念,如受理估价委托日期、估价委托书出具日期、估价委托合同签订日期、价值时点、实地查勘期、估价作业期、估价报告出具日期、估价报告交付期限(交付时间、完成期限)、估价报告交付日期、估价报告使用期限(有效期)、估价责任期限、估价资料保存期限等的含义及异同或关系是什么?